创建百年油田
——提高油田采收率技术之我见

Maintaining China Oilfield Development Over Hundred Years
Views for Enhanced Oil Recovery of Oilfields in China

刘文章　著

石油工业出版社

内 容 提 要

本书以创建百年油田为主题,以笔者直接参与大庆油田、辽河油田稠油开发等亲身经历为载体,围绕提高油田采收率技术这条主线,系统总结了油田开发提高采收率的成功经验,同时提出了今后面对新形势和新挑战时,提高油田采收率的技术对策与建议。全书共十一章,既有历史史料和事件的展示,也有成功经验的介绍,更有面对新挑战,从创建百年油田的角度出发,对提高油田采收率技术与对策的思考和建议。

本书为《中国稠油热采技术发展历程回顾与展望》的姊妹篇。可供从事油田开发的科技人员与管理人员参考使用,也可作为石油高等院校师生教学与学习的参考书。

图书在版编目(CIP)数据

创建百年油田:提高油田采收率技术之我见/刘文章著.
北京:石油工业出版社,2016.9
ISBN 978-7-5183-1508-6

Ⅰ. 创⋯

Ⅱ. 刘⋯

Ⅲ. 油田-提高采收率-研究

Ⅳ. TE357

中国版本图书馆 CIP 数据核字(2016)第 229877 号

出版发行:石油工业出版社
(北京安定门外安华里2区1号　100011)
网　　址:www.petropub.com
编辑部:(010)64523541
图书营销中心:(010)64523633
经　销:全国新华书店
印　刷:北京中石油彩色印刷有限责任公司

2016年9月第1版　2016年9月第1次印刷
787×1092毫米　开本:1/16　印张:21.25
字数:530千字

定价:168.00元
(如出现印装质量问题,我社图书营销中心负责调换)
版权所有,翻印必究

作者简介

刘文章教授是对中国石油工业有突出贡献的采油技术专家，从事油田开发采油工程技术研究50余年，为大庆油田注水开发工艺技术、中国稠油油田注蒸汽热采技术及油田注氮气提高采收率技术的开拓与发展作出了创造性的研究与重大贡献，曾荣获中国石油天然气总公司有突出贡献专家称号，获集团公司级特等奖及多项国家级科学技术进步奖，为中国政府特殊津贴享受者。

刘文章是教授级高级工程师，1930年2月生，甘肃酒泉人。1953年毕业于陕西咸阳西北工学院（现西安西北工业大学）石油钻井采油工程专业，在中国最早的石油基地——玉门油田从事石油开采工程技术，曾设计研究出第一批有杆抽油泵及井下诊断技术，为油井转入机械采油技术作出了首创性贡献，1954年荣获玉门矿务局劳动模范称号。并在1959年编写出版了《抽油井采油经验》专著。

在1955年至1957年初，经国家选派，赴苏联石油工业部门实习，学习当时苏联最先进的石油开采技术，如：油田开发设计方法，油田注水技术，油井压裂酸化、防砂、电潜泵采油等。回国后在玉门油田任采油工程师、副总工程师，对采油工程技术早期发展作出了贡献。

1960年6月，调往大庆油田从事采油工程技术研究。先后担任大庆油田会战指挥部工程技术室主任、采油工艺研究所所长、采油总工程师等。20世纪60年代初，主持研制成功水力式多级封隔器，开创分层注水、分层采油、分层压裂酸化、分层测试、分层研究、分层管理"，以及"分层产量清、注水量清、产水量清、压力清"，简称"六分四清"采油工艺。这是创造性的重大技术发明，在大庆油田及其他油田早期分层注水、分层采油开发中发挥了重要作用，为大庆油田长期高产稳产创造出世界先进开发水平作出了贡献。1964年荣获国家技术发明一等奖，1965年被树为大庆会战科技标兵，1978年获全国石油化学工业第二次工业学大庆会议"学铁人标兵"荣誉称号。1985年又获"大庆油田长期高产稳产注水开发技术"国家科技进步特等奖（主要参加者）。

1978年，刘文章教授担任中国石油天然气集团公司石油勘探开发科学研究院总工程师。中国在东、西部陆续发现许多稠油油田，采用常规注水开发技术极难开采，他迎难而上，积极倡导稠油注蒸汽热采技术，成为油田热采工程学科带头人及该项国家科技攻关项目负责人，创建研究院稠油热采实验室，亲自设计并试验成功了深井注蒸汽井筒隔热技术，并在现场指导，于1982年在辽河高升油田第一批油井试验蒸汽吞吐热采技术获得成功。1984年，在他主持下，与辽河油田合作，完成了高升油田稠油热采开发设计方案，首次采用了先进的热采物理模拟及数值模拟技术，注蒸汽油层深度突破国外的800m水平，达到1600m，设计年产原油100×10^4t，实现了高效开发。该项技术于1990年获中国石油天然气总公司优秀开发奖。

他还主持完成了中国其他7个稠油油田的热采开发设计方案及先导试验设计方案，亲自完成了50多项专题研究，为中国稠油开采技术的发展和稠油产量从1982年的几万吨增加到1992年的1067×10^4t，并在此后10年稳定在1200多万吨作出了重大贡献。1985年他荣获"稠油蒸汽吞吐工艺技术"国家科学技术进步一等奖，1990年获两项部级二三等奖，1993年获中国石油天然气总公司突出贡献专家称号及特等奖。

继油田注水开采技术及稠油注蒸汽热采技术之后，20世纪90年代，刘文章教授又开创研究了油田注氮气提高原油采收率新技术。这项新技术不仅可应用于稠油热采中加氮气及高温泡沫剂进行深度调控吸汽剖面，从而提高原油采收率，而且也可应用于轻质注水开发油藏进行深度调控吸水剖面，提高原油采收率。对于轻质或稠油油藏受到边底水锥进水淹后，注氮气及泡沫剂可以有效控制水锥，对低渗透、特低渗透油藏，尤其对复杂岩性不适宜注水的油藏，倡导注氮气开发可以有效改善开发效果，提高原油采收率。表明这项新技术具有良好而广阔的应用前景。

刘文章的主要著作有5本，发表研究报告及论文100多篇，公开出版的著作有：

《中国稠油热采技术发展历程回顾与展望》，石油工业出版社，2014年2月出版。以作者亲身经历的科技创新过程，记述了中国稠油开发历程中的许多故事及事件。也总结了丰富经验，提出了今后稠油热采技术及注氮气与其他技术相结合的几项技术等。

《稠油注蒸汽热采工程》，石油工业出版社，1997年7月出版。主要内容有推荐的中国稠油的特性、定义及分类标准，稠油油藏注蒸汽开采筛选标准，井筒隔热油管设计及井底蒸汽干度计算方法，蒸汽吞吐及蒸汽驱室内物理模拟及数值模拟研究成果，中国不同类型稠油油田蒸汽吞吐开采经验以及蒸汽驱先导试验经验等。

《中国油藏开发模式丛书·热采稠油油藏开发模式》，石油工业出版社，1998年7月出版。概述了中国稠油油藏的地质特点，开发方案设计研究，不同类型稠油油藏蒸汽吞吐开采方法及二次热采方式研究，特、超稠油油藏水平井注蒸汽开发的研究，中国稠油热采10项工艺技术实践经验等。

《采油技术手册·稠油热采工程技术手册》，石油工业出版社，1996年12月出版。

《抽油井采油经验》，石油工业出版社，1959年4月出版。

参加国际技术交流及合作，促进了中国稠油技术的快速发展。他曾参加1982—1998年召开的国际重油及沥青砂学术会议5次，其中1998年在北京召开的第7届国际重油及沥青砂会议担任学术委员会中方主席。参加加拿大石油学会年会（CIM）3次，与加拿大油砂研究局（AOSTRA）组织召开了1987—1995年的3次中国—加拿大重油技术讨论会。积极推动了中国石油勘探开发研究院（RIPED）与加拿大阿尔伯达研究院（ARC）的5项技术合作及与美国德士古公司及委内瑞拉石油研究院（INTERVEP）的多次技术交流。获得加拿大阿尔伯达省政府能源部的中加技术合作贡献奖。在国际会议上公开发表论文共16份，完成对国外技术考察报告12份。

刘文章教授曾培养稠油热采技术方面的硕士、博士研究生10名。

如今，刘文章教授虽已年过八旬，但仍然牢记作为一个老采油工程师对石油事业的热爱及使命感，执著追求的奋斗目标——不断开拓研究出多采出地下石油资源的新技术，多采石油奉献祖国。他经常关注着国际油价的变化及我国进口石油大幅增加的形势。他常想着如果多采出有1亿吨储量油田的1%原油，就增产100万吨，增加10多亿财富。而我国东部许多油田的采收率仅30%左右，但已进入开采末期，靠现有开采技术，进一步提高原油采收率技术难度很大。他近期研究的注水、注氮气及注热能相结合的配套技术，已在某些油田试验成功，能够增加原油采收率5%以上。他正帮助有关油田推广应用，并培养接班人。

序

中国石油勘探开发研究院原总工程师、教授级高工刘文章，1953年毕业于西北工学院石油钻井采油工程专业，毕业后分配到玉门油田工作。他在玉门工作期间，设计了首批油井机械采油抽油泵，并研发了抽油泵井下工况诊断技术，为修复停喷油井及开创我国早期机械采油技术做出了贡献，1954年荣获玉门矿务局劳动模范称号。

1960年6月，他参加了大庆石油会战，参与了第一批注水井试注技术攻关。由于大庆油田具有陆相沉积多油层地质特点，早期开发的两套主力油层——萨尔图油层和葡萄花油层，划分为5个油层组，14个砂层组和45个小层，开发方案虽然划分了2~3套井网，仍难以有效控制每套井网内油层纵向、平面上水驱不均的矛盾。刘文章等技术人员按时任石油工业部副部长康世恩提出的"糖葫芦"式封隔器的设想，带领大庆采油工艺研究所团队，主持研制了水力式多级封隔器，开创了同一口井下入多级封隔器进行分层注水、分层采油、分层压裂酸化、分层测试、分层研究、分层管理，做到分层采油量清、注水量清、含水率清、压力清，简称"六分四清"的采油工艺。这是创造性的重大发明，它对大庆油田实现长期高产稳产的开发方案，提供了技术支撑。该项技术于1964年获得国家技术发明一等奖，1985年"大庆油田长期高产稳产的注水开发技术"项目获得国家科技进步特等奖，刘文章是主要参加者之一。

1975年，我国在辽河油田西斜坡发现了曙光、欢喜岭和高升等储量达几亿吨的稠油油田，原油黏度极高、埋藏较深，采用传统采油技术很难开采。石油化学工业部领导吸取国外经验，提出采用注蒸汽热采技术攻关，交由刘文章为项目负责人，1978年在石油工业部石油勘探开发科学研究院组建了稠油热采研究所。在他的带领下，和辽河油田紧密结合，既学习国外先进技术，又着重自主创新，攻克了一系列技术难关。在1982年辽河高升油田1506井蒸汽吞吐实验成功，打开了新局面。采用自主研制的井筒隔热管等技术，成功实施了1600m深度稠油大面积注蒸汽热采技术，1985年"稠油注蒸汽吞吐工艺技术"项目获得国家科技进步一等奖。以后仅用了10年时间，在全国推广热采技术后稠油产量达到1000×10^4t以上，并且持续保持稳产。

我和刘文章从玉门、大庆到石油工业部石油勘探开发科学研究院前后共事50多年，共同参与了我国从贫油国到石油生产大国的不平凡奋斗历程。最近他以"米寿"之年，克服行动不便的困难，完成了本专著。著作的内容翔实，有经验体会，也有今后工作展望，确实为从事采油工程的年轻科技人员提供了宝贵经验，也为石油院校师生提供了一本好教材。

我祝贺本专著的出版，此为序。

中国科学院院士 李德生

前　　言

笔者是中华人民共和国成立初，由国家培养的一名油田采油工程师，迄今从事油田开发工程技术研究已逾62年。现已年过八旬，步入"米寿"之年。人们也许会问，一位已年迈积弱、体衰多病的耄耋老人，为何还要笔耕不辍，写下这本数十万字的著作？

这不是为了功名，笔者已走进暮年，功名全然没有了意义。这是对石油工业的挚爱和牵挂，笔者愿意用自己在石油战线上拼搏几十年积累的知识和经验，用平时阅读学习形成的感悟以及面对中国油田开发遇到的挑战，内心油然而生的思考，把这些点点滴滴的经验与认识、思考与感悟以及想法与建议都写下来，留给读者，希望能对中国石油工业健康持续发展有所帮助。

编写《创建百年油田——提高油田采收率技术之我见》一书，是继《中国稠油热采技术发展历程回顾与展望》之后，笔者基于长期的研究思考和观察，围绕提高油田采收率这一主题，向广大读者介绍自己的认识和观点，以期为中国油田开发实现百年发展的目标提供一种可能的技术选择，继续用自己的绵薄之力，为中国石油工业长期稳定健康发展做点贡献。

与此同时，笔者心里一直有着挥之不去、与日俱增的心结，主要有三点：

一是党和政府培养、教育了笔者，把笔者从一个普通农家子弟培养成为新中国石油工业发展建设的油田采油工程师，有机会用一生的执着践行了"我为祖国献石油"的豪迈誓言，实现了青年时代的梦想和人生最有价值的幸福观。1949年中华人民共和国成立之际，笔者有机会考入西北工学院石油钻采专业。毕业后奔赴玉门油田，参与了老君庙油田建设，圆了自己当一名油田采油工程师的梦想。后来又参加大庆油田会战，是大庆精神、铁人精神培养了我，让我一生心系石油工业发展，弘扬"爱国、创业、求实、奉献"精神，勇攀石油勘探开发科技高峰。在本书中，笔者记述了许多原石油工业部领导，如余秋里、康世恩、唐克、张文彬、焦力人、宋振明等，在大庆油田会战的艰难岁月带领广大石油职工抢时间、高速度、高水平建设大庆油田的真实而感人的故事。用亲身所见所闻，展现了以"王铁人"为代表的大庆人战天斗地、排除万难、爱国奉献的崇高品质和英雄气概。笔者借对这些故去的"老石油"的回忆，表达对那些为中国石油工业从无到有、从小到大发展做出卓越贡献之人的感恩和敬重。

二是以笔者亲身经历的故事，展示大庆油田职工将革命精神与科学态度相结合，学习和运用毛泽东的《实践论》《矛盾论》，以辩证思维的科学方法，自主创新，攻克了油田开发的一系列难题和挑战，实现了大庆油田长期高产稳产，创造了陆相砂岩油田高产稳产开发的创举。大庆油田开发形成的配套技术和成功经验，有力推进了中国石油勘探开发技术的进步和发展，形成了具有中国特色的油田开发新理论与技术成就。大庆油田靠"两论"起家的成功经验至今仍放射着正确的光辉。新形势下，中国石油工业要实现长期稳定健康发展，仍要坚持"两论"引路。坚持辩证思维，开阔视野走技术创新之路，做好提高油田采收率这篇大文章，以实现创建百年油田的宏伟目标。

三是中国石油工业始终受到党和国家的高度重视和全国人民的大力支持。中国石油天然气集团公司一直肩负着油气行业主力军的历史重任。笔者记述了油田开发历程中，中国石油决策层、执行层和广大科技人员在各自岗位上实现了一系列科技创新和管理创新，已经在保持石油工业健康发展中发挥了重要作用，并将成为今后油田持续稳定发展的坚实基础，也是创建百年油田的重要保障。笔者还收集、整理了中国石油在开拓国外市场以及在攻克复杂油藏开发技术难题方面取得的业绩和经验。书中列出的诸多攻坚克难的技术历程、技术思路和技术关键，可为年轻一代科研人员提供宝贵的参考资料，可从中汲取营养，避免走弯路，并在继承中实现创新发展。

　　本书的主题是"创建百年油田"，其核心是提高采收率，围绕这一重大课题，笔者提出了一些建议，为领导决策和后辈开拓创新提供参考。本书第十一章提出了未来提高采收率需要关注的几项技术，如多元热流体泡沫驱、注氮气采油技术、新型热采井筒隔热油管等，期望有关部门给予关注，如能有重大技术突破，必将为百年油田建设提供技术利器。

　　青年科技人员和正在石油院校就读的年轻学子是中国石油工业未来持续发展的中坚力量，肩负着确保中国石油工业健康发展的神圣使命。期盼他们勇于开拓创新，善于发挥主观能动性，提高科技创新能力，超越前人、超越权威、超越已有的成就，这是笔者经受多种老年病折磨仍坚持笔耕不辍的重要精神支柱。

　　最后需要指出，"百年油田"既是一个宏观理念，也是一个具体概念。意指已开发的油田，如大庆油田、胜利油田、玉门油田等，只要依靠已探明和新发现的油气储量，依靠常规和非常规油气资源，依靠技术进步，把提高采收率做到极致，就有可能实现百年发展，并且在百年之后仍有油气可采，让因石油而兴起的城市百年繁荣不衰、持续发展。

目　　录

第一章　大庆油田"糖葫芦"式封隔器与"六分四清"采油工艺的发展历程 …………（1）
　　第一节　大庆油田早期注水历史背景 ………………………………………………（1）
　　第二节　从第一口注水井试注失败到热洗热注成功 ………………………………（3）
　　第三节　开展"三选技术"攻关 ……………………………………………………（4）
　　第四节　"糖葫芦"式封隔器试验成功 ……………………………………………（6）
　　第五节　创新配套技术为规模应用创造条件 ………………………………………（9）
　　第六节　"六分四清"采油工艺成型发展 …………………………………………（12）
　　第七节　早期采油十大工艺技术的创立与经验 ……………………………………（17）

第二章　运用辩证唯物主义思想创新油田开发技术的若干思考及展望 ……………（21）

第三章　构建百年油田的资源及科技基础 ……………………………………………（35）
　　第一节　近十年关注的几个问题 ……………………………………………………（35）
　　第二节　树立创建"百年油田"的信心 ……………………………………………（38）

第四章　我国三大类油田提高采收率技术的创新发展 ………………………………（49）
　　第一节　注水驱油田提高采收率技术创新发展 ……………………………………（50）
　　第二节　低渗透油田（油层）提高采收率技术的创新发展 ………………………（51）
　　第三节　稠油油田热采技术的创新发展 ……………………………………………（67）

第五章　创建百年油田技术创新的思考 ………………………………………………（80）
　　第一节　科技创新是推动石油工业发展的驱动力 …………………………………（80）
　　第二节　依靠科技创新突破束缚 ……………………………………………………（81）
　　第三节　针对技术挑战提出10项技术发展思路 …………………………………（81）
　　第四节　加大新技术先导试验力度 …………………………………………………（87）
　　第五节　技术创新要加强组合配套 …………………………………………………（90）

第六章　回顾历史定位谋划发展策略 …………………………………………………（97）
　　第一节　从"石油摇篮"玉门到开发大庆油田 ……………………………………（97）
　　第二节　对我国原油生产发展前景的思考 …………………………………………（100）
　　第三节　国内油田开发形势展望 ……………………………………………………（105）
　　第四节　中国石油加强科技创新的重大部署 ………………………………………（115）
　　第五节　创新提高采收率技术需要政策支持 ………………………………………（116）

第七章　中国海外油气合作生产发展形势 ……………………………………………（119）
　　第一节　中国石油在五大洲形成合作生产新格局 …………………………………（119）
　　第二节　中国各石油公司海外油气合作项目概况 …………………………………（120）
　　第三节　推动"一带一路"建设，促进我国能源稳定发展 ………………………（123）
　　第四节　坚持扩大原油进口与提高国内油田采收率战略并举 ……………………（129）
　　第五节　关于海外油田开发工程技术方案的几点思考与建议 ……………………（132）

第八章　夯实国家石油安全基石 ……………………………………………………… (138)
- 第一节　提高油田采收率是长期战略目标 ………………………………………… (138)
- 第二节　提高油田采收率是永恒的科技创新课题 ………………………………… (142)
- 第三节　加快开拓老油田更新换代技术 …………………………………………… (143)

第九章　持续创新钻采工程技术 ……………………………………………………… (153)
- 第一节　持续发展分层注水工程技术 ……………………………………………… (153)
- 第二节　水平井钻井采油技术必将成为主导技术 ………………………………… (166)
- 第三节　水平井多段压裂储层改造技术新进展 …………………………………… (174)
- 第四节　我国钻井技术装备和配套技术迈向世界先进水平 ……………………… (180)
- 第五节　塔里木油田超深钻井技术水平跻身世界前列 …………………………… (186)
- 第六节　世界下泵最深5000m油井举升采油技术诞生 …………………………… (188)
- 第七节　连续油管技术推进钻采工程革命性变化 ………………………………… (189)
- 第八节　油水井带压作业技术的创新发展 ………………………………………… (194)
- 第九节　生产油井分层监测技术的创新发展 ……………………………………… (197)
- 第十节　油井电测井和射孔技术的创新发展 ……………………………………… (199)

第十章　中国特色油田开发理论、开发模式和二次开发理念的形成与发展 ………… (203)
- 第一节　我国油田开发理论的主要内容 …………………………………………… (203)
- 第二节　我国各类油藏开发模式 …………………………………………………… (207)
- 第三节　老油田二次开发理念 ……………………………………………………… (249)

第十一章　开拓创新几项技术的思考与建议 ………………………………………… (256)
- 第一节　拓展应用多元热流体泡沫驱提高采收率 ………………………………… (256)
- 第二节　组建大型制氮系列装备 …………………………………………………… (268)
- 第三节　研发新一代隔热油管 ……………………………………………………… (272)
- 第四节　创新油层保护与防治套损技术 …………………………………………… (285)

附录一 …………………………………………………………………………………… (314)
附录二 …………………………………………………………………………………… (317)
附录三 …………………………………………………………………………………… (320)
附录四 …………………………………………………………………………………… (322)

第一章　大庆油田"糖葫芦"式封隔器与"六分四清"采油工艺的发展历程

举世闻名的大庆油田的发现是改变中国"贫油"落后局面，创建与发展现代中国石油工业的里程碑。从1960年投入开发建设，1964年原油产量超过$600×10^4$t，实现原油自给，1966年上升到$1060×10^4$t，1976年达到$5000×10^4$t，持续稳产27年，2003年至2012年又稳产$4000×10^4$t达10年，为国家再次做出了高水平贡献，创造了世界大油田开发的奇迹。大庆油田不仅为国家生产了超过$20×10^8$t的原油，创造了物质财富，而且积累了经验、培养了人才，同时也自主研发了创新的科学技术理论及世界一流的油田开发技术。

大庆精神、铁人精神是中国石油人的精神财富。大庆油田创立的陆相石油地质理论以及早期注水保持油层压力、分层注水"六分四清"采油工艺、注聚合物三次采油技术等有中国特色的油田开发理论与科学技术，打开了石油科技人员的视野，凝聚了聪明智慧，促进了中国石油勘探开发持续高水平高效益发展。

在大庆油田开创早期分层注水，形成"六分四清"采油工艺发展历程中，原石油工业部领导余秋里、康世恩制定了大庆油田要实现"长期高产稳产"的油田开发战略目标，组建了中国第一个采油工艺研究所，笔者受命带领这支科研团队，遵照康世恩部长提出的"糖葫芦"式封隔器科学设想及技术主攻方向，经过1018次试验，攻坚克难，终于获得成功。接着持续攻关，创造出多油层油藏分层注水、分层采油、分层测试、分层压裂改造、分层研究及分层管理配套技术，达到分层注水量清、分层采油量清、分层产水量清及分层压力清，简称分层注水"六分四清"采油工艺。到1965年，大庆油田在实施早期注水保持油层压力总体开发战略基础上，中国完全自主创新的以分层注水为核心的"六分四清"采油工艺成熟配套，大规模工业化推广应用，支撑了实现大庆油田"长期高产稳产开发目标"，并为后续持续发展打下了坚实基础。

回顾这段历史发展进程，原石油工业部领导正确决策油田科技发展方向、确定科技创新课题、坚持正确的技术发展路线、创造实施条件等，起了决定性作用。大庆油田原采油工艺研究所起了科研核心作用，原地质研究院、原井下技术作业指挥部、原第一采油指挥部等协同会战，共同创造了辉煌历史。

第一节　大庆油田早期注水历史背景

1960年6月，发现大庆油田的喜讯传遍石油战线。当时我正担任在玉门石油管理局吐鲁番矿务局采油总工程师，在火焰山下新发现的胜金口油田开展试油试采工作。吐鲁番是全国有名的"火盆"，夏天温度高达40℃以上。经过两年艰苦勘探，对火焰山构造钻探了20多口井，发现胜4井周围含油面积$2km^2$，是个小油田，日产油仅20多吨。但对石油人来说，也是流尽汗水，吃尽千辛万苦取得的成就。大家继续奋战，盼望有更大发现。

此时，我接到紧急通知：立即赶回玉门石油管理局，去大庆参加会战。见了玉门石油管理局党委书记刘长亮，第一批人员及装备已赶赴大庆，叫我带上他写给松辽会战指挥部副总指挥焦力人的亲笔信,尽速报到。

到大庆后,我被安排在会战总指挥部担任工程技术室主任,负责采油、钻井工程技术管理工作。当时会战主力军是副总指挥焦力人负责的第二战区——萨尔图油田中区,几十部钻机日夜不停地开辟生产试验区。正当7、8月雨季,茫茫平原上,成千上万会战人员忙着修路,钻井,新井投产,铺设油、气、水管道,建输油站库等,人拉肩扛,各路人马、多工种油里、水里同步日夜奋战。与时间赛跑,希望早日建成大庆油田22km²的开发试验区。通过开发试验性生产,确定油田整体开发方案,尽快生产出原油支援国家经济建设。因为当时,我国用来运输从苏联进口原油的火车所必经的萨尔图火车站已不见"油龙"。

作为松辽会战指挥部的机关人员,白天我和大家跑现场,晚上参加会战领导召开的碰头会、务虚会,直接见证了许多重大决策过程。康世恩等领导讨论研究最多、最主要的是开发试验区的开发方案,地面、水、电、路、油、气、居民点等八大工程系统规划方案及采油工程建设等近期及长远目标的重大决策问题。给我印象最深重大指导思想及战略部署有:

(1) 吸取"大跃进"年代玉门老君庙油田开发失败的惨痛教训,以《实践论》《矛盾论》为指导,彻底转变旧观念,制订大庆油田科学的开发方案。

1958—1959年,老君庙油田放大油嘴自喷采油,年产量曾达到百万吨水平。但很快油层压力下降,产量剧降。鸭儿峡新油田放喷生产,单井日产100多吨,一个月后停喷,井底液面很低,转抽油也不出油。所谓"人有多大胆,并有多高产"的浮夸风破灭。更有四川南充发现高产油气井,向全国报喜后停喷关井,没有形成产能。

由此,会战领导余秋里、康世恩坚定地提出:大庆油田要实现油田早期注水保持油层压力开采,以注水为纲,把注水工程放在首位。由焦力人抓注水工程,张文彬(原新疆石油管理局指挥)抓钻井及供水工程。为此,一系列实现采油的开始,就是注水的开始,各项工作抢时间先行。

(2) 会战领导亲自调查研究,分析苏联罗马什金大油田及美国得克萨斯大油田的开发经验,研究大庆油田的开发方针及战略部署。前者采用边外注水与内部分区行列注水相结合,总体上属早期注水,但注水线中间有5排以上生产井,注采井距大,后者属油层压力衰竭后晚期注水。

对此,不知经过多少次大小会议,对地质人员提出的多种注水方案包括行列注水、点状注水、先排液后注水、早注水与晚注水等,反复研究论证。逐步形成了在萨尔图油田中区开展以两排注水井中间有三排生产井为主的多种试验方案。实施中七排及中三排注水井加速注水工程建设,中间三排生产井同时投产观测取资料。

(3) 尊重科学,开发试验区严格控制油井自喷产量,限定小油嘴自喷产量,严格测定油层压力变化。当时油层原始压力12MPa,油层深度1200m,油层总厚度在40m以上,如放大油嘴单井自喷产量可达80t以上,但仅用3~4mm油嘴,产量限定在30t左右。当第一列满载原油的火车启运,会战职工隆重庆祝,全国欢腾鼓舞,盼望生产大量原油,早日甩掉石油落后帽子。但会战领导将开发试验区生产的原油叫作"科学试验油"不定计划指标,严格实施科学试验方案。

(4) 强调"石油工作者岗位在地下,斗争对象是油层"、"地面服从地下",这是余秋里老部长提出的口号,这是吸取了过去许多教训的总结。有些油田地下原油储量还未搞清楚,能采出多少原油心中无数,就开展成批钻井及大规模地面工程建设,结果扑了空,造成巨大浪费。为此,强调探井要取全取准20项资料72个数据,生产井对地下油层测全、测准各项静态及动态资料，搞清油层分布规律，计算有多少储量、能采出多少原油。要求地质人员给油田"算命"，钻研地下，"畅游地宫"。

第二节　从第一口注水井试注失败到热洗热注成功

1960年八九月间，为了实现早期注水，需要在中区西七排附近抢建一座注水泵站，沈阳军区派部队在西水源建成"八一"供水管线及供电系统。雨季中焊接、挖、埋供水管线，全靠人工作业，日夜施工，艰难困苦可想而知。为的是赶在十月结冻之前将中七排注水井投入注水。

9月间，成立注水领导小组，由采油指挥部副指挥张会智、朱兆明、杨育之及笔者负责，组织注水大队、作业大队等开展注水会战。中区中七排11号井是第一口注水井，在井场附近老乡土坯房中设立注水前线指挥所，调集水泥车泵洗井试注，因为当时一号注水泵站注水泵还在安装调试中，露天运行，厂房还未建成，一切为了抢时间注水。

按当时在玉门老君庙油田注水试注经验以及笔者1956年在苏联罗马什金大油田学到的注水技术，制订了采用冷水洗井注冷水技术方案，但将洗井水量增加。按开发方案要求，油层原始压力12MPa下，设计单井日注水量150t，井口压力为11.0MPa左右。9月下旬，首次试注。先排液后用油管注水反复清洗射孔井段，返出清水无油迹后，洗井用水量超过300t，开始用水泥车注水。结果，井口压力达到15.0MPa，注水量仅50~60t，未达到设计要求。当时，天气已变冷，开始结冰。

会战领导开会，由笔者汇报注水试验情况。康世恩听了我的汇报后，很严肃地问我："注水为什么失败？你早上是怎样洗脸的？用一小酒杯水洗脸能洗净吗？为什么不用大量的水，上千吨水彻底洗井？为什么不用热水洗井而用冷水？看来是你们玉门带来的老毛病'一粗、二松、三不狠'（即粗枝大叶、松松垮垮、不严格要求）在作怪！"我心想，现已天寒地冻，要将成百上千吨冷水加热到七八十度，很难办到。当时对早注水还是开采一段时间降压后再注水存在两种意见。后者认为在原始压力下，近井地带产出油量少，原油含蜡量高（28%），有堵塞物、注水困难。首次试验性注水失败，正验证了这点。

在此关键时刻，康世恩似乎早有考虑，因为实现早期注水开发的战略思想及决心已坚定不移。他接着提出，现场有天然气（伴生气），用油管制成几个"大茶炉"烧开水洗井解堵，用成千上万吨热水彻底洗井后注热水，要千方百计注水成功。

散会后，已是晚上八九点钟，和张会智一起回到注水前线指挥所，他说：今天汇报会开得好，挨了批评，开了心窍，领导指明了方向，心中亮堂了。我们不攻下注水关，就跳中7-11井旁边的"水泡子"来个"背水一战"。决定调集所有水泥车、锅炉车、锅炉、安装设备等以及地质队、注水大队、作业大队，甚至食堂人员，全部都到中7-11井现场会战。

由笔者和朱兆明、杨育之等技术人员设计试注工程方案，除开动机车式锅炉及锅炉车外，又用油管制成盘管式加热炉，用天然气、原油、柴油作燃料，将冷水加热至八九十度，采用上千吨热水注入、吐出、冲洗至水质达到"三点一致"（即井口注入水、井底取样水、返至井口水的含铁量达到0.5mg/L，机械杂质2.0mg/L）才算洗井质量合格（这是我国第一个注水质量标准），然后正式投入注热水。这场战役打得十分艰苦，上百人吃住在现场，日夜奋战，许多工人身上全被熏成黑色，大家都说成了非洲人，为了注热水，各种加热设备冒出的浓烟笼罩在整个井场，脸都变黑了，只有牙齿是白的。

这场战斗，终于获得了"热洗热注"技术的成功，这口井日注水量达到了150t以上的设计要求，而且改为注水站正式注冷水后，仍保持注水量、注水压力、注水水质"三个稳定"。会战领导都到现场，决定在1960年冬至1961年春，要将中七排、中三排注水井全部投入注水，这样，中区（西半部）将实现早期注水开发试验。

顺便指出，在1960年冬至1961年春，正值严寒季节，将几十口注水井采用"热洗热注"工艺投入注水，经历了令人难以承受的艰难困苦。会战职工冒着零下三四十度的寒风，在井场住帐篷，烧"大茶炉"，起下井下注水管柱，头顶井口喷水水柱，浑身结冰，日夜奋战，表现出当年"王铁人"井喷时奋不顾身跳泥浆池的群体英雄气概。当时曾有人作出赞歌"身穿冰淇淋，北风吹不进，干活出大汗，寒风当电扇"。正是这种不怕困难，勇克难关，无私奉献的英雄精神，为实现大庆油田早期注水保持在原始压力下长期高产稳产攻克了第一个注水关。

在以后第二批北一区注水会战中，由于注水井排液时间较长，油井自喷过程中的"自洁作用"将井底伤害堵塞物钻井液、结蜡等排出，试验降低热水温度，最后改为冷洗冷注，优化作业程序，简化完善了注水工艺。

第三节　开展"三选技术"攻关

1961年4—5月间，距中7-11注水井250m的生产井首次发现含水，引起了会战领导的警觉，康世恩要求采油指挥部加强油井监测，指定孙燕文副指挥，当发现新的见水井，不准坐车，立即跑步向二号院会战指挥部报告。

经过地质人员分析，中区西部单井最多有28个小层，而且各层渗透率、厚度差别很大，注入水沿高渗透层形成"单层突进"首先突入生产井。有的低渗透层进水少或根本不进水，这种注入水吸水剖面不均的问题，必然导致开发效果难以控制。当时对早注水还是晚注水两种意见争论的焦点又浮出议论。

康世恩多次组织研究技术座谈会，指出"注水半年，出现水淹，必须既注水又治水，不能又想水，又怕水"，"不能学叶公好龙的故事，画龙点睛被龙吓死"。要求采油工程技术人员提出既注水又治水的技术方案，点名让笔者当地下"交通警察"，指挥地下注入水，学习大禹治水，兴水利避水害。

当时笔者还在工程技术室主持采油工程工作，压力很大，和朱兆明等石油工业部机关参加会战的人员，集思广益，经焦力人、宋振明、李虞庚等反复研究，决定开展选择性注水、选择性堵水、选择性压裂试验，简称"三选技术"。会战指挥部抽调11个钻井队、井下作业队以及一批钻井、采油、地质技术人员成立"三选技术"指挥部，由焦力人亲自抓，钻井指挥部总工程师王炳诚任指挥，孙玉亭任副指挥，负责日常工作，笔者兼副指挥抓总体技术试验方案，抽调钻井工程师万仁溥，采油工程师张兴儒、黄嘉瑗，地质师张金泉抓相关技术。在中区三排注水井排设立指挥前线。1961年9月，声势浩大的"三选技术"试验开始了。

为了抢时间，赶制了一批卡瓦式、支柱式、皮碗式等多种封隔器下入注水井试验，又研制了小橡皮球丢入注水井堵强吸水层。对出水生产井采用注水泥，注氰凝等化学剂封堵水层。总之，能想到的技术都进行试验，花样繁多，不遗余力，甚至有人提出用遇水膨胀的海带材料作封隔器。

经过半年多在中三排 10 多口井的现场试验，参战人员千辛万苦，又经历了"不怕寒风吹，定把冬天当春天"的严峻考验。试验结果令人失望，不仅一次次试验失败，而且发生了多起井下事故，有一口井卡瓦式封隔器起不出，另一口井被注水泥固死油管报废了，一口生产井注氰凝堵剂，不出水，油也不出了。

1962 年春节前，"三选技术"试验宣告结束，停下来总结休整。此时，会战领导准备在北京召开石油工业部领导干部会议，我们要去汇报"三选"试验。

经过反复分析每口井、每项试验为什么失败，笔者得出几点认识：

第一，"三选"试验技术花样太多，什么都想试，没有重点，技术主攻方向不明，盲目性大。例如，油井见水，就用堵水剂封堵见水层，其实油层中没有原生地层水，是注入水，即使封堵了这口井见水层，注入水照样流向其他油井，要控制水必须从注水井入手。选择性压裂低渗透层，没有双级封隔器卡层，笼统压裂只会压开高渗透层，没有选择性，适得其反。由此，得出不能盲目搞"三选"应抓主要矛盾：以注水井分层注水为主攻方向。

第二，试验了当时苏联、美国最常用的卡瓦式及支柱式封隔器，不适合油田井身结构条件，必须自己创新。

在困难时期，中区试验区钻井、完井采用的是进口意大利、日本等国的杂牌油井套管，钢材质量、壁厚等差别大。将壁厚 9.5～10mm、强度大的套管下到上部井段，负荷大；将 7.5～8.0mm 壁厚套管下到下部井段。由于套管外径是全井一致，这样，就形成了套管内径上小、下大的"酒瓶状"结构，造成所用封隔器外径大了下不去，小了在油层井段胀不大，封不住。更不用说下入几个封隔器。老式封隔器是主体，与现实套管结构（客体）不适应，只能改变主体结构，研究设计新型封隔器，将主客观矛盾统一起来。但究竟采用什么结构的新式封隔器，还未找到答案。

第三，没有实验室进行大量设计研究及模拟实验，直接将封隔器下井，不能得出试验数据，找不出规律，缺乏科学性，无法指导生产。当时，"三选试验"指挥部有一批技术人员，但无实验室及模拟试验台架，只能将现成卡瓦式、支柱式封隔器由机厂送到现场下井。为了抢时间，宝鸡石油机械厂接到命令，一次加工出一百套卡瓦式封隔器送到现场，想修修改改都难了，最后变成废铁。

当时，大庆油田正开展中区各种开发试验区，由地质试验室进行科学试验。采油工程方面，却没有专门的试验室，把生产井作为试验井，既干扰正常生产，又获取不全试验数据。反而走弯路，欲速而不达。

1962 年 2 月，焦力人带笔者来北京参加会议。笔者带上大包试验资料，到北京当天晚上，接到通知到康世恩副部长办公室去汇报。他详细听取了汇报，询问为什么失败。这次既严肃，又和蔼，没有批评，笔者心中想，应该有喜报喜，无喜报忧，如实汇报了试验过程及失败原因。他问我，试验半年多，花了学费，得到哪些经验和认识。

笔者汇报了想好的上述三点："三选"试验项目太多，贪多求快，没有重点，应该以注水井分层注水技术为主攻方向，其他暂停不要再搞了；现有卡瓦式封隔器结构不适应井筒套管结构，封隔器直径大了下不去，小了在井下胀不大，封不住，而且不能下入多级，和支柱式封隔器配合，最多能下入两个，分两个层段注水，达不到多层分注要求，需要重新设计；现在没有采油工程技术实验室进行实验研究，直接下井试验，施工作业费时费力，又取不全资料，摸不清规律。

康世恩听了后，说：试验失败了，但取得这些认识也是成绩，所谓失败是成功之母。经过半年的工作，油田开发的关键在注水，必须以注水井分层注水为主，主要问题是没有一套得心应手的封隔工具，要进行技术攻关，但究竟用什么样的封隔器是关键问题。

他要求笔者多想想，需要设计出什么样的封隔器才能实现同一口井分多个层段注水。他说："你要当好地下交通警察，进水多的要限制进水量，进水少的要多注水，不进水的要想办法进水，这个要求一定要实现。在开会期间，要想出答案。"

这样，通过"三选"技术试验，揭露了既注水又治水的主要矛盾，明确了分层注水的技术主攻方向。

第四节　"糖葫芦"式封隔器试验成功

接着在1962年2月，石油工业部党组召开领导干部会议，主要总结松辽会战经验并研究部署当年工作。参加会战的各油田领导齐集北京德胜门外煤炭干校。会议期间，康世恩副部长抽会议间歇时间找笔者去研究，询问对新封隔器方案想好了没有，笔者如实回答，还没有想出来。他随即在纸上画了示意草图，说：你看见过大街上卖的糖葫芦吗？在油管上装上几个橡胶做的皮球，注水加压胀大，形状像一串糖葫芦，将油层分成几个层段注水；下井或起出时，收缩不胀大，不就顺利起下了吗？笔者听了后，很受启发，认为这个思路很对，正好解决套管内径上小下大及多级的难题。笔者坦率地说："这个思路好，但要做到高压下注水，而皮球耐不了高压。"他说："这就要想办法去解决，开展试验，许多重大技术发明都是经过无数次失败才成功的，允许你成百上千次去试验。"接着第二天，他又找笔者去小会议室，余秋里、焦力人也在场。康世恩副部长问对"糖葫芦"式封隔器想好了没有？笔者回答："就按您提的方案试验，像大卡车轮胎也只耐十几个大气压，要做到上百个大气压，不容易，需要创造试验条件及大量时间。"他问笔者要什么条件，笔者提出：要成立专门的科研队伍，建立试验室，笔者本人不再在二号院工程技术室工作，直接去抓试验。焦力人局长说："要成立个采油工艺研究所，就让他去负责。"余秋里部长插话说："就叫采油工艺研究局，突出在油田开发上的战略作用。"只要你把'糖葫芦'式封隔器攻下来，需要天上的月亮，我也给你摘。"

很快，部领导的重大决策，雷厉风行，信息传至大庆，采油工艺研究所的前身——采油指挥部井下作业处采油技术攻关大队成立。在笔者开完会回到大庆时，"三选"指挥部撤销后的部分技术人员和从采油指挥部又抽调的一批技术人员，约60多人在西三排井下作业处登峰村（焦力人局长起的名，攀登科学技术高峰之意）搭起木板房，开展"糖葫芦"式封隔器的攻关试验。

在最初的试验阶段，将注水泥用胶管固定在油管上，装入套管，用手压泵加压进行扩张、耐压、弹性及密封性等性能试验，不出所料，胶管不耐高压，几个大气压就胀大，再增压就破裂（图1-1、图1-2）。与油管联结也是难题，不断改进，都失败了。此时，另有几位机械专业的人员，对卡瓦式封隔器失败还不甘心，坚持要继续搞下去。更有人提出搞两个靠油管柱加压扩张的支柱式封隔器，分两层注水就行了，不追求多级。对此，反复思考，笔者认为"糖葫芦"式封隔器利用水力扩张的多级封隔器有根本的优越性，能适应套管结构，能多级串联，有可能分成八层、十层注水，没有钢卡瓦硬件卡死拔不出的危险，主要矛盾是如何解决胶皮筒。前两次注水试注及"三选"试验的经验得出，科学试验要抓主要矛盾，看准主攻方向，即看准、抓狠、坚持到底的信念，狠抓"糖葫芦"式封隔器决不动摇。和大家日日夜夜坚持做了大量改进方案（图1-3），对少数人坚持卡瓦式方案，保留他们继续作对比。

图1-1　科技人员现场分析胶皮筒破坏状况

图1-2　科技人员进行耐压试验（右1刘文章）　　图1-3　科技人员研究改进方案（中刘文章）

在1962年5月初的一天，我们正在做试验，见到康世恩副部长在萨尔图车站下车后沿铁路向西走来，原来他正在查看开荒种地刚出苗的农田。他见到笔者，询问封隔器试验怎么样了，请他看了试验过程，向他汇报胶皮筒是关键，达不到要求。他指出，要下定决心攻下这一关，并要笔者去找时任石油工业部地质勘探司司长唐克想办法。临走时，又叮嘱笔者，有什么解决不了的难题，要及时直接向他汇报，不要怕他忙，要随时找他，不要耽误。有了

这把"尚方宝剑",给我们创造了决胜的条件。

第二天,笔者去找唐克司长,原来康世恩副部长已给他交代了,他立即交给笔者一封写给哈尔滨市市长吕其恩的亲笔信,他们是抗日战争时期太行山打游击的老战友,请他在哈尔滨市北方橡胶厂协助研制胶皮筒。那天中午到哈尔滨后,立即给吕市长打电话,约定下午两点钟到北方橡胶厂开会。当时,我们为研制胶皮筒,曾找过哈尔滨几个大橡胶厂,都不愿接受,唯有北方橡胶厂这个制作橡胶鞋底的小工厂愿意和我们合作,但多批试验都达不到要求。在北方橡胶厂,见到吕市长和市化工局几位领导,十分热情,他说:"大庆油田石油大会战是全国的大事,哈尔滨市要大力支援,急需的胶皮筒要全力支持"。笔者讲了具体要求后,研究了技术攻关事项,北方橡胶厂党委王书记表态,虽然他们厂小、技术力量少,但已有了一些经验,决定抽调人员组成专门车间日夜奋战,市化工局全力支持原材料供应。我们也派人常驻北方橡胶厂共同操作研究,从橡胶配方、原材料质量、胶皮筒帘线结构、炼胶、压胶、模压成型等各个环节入手,将胶筒的扩张弹性、耐压强度、疲劳抗油性等全面提高,设计注水井口压力达到150~200atm,使用寿命两年以上。

从此,青年技术员陈历华、张国杰等吃住在北方橡胶厂,和车间人员共同操作、研制。于大运工程师也常去。每做出一批,立即上火车运回试验室进行模拟试验,和大家分析研究后,提出改进方案即刻返回北方橡胶厂再压制新产品。就这样,试验中改进,再试验再改进,一步步提高了胶皮筒的技术性能。这期间涌现出了许多动人的故事:不论白天黑夜,新胶皮筒到后,立即试验、解剖、分析。提出改进方案,又快速返回北方橡胶厂。许多人扒火车,背麻袋,历经辛苦,忍饥受累。钟明友下雨时在砖头上刻字记下数据,火车上列车员主动帮忙扛装胶皮筒的麻袋挤上快开动的车门……

与此同时,封隔器的总体管柱设计及分层配水器的研制也加紧进行。

为了模拟真实注水条件下多级封隔器下井、扩张、密封、解封、分层控制水量等数据,在研究所场地,用人工推磨方式,钻成了深度不同的7口全尺寸模拟试验井。一口主井深100多米,5½in套管中可下入8个封隔器分7个油层段安装出水管及水表,即下入一串"糖葫芦"式封隔器,分成7个层注水,用配水器能控制每个层的注水量(图1-4)。为钻

图1-4 现场讲解分层注水配水器原理与效果(左1刘文章)

试验井，万仁溥、王启宏等攻坚克难，这套模拟试验井平台的设计及建造，创造了多级封隔器及配水器分层调控、分层注水的最真实可靠的科学实验平台，还为以后的分层测试、分层采油、投捞式配水器、偏心配水器等技术研究创造了模拟试验条件。

令笔者铭记不忘的是，在"糖葫芦"式封隔器分层注水技术攻关的关键时期，各级领导为抢时间，高速度、高水平开发大庆油田，创出早期分层注水新技术，给了科研人员最大的支持。

余秋里部长不止一次说只要攻下封隔器，需要天上的月亮也要摘。康世恩对我们说：要一心一意搞试验，外面失了火，也不用你们去救。当时会战职工及家属齐集大草原会战，粮菜不够吃，自力更生开荒种地。我们这支队伍也不例外，要每人业余种地一亩。焦力人知道后，要井下作业处张会智处长保证我们的粮菜供应，种地减半。松辽会战指挥部副指挥宋振明在二号院生产会议上讲，要为封隔器试验研究工作"开红票，放绿灯"。财务处处长崔月娥对笔者讲：别人要花钱，一个铜板分成两半给，你要多少我全给。物资供应处处长张振海讲：你需要什么提出来，让各地的采购员为你们找…………

在试验分层配水器中高强度弹簧不过关，闻讯后，采购员找到哈尔滨车辆厂，采用火车车轮弹簧材质制品解决了难题。大家都来"抬轿子"、"修桥"、"铺路"为科学试验创造条件，可我们"坐轿子"的科研人员，感到千斤重担压在肩，只能全力以赴，不能有丝毫松懈。为此，笔者动员将试验损坏的胶皮筒悬挂在试验室房梁上"卧薪尝胆"，转败为胜。那时，一百多人的科研人员平均年龄25岁左右，笔者刚好32岁。大家都说1950年抗美援朝保家卫国没赶上，今天松辽会战正是献身好机会，多吃点苦，掉几斤肉算不了什么。每晚十点，灯光闪耀，笔者去查看，动员停工睡觉，来保证睡够8小时，不然体力消耗大，粮食定量不足，很多人有浮肿、带病现象。我走后，有些灯光又亮了。

到1962年10月，多级封隔器及配水器经过1018次地面及试验井模拟试验，终于获得成功。所指成功：(1) 封隔器达到了预期要求，能在注水压差150~200atm下胶筒能够耐压不破裂，封得住，不变形，起得出；(2) 最多可下入8级分成7个层段，固定式配水器可调控7个层注水量，能满足开发方案要求；(3) 起下作业安全可靠，在套管内径不一致条件下，下得去能密封、解封、不卡，起得出，能耐久。

试验成功的喜讯向二号院报告后，康世恩副部长等领导非常高兴，除表示祝贺外，鼓励我们再接再厉，指示我们再进行现场生产试验，在应用中提高，检验应用效果。

宋振明副指挥派人敲锣打鼓送来了200多斤的大肥猪和两大桶豆油，叫作"高脑油"（意指给科研人员补脑），全体职工欢欣鼓舞。

第五节　创新配套技术为规模应用创造条件

1963年，采油工艺研究所科研队伍不断扩大，成立了4个研究室（封隔器、堵水、机采、测试），科研人员增至200多人，还有一个专门担负现场施工作业的试验队。由笔者任所长兼党总支书记，还有万仁溥、孙希敬、刘兴俭、马兴武等其他人组成领导班子。为适应大庆油田采油工程技术的迅猛发展，会战指挥部十分重视科研队伍的建设与人才培养。令人深切怀念的还有，当年井下技术作业指挥部领导张会智、裴虎全、安启元、刘继文、刘斌、郑怀礼等老战友，为我们能够集中精力搞科研，在工作及生活服务上给予了有力支持。

成功是相对的，即使百分之九十九成功了，潜在未发现的不利因素，也会否定已肯定的事物。因此，我们对封隔器的耐久性与使用寿命，进行了加速破坏的现场试验。

利用采油工艺研究所附近西3排1号注水井作试验井，开展了正常注水条件及假设反复停注、变化注水压力等非正常状态下多种试验。又在中3排几口注水井最多下入8个封隔器分7层段进行分层配注试验。经过133次井下试验，验证了多级封隔器的密封性、耐压性良好，可以投入应用。

先后研制的第一代固定式745-4型及第二代投捞式745-5型配水器，可以通过配水器水嘴尺寸与配水量关系曲线设计分层配注水量，在正式注水井也验证准确可靠。

正将中区西部全面正式试验分层注水阶段，却又暴露出了新矛盾。采油指挥部有位地质师发现，有口注水井套管闸门打开返出注入水，说明最上部封隔器不密封，否则不会出水。立即上作业队起出封隔器检查，却完好无损。又下入双封隔器，分射孔段注水检验，发现封隔器密封状态下，存在两种可能：套管外水泥环窜槽或套管壁射孔破裂。1963年3月，向会战指挥部领导汇报后，唐克司长在二号院三栋会议室召开了技术讨论会，他指出：在现阶段封隔器进入较大规模试验、快要见到分层注水效果的关键时刻，一定要对暴露出的新问题认真解决，全面发展分层注水相关配套技术。他顺便指出，对封隔器的正式名称要统一。因为当时有人叫"糖葫芦"式封隔器，更多的叫派克（Packer），还有人叫分隔器。他推敲一番，定为封隔器，表明是我国自己的创造。以后按科学机理正式命名为"水力压差式多级封隔器"，编号475-8。

以此为契机，从1963年初至1964年上半年，以水力压差式多级封隔器分层注水为核心的配套技术，跨入发展新阶段。采油工艺研究所又抓了以下几项技术：

（1）为验证每个封隔器的密封性，研制出了分层测试压力技术。刘兴俭是从玉门老君庙采油厂调来的测压专家，提出在投捞式配水器下端连接压力计测分层压力的方案，不仅可测出压力变化曲线，检验上下级封隔器的密封性，还可测出分层注水压差，校正分层配水量。这项技术不断完善，形成了注水井及油井的分层测试技术。

（2）采用双级封隔器逐段检验油井固井质量，创造出对套管水泥窜槽井二次固井技术。对于油井固井质量，通常都用声波测井曲线判断。在笼统注水条件下，射孔井段即使有小段水泥环窜槽，即套管外油层之间是连通的，也属正常注水。但在分几个层段实现分层注水、分层配水条件下，即使声波测井检查不窜槽，但水泥环固结强度承受不了上下压力差将遭破坏，造成窜槽。可见，分层注水技术对固井质量提出了更严格的质量要求。

在分析了大量固井资料并检验水泥质量后，我们提出钻井、完井、固井新要求，向领导汇报后，会战指挥部领导十分重视。康世恩副部长提出钻井要服从采油的要求，对于射孔质量，提出射孔枪要"长眼睛"，不准误射油层。

万仁溥有丰富的钻井经验，提出了采用双级封隔器逐段检验固井质量，对套管水泥串槽井进行二次固井。对水泥配方、挤入、封口、清洗等工序严格设计，使一批有问题的井投入了分层注水。

（3）改进套管射孔技术，研制磁性定位器，射孔枪长了"眼睛"。

为查清套管射孔出了问题也怪罪于封隔器的谜团，我带领井下地球物理站人员到钻井电测射孔大队考察了模拟射孔试验。发现无枪身58-65型射孔枪一次射孔井段长，效率高，但射裂套管的概率大，而被搁置不用的有枪身57-103型射孔枪，射裂套管的概率极小。由此，和有关人员讨论，在改进58-65型射孔枪以前仍用后者，并且按大庆油田油层物性，采用射孔密度为每米12孔，过多会射裂，对套管钢材质量也提出了质量要求。后来这项射孔密度的经验，在全国某些稠油疏松砂岩及低渗透油层也采用，但并不适用，而且套管钢材已改善，应加密射孔，笔者多次提出，希望引起关注。

此后，井下地球物理站通过研究，研制出了套管下部安装磁性定位器，完井后射孔时重新核定射孔深度，以防误射。对油层射孔段之间卡封隔器的距离定为3m，以后逐渐缩短至2.0m至1.0m，为分层注水单井设计设定了标准。

（4）研制出不压井、不放喷作业井口控制装置。

从早期注水试注作业起，到用封隔器分层注水试验期间，一直存在一个难题，就是注水井打开井口起下作业时，油层压力高，溢流或返洗出大量清水，作业工人在油水中作业，十分艰苦。如果采用泥浆压井，必然引起油层伤害。

为解决这一紧迫难题，周振生、周荣成、仇射阳等人经过大量研究与试验，不断改进，终于研制出了不压井、不放喷作业控制装置。采用井下作业机绞车动力及双绳索加压油管系统，井口安装三级封井器（全封、半封、自封），油管中下入堵塞器，可以在井口密封条件下，将油管柱顺利起出或下入，而且在井口套压最高40atm下可以将多级水力压差式封隔器下入。这项技术首先应用于注水井，以后也应用于油井及分层压裂作业。

（5）研制出油井封隔器，用于分层测试、分层找水、分层堵水、分层采油。

这种类型封隔器不仅要求级数多，密封件橡皮筒的坐封、解封可靠，而且对橡胶抗油、抗压、抗疲劳性都有更苛刻的要求，因此技术难度很大。采油工艺研究所一室杨长琪、赵长发等十多人，建立了橡皮筒耐油抗压实验装置，和沈阳橡胶厂联合攻关。又通过油井现场试验，不断改进，历时一年多，研制出了第一代水力自封式551型及水力密封式651型油井封隔器。同时又研制出了625型分层配产器，通过连接压力计或开关油嘴，可以分4个层段分层测试油层压力、分层找水、分层堵水、分层配产。

这项油井分层采油技术在单井试验成功后，首先在中区东半部区块与分层注水技术配套试验，展现出了分层定量配注、分层配产的整体开发效果。

（6）开拓低渗透层分层压裂增产技术。

对于注水井中高渗透油层可以通过调整注水管柱配水器控制注水量，对低渗透层可以提高井口注水压力增加注入压差，从而增加注水量。但是，对于生产井，要依靠人工压裂来增加低渗透层产油量，又是一项技术难题。因为笔者在苏联罗马什金大油田考察，油井中在射孔顶部只下入一个封隔器，实施全油层笼统压裂，往往压开高渗透层，没有选择性，在玉门老君庙也是如此。

经康世恩副部长介绍，笔者专门去沈阳向当时中央东北局经委汇报，在沈阳橡胶研究所的大力支持下，经过大量试验，将水力压差式封隔器改用抗油性强、更耐高压的胶皮筒以及整体结构改进，研制成了油井分层压裂封隔器，型号为475-9封隔器，这为分层压裂技术迈出了重要的第一步。

当时缺乏大型压裂施工设备，国外已有800型、1000型压裂车，而我们只有300型（即最高泵压300atm）钻井注水泥固井车。在会战指挥部领导支持下，从钻井指挥部调给井下指挥部4台水泥车用于压裂作业。

采油工艺研究所组建了采油机械研究室，设计了加砂车及高压管汇等。压裂用支撑剂石英砂，派人调研，选用山东荣成海滩高纯度石英砂。在中七排铁路道口建成了压裂砂筛选场及酸化站，便于用火车运送石英砂及盐酸等。

我们选定了采油指挥部北一区西部，靠近登峰村的几口生产井首次进行压裂试验。通过一批油井施工试验，每口井都取得增产效果，没有发生过一起事故。后来，又发展了下入多级封隔器，实现不动管柱一次压开2~3个油层压裂技术。

在1964年，大庆石油会战指挥部向中央有关部门上报，"糖葫芦"式封隔器正式命名为水力压差式多级封隔器，获得了国家科学技术发明一等奖，并发奖金一万元。对此，研究所领导班子研究决定，将这一万元奖金全部用于购买图书及科研用品，只给每人发一支钢笔，这项奖励极大地鼓励了全所职工。大家热爱石油事业，不爱钱，不图名，一心一意为国家多献石油。

担负"糖葫芦"式多级封隔器攻关任务的采油工艺研究所，从整体结构方案设计到关键部件胶皮筒、配水器等的研制，以及分层配水测试与调整等工艺技术，参与上千次试验的技术人员与工友超过100人，艰苦创业的动人故事很多（详见大庆油田采油工程研究院建院五十周年影视资料）。这项重大发明凝聚着大庆会战领导和科技人员的集体智慧与心血，是集体创造出来的，也有协作单位的贡献（图1-5）。

图1-5 康世恩陪同贺龙元帅观看"糖葫芦"式封隔器操作表演（1963.7）
（前排左1贺龙元帅，左2万仁溥，前排右1康世恩）

第六节 "六分四清"采油工艺成型发展

一、发展历程

1960年，在大庆油田开发建设初期，石油工业部领导十分重视油田开发的方针政策，强调要尊重科学，立足抓地质，开展油田开发科学试验。余秋里部长提出"石油工作者的岗位在地下，斗争对象是油层"，研究和掌握油田地质情况，是油田生产建设的中心工作。开展了群众性办"地宫"、游"地宫"活动，将每口井地下油层剖面与周围油井的连通状况制成直观图表，采油工人、干部钻研学习，把油井生产管理向地下油层动态延伸。

在开发试验区，涌现出了许多动人的故事，大家钻研地下，一心为开发好大庆油田尽心尽力。为测准油层压力变化，玉门石油管理局采油厂的试井技师刘兴俭带上几支井下压力计坐飞机赶到油田，严格校准测压资料。

会战初期组建的地质指挥所，由几十名专家教授和数百名地质技术人员，开展了油田开发的研究。1961年4月，石油工业部党组在大庆召开五级三结合技术座谈会，讨论了萨尔图油田146km^{2}的开发问题，确定开发方案编制负责人为秦同洛、童宪章、李德生、谭文彬。在专家、教授的组织、指导下，北京、萨尔图两地的科研、地质、技术人员做了大量工作。1961年，又专门钻了28口开发资料井，每口井取全取准24项72个油层数据，进行了160万次地层对比，应用了6.8万多组数据，绘制了萨尔图油田146km^{2}面积内45个油层小层平面图，完成了储量计算工作。

1962年5月，在萨尔图召开了油田技术座谈会，对《萨尔图油田146平方公里面积的开发方案研究报告》（草案）进行了详尽、充分的讨论。对地质储量、可采储量、油层分布规律、油层压力系统等作了深入分析，确定了开发层系的划分与井网、井距的安排原则，对30km^{2}开发试验区两年来10项试验成果做出了评价，肯定了边内横切割注水方法是成功的，早期注水原则是正确的。根据开发试验区的实践经验，确定了开发区的注水方案。8月，石油工业部党组审查、批准了这个开发方案。按照方案，146km^{2}内年产原油能力定为500×10^{4}t，10年内保持稳定，北一区、南一区的注水井排两侧生产井，投产初期5年内基本不见水，采油速度保持在3%左右。同时，石油工业部党组决定在1963年投入开发[1]。

1964年8月，大庆油田召开一年一度的油田开发技术座谈会，总结分析了油田投入全面开发以来的地下形势。康世恩副部长针对中区生产试验区的情况，尖锐指出："中区开采才三年，采收率5%，水淹油井已过半，问题十分严重。"他的话引起了震动。当时"糖葫芦"式多级封隔器已试验成功，全面推广以分层注水为主的一整套分层开采新工艺、新技术已经成为可能。大庆油田会战工作委员会经过研究，提出了"以采油和油田地下为中心，带动其他各项工作继续前进"的会战方针，把会战的工作重点，从钻井、基建及时转到采油和油田地质工作方面来。决定在全油田进行分层注水，开展"四定三稳迟见水"活动。即对每口油井实行"四定"，定产量、定无水采收率、定见水时间、定油层压力；要求所有油井在"四定"指标下稳定生产，做到产量稳、地层压力稳、流动压力稳；油井见水要迟，力争较长的无水采油期和较高的无水采收率。

为了贯彻大庆油田会战工作委员会的决定，由大庆石油会战指挥部生产办主任宋振明组织，李敬任前线指挥，蒋其垲任副指挥开展了声势浩大的第一批"101、444"井下作业冬季会战，即101口注水井，分444个层段，实现分层注水，掌握分层动态和分层控制注水量。由15个井下作业队和11个钻井队为主力，集中了钻井、井下、采油等13个指挥部的7000多名职工参加，统一指挥，协同作战。大庆总机厂在短时间内加工制造了"糖葫芦"式封隔器、测试仪表、不压井不放喷井口控制器等65项、1.1万套（件）。作业队伍在三天内井场就位。从11月中旬到12月底，作业工人冒着零下30度的严寒，日夜奋战在井场上。天寒地冻，井口喷出来的水淋在棉工作服上，立即结成了冰，仍然坚持抢时间完成作业。经过40多天连续奋战，完成了101口井的分层注水作业任务。到次年上半年，接着又开展了"115、426"分层配水会战，在146km^{2}开发区内，全面实现了分层注水，平均每口井分为4个层段按设计配注[2]。

在1964年扩大应用封隔器的过程中，采油工艺研究所担负着监制大批封隔器及配套井下工具的繁重任务，而且对每一个送到井场的封隔器都要严格组装、打压监测，打钢印、编号、签发质量合格证，装入专门制作的工具箱拉运至井场，下井前做到"三不"（即不见天，不落地，不沾泥沙尘土），防止污染堵塞。对起出的封隔器，要派人在井口观察使用状态，都要作记录。科研人员经常怀揣窝窝头，徒步上井场。后来在各路运输任务十分繁重情况下，会战领导抽调两台解放牌卡车给研究所，解决上井难问题。在开展"101、444"会战初期，井下作业指挥部成立了井下新技术服务站，为几十个作业队上井服务，保证了全部下井封隔器与工具质量合格，口口井施工成功，也为科研人员摆脱负担，集中精力继续创新创造了条件。

油田实现分层注水，控制了高渗透层的注水量，油井含水上升速度减慢，"三稳"井大片出现，提高了注入水的波及体积，提高了采收率。同时，油田管理也提高到分小层管理的新水平，做到分层掌握油田动态，分层研究，进一步掌握油田地下变化的客观规律。

1965年，分层开采配套技术已定型，成为大庆油田注水开发的主体技术，显示出我国自力更生创造出的这套技术的特色与油田开发的显著效果，对前来大庆视察、参观考察的中央领导和各油田、各地代表的汇报介绍以及油田开发技术总结报告中，康世恩、焦力人、唐克、宋振明等会战领导经过研究，将分层注水、分层采油这套注水开发技术，概括为"六分四清"，"六分"即分层注水（图1-6至图1-9）、分层采油（图1-10、图1-11）、分层测试（图1-12）、分层改造（图1-13、图1-14）、分层研究、分层管理；"四清"即分层注水量清、分层采油量清、分层产水量清、分层压力清。这样，清晰明了地概括为大庆油田分层注水"六分四清"采油工艺技术，在正式报告、文件中沿用下来。在推广应用中，以分层注水定量配注为基础，以分层配产、分层改造相配合，充分发挥各类油层作用，取得了油

图1-6　475-8型水力压差式封隔器　　图1-7　745-4型固定式配水器　　图1-8　655型活动配水器

图 1-9　分层注水管柱

图 1-10　水力自封式油井封隔器

图 1-11　油井分层采油配产与测试管柱

图 1-12　301-2 型注水分层测试

图 1-13　水力密闭式封隔器（用于分层压裂、分层试油）

图 1-14　475-9 型分层压裂封隔器

田开发主动权。正如余秋里部长在他的回忆录中说:"六分四清"集中代表当年大庆采油工艺技术和油田管理的高水平,它是我国油田开发史上的一个里程碑[3]。

二、历史作用

(1) 大庆油田开发初期,制定了早期注水保持油层压力的开发战略,抓住了又注水又治水这对主要矛盾,尊重科学,开辟油田开发试验区,创新实施早期注水、分层注水,形成"六分四清"采油工艺技术,为实现"长期、高产、稳产"的战略目标打下了坚实的基础。大庆油田早期分层注水的理论与工艺技术,是我国油田开发上的重大理论与技术创新,也为高速度、高水平开发全国其他同类油田积累了新经验。

(2) 从"糖葫芦"式封隔器到"六分四清"配套采油工艺的创新过程中,学习运用马克思辩证唯物主义哲学思想,以科学方法指导科技创新,积累了丰富经验。

针对油田开发中的主要矛盾及矛盾转化规律,抓准了技术主攻方向,开拓了创新思路,坚持实践、认识、再实践、再认识,反复实践、反复认识,从失败走向成功,由单项到配套,由局部见效到全面开发。哲学思想是"聪明学",是科学智慧的源泉。封隔器是分层开发的核心技术,就是例证。"糖葫芦"式封隔器的创造打破了当时机械卡瓦式封隔器的老框框,运用水力学机理,创造出了水力压差式、水力压缩式、水力密封式等一系列新型封隔器,适应了同一口油井,可以下入多级封隔器的多种采油技术,为实现大庆油田开发方案提供了工程技术支持。

多级封隔器的诞生,开创了中国特色的油田开发理论及主体配套技术。为全国各类油藏开发提供了经验,打开了思路,研发出相适用的各种封隔器,实施同井多层段分层注水、分层采油新技术,普遍推广应用取得了显著成效,推动了我国油田开发采油工程技术的飞跃发展。

采油工程技术的核心手段是通过井筒分层控制工具、设备、仪表以及工艺技术,破解油层注水采油"三大矛盾"(纵向、平面、层内非均质性导致驱油差异的矛盾),以提高油田开发效果为目标,这是采油工程技术的发展方向。

(3) 提升采油工程技术研究的战略重要性,在全国建立起了采油工程技术系统及采油工程技术科研院所。

前述1962年初,石油工业部领导决定组建大庆采油工艺研究所时,余秋里提出取名为采油工艺研究局,以表示采油工艺技术研究在油田开发中的战略地位,将"糖葫芦"式封隔器技术攻关作为一项头等紧迫的战略性科研任务,创造一切必需的条件,三年时间创造出了以分层注水为核心的"六分四清"采油工艺技术,支撑了大庆油田实现高速度、高水平开发的战略目标。

1965年9月,石油工业部在大庆召开的全国厂局领导干部会议期间,新疆油田、胜利油田及大港油田的油田负责人在采油工艺研究所蹲点,同吃同住考察七天,并在会上听取经验介绍后,决定成立本油田的采油工艺研究院(所)。从此,我国各油田均建立了采油工程技术科研院所,此后石油工业部又决定建立局厂两级采油总工程师建制,提升了采油工艺技术的战略地位。

(4) 建立与发展井下技术作业队伍,发挥其在油田开发中的进攻性、战略性作用。

在大庆油田开发中,将20世纪50年代玉门油田兴建的采油生产中必不可少的修井队伍,改名为井下作业队,改变名称有重大意义。

在 1963—1966 年期间，担任井下技术作业指挥部领导的裴虎全、安启元、刘继文、郑怀礼、刘斌等（此时笔者任副指挥、总工程师兼采油工艺研究所所长），率领这支强大的井下作业队伍，发挥了大庆油田开发中的战略性使命。笔者常比喻他们是向千米油层展开进攻性、复杂作业的油田野战军，可称为是"油井外科大夫"，是采油工程技术的强力实施者。

（5）大庆油田为新油区输送人才，采油工艺研究所老战友在全国做贡献。

在大庆油田会战取得全面胜利，原油产量稳步上升阶段，石油工业部领导余秋里、康世恩对全国石油勘探开发进行战略部署，从 1964 年，到 1978 年，先后组织了胜利油田、大港油田、江汉油田、华北油田以及辽河油田等新油田的勘探开发会战，又改扩建北京石油勘探开发研究院，从大庆油田分批抽调科技干部支援新油田，其中也包括从大庆采油工艺研究所抽调了一批又一批科研人员。大庆油田既出油、出技术、出经验，也出人才，为我国石油工业的全面快速发展做出了历史性巨大贡献。

当年在采油工艺研究所参加分层注水"六分四清"等十大技术的科研人员，不断新老接替，后来扩大为大庆油田采油工程研究院，几十年来继承发扬了"大庆精神、铁人精神"及"三敢三严"的优良传统，将大庆油田采油技术继续创新发展，更新换代，攀登世界科技高峰，迈向世界前沿创新技术，有力支持了大庆油田高产 5000×10^4t 稳产 27 年的目标，持续稳产 4000×10^4t 新目标，培养出大批科技精英及科技领导人才，这是一支英雄群体，光荣的集体。回忆调离采油工艺研究所的老战友（大约近一百人），传播大庆精神，开拓发展我国油田开发新领域，创新采油新技术，都做出了重要贡献。举几个例子如下：

张轰是"文化大革命"后接任的所长，曾任河南油田、大庆油田党委书记及中国石油天然气总公司副总经理领导职务；孙希敬曾任河南油田、大港油田局长；陆敬曾任江苏油田党委书记、大庆油田副局长；赵远刚在中原油田任采油工艺研究院总工程师研制深井分层注水封隔器；仇射阳在华北油田任采油工艺研究院总工程师研制古潜山裂缝性油藏长胶筒分层采油控水封隔器；李家昌曾任辽河油田钻采工艺研究院副院长，肖维炳在辽河油田研制高温热采封隔器；王兆胤曾任大港油田钻采工艺研究院院长；刘泽垲在胜利油田采油工艺研究院任总工程师研究压裂、堵水等技术；汪柱国在江汉油田任采油工艺研究所所长；蒋阒在北京石油勘探开发研究院任副总工程师，在研究油气井压裂增产技术，并获集团公司突出贡献奖；李奎元在北京石油勘探开发研究院研制预应力隔热油管；杨长祜曾任北京石油勘探开发研究院采油工程所副所长、塔里木油田副总工程师；罗英俊曾任中国石油天然气股份有限公司副总裁、勘探与生产公司经理；万仁溥曾任石油工业部开发生产司副司长；陈炳泉曾任石油工业出版社副社长；周振生曾任中国石油勘探开发研究院副总工程师；黄嘉瑷曾任江汉油田总工程师。其他人的事迹，限于篇幅，不再详述。

第七节　早期采油十大工艺技术的创立与经验

大庆油田采油工艺研究所人员继续扩大，为满足新技术现场试验，专门有 3 个井下技术试验作业队及机械加工车间。至 1966 年，职工总人数曾超过 600 人（包括工读学校培训人员），其中技术人员约 300 人，有 5 个研究室（图 1-15）。主要研究各种封隔器、不压井作业井控装置（一室）、化学驱油调剖技术、聚合物稠化水等（二室）、电动潜油泵设计试制试验（三室）、井下分层测试与偏心配水器（四室）、油井压裂加砂设备及新型作业机设计等（五室）。从这些新技术硬件设备及工艺技术的研发，创立了大庆油田开发早期采油工程以分层开采为主的十大工艺技术。

图 1-15 1964—1966 年采油工艺研究所领导班子
（左起孙希敬、刘文章、万仁溥、刘兴俭、马兴武）

（1）注水井多级封隔器分层注水（配注）技术；
（2）油井多级封隔器分层采油（配产）技术；
（3）油井多级封隔器分层压裂技术；
（4）注水井多级封隔器酸化增注技术；
（5）注水井多级封隔器分层测试（吸水量）技术；
（6）油井多级封隔器分层测试（产油量、产水量、压力）技术；
（7）油水井在井口有压力下（40atm❶）不压井不放喷起下多级封隔器作业技术；
（8）注水井用稠化水（聚合物）调剖技术；
（9）油井电动潜油泵举升技术，最初设计 40m³/d，后来研发成日举升 200m³/d 大泵，为自喷井转机械泵提液做准备；
（10）采油井玻璃衬里油管防蜡与注水井油管涂料防腐技术。

1965—1966 年，大庆油田采油工艺研究所完成上述十大工艺技术的创新，满足了大庆油田开发早期上产阶段总体开发战略需要，采油工程技术处在全国领先地位并迈向世界先进行列。在大庆萨尔图油田 146km² 开发区推广应用，产量上升，为实现高水平开发方案，提

---

❶ 1atm=101325Pa。

供了全面技术支持。

　　1965年，会战工委正式将"六分四清"分层开采确定为大庆油田开发的主体技术。这是继早期内部注水、保持压力开采之后，我国在陆相油田开发中的又一重大技术创新，它标志着大庆油田开发开始进入新的阶段。1965年九十月间，大庆会战工委作出表彰采油工艺研究所的决定，石油工业部授予大庆采油工艺研究所"三敢三严"研究所荣誉称号（图1-16）；刘文章被授予"石油工业部标兵"称号；采研一室被评为"大庆油田标杆单位"。在大庆油田历史陈列馆大院内中轴线一条青铜甬道上用文字雕刻着大庆油田历史发展大事件（图1-17）。

图1-16　石油工业部的奖旗

图1-17　青铜甬道上记载大庆油田历史发展大事件

　　1964年毛主席提出全国"工业学大庆"的热潮中，全国各油田以及国有大企业代表，特别是许多国家领导人到大庆油田参观考察，采油工艺研究所是必到的一个景点。在采油工艺研究所门前试验井中吊起一串"糖葫芦"式封隔器，模拟分七层注水，按设计各层喷出的水量有多有少，直观地观察到分层注水技术的功效。采油工艺研究所科研人员大部分来自石油学院平均年龄23、24岁。经过四五年的锻炼，已成长为能独立思考、科研能力较强、富有创新精神的科技人才，担负着十多项重大科学技术项目。笔者在给来大庆参观考察的领导汇报及书面材料中都讲，采油工艺研究所这个英雄群体是怎样热爱石油事业，为国解忧奉献，勇于创新求实，学习毛主席《实践论》《矛盾论》，在辩证哲学思想指导下创造出了"糖葫芦"式封隔器的过程。这是大庆人运用"两论"思想方法在创新油田开发科学技术上的一个典型实例。

　　1986年8月，国务委员康世恩到大庆油田井下作业公司视察，题词：努力开创采油新工艺提高原油采收率（图1-18）。

图1-18　国务委员康世恩来大庆井下作业公司视察为井下作业公司题词

第二章　运用辩证唯物主义思想创新油田开发技术的若干思考及展望

1960年6月，笔者由玉门油田调去大庆油田参加会战15年，受到了大庆会战的锻炼、培育，深刻地体会到大庆"爱国、创业、求实、奉献"精神力量是推动我国石油工业突飞发展的思想动力，是石油人为祖国献石油的精神财富，实践"两论"的优良传统是革命精神与科学态度的结晶。

当年，大庆会战领导余秋里、康世恩，提倡学习毛泽东《实践论》《矛盾论》，运用"两论"的辩证唯物主义哲学思想，高水平、高速度开发大庆油田，实现"长期高产稳产"战略目标，创造出了大庆油田一系列勘探开发新理论、新技术，走在世界前列。大庆油田持续 $5000×10^4$ t 高产稳产27年后，至今持续稳产 $4000×10^4$ t 已10年，仍然传承着"两论"哲学思想原则，因为这是人类认识世界，改造世界，发挥聪明才智的锐利思想武器，是打开智慧之门的"金钥匙"。

回顾大庆油田开创分层注水为核心的"六分四清"采油工艺及我国稠油热采技术发展历程，两项重大科技创新的实例都是在"两论"指导下的实践实例，而且也是在原石油工业部康世恩等老领导亲自决策、部署、组织下实现的。

老一代石油人熟知"两论"哲学思想指引石油科学技术的创新实践，科学认识论与方法论的哲学思考，石油界资深高级专家傅诚德所著的《石油科学技术发展对策与思考》中将科学认识论与方法论的哲学思考及其他学者，如长江大学严小成发表的《科学方法论的哲学思考》，都精辟论述了从人类远古时代科学方法论的萌芽，到16世纪欧洲文艺复兴运动，同时兴起近代科学革命时代形成真正意义的科学方法论，直到现代，无论方法论具有经典性还是具有现代性，无论科学研究处于哪个阶段，科学方法论的哲学思想都是人类理性的光辉。这种唯物主义的方法论对当前的科学研究有着重要的指导意义。

现在，让我们重温"两论"的主要哲学观点，从践行"两论"中思考如何将其运用于当前及今后的科技创新发展问题。

《矛盾论》结论中讲，事物矛盾的法则，即对立统一的法则，是自然和社会的根本法则，因而也是思维的根本法则。它是和形而上学的宇宙观相反的。它对于人类的认识史是一个大革命。按照辩证唯物论的观点来看，矛盾存在于一切客观事物和主观思维的过程中，矛盾贯穿于一切过程的始终，这是矛盾的普遍性和绝对性。矛盾着的事物及其每一个侧面各有其特点，这是矛盾的特殊性和相对性。矛盾着的事物依一定的条件有同一性，因而能够共居于一个统一体中，又能够互相转化到相反的方面，这又是矛盾的特殊性和相对性。然而，矛盾的斗争则是不断的，不管在它们共居的时候，或者在它们互相转化的时候，都有斗争的存在，尤其是在它们互相转化的时候，斗争的表现更为显著，这又是矛盾的普遍性和绝对性。当我们研究矛盾的特殊性和相对性的时候，要注意矛盾和矛盾方面主要的和非主要的区别；当研究矛盾的普遍性和斗争性的时候，要注意矛盾的各种不同的斗争形式的区别，否则就要犯错误。如果经过研究真正懂得了上述这些要点，就能够击破反马克思列宁主义基本原则的、不利于我们的革命事业的那些教条主义思想；也能够使有经验的同志们整理自己的经验，使之带上原则性，而避免重复经验主义的错误。

《实践论》结论中讲：马克思主义认为人类的生产活动是最基本的实践活动，是决定其他一切活动的东西。人的认识，主要地依赖于物质的生产活动，逐渐地了解自然的现象、自然的性质、自然的规律性、人和自然的关系。

通过实践而发现真理，又通过实践而证实真理和发展真理。从感性认识而能动地发展到理性认识，又从理性认识而能动地指导革命实践，改造主观世界和客观世界。实践、认识、再实践、再认识，这种形式，循环往复以至无穷，而实践和认识之每一循环的内容，都比较地进到了高一级的程度。这就是辩证唯物主义的全部认识论，这就是辩证唯物论的知行统一观。

一、油田开发中抓准主要矛盾

大庆油田从采油开始，就早期注水，抓准"保持油层压力稳定，产量才能稳定"这个核心，也就是会战领导讲的："油层压力是油田的灵魂"。早期注水又出现注入水单层突进的矛盾，提出既兴水利，又治水害，创造了分层注水"六分四清"采油新技术；进入高含水期，提出了"稳油控水"，创造了聚合物驱油三次采油新技术。在特高含水期，又发展了精细油藏研究及新一代综合性提高采收率技术。

大庆油田不仅生产了 20 多亿吨原油财富，也创造了用"两论"哲学思想指导科学技术的创新与发展的思想。

对任何类型油藏，都要保持一定程度的压力水平，不能只依靠天然能量，要采用最佳开发方式或模式，包括有效的、系列配套的采油工程技术。而且随着开发进程，还要不断更新换代主体开发工程技术，解决新矛盾，发展新技术。

大庆油田能够实现"长期高产稳产"的开发战略目标，高产 5000×10^4t 达 27 年，在高含水开发期又稳产 10 年，创出世界同类油田开发最高水平，原因何在？从图 2-1 可以清晰地看出：50 年来在不同开发阶段中，以注水驱油保持压力、分层开采技术为主要矛盾，不断更新主体技术。遵循科学技术不断发展的规律，在生产实践中，抓准出现的主要矛盾，研究新思路、新技术，在实践中超前进行技术创新试验与前瞻性技术储备。发挥了科学技术的主导威力，夺取生产经营的主动权。

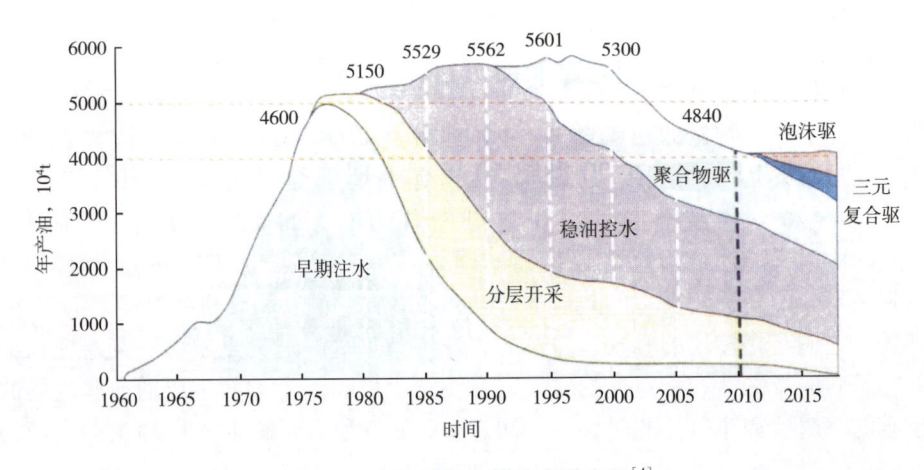

图 2-1　大庆油田主体技术进步图[4]

具体而言，在1960年开发初期，开辟了30km²开发试验区，采油的同时就开始注水试验，采用常规冷洗冷注工艺注水失败，创新热洗热注工艺获得早期注水成功，实现保持油层压力在原始水平下采油。注水半年后，发现第一口油井注入水"单层突进"，立即开展了"三选技术"攻关，这种当时在国内外认为最有效的"兴水利、避水害"的技术失败后，1962年初，会战领导从失败中找出原因，提出自主创新，开展"糖葫芦"式封隔器分层注水技术攻关。1962年底取得突破后，我国独创的水力式封隔器的发展思路，打破了传统机械式封隔器的局限性，技术设计、认识上的飞跃，很快在1965年创造出了适用于分层注水、分层采油、分层测试、分层压裂的一系列型号的封隔器、配水器、配产器、井下测试工具等。有了同井可以分多个层段的技术手段，又增加了分层研究、分层管理的新内容，从而可以较准确地认识同井分层注水量、分层产油量、分层产水量及分层压力，于1965年形成了分层注水为核心的"六分四清"采油工艺技术。大庆油田开发20年后，进入高含水期，油井产水上升，原有的可分4层的分层注水"六分四清"技术的效果在下降，在大庆油田勘探开发研究院油藏细分层研究的同时，大庆油田采油工程研究院研制了可分5~6个层段（最多可分8层）的细分层注水、分层测试等配套技术，新一代稳油控水技术支持了稳产，控制了含水上升。在此阶段，已开始实验研究聚合物驱并投入现场先导试验，取得了细分层注水+聚合物驱双重稳油控水的效果，因而突显了聚合物驱阶段稳产期长的综合效果。

大庆油田始终坚持注水开发总体战略的模式，主导采油技术不断创新。发展历程：早期注水保持油层压力→分层注水"六分四清"→细分层注水配套技术→细分层注水与聚合物驱→细分层注水与多元复合化学驱。

在应用一代有效技术的同时，研发新一代技术，并提前研究前瞻性技术，这样始终驾驭着油田开发的主动权，创造了我国油田开发技术持续发展的丰富经验，大庆油田是我国油田开发科学技术的光辉典范。

曾担任中国石油勘探开发研究院及中国石油天然气集团公司科技管理部领导的傅诚德同志，从事石油科技管理40年，对科技管理与研究有全面深入的论述。他指出，石油科学技术的发展有客观的规律性。每一项技术的发展大体上都要经历四个阶段：第一是开发阶段，即室内研究和新思路的构成阶段；第二是成长阶段，即室内实验、放大模拟试验、现场先导试验和工业性试验；第三是成熟阶段，即广泛应用，获得效益阶段；第四是衰退阶段，即技术老化，已不能解决新问题，逐渐被下一代技术所替代。大庆油田50多年来原油生产始终处于主动地位，就是因为他们自觉地遵循了这个规律，超前5~10年，做好技术储备[4]。

此外，中国稠油热采技术的发展历程，也充分说明了这种规律。

由此可以得出许多启示：其一，对于不同油藏类型的油田开发，首先要看准影响油田开发全局的主要矛盾是什么。通过室内模拟研究与现场先导试验这两个最主要阶段，找出相适用的主攻技术方向，发展成主导或关键技术，并不断更新换代。其二，油田开发科技创新力量的核心及主力是油田地质研究、采油工程（含开发钻井）、地面工程三支技术队伍，围绕高水平、高效益开发战略目标，集中、协作、持续、有效推进技术发展。要防止研究课题分散、重复、低效。其三，科学研究的核心是创新。科学研究单位如果长期没有重大突破性创新，就失去了生存的意义。因此可以说，科技创新是任何科研单位或科研人员的生命线。如何在科研中抓住核心的创新点，抓准根本，而不是枝叶或重复低水平研究项目，选准科研课题，至关重要。

二、不同类型油藏采取不同的开发方式及有效主导技术

按照辩证唯物论的观点,矛盾存在于一切客观事物和主观思维的过程中,矛盾贯穿于一切过程的始终,这是矛盾的普遍性和绝对性。但矛盾着的事物各有其特点,这是矛盾的特殊性和相对性。

油田开发的具体战略目标是采油速度、最终采收率及总体经济效益最大化的统一。对各种类型油藏的开发方式及主体采油技术,都面临3种技术挑战:选择最适宜的注入驱油流体,即水驱、气驱、热力驱等;驱油扫油体积系数及驱油效率要高;对我国陆相沉积的大多数油藏,在油层多而非均质性差异大的客观条件下,如何控制油层纵向剖面、平面及层内驱替不均的问题,而且贯穿于全开发期,尤以中后期最为突出。这3种技术挑战,既普遍存在,又极其复杂,而又具有不同类型油藏的特殊性。

回顾我国稠油热力采油技术发展的历程,稠油开发中主要矛盾是原油黏度高,高达几百、几千,甚至几十万毫帕秒,油层中流动困难,很难采出。但它对温度很敏感,温度上升10℃,黏度降低一半,如加热至200℃以上时,几万毫帕秒就降至几个。黏度高难采的矛盾,采用油层加热技术就迎刃而解。国内外大量实践,说明这种油藏的特殊性,采用注水冷采方式已不适用。由传统冷采转为热采方式,也经历了科学认识上的艰难转变过程,并非一帆风顺。

1978—1998年,在20年热采技术发展历程中,经历了几次科学认识上的破旧立新,才推动了热采技术跨越式的发展。

(1) 对于开发稠油资源的战略决策问题,在1978年石油工业部领导派团考察国外注蒸汽稠油热采技术,当机立断,将辽河高升油田作为热采技术攻关目标。虽然技术难度大,油层深度为国外热采最深油层的两倍以上,排除万难也要全力攻下技术难关,以带动辽河及胜利油区一批已发现的几亿吨稠油快速增产。康世恩老部长再三强调稠油、轻油一起抓,攻下稠油才能全面上产。

(2) 1982年9月前三年,是新旧观念转变的关键期。

这三年最不平凡,按照部领导的决策部署,开展技术攻关、准备现场试验条件、策划室内实验,到确定技术主攻方案阶段,面临思想认识及工作重点有六个问题的挑战,对此笔者完成了十多项研究报告,提出必须转变稠油难采、习惯于注水冷采的思维模式,以科学论据,论述了要采用新技术,树立新观念,打开稠油开发新局面。

(3) 由传统冷采开发方案设计向热采方案设计的转变。

为打破油田开发方案设计按冷采方式的传统方法,引进国外先进室内热采物模与数模技术,同时自主创新研发了中深井井筒注蒸汽隔热核心技术(包括设计与研制隔热油管与隔热封隔器),1984—1985年中国石油勘探开发研究院与油田合作完成了高升油田及克拉玛依九区两个年产百万吨油田的热采开发设计方案,实现了我国稠油注蒸汽开发技术上的重大突破,科学方法上的又一次飞跃,使我们能够自主创新稠油油田开发的主导地位。

(4) 蒸汽吞吐技术工业化阶段,出现"追求当前、忽略长远发展"的倾向。

1985年蒸汽吞吐试验成功后,各油田推广应用速度之快超出预期,增产效果显著,原来计划1990年稠油产量达到$500×10^4$t,实际却达到$800×10^4$t以上,1992年超过$1000×10^4$t以上,成为全国原油增产的亮点。在此形势下,出现了不利于持续发展,尤其对下一阶段转入蒸汽驱开发的严重技术挑战。

例如：注汽速度过快，注汽压力超过油层破裂压力，导致蒸汽窜流或不均匀推进严重；回采水率低，近井地带存水量增大；井筒隔热技术出现失效不及时更换……种种生产技术管理上的不合理，不仅导致蒸汽吞吐周期采油量、油汽比等降低，更恶化了下一阶段转入蒸汽驱的条件。

这种追求当年生产任务，忽略持续发展的倾向，科研人员的建议难以为生产经营决策层采纳。

（5）中深油藏转入蒸汽驱先导试验有进展，但未工业化推广，为什么难度大？

1986—2000年期间，稠油蒸汽驱先导试验列为国家级重大科技攻关项目，原计划用10年时间先导试验获得成功后，将蒸汽吞吐进入中后期的油藏逐步转为蒸汽驱工业化开采。对辽河、胜利、新疆、河南4个油区11个蒸汽驱先导试验区持续试验、改进，浅层油藏（克拉玛依九区、河南井楼）获得成功，辽河油区1000左右的曙光175块、杜66块等也获得成功，但辽河高升油田未成功。而且辽河油田长期持续采用蒸汽吞吐方式，未工业化采用蒸汽驱开采技术，稠油采收率停留在20%多，未达到预期目标（50%）。

是何原因？值得思考。其中有技术难度大（如油层深、蒸汽干度低）、经济效益差（油汽比低、耗能高）等，但笔者认为油田决策层缺少资金投入是最大制约因素，根源在于缺失战略性决心。在20世纪80年代末及90年代后期，国际油价暴跌，国内以经济效益为中心，曾关闭一批低效生产井，而且对蒸汽驱先导试验后期以及需增加或扩大试验项目投资不足，错失了转换开发方式的最佳时机。延续吞吐开采阶段过长，油层中不利蒸汽驱的因素增多。这样导致的后果，使后来重新加大科技投资，开展蒸汽驱技术攻关的收效大打折扣，付出大量投资，难以回收失去的应有可采石油储量。

需指出，就在20世纪两次油价暴跌时期，美国、加拿大对稠油开发的创新技术研究、试验项目，并没有减少，反而增加了降低生产成本、提高产量的新技术研发。例如，加拿大的SAGD技术，由室内模拟实验、进入现场UTF工程试验，发展为SAGD成熟技术。说明，技术创新是根本性战略上策。

三、针对不同类型油藏出现的矛盾应有科学对策

油田开发中的各种矛盾层出不穷，不仅油藏类型繁多，储层多种多样，而且伴随开发进程，有解决不完的矛盾，也有持续发展的潜力。如何提高油井产量及原油采收率始终是永恒的科研课题，而且还要以经济效益为评价标准发展新技术。

对于具体油藏，要善于分析从开始投入开发到中后期，存在哪些制约开发的矛盾。诸多矛盾中，找准主要矛盾，抓准主攻方向，确定主体开发技术，并有全面配套的工程技术。对于当前已开发老油田，要更加科学地制定几年的科学技术发展纲要或规划。对于重大科技创新项目，制定分年月的运行图，这样可以提高工作效率，加快发展。

回顾1973年5月，大庆油田在"文化大革命"中遭受破坏，国家急需提高石油产量，以满足国民经济发展需求。大庆职工遵照周恩来总理恢复"两论"起家基本功，将原油产量不仅扭转"两降一升"（产量下降、压力下降、含水上升）局面，还要突破4000×10^4t，迈向5000×10^4t。此时，邀请了华罗庚教授的推广"两法"（统筹法、优选法）小分队，笔者有幸担任了"学习推广两法"办公室的主任。半年时间里，陪同华教授在大庆油田勘探开发研究院、采油工艺所、设计院、油建公司及大庆石化公司等，对重大科研项目、油田工程设计建设项目及炼油化工新建项目等，运用"两法"进行统筹规划。统筹法将重大研

项目或工程建设项目中全部内容分解成各系统子单元，将影响全局、费时最长的主要工序或难点列为主要矛盾线，将互相关联的工序随时间同步推进。从各个环节分析主要矛盾线，缩短工期。对预计出现的问题有各种预案，以求高效率、节约投资。优选法简称为"瞎子爬山法"或零点618法。将室内实验研究的多参变数课题或化学剂配方，用最少的分析点，就可优选出最佳配方或方案。这种辩证思维的"两法"科学规划方法，使运用《矛盾论》《实践论》更具体化。华教授的"两法"著作中，有深入浅出、通俗易懂的理论，也有许多大小工程应用实例。大庆油田学习推广"两法"在加快油田建设、科技发展中，发挥了积极作用，不仅对许多项目的完成提高了效率，节约了投资，而且对人们运用辩证唯物主义的方法论与认识论，有了更具体的实践（图2-2）。

在稠油热采攻关中，也运用了"两法"统筹规划方法，加快了科技发展。例如，对具体科研新项目，从概念或课题设计、预研究方案、立项，到开展室内物模实验、化学实验、数模研究，完成先导试验方案；进入现场先导试验，完成评价报告；现场扩大试验与应用，最终形成生产力等各个阶段，运用"两法"原理，确定总体技术路线，依主要矛盾、主导技术、制订路线图，将相关联的各项技术同步交错安排，形成随时间推进的计划。

研究项目中的多种课题需要分解、细化为更具体的研究内容，从机理研究到工艺参数优化选择、工程技术配套、现场实施条件建设、预定效果指标，直到最终应用效果的技术经济评价，都以较清晰的方式显现出来。其中，要回答：这项科研项目从立项到完成各阶段研究所需时长；投入先导试验方案的全套技术工作量及资金是多少；完成先导试验的时间是多少；由先导试验到扩大规模应用的时间与效果预测结果；各阶段科研人员安排、资金投入等。还有完成这项技术需要的协作条件及主要的保障措施等，要有明确、实事求是的答案，求实效、重生产效益，将技术创新点实实在在显示在应用效果上。

图2-2　1973年5月华罗庚教授在大庆油田讲学推广"两法"与大庆油田领导合影
（前排中华罗庚教授、靠右宋振明、右1张永清、左1李虞庚、左2陈烈民，其他两位是黑龙江省领导，中排左3起刘文章、崔海天、闵豫、周占鳌、金毓荪、李道品、杨育之）

项目研究中既要有明确的创新发展思路，从破解油田生产急需难题立项，又要遵循科学程序，一步一步扎实推进，要追求高水平、高效益、大目标，开拓创新，改变油田开发中某些困局的新技术。

四、把握最佳时机转变开发方式或采油方式

按照辩证唯物论的观点，在复杂事物的发展过程中，有许多矛盾存在，其中必有一种是主要的矛盾，对事物的发展起支配作用。然而矛盾的主要和非主要的方面不是固定的，是可以互相转化的。客观条件的变化，导致矛盾的转化，支配着技术适应性、有效性。

在油田开发过程中，随着时间的推移，采油的有利与不利的因素总是不断发展变化。有利因素逐渐减少，不利因素逐渐增多，互相转化，将导致先前有效的技术受到制约或失效，不利因素增长，对设计的预期开发目标增加了新的困难。这里存在一个时间上的平衡点。

大庆油田由于选准了早期注水、分层注水的最佳时机，为油田开发长期稳产、高产的战略目标创造了极为有利的基础。

回顾在"文化大革命"期间，大庆油田的生产受到了极为严重的破坏，出现了"两降一升"，即油层压力降、产量降、含水量上升的局面，于1971年后领导干部被"解放"出来，恢复"两论"起家基本功，大搞分层注水的同时，由于油井含水急剧上升，大批油井停喷，及时采取了自喷转为机械采油方式，既注水又控水，加上放大流动压差，用三年左右时间，由年产2千多万吨，加上喇嘛甸新区建设1000多万吨的贡献，于1976年原油产量迅速上升至$5000×10^4$t。

近几年，辽河油田稠油热采技术取得了很大成就，齐40块蒸汽驱，杜84块SAGD等获得了国家级科技进步奖，成绩来之不易，值得庆贺。但是，迄今动用地质储量$8.4×10^8$t，年产量保持在$600×10^4$t。值得关注的问题是：

（1）2010年稠油$620×10^4$t年产量构成中，蒸汽吞吐油井数超过10000口，产量约$400×10^4$t，占总产量的65%，吞吐储量$6×10^8$t，占总储量的73%。表明吞吐方式仍然是主体开发技术，但平均单井吞吐已达11.4轮次，单井周期产量已降至800t，年油汽比降至0.38，油层压力已降至1.5~4.0MPa，按标定采收率23.4%，已采出可采储量的85%以上，整体进入衰竭期。

（2）蒸汽吞吐产量中，有约$100×10^4$t来自500多口水平井的产量加快吞吐，初期增效，但更加剧油层衰竭，目前产量已大幅递减。

（3）蒸汽驱齐40块于2008年3月全面转驱，2009年产量升至$68×10^4$t。截至2010年4月，注汽井组149个，油井728口，日产油1822t，含水率85%，油汽比0.13，低于经济极限值。按设计方案蒸汽驱15年，产油$750×10^4$t，蒸汽驱阶段油汽比0.18，提高采收率21%。突出的矛盾是油汽比低，热能消耗大，原油商品率低，即使由瞬时油汽比为0.13、原油商品率为48%提高到油汽比为0.18、原油商品率为63%，经济效益并不理想。据报道，另一个蒸汽驱区块锦45块，目前日产量升至176t，年油汽比由0.14升至0.17，蒸汽驱效果堪忧。

（4）杜84块SAGD开发区，截至2010年6月，已投产26个井组，日注汽5419t，日产油1514t，含水82%，年产油$27.7×10^4$t，年油汽比0.22，进展较好，商品率69.5%，但仍未达到加拿大SAGD的先进水平及设计方案的要求，面临诸多问题。

（5）目前采用冷采方式的产量约$8×10^4$t，常规注水产量$100×10^4$t。这些区块的采油速

度低，采出程度也低，有发展潜力，但油藏条件复杂，有薄互层、边底水层等，今后如何转换开发方式，能否采用热采，急需研究试验。

（6）总体上看，虽有种种难题，但发展潜力很大。动用了 8.4×10^8 t 地质储量，至今才采出约25%，剩余储量巨大，还有持续发展的雄厚资源基础。大多数区块的油层物性、储量丰度都优越于其他地区新发现的复杂岩性、低丰度、低产油藏。

（7）值得反思的是：大多数稠油区块储量 6×10^8 t，1万多口井，失去了由吞吐阶段转入连续注汽进行汽驱开发方式的最佳时机，目前大部分井组，已到了转汽驱极限时段。

1990年前后，笔者曾在辽河油田6个稠油采油厂调研，提出吞吐周期5~6轮次，油层压力降至原始值之半，地下单井累积存水量几千吨，就是转汽驱最佳时机。超过10轮次转汽驱时，已到经济极限时段。写成多个专题报告，交给有关领导。目前齐40块是辽河稠油地质条件最好的油藏，至今转驱效果并不理想。而其他区块，已造成过度吞吐降压，汽窜通道扩大，每口注采井存水量超过10000t，给转汽驱造成了极不利条件，悔之晚矣！

2006年12月，笔者在《开创新一代稠油热采技术，采用多元热流体泡沫驱热采配套技术提高采收率技术研究》报告中建议：

（1）面临挑战，从长远战略目标着眼，加强技术攻关，开创新一代稠油热采技术，尽早转换多元化开发方式，以加强热能系统管理、提高油汽比及采收率为核心，发展新的系列配套工程技术，实施稠油二次开发。

（2）突出主要开发区的二次热采，即现在仍然延续蒸汽吞吐及水平井吞吐的区块，尽快转入新一代蒸汽/热水驱方式，不再延续蒸汽吞吐，这会延误转汽驱时机，造成后续汽驱二次热采极不利的条件，加剧继承性汽窜、存水率继续升高，必然导致增加热耗，降低油汽比，难于大幅度提高采收率的后果。

新一代蒸汽驱，即蒸汽/热水氮气泡沫驱，还可加入沥青溶剂、高温聚合物，或多元热流体泡沫驱加颗粒封堵大孔道段塞，控制汽窜，扩大汽驱体积系数，开拓多种综合驱油开发方式。这类开发区，储量大，采出程度低，是增产、稳产、提高采收率的主攻方向，对辽河稠油和全局原油产量起决定性作用。不要局限于推广齐40块汽驱模式，要有新思路，创造新模式。

（3）为提高油汽比及采收率，齐40块蒸汽驱开发区在蒸汽中加氮气泡沫剂以及颗粒封堵段塞等，取代已不适用的常规汽驱模式。

在多元热流体驱中，随注采动态，可采用变速度、多介质段塞注入方式。对生产油井要更换、修复老化的防砂管，疏通套管液流孔道，减小井底流动阻力，提高注采比。对吞吐阶段井底存水量大的油井，用注氮气吞吐方式强化排水或其他解堵、排水措施。

（4）对杜84块采用蒸汽加氮气扩大汽腔，变干度、变气液比等调控技术。应用连续油管于水平采油井段冲砂、测试、分段作业，发展注汽水平井多级封隔器分层注汽技术。

（5）对目前冷采及常规注水区块，针对薄层、边底水层不同黏度、油层物性差等特点的油藏，尽快试验研究多元二次热采方式。

（6）加强注热系统从地面到井底、到油层的热能传热传质分析和热能管理。现已制成23t/h 的燃煤蒸汽锅炉，已成批生产和应用，用煤代油以及用气代油，可以节约燃料费一半以上，值得推广。对隔热油管的使用要有监测隔热效果及报废制度，推广环空注氮气隔热技术，保护套管热采使用寿命50年以上。

对注汽锅炉烟道气中15%的热能及 CO_2、N_2 气体，收集起来回注油层，既环保，又是现实、高效的多元热流体驱油剂，要利用起来，还可节约燃料费，燃料费占总操作成本的40%~50%。前几年，烟道气回收回注技术在辽河锦州采油厂试验成功。要进一步完善设备和防腐隔热油管配套，在大型注汽站大规模应用。

（7）建议集团公司安排试制连续隔热油管，用于水平井段均匀注汽，提高油层加热效率。

最后，中国石油勘探开发研究院热采所是全国稠油热采技术研究中心，具有世界先进水平的热采实验室和精干、高素质的科研人员。过去30年，完成了全国几个主力稠油油田的热采开发设计方案、几十项重大科研项目，获得数项国家级及集团公司科研大奖。最近几年，又增加了一批富有创新精神的新一代科研生力军，有能力和辽河油田科研人员密切合作，优势互补，两个主角，当担重任，开拓创新，共创世界奇迹。

五、油田开发中重视开展多种现场新技术先导试验

正确的思想只能从实践中来。实践、认识、再实践、再认识，这种形式是辩证唯物论的认识论的精华。结合油田开发实际，对各种类型油藏，不管多么复杂，经过室内实验与研究，提出初步方案，开辟现场先导性试验区，再评估、改进方案，再扩大试验，直到基本成功的开发示范区，再次修正补充成为正式开发方案，按这样的科学程序，定能找到高效开发油田的最佳途径。

跟踪美、加、委、俄等石油资源强国，他们每隔两年在 Oil & GAS 杂志发表的 EOR 先导试验项目，超过200项。因为石油开采业具有高投入、高风险、高收益的特点，石油公司十分重视先导性开发试验，舍得投资，才能避风险、创收益。而且在试验项目中，持续时间都较长，每年评估中，技术、经济上都成功的大约只有50%，另有一半是技术上成功，经济上失败，还有不确定效果，也有宣告失败的。

大庆油田在开发初期，会战领导已从玉门老油田晚注水经历中吸取教训，下决心要采取早期注水、分层注水的策略，但仍然在最早开发的 $30km^2$ 内，开展了10项先导性试验。这10项试验是以油田注水为中心，包括合注分采；分注分采；分注合采；大井距面积注水；强化注水、油层压力提高到原始压力以上采油；分列布井强化排液、强化注水，使注入水在地下拉成水线；不同渗透层分别注水，观察其不同推进速度试验；不注水，依靠天然能量采油；不同射孔密度，配产配注试验；注二氧化碳及其他活性剂提高采收率试验等。与此同时，围绕提高采收率，控制水窜，进行了选择性注水、选择性堵水、选择性压裂等采油工艺试验，直至"糖葫芦"式多级水力封隔器攻关试验等。

通过两三年的艰苦努力，开发试验和采油工程技术攻关取得成果，为大庆油田的合理开发提供了依据和手段。在1962年底，编制出了萨尔图油田第一阶段 $146km^2$ 的开发方案。通过大量实践，1963年4月，石油工业部经各方面专家认真讨论和反复论证，审查和批准了这个开发方案，1963年底，全面实施，建成了年产油 $600×10^4t$ 的生产能力。

所以，大庆油田按"两论"哲学思想，在油田开发上从开始就迈向了高速度、高水平、高效率的先进水平，成为我国石油工业的先驱、典范。至今，仍持续开展在高含水、特高含水开发区，对不同层系、不同油砂体进行多种先导试验、扩大试验、示范区规模开发试验，还包括前瞻性超前研究与试验。

通过实践而发现真理，又通过实践而证实真理和发展真理。从感性认识而能动地发展到理性认识，又从理性认识而能动地指导革命实践，改造主观世界和客观世界。实践、认识、

再实践、再认识,这种形式,循环以至无穷,而实践和认识之每一循环的内容,都比较地进到了高一级的程度。这就是辩证唯物论的全部认识论,这就是辩证唯物论的知行统一观。这是"实践论"最后的结论语。

在大庆石油会战初期,这段哲学名言,在我们进行"糖葫芦"式封隔器分层注水技术攻关最终取得成功的岁月里,刻印在脑海里的"实践、认识、再实践、再认识"十个字,指引我们经过1018次地面模拟试验,又经过133次实际注水井反复试验,一步步达到预期技术指标,获得成功。接着又发展形成"六分四清"配套开发技术与理论,也成为我们在稠油热采技术攻关中的一把思想武器,打开了思路,凝聚了智慧,找到了窍门,明确了主攻方向。

回顾过去二十多年的稠油注蒸汽热采,经历了三个阶段:

1978—1985年,蒸汽吞吐技术攻关由室内研究走向现场试验,获得成功;1986年开始推广蒸汽吞吐技术上产量,完善配套技术的同时开展转入蒸汽驱先导试验技术攻关,到1995年,以蒸汽吞吐技术为主的热采产量达到1000×10^4t以上的稳产期,浅层蒸汽驱试验成功,中深层汽驱未达到预期目标;此后至今为第三阶段,老区蒸汽吞吐进入中后期,中深层继续汽驱试验,依靠新增储量稳产,开展特超稠油新技术及多种水平井等技术攻关,可简称热采多元化方式开发阶段。

从三个发展阶段中,技术创新是必走之路,不断创新,才能高效率、高经济收益开发。要创新,必须要经过新技术先导性试验,也必然有技术上、经济上的风险。要化解风险,取得成功,并规模化应用,形成新的生产力,时间因素是关键。

分析在科技创新过程中,由室内从概念实验研究,走向现场先导性生产试验,理论与实践反复结合,直至成功,要注意以下三点:

(1) 对先导性试验,要重视,不失最佳时机。

例如新疆九区投入蒸汽吞吐试验初期,就及早开展了两个蒸汽吞吐+汽驱的先导试验区,取得了不失时机转入蒸汽驱的经验及技术,大面积转汽驱后采收率达到50%以上,经济效益好。辽河油田曙光一区175块边水油藏,及早转入汽驱试验,和边水浸入抢时间采出了大量可采储量。但遗憾的是,胜利单家寺油田单2块汽驱先导试验,边底水十分活跃,水体大于预期,转汽驱拖延,失去最佳时机而失策,损失了大量可采储量。

(2) 对先导试验要坚持到底,充分发挥主观努力,转化不利因素。

虽然有些油藏客观条件很难按主观愿望改变,但实践、认识、再实践、再认识还未循环至成熟程度,不应过早下结论。例如河南油田井楼零区浅层稠油油藏,转入蒸汽驱,蒸汽窜流严重,油汽比低,在成功与失败之间波动。油田科技人员坚持进行了多种调控、改善工艺技术措施,终于获得成功,最终采收率达到49.5%。

辽河高升油田开辟了三个蒸汽驱先导试验井组,由于油层埋藏深,井底蒸汽干度低,地下存水率高,转汽驱时机晚,汽驱效果差,汽驱试验时间不到两年,未能坚持采取调控及改善工艺措施停止了试验,未获成功。2002年,一家香港民营企业获准合作开展蒸汽驱试验,采取新技术,但投资资金大,筹措未到位作罢,突显投资问题是主要制约因素。

(3) 抓先导试验,要抓主要矛盾及配套工艺措施。

在蒸汽驱先导试验中,暴露出的主要矛盾是蒸汽带纵向扩大不足,蒸汽窜流严重,汽驱体积波及系数低。必须从汽驱初期、中期至后期采取多种综合技术措施,将瞬时(月)油汽比主要评价指标调控到经济极限以上。

为做到上述三点，对先导试验项目要思考以下问题：

（1）科技人员要防止浮躁思想，不要急于求成，发扬求实精神，将阶段性成果推向更高水平的发展。

（2）生产经营管理者要有持续发展目标，切忌只顾当前，不谋长远。

（3）财务经营者要舍得投入资金，关注长远潜在的经济效益。

（4）油田决策层要统筹全局，辩证思维处理好当前与长远的关系，制订好总体发展战略规划。

总之，创新科学试验项目要超前，新技术投入生产实践不能滞后，将两者时间交会最佳化。

六、反对孤立和片面的形而上学观点，按系统工程理念发展采油工程技术

回顾20世纪50年代，国家急需石油，求速度夺高产，玉门老油田热火朝天搞开发建设。尽管没有经验，技术也落后，但主观积极性高，斗志昂扬。钻井工人打头阵，快速钻井，争当"火车头"；地质师分析油层产油能力，根据气油比与产量曲线优选油嘴尺寸，确定单井产量计划；采油工程师搞油井清蜡、压裂酸化，尽力提高油产量。当时，钻井工程、油田地质、采油工程称为"三驾马车"，争当油田主人，各自奋战。"大跃进"时期，放大油嘴自喷，夺高产，造成油层压力急剧下降，油井停喷减产，高产变低产，结束了一时兴盛。主观愿望脱离了客观实际，未抓准根本，地下储量不清，超出油层合理产能，定高指标，扩建地面设施，吃了苦头。

这个故事，印象极深。1960年发现大庆油田，余秋里、康世恩总指挥总结经验教训，提出"石油工作者工作岗位在地下，斗争对象是油层"，"油田地面工作服从地下"，抓住了油田开发的主要矛盾——要实现长期高产稳产开发战略目标，必须早注水，分层注水，保持油层压力稳定不降，称"油层压力是油田的灵魂"，而且以油田地下为中心，以分层注水为核心，将储层研究、油藏描述、钻井取心、分层注采工艺、地面工程等，按系统工程理念统一协调、配套发展，排除了用孤立的、静止的和片面的观点，互不协调，当时批判"荷叶包钉子，个个想出头"的形而上学观点的种种干扰，以辩证唯物主义哲学思想为指导，科学开发大庆油田，创造出了大庆油田开发的举世瞩目的世界油田开发先进水平。

大庆油田运用"两论"哲学思想取得的经验，有力地推动了稠油热采技术的发展，人们的思想观念从实践中转变，总体上发展速度很快。

回顾我国稠油热采技术发展历程，原石油工业部领导统一部署、决策，将油田生产、经营管理、科研等各部门集中组织，设立国家级重大科技创新项目，以提高科研创新力为核心，以形成大幅度增产原油生产力为目标，按系统工程理念，取得了一项油田开发上的重大科技创新，而且是一项跨越式快速发展的科技成就。

稠油热力采油技术是一项新学科，也是一项涉及油田开发地质、油藏工程、钻井工程、采油工程、地面工程建设、机械设备制造、油田化学等多学科的系统工程。过去很长一段时间，许多人熟悉油田注水开发，对注蒸汽热采比较陌生，往往习惯于按轻质油藏的特点去评价储量、制订开发方案，用冷试油试采方式评价产能等，出现认识上、决策上以及技术上的不适应、不协调、不更新的观点。难以打开新思路，势必延误稠油热采的发展。

例如，对稠油油藏评价研究依靠电测资料多，取岩心资料少；冷采产量低或不出油无法评定产能；按冷采钻井完井，成批建井速度很快，油井结构不能承受注蒸汽高温高压条件

等。要将各个相关专业人员的"冷采"观念转变到"热采"新技术发展思维及行动上来，实不容易，领导决策层是关键。

另一方面，要创新一项重大新技术，从室内机理实验研究产生设想方案，进入现场先导试验评价成果后形成能够推广应用的生产能力，必须经过公司各部门的工作程序分工落实。

为此，在统一部署提出总体目标与要求下，组成稠油热采技术攻关领导小组，在相关油田也成立稠油技术攻关组织，加强协调，提高工作效率。

中国石油勘探开发研究院发挥了热采开发总体技术方案设计及室内"双模"技术实验的优势；辽河油田承担了具体油藏工程研究及钻井、采油、工程技术研究与实施；石油规划设计总院担负地面工程设计及规划；石油机械制造厂研制注汽锅炉、高温高压注采井口装置及井下隔热油管等硬件设备，并且规模生产，满足产量上千万吨的需要。这四大系统，由石油工业部组成的稠油开发领导小组统一协调发展，发挥各自优势，工作拧成一股劲，提高了工作效率，消除薄弱环节，加快了整体发展。

在20年科技创新过程中，中国石油勘探开发研究院发挥着核心作用与先驱作用。在关键时刻抓了关键性技术：1978年起科技创新初期的技术攻关课题设计→起步阶段的室内模拟实验（双模技术）与现场工程技术准备（注汽设备、钻完井技术）→确定技术主攻方向，研发核心工程技术（井筒隔热技术）→设计蒸汽吞吐方案，指导首批油井现场试验→向领导层建议打破传统旧观点，树立新观念，推动全面新发展→提出稠油分类评价新标准，研究全国发展规划→采用新方法完成两个大型油田开发设计方案→引领吞吐新技术配套定型→设计蒸汽驱先导试验方案→跟踪全国汽驱试验进展，提出改进对策→1998年止全面创新我国特色技术，稠油产量跃居世界前列→研究提出稠油、特超稠油等多种油藏类型热采技术发展模式，引领技术发展方向→发挥对外技术交流与合作的核心作用，提升了国际地位与影响。

当前，中国石油勘探开发研究院的整体科研及热力采油科研能力，已提升至国际大石油公司的先进水平，辽河油田、新疆油田公司已成为国内最大的稠油科技研发基地及生产基地，同时还有几个石油机械设备制造基地。我国稠油热采技术及钻井、采油、机械设备已进入国际市场。今天的辉煌成就既自豪振奋，也面临着国内稠油开发新的挑战，难度更大的特超稠油，低渗透、薄油层稠油以及吞吐开采后期油藏条件复杂化的大量剩余储量，如何经济有效地提高采收率，这都是世界性的技术难题。

面对严峻挑战，需要更新科技创新机制，按系统工程理念，采用新的大协作，将科研、生产、设备制造各路优势互补，加快步伐，再创造出新一代革命性的热采技术，持续奔向世界技术前列。

七、处理好继承与发展关系，搞好"两个跟踪"，迎接新的技术挑战

回顾过去我国稠油开发热采技术发展历程，起步虽晚，但发展速度很快，蒸汽吞吐热采技术仅用了10年时间，缩短了和国外约20年的差距，年产量跃升至$1000×10^4$t水平。担负全国稠油热采科研主攻任务的石油院所和油田科技人员，在领导大力支持下，多次出国考察、学习，既引进国外部分技术设备，更注重自主创新研发，结合我国实际，积累了许多成功的经验及一系列工艺技术。在蒸汽吞吐攻关阶段，对蒸汽驱技术发展已有了整体技术构想；在进行蒸汽驱先导试验阶段，对多种类型稠油油藏开发模式及工程技术有了较明晰的前瞻性研究。科学研究在继承中发展，在发展中创新，这遵循了科技进步永无止境的普遍发展规律。要把握稠油热采科技发展大方向，少走弯路，不走弯路，我们要创新，需要戴上

"两个镜子"——望远镜和放大镜,做好"两个跟踪"——跟踪研究国内和国外发展动态。戴上望远镜让我们要有宏观战略,不能只看今年、明年,要看十年、二十年油田的发展;使用放大镜要深入微观世界,研究油层细致认真,不拘限于平均数,一丝不苟。最聪明的诀窍是既跟踪研究国内油田试验中的正负两方面的问题,抓准突破点,又要跟踪研究国外热采技术进展及发展方向。

进入21世纪以来,国际重质原油探明储量及产量持续增长,稠油热采技术向多元化、高效率、低耗能方向发展。我国稠油热采技术已走出国门,在委内瑞拉奥里诺克重油带MPE3、哈萨克斯坦阿克纠宾稠油油田等从开发设计方案、丛式水平井钻井、地面与地下注汽设备等配套应用成功,促进前者产能已达500×10^4t以上,后者老油田恢复生产,产量已达200×10^4t以上,这验证了我国稠油热采技术具有的优越性及先进性。

同时,也看到国际上新能源、非常规油气资源的开发利用已发生了巨大变化。就稠油开发而言,不仅涉及能源安全,而且市场竞争的深化及原油价格的起伏变化等,影响着科学技术的发展,已今非昔比。

当前,我国已投入开发的稠油油藏,类型多,有浅层、有深层、有薄互层,油水关系复杂,开采难度极大,面临许多世界性的难题。如何进一步提高采收率,争取达到50%~60%以上,并获得经济效益,应作为开拓新技术的战略目标。因为应用注蒸汽热采为主的各种方法,耗能高,按极限油汽比0.15,消耗油气燃料比占45%,即使达到上述目标,也相当于轻质油藏采收率的30%。更应关注延长油田开采寿命和相关产业链,造福于石油人及子孙后代的生存与发展。

面对严峻的技术挑战,我们要迎难而上,勇于开拓进取,运用辩证法,广开思路,找准科研课题设计发展方向,紧紧掌握主要矛盾线,锲而不舍,反复实践、认识,不断扬长避短,追求最佳效果。

最后,要推进重大科技项目创新,创造对生产有重大贡献的主体技术,需要有战略思想的坚强领导者、富有奉献创新精神的学术领军人才、团结奋进勇攀高峰的科研团队,三者缺一不可,这是科技创新的核心力量。

八、关注科研项目发展中的有利与不利因素

大庆人有"两论起家"、"两分法前进"的优良传统。所谓"两分法",就是看问题既要看到正面,又要看到反面;既看到成绩,又要看到问题;既看到成功的一面,又要看到失败的一面;成功不是绝对的,是相对的。他们常说:"成绩不说跑不了,问题不找不得了","成绩面前喜不倒,困难面前难不倒",这个哲理对领导干部和科研人员尤为重要。在科技创新过程以及日常工作中,运用"两分法"观念去观察、思考问题,可以使人变得更聪明,减少盲目性和随意性,增强预见性和科学性。现举两个笔者经历的事例:

事例一:1965年,大庆采油研究所研发了分层采油多级封隔器,即油井水力自封式封隔器,通过室内模拟试验及第一批油井下井试验取得分层采油的良好效果后,在半年时间内,开展了100口油井的分层采油配产"146"井下作业会战。一年后,发现封隔器胶筒老化快,抗油性差,破损掉下更换时,发生几起"顶飞"油管事故,产生安全环保(井场喷油)严重后果。后来更新研制了新一代水力压缩式油井封隔器,淘汰了它。

此前,在1962年"糖葫芦"式封隔器试验成功后,1963年在10口注水井又进行了133次扩大试验,设想了可能出现的破坏性试验方案,如增高注水压力下胶筒破坏情况、模拟井

下砂堵、配水器水嘴磨损等,预测大面积推广应用起下作业的安全性,有效寿命及预期效果。在1964年开展101口井,分444层的工业性推广应用中,没有出现技术性事故,获得油田开发大规模成功应用。

此事例说明,新技术产品在取得初步成功后,必须经过较长时间以及较多数量的两个实践检验,在扩大试验中找毛病,及早揭露可能导致失败的因素,即使成功率为99%,1%的失败率也不可放过。

事例二:在1999年,笔者在吉林油田考察,新发现的套保稠油油田储量超过$1000×10^4$t,油层浅仅250~300m。采用螺杆泵出砂冷采,单井产量甚低,笔者建议这种浅、薄层又具有边水活跃油藏,地层能量低,原油黏度高,不宜冷采,应采取蒸汽驱为主体技术进行热采。后来采用辽河油田中深井蒸汽吞吐技术,在12口油井进行注高压蒸汽吞吐试验,注汽速度快,产生油层压裂裂缝,进汽量多而远,回采油量少,烧燃料油量多于产油量,导致失败。以后继续冷采降压后,边水侵入,水淹停产,损失了上百万吨的可采储量。

在此事例中,选择螺杆泵出砂冷采是失误一,采用高压注汽吞吐是失误二,未能采用注蒸汽驱既补充能量,又可防止边水入侵是失误三。关键是选择主导开发技术时,只考虑了冷采投资少、生产成本低、螺杆泵采油可携砂冷采、蒸汽吞吐易操作等有利因素,忽略了这些技术不适用于油藏的不利因素。看重了眼前,忽略了长远。这主要是当事者缺少经验,对科学方法及认识上也有渐进过程,但贵在实践中要不断以"两分法"总结经验。

任何油田开发新技术研究要获得成功,要紧紧抓住发展中暴露出的主要矛盾,即攻克起支配作用的障碍,切记只报喜不报忧,或者急功近利,将阶段成果看作终极成果;甚至不化解不利因素,导致矛盾转化,前期成功变为后期失败。

九、科学研究的核心是创新,要创新要发挥两个积极性

科学技术是推动物质生产力及社会进步的第一要素。对科研单位来讲,如果没有创新的精神动力,没有创新的重大成果,就失去了生存与发展的生命力。

科学研究要创新,首先要有创新、爱国奉献的精神;同时要有科学方法,运用辩证唯物论的思想方法;要有领导者的创新精神率领科研团队去创新,上下两个积极性结合,无坚不摧。回顾大庆会战初期,笔者担负康世恩副部长提出的"糖葫芦"式封隔器攻关任务时,康世恩讲,不要怕困难、怕失败,准备试验几百上千次才能成功;余秋里老部长讲,只要能攻下封隔器,要天上的月亮也给你去摘。领导人这种决心,激发了大庆采油研究所青年团队日日夜夜克服种种困难,经过1018次模拟试验,又经过133次井下生产考验终于获得成功。这说明领导者的决心及创新意志起决定性作用,当然科研团队起着实施核心作用,缺少创新精神,也不行。

以上这些体会,不一定全面、准确,提出来供领导和青年朋友一起商讨,做个参考,也是退休的老石油人尽一点爱心。

第三章　构建百年油田的资源及科技基础

进入 21 世纪以来，我国石油天然气工业跨入新的持续发展时期，各项工作稳步推进。石油天然气勘探开发技术年年都有新成就、新发展。

中国石油天然气集团公司的百万石油人，秉承"我为祖国献石油"的核心价值观，为保障国家能源安全，肩负历史使命，忠诚履行经济、政治和社会三大责任，在我国石油天然气勘探开发领域持续取得巨大成就，发展形势喜人。自 2006 年原油产量突破 1×10^8t，达到 1.0664×10^8t，到 2012 年又突破 1.1×10^8t，保持了持续稳定发展的好形势。包括中国石化、中国海油，全国原油产量已达到 2×10^8t。成就来之不易，成就喜人。

笔者已退休多年，年老体衰，和同时代老石油人一样，热爱石油事业，热爱石油开发技术研究的情深不减，经常关注着油田开发领域的新动态、新发展。回顾过去，喜看今朝，展望未来，关注着石油人为实现中华民族伟大复兴的中国梦，期盼年青科技人员在新的发展时期，勇于科技创新，继承与弘扬大庆精神、铁人精神，面对新挑战，创新发展油田开发新技术，尤其在油田开发领域，采油工程技术上创造出更多革命性突破工程技术，破解诸多世界性技术难题，构建我国石油人的"百年油田"，将相当储量规模的老油田提高原油采收率，延长开采寿命，为国家增加财富，也造福子孙后代。

我国石油天然气资源总体上还有巨大发展潜力，地质勘探领域还很开阔，而且地质勘探新理论与新技术不断创新，发展成果十分喜人。天然气、致密油气、深层油气等发展方兴未艾，前景乐观。

根据我国石油资源地质条件，油气资源比较丰富，但远不如沙特阿拉伯、美国、委内瑞拉、加拿大和俄罗斯等国。而且油气资源中，天然气相对较多，原油较少，总体上油气资源及产量满足不了我国国民经济发展的需要。突出的问题是我国已投入开发的多数主力油田已进入开发中后期，原油产量递减是自然规律。面临着如何依靠科技进步提高原油采收率，打破国际上油田原油采收率仅 1/3 的技术门槛，创新提高采收率技术，延长油田有效开采寿命。这就是构建百年油田的中心议题。

第一节　近十年关注的几个问题

一、我国石油对外依存度不断上升

由于我国国民经济的快速增长，国内原油产量虽然已位居世界第五位，年产原油达到 2×10^8t 水平，但仍满足不了全国消费需求。原油对外依存度逐年上升，据中国石油报报道（2013.1.10）：1997 年为 10%，1999 年为 20%，2002 年为 30%，2004 年为 40%，2007 年为 47.2%，2008 年上升至 50% 以上。2012 年我国原油产量 20459×10^4t，进口原油 2.71×10^8t，对外依存度近 57%，天然气对外依存度也达 28%。有学者预测到 2035 年对外依存度将升至 80%（参考消息，2013.1.21）。

据中国石油报报道（2013.2.20），中国历年原油产量、石油消费量及石油对外依存度变化见图3-1。

图 3-1　中国历年原油产量、石油消费量及石油对外依存度变化

二、国际油价的起伏变化

受国际政治、经济诸多因素影响，国际油价变化极大。2008年受美国金融危机及欧元区经济衰退影响，导致国际油价大起大落，出现倒"V"型轨迹，令人眼花缭乱。2008年年初首个交易日突破100美元/bbl，到7月创下147美元/bbl最高纪录，到12月下跌至33.8美元，处于近5年来的最低点，2012年保持在90美元左右。图3-2是2008年国际原油价格变化。图3-3是2013—2014年初国际油价变化。

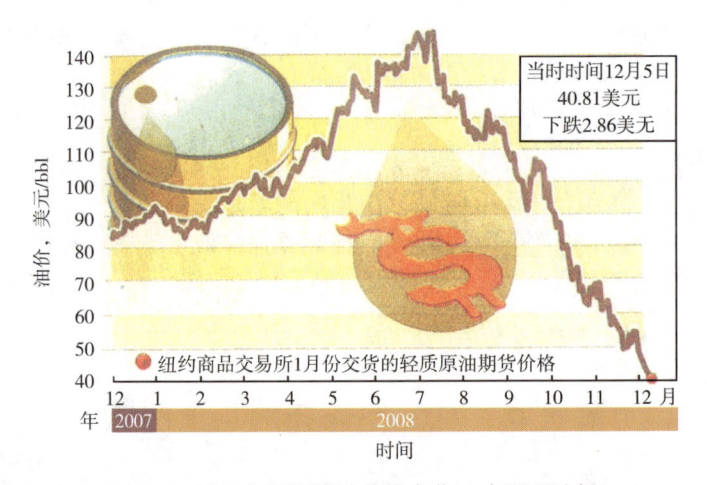

图 3-2　2008年国际原油价格变化（中国石油报）

由于全球经济低迷对原油的需求不旺，加之美国页岩油的快速发展，最近两年国际原油市场总体呈供大于求的态势，加之以俄美为对立方，和中东地区以沙特阿拉伯和伊朗为另一对立方的地缘政治博弈，期货市场上的投机炒作，国际油价一路走低。2014年5月至2015年油价总体低位波动在45～55美元/bbl左右。预计未来几年，如果不发生重大突发事件，油价仍将在50～60美元/bbl变化。远期看，油价具有升至70～90美元/bbl的背景，但要再升到100美元/bbl以上的高位将很难。

较低的油价对我国上游原油生产是一把双刃剑，一方面对盈利带来严峻挑战，另一方面也催生技术创新和发展方式的转变，需要走技术发展之路和管理创新之路，以保持石油工业的健康发展。

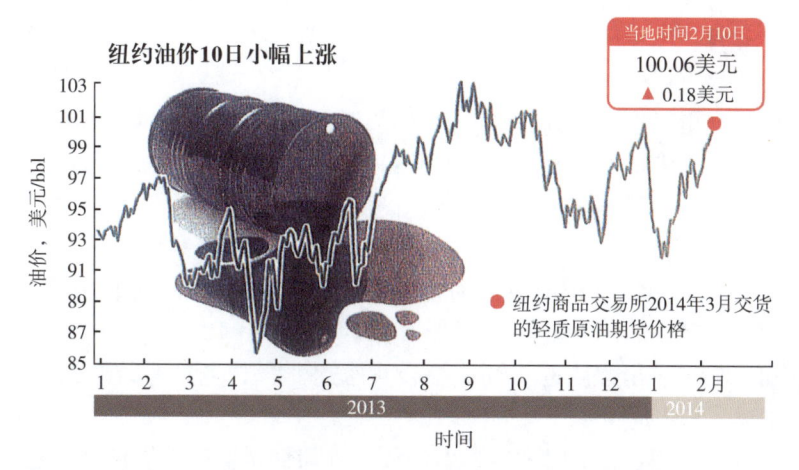

图 3-3　2013—2014 年初国际油价变化（中国石油报）

三、我国原油生产形势与生产潜力

中国石油天然气集团公司年产原油占全国一半以上。2012 年，大庆油田在历经 27 年持续高产稳产原油 $5000×10^4$t 之后，又连续稳产原油 $4000×10^4$t 进入第 10 个年头。因此第三次获得国家科技进步特等奖殊荣，也是新世纪以来中国石油第一次获此殊荣。中国石油海外油气作业产量当量突破 $1×10^8$t 和权益产量达到 $5175×10^4$t，建成"海外大庆"。长庆油田油气当量达到 $4000×10^4$t。新疆三大油田，将在"十二五"末油气当量达到 $5000×10^4$t。最近五年来，中国石油每年新增探明石油地质储量都在 $10×10^8$t 以上，新增天然气地质储量都在 $4000×10^8$m^3 以上，形成了超亿吨级规模的新油区，7 个超千亿立方米规模的新气区，累计新增探明油气储量当量超过了 $50×10^8$t。油气储量接替率已经达到了 164%。持续稳定增长的油气后备储量，为中国石油履行"三大责任"奠定了扎实可靠的物质基础，成为保障和维护国家能源安全的坚强后盾[5]。

总体上，今后持续发展形势良好，令人鼓舞。

四、我国原油生产稳产形势

上述按油气当量后备储量分析，我国天然气储量与产量已进入快速增长期，生产潜力很大。但从原油储量与产量发展形势看，有喜有忧。油气当量中，气多油少。原油在现实及长期能源消耗中居核心地位，是涉及航空、运输燃料高比重的安全保障首位。

最近几年来，中国石油大多数已开发老油田，包括大庆、吉林、辽河、华北、大港等油区，已进入"双高"（高含水、高采出程度）开发阶段，原油自然递减率逐渐加大，2012 年年递减率已高达 10%。显然每年加大投资建设新产能 1000 多万吨，弥补递减后，新增年产量 200 多万吨，制约了原油产量的持续稳定增长。据统计，中国石油 2000 年原油产量 $10359×10^4$t，按总生产井数 80847 口计算，平均单井产量为 4.2t/d；2005 年原油产量 $10585×10^4$t，总井数 114290 口，平均单井产量为 3.0t/d；2008 年原油产量 $10807×10^4$t，总井数

147955 口，平均单井产量降为 2.5 t/d；2011 年单井产量已降至 2.1t/d。

近几年来，中国石油将提高单井产量为主要目标的多种技术措施，不断强化、更新、推动油田开发科技创新，也取得了一系列科技成果与开发效果。例如精细油藏描述、细分层系注水驱、水平井开发、体积压裂技术、稠油 SAGD 及蒸汽驱开发等，对减少递减稳定生产起到显著成效。

上述生产形势突出两点：一方面老油田老龄化，进入开发中后期，随着开发程度深化，进一步提高采收率的难度增加，生产成本上升；新增原油地质储量多为低品位、深层、低渗透、特超稠油等，开发动用难度加大，产能建设投资增加，单井产量也较低。另一方面，多数老油田显然已进入"双高"开发阶段，但总体上剩余地质储量仍然很大，也还存在巨大的生产潜力。除大庆萨喇杏主产油区目前采出程度已超过 50%，其他油田采出程度较低，相差较大。如辽河油区，2010 年止，探明地质储量超过 $24×10^8$t，动用 $19×10^8$t，采出程度仅 20% 多，按可采储量采出程度近 80%，综合含水达 82%，老区递减率加快（自然递减率 23.5%，综合递减率 9.4%）。

总体上看，在今后相当长的时期内，新增原油地质储量支撑着原油持续稳产，老油田开发自然衰减与依靠科技创新提高新老油田采收率，这三者是并存的主导因素，而且科技创新贯穿在新老油田开发全程中。我们关注的焦点是如何面对技术挑战，解决新增难采储量、开拓老油田延长有效开发生命期的一系列技术难题。这也是本书的中心议题。

第二节 树立创建"百年油田"的信心

科技创新是延长油田生命期的永恒主题，是实现"百年油田"的推动力。

对于已进入开发中后期的老油田（指地质储量在几千万吨以上，开采期超过 10 年以上），在各自经历上产期、高产期与稳产期后，进入递减阶段的采油时间都相对较漫长。但具有递减逐渐加快之趋势，这是自然规律。

"百年油田"能不能实现，怎样实现？这是老一代石油人的牵挂，也是年青一代石油人必须面对而又要努力回答好的问题。

一、玉门老君庙油田的启示

誉称中国石油工业"摇篮"的玉门老君庙油田，是新中国成立后，第一个采用现代工艺技术开发的油田，至 2015 年连续开发了 77 年。1958 年年产峰值曾达 100 多万吨，以后随地层压力下降，转为机械采油，持续改善注水驱，至 2012 年产量维持在 $14×10^4$t 水平。近几年，玉门油田加大对"老油田"的研究力度，在中国石油大力支持下，玉门油田于 2012 年启动重上百万吨重大科技专项（包括周边鸭儿峡、酒东等油田），与科研单位合作，重新认识地质情况，敢于打破传统认识上的不足，确定老君庙油田作业区 $20×10^4$t 产能建设项目，进一步改善注水驱。在中国石油勘探开发研究院帮助下，老君庙 L 层进行二次开发，将三次采油"L2+3"项目作为 2013 年的重点。在专家的帮助下，对 20 世纪 70 年代已认为不会有产量而关闭的 L3 层，重新认识，重新打开关闭 30 多年的层位。截至 2013 年 5 月 23 日，"L2+3"项目第一批投产的 8 口油井均实现自喷生产，单井产量成倍增长，增产增效。（摘自中国石油报）[6]。

20 世纪 50 年代，对老君庙油田从上到下的 K、L、M 三个层系用三套井网注水开发，原始地质储量确定为2000多万吨，至今已增至5000多万吨，增长一倍多。而且采用典型的轻质、砂岩油藏注水开发模式，在不同开发阶段不断改善开发方案，推进采油工程配套技术进步，并取得了丰富经验及巨大成就。实践证明，科技创新是实现百年油田的动力。

二、大庆油田科技创新的启示

大庆油田是我国现代石油工业飞跃发展的里程碑，开创了我国陆相石油资源勘探开发新理论以及一系列具有世界先进水平的勘探开发工程技术，而且在科学技术上持续创新与发展，推进油田开发世界性前沿技术，提高油田采收率，延长油田开发寿命，是引领创建"百年油田"的光辉榜样。

大庆油田以长垣萨、喇、杏三大油田为主体，从1960年开始开发建设，至2015年已有55年。大庆油田传承与弘扬大庆精神铁人精神，坚持以"两论"辩证唯物主义哲学思想为指导，为实现"长期高产稳产"的战略目标，油田开发科学技术不断创新发展。从1960年开启生产试验区，创造早期注水、分层注水"六分四清"采油工艺技术，到1976年产量达到 $5000 \times 10^4 t$。在中高含水期又创造了世界一流的聚合物驱，到2003年原油产量稳产 $5000 \times 10^4 t$ 长达27年。此后，多元复合驱高新开发技术开启了特高含水期的稳产技术，到2012年稳产 $4000 \times 10^4 t$ 已达9年。这三次油田开发技术上的飞跃创新发展，是几代大庆人艰苦奋斗、睿智奉献的结晶，持续发展的科学精神和科学方法，以及扎实而丰富的经验，增强了石油人创建"百年油田"的信心。

以2010年《大庆油田可持续发展纲要》的编制实施为标志，大庆油田积极谋划新时期新发展的大布局，既传承历史，又赋予新内涵。其核心是走出一条符合老油田开发的科学发展之路，使科学发展观在大庆油田实现落实。为实施发展纲要，大庆油田确立了"高效益、可持续、有保障"的稳产方针，不以牺牲长远利益为代价，实现持续健康发展。大庆油田以"突出长垣、突出水驱、突出效益"为主攻方向，以"水驱控递减、聚驱提效率、复合驱快发展"做层层部署，立足实际，布局长远。几年开发战略调整，原油持续稳产形势变得主动，依靠现有成熟技术精细挖潜，可以实现"十二五"期间持续稳产；依靠三元复合驱提高采收率技术的突破、外围难采储量有效动用的实践、海塔盆地增储上产突破，"十三五"期间的稳产是有保障的[7]。

大庆油田按"立足长垣，稳定外围，加快海塔，夯实基础，突出效益"的总体发展战略，在 $4000 \times 10^4 t$ 产量构成中，长垣（萨喇杏）老区约占 $3300 \times 10^4 t$。长垣稳，大庆油田稳，长垣兴，大庆油田兴。长垣在维护国家能源战略安全，确保大庆油田发展新跨越中具有不可替代的作用。长垣水驱产量要占到整体产量的60%以上，原油采收率提高到60%以上，这就是发展战略目标[8]。

据报道[9]，2011年在大庆油田科技大会上，总结科研成果部署重大攻关项目，确定大庆油田以破解重大难题推进科技进步，把握"常规技术常用常新、成熟技术完善配套、储备技术加快攻关"的总体思路。为使长垣水驱开发自然递减率减缓，综合含水率上升减缓，大庆油田突出攻关重点，完善创新体制，重大项目攻关有序推进，关键技术研究取得累累硕果，获得国家级科技奖励5项，省部级奖励208项，国家授权专利1023项，为实现"高效益、可持续、有保障"的 $4000 \times 10^4 t$ 持续稳产，提供了强有力的技术支撑。

由大庆油田首创的、标志中国油田开发水平的特色技术有许多项。在20世纪60年代的分层注水为核心的"六分四清"分层开发工程技术，现在已多次升级换代，又攀登上科技新顶峰。据报道[10]，《多层细分注水工艺及配套测调方法研究》项目已通过大庆油田评定授权，这标志着大庆油田创建出特高含水期精细注水的新模式。面对大庆油田综合含水率达90%以上，注水层之间水驱差异日益加剧，薄油层、差油层剩余油极难采出的技术瓶颈，2010年，在大庆油田统一部署下，由大庆油田采油工程研究院负责这一世界级难题的攻关启动。曾担负早期"糖葫芦"封隔器技术攻关的该院分层开采室，把精细剩余油描述技术和精细分层注水工艺技术有机结合起来，建立新的细分注水标准，攻克了一个个技术难关。拓宽了多级封隔器级数、小卡距、小隔层以及测试效率等方面细分层段界限，能够更好地推进精细油藏描述研究、精细注采系统调整、精细分层注水、精细油田生产管理的"四个精细"调整挖潜。通过室内模拟实验及1915口井的现场试验，使40%尚未水洗的薄、差油层有了开发手段，两年来累计增油 30.33×10^4 t。

多层细分注水技术从过去的4个层段提高到7个层段，最小卡距缩小到0.7m，最小隔层由1m缩短到0.5m。这简单的数字变化，是采油工艺技术革命性的突破，是具有自主知识产权、世界先进水平的采油工艺技术。

据报道[11]，针对原有的注水井钢丝投捞测调工艺不适应油田特高含水期细分层高质量注水需要，大庆油田采油工程研究院又首创分层注水高效智能测调配套工艺技术，经3985口井施工及5795井次测调，进一步提高了注水分层测调效率和测试精度。这项技术创新获得发明专利3项，实用新型专利20项。其功能可进行井下任意层段的流量、压力和温度等参数的采集及分层流量的实时调整，所有信息以曲线和数字形式通过地面控制仪直接显示。测调仪一次下井可完成全部层段的流量调整及指示曲线测试，改变过去压力、流量井下存储，地面回放的采集和处理方式，将原有的投捞更换级差式陶瓷水嘴的测调方式改变为井下智能连续可调方式，实现井下免投捞流量调节，提高效率3~5倍。与常规工艺技术相比，单井测调时间由5天缩短到2天半左右，减轻了作业人员的劳动强度。这项技术已在国内5个油田20多个采油厂推广应用。

最近几年，大庆油田分注井数以年均1000口的速度增加，2012年分注井数已达到1.93万口，分注层数不断增加，分注合格率保持在80%以上。采用这项分层注水井智能测调技术，为控制含水上升，解决层内矛盾，将以往6个月测调期缩短为4个月，大大提高了分注合格率及控水稳油效果。

20世纪60年代，由采油工艺研究所二室开展的化学剂稠化水堵水技术，发展到90年代的聚合物驱油技术，持续至21世纪的三元复合驱油技术，成为支撑原油稳产的三次采油主导技术之一，为大庆油田每年贡献原油超过 1000×10^4 t，大庆油田成为世界上最大规模的化学驱三次采油技术研发和生产基地。2006年9月25日，大庆油田三次采油技术累计产油突破 1×10^8 t，累计增油 5500×10^4 t。至2012年，三次采油累计产油 1.81×10^8 t，累计增油超过 1×10^8 t。至2012年底，大庆油田已投入三次采油工业化区块87个，三次采油年产量达到 1360×10^4 t，占大庆油田年总产量的34%[12]。

据报道[13]，大庆三元复合驱技术获得重大突破，可在水驱基础上提高采收率20%，主力油层总采收率将突破60%，创造油田开发史上的奇迹。大庆三元（聚合物、碱、表面活性剂）复合驱系统结合不同区块注采状况分析及室内评价研究结果，对9个驱油方案及时进行优化调整，编制油藏开发方案8个，调剖方案7个，综合调整方案32个，调整措施1646井次，占总井数的84%，受效井768口，平均单井日增油1.6t。已证实强碱工业性试验阶段可提高采收率近20%，北一区断东示范区提高采收率27.8%；弱碱三元复合驱可提高采收率 24.2%。对三元复合驱工业化推广的相关配套工艺技术，已基本解决了产出液举升及处理等难题，在 2014 年达到推广条件，将成为"十三五"稳产的主导技术。截至 2012 年 10 月，大庆油田已开展三元复合驱工业试验项目 5 个，工业化区块 4 个，注采井数 1398 口，共动用地质储量 3196×10^{4}t，累计产油 706.8×10^{4}t。大庆油田规划 2014 年至 2015 年推广 8 个区块，动用地质储量 7751×10^{4}t，复合驱年产油量将在 2015 年达到 300×10^{4}t 以上。据美国《油气杂志》对美国 EOR 调查表明，截至 2012 年，国外三元复合驱仍处于先导性试验阶段，大庆油田是首个实现推广应用的油田[12]。

大庆三元复合驱油技术、精细油藏分层描述技术与精细分层注采技术，这三大技术系列，形成大组合、大配套技术，而且已成熟规模化应用，发挥了在油田特高含水阶段能够大幅度提高采收率的突出开发效果，解决了多油层油藏层与层之间及层内剩余油分布复杂的矛盾，既最大程度提高各层驱油效率，又扩大水驱波及体积系数，使最终采收率可达到 60% 以上的目标。这项《大庆长垣特高含水油田提高采收率示范工程》是国家科技部、国家发改委、国家财政部于 2008 年确立的国家科技专项中 6 个重点示范工程项目之一。取得的技术成果，不仅支撑着大庆长垣近几年持续稳产，到 21 世纪下半叶，即开发百年之际仍有原油可采，可能年产油降至几百万吨。而且可在国内同类型油田推广应用，对进一步提高采收率具有指导作用。

据《中国石油报》报道，大庆油田历年复合驱产油量见图 3-4。

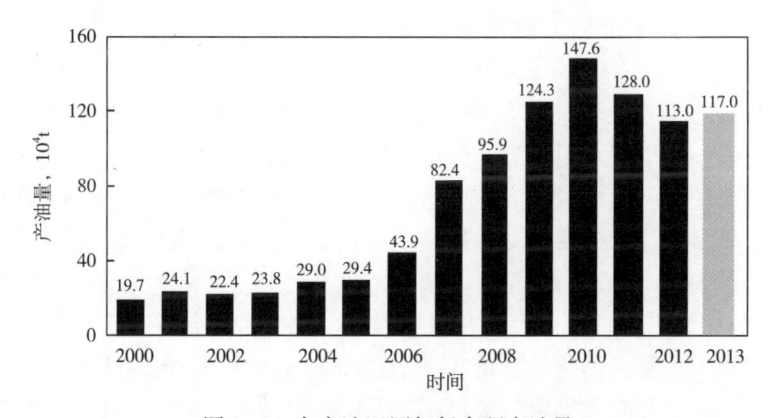

图 3-4　大庆油田历年复合驱产油量

20 世纪 90 年代以来，大庆油田开创聚合物复合驱油技术，精细油藏分层描述与精细分层注采技术试验研究，大庆油田采油工程研究院在刘合及杨野领导班子带领下，弘扬大庆精神铁人精神和"三敢三严"优良传统，持续创造了新一代细分层注水及聚合物驱分注采油系列技术，满足了生产需求。从 1962 年大庆油田采油工艺研究所成立，截至 2012 年，50 年的历程中，大力发展新技术、新工艺，共取得了市局级及以上科研成果 596 项，其中，获国家级成果 20 项，省部级成果 101 项，市局级成果 475 项[5]。"桥式偏心分层注水及配套工艺技术"获国家科技发明二等奖，"螺杆泵采油配套技术"获国家科技进步一等奖，"限流法压裂完井技术"获国家科技进步一等奖。50 年来，采油工程院全体职工，始终紧密围绕大庆油田开发各阶段需求，秉承"科研攻关勇于超越自我，技术创新勇于挑战极限"的科技发展理念，为大庆油田实现"持续有效发展，创建百年油田"的目标，持续创造了各个发展阶段的新技术。

针对大庆油田进入特高含水期，层间注采差异逐年加大，水驱与聚合物驱并存的特点，配套符合分层注水、分层测试、分层改造、分层开采、分层注聚等需要，研制成功桥式偏心分层开采配套工艺技术，形成了三大技术系列16项配套技术，满足了特高含水期多层分采的技术要求。该技术延长了大庆油田的稳产期，单井分层数达6~7层，测试效率提高4~8倍，整体技术达到了世界领先水平。

笔者根据《大庆油田采油工程研究院建院50年科技创新成果汇编》，摘录几项油田进入高含水期采用细分层水驱剩余油挖潜技术，聚合物驱、三元复合驱的分层注水技术以及三元复合驱防垢举升技术等。

1. 细分层注水技术，有多种分注管柱结构

（1）桥式偏心分层开采管柱。采用桥式偏心结构，能实现分层注入量测试、分层压力测试以及抽油井分层测试与堵水一体化。既可控制高含水层产液量，又可对封堵油层进行动态压力分层监测[图3-5（a）]。

（2）液力投捞分层控制注水管柱。由封隔器、配水器、爆破阀等组成。当需要调配分层注水量时，只需反洗井将配水器冲到地面，更换水嘴，可实现液力投捞一次调配三层的注水量，并能测试分层静压[图3-5（b）]。

（3）同心集成细分层注水管柱。用于直井、斜井、斜直井2~4个层段的分层注水与分层测试。由分层封隔器、配水封隔器及配水器等组成。最小卡距为2m；分层流量、压力同步测量；可进行同位素吸水剖面测试；测调施工效率比偏心式分注工艺高一倍[图3-5（c）]。

（4）偏心集成细分层注水管柱。用于小卡距细分注水井，提高注水井细分程度。由套管保护封隔器、偏心集成配水封隔器、分层封隔器等组成。配水管柱总体为偏心结构，不受级数限制，可实现任意层段的投捞、控制。这项技术吸收了桥式偏心与同心集成细分注水技术的优点，能满足多层注水的要求，并提高了测调效率。它既能测调分层注水量，又可实现分层压力测试[图3-5（d）]。

（5）120℃分层注水管柱。由可洗井封隔器、可洗井配水封隔器、爆破阀及配水器等组成。采用封隔器和配水器一体化设计结构，最小卡距1.5m，可调控3个层段注水量，并可测试分层静压。封隔器及配水器密封件可耐120℃工作温度，25MPa压力，保证在高温、深井中的使用寿命[图3-5（e）]。

（6）堵塞器及配水工作筒。由偏心配水器工作筒和堵塞器组成。自1975年6月已下井1000多套，实现钢丝绞车起下调配作业，使用效果良好，至2012年仍大量应用于多种分注管柱中。曾获1978年全国科技大会奖[图3-5（f）]。

（7）注水井边测边调工艺。由测调器、调节阀、投捞工具、地面二次仪表及便携式486计算机5部分组成。该仪器一次下井，可完成注水井各层段的分层注水量测试和调整，还可获得各层吸水指示曲线，有良好的推广前景[图3-5（g）]。

2. 聚合物驱分注技术

为适应水驱、聚合物驱不同阶段分注以及高分子高浓度聚合物分注需求，2011年完成并获奖的"聚合物驱全过程一体化分注工艺及配套测试技术研究"项目中，聚合物驱全过程一体化注入管柱如图3-5（h）所示。主要由封隔器、偏心配注器等组成。创新设计了新的偏心工作筒和堵塞器，以控制配注芯产生的节流压差，调节注入量，达到分层配注目的。

(a) 桥式偏心分层开采管柱图
(b) 液力投捞分层控制注水管柱图
(c) 同心集成细分层注水管柱图
(d) 偏心集成细分层注水管柱图
(e) 120℃分层注水管柱图
(f) 堵塞器及配水工作筒
(g) 注水井边测边调工艺
(h) 聚合物驱全过程一体化注入管柱图
(i) 分质注入管柱图
(j) 三元复合驱分注工艺配注器

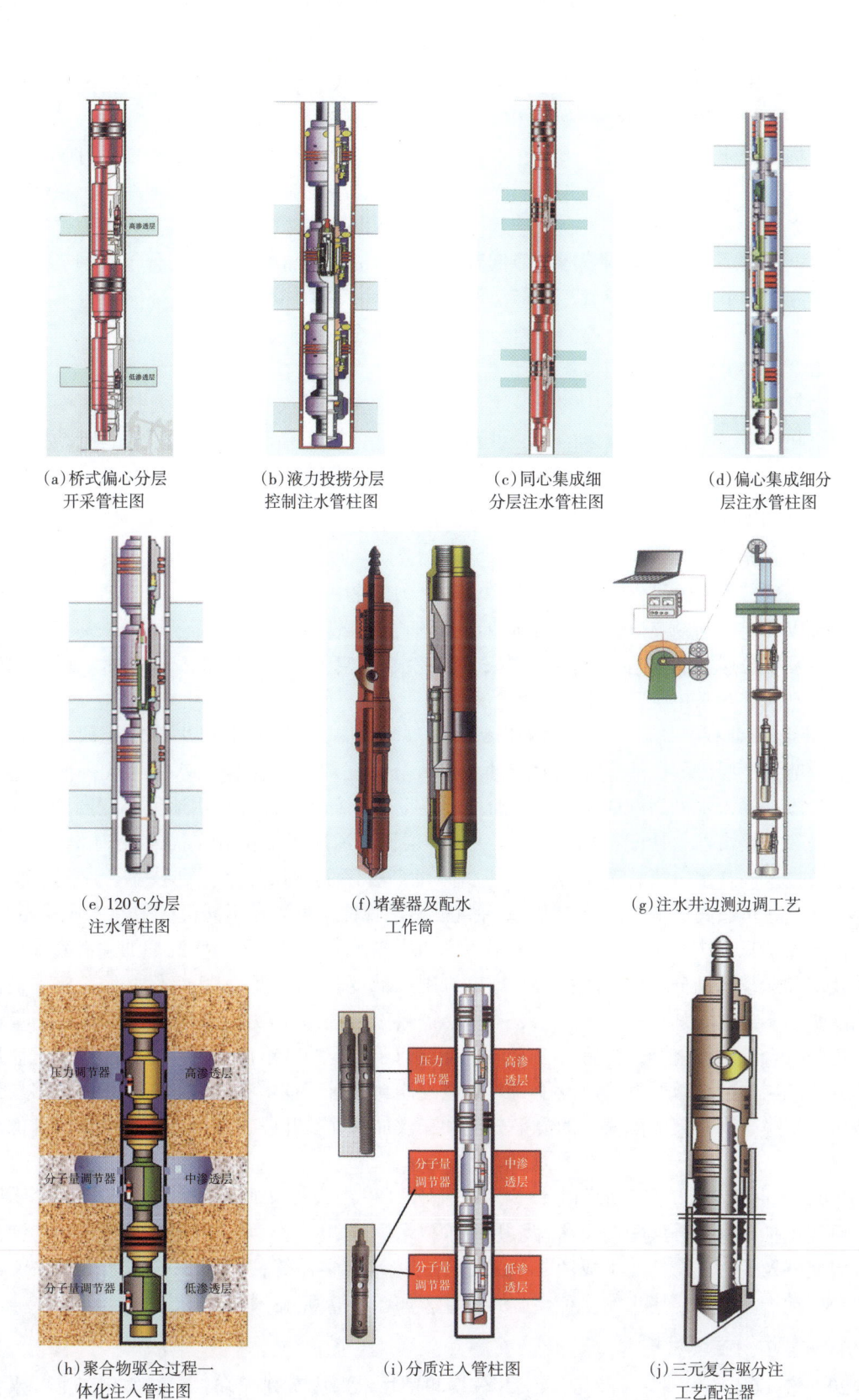

图 3-5 大庆采油工程研究院科技成果选

能满足水驱、聚合物驱、后续水驱分注及高分子高浓度聚合物分注需求。采油厂测试认可独立完成投捞、验封及测试调配作业。2011年底，已应用500多口井。

聚合物驱分注技术的分质注入管柱如图3-5（i）所示。其特点是：地面采用单泵单管供液，井下管柱采用偏心分注形式。用封隔器分层，每层段对应一级偏心配注器，在地面同一注聚压力下，对高渗透层注入高分子量聚合物，并由压力调节器来降低注入压力，控制注水量；对低渗透层由分子量调节器来降低聚合物分子量，增加动用程度。分子量调节器采用机械降解方式调节聚合物分子量，可降低分子量20%~50%。因此，可实现分层分子量及分层注入量的双重控制，使聚合物分子量与油层渗透率的匹配关系趋于合理。截至2012年底，大庆油田聚合物分注井，应用覆盖率已达到87%。

三元复合驱分注技术中采用的分注工艺配注器如图3-5（j）所示，此技术用于二、三类油层层间矛盾大、分注层段多的井。可实现三元复合驱多层分注，采用偏心管柱结构控制各层注入量，钢丝投捞，电磁流量测试，效率高，管柱通径较大，满足各种剖面测试需求。

3. 生产井分层采油技术

油井实施笼统采油，层间和平面矛盾突出。分层注水后，层间矛盾得以改善，但进入高含水后期以后，层间差异逐年加大，油水分布更为复杂，层间干扰加剧，出水层动态变化、堵水层难以确定的问题突出。为控制油井含水率上升，减少层间和平面矛盾，采油工程研究院持续研发了分层采油工艺技术。50年来，共完成42套工具、40多项配套技术，成为油田开发中控制油井含水率上升的主要工艺手段。

20世纪60年代，研制了油井封隔器和625型配产器，将油层分成4~5个层段，通过活动油嘴调节每个层段的产油量，对生产油井进行分层配产。20世纪七八十年代，油田进入中含水阶段，注入水沿高渗透层突进，油井多层见水，研发了油井多用途偏心配产堵水控制系统和滑套式堵水器，使配产堵水达到7~8个层段，适应了油田开发需求。20世纪90年代，油田进入高含水阶段，创新发展了机械采油条件下的分层控水系列技术，形成了整体式、平衡式、可钻式、卡瓦式4大类32种机械堵水管柱，可满足不同机械采油方式的要求。针对油层多层见水快、堵水选层难，研制了可调层找、堵水功能于一体的抽油井滑套式找水堵水技术和悬挂式细分机械堵水技术，推广应用效果显著。20世纪90年代，油田实施稳油控水战略，实施三次加密井开发二、三类储层，挖掘剩余油潜力，减缓高含水后期产量递减，控制综合含水率上升，为解决三次加密井层间矛盾，油井窜槽状况严重，制约了低渗透层、低产能层位的有效开发，研发了高效高强度浅封堵封窜技术和三次加密井长井段多层封窜技术，解决了水驱聚驱窜槽井的分采分注和三次加密井长井段、多点、不连续窜槽井的封窜问题。

2000年油田进入特高含水期后，为实施细分开采，针对采油井多方向、多层高含水问题，研发了抽油机井分层配产及高含水井控水技术。从20世纪70年代研发至今应用的油井多级封隔器及偏心配产器，组成油井分采配产、堵水的主体管柱如图3-6所示。后来又研制出分层配产、找水、堵水等多种生产井管柱，如图3-7所示。

4. 注采井分层测试技术

20世纪60年代以来，研发的油水井分层测试技术形成系列配套，广泛应用于油、水井定期测出分层产量、分层含水、分层注水量及分层压力等动态资料，为油田开发制定方案提供依据。测试工艺有投球测试和偏心测试两种系列。测分层产量的有：204型浮子式产量

(a) 762-2型水力压缩式封隔器　　(b) 偏心配产器工作筒　　(c) 油井封隔器验密封管柱结构图

图 3-6　组成油井分采配产、堵水的主体管柱

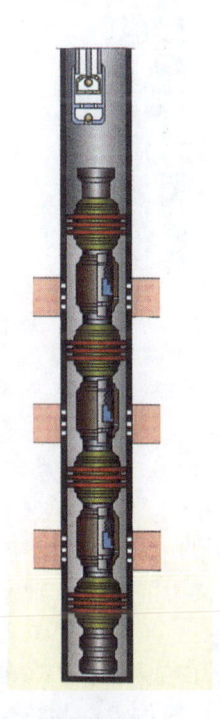

(a) 滑套式找　　(b) 悬挂式细分机械　　(c) 高含水机采井　　(d) 长井段多层　　(e) 过环空分层
水堵水管柱图　　堵水管柱图　　测堵联作管柱图　　封窜管柱图　　配产管柱图

图 3-7　分层配水、找水、堵水等多种生产井管柱

计，储存式流量计；测分层流量的有：104型浮子式井下流量计，301分层测试器、302分层测验器、106-3浮子式井下流量计；测分层压力的有：501型压力计、71型井下压力计、401型电缆压力计、小直径压力计、振弦压力计等；找水仪器有：分层取样器、油井三参数综合测试仪等（图3-8）。

20世纪90年代以来，又研发了用于偏心注水井分层测试流量的储存式电子流量计，由地面软件给井下仪器设定工作指令，井下仪器按指令将测得的信息储存于仪器中，仪器起出后回放分层流量数据。另一种是分注井集成式电子储存流量计及测试工艺，满足了当时同心集成式细分注水工艺的生产需求，提高了测试效率，获得较好的效益。2002年完成井下涡街流量计，用于同心集成式细分层注水井分层流量、分层压力和验封测试及偏心注水井分层流量测试，一次下井可测得2~4个层段的流量及压力，提高了效率（图3-9）。

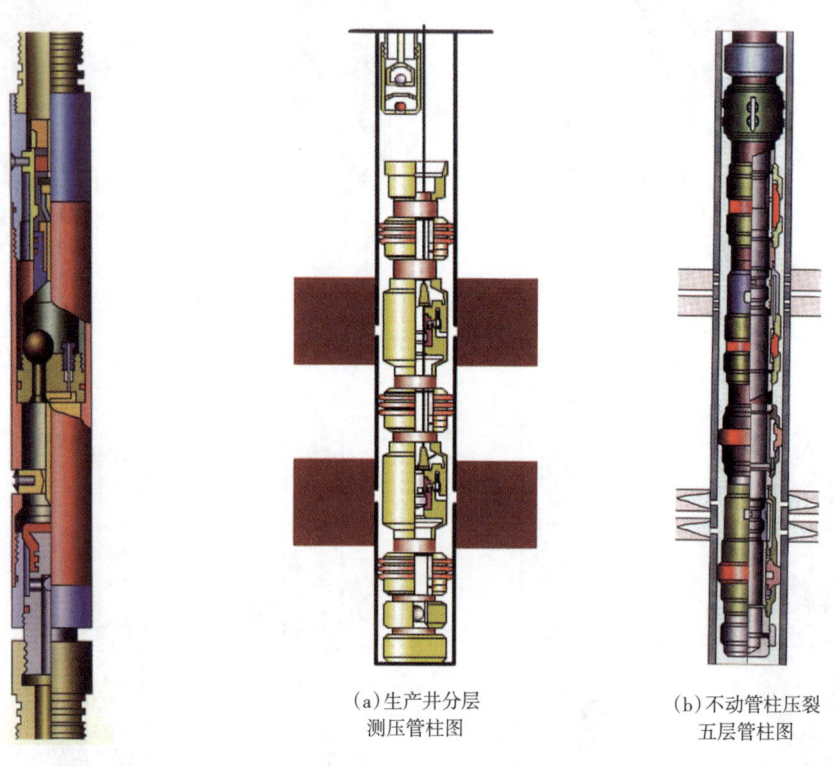

(a) 生产井分层测压管柱图

(b) 不动管柱压裂五层管柱图

图3-8 油井三参数综合测试仪

图3-9 管柱图

5. 不压井作业技术

20世纪60年代，大庆油田创立早期注水保持油层压力开采的战略方针，创造"糖葫芦"式多级封隔器分层注水分层采油技术，同时也首创在原始油层压力条件下进行不压井、不放喷井下作业工艺技术，实现了井口不喷油水，井下不污染油层的"文明"施工作业新局面，并且持续发展至今。

大庆油田实现长期高产稳产的战略目标是以注水驱油、保持油层压力在原始水平（油层深1200m、压力12MPa）下为基础，以"六分四清"采油工艺技术为主导技术，并持续创新发展起来的。从油井自喷采油到转入机械采油阶段，直至特高含水、聚合物驱全过程，各种井下作业都实施了不压井、不放喷井下作业。由初期的井口控制封井器（自封、全封和半封）、油管堵塞器和起下动力作业机配套设备，实施多级封隔器分注分采施工作业，持续研发了机械采油井不压井井控技术设备。除抽油机井不压井起下抽油杆活门推广应用外，2000年完成聚合物驱抽油井、电潜泵井及螺杆泵井不压井作业技术，对三种举升泵的井下封隔器、泵抽管柱活门（滑套）及投送管柱等配套创新（图3-10）。对分层压裂的油井作业，一直采用多种不压井多层分层压裂管柱，既提高施工效率，又安全环保，地面不见油污。

6. 螺杆泵采油技术

在大庆油田上产阶段大量采用电潜泵采油系统，扬程700~1000m，排量40~550m³/d，发挥了电潜泵满足大排量、放大压差的优势，截至2011年，仍有潜油电泵井1800余口。1991年完成螺杆泵应用技术，到2011年底，大庆油田共应用7756口井，检泵周期已达596天。显示出此项技术特点：一次性投资少、安全、高效，应用范围扩大；同时，能适应聚合物驱产出液黏度增高优于电潜泵举升效率。共形成10种规格系列，适用于井深1000~1500m，扬程800~1500m；举升液量由低产井到320m³/d的高产液井。

图3-10 电泵井下压井作业管柱图

为解决某些油田低产、高含蜡油井防蜡降黏问题，研制成功螺杆泵空心抽油杆防蜡降黏及测压配套技术，由空心抽油杆、单流阀、井口密封和柱塞加降黏剂泵组成。由空心抽油杆用加药比例泵注入清蜡降黏剂防止油管蜡堵，如果油井被堵，用电缆车将加热电缆下至空心杆内加热解堵。同时研制了水溶性和油溶性清防蜡化学剂，广泛应用于油井清蜡。为实现螺杆泵油井无须停机进行大排量热洗降黏防堵以及满足定点测试需要，2001年研制成功空心转子螺杆泵采油配套技术（图3-11）。由空心抽油杆、测压阀、洗车阀、空心转子螺杆泵等组成。正常生产时，测压阀、热洗阀关闭。洗井时，将高压热水从油套管环空注入，部分经泵抽入油管，另一部分经空心转子内腔进入油管，实现不停机进行热洗。测压时，从空心杆内下入小直径存储式电子压力计，打开测压阀，起机测流压，停机测静压。测试完捞出压力计，回放数据并进行处理。

7. 连续油管作业应用技术

21世纪90年代初，大庆油田开始应用此项技术，主要用于油井替喷、洗井、冲砂、清蜡、解堵等作业。采用连续油管分层挤注技术、连续油管找漏、连续油管对水平井进行测试及深井气井注液氮返排诱喷等技术。施工时不需要立井架，施工工序少，速度快，成本低，作业安全，效率高。

以上所述各种工艺技术，均经规模化应用并获得不同级别的科技奖，不仅对支持了大庆油田不同开发阶段的稳产、增产需求，许多技术已在国内其他油田推广应用，发挥了效益。

2005—2009年，笔者先后三次应邀回到大庆采油工程研究院，看望老战友，和年轻人座谈；参观了采油工程研究院近期科技创新成果。一路走，一路看，越看心情越激动，采油院在刘合、杨野先后任院长以来，这支勇于开拓创新的英雄团队，传承和发扬"三敢三严"

优良传统，科技成果可谓丰硕，欣慰他们很顺利接过前辈的接力棒，发展的更快，发展的更好。

回顾过去50多年来对大庆油田开发历程的考察和思考，得出几点深刻认识：

（1）大庆油田石油职工始终继承和弘扬会战初期形成的"爱国、创业、求实、奉献"精神，运用"两论"辩证唯物哲学思想，高标准、严要求，既艰苦奋斗攻坚克难，又以科学态度创新发展，将油田开发"长期高产稳产"战略目标，通过持续科技创新得到落实。在开发初期、中期直到特高含水开发后期，率先提出创建"百年油田"，在稳产 $5000×10^4$t 达27年之后，又稳产 $4000×10^4$t 已达10年之久，出乎老一代石油人的预料，超出了原定产期目标，创造了油田开发史上的奇迹，也体现了几代大庆人的创新精神。

（2）大庆油田开发创造早期注水、保持油层压力以及分层注水为核心的"六分四清"开发理论和采油工艺技术，具有中国自主创新的特色，这种技术发展路线不仅为最大程度提高同类型油藏采收率提供了宝贵经验，也对其他多种类型油藏有启示。

图3-11 空心转子热流清蜡

（3）经历50多年创建和发展起来的大庆油田采油工程研究院，始终发挥着石油工业部领导余秋里、康世恩提出的担负油田开发战略性采油工程研究任务的作用，确定了采油工艺技术的战略地位，从创造"糖葫芦"式多级（水力压差式）封隔器思路，形成了多种系列井下分层开采配套技术设备和工艺，对多油层油藏在同一口井下入多级分层封隔器管柱，实现分层定量注水、分层控制采油、分层改造低渗透层、分层测试油层注采动态等。这种系列分层开采技术"武装"了大庆油田井下作业队伍，形成了向千米油藏实施进攻性、战略性技术措施；也为各采油厂对各区块分层研究、分层管理油藏提供了技术手段；为开发研究单位提供了精细油藏研究和开发方案与战略发展研究所需的基础资料。通过油藏精细研究、采油工程技术创新、油田采油科学管理以及地面工程改造等各系统的紧密结合，有效解决了油田开发各个阶段一系列矛盾和难题。大庆油田经历52年既注水，又治水，特别攻克了高含水、特高含水（90%以上）期的诸多世界难题，将采收率提高至50%以上，已在几个区块达到60%，这些成就来之不易，令人赞誉。

（4）大庆油田采油工程研究院不仅创建有各种技术先进、前瞻性科技创新研究实验设备，而且拥有大批年轻有为、富有创新能力的科技领军人才，他们有献身石油的理想，有创新发展的思维，也有坚实的理论与实践才能，形成了诸多科研团队，担负着具有战略性的重大科研任务。这是创建"百年油田"的中坚力量，建功立业前景光明。

由上述我国开发最早（已达77年）的老君庙中型油田以及大庆长垣特大型油田（已开发55年）（截至2015年）的实例说明，依靠科技创新，结合油藏实际，创造多元配套的油田开发新技术，创建出一批又一批百年油田是有科学依据的，也是有可能的。这两个典型开阔了发展思路，树立了榜样，提供了丰富经验，增长了石油人创建百年油田的信心。

第四章　我国三大类油田提高采收率技术的创新发展

国内外油田开发历程分为一次采油、二次采油及三次采油三个阶段，已成常规理念。油田开发提高采收率要跨越三个阶段，要过"三关"。

一次采油要过投产关，将探明原油地质储量投入开发，形成生产能力。在此阶段主要依靠油藏天然弹性能量，进行衰竭式降压开采，不向油藏注入驱油介质。常规轻质油藏投产后依靠油层压力自喷采油，降压后转机械采油；稠油油藏投产后原油黏度高，流动阻力大，产量低或无产能，采用蒸汽吞吐方式，加热降黏提高产量；低渗透油藏投产后低产或无产能，采用压裂、钻水平井采油等，均为一次采油的强化增产技术。

一次采油阶段的生产特征是：为提高采油速度，促使油田投产上产，建成规模化产能，追求尽快收回投资，获取经济效益；在此阶段采油速度低，稳产期短，采收率也低；通过一次采油阶段，加深了油藏研究，在生产实践中对油藏客观规律的认识也有了第一次飞跃，为转入二次采油打下了基础。

各类油藏转入二次采油，要过稳产关。此阶段追求的目标是提高采油速度（单井日产量、区块年产量）、延长稳产期及提高采收率。要转换开发方式，需要增加投资，解决诸多技术难题。尤其要进行科技攻关，开展选择注入驱油介质的先导试验，完成二次采油开发方案以及配套工程技术，以期达到高速度、高效益、高水平的开发效果。

在油藏进行二次采油阶段后期，不论依靠注水、注蒸汽或注气，原油产量必然大幅递减，含水率（注入水、蒸汽凝结水、地层水）要上升，注入流体不均匀推进，驱油效率降低或无效、低效循环，生产成本增高，不能保障经济效益。要将剩余储量进一步采出，技术难度大，必须革新换代采油技术，提高采收率新技术，这就是三次采油技术，要突破的油田开发第三关。

我国陆上油藏的地质特征是：陆相沉积形成的油藏类型多，储层地质条件复杂，油层物性差异大，非均质性强，原油性质多样等。客观上要求开发方式、采油工程技术必须有相适应的开发模式，以达到高水平开发效果。

中国石油天然气集团公司在20世纪90年代组织编写并出版的《中国油藏开发模式丛书》，将我国油藏划分为10种类型，并组织一大批资深油田开发专家，研究总结了各类油藏开发模式及采油工程技术实践经验。这10种类型是：多层砂岩油藏、气顶砂岩油藏、低渗透砂岩油藏、复杂断块砂岩油藏、砂砾岩油藏、裂缝性潜山基岩油藏、常规稠油油藏、热采稠油油藏、高凝油油藏及凝析油油藏。笔者将这10种类型油藏归纳为三大类油田，并概述当前过"三关"提高采收率技术的发展思路。这三大类油田是：注水驱油田、低渗透油田及稠油油田。以下分别概括各类油田提高采收率技术的发展（还有裂缝性潜山基岩油藏应列为第四类）。

第一节 注水驱油田提高采收率技术创新发展

这类油藏占中国石油原油地质储量的大多数。主要有大庆油田、吉林油田、大港油田、华北油田、冀东油田、玉门油田、新疆油田及吐哈油田等。

一、以大庆油田为先驱，推进全国水驱油田提高采收率技术发展

大庆油田是我国注水驱提高采收率技术的先驱者，经历自主创新早期分层注水为核心的"六分四清"采油工艺，精细分层聚合物驱，在高含水阶段创造了多元复合驱提高采收率三次飞跃，引领全国油田水驱二次及三次采油提高采收率技术的发展。

据《中国石油报》发表的信息[14]，这几年，中国石油设立的重大科技项目"水驱油田提高采收率关键技术研究"又取得重大进展和理论技术创新，使中国石油在水驱提高采收率领域保持世界领先地位，为"保增长促效益"提供了强有力的科技支撑。据2010年统计，中国石油水驱油田地质储量占已开发地质储量的88%，产量占总产量的80%左右，剩余可采储量占总剩余可采储量的75%以上。在较长时期内，水驱仍然是中国石油所属油田的主要开发方式。但由于新区潜力有限，老区提高采收率难度加大，面对高度分散的剩余油赋存状态，用创新思维推动水驱老油田开发技术升级，特别是提高高含水油田水驱采收率潜力具有重要的战略意义。

围绕水驱提高采收率为核心，开展了应用基础研究、关键技术攻关和储备技术研发，储层精细结构表征及注采动态调控技术取得重大创新成果，形成了12种有形化产品，申报专利16项，研发软件3套等。已取得的重大进展和创新主要包括：初步形成基于油层单砂体构型表征的注采结构精细调控技术，在大庆等多个油田区块开发调整中得到应用；水平井控水增油工艺、材料研究取得突破，实现控水增油工艺标准化；同井多层分层注采装备得到改进，油水分离器能力和效率得到提升，井下管柱寿命得到大幅延长，实现油、水、砂三相高效分离等。

这项重大科技项目由中国石油勘探开发研究院和大庆油田、大港油田、冀东油田、玉门油田、新疆油田等单位联合承担。预期我国水驱老油田提高采收率技术的持续创新发展，必将延长开发寿命，推进"百年油田"的实践。

二、塔里木油区超深5920m井油藏分层注水技术获得成功[15]

塔里木油区油藏埋深超过5000m，油藏地质条件较复杂，已形成了超深砂岩油藏开发配套技术，2011年原油产量已突破$300×10^4$t（$306.7×10^4$t），累计产量达7500多万吨。据《中国石油报》报道，2009年中国石油提出为确保以注水为核心的"开发基础年"活动取得实效，按照"突出重点、示范先行"的原则，确立了以轮南油田为主的8个综合治理先导示范项目，实现注水开发储量比例由26.7%增加到57.6%，采收率提高5%以上的目标。围绕提高油田采收率，延缓综合递减，塔里木油田坚持"注好水、注够水、精细注水、有效注水"原则，扎实开展"开发基础年"活动，加快开发油藏向经营油藏观念转变，加大二次开发力度，实现老油田稳产增产。塔里木油田勘探开发研究院以轮南油田为试验区，加强以单砂体为基本单元的储层研究，对单砂体内部结构及微构造进行精细刻画和解释，完善轮南、东河、塔中4、哈得等老油田已注水开发单元的注采系统，扩大注水规模，新增轮南

3T1、塔中40CⅢ等9个注水单元，实施细分层注水、橇装式注水、超前注水，确保注好水，注够水和有效注水。2009年5月15日，塔里木首次超深井偏心分层注水试验在轮南2-3-14井获得成功，成为目前国内最深的分层注水井，实现了由以前一口注水井只为一层注水转变为多层注水，有效解决了低渗透油藏细分层系注水难题，激发了外围3口井的"活力"，截至2010年11月，累计增油4000多吨。在此基础上，又在轮南6口注水井试验成功，为缓解轮南油田自然递减率提供了技术保障。

接着在塔里木油区东河油田推广分层注水试验。在井深达5920m的东河1-4-7井确定分层注水层位。科技人员面临分层注水层位深，井下工具耐高温、抗高压的要求，两岩性层段间夹层小、封隔器卡层作业难度大，岩层段物性差，注水难度大等难题，在轮南油田分层注水经验基础上，增加了酸化改造，精确计算封隔器卡距，将偏心配水器的外径由114mm增至116mm，承压能力由35MPa增至50MPa。同时增添一台试井车，重新订制耐高温、高压的电子压力计和电磁流量计，在10次深井投捞中，成功率达100%。

以上表明，塔里木油田是中国最深的已开发油田，目前已成熟掌握了深井分层注水、分层测试及酸化的分层注水工艺技术，对有效加强中、低渗透层的注水强度，解放超深低渗透油层，增加水驱动用储量提高采收率，提供了强有力的技术支撑。同时也为全国其他油田提供了3000m、4000m油层分层注水技术的经验。

第二节　低渗透油田（油层）提高采收率技术的创新发展

一、低渗透油田开发概况

低渗透油田在中国广泛分布，从东部的大庆长垣、吉林、辽河、华北、二连、大港、冀东、胜利、中原等油田，中部的长庆油田，到西部的新疆、吐哈及塔里木等油田。中国探明的低渗透储量逐年上升，尤其是特低渗透储量的比例越来越大。例如，1989年陆上新增探明储量中，低渗透储量占27.1%，1990年低渗透储量占45.9%，1995年低渗透储量达72.7%。到2005年，仅中国石油的特低渗透油藏（渗透率小于5mD）储量就占当年总探明储量的53%[16]。据统计，截至2005年我国已探明石油储量中，低渗透油田的地质储量约为50×10^8t，占已探明储量的27%左右[17]。据报告[18]，中国石油近几年每年新增探明储量中，低/特低渗透储量已上升到60%以上。低渗透油田产能建设和产量比重逐年增加，是中国石油近年来原油增产稳产的主要支持。2000年新区产能建设中低渗透油藏建产比例为40%，年产量1560×10^4t，约占中国石油原油产量的15.1%；2006年低渗透建产比例上升到60%以上，年产量达到2300多万吨，占中国石油年产原油的21.9%。这说明低渗透油田在中国石油总体油田开发中的重要性以及今后新油田建设中占有重要地位。

二、低渗透油田的油藏特征及开发难度

由于低渗透油田的特征是储油层多为粉细砂岩，胶结坚固致密；孔隙度极小，具有低渗透、特低渗透不同级别；储量丰度低，一般都在50×10^4t/km²以下。2010年尚未动用的储量中，丰度多为$(30 \sim 40) \times 10^4$t/km²；渗透率不大于5mD的占64%，5～50mD的占36%；自然产能低，约90%储量常规投产时产能为零，10%为产能低效。

由于油藏的低渗透特性，已开发低渗透油田开采难度越来越大。主要表现在：（1）储层有效性评价、裂缝识别和相对富集区的筛选难度较大，导致高效布井难度大。（2）油藏原始含油饱和度低，一般小于55%，有的低至35%，水驱驱油效率低（45%~50%），单井产能低（2~3t/d），采油速度低于1%。（3）注水开发吸水能力低，注水压力高，见效慢，易水窜，套损严重。（4）稳产期短，不仅在一次采油依靠天然能量开采时年产自然递减率高，而且在注水开发阶段见水后采油指数急剧下降；进入高含水期，产量急剧下降，几个实例说明采收率低于20%。（5）在注水开发中，不仅要求注入水需精细过滤，水质严格达标，在长期注水过程中，地面管线及油管的腐蚀产生的氧化铁、微生物凝絮与结垢物引起地层伤害，导致注水更加困难。在注入水与地层岩石不匹配情况下，更激化矛盾。（6）为提高采油速度及采收率，需要采取密集井网开发，高投入、低产出，开发风险大，综合治理难度大等。

因此，对低渗透、特低渗透油田的开发，针对"三低"（低渗透、低丰度、低产能）主要矛盾，过去的半个世纪，我国几代石油人不断创新低渗透油田开发技术，发挥人工改造地下油层的科技手段，攻坚克难，推进了有效开发这类宝贵的石油资源。

另外，我国注水开发的多油层油田中，低渗透层聚集的剩余储量难以有效采出。

三、油田水力压裂技术的发展历程

油田水力压裂技术是开发低渗透油田的主导技术，也是国内外油田开发中普遍采用的技术，它不仅用于低渗透/特低渗透油田，而且在当前也用于致密油和页岩气藏的开发。我国油田开发中水力压裂技术经历了以下5个阶段。

1. 单井笼统压裂技术

早在20世纪50年代，玉门石油管理局老君庙油田开发中，开辟了我国最早采用水力压裂及油井酸化技术规模化增产的先河。1955年6月20日，我国第一口水力压裂试验井在玉门石油管理局老君庙油田进行。这次作业应用原油作压裂液压开裂缝，选择油田附近赤金堡石英砂为支撑剂，用固井水泥车泵注携砂液，自制了加砂平台，作业规模很小，但增产效果显著。压裂增产技术为我国油田生产发展开了一个好头。时任采油厂厂长的朱兆明组织了这次施工作业[19]。

此后，采用固井水泥车（300型）及手工加砂方式进行油井压裂作业。主要针对渗透率较低的M层油井以及主力油层L层一批低产油井进行增产，对老君庙油田年产量达到100多万吨起到重要作用。

在此期间，采油厂王树芝总工程师、副厂长向同水、黄嘉瑷工程师等作了许多艰苦的工作。1958年，召开技术座谈会，研究用原油、油水乳化液作压裂液、筛选石英砂作支撑剂以及施工作业既要压开较长的裂缝，又要确保防止套管承受不了高压而损坏，更不能发生井底砂堵事故，当时压裂设备能力有限，缺乏经验，面临的技术难题很多。当时，笔者刚从苏联实习考察回来不久，介绍了罗马什金大油田及阿塞拜疆的巴库石油公司在里海中"油石头"油田进行大型压裂技术的经验。带回的纯度很高的石英砂样品（0.5~0.8mm），远比我国兰州产压裂砂的硬度、圆度高，无法取代。但吸取了他们采用机械卡瓦式封隔器与水力锚卡在油层顶部保护套管，以及根据压裂过程地层吸水指数变化规律判断裂缝形成状况等经验，促进了大批低产油井压裂增产的可喜局面。采用盐酸与土酸解堵油层的酸化技术也试验成功，从此油井水力压裂技术成为油田开发中的一项重要增产工程技术。

2. 分层压裂技术

1964年，大庆油田采油工艺研究所继分层注水封隔器475-8之后又研制成功水力压差式压裂封隔器（475-9型），发展了"六分四清"采油工艺中分层压裂技术，建立了多油层条件下对低渗透油层分层压裂改造，以提高水驱储量的新理念。

大庆油田萨尔图和葡萄花油层有20多个高、中、低渗透层组成，如果采用笼统压裂技术，势必压开高渗透层，加剧注入水单层突进。之前，曾在1961年开展"三选"技术试验时，采用塑料球选择性压裂并不能可靠封堵高渗透层、只压开低渗透层。试验成功采用475-9型封隔器和滑套投球配套的分层压裂技术，可分层段压裂低渗透层，与分层测试技术相配合，可以准确针对低渗透层进行人工改造，保护高渗透层，达到"选得准、压得开、一次管柱压开多层"的高标准。

1964年2月，在北一区西部油井试验双封隔器475-9分单层压裂技术，验证了封隔器的可靠性与分层压裂的增产效果。大庆采研所五室（机械研究室）研制加砂车、压裂管汇和300型水泥车配套，于1966年9月24日在中1-丙27油井下入双封隔器进行分层压裂试验。压裂层位萨Ⅲ3，射开厚度1.6m，用原油加柴油作压裂液，用4台300型水泥车，井口泵压最高28MPa，加砂1.5m^3，压后日增原油9~25t。

1971年4月，根据油田开发需要，井下作业指挥部在杏树岗油田北部开展油井分层压裂大规模工业性试验。在张铁匠村设立前线指挥部，工程地质人员、后勤保障人员以及作业队、压裂大队等住在前线。采用300型水泥车和从罗马尼亚进口的400型及500型压裂车组，到1971年底共完成86井次333层压裂施工作业。在此期间，制定并颁发了油井分层压裂质量标准、取资料规定和压裂施工措施等。通过工业性试验，不断总结经验，改进施工作业技术及井下工具，油井分层压裂整体技术获得完善和提高，在油田生产中增产效果显著[20]。

1971年10月15日，大庆油田在新7-8注水井首次进行分层加砂压裂，用双封隔器分4个层段，除萨Ⅰ4+5层段因设备问题未压开外，其余3层各加砂1m^{3}以上，压裂液两层用清水、两层用浓度为0.25%~0.5%的甲基纤维素溶液，见到了增注效果。

大庆油田采油工艺研究所首次在西3-检11井压裂时下入分层测试压力计，进行地层破裂压力实测试验，实测该井破裂压力为32.56MPa，与计算油层破裂压力31.43MPa相近（油层深度1200m），为设计压裂方案提供了依据。

1973年1月，油井分层压裂工艺投入工业性应用。至10月，全油田投入19个作业队（井下13个、4个采油厂6个作业队）参加百口油水井压裂大会战，全年共压裂油井526口、1209层，注水井80口、181层，平均每个层段加砂量油井3.55m^3，水井2.12m^3，已形成一次下井不动管柱分层压裂多层的压裂工艺。从此，大庆油水井大规模应用水力分层压裂技术，对分层改造低渗透油层产油能力，增加水驱动用储量，提高油田产量发挥了重要作用，也标志着我国在油田开发中又开创了一项具有战略意义的重大技术。

1973年9月，在大庆油田井下作业指挥部召开了第一次全国压裂酸化现场经验交流会。笔者当时任大庆油田生产办副主任，和井下指挥部领导韩谭贻、尹立柱等组织了这次会议。长庆油田领导首次提出有信心要在"磨刀石"上闹革命大搞压裂，下决心打开低渗透油层开发新局面。大港油田、新疆克拉玛依油田也提出了各自的规划。

大庆油田低渗透储层的原油储量占总储量的40%左右。因此，油水井对应地进行分层改造，对提高中低渗透层的吸水能力和产能，调整层间、层内和平面矛盾，扩大表外低渗透、低丰度储量的可采储量；对高含水后期老区的细分层挖潜以及外围低渗透油田的经济有效开发起着重要作用。大庆油田采油工艺研究所和井下作业指挥部的科技人员持续推进水力压裂技术向全面高水平发展做出了贡献。

1973—1980年期间，油田处于中含水期阶段，针对中低渗透油层的开发，发展了多层滑套式分层压裂、投球法多裂缝压裂工艺技术，并且和独创的不压井作业控制装置配套，实现了不压井、不放喷、不动管柱一次压裂多层，提高了压裂施工效率和增产效果，为长垣老区压裂增产提供了技术手段。1973年6月，石油工业部赵声振司长曾陪同加拿大一家石油公司代表团到大庆油田参观考察（图4-1），笔者带他们在南二区一口油井观看了一次管柱分四层压裂，在套管压力为4MPa条件下，逐层完成压裂加砂作业，两小时内施工完毕，受到赞赏。

图4-1　1973年6月加拿大石油代表团参观大庆油田压裂施工现场后考察地面生产设备

1977年4月15日，全国"工业学大庆"会议在大庆油田召开，会议期间，余秋里、谷牧、纪登奎等国家领导人到大庆油田中5-10井压裂施工现场参观（图4-2、图4-3）。1978年6月13日，国务院副总理康世恩在石油工业部部长宋振明陪同下，视察井下作业压裂施工现场[20]（图4-4）。

在此参观期间，采用不压井多层滑套分层压裂管柱，如图4-5所示，另一种选择性压裂管柱如图4-6所示，均采用475-9型压裂封隔器，如图4-7所示。

1978年，大庆油田"不压井不动管柱一次分层压裂多层技术"荣获全国科学大会奖。

1980—1990年期间，大庆油田进入中高含水期阶段，主力油层水淹状况严重，表外低渗透薄层及厚油层低含水部位的开发成为油田稳产挖潜的重要方向。大庆采油工程研究院创造了限流法压裂完井、薄夹层平衡限流压裂完井及投球法压裂等技术。

图 4-2 1977 年全国"工业学大庆"会议期间国家领导人参观压裂施工现场
余秋里（右 2）、谷牧（右 3）、纪登奎（左 2）

图 4-3 压裂施工现场

1990—2000 年期间，针对长垣老区老井薄差层、与高含水层临近的薄互层及三次加密井薄差层改造，外围低渗透层高效开发，创造了定位平稳压裂、可反洗井多层分层压裂、不动管柱多层压裂、斜直井压裂、小井眼压裂等多项压裂工艺技术。

图 4-4　1978 年 6 月 13 日，国务院副总理康世恩（左二）在石油工业部部长宋振明（左三）陪同下视察井下作业队压裂施工现场

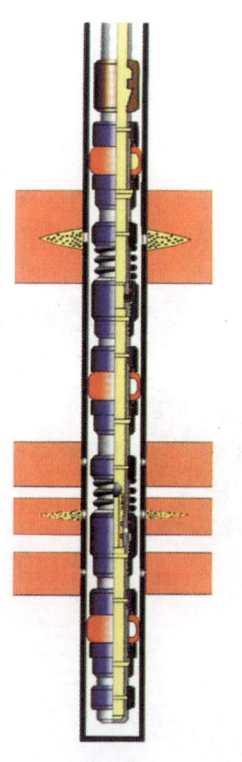

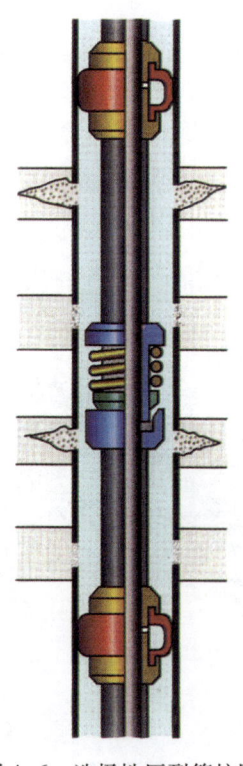

图 4-5　不压井多层滑套分层压裂管柱图　　图 4-6　选择性压裂管柱图　　图 4-7　475-9 型压裂封隔器

2000年以来，针对表外薄差储层小层多、纵向上分布零散及中深储层有效开发等难题，研发了可取桥塞分段压裂，深层气井180℃、100MPa分段压裂，海拉尔复杂岩性储层增产压裂，海拉尔盆地控制裂缝高度压裂，低渗透水平井分段控制压裂，直井5段以上分层压裂等工艺技术。

大庆采油工程研究院在上述发展18项压裂工艺技术的同时，压裂优化设计理论及压裂液、支撑剂也得到相应的发展，形成了具有我国自主创新特色的低渗透油气藏分层压裂改造的系列工艺技术，对大庆油田注水驱开发持续高产稳产和提高采收率发挥了重要作用，也为其他油田提供了宝贵经验。

图4-8至图4-13为有代表性的不动管柱分层压裂管柱图，均为广泛应用并取得规模效果的主体技术。

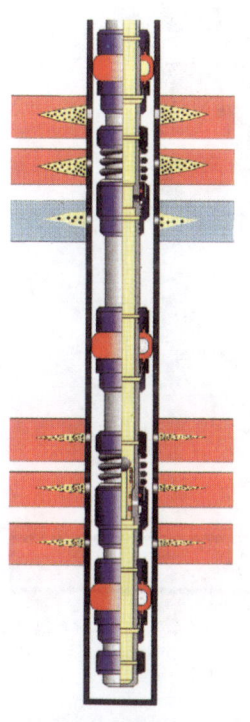

图4-8 限流法压裂完井管柱图

图4-9 不动管柱压裂5层管柱图

图4-10 150℃、80MPa深井压裂管柱图

3. 油藏整体压裂技术

1976年开始，为加快我国各油田低渗透油层的开发，适应大型压裂设备需求，石油工业部领导决策从美国、加拿大引进十多套国际先进的千型（压力100MPa）压裂酸化成套设备，并指定中国石油勘探开发研究院朱兆明总工程师负责全国低渗透油藏压裂酸化科技攻关任务。由他带领石油工业部专业检验团组考察压裂设备技术状况及发运条件，考察现代大型水力压裂技术的应用经验。这项举措，对推进我国水力压裂技术向更高水平迈进，提高低渗透油气田的产能创造了重要条件。

在1978年，大港油田采用千型配套压裂设备，对深度3000多米的唐家河油田进行压裂作业获得成功，取得了深层压裂改造增产经验，石油工业部召开了第二次全国大型压裂酸化

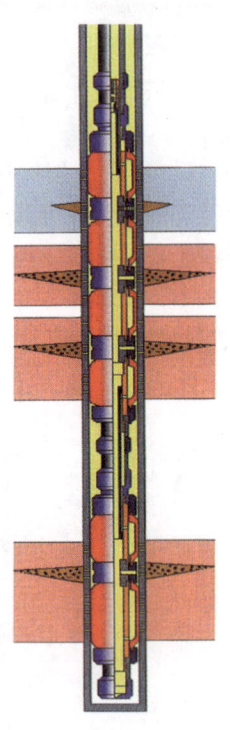

图 4-11　定位平衡压裂管柱图

图 4-12　直井 5 段以上分段压裂管柱图

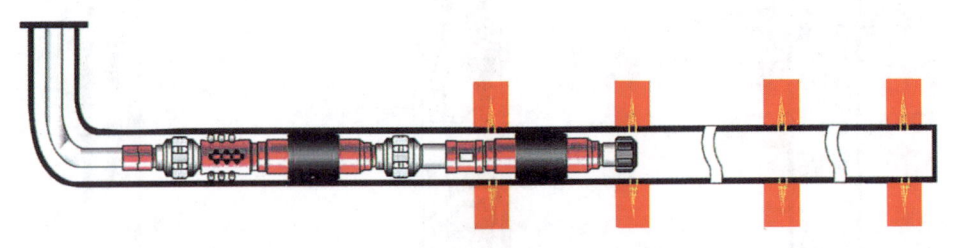

图 4-13　100℃、70MPa 水平井分段压裂工艺管柱图

技术会议。1985 年又召开了两次会议，评估压裂车组应用经验，总结交流增产效果，评价筛选压裂液、压裂砂等材料，研究机理及测试等技术课题。这些举措对我国油田这项重大增产技术高起点起步发挥了推动作用。

1985 年初，石油工业部将华北石油局廊坊分院划归中国石油勘探开发研究院后，在此分院成立压裂酸化技术服务中心（以下简称压裂酸化中心），面向全国担负石油工业部重大专项科技攻关任务。从大庆等油田调集了一批技术骨干，引进了国际一流的实验仪器及设备，组建了支撑剂、压裂液、岩石力学、酸化机理及压裂计算机软件等研究室，为现代压裂酸化技术的研究发展开创了基础条件。

1990 年至 1993 年，联合国和我国政府签署了对压裂酸化中心的援助项目，从而使中国石油勘探开发研究院有条件组织我国专家朱兆明、蒋阗、张献放等出国考察。先后访问了美、加、法三国的有关院、校、公司，会见了 39 名资深专家；邀请 15 位国际一流的学者、教授、专家来压裂酸化中心讲学；选派我国科技骨干 15 人到有关权威性公司、院所进行培训；引进了全套压裂酸化技术实验设备（包括酸岩反应、酸蚀缝导流、酸液流变性研究等），基本完成了压裂酸化中心的实验室建设项目。联合国项目的实施，大大促进了压裂酸化中心的科学研究和面向全国的服务能力[19]。

在联合国项目的推进下，全国几个大油田（如大庆、大港、吐哈、长庆油田等）也相应地加大开发低渗透油气藏的科研能力并加强专业压裂酸化实验研究单位的建设。大庆油田采油工程研究院领先全国的分层压裂酸化技术，加上3套千型压裂车组装备的井下作业公司，开展了大规模油水井的大型压裂技术作业，如加大砂量、选用高强度陶粒支撑剂，研制高性能压裂液，优化多缝、长缝设计施工技术等，促使压裂技术持续迈向世界一流，为大庆油田每年增产原油超过 $100 \times 10^4 t$ [20]。

随着水力压裂技术不断创新发展，由"单井压裂"增加低渗透层产量与注水量，逐步发展到对低渗透油藏进行整体压裂技术，成为有效开发这类油藏的主导技术，这项"整体压裂"概念的创立是20世纪90年代初中国石油油田开发上的重大新发展。朱兆明、蒋阗等提出"整体压裂"概念，运用油藏工程观点，将水力裂缝与注水开发井网优化组合，提高低渗透层采油速度、采收率与降低资金投入相结合，从而提高整个开发期经济效益为目标，建立了现场整体压裂施工方案体系。从1991年开始，分别在我国吐哈鄯善油田、长庆油田、大庆油田以及吉林油田、胜利油田、江苏油田等油田的低渗透油藏上进行了整体压裂技术实践，获得了显著的经济效益[21]。

吐哈鄯善油田油层渗透率1~3mD，孔隙度12%~14%，深度3000m，储层有水敏伤害问题。压裂前单井平均产量仅11t，不具备经济开发条件。中国石油勘探开发研究院廊坊分院压裂酸化中心运用整体优化设计技术，优化支撑缝长，选用陶粒支撑剂，提供香豆粉优质压裂液，采用压裂监测技术，分析调整泵注程序等，压裂后平均单井日产达22t。1990—1993年，三年期间压裂134井次，累计增产 $37 \times 10^4 t$，创净收益2.1亿元，使该油田投入有效开发[19]。

吉林新庙油田储层为扶杨油层，渗透率仅为1.2mD，过去只进行过一般压裂，增产效果不理想，单井平均产量仅为1.15t/d，因而长期不能开发动用。压裂酸化中心提供整体压裂施工方案，根据具有微裂缝砂岩的特点，在平行裂缝方向布井和注水，垂直裂缝方向驱油，对生产井排最大限度地避免过快见水和水淹的隐患，因此加大压裂规模，提高裂缝穿透率以增加压裂增产效果。过去常规压裂，平均射开厚度为4.6m，加砂量为 $11.5 m^3$，砂比为22.3%，压后日产油为1.15t。采用大规模整体压裂，平均射开厚度为4.4m，加砂量增大为 $20 m^3$，砂比为39.4%，压后日产油18.3t。由此经验，廊坊分院李道品提出对于深度为2000m低渗透油藏，采用整体压裂技术，采用高强度陶粒支撑剂，加大压裂规模，采用优质压裂液，提高砂比达到35%~40%以上。向超低渗透层（小于0.5mD）开展研究及攻关试验，进一步延长压裂增产有限期，提高总增产油量，创出特低、超低渗透油田开发新局面。为此，他概述并强调了高效开发低、特低渗透油田要抓好3大关键工作：

（1）实施整体压裂。这类油藏不压裂就无自然生产能力，必须进行压裂改造，才有可能投入工业开发，重点是改进工艺技术，合理加大压裂规模。

（2）实行超前注水。不注水补充地层能量，产量会很快递减。早在20世纪60年代大庆等油田就总结出"压裂不注水，等于干张嘴"的规律。只有注够水、注好水，才能保持稳产；超前注水才能防止地层压力下降而产生的压敏效应现象，保持油井的旺盛生产能力。

（3）科学合理布井。低渗透油田普遍存在"注水难、采油难"问题，只有开发井网合理科学（合理缩小井距，科学布置井网），压裂、注水及其他措施才能发挥应有作用，取得良好效果。

以上 3 大关键环节的关系是：压裂是前提，注水是保证，井网是核心，三者紧密结合，缺一不可。低渗透油藏开发是一项综合多学科技术的系统工程，必须抓好油层保护、高质量注水、采油工艺和简化地面流程等这类次要矛盾，防止缺失转化为主要矛盾，招致注水开发全面失败的风险[22]。

需要指出的是，对具体低渗透特低渗透油藏采用整体压裂与注水方案时，不论有无天然微裂缝存在，需要考虑采用分层压裂技术，扩大垂向动用程度，与合理井网结合，有效控制注入水窜流，提高采收率。

进入 21 世纪以来，我国采用水力压裂、精细注水主体工艺技术有效开发了许多低渗透、特低渗透油藏，而且针对渗透性更差、难度更大的"三低"油藏不断发展了这两项富有我国特色的技术。

长庆油田全区均为大面积低渗透、特低渗透油藏，储量巨大，技术难度居首位。低渗透油藏开发已形成了配套的高效开发技术，包括：精细油藏描述及富集区块筛选评价技术；合理井网井距优化及调整技术；区块整体压裂及分层压裂技术；精细过滤及超前注水技术；简化地面流程技术等。其总体目标是：提高单井产量、采收率，降低生产成本三者的统一。

4. 超深井及水平井分层压裂技术的重大突破

20 世纪 90 年代初期，对塔里木油区的塔中、东河、英买力等油田进行了 12 口超深油、水井的压裂酸化作业，取得显著效果。东河塘油田储层渗透率 1.0~1.5mD，孔隙度 15.4%，井深达 5910m，油层温度 140℃，在井口压力 36MPa 下注水。使用香豆胶延续交联液压裂增注，加砂 16m³，压后井口压力降至 33MPa，日注水增至 150m³，缓解了油田稳产矛盾[10]，揭开了我国超深井压裂增产的序幕。

在超深井压裂作业中，为保护套管，采用了高温封隔器、水力锚及安全接头。图 4-10 是大庆采油工程研究院 1990 年在大庆外围试验成功的 150℃、80MPa 深井压裂管柱图。一次管柱完成两个层段压裂施工，也用于塔里木超深井。

2010 年，大庆油田采油工程研究院研制并试验成功 100℃、70MPa 水平井分段压裂管柱。利用双封隔器单卡目的层，通过喷砂器的节流作用实现封隔器坐封、完成目的层段的压裂。压后反洗井冲砂后上提管柱压裂上一层段。通过反洗、上提，实现一趟管柱多个层段的压裂施工。可满足耐温 100℃、承压 70MPa，实现大砂量（160m³）、多层段（15 段）、大卡距（112m）的一次压裂施工作业。该管柱有解卡功能，安全性高，可控制各层段处理规模，压裂改造针对性强，通过管柱组合可实现任意层数的压裂。2009 年 8 月至 2011 年 11 月，大庆油田应用水平井分段压裂技术完成外围扶杨油层 153 口井 778 段施工。压裂后初期水平井单井平均产油 9.7t/d，是周围压裂直井的 5.5 倍。图 4-13 是管柱示意图。

另据《中国石油报》报道[23]，2011 年 4 月底，大庆油田在州扶 51-平 52 井成功实施一趟管柱压裂 15 个层段的现场试验。该油藏的开发目的层为扶扬储层，渗透率低、丰度低、厚度薄，直井开发效益低或无效益，必须应用水平井并通过压裂才能投产。采用上述水平井分段压裂技术，打开了开发低渗透油田的新局面。该井井深 2591.5m，垂直井深 1850.6m，水平位移 880m，实测井底温度 98.5℃。利用双封单卡管柱，层层上提压裂，实现 15 个层段点源射孔、加密布缝的体积压裂改造。现场施工压力最高达到 60.2MPa，共加砂 110m³，用液 1420m³，15 段压裂有效施工时间仅 34h。这项技术获得成功，标志着中国石油在水平井分段压裂技术中又迈上新台阶。为大庆油田低渗透、低品位储层的有效开发和中国石油页岩气等的开发提供了技术支持。此项技术获中国石油及化学工业联合会科技进步一等奖。

5. 工厂化大型体积压裂技术重大进展

2013年8月，《中国石油报》发布一项喜讯[24]，在长庆油田位于陕西定边县境内的致密油藏（深3500m）安平54井组，在同一井场对6口丛式水平井采用14台主压车组同时展开工厂化大型体积压裂，这在国内尚属首创。该井区是中国石油致密油藏水平井开发工厂化作业试验区，也是长庆油田产能建设的重点区域。此井组共部署600m至1500m不同水平井段长的油水井6口，由川庆钻探公司承担钻井和试油压裂施工任务。

在这场规模大、效率高、速度快的试油压裂施工中，许多新工艺、新技术优先亮相。由长庆油田分公司油气工艺研究院的长胶筒钢带式封隔器和合金压帽喷射器，增加了每趟管柱的压裂层数，原来一趟施工作业压裂2段至3段，现在可以达到9段。利用螺杆泵进行排液，缩短完井周期7~8天，这6口丛式水平井工厂化作业的生产优化，计划25天完成，比原有的试油压裂施工周期至少缩短一半时间。

图4-14为采用的多级封隔器与滑套分段压裂管柱示意图，图4-15为工厂化施工现场（摘自《中国石油报》，2013年8月15日）。

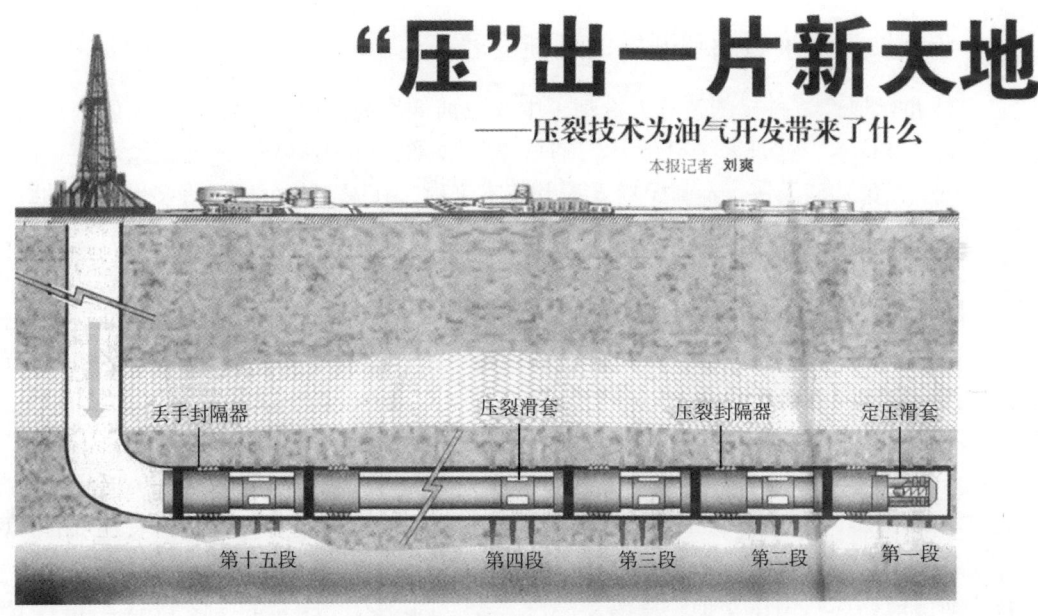

图4-14 多级封隔器与滑套分段压裂管柱示意图[25]

据《中国石油报》报道，吉林油田采用水平井多级封隔器滑套分段压裂技术，已有400多口井应用，在黑H平2井分层压裂达15个层段，为吉林油田扶扬油层有效开发提供了技术支撑。在塔里木油区，诞生了库车凹陷7000m超深层高压致密砂岩气工业化压裂技术。在长庆油田，直井多级分层压裂、水平井分段压裂技术的规模应用，改变了"井井有油，口口不流"的"三低"油藏开发局面。

由上述实例表明，我国对低渗透油藏深井、超深井和水平井采用分层段压裂技术有了重大突破，增加了开发这类"三低"油藏的新技术、新领域。

图 4-15　长庆油田安 83 井区安平 54 井组工厂化压裂施工

四、长庆油田低渗透油藏开发的创新发展

进入 21 世纪以来，科技创新有力推动了中国石油低渗透油藏（年增原油地质储量占一半以上）的开发技术。过去无法有效开发的低渗透油藏，由于从勘探开发理论研究、油藏地质、钻井工程及采油工程技术的全面发展和技术创新，在我国几个油区许多低渗透油藏已逐步投入了效益开发，支撑了我国原油产量的稳定增长。同时，也为一大批注水开发中后期的低渗透油藏延长有效开发期、提高采收率开拓了发展前景。

我国陆上连片最大含油面积的长庆油田（应该称作油区），地质储量大，储油层全为低渗透超低渗透致密砂岩。低渗透、低丰度、低产能是突出特征。1973 年在大庆油田召开的第一次全国压裂酸化技术会议上，长庆油田领导提出了要在"磨刀石上闹革命"的誓言，经过几代石油人的艰苦努力，创造了大面积开发低渗透油田的丰功伟绩。

20 世纪 80 年代，长庆油田开发油藏的渗透率为 20mD；90 年代为 1.0~2.0mD；2000 年为 0.5~1.0mD；2010 年为 0.3mD。由此表明，依靠技术进步大幅度降低了开发难度，开辟了低渗透超低渗透油田的开发前景。

长庆油田地处鄂尔多斯盆地，横跨陕、甘、宁、内蒙古、晋五省（区）63 个市（县）25 万平方公里。三叠纪延长统低渗透储油层广泛分布，二叠纪蕴藏致密天然气。进入 21 世纪以来，连续 10 年新增产量和储量在国内同行保持第一，连续 3 年保持 500×10^4t 的油气当量增长量。原油产量由 2000 年的 464×10^4t，逐年上升，到 2011 年达到 2002×10^4t，高效开发罕见的"低渗透、低压、低丰度"油气田，这是我国油气田开发史上的光辉业绩。《中国石油报》公布的数据，如图 4-16 所示。

据资料[26]，长庆油田已投入开发的主要油田有 29 个，含油面积 2708km^2，原油地质储量 18.7×10^8t，平均储量丰度为 69×10^4t/km^2，油层深度 2500~3500m。截至 2011 年，已采出程度为 9.2%，标定技术采收率为 21.0%，经济采收率为 18.2%。另据《中国石油报》[27]，长庆油田经过 42 年的发展，累计探明石油储量 27×10^8t，探明天然气储量 4.3×10^{12}m^3。

长庆石油人从"磨刀石上闹革命"，迎难而上，经过多年来的实践、认识、再实践、再

(a) 长庆油田近年石油探明储量示意图

(b) 长庆油田近年天然气产量增长示意图

(c) 长庆油田近年石油产量增长示意图

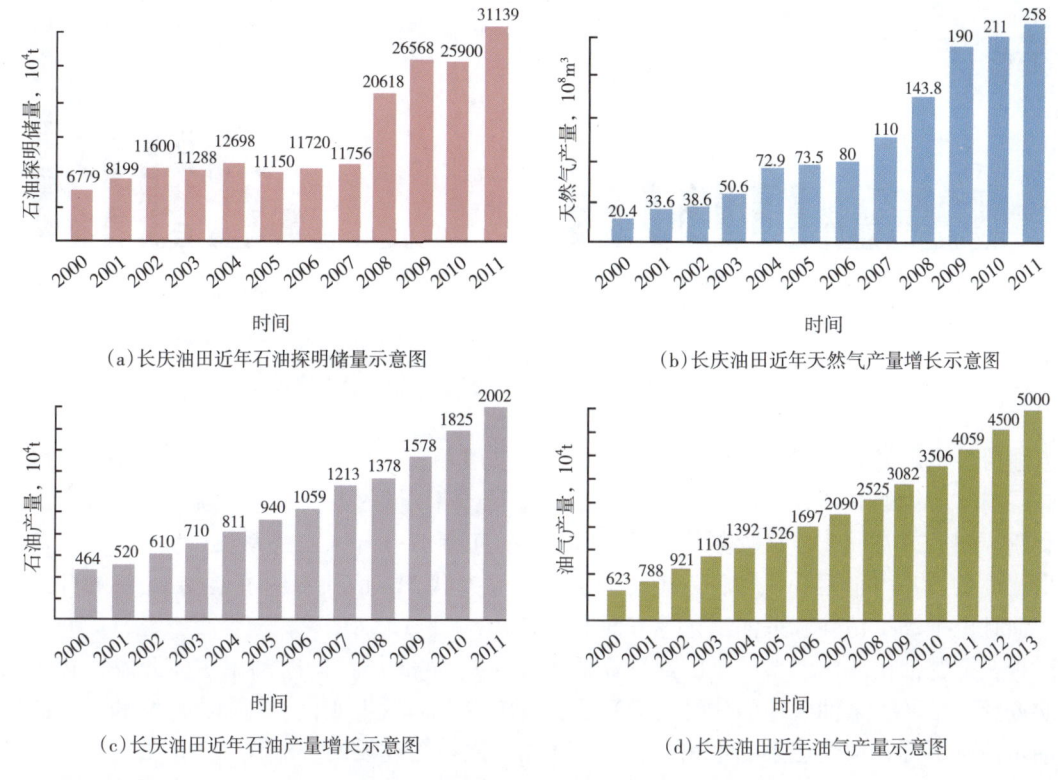

(d) 长庆油田近年油气产量示意图

图 4-16　长庆油田近年油气储量和产量增长示意图

认识，在多次试验、失败、成功的过程中，终于彻底转变了找油、找气观念，技术创新，发展了压裂、注水、多层系开采和水平井等工艺技术，使一个又一个难于开采和没有开发价值的油藏（区块）终于投入有效益开发，创造出了分层压裂+精细注水+水平井三大技术配套的开发模式。现举两个主力油田开发现状：

（1）姬源油田。

长庆油田公司第五采油厂管理下的姬塬油田，在 20 世纪 80 年代发现后，由于"三低"，井井有油，但井井不流，初期开采没有形成生产能力，是极难开采的"硬骨头"。经过长庆石油人坚持不懈的吸纳、借鉴、融合和创新，探索形成适合姬塬油田特点的优化井网、储层压裂改造和多层系开发等 13 项主体、配套和特色技术，打开了油田增速开采的局面。2012 年，长庆油田公司第五采油厂全年原油产量上升到 318.5×10^4 t，由 2001 年的 0.1×10^4 t，突破 300×10^4 t 大关，成为长庆油田增储上产的主力军，历年原油产量见图 4-17。

《中国石油报》报道了他们在实践基础上探索出的"姬塬模式"[28]经验：

①由单层变多层——立体开发同时动用多储层。

2001 年 12 月，探井黄 8-9 井产油 $21m^3/d$，这是勘探队伍第 6 次重上姬塬，历经 30 余年"五下六上"的重大突破，姬塬油田终于峰回路转，拉开了全面勘探开发的序幕。

2004 年，姬塬油田在侏罗系延 9 油藏勘探开发基础上，发现了三叠系长 2 油藏，显现出多储层存在。据第五采油厂总工程师王方一的回忆，之前不同储层的动用方式是在同一井段采用最佳层位进行开发，即一口井钻穿多个层位，先开采一个层位，等失去经济效益后继续开采下一个层位。这种模式储量动用率低，开采周期长。在此背景下，2005 年第五采油

(a) 历年钻井数

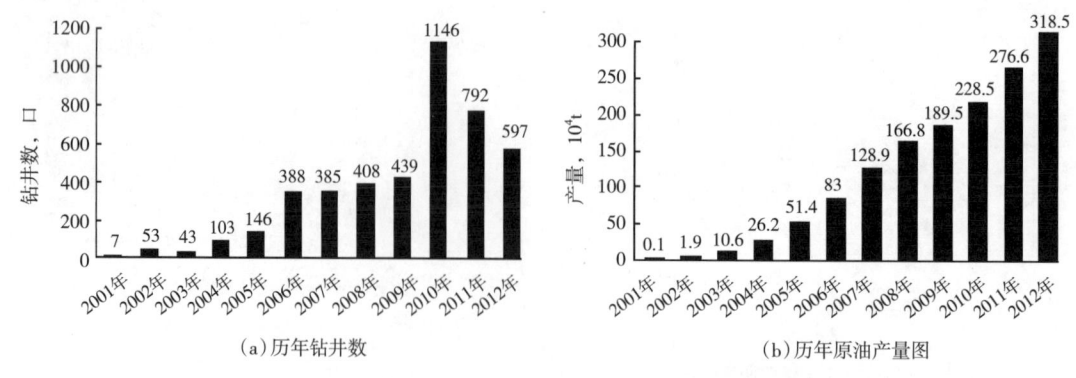

(b) 历年原油产量图

图 4-17 姬塬油田（第五采油厂）历年钻井及产量图

厂组建后，重新研究油田资料后，根据姬塬油田多层系普遍含油的特点，于同年12月提出多储层同时动用的立体开发理念，即不同井对应不同储层同时开发动用，实现资源快速最大化利用。随后，在耿114区块规模应用立体开发，120口井开采三叠系长2储层，127口井开采三叠系长4+5储层。立体开发理念的形成不仅为耿114区块节约了至少15年的开发时间，而且也推动了钻井和采油工艺等方面的进步。

现在姬塬油田从侏罗系的延3到三叠系的长9共14个层位同时动用主体开发，相应的地质勘探、钻井、采油、地面建设及后勤配套设施等普遍发生变化。例如，延9和长2储层的油水性质不同，两个层系的水相遇会产生水垢。之前需建设两座流程站分别处理，立体开发后，按多层系开发叠合区创新双流程建站理念，即同一联合站内建两套处理系统，简化了设备。截至2012年底，第五采油厂少建站库11座，节省成本4亿元，年节约人工费用2000万元。

②由"串联"变"并联"——一体化推动多环节齐头并进。

第五采油厂根据姬塬油田多层含油特点，在开发浅层油藏时选择性加深，从而在开发过程中提前探明深层地质储量。将传统的勘探、评价、开发"串联"模式变为勘探、评价、开发循环"并联"模式。通过开发过程中深浅相结合，实现储量快速增长和动用，也给探井留下了准备和决策时间。在2005年开发耿19区块时，加深了18口开发井后勘探到长4+5储层，增加探明储量220×10^{4}t。同时，留出时间试验长4+5井网。长2层位开发结束时，长4+5开发政策、注水井布局等已成熟，比常规方式缩短近1年时间。

2005年开始，姬塬油田为建产提速，结合整装油田复合连片的先天优势和多年地质勘探成果，创新提出了围绕出油井点每隔1.5~2km^{2}钻一口评价井，实行"蛙跳"式评价。从2006年到2012年，通过"蛙跳"式评价，在罗1长8油藏展开实施骨架开发井560余口，落实储量将近1×10^{8}t，共建成产能100×10^{4}t，开发了第五采油厂最大油藏，实现了快速发展。

③由"一法"变"多法"——因层制宜"一层一网一工艺"。

在姬塬油田，以前一个井场仅1~2口井，现在耿114井场有27口油井和8口注水井。由于侏罗系低渗透油藏和三叠系特低渗透油藏在储层物性、裂缝方位等方面存在差异，在布井中选用不同的井网，在压裂改造中采用不同的工艺，实现油藏合理动用高效开发。侏罗系油藏呈块状，像"土豆"，面积小，渗透性相对较好，开发初期依靠天然能量开采。深层三叠系油藏复合连片致密度高、渗透性差，只能通过超前注水提前补充能量，延长油藏稳产时间。由于三叠系油藏非均质性强，层间差异大，为提高注水效果，油气工艺研究所研发了精细分层注水技术，根据油层、注采动态变化进行调控，从而实现年均增油 $1.2×10^4$t。

地质人员根据数值模拟、试采结果和优化工程研究等，优化布井技术，不同储层采用不同井网、井排距和注采参数等。以长4+5油藏为例，油藏属特低渗透，明显裂缝较多。为增加水驱效果和注水波及体积，采用井距和排距300m正方形反九点法布井。特低渗透长8油藏明显裂缝较少，适当扩大井距、缩小排距，采用菱形反九点井网更为经济有效。

不同储层采用不同井网看似简单，地质人员至少需要研究储层6项方案。截至2012年底，姬塬油田采取"一层一网一工艺"以来，累计建成产能达 $433.9×10^4$t。

（2）安塞油田。

据报道[29]，长庆油田第一采油厂依靠科技进步，使安塞油田连续16年保持较高开发水平。2013年8月23日，安塞油田提高采收率试验区王窑西南区块，通过实施油水井加密调整后，平均日产油40t。

针对"三低"油藏开发的世界性难题，第一采油厂依靠科技创新形成一系列超低渗透油田开发配套技术，被誉为"安塞模式"。使主力油藏连续16年保持较高开发水平，采收率由原来的12%提高到目前的25%以上。

第一采油厂的经验——"安塞模式"有三：

①精细注水补充驱油能量。

由于储层孔隙度小，渗透率低，自然产能极低，这是开发中的最大困难和主要矛盾。第一采油厂厂长吴志宇讲："对于超低渗透油田，注水就是油田开发的生命线，安塞油田的产量之所以能够保持稳定增长，精细注水功不可没"。从1987年开始，第一采油厂在塞6-71井组开展注水开发试验，取得较好效果。随后，油田进入全面注水开发和注水调整时期，并形成老区温和注水、新建区块超前注水等技术。每年注水调整增油量达 $4×10^4$t以上，递减率减缓2%。此后，不断完善注水开发技术，形成了以细分注水单元、细分注水政策、细分注水标准为核心的"三分"精细注水技术。根据渗流特征将全厂注水单元细化至92个，分别制定了相应注水政策，水驱效率大大提高。目前，第一采油厂已形成近50余种注水方式，每年开展精细注采调控近1000井次，年增油 $3×10^4$t以上，老井自然递减率减缓1.5%。

②多种压裂技术，提高单井产量。

安塞油田储层致密，但具有天然微裂缝发育的特点。如何产生不同于初次裂缝方向的油流通道，把油从地层中引出来，成为超低渗透油田提高单井产量和采收率的关键。从2000年开始，第一采油厂结合数值模拟、驱动压力梯度研究等技术，先后进行了缝内转向压裂、定向射孔压裂、混合水体积压裂等一系列工艺试验，对裂缝发育的不同程度分别采用大砂量压裂、裂缝暂堵压裂等方式，形成重复压裂技术，实现了从单井增油向油藏整体治理的转变。

近两年，发展了体积压裂油藏改造技术，成为超低渗透油藏开发的"撒手锏"。截至2013年8月23日，第一采油厂共实施体积压裂措施井95口，有效率100%，累计增油 $2.24×10^4$t，平均单井增油2.86t，较常规压裂单井日增油提高1.56t。

水平井分段压裂、多级加砂压裂和体积压裂等油藏改造技术的推广实施，见到了显著增产效果。

③组合配套技术，提高采收率。

针对油田开发中后期含水率上升，递减加快，资源动用难度加大等诸多问题，第一采油厂不断深化油藏认识和加强科技攻关，形成了"五大"技术系列、24项配套技术，"安塞模式"内涵不断丰富。为提高单井产量，规模化应用水平井技术+体积压裂技术，已投产的53口井平均单井产量达到5.86t，是周围定向井的3倍。

通过加密调整、分层注水和堵水调剖等措施，使王窑西南区块采收率达到30.5%。通过剩余油研究及加密调整使一些隐蔽油藏得到二次开发，每年新增产能$10×10^4$t以上。核心技术的集成创新，使安塞油田2012年产量跃升到$300×10^4$t。

安塞油田新老井产量及措施增油量见图4-18。

(a) 安塞油田新老井产量构成图

(b) 安塞油田措施增油量

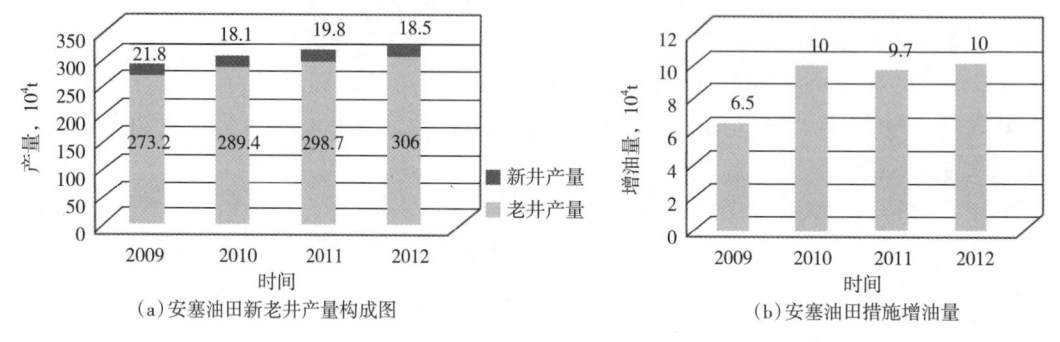

图4-18 长庆安塞油田产量增长图（特约记者，王永辉）

长庆油田的发展是石油人依靠科技创新，运用辩证思维不断认识低渗透也能建设大油气田的认识和决心，历经艰辛、艰苦奋斗的创业史。过去的"小土豆"油气藏、世界罕见的"三低"油气藏，被称为"磨刀石"，实现有效开发面临难以想象的严峻挑战。2008年，中国石油决策，长庆油田再用8年时间，将年产油气当量发展到$5000×10^4$t，在鄂尔多斯盆地建成"西部大庆"。2008年至2012年，上千部钻机、20多万人参与油气大会战，开钻油气井2万余口，建设油气站近200座，建成产油气产能3700多万吨，新增油气三级储量连续4年突破$15×10^8$t。其中，探明部分每年保持在原油$2×10^8$t，天然气$2000×10^8$m^3。

《中国石油报》记者彭旭峰发表了"长庆油田实现又好又快发展探密"的分析报告[27]，详述了长庆油田依靠技术创新，不断挑战低渗透极限的发展历程及经验。指出攻克低渗透、解放特低渗透，再战超低渗透（<0.5mD），经历40余年与低渗透"较量"，压裂和注水核心技术成为有效对付"超低渗透"的"撒手锏"。快速钻井技术、压裂技术及水平井配套技术开创了我国有效开发超低渗透油气藏的先河。长庆油田自主研发的裸眼封隔器、新型套管分层压裂配套工具，水力喷砂压裂技术，在气井先后实现一次压裂改造5段、7段、10段到15段的跨越，达到国际先进水平。

长庆油气田开发被列入国家重大专项示范工程，提高采收率示范区和重大科技示范项目。国家低渗透油田开发实验室、863项目课题、国家首批矿产资源综合利用示范基地，也落户长庆油田。近年来，长庆油田获得国家级成果奖28项，省部级奖260项。

由上述长庆油田低渗透、超低渗透油田开发技术的创新成就，不仅展示了我国开发这类油田的特色技术，开拓了低渗透油田提高采收率的系列核心技术，为创建百年油田，长庆油田提供了宝贵经验，成为典范。

第三节 稠油油田热采技术的创新发展

我国稠油资源较多，分布较广。陆上主要分布在辽河油区、胜利油区、新疆克拉玛依等。截至 2012 年，中国石油天然气集团公司探明稠油地质储量 $20×10^8$ t，已动用 $13.5×10^8$ t[30]。中国海洋石油总公司在渤海探明稠油地质储量达 $20.5×10^8$ t（截至 2009 年）[31]，已投入开发的有绥中 36-1，秦皇岛 32-6，南堡 35-2 等油田，动用地质储量超过 $5×10^8$ t。

20 世纪 80 年代初，陆上稠油油田开始国家级科技攻关，首先在辽河油区高升油田试验蒸汽吞吐技术获得突破性成功，在胜利油区单家寺油田以及克拉玛依稠油区应用，形成了我国中深层与浅层稠油注蒸汽热采工程技术系列，稠油产量快速上升。1992—2012 年，陆上稠油产量持续稳产 $1000×10^4$ t 以上已达 20 年。2012 年，中国石油稠油产量达 $1082×10^4$ t，其构成是：蒸汽吞吐产量 $723×10^4$ t，蒸汽驱产量 $137×10^4$ t，常规水驱 $120×10^4$ t，蒸汽辅助重力驱（SAGD）产量 $80.5×10^4$ t，火烧油层产量已达 $21×10^4$ t[30]。中国石化胜利油区稠油热采产量持续 20 多年至今保持在 200 多万吨，主要是蒸汽吞吐方式。

中国石油不同采油技术历年稠油产量构成见图 4-19；不同类型稠油产量见图 4-20；稠油主产区辽河油区稠油历年产量见图 4-21。

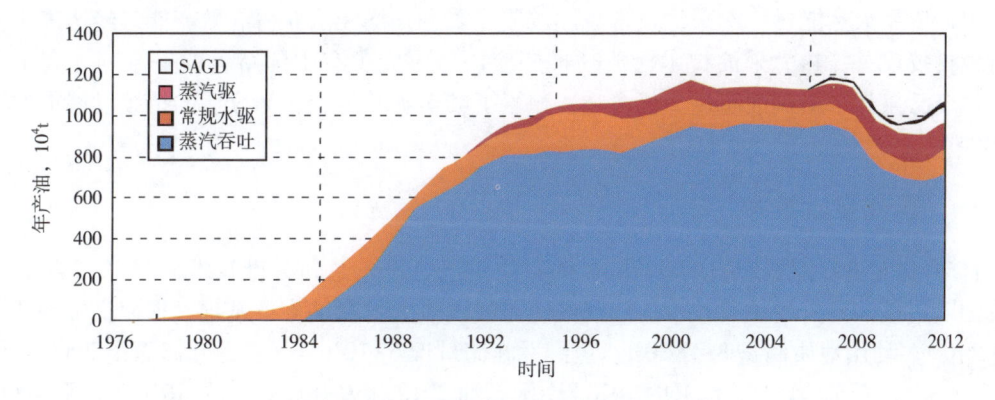

图 4-19 不同技术历年稠油产量构成图

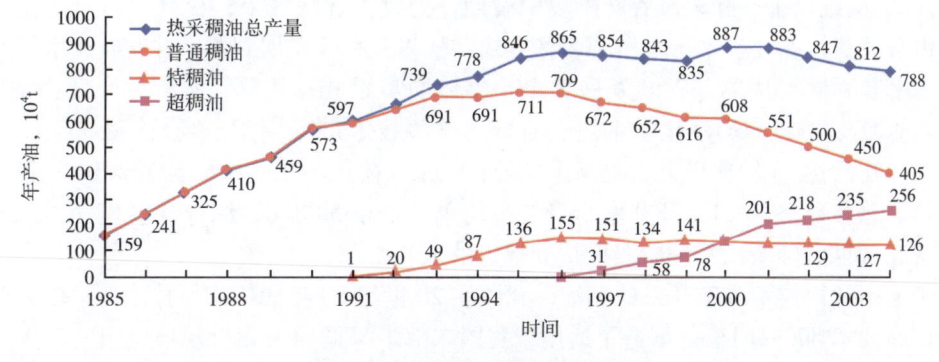

图 4-20 不同类型稠油历年产量

我国陆上稠油油藏类型多，地质条件较复杂。其突出特点：油层埋深幅度大，有 200～400m 浅层（克拉玛依油区），800～2000m 的中深层（辽河油区、胜利油区），也有 3200m

— 67 —

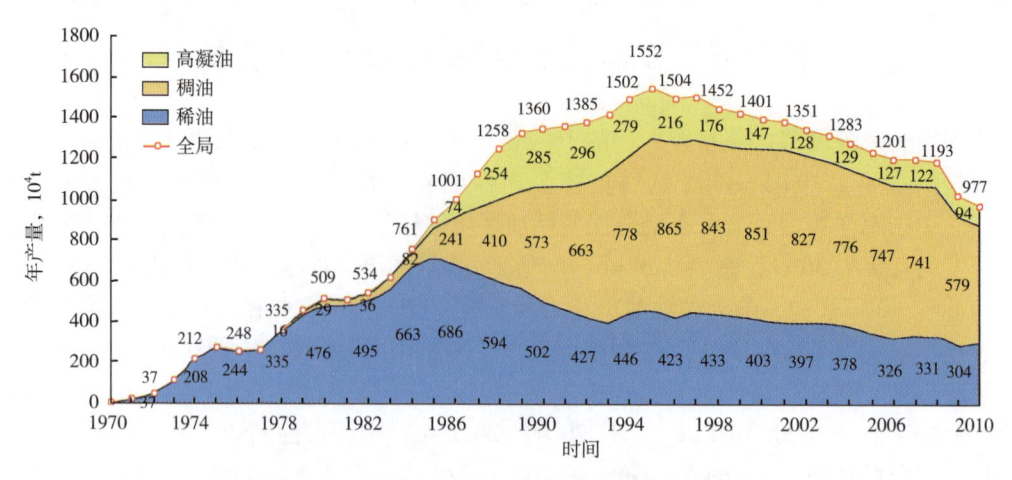

图 4-21 辽河油区历年不同油品产油量构成曲线

深层（吐哈油区）；原油黏度变化大，普通稠油，特、超稠油 3 种均有；油藏中油水关系较复杂，不少油藏边底水活跃（胜利油区尤甚）。

由于地下原油黏度高达几百、几千、几万，甚至几十万毫帕秒，油层中流动阻力大，极难采出，依靠天然能量一次采油及常规注水驱冷采方式均无法获得有效产能。经历三十多年的持续科技攻关，热力采油技术已成功推广应用，形成了有中国特色的一系列配套工艺技术，至今已累计采出稠油超过 2 亿多吨，积累了较丰富的经验，为今后的持续发展创造了有利条件。

一、蒸汽吞吐技术

自 20 世纪 80 年代攻克中深 1700m 油藏注蒸汽热采一系列关键技术，至 2012 年，一直是我国陆上稠油开发的主要技术。辽河油区是我国最大的稠油生产基地，探明稠油地质储量 10.8×10^8 t，动用地质储量 8.4×10^8 t。蒸汽吞吐储量近 6×10^8 t，蒸汽吞吐产量由 2000 年的峰值 755×10^4 t，降至 2010 年的 460×10^4 t。中国石油 2012 年吞吐产量 723×10^4 t，辽河油区仍占 60% 以上。

进入 21 世纪以来，在蒸汽吞吐阶段中后期，为改善吞吐效果，控制汽窜，减缓油汽比下降，由常规蒸汽吞吐技术，发展到多种方式：从直井吞吐发展到侧钻井吞吐、水平井吞吐与分支水平井吞吐；从单井吞吐发展到多井整体同步吞吐；从单一蒸汽吞吐发展到蒸汽+N_2、蒸汽+CO_2、蒸汽+CO_2+化学剂组合吞吐。这些技术广泛应用，延长了吞吐生产周期，平均单井吞吐已达 13 轮次以上，提高了稠油吞吐采油阶段的采收率。截至 2010 年底，辽河注蒸汽热采总井数 9934 口，开井率 56%，平均单井产量 5.0t/d，综合含水 82.5%，采出程度 21.7%，预期吞吐一次采油阶段能达到标定的采收率 26.1%。

对于采用常规技术难于开采的稠油，我国在 20 世纪 80 年代依靠科技创新，攻克深度超过当时国外技术 800m 门槛，创造了适用于我国东部中深稠油油藏大规模应用的蒸汽吞吐热采技术，并形成系列工艺技术，实属不易。这项重大革命性技术，获得国家科技进步一等奖。其二，对于原油黏度高达几万至 10 万毫帕秒的特超稠油，采用常规蒸汽吞吐技术，难以获得满意的开发效果，经过最近十年来的自主科技创新，又实现第二次革命性技术突破，采用水平井+蒸汽+CO_2+化学剂为主的配套工艺技术，使辽河油区及胜利油区总地质储量超

过 $2×10^8$t 的几个特超稠油油田成功开发。这两项重大技术，从油藏工程研究、室内模拟实验、注高温高压亚临界蒸汽设备、井筒隔热、油层防砂、产出液举升与分离输送等环节形成了技术系列。这两项稠油蒸汽吞吐一次采油技术，采收率提高到20%以上，成绩来之不易，是石油科技人员艰辛拼搏、攻坚克难取得的。

当前采用蒸汽吞吐技术面临的技术挑战与发展：

（1）辽河油区有将近 $6×10^8$t 地质储量的几十个油藏区块，经过多轮次蒸汽吞吐，油层压力下降，地下存水量增加，导致油汽比降低，含水率高，周期产量降低，产量递减率加大。截至2012年，油藏压力已降至原始值的15%~30%，吞吐油汽比降至0.23，吞吐进入高成本、高递减、低油汽比阶段。

据研究报告[30]，1986—2010年，辽河油田历年蒸汽吞吐油汽比变化见图4-22，吞吐技术关键指标变化见图4-23。

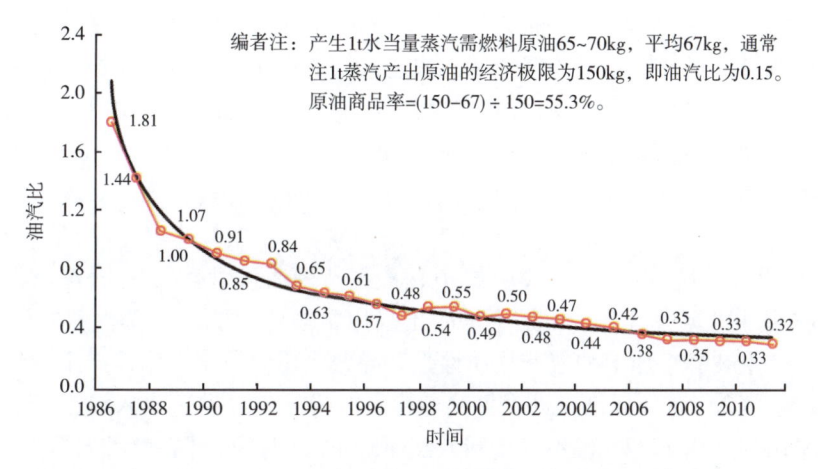

图4-22 "七五"以来辽河稠油蒸汽吞吐油汽比变化曲线

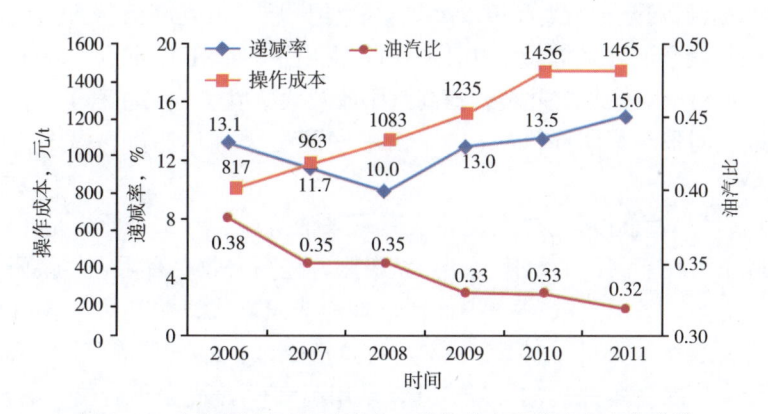

图4-23 辽河油田吞吐油汽比、操作成本及递减率变化曲线

（2）超深层稠油油藏，以吐哈油区鲁克沁油田为例，油层埋深3200m，采用超临界蒸汽吞吐技术尚未过关，井筒热损失大，耗能高等难以解决。而冷采方式，如天然气吞吐方式，注气压力高，经济效益差，采收率低。

（3）今后技术发展项目：辽河油田提出继续推广多介质组合式蒸汽吞吐技术，开展溶剂与空气辅助蒸汽吞吐技术攻关（笔者提倡加注氮气，不注空气，存在腐蚀与安全隐患）；

中国石油勘探开发研究院提出超深层稠油火烧吞吐组合技术研究项目。

二、蒸汽驱技术

1. 新疆克拉玛依九区浅层稠油蒸汽驱

20世纪90年代，中国石油开始加大蒸汽驱先导试验，首先在新疆克拉玛依九区浅层普通稠油区块蒸汽驱技术取得突破，逐步扩大应用。自2000年汽驱年产量稳定在80~90×10^{4}t，油汽比0.16~0.20，至2010年下降至60多万吨，汽驱采收率提高20%~30%，加上吞吐一次采油，总采收率达到50%以上，经济效益显著，汽驱成功。九区原油黏度高的特稠油九-6区，原油黏度2×10^{4}mPa·s，油层埋深220m，油层厚度13.6m，地质储量1500多万吨。在1989年投入蒸汽吞吐开采，1998年开始在九-6区齐古组油藏中部区域约1/3面积补钻加密井，以70m×100m反九点井网为主转入大面积汽驱，有98个注汽井组，生产井342口，加上东区与西区蒸汽吞吐油井375口，1998—2008年，全区产量稳定在22×10^{4}t水平。汽驱区域取得较好开发效果，但全区很快进入低油汽比、高含水阶段，产量下降至10×10^{4}t水平。2012年，全区产油9.54×10^{4}t，其中汽驱区域产油5.47×10^{4}t，吞吐区域4.07×10^{4}t。全区开发现状：油汽比低（吞吐区为0.19，汽驱区为0.06），单井日产量低（0.64/0.72t）、含水率高（均为95%）。汽驱区域吞吐采出30%，汽驱采出21.9%，总采出程度达51.9%。

由2012年开发状况分析[32]：（1）九-6区浅层特稠油采用蒸汽吞吐+蒸汽驱开发模式是可行的，采收率可达50%以上。但是也暴露出采用常规蒸汽驱，由蒸汽吞吐阶段产生的注汽压力过高，产生裂缝，加上油层非均质性强，导致汽驱阶段蒸汽窜流严重，汽窜井数超过1/3，已无效益。（2）东部低部位开发区高轮次吞吐降压，导致边水入浸，回采水率与含水率高，吞吐采出程度达22.7%，不利于转入汽驱开采。（3）西部吞吐开发区，原油黏度高，平均单井吞吐达10.6轮次。其中172口井平均14.8轮次，周期产量仅173t，油汽比0.08，已无效益。（4）据油田报告，截至2012年，蒸汽驱区域采出程度已达53.7%，吞吐区采出程度24.0%，估算剩余油可采储量为161×10^{4}t。提出下一步工作重点：对蒸汽驱采取间歇注汽，高温化学剂封堵与控制关井结合提高汽驱波及效率以及分层注汽工艺；对蒸汽吞吐区域，开展多井同注同采（集团注汽）控制汽窜，分区分类优化注汽、提压定量注汽提高高轮次井吞吐效果等。

笔者建议：（1）对吞吐区已进入高轮次衰竭采油阶段，汽窜严重，地下存水率及含水率高，继续吞吐下去耗能高，油汽比低于经济极限，提高采收率有限。尽快研究转入蒸汽驱二次热采可行性方案，采用蒸汽+N$_2$+表面活性剂泡沫驱方式，尤其对东区边水过渡带，及早转驱升压，控制水浸损失可采储量。（2）对蒸汽驱区，停止常规汽驱，细分开发单元，选择采出剩余油富集区（角井）的开发方式，采用蒸汽+N$_2$+高温聚合物、蒸汽+N$_2$+表面活性剂泡沫驱以及其他创新技术。

2. 辽河油区蒸汽驱技术发展历程

20世纪80年代，中国石油在辽河油区蒸汽吞吐技术攻关获得突破性成功后，为接替吞吐一次采油后续开展蒸汽驱提高采收率的前瞻性研究，共安排了9个蒸汽驱先导试验项目及两个开发试验区。共代表了6种稠油油藏类型及3种原油黏度级别，涵盖了当时全国已探明稠油地质储量（15.8×10^{8}t）的82%。也预计试验区类型多，油藏地质条件复杂，难度也较大，能否实施蒸汽驱二次热采，只有通过试验探寻其途径。这体现了中国石油领导层的持续发展战略决策与科技人员的创新思维。对辽河油区安排并实施了4个蒸汽驱先导试验项目，即高升油田高三块、欢喜岭油田锦45块、曙光油田曙一区杜66块及曙175块。经过近10年的试验，到1995年取得了试验结果。

高升油田油层深度达1600m，井筒热损失大，导致井底蒸汽干度不能达到50%以上的基本要求，多轮次吞吐回采水率低以及蒸汽热水窜流等，汽驱试验失败。

锦45块是多油层组，具有活跃边底水特点，经过10年吞吐，降压开采，单井吞吐周期过多（最高达15次），导致边底水浸入严重，以及其他原因蒸汽驱试验失败。

曙175块是面积0.96km^2、厚度34m、具有边底水特征的特稠油块状油藏，地质储量453×10^{4}t。在吞吐5个周期后发现边底水入浸加剧，含水上升，及早转入汽驱，采取中部转驱提升油层压力，边部大泵排水，控制水浸，低效生产井吞吐引效以及跟踪模拟调整等措施，汽驱获得成功。截至1994年底，转汽驱11个井组，汽驱5年阶段，采出55×10^{4}t原油，油汽比0.34，采出程度12.3%，加上吞吐阶段累计采出程度39.9%，综合评价为我国深油层汽驱开采成功的典型。

曙一区杜66块，是典型的薄互层稠油油藏，全块分3个油层组、10个砂岩组，单层厚度小于5.0m的占总厚度的80.5%，纯总厚度比仅0.35。对一类油层开展先蒸汽吞吐后进行蒸汽驱，也经过多种措施，汽驱基本成功，取得了经验。

经历10年，通过大量室内模拟研究及现场先导试验说明，辽河油区稠油油藏类型多，地质特征较复杂，油藏埋藏深等客观因素，导致转入蒸汽驱开采，面临技术难度大。由蒸汽吞吐转入蒸汽驱是一个跨越式的发展过程，对稠油油藏从客观规律认识上有了又一次飞跃，部分汽驱项目实践中获得成功，对后续发展打下了基础，取得了经验。

中国石油勘探开发研究院稠油热采团队和各油田科技人员密切合作，积累了全国9个蒸汽驱先导试验项目的经验。概括重点为：（1）把握好由蒸汽吞吐转入汽驱的最佳时机，制订精细的汽驱开发方案，优化注汽工艺参数；（2）采用高效井筒隔热油管、环空注氮气，确保井底蒸汽干度在50%以上；（3）采用蒸汽加氮气泡沫驱技术，控制汽窜，扩大波及体积；（4）重视控制边底水油藏水浸，采用曙175经验，开展注氮气泡沫控水试验；（5）以提高汽驱油汽比为目标，改变燃料结构，以煤代油、以气代油；（6）蒸汽驱采注比必须大于1.0，保持采油井举升抽干，改进防砂技术；（7）跟踪调整汽驱注采动态，蒸汽突破生产井后采取间歇注汽、变干度、转热水驱等多种措施延长汽驱有效期等。详见《热采稠油油藏开发模式》[33]及《中国稠油热采技术发展历程与展望》[34]。

时光飞逝至今，进入21世纪以来，辽河油区稠油蒸汽驱技术又取得了新的重大技术突破——齐40块整体蒸汽驱开发获得初步成功。

齐40块是辽河稠油区中油藏地质条件最好，最适于蒸汽驱的典型油藏。油藏埋深625~1050m，油层厚度37.7m，为中~厚层状普通稠油油藏。含油面积7.9km^2，地质储量3770多万吨。1987年投入吞吐开发，目的层莲花油层，经历三次井网调整，井距由初期的200m×141m，调整至汽驱开始的100m×70m。1998年10月，有4个100m×70m反九点井组转入蒸汽驱试验。汽驱前油井平均吞吐10轮次，采出程度24.0%。至2004年底，连续汽驱6年两个月，共产油17.6×10^{4}t，油汽比0.15，汽驱阶段采出程度20.5%。2003年7月，又扩大7个井组转入蒸汽驱试验。截至2006年6月底，汽驱11个井组，生产井50口，累计产油22.4×10^{4}t，汽驱累计油汽比0.19，汽驱阶段采出程度26.6%。

通过上述历时近 9 年的试验取得汽驱较好的开发效果，辽河油田做出齐 40 块全区转汽驱开发方案：汽驱井组 151 个，总井数 831 口，设计生产时间 15 年，累计产油 750×10⁴t，累计油汽比 0.177，汽驱增产油量 635×10⁴t，汽驱采收率 24.7%，吞吐加汽驱采收率 54%。全区年产油由 2006 年的 48.5×10⁴t，上升至 2009 年的 68.5×10⁴t，油汽比为 0.13，而且波动大。以后采取了多种调整措施，提高油汽比，改善汽驱效果。2010 年产油 66×10⁴t，综合含水 87%，累计采油 285×10⁴t。截至 2012 年，油汽比 0.16，预计汽驱提高采收率 25%，总体上，齐 40 块蒸汽驱开发是成功的。目前仍在继续改善汽驱效果。

据中国石油勘探开发研究院的研究报告[30]，中国石油截至 2012 年底，蒸汽驱动用地质储量 1.04×10⁴t，年产油 137.6×10⁴t，占稠油年产量的 12.7%。预计适合蒸汽驱的地质储量约 4.5×10⁴t，但取决于能否依靠科技创新，提高油汽比，降低操作成本。辽河与新疆油田历年蒸汽驱产量见图 4-24。

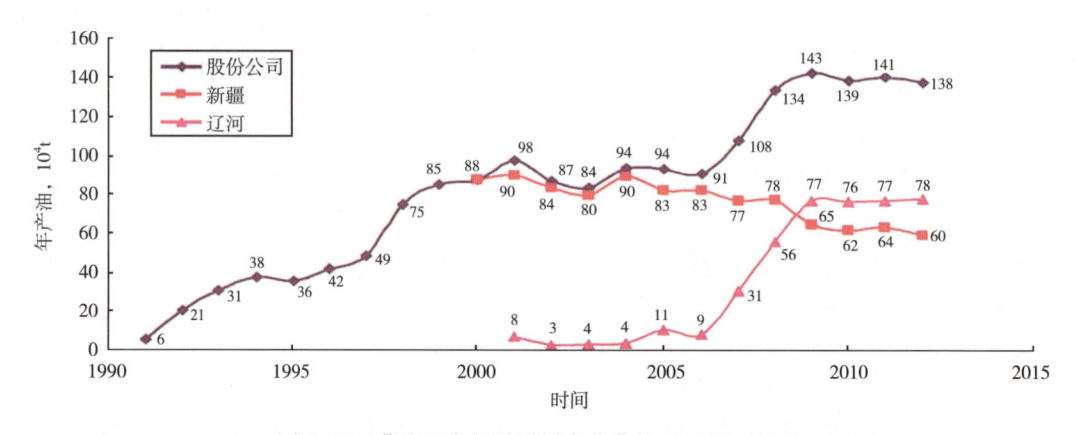

图 4-24　蒸汽驱产量随时间变化曲线（辽河+新疆）

3. 对蒸汽驱的认识

通过最近 10 多年来对蒸汽驱提高采收率技术的室内模拟研究及现场实践，从理论认识上有了新飞跃，对核心技术及配套技术有了新突破。据中国石油勘探开发研究院的研究报告[30]概括为：（1）理论认识上形成了转入蒸汽驱方案设计及跟踪调整的基本原则；提出了水平驱动力与垂向重力泄油相结合的稠油热采理论与开发模式。蒸汽吞吐开采后期造成的复杂难题，采用创新蒸汽驱开采技术开拓了理论基础。（2）发展核心技术，包括蒸汽驱油藏工程方案优化设计、动态优化与调控、高干度蒸汽、高温大排量举升、高温封隔器二级三段分层注汽及井下动态监测等技术。（3）对地面高温高压集输、计量与余热回收系统有了新创造，实现了密闭集输、污水回用及余热回收利用，为发展大规模热采节能环保创造了配套工程技术。这些以辽河油田为科研与生产为主要目标的技术已取得重大进展，符合我国实际需求。

4. 蒸汽驱面临的技术挑战与对策

辽河油区为主要稠油产区，需要发展蒸汽驱技术提高采收率存在以下主要问题：（1）目前有几十个稠油区块处在蒸汽吞吐开采后期与转入蒸汽驱初期之际，由于油层存水多、压力低，导致前缘热水驱油效率低，含水率高，排水期长，产油量低，开发效果差。（2）蒸汽窜流严重，油层动用剖面不均，层间动用差的部位难以采出，产生无效热循环严重，分注工艺还不能满足多油层油藏需求。(3) 特超稠油转入蒸汽驱技术尚未成熟，注入困难，油汽比低、效果差，需继续创新研究新途径。

中国石油勘探开发研究院与辽河油田提出开展的关键技术研究和现场试验项目有：(1) 开拓应用蒸汽+气体+化学剂多介质复合蒸汽驱技术形成新一代蒸汽驱技术以快速补充地层能量，提高汽驱热水前缘驱油效率，降低原油黏度，有效扩大蒸汽波及体积，形成新一代蒸汽驱技术；(2) 研发蒸汽驱高温调剖技术，封堵蒸汽窜流通道，扩大蒸汽波及体积。(3) 研发水平井与直井相组合的多种蒸汽驱方式，开辟既快速排出地层存水，又扩大驱油波及体积的配套工艺技术。(4) 开展火驱段塞+蒸汽驱技术研究与先导试验，以火烧油层汽化地下存水，快速增加地层压力，节约能耗。

三、蒸汽辅助重力驱（SAGD）技术

近10年来，中国石油相继在辽河油区及新疆克拉玛依油区开辟了两个SAGD重大试验项目。经历持续试验、不断改进，已由先导试验进入规模应用，形成了生产能力，实现跨越式发展。截至2012年底，SAGD技术动用地质储量1938×10^4t，年产油80.5×10^4t；其中辽河油区SAGD项目有48个井组转驱，年产71×10^4t；新疆风城区超稠油SAGD项目已建成50×10^4t产能，实产10×10^4t。据研究[30]，适合SAGD技术开发的地质储量有2.7×10^8t，有很大发展前景。

需要指出的是，我国采用SAGD技术的油藏条件和加拿大的油藏条件有相似之处，但也有很大差别。加拿大油藏油层厚度较大（40~60m），物性较好，水平渗透率4000~8000mD，垂向渗透率1000mD，隔夹层相对不发育，油层原油黏度由几万到100万毫帕秒，在200℃时为10mPa·s。油藏深度为500m左右。地质储量很大，含油面积广，储层较单一。SAGD技术应用于新开发区，按严格的整体开发设计实施，采用双水平井方式，水平井长度700~1000m。我国SAGD开发区储层砂体规模小、物性较差。例如，辽河杜84块，油层厚度33~70m，水平渗透率1500mD，垂向渗透率560mD，隔夹层较发育，油藏深度900m，油层原油黏度120000mPa·s，200℃时为15mPa·s。在投入SAGD方式前，已整体采用直井蒸汽吞吐开采，转SAGD后以水平井与直井相结合方式为主，水平井长度为300m左右。风城区油藏深度浅，仅200~300m，油层厚度为30~40m，储层物性较差，渗透率为1000~2000mD，隔夹层较发育。原油黏度高达（20~100）$\times10^4$mPa·s，在200℃时为20~40mPa·s，极少经过蒸汽吞吐开采即投入双水平井SAGD方式开发，水平井段在500m左右。

由于上述我国SAGD开发区油藏条件与加拿大SAGD开发区有差别，而且加拿大已经历了20多年由先导试验走向工业化应用，经验丰富，技术先进，从油藏研究、钻完井、注采工程及地面处理等技术水平高，SAGD开发规模大，单井日产量达到50~200t，油汽比高达0.3~0.5，经济效益显著。我国SAGD技术，也取得了突破性成就，辽河直井水平井组合SAGD的单井日产量达到20~120t，油汽比0.23；新疆双水平井SAGD的单井日产量达到20~60t，油汽比0.3[30]。SAGD技术开辟了我国特超稠油开发的新局面，成就来之不易。

针对我国特超稠油具有陆相储层特点，非均质性强，物性变化大，而且辽河油区储层有多套层系，馆陶组为巨厚块状边、顶、底水超稠油油藏，兴隆台油层为中厚互层状边底水超稠油油藏，已经历直井多轮次蒸汽吞吐开采，形成油层中较复杂的开采条件，又存在夹层及垂向渗透率较低，这些因素影响了SAGD蒸汽腔的均匀扩展及其开发效果。如何调控蒸汽腔扩展及控制顶部及边底水入侵等，成为突出的技术难题。

中国石油勘探开发研究院和辽河油田、新疆油田的年青科研团队，近几年来既学习国外经验，更注重自主创新，倾注了无数艰辛与智慧，超越前人勇闯难关，SAGD技术取得重大创新研究进展。主要有：（1）理论认识上，完成国内蒸汽驱辅助重力泄油大型二维、三维物理模拟实验设备建造及实验研究，揭示了循环预热机理、蒸汽腔发育与产量上升、稳定和递减相关规律，为开发方案优化设计提供了科学依据。（2）掌握了重大核心技术，包括双水平井等距钻井完井技术（磁性定位、近钻头井斜测量和导向钻井等）、油藏工程优化设计、精细油藏描述、高效循环预热、汽液界面控制、水平井段均匀注汽和采油、动态监测、大排量举升等技术。（3）建成大型130t/h燃煤代油蒸汽锅炉，产出液地面高温密闭集输与热能利用等配套工程技术。

针对目前SAGD技术存在的主要问题，开拓研究的技术发展项目有：（1）针对油藏储层非均质性强，存在隔夹层，制约SAGD蒸汽腔的均匀扩展问题，采用大型SAGD三维物理模拟方法，研究注蒸汽高温条件下隔夹层物性变化特征，为夹层SAGD操作技术方案提供关键数据；（2）采用周围直井射开上部油层并连续注汽，与现有井网形成驱替与水平井泄油复合方式提高储量动用程度；（3）发展SAGD加非凝结气辅助驱技术，促使蒸汽腔横向发育，提高油汽比；（4）针对原油黏度高，开发效果差的区块，开展溶剂辅助SAGD技术试验，强化蒸汽+轻烃溶剂降黏效果，加速超稠油蒸汽腔扩展，提高单井产量；（5）开展多介质组合SAGD技术，对SAGD开采后期蒸汽加N_2等多介质复合驱，改善SAGD开采效果；（6）对超深井超稠油开展溶剂辅助重力泄油冷采技术（VAPEX），降低原油黏度，提高产量。

以上新项目，显然技术难度大，由室内实验、现场先导试验，到扩大应用，需要较长时间的艰辛拼搏。

四、稠油火驱技术

火驱油层也称火烧油层，是一种重要的稠油热采技术。它通过注气井向油层连续注入空气并点燃油层，实现油层中原油燃烧，将燃烧带加热的原油推向生产井。火驱油层的采油机理比较复杂，既有热力学的传质传热过程，也有燃烧学的物理化学变化，形成类似蒸汽驱、热水驱、烟道气驱复合驱油机理，如图4-25所示。

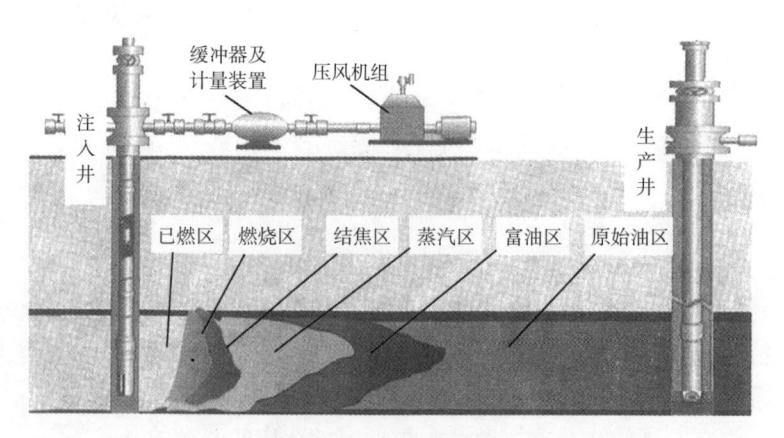

图4-25 火驱技术示意图

1. 稠油开展火驱的历史已有一百年

1998年在北京举行的第七届国际重油及沥青砂技术会议上，美国专家P. S. Sarathi发表了论文《火烧油层采油九十年——火烧油层历史的回顾和地质环境对项目效果影响的评论》。他综合评价美国和其他地区火烧油层项目的现状，扼要讨论了地质因素在火驱中的重要性。从1950年到1990年，美国进行了228项火驱试验项目，技术上、经济上成功的项目占44.6%，失败的占55.4%。该报告估算，1998年初全球火驱商业性项目产油量约为28900bbl/d（年产水平168×10^{4}m^3）。其中美国8个项目年产油水平30.1×10^{4}m^3；加拿大4个项目年产油水平37.8×10^{4}m^3，罗马尼亚5个项目年产水平66×10^{4}m^3。全球热法采油量约7545×10^{4}m^3/a，火驱仅占2.2%。

2. 全球最大、最成功的4个火驱项目

据中国石油勘探与生产分公司对世界范围内商业化火驱项目的调研报告[35]，全球最大、最成功的4个火驱项目摘要如下。

（1）罗马尼亚Suplacu油田，地质储量4929×10^{4}m^3，砂岩储层倾角5°~8°；埋深35~220m，原油黏度2000mPa·s，渗透率2000mD，油层厚度4~24m，平均10m。从1964年开始进行火驱试验，经历扩大试验和工业化应用。火驱高产稳产期超过25年，峰值产量为1500~1600t/d（55~58×10^{4}t/a），经济效益十分显著。2010年，整个油田（含油面积30km^2）从东到西以线性井排火驱方式推进（注气井距及注采井距均为100m），火线面积已超过10km^2；全油田累计钻井2100口；目前有90口注气井，400口生产井；注气井排前缘受效生产井为4~5排；平均单井寿命期累计产油量为7000t；平均火线推进速度为9cm/d；平均3~4年转换一排注气井；平均日产原油1200t（年产水平44×10^{4}t），空气注入速度20×10^{4}m^3/d（平均气油比1666m^3/d）；火驱累计增产原油超过1700×10^{4}t（采出程度超过35%）。从目前火驱推进和发展趋势看，估计使火线前缘覆盖全油藏至少还需要30年，这意味着火驱可持续到2040年，累计生产时间将超过60年，预期全油田最终采收率将超过65%。该项目是世界上持续时间最长、累计产出原油最多、各系统建设最完善的商业化火驱项目。已运行30多年积累了一大批成熟技术，如电触发天然气点火技术、蒸汽吞吐引效技术、火线控制技术、生产井修井技术、放散管（放空烟囱）防腐技术、老井井筒内外燃烧尾气泄漏处理技术等。

（2）印度两个油田。其一，Balol油田，地质储量2035×10^{4}m^3，埋深1050m，渗透率3000~8000mD，黏度1000mPa·s。从1990年开始进行了两个火驱先导试验，均采用五点井网面积式火驱，均为1口注气井，周边4口生产井。一个是小井距，井距150m；另一个为300m大井距。先导试验成功后，在1997年设计了整体火驱开发方案。其二，油藏相似的Santhat油田，地质储量4770×10^{4}m^3，也一并实施了火驱开发。2010年，这两个油田日增产油量达到1200t/d（年产水平44×10^{4}t），日注气量140×10^{4}m^3。已有68口注气井，多数注气井为原来的采油井。空气油比为1160m^3/m^3，累计气油比为985m^3/m^3。预期采收率提高2~3倍，从最初的6%~13%提高至39~45%，开发效果显著。

（3）美国Bellevue油田，地质储量238×10^{4}m^3，埋深122m，渗透率650mD，原油黏度676mPa·s。于1970年开始以面积井网方式实施火驱，它运行了34年以上。有15口注气井和90口生产井，日产原油51m^3（年产水平1.9×10^{4}m^3），含水量90%，气油比2641m^3/m^3，预期采收率60%。

以上 4 个火驱项目是国外长期以来取得技术进步的成功实例。全球商业化火驱项目最大产油量由 1992 年创纪录的 5100m³/d（年产水平 186×10⁴m³），到 2004 年降至 2400m³/d（年产水平 88×10⁴m³）。

3. 火驱技术的优势与挑战

近年来，笔者关注的多种出版物中刊载了不计其数的专家学者的论文，表明这项不向油层注入热能，而利用注入空气点燃油层产生的高温热能开采稠油的技术，既节能、降低成本，又能大幅度提高原油采收率，已为大量的油田先导试验项目及上述实例所证实。但为什么这项技术的优越性没有改变国际上应用规模还很小的局面？全球火驱年产油量一直保持在 200×10⁴t 以内的水平，远比蒸汽吞吐、蒸汽驱及 SAGD 热采产量（8000×10⁴t 以上）小得多，究其原因油藏地质条件是火驱成败的首要因素，其次火驱工程技术也很复杂。从国外大量火驱现场试验失败的实例分析：（1）油层连续性差会限制燃烧带的推进和延伸；（2）油层非均质性差异大及储层封闭性差，会导致火线无法有效控制，尤其对面积火驱方式监测难度大，控制火线突进更难；（3）地层存在裂缝等高渗透通道，会引起空气窜流；（4）火驱见效后生产井产出烟道气中 CO_2 造成酸性腐蚀，破坏井下设备；（5）疏松砂岩地层生产井出砂严重以及热前缘突破井底温度升高导致套管损坏；（6）生产井因固井质量差，会产生气体沿管外窜的问题；（7）在老井进行火驱，会面临高温、高压及高含气条件下的修井作业问题等。此外，火驱项目的投资也较大，需建大型空气压缩机站及配套的注气系统以及尾气处理设施。上述问题限制了稠油火驱技术的快速发展。

4. 我国火驱技术的发展

在全球稠油火驱技术发展的背景下，我国稠油火驱技术经历了 3 个阶段。

由 20 世纪 60 年代开始在新疆油田浅层稠油开始探索性试验，1978 年开始以集中力量主攻注蒸汽热采为主导技术而暂停火驱现场试验。

90 年代在胜利油田实施了现场试验，但未取得实质性进展。进入 21 世纪以来，开展了多项火驱项目，至今已有了重大技术突破，取得了初步成果，跨入了新的发展时期。

据报告[30]，截至 2012 年底，中国石油在新疆油田及辽河油田火驱动用地质储量 2043×10⁴t，火驱年产油 21×10⁴t。新疆红浅区火驱日产油达 50t，气油比 2200m³/t；辽河杜 66 块和高 3 块火驱日产油达 673t，气油比 1261m³/t。历年火驱产量见图 4-26。

这些可喜的成果，归因于火驱技术有了重大技术进步及技术创新基础研究。

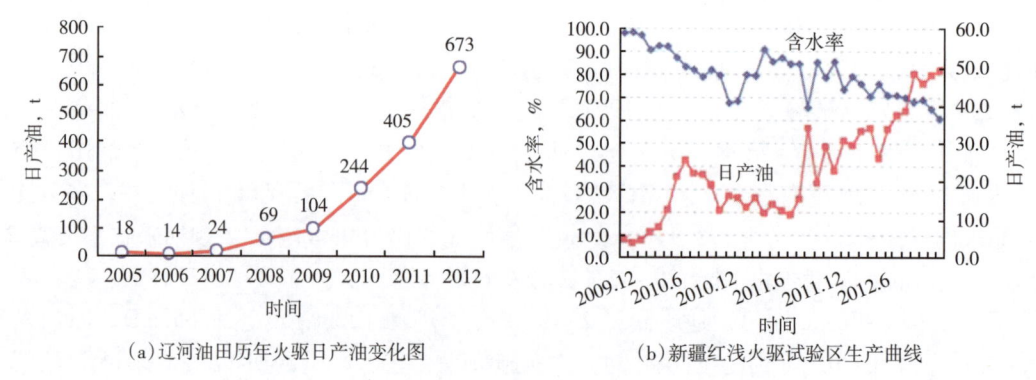

(a) 辽河油田历年火驱日产油变化图

(b) 新疆红浅火驱试验区生产曲线

图 4-26　辽河油田与新疆油田历年火驱产量变化

进入 21 世纪以来，我国稠油开发热采技术进入多元化发展时期，将火驱技术与注蒸汽热采技术结合起来，发挥两者既节能耗又能大幅提高采收率的优势。在已进入多轮次蒸汽吞吐的油藏条件下，开创多种火驱方式的新技术，虽然这与国外绝大多数稠油火驱起始油藏条件截然不同，面临诸多新难题，中国石油天然气股份有限公司加大科技投入及创新力度，设立了辽河油田及新疆油田几个重大专项开发试验项目。建设了国家稠油开采重点实验室，在中国石油勘探开发研究院热采所扩建了燃烧斧实验装置，以及一维和三维火驱物理模拟装置，引进了加拿大 ARC 加速量热仪、TGA/DSC 同步量热仪等反应动力学参数测试仪器等，使火烧油层室内实验技术系统化，具备了多种火驱方式的高水平的实验研究。多年来，继续引进加拿大 CMG 公司的 STARS 新版本热采软件。通过"双模"技术手段，开展了包括应用机理基础性研究和油田现场试验项目的方案设计、动态跟踪等全程系统化研究以及前瞻性、开拓性课题的实验研究。2007 年完成了国内第一组水平井火驱辅助重力泄油的三维物理模拟实验。辽河油田勘探开发研究院也建立了一维和三维火驱大型实验装置，紧密结合现场试验项目，开展了多项高质量的重大课题研究指导现场试验。此外，中国石化胜利油田采油工艺研究院也自行建立火驱物理模拟实验装置，于 2006 年完成了国内第一组面积井网火驱三维物理模拟实验。由此，我国已加强形成了三支火驱科研团队，室内火驱物理模拟实验装置和研究技术进一步提升，接近国际先进水平。

21 世纪 10 年来，中国石油开展的火驱试验项目有 6 项：

（1）辽河油田杜 66 块火驱试验。为多层状、蒸汽吞吐后稠油油藏，埋深 800~1200m，地层倾角 10°~15°，渗透率 774mD，地层原油黏度 300~2000mPa·s。吞吐后含油饱和度 55%。2005 年 6 月转火驱 6 个井组，38 口生产井；2006 年 7 月扩至 16 个井组，88 口生产井。2012 年底，累计气油比为 910m^3/t，采收率从 23.6%提高到 41.1%，初步试验成功，目前仍在进行。2012 年 10 月 10 日，《中国石油报》报道，杜 66 块已有 36 个井组常规火驱，预计可增加可采储量 600×10^{4}t。

（2）辽河油区高升油田高 3618 块。为巨厚块状、深层稠油油藏，埋深 1600~1900m，厚度 97m，渗透率 1000~2000mD，50℃原油黏度 3100~4000mPa·s。地质储量 1323×10^{4}t，经多轮次蒸汽吞吐后于 2008 年 5 月转入火驱 10 个井组，34 口生产井。由顶部注气火驱，注采井距 105m。截至 2010 年 7 月，6 口火井日注气 10.0×10^{4}m^3，一线油井 15 口见效，日产原油 42t，比火驱前增加 17.3t，含水 58.8%，日产气 4.3×10^{4}m^3，采油速度 0.82%，阶段气油比 2210m^3/t。位于油藏中部点火井组下倾方向的 9 口生产井见效增产幅度大，日产油比火驱前增加 27.5t，有明显的重力泄油特点。二线油井 19 口也见效，日产原油 27t，比火驱前增加 8t。截至 2011 年 7 月，10 口火井，日注气 13.1×10^{4}m^3；生产井 50 口，日产油 135t，含水 60%，日产气 7.9×10^{4}m^3。火驱 3 年累计注气 12412×10^{4}m^3，阶段产油 9.38×10^{4}t，阶段产气 8175×10^{4}m^3，阶段气油比 1323m^3/t，取得较好效果。但继续火驱，面临产气量上升、尾气处理、举升技术调控难度大，井况腐蚀等问题。

（3）辽河油区高升油田高 3 块。在相邻 3618 块的高 3 块，于 2010 年 6 月开始火驱。2011 年 7 月，火井 21 口，生产井总井数 106 口中开井 64 口，日注气 14.4×10^{4}m^3，日产油 36.1t，含水 66%，日产气 7.4×10^{4}m^3。火驱一年累计注气 7917×10^{4}m^3，阶段产油 1.82×10^{4}t，阶段产气 3718×10^{4}m^3，气油比 4329m^3/t，火驱时间短，效果不明显。存在主要问题有：蒸汽吞吐后采出程度较高，地层压力低，含油饱和度较低；利用老井作注气井，气窜严重，油气比低；老井点火层位难以确定，井况差、停产井多，生产井点少，井网不完善，导致增产效果不明显。面临改善火驱诸多问题，正在研究中。

（4）新疆油田红浅1井区火驱试验。为浅层层状特稠油油藏，埋深525m，油层厚度8.2m，地层倾角5°，渗透率582mD，地层原油黏度8000~20000mPa·s。1991年开始蒸汽吞吐开发，动用地质储量144.3×10⁴t，生产井数141口，多轮次吞吐采油至1997年开展了12个100m×140m反九点井组蒸汽驱试验。2009年12月，在蒸汽吞吐+蒸汽驱后的面积开展了火驱试验。在蒸汽吞吐阶段累计采油38.2×10⁴t，含水80.5%，累计油汽比0.35，采出程度26.5%。转入蒸汽驱的12个井组共有53口生产井，在转入火驱前，汽驱累计产量3.5×10⁴t，含水82.9%，累计油汽比0.15，汽驱采出程度5.1%，加吞吐累计采出程度31.6%，剩余油饱和度平均52%。由于蒸汽吞吐+蒸汽驱后期的开发效果不理想，采收率低，耗能高，生产成本高，处于废弃状态。为探索注蒸汽开发后期的接替开发方式，中国石油天然气股份有限公司设立火驱重大开发试验项目。按火驱开发方案，试验区新钻井34口，加老井总井数55口，点火井3口，生产井49口，初期形成面积火驱。点火4年后将注气井排上的4口生产井转为火井，形成7口注气井的线性火驱。预计火驱10年累计产油18.6×10⁴t，累计空气油比2343m³/t，火驱采出程度33.4%，最终采收率65.1%。

2009年12月开始实施方案，点火成功，3口火井火驱，截至2012年12月，生产井逐渐见效，试验区日产原油由初期5t上升至50t，含水由97%降至60%，气油比降至2200m³/t。初步试验表明：生产动态基本符合方案预期；油藏工程方案设计基本合理；注蒸汽开发后期油藏，接替火驱开发在技术上、经济上可行；试验区总体运行平稳；配套技术基本满足要求。

（5）新疆风城区超稠油水平井火驱辅助重力泄油先导试验。油藏埋深240m，平均油层厚度30m，渗透率2000~6000mD，50℃脱气油黏度（2.5~4.0）×10⁴mPa·s。2011年初中国石油天然气股份有限公司设立超稠油水平井火驱重大先导试验项目，探索超稠油油藏在SAGD之外的高效开发方式。于2011年6月开始完成3口直井、3口水平生产井，2011年12月对第1口井点火成功，实施试验方案，正在进行中。

（6）辽河油田曙一区火驱辅助重力泄油先导试验。据《中国石油报》（2012年10月10日）报道，曙1-38-32区块部署5个井组开展火驱辅助重力驱试验，已于2012年1月5日在曙1-7-5-H8井点火成功，至2012年9月底，火驱井组产量由2.8t/d升至12.1t/d，含水由86%降至63%。

在中国石油天然气股份有限公司大力支持下，目前开展了多项室内实验，包括垂直井与水平井组合的THAI与水平井火驱、平面多层火驱、垂向火驱辅助重力泄油等，以期开辟注蒸汽油藏转入火驱提高采收率技术，超稠油火驱以及超深层稠油火驱可行性研究项目。火驱开发技术已经从室内走向油田现场，已取得阶段性成果。但由于火驱技术既有其优势效果，也存在难以攻克的技术难点，其复杂性超出现有理性认识。因此，现场试验和技术攻关历程还需长期的努力，核心工程技术的配套发展还处于初期阶段。展望发展前景，在我国石油科技创新驱动下，不久的将来一定会破解某些世界性难题，火驱开发方式的稠油产量将突破50×10⁴t、100×10⁴t的大关，使稠油开发提高采收率超过50%，可能达到60%的目标。

五、常规稠油水驱技术

据报告[30]，水驱常规稠油油藏在辽河、大港、华北、吉林、吐哈等油田广泛分布，截至2012年底，常规水驱开发稠油动用地质储量2.4×10⁸t，年产油120×10⁴t，占稠油年产量的11%。目前平均含水已达95%左右，平均采出程度仅15%。

以上表明，这类稠油油藏地下原油黏度在数百毫帕秒水平，依靠天然能量，冷采方式有一定产能，但采油速度很低。采用注水驱开发方式，油水黏度比高，导致黏性指进，加上油层非均质性差异大，必然形成水窜越来越严重，水驱波及体积小，驱油效率低，水驱采收率难以达到20%。

如果转入热采方式，由于90%油藏埋深超过1000m以及含水率高、消耗热能大、经济效益差，选项受限制。

为提高常规稠油水驱油藏的采收率，中国石油天然气股份有限公司设立了5个水驱加化学剂开发试验项目，简称二元驱。辽河油区锦16块二元驱工业化试验虽然实施时间短，但技术成果和增产效果都很显著，并走在前列。锦16块于1979年初投产后不久即实施注水开发，采用反九点面积注水和边部注水相结合平稳注水方式。2008年进入特高含水阶段形成二元驱基础井网继续注水。2011年底开始实施加聚合物段塞式水驱方式，到2013年8月5日，试验区产量由年初不足200t上升至300t以上达1个月，是试验前的4.3倍，而且呈持续上升之势，综合含水由96.3%降至85%。预计常规稠油水驱采用化学驱提高采收率有发展前景。

第五章 创建百年油田技术创新的思考

围绕创建百年油田的主题，创新提高老油田原油采收率技术是核心课题。本章提出依靠科技创新驱动，打破现行标定采收率思想束缚，开拓十项技术发展思路，加大新技术先导试验力度，重视工程技术配套，加快推广成熟技术，持续发展接替更新技术，创造更多特色技术，将油田采收率提高至先进水平。

第一节 科技创新是推动石油工业发展的驱动力

回顾世界石油工业 150 多年的发展历程，科技创新不断提高了人类开发油气资源的能力。在过去 100 多年的石油勘探开发历程中，全球石油产量实现了四次跨越式增长。第一次是在 20 世纪 20—30 年代，世界石油产量从 1×10^8t 增长到 2×10^8t，这一时期地震反射波法勘测地下油气藏形态、采用内燃机钻机和牙轮钻头钻井、电阻电位测井、电缆射孔以及抽油机采油等技术广泛应用；第二次是在 60—70 年代，世界石油产量由 10×10^8t 跨越到 20×10^8t，这主要得益于地质板块构造、喷射快速钻井、聚能射孔、注水采油等新理论和新技术的创新；第三次是在 90 年代，世界石油产量稳定在 30×10^8t 以上，其间盆地模拟、三维地震勘探、水平井钻井以及三次采油技术等，为此做出了贡献；第四次是自 2000 年以来，世界石油产量上升至 35×10^8t 以上，并持续至今，主要得益于地质导向钻井、随钻测井、水平井多级压裂、水平分支井钻井、超高密度数据采集与处理、超深可控源电磁探测（CSEM）、MRC 新型建井技术等的创新。由此看出，每一次石油产量的跨越式增长，都是一批重大石油勘探开发科技理论和工程技术突破的结果[36]。

回顾中国石油工业发展历程，也有 100 多年历史。早在 1905 年，在陕西延长油矿用顿钻钻成第一口油井，至 1949 年新中国成立时，玉门老君庙油田年产原油 9×10^4t，从此中国石油工业跨入现代化建设发展时期。1960 年大庆油田的发现，步入了飞跃式增长时代。大庆油田经过三年建设开发，于 1964 年原油产量超过 1000×10^4t，实现了我国原油自给。我国创造的陆相沉积油气藏的地质理论及勘探技术，打破了中国"贫油论"的旧观念，在 20 世纪七八十年代，相继发现与开发了渤海湾陆上三大油区的胜利油田、华北油田及辽河油田。油田开发上，推广大庆油田开创的早期注水、分层注水"六分四清"采油工艺，大庆油田于 1976 年原油产量跃升至 5000×10^4t，全国原油产量迈向 1×10^8t 目标。进入 21 世纪以来，全国原油产量跃上 2×10^8t，这主要得益于石油地质理论和勘探技术的创新，持续发现并开发了一批新油田，针对多数新油藏具有"三低"特征的现状，广泛采用了分层压裂、水平井分段压裂；注水高含水油藏聚合物驱；稠油油田发展蒸汽吞吐、蒸汽驱及蒸汽辅助重力泄油（SAGD）技术等；碳酸盐岩古潜山油藏多井型开发等创新技术的支撑。

在从 20 世纪 60 年代前，全国原油产量仅有 100 多万吨，之后大庆油田的开发建设仅短短 3 年就突破 1000×10^4t，15 年达到 5000×10^4t。在过去 50 年里，我国原油产量由 1000×10^4t、5000×10^4t、1×10^8t 至 2×10^8t 的快速发展历程中，大庆油田石油会战创立的大庆精神、铁人精神，开创了我国石油工业划时代的里程碑，实践了石油人爱国奉献的精神，以及创业求实的科技创新,"我为祖国献石油"的核心价值观,过去、现在和将来,始终驱动着我国石油工业的持续发展。面对油田勘探开发中出现的种种挑战和困难,阻挡不了年轻一代石油人的奋进与创新。

第二节 依靠科技创新突破束缚

油田开发中很重要的技术指标是原油采收率,即能够采出原油产量占地质储量的百分比,按现行成熟技术评价最终或结束开发期的采收率,称为标定采收率,其中包含技术采收率和经济采收率。为评价或展现开发进程中已采出原油数量占地质储量的采收率称为采出程度。建立与实施标定采收率和采出程度,能够客观地评价油田开发的科学规律和科技水平。显然,油田开发中影响采收率的客观、主观因素(地质条件、人工措施)很多而且非常复杂,总体上石油人不可能将深埋地下的石油全部开采出来,但是依靠科技进步,努力提高石油采收率,充分挖掘石油资源利用率始终是一代又一代石油人的技术创新目标。

最近几年,国际上已开发油田的原油采收率是多少?我国油田开发的标定采收率和采出程度是多少?这是人们十分关注的重要问题,笔者做过一些统计。

中国石油的标定原油采收率为34%(按国土资源部资料为31%~32%),这和国外资料(主要是储量大、开采历史久的美国)标算的33%相近。但是各个油田相差很大,由于油藏地质条件、油层物性与岩性、原油特性、储层参数等不同,以及开发历程、采用的开发方式、采油工程技术等不同,标定的采收率也不同。标定采收率最高的是大庆主力长垣油田(萨尔图、喇嘛甸、杏树岗),合计为52.4%。其次为玉门石油管理局老君庙油田,为44%~46%。其余油田多在20%~30%之间。

显然,标定的经济/技术采收率是依据各个油田的开发方案或调整方案确定的,具有科学依据及现实可行性,对于进行石油资源评价研究、油田开发规划及预测发展具有指导意义,不可随意变动。

但是,这种标定的采收率,决不能束缚石油科技人员的创造能力,即使达到此水平,也不意味着没有再提高的发展前景。标定的采收率值,是按当时比较成熟的开发技术及市场经济条件等确定的,实施的风险性较低,也可能存在一定技术难度及油价影响。

从采出程度看,目前多数老油田已接近标定采收率,而且多数注水开发油田(占80%左右)的含水率已达80%~95%,也即进入高含水/特高含水期,统称为"双高"(高采出程度、高含水期)。这标志着我国主力油田已进入开发后期,这是油田开发自然递减率加大、油田老龄化的必然规律。因此,科技人员在加快开发新油田的同时,面对"双高"老油田的挑战,开阔视野,勇于技术创新,千方百计攻克种种难关,超越标定采收率,以大庆油田超越标定采收率为榜样,创造油田开发先进水平。

第三节 针对技术挑战提出10项技术发展思路

2007年1月,笔者经过多年的跟踪研究,完成了《开拓油田开发新技术,提高原油采收率增加可采储量》的研究报告[37]。在报告中指出,2006年我国原油产量为$1.8368×10^4$t,较2005年增长1.7%;原油加工量同比增长6.3%,为$3.065×10^8$t(国家统计局数据)。另据海关统计,2006年我国进口原油$1.4518×10^8$t,进口成品油$3638×10^4$t,原油和成品油的

— 81 —

进口量分别同比增长 14.5% 和 15.7%；出口原油 634×10⁴t、成品油 1235×10⁴t，原油和成品油出口数量分别下降 21.4% 和 11.9%。受国际油价攀升影响，进口单价大幅上升，按 2005 年的平均进口单价计算，2006 年我国进口原油和成品油多支付 152.6 亿美元。我国石油对外依存度由 2005 年的 42.9% 上升至 47%，增加 4.1%。

上述一系列数据表明，尽管我国原油产量逐年上升，但原油进口量的增长远远超过原油产量的小幅增长。为满足国民经济发展的需要，原油对外依存度必然要增长。如何增加我国的原油产量，一直是石油人思考和追求的目标，是石油人的光荣和繁重的历史使命。

原油产量的增加既可以通过勘探开发新增地质储量来实现，也可以依靠科技进步提高油田采收率来实现。随着勘探程度的提高，新增地质储量的难度越来越大。近几年来，随着石油地质理论的进步和勘探技术手段的不断发展，每年都有新的地质储量发现。但这些石油储量有一半以上油藏地质条件复杂，储量丰度低，油层物性较差，开采难度大，开发投入成本增加而产出较低。另外，油田开发过程中，随着采出程度提高，含水率逐年升高，原油产量递减率逐年增大，尤其东部多数主力油田已进入高含水开发后期，含水率达到 90% 以上，年产油量逐年递减，这是必然规律。虽然采用了各种控水增油技术，但稳产难度极大。2006 年，中国石油新建生产原油 1066×10⁴t，不仅弥补了老油田递减，还较前一年增产 70×10⁴t，实现了稳中有升的局面，成就来之不易。

笔者多年来带领中国石油勘探开发研究院热力采油科研团队赵郭平、刘尚奇、廖广志、王晓春、沈德煌、张建、高永荣等人倡导并研究了油田注氮气泡沫采油技术。主要成果有：氮气泡沫段塞驱调剖堵水提高采收率技术应用机理及现场试验。例如，辽河油田锦 45 区块、洼 38 区块和冷 43 区块 3 个稠油油田注热水氮气泡沫驱提高采收率设计方案，超稠油注蒸汽、氮气，以及溶剂吞吐采油及裂缝性灰岩注氮气泡沫压水锥技术等。

截至 2006 年底，笔者完成：（1）采用高效节能复合热载体注热流体泡沫提高原油采收率技术研究报告；（2）大庆油田聚合物驱后采用复合气体热水泡沫驱提高采收率技术开展现场试验研究；（3）吉林扶余油田采用热流体泡沫技术提高采收率试验研究；（4）克拉玛依九 7+8 区特超稠油复合热载体加溶剂吞吐采油技术现场试验研究；（5）辽河稠油油田蒸汽吞吐后期采用多元热流体泡沫驱提高采收率技术研究；（6）渤海海上稠油油田采用复合热载体发生器采油技术提高原油采收率现场试验研究。

在上述跟踪研究的基础上，在 2007 年 1 月完成的《开拓油田开发新技术，提高原油采收率增加可采储量》报告中，分析了中国石油油田开发面临的技术挑战，提出了针对各类油田的技术难点，开拓新技术的主攻方向及技术要点，供有关领导和科技人员参考。原文摘要如下。

一、油田开发面临的"十大技术挑战"

1. 注水油田高含水后期提高采收率技术

当前，我国陆上大部分注水开发油田进入高含水开发后期，长期注水冲刷形成高渗流通道，水窜严重，使注入水无效、低效循环，采取调剖堵水措施有效期短，而这些油藏的地质条件及开发中出现的问题，需要探索新的采收率技术，以满足开发的需要。

2. 注水油田聚合物驱后提高采收率技术

聚合物驱技术为我国大庆油田年增产原油 1200 多万吨，在技术水平和产量规模上达到了世界之最。聚合物驱后采收率达到50%左右，对于像大庆油田这种储量丰度较高的油层条件，在聚合物驱后，虽然剩余油分布高度分散，但剩余储量还很大，再继续进行聚合物驱效果很差，目前需要开拓新的接替技术。

3. 热采稠油油田蒸汽吞吐后续蒸汽驱技术

辽河油田是我国最大的稠油产区，稠油储量超过$7×10^8t$，稠油产量占陆上稠油产量的60%以上，创造了800~1700m油层深度大规模注蒸汽热采成功的世界先例。但蒸汽吞吐开采仅能采出25%储量，转入蒸汽驱面临的技术难度极大。经过多轮蒸汽吞吐以后，地层压力下降，油层剖面动用不均，已形成蒸汽沿高渗透层窜流严重，油层中凝结水增多，转蒸汽驱后排水期与低产期长，汽窜更为严重，油汽比（注1t蒸汽的产油量）低，耗能高。如辽河油田齐40蒸汽驱试验区虽已取得初步成功，但耗能高，原油商品率低。面对如此形势下的稠油油田，若延续传统的蒸汽驱技术，其开发效果不容乐观。

4. 特超稠油热采提高采收率技术

特超稠油受黏度过高的影响，开采难度较大，采用传统的热采工艺技术很难开发。新疆克拉玛依油田浅层超稠油区已投产的1000口油井，受技术的限制长期关井无法生产，急需新的热采技术。辽河油田中深层超稠油油藏由蒸汽吞吐转入SAGD技术现场试验，已取得重大突破，开发效果良好，准备推广。但应用条件苛刻，还需要在推广中继续完善提高。

5. 注水稠油油田后期提高采收率技术

对于黏度较低的注水开发普通稠油油田，随着溶解气的大幅度减少，原油黏度增加，油水黏度比增大，油相渗透率急剧下降，加上长期水驱冲刷形成大孔道，水窜严重。继续进行水驱开发，含水率超过90%，形成低效、无效水循环，但采出程度低，很多油田仅为20%~30%，剩余油储量大，急需开拓后续采油技术以提高采收率，增加可采储量，延长有效开发期。

6. 边际稠油油田开采技术

稠油热采技术对油层物性和流体性质都有一定的适用条件，对于不符合稠油传统热采筛选标准的低渗透、薄层稠油油田，采用传统的热采技术，开发效果很差。而目前我国这类油藏越来越多，很难投入有效开发，因此如何开发这些边际稠油油田，需要开拓新一代技术。

7. 特低渗透油田开采技术

特低渗透油田的开发难度较大，采用压裂改造技术有效期短，必须补充驱油能量。但采用注水开发，某些油藏存在黏土膨胀等问题，造成注入困难，而且多数低渗透油藏微裂缝发育，注水开发水窜严重，如何改进现有的开发技术，使其适合特低渗透油田的开发，是面临的技术难题。

8. 边底水油田控制水锥技术

东部地区已投入开发的某些稠油油田及轻质油藏存在活跃的边底水，随着油层压力下降，边底水侵入形成底水向上锥进，含水率急剧上升，产油量下降，含油层水淹后无法继续开采。如华北任丘古潜山油藏，属于裂缝性灰岩巨厚油藏，4个山头的地质储量$3.7×10^8t$，属于轻质原油。由于底水锥进，上百米的含油层下部水淹，上部还有含油段。开发初期单井日产油1000t左右，全油田年产量曾高达1000多万吨，如今含水率在95%以上，单井日产油不足5t，年产量降至$40×10^4t$，采出程度37%。能否继续提高采收率，急需开拓控制底水向上锥进，采出油层顶部大量剩余油的新技术。

9. 高含蜡油田提高采收率技术

辽河油区沈阳采油厂静安堡油田原油含蜡高（40%以上），大港枣园油田属高含蜡、高黏度原油。此类油田常规采油技术采收率低，能否采用热采新技术，将采收率进一步提高，潜力很大，但难度也大。

10. 海上稠油油田热采提高采收率技术

已探明投入开发的辽河滩海月海油田，水深 $3\sim5m$，地质储量 $1\times10^8 t$，属于稠油油田，很适合注蒸汽高效高速开采，但是受海上作业平台面积小的限制，蒸汽锅炉难以安置，采用注水开发，不仅单井产量低，而且含水率迅速上升，预测采收率不到20%。如何解决现有技术难题，不仅要从开发技术上，同时也要从海上采油平台工程建设配套技术上进行创新。

二、解决"十大开发挑战"的技术方向及技术要点

经过多年对国内油田开发面临技术难题的调研分析，综合室内实验研究及某些油田的先导试验结果，笔者提出采用多元热流体泡沫驱提高原油采收率技术，组合应用于多种类型油藏。这项技术是在稠油普通热采技术基础上发展而来，在注入蒸汽（热水）过程中添加气体（氮气、二氧化碳）及化学剂（起泡剂或溶剂）以形成稳定的驱油体系，发挥热采、气驱、化学驱及泡沫驱采油技术的多重机理，同时，泡沫流具有自动选择性封堵水流通道的作用，可实现既扩大波及体积又提高驱油效率，从而达到提高原油采收率的目的。多元热流体泡沫热采配套采油技术可以应用于多种不同油藏，但并不是每个油藏其应用方式都一样，主要概括为以下几个方面。

1. 大庆主力油田聚合物驱后采用多元热流体泡沫驱提高采收率技术

采用复合气体热水泡沫驱（热水+N_2+CO_2+起泡剂或热水+N_2+起泡剂）技术发挥的自动调剖机理，封堵高渗透水流通道，扩大水驱波及体积；依靠热能加热原油，受热膨胀；并且热能穿透不渗透隔层，将分散剩余油剥落渗析出来；气体上浮驱扫油层顶部及低渗透层中剩余油，从而达到提高采收率的目的。该技术适用于大庆油田喇萨杏、吉林扶余、华北蒙古林等油田。

2. 热采稠油油田蒸汽加氮气泡沫驱提高采收率技术

稠油油田在蒸汽吞吐后期或转入蒸汽驱后，受油层非均质性影响，油层纵向上动用不均，导致汽窜。为此采用蒸汽+氮气+起泡剂或蒸汽+氮气+二氧化碳+化学剂形成热流体泡沫体系进行吞吐或热驱采油技术。对于黏度较低的稠油，可采用热水+氮气+起泡剂驱。该技术适用于辽河油田大部分稠油区块及克拉玛依油区。

3. 注水稠油油田注多元热流体泡沫驱提高采收率技术

黏度较低的普通稠油，经过长期注水开发后，含水率升高，水窜严重，原油黏度上升，注入多元热流体泡沫能够有效地封堵高渗透窜流通道，使原油黏度降低，流动性增强，大幅度提高采收率。视原油黏度高低，优化注入流体温度参数。

4. 超稠油油田蒸汽加氮气溶剂采油技术

超稠油油田的开发可采用：直井注蒸汽+氮气+二氧化碳+溶剂吞吐技术；直井与水平井结合蒸汽+氮气+溶剂+CO_2驱；SAGD加氮气溶剂辅助采油技术；短半径水平分支井注蒸汽、

氮气溶剂吞吐技术。

5. 边际稠油热采新技术

这种油田要采用蒸汽、氮气、化学剂+分层注汽吞吐采油技术，以取代传统的热采技术。

6. 低渗透、特低渗透油田注氮气采油技术

低渗透、特低渗透油田采用注氮气驱采油技术，对于微裂缝发育的区块，可采用氮气泡沫以封堵微裂缝。油井压裂作为辅助配套技术。

7. 边底水油田注氮气泡沫压水锥技术

在油水界面处注入大量的氮气泡沫，降低水相渗透率，并且形成次生气顶，起到重力压锥作用，降低油水界面。采用周期性注气、关井、吞吐采油技术。此技术已在胜利单家寺稠油油田试验成功，适用于任丘古潜山、曙光古潜山等油田。

8. 高含蜡及高黏度油田注热流体提高采收率技术

采用热水+氮气+化学剂热流体采油技术，适用于大港枣园等油田。

9. 海上稠油热采技术

对于海上稠油开发，如辽河滩海月海油田和渤海海上稠油油田，建造作业平台，采用占地面积较小的立式锅炉及长冲程抽油机，取代常规冷采技术，可成倍地提高单井产量及采收率，增加作业平台的工程投资远远小于大幅度增产原油的收益。

10. 油田注二氧化碳采油技术

二氧化碳容易溶解于原油中，降低原油黏度，同时对油层具有萃取及驱油作用，除稠油吞吐或热驱中添加 CO_2 能有效地改善热采效果外，对低渗透、特低渗透油田，注二氧化碳非混相驱采油，可大幅度提高采收率。需有气源（利用化工厂、发电厂的排放气体生产液态 CO_2）及油井防腐技术支持。

三、解决油田开发面临的技术难题支持条件已经成熟

（1）室内多元热流体（包括蒸汽驱及热水驱加氮气泡沫、蒸汽+CO_2+N_2、蒸汽+N_2+溶剂）泡沫等驱油机理实验研究，已有较深入全面的研究成果，可指导现场实施方案。

（2）油田采用多元热流体泡沫驱开发方案设计，已有成熟的数值模拟软件（加拿大 CMG 公司的 STARS）支持，而且国内已有油田先导试验实践经验供参考。

（3）油田专用的从空气中（78%氮气）分离制氮注氮设备，国内组装配套，已有系列产品（压力 25MPa, 30MPa 和 35MPa；排量 600m³/h, 900m³/h 和 1200m³/h），可租赁或提供技术服务。

（4）油田注蒸汽锅炉，在用国产数量已达 400 多标准台，已形成系列配套设备（压力 17MPa, 19MPa；蒸汽量 9.2t/h, 11.5t/h 和 23t/h），继续发挥稠油及轻油加热设备作用，在使用中要提高热力系统的热效率，减少热损耗。

（5）现有高效真空隔热油管注汽，既可减少热能损失、提高井底蒸汽干度，又能保护油井套管，但要建立质量检测及报废机制。

（6）油管防腐技术已有解决途径，采用油管内衬不锈钢等防腐层或防腐钢管。

（7）现有耐高温（250~300℃）起泡剂、石油溶剂、降黏剂等热采专用化学剂，品种

质量能满足工业化应用需求。

（8）大量液态CO_2资源可用于油田提高采收率技术，变废为宝，有利于环保。

（9）新一代综合注氮气、二氧化碳、水蒸气及起泡剂为一体的热采设备——复合热载体发生器，已经有小型配套设备在油田现场吞吐试验成功，但仍需要改进，形成大型系列设备。

（10）低压、低渗透油层采用氮气泡沫液钻井完井技术，以防止油层受到伤害，国内配套技术已成熟且已开始应用。

四、采用多元热流体泡沫热采配套采油技术提高采收率前景

多元热流体泡沫驱配套采油技术是在调研总结我国多数油田当前开发面临的技术难题情况下提出的，综合分析了各种技术难题的着眼点，并为多种难题的解决提出了新思路，综合了多种提高采收率技术的机理，可灵活应用于多种油藏条件，具有较强的针对性和可操作性，为油田提高原油采收率技术开拓出新途径。

多元热流体泡沫驱油技术通过室内物理模拟实验及数值模拟研究表明，驱油效率达到70%~80%，选择性封堵水窜、汽窜作用很强，对于不同油藏增加采收率幅度在5%~20%之间。适用应用此项技术的油田较多。大庆喇萨杏油田地质储量$41.9×10^8 t$，如有$10×10^8 t$地质储量采用此技术，按最低提高5%采收率计算，则可增加$5000×10^4 t$可采储量；辽河油田以稠油生产为主，预测有$5×10^8 t$储量可适合此技术，由于辽河油田稠油采出程度与国外相比，挖潜余地很大，可提高采收率20%以上，则可增加可采储量$1×10^8 t$；对于适合泡沫压水锥的油田，可以减缓边底水锥进，增加产油量，较其他效果更为显著。由于该技术具有综合机理，适用该项技术的油田在国内很多，覆盖面较广，增加可采储量的空间余地较大，此项技术具有广阔的应用前景。

五、加快实施新技术应用的建议

（1）加大科技投入，抢时间从地下夺油。当前，油田开发面临的技术挑战不仅十分严峻，解决技术难题的难度越来越大，而且新技术应用的时效性非常关键。油田进入高含水期发生的水窜、水淹速度在加剧，若错过最佳措施时机，其效果变差。油层水淹后退水更难，只能控水，不能退水。稠油采用蒸汽吞吐后油层中储存大量热能，如果不继续尽快进行蒸汽驱开采，油层降温后再加热，消耗热能燃料将成倍增加，经济上产生巨大损失，会导致投资大增而使失败的风险增大。为此，必须抢时间从地下夺油。新技术从试验到推广应用，力求加快，缩短开发试验期，又要配套完善，不断解决新问题。

建议将上述技术列为国家重大科技攻关计划，加强技术攻关力度，加大科技投入。

（2）采用多专业、多学科（尤其是热力学采油及热工设备）按系统工程模式组织科研、油田及专业工程技术服务单位联合，开展油田若干项目规模性试验，取得阶段性成果后，逐步完善推广，争取在3~5年内取得大规模应用效果。

（3）油田采用新技术现场试验中，单纯依靠科研渠道资金投入还不能满足需求，建议对每个先导试验或开发试验，列为老油田新技术改造项目，拨专款投资。应用提高采收率新技术、难采及边际油田采油技术，即使增加采油成本，但如果不超过进口原油价格，建议对增产原油收购价要高于常规开采原油，不要"一刀切"，将此利益返回采油厂，以支持新技术扩大试验、推广应用，从国家经济政策上给予支持。

在2006年12月，笔者向中国石油勘探开发研究院有关采油专家讲述开拓新一代稠油热采技术——多元热流体泡沫采油技术专题研究[37]，引起关注。研究院老领导王福印与几位老专家推荐《中国石油报》进行报道，在2007年1月19日召开中国石油天然气集团公司年度工作会议前夕，刊登了摘要标题为《刘文章应对"十大开发挑战"书写新文章：多元热流体采油技术可提高采收率5%至20%》。接着，《中国石油报》资源记者姜斯雄在2007年2月6日的《石油内参》中，以访谈《刘文章提高原油采收率的三点建议》形式发表，以便引起有关领导和科技人员的思考，起到"抛砖引玉"的作用。

时至今日，油田开发中的诸多技术难题与挑战依然存在，而且随着油田开发采出程度的加深和科技创新的推进，石油人和油层的"战斗"永不停息。

为此，按照上述发展思路，在本书第十一章针对某些技术难题，笔者提出了开拓创新几项提高采收率技术。想说明一点，油田开发从投产初期到结束开采，始终离不开自然辩证法的矛盾对立统一法则，各种矛盾反映在不同开发阶段，必然出现各种技术难点。为此石油工作者必须充分发挥主观能动性、创造性，采取技术手段以化解矛盾。技术手段的思路要看得准、抓得狠，既要有前瞻性、预见性，也要有战略性、先进性和适用性。任何技术的有效性都有相应的适用条件，因此还必须持续创新，不断更新换代、多元组合，不可守旧。

第四节 加大新技术先导试验力度

石油勘探与开发具有高技术含量、高投入、高风险的特点，为持续增加探明石油地质储量，保持原油产量稳定增长，依靠科技创新推进主体技术的快速发展，是紧迫的中心议题。如前所述，新开发建设的油田多数为低渗透、特低渗透储量，已开发油田处于"双高"（高采出、高含水）阶段。自"十一五"以来，通过创新油田开发技术，提高油田开发水平，我国原油产量实现了稳中有升，但现有开发技术已不能完全适应新需求。许多油藏或区块已处于经济开采极限，甚至亏损。每年无效关井数成百上千口。从《中国石油报》经常看到，原油生产第一线的采油职工，为提高油井产量，发扬大庆精神、铁人精神，日日夜夜奋战，艰辛劳动，激动人心的事迹层出不穷。流向石化厂的滚滚油流中，包含着无数石油人的艰辛与智慧。

创新开发技术的必经之路是开辟先导性试验。新技术从诞生到成熟应用，要经过"实践、认识，再实践、再认识"的漫长过程。由室内模拟实验研究构成设想方案，到油田现场试验，揭露可行性与矛盾，再试验、再改进，直到相对成功，一般都要经历10年以上，而在推广应用时，油藏地下的注采动态因时空还会出现适用性的变化。在科学认识论的发展过程中，在先导试验初期，成功与失败交织，有不确定因素等，还需要试验井数扩大和应用时间延长的验证，才能获得试验项目的结论。在此阶段科技人员遇到的最大困难不仅仅是技术问题，更在于决策层的支持与能否创造必需的多种物质条件。在先导试验项目取得初步成功，显示应用前景时，进入扩大试验，再跨入示范项目，就容易进入科技创新快车道。这样的科学方法论、科学认识论的实践实例很多，笔者深有体会。

为此，提出建议，针对各类油藏的主要矛盾，确定发展技术路线或思路，加大新技术先导试验力度。

一、先导试验项目要抓得准

油田开发中出现的各种矛盾复杂又多样，必然存在主要矛盾与次要矛盾，而且随着开发程度的深化，矛盾转化的条件逐渐明显。因此，科技人员需要跟踪研究，找准起支配作用的主要矛盾，确定技术主攻方向，形成主体开发技术路线，才能掌握油田开发的发展。

二、先导试验项目要抓得早

辩证唯物论的认识论把实践提到首要地位，人们对油田地下规律的认识不能离开生产实践，经过生产实践得到理论的认识，还须再回到实践中去。认识的能动作用，不但表现于从生产实践感性的认识到理性认识之能动的飞跃，更重要的还须从理性认识到生产实践产生一个飞跃。这是对《实践论》的简单解读，说明新技术先导试验必定要经过实践、认识，再实践、再认识的反复实现理性飞跃，最终达到成功的过程。如果先导试验不完全（井数不多，时间较短），由感性到理性的认识过程没有完全解决问题，必定还有失败的风险。要实现先导试验的预期效果，需要较长时间，因此，必须抓早。科研成果贵在创新性、前瞻性及有效性。人们的认识往往滞后于生产实践，科研成果落后于生产需求，如何打破这种常见的局面，须有长远战略性谋划和现实强有力的决策驱动力。

三、先导试验项目要多，要舍得资金投入

据报告[38]，截至 2012 年底，中国石油已投入开发的油田有 278 个，动用石油地质储量 $163×10^8$ t，标定采收率 31.6%。新开发建设的油田以低渗透和特低渗透储量为主，所占比例已超过 70%；已开发油田处于高采出程度 75%、高含水 87% 阶段，原油自然递减率达 10.8%。

由中国石油勘探与生产公司的何江川、王元基和廖广志 3 位油田开发资深专家编著的《油田开发战略性接替技术》一书，在综合研究了中国石油几十年来持之以恒的科技攻关，特别是自 2005 年启动十大项开发试验工程以来，油田生产实践取得的重大成就与丰富经验，总结了已初步形成的油田开发八大战略性接替技术，对推动解决中国石油目前面临的高含水、低渗透、稠油等油藏的开发矛盾，提供了切实可行的战略性接替技术。这八项技术分别是聚合物+表面活性剂二元驱技术、空气火驱技术、蒸汽辅助重力泄油技术（SAGD）、二氧化碳驱油技术、空气泡沫驱油技术、天然气驱油技术、微生物驱油技术和聚合物驱后油藏提高采收率技术。

这八大战略性接替技术是多年来经历先导试验、扩大试验以及规模性试验积累、配套逐步形成的较成熟技术系列，必将在未来一段时间内，对中国石油原油产量的稳定增长发挥重要作用。这本专著内容翔实，对各项技术既有理论研究，又有现场实践经验总结，也有应用前景展望，对油田开发科技人员具有重要的参考价值。

在形成上述八项技术过程中，遵循"实践、认识，再实践、再认识"的科学方法论，都经历了较长时间才逐渐成熟配套，初步形成技术系列，即将进入工业化应用阶段。而且在借鉴国外同类油田先进技术的基础上，更注重结合我国油藏特点，一定程度上具有自己的特色。

我国油气田分布很广，中国石油下属油公司有 15 个，除投入开发的油田 278 个外，还有未开发的油田 31 个。油田分公司下属若干采油厂或油田生产作业区，直接担负着油气生

产任务。在油藏类型多、地质条件和开发状况十分复杂的背景下，仅靠上述几项技术和现有其他重大技术还远远满足不了生产需要，显然必须开拓更多的新技术，既要有油田开发决策层的全盘策划与引领，也要鼓励和支持油田生产一线广大技术人员的创新努力。

中国石油从20世纪大庆石油会战以来，已建立了3个层次的科技系统。中国石油天然气总公司直属石油勘探开发、钻井工程、测井、工程技术等科研院所，担负着国内外油田勘探开发建设全方位顶级科研任务。各油田的勘探开发、钻采工程、地面工程技术研究院，除已全面担负本油田科技发展任务外，也要向国内外市场扩展。各油田分公司下属采油厂也有地质采油工程研究所，直接担负油田一线生产技术所需。中国石油天然气总公司通过科技管理及勘探生产两个渠道投资科技发展。集中统一的科技发展体制发挥了独特的优势。

如何面对油田生产单位"面广线长"，科技发展需求多种多样，形势错综复杂，加大加快激活科技创新活力是项值得关注和思考的重要课题。笔者多年来接触到生产第一线采油科技人员承受完成当年原油生产任务的压力大、任务重，在原油产量、生产成本和经济效益3项指标硬性要求下，油田维护性、修井增产性工作量大，资金向此倾斜。对于创新技术解决较长期稳产增产的先期先导试验项目，缺少资金，滞后于油藏开发老龄化需求。同时，中国石油勘探开发研究院也缺少两渠道外的自主创新资金，由此制约了许多先期创新课题的研究与现场试验。

总之，面对技术挑战，建议加大先期性、先导性科研项目的关注和重视，加大科技资金投入，采取鼓励性政策，在创造更多创新技术前期课题的基础上，进行筛选、评估，逐渐形成重大试验项目，升级进入中国石油天然气总公司一级的研发计划。

四、先导试验贵在坚持

重大科技创新课题由设想方案，投入现场试验，直至成功，必定经过反复实践、反复认识的过程，从来不会一帆风顺，由简单到复杂，由失败到深化，再实践再认识，暴露出的种种矛盾与难点考验着科研人员的意志、智慧能否坚持到底，这是科学认识论的客观规律。

对看准有发展前景的创新项目，经室内模拟实验研究形成设想方案，投入现场试验，及早暴露矛盾或失败是好事，不是坏事。它提示人们必须修正原有的方案，攻克出现的关键性难题。新认识、新方案在试验过程中还会出现新问题，即使认识、再改进达到初步成功，如果没有足够数量（井数规模）及应用时间的考验或验证，进行技术配套形成系列化应用条件，还会出现负面影响，甚至失败或失效。

这种情况有许多案例。常见的实例有：

（1）由失败走向成功。预想方案投入试验，很快出现新矛盾，改进后方案又遭遇失败，如何找出失败根源，实现"失败是成功之母"必须有认识上的新飞跃，催生新方案，再坚持"多次改进，直至成功"。

（2）由成功走向失败。任何的成功都具有相对性，有其适用条件。把阶段性成果认作最终成果，不去跟踪发展中可能出现的新问题或掩盖潜在矛盾，必然增加失败的因素最终走向失败。

（3）失败与成功交错出现，无果而终。出现此结局必须全面分析，是主攻方向不准，不符合客观条件，还是缺乏主观条件支持（资金、设备等），从而得出正确结论，重新谋求途径。

回顾20世纪60年代"糖葫芦"式封隔器的创新过程，是科学研究由失败走向成功的一个范例。当时大庆油田会战中石油工业部领导确立早期注水实行"长期稳定高产"的战略方针和相应的开发设计方案，保持油层压力为主线，第一批注水井注水半年，发现最近的一口井出现注入水"单层突进"，暴露了注水保持压力与多油层笼统注水的对立矛盾，提出了采用选择性分层注水、分层采油、分层压裂"三选"技术对策。实现"三稳迟见水"，既注水，又控水的概念。开展了"三选"技术攻关试验失败后，分析认为主要矛盾是没有"得心应手"的井下分层设备——多级封隔器，沿用国外的封隔器，不适用于油井井筒条件。由此，康世恩总指挥提出独立自主创造"糖葫芦"式多级（水力压差式）封隔器设想，经过1018次模拟试验及133井次井下试验，终于创造出一系列以水力坐封、解封为原理的多种用途的封隔器，形成了分层注水分层采油"六分四清"采油工艺技术。打开了新局面，为实现"长期稳定高产"的战略目标打下了坚实基础。这充分说明科学研究一要看准发展方向；二要不怕失败，从失败中善于分析矛盾；三要坚持到底，一步步迈向成功。这个事例刻印在笔者心中，开了心窍，对后来的科研项目起到了启迪作用。

在我国油田开发领域许多大大小小由先导试验课题形成重大专项科技攻关项目中，广大科技人员不畏技术难题和困难，秉承科学方法论与认识论哲学思想，由失败走向成功的事例数不清，这是主流，正如前章所述，大庆油田高含水注水开发、辽河油田稠油热采以及长庆油田低渗透油田的技术创新。

第五节 技术创新要加强组合配套

面对当前复杂多变的油田开发形势，中国石油油田开发系统遵循油田开发的客观规律，科学制定不同阶段、不同地质条件的开采方式和技术路线，把科技、管理和生产运行结合起来，采取一系列重大举措不断提升油田开发建设和管理水平。这是中国石油勘探与生产公司何江川、王元基、廖广志等人在《油田开发战略性接替技术》[38]专著中概述的一段话。他们按照2005年以来中国石油"突出重点、精心组织、重大试验、务求实效"的总体思路，总结概述了油田开发方面主要的举措：包括积极推进勘探开发一体化，努力提高勘探开发整体效益；积极推动重大开发试验，攻关油田开发战略性技术；大力推广水平井及其配套技术的规模应用，努力提高单井产量和开发综合效益；全面实施老油田二次开发工程，大幅度提高油气田最终采收率；强力推进地面建设标准化设计工作；深入开展油田开发基础年及注水专项治理活动等六项主要举措。

同时，这本书总结性概述了根据各类油藏特点，围绕突破瓶颈制约，大力开展重大科技项目攻关、重大技术现场试验和成熟技术推广应用，超前组织重大专项和储备技术研究，掌握和形成了一批具有自主知识产权的核心技术系列。中国石油油田开发主体技术有：

（1）高含水期精细注水开发技术。注水开发的油田是原油产量的主体，注水开发技术也是油田开发最成熟、最经济、最具潜力的技术。通过几十年注水开发实践，注水开发配套技术更趋完善。针对老油田高含水、高采出程度实际，以改善水驱精细挖潜为主线，形成了油藏精细描述、剩余油监测与评价、高效细分层注水、深度液流转向调驱、薄盖层改造等10项配套技术，精细地质研究延伸到了单砂体内部，精细层系调整落实到每口井和小层，精细分层注水单井可细分为7段以上，精细智能测调使单井分注测调效率翻了一番。这些技术使中国石油水驱开发油田每年提高采收率0.2个百分点，水驱开发技术水平和精细程度世界领先。

(2) 低渗透油藏规模有效开发技术。主要包括储层分类评价、开发井网优化、有效能量补充、水平井分段改造等关键技术，重点是建立有效驱动压力系统，遏制早期递减，增加改造体积并延长有效期。尤其是"十一五"以来，围绕提高储量动用率、提高单井产量和经济有效开发，持续技术攻关，完善了多种多级压裂改造技术，实现了低渗透油藏开发下限不断拓展，低渗透原油产量不断攀升，开创了低渗透油藏开发新局面。

(3) 稠油开发配套技术。为提高稠油开发效益，近几年来，中国石油以转变开发方式、大幅度提高采收率为核心，研发并形成了蒸汽驱、蒸汽辅助重力泄油驱（SAGD）、水平井开发、多介质组合蒸汽吞吐等关键技术。蒸汽驱、直井与水平井组合 SAGD 技术在中深层 I 类稠油油藏中得到工业化应用，浅层超稠油双水平井 SAGD、火驱、超深层稠油天然气吞吐等技术取得突破，现场试验取得重大进展。

(4) 三次采油开发配套技术。针对以大庆长垣为代表的老油田进入特高含水期，进一步挖潜高效分散的剩余油，经济有效地提高此类油藏最终采收率，始终是支撑老油田持续稳产的战略性技术攻关目标。自20世纪60—70年代以来，通过半个世纪的科技攻关和现场试验，中国石油三次采油技术的适用性和应用领域持续扩展：一是聚合物驱技术从主要用于大庆大型整装砂岩油藏，发展到适用于大港油田复杂断块、新疆油田砾岩、吉林油田低渗透、华北普通稠油等油藏；二是发展了大庆二类油层聚合物驱技术；三是三元复合驱、CO_2 驱技术已进入工业化生产并取得明显效果。

本专著中还概述了2005年以来，中国石油启动了10项重大开发试验工程，是对油田开发先导性科学试验工作传统的继承与创新。瞄准油田开发中的重大技术难题，重点对高含水、低渗透、稠油、滩海及特殊岩性等油藏开发技术进行技术攻关研究和试验，并且已取得阶段性成果。其中，大庆油田三元复合驱工业化试验形成了完整配套技术，基本具备战略储备接替技术；长庆油田 0.3mD 开发试验形成了超低渗透油藏开发模式，工业化生产已达千万吨规模；辽河油田 SAGD 及蒸汽驱试验实现了稠油开发方式的重大转变，夯实了辽河油田持续稳产基础；吉林油田 CO_2 驱试验已见重要苗头，有望成为低渗透油藏有效开发的一项主要技术；大庆长垣二类、三类油层、大港油田港西及新疆油田砾岩水驱试验已提高水驱采收率 3%~5%，为二次开发奠定了基础；新疆油田砾岩聚合物驱试验提高采收率 10% 以上，具备了工业化推广应用条件；二元驱项目顺利推进，预期提高采收率 15% 左右，具有较大的发展潜力和应用前景；稠油火驱项目初见成效，有望成为稠油高效开发技术。

这本专著还概述了重大开发试验启动以来，共在10个大项上开展现场试验攻关，试验成功以后，预计可推广覆盖石油地质储量 $60.9×10^8$t，增加可采储量 $9.1×10^8$t（提高采收率 14.9%）。重大开发试验与产能建设相结合，试验区实际新增产能 $215×10^4$t，2012年试验项目年产原油产量达到 $150×10^4$t，当年增油 $97×10^4$t，试验区平均单井日产量是试验前的 2.5 倍。

上述科技创新取得的重大成就对今后油田开发发展具有重大的战略性意义，充分表明中国石油在油气勘探与生产主营业务——核心业务上，从决策层到执行层不断强化科技创新以驱动原油产量持续稳产增产的决心和重大举措，体现了中国石油人继承和弘扬大庆精神、铁人精神、攻坚克难、千方百计将地下石油资源最大限度地开采出来，提高原油采收率，延长油田有效开发寿命，践行石油人"我为祖国献石油的崇高使命"。

在上述专著中，也强调了油田开发技术创新和推广应用中要集成配套形成系列化。笔者深有体会，现举几个事故来阐明，采油工程技术的发展过程中，必须重视组合配套，消除薄弱环节，以求发挥主体技术效果，追求应用效益最大化。

早在1963—1965年，大庆油田采油工艺研究所研发成功"糖葫芦"式多级封隔器走向推广分层注水技术期间，发现井下固定式分层配水器常被注入水杂质堵塞，起下管柱更换作业妨碍正常注水，研发了可投捞式配水器，实现不动管柱采用钢丝与绞车投捞方式，改善了分层配水调控作业，提高了更换分层配水器的操作效率与分层配水合格率。在生产实践中，又发现注水管柱有腐蚀加剧现象，采用定期洗井方式既会导致地面排污问题，又影响正常稳定注水，采油工艺研究所二室研发了注水管柱内外涂料防腐技术，在登峰村附近建立了试验车间，由油管除锈、喷涂、烘干、检测等形成流水作业线，在中区注水井试验成功，并筛选优化涂料配方及工艺，提高防腐效果，为第一代多级封隔器及可投捞式配水器分层注水技术的持续发展打下了基础。

在"文化大革命"中，这项井下注水管柱防腐技术及不压井不放喷作业技术与分层注水配套的工艺技术受到了干扰，致使其应用停顿。在"文化大革命"后期，大庆油田恢复正常生产秩序，以宋振明为首的老干部获得"解放"抓生产，笔者也被调至大庆油田生产办抓采油工程技术，重新恢复试验并改进了这两项不可或缺的技术，在大庆油田第二采油厂西部林原铁路站附近建了油管防腐作业厂，实现全部机械化流水生产，可供每年500口注水井防腐油管。由采油工艺研究所二室秦永春任厂长。从此，大庆油田推广此项配套技术，普遍实现了注入水水质井口、井底完全符合规定的质量标准，排除了分层配水器与油层的堵塞污染。

前几年，吉林油田等某些注水站对注入水采用多级精细过滤流程水质符合标准，但并未采用油管防腐技术，忽略了井底水质稳定达标，虽然采取不定期洗井方式，但仍有疏漏之处。其他油田有无此问题，须引起关注。

时光飞逝至今，笔者仍关注各油田分层注水配套技术的发展。最近几年，中国石油勘探与生产分公司十分重视注水专项治理工程技术，作为老油田多种挖潜增产重大举措之一，要求严格建立油田注水规章制度、加强组织管理、检查考评、技术培训等长效保障体系。对具体油田，按开发方案要求"注够水、注好水、有效注水"，注重应用多级封隔器分层配水技术，提高油田水驱动用程度，并控制无效注水所致含水上升率。据年报资料，2013年中国石油各油田共完成注水井总体工作量18462井次，其中，注水井更新358口，新增分注井4637口，注水井大修880口，检查管柱重新配注12587口。注水井总数7.86万口，开井6.3万口（开井率80.2%），平均单井日注水46.5 m^3，分注率60.3%，注水合格率87.2%，井口水质合格率82.7%。这些数据反映了中国石油持续以水驱为主体的配套技术稳产增产的巨大潜力，而且是在多数油田进入"双高"阶段极难条件下的实施成果，将分注率、注水合格率和井口水质合格率同比前一年分别提高了1.1%、0.7%及4.4%，实属不易。

需指出两点：近10年来，为适应环保要求，注水油田产出污水回注水处理技术及不压井不放喷技术（现称带压作业技术）有了突破性创新发展，也即更新换代，已在各油田广泛推广应用。

据《中国石油报》报道[39]，冀东油田高尚堡联合站注水"治水"27年，对油井产出水进行污水处理，工艺流程分成7个节点，分别制订优化措施，进行动态安全管控，确保处理后的水质指标达标。全站划分原油脱水处理、污水处理、生化处理3个系统，细分为一级、二级等多级节点，采用30项水处理工艺，对270台设备运转设备精心管理，使回注水质达到碎屑岩油藏注水水质推荐指标的A2级标准，外排水质各项含量均大大优于国家一级排放标准，对渤海之滨的稻田、鱼虾池不受污染影响。正如马超评论所言，企业精细化管理的理念和手段，必须落地生根，做到"一分部署，九分落实"，才是最重要的。冀东油田的实例值得称赞。图 5-1 为高尚堡联合站污水处理外输水质稳定工程示意图。

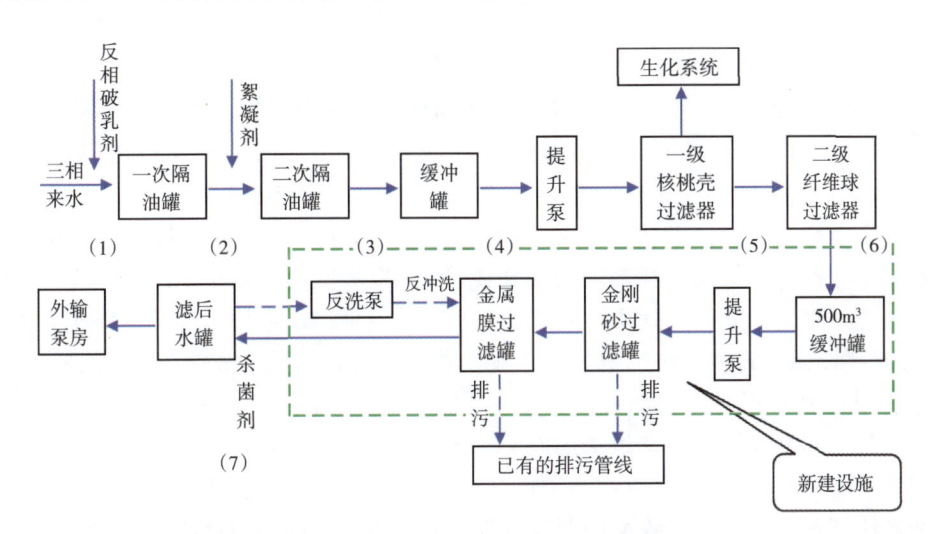

图 5-1 高尚堡联合站污水处理外输水质稳定工程

《中国石油报》也报道了另外两个实例。

其一，新疆油田为确保油田"喝好水"，油田注水管理迈向数字化。近年来，新疆油田公司加大油田基础管理力度，采取多种措施，确保注够水、注达标水。于 2013 年，完成注水实物工作量 1.5 万多井次，较 2012 年提高 3.2%。为注好达标水，通过加强水质监测，加快处理站改造，优化水质监测方案，确定公司级水质监测点 104 个，厂级水质监测点 187 个，实现了水质监测工作的常态化。新疆油田陆梁集中处理站污水处理系统改造工程于 2013 年 12 月建成投产，出站水质达标率由 40% 提高到 100%；第二采油厂 81 号联合处理站污水处理系统改造工程于 2013 年 12 月投产。与此同时，新疆油田公司初步建立起注水工作数字化管理格局：发布《油田注水管理工作细则》；完成了注水月报管理系统升级；编制了《注水月报管理系统维护规定》；启动注水综合开发及管理指标数据系统建设工作，并完成水质监测样品实验系统开发及上线运行。

其二，青海油田第三采油厂订制水驱"菜单"，念好注水"三字经"。该厂以精细注水为突破口，按照"注够水、注好水、有效注水"的要求，突出"规、查、新"，有效提高了油田水驱动用程度，为提高单井产油量、降低自然递减率、实现老井稳产提供了保障。有规章可依，本着传承优良、修补漏洞原则，对全厂注水管理制度进行修订和完善，确保管理模式高效。查源头管控。加强资料录取监督力度，建立了注水动态监测卡，每 2 小时进行巡回检查及资料录取，确保取全取准资料。结合资料，及时调注水量稳定，不超注，不欠注；根据油藏潜力、单井产量筛查，排出运行大表，通过适当提高注水压力、优化注水管网等方式，及时解决注水各类问题，让油层注够水，有效补充地层能量。结合区块油藏复杂、开采层位难等问题，该厂加大油藏分析力度，针对注水井剖面吸水不均的井，大力开展分注措施，给每个油层订制水驱"菜单"，实现了油藏精细化管理。

上述三个实例，充分说明中国石油勘探与生产分公司为老油田稳产与提高采收率，开展注水专项治理工程的举措，抓准注水驱的主要矛盾，狠抓分层注水主导技术的各项工作，迈向精细化、高水平管理，以获得老油田开发效益最大化。

《中国石油报》报道的另一项不压井作业技术[40]，令人赞许。20世纪70年代初，吉林油田原油产量攀升至$100×10^4$t。1973年，吉林油田开始提出带压作业设想，1976年试制出简易井口防喷装置，1983年试制成功吉林油田第一部带压作业机。虽几经改进，但一些关键技术没有突破，施工压力低，作业效率低，油管防喷堵塞工艺尚不成熟。

进入21世纪，吉林油田原油生产能力达到$500×10^4$t，为满足生产与环保需求，2001年成立了带压作业项目组，专门研究带压作业技术瓶颈问题，优化设计出防喷器自封胶筒，研制出空心配水器堵塞器和空心油管堵塞器。2003年4月，第二部拖车式带压作业机试制成功，标志着带压作业配套技术初步形成。2004年试制成功车载一体式带压作业机，研发出偏心配水器堵塞器、高效油管堵塞器及投送工艺。2009年，吉林油田的一体式带压作业设备增加到9部，年施工能力达到260口井。这6年，吉林油田累计完成带压作业1045口井。

自2010年以来，吉林油田加快带压作业技术升级改造，研发出高效模块化带压作业机，扩大应用范围。2010年，中国石油天然气集团公司开展"带压作业推广年"活动，吉林油田综合效益最为明显，当年减少污水排放$74.5×10^4$m^3。2014年初，吉林油田带压作业设备已增加到19部，年施工能力可望达到700口，井口施工压力达到20MPa。

发展带压作业技术，对改善油田开发效果十分明显。吉林油田低渗透、超低渗透油藏不仅注水难，而且注水井修井作业前泄压难，一般泄压排放水量在3000m^3/口以上，有些区块泄压需时半年以上，严重影响农田及江河等环境污染。吉林油田建立了新立油田二次开发整体治理示范区和扶余油田城区环保作业示范区。新立示范区针对水井分注状况差问题，两年实施带压作业212口，使自然递减率减缓，综合含水率没有升高，实现了持续稳产。扶余油田具有城区压覆和江河压覆特征，环保约束严格，自2004年以来每年实施带压作业100口以上。自2009年以来，注水井全部采用带压作业方式，分层注水状况得到明显改善，也达到了环保要求。图5-2为吉林油田近年带压作业工程完成情况。

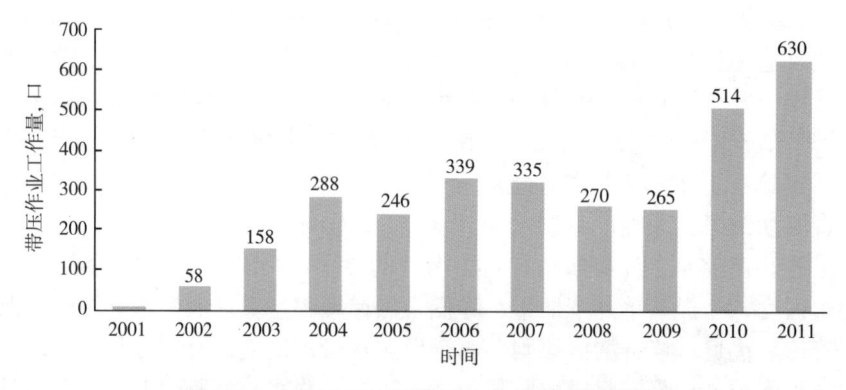

图5-2 吉林油田近年带压作业工作量完成情况

另据报道，辽河油田兴隆台采油厂工程技术处，2013年技术创新带压作业技术，对兴隆台古潜山油藏在城区的深度达4500m的一口油井，采用带压作业技术进行油井钻桥塞和修套施工作业取得了成功，而且拓展了施工领域，解决了潜山油井洗井排液慢、油层伤害严重、投产周期长等问题；改善了带压作业设备，又解决了热采油井高温高压下带压作业难题。此项技术可应用于注入井、采油井、水平井及热采井施工作业，科技创新使修井作业效率及产值有了大幅提升。

据了解，中国石油已在各油田推广了这项带压作业技术，2014年超过了4000口。

以上油田污水回注及带压作业技术的创新升级，既改善了注水及热采开发效果，尤其对低渗透、超低渗透油藏以及水驱油藏高含水阶段采用细分层注水开发效果显著，同时也满足了环保要求。这是油田无数科技人员勇于创新、艰苦奋斗的重大科技成就。

油田注水与采油作业中，必须防止油层受到伤害，这是"看不见"的损害油井产能的隐患。回顾1960年，大庆油田第一口注水井——中7-11井试注时，因注不进水而使试注失败，后采用大量热水洗井，入井水质、返出水质与井底取样水质均合格后，试注水量和压力达到设计要求而获得成功，从此形成了试注工艺，建立了第一代注水水质标准（含铁0.5mg/L，机械杂质2.0mg/L）。以后又诞生了防腐油管。在1982年辽河高升稠油田进行注蒸汽吞吐试验时，发现钻井完井造成严重油层伤害，导致注入困难，采用加密射孔密度、多种助排措施及防油层伤害措施才获得成功。因此，对于污水回注以及各种井下作业中的入井液，必须连续监测井底水质是否达标，提倡推广油管防腐技术以及地面注水管网防腐措施，确保油层不受伤害。

笔者之所以强调地面及井筒防腐技术，也是为开拓油藏注CO_2提高采收率创造基础性技术。

据研究报告[38]，早在20世纪70年代，美国和苏联等国进行了大量的CO_2驱油工业性试验，80年代在美国取得了飞速发展，90年代提出了CO_2驱油与埋存概念。2012年，世界上有100多个CO_2驱油项目在实施中，其中90%的项目集中在美国。CO_2驱油已成为美国第一大提高采收率技术，年产油量达到1500×10^4t左右，年注入CO_2量在3000×10^4t以上，其中有10%以上来源于煤气化厂和化肥厂副产的CO_2。随着国际社会对温室气体减排的广泛关注，通过采用CO_2驱油进行碳埋存减少温室气体排放已成共识，捕集水泥厂、钢铁厂、燃煤电厂等排放的CO_2进行驱油和埋存，是当前和未来CO_2驱油的发展趋势。

1963年，我国在大庆油田首先进行了CO_2驱油提高采收率的探索，当时列为十大开发项目之一。采油工艺研究所进行了注水井注CO_2段塞驱油室内实验，在北一区三排联合油站利用6台机车式加热锅炉产生的烟道气制成液态CO_2，研制了多管式CO_2运输泵车，在中区西三排几口注水井进行现场试验，发现油管腐蚀严重，氧化铁堵塞油层，笔者目堵了起出检查时，发现注水管柱变为褐色，锈蚀严重，因缺乏井筒防腐技术而停止了试验。

20世纪90年代，国内多个油田陆续开展了CO_2驱油试验。其中，辽河油田锦州采油厂在锦45块稠油蒸汽吞吐油井进行了回收注汽锅炉烟道气和蒸汽混入试验，有增产效果，但因对注汽隔热油管腐蚀严重而停止试验。

辽河油田特种油开发公司，针对杜84块超稠油常规蒸汽吞吐效果差的现状，开展了蒸汽+CO_2+表面活性剂吞吐试验。利用附近化工厂烟道气回收的液态CO_2资源在室内物理模拟实验中验证，这种称作超稠油三元复合吞吐技术，增产机理显著：CO_2在油层中与表面活性剂形成稳定的泡沫流，能控制汽窜，扩大吸汽剖面；CO_2溶入超稠油降低原油黏度，促使体积膨胀发挥溶气驱作用，提高油相相对渗透率，有利于原油回采。2002年，在杜32-4836井首次试验CO_2辅助蒸汽吞吐获得成功，生产196d，增油746t。至2005年，已累计实施404井次，形成了适合超稠油开发的三元复合吞吐技术及应用工艺参数优化，其中，直井382井次，水平井22井次，对直井周期结束可对比267井次中，见到增产效果有208井次，有效率77.9%，累计增油101076t，平均单井增油378.6t，投入产出比为1:3.1，平均油汽比增加0.13，技术吨油成本32.6元，效益显著。

特种油开发公司经理刘福余，总地质师包连纯对此项技术的试验做出了积极贡献，可惜后来未能推广应用。究其主要原因，由于CO_2对造价较高的隔热油管腐蚀严重，改用简易隔热油管（在2⅞in油管外壁固结纤维隔热材料），注入化学防腐剂，但均未解决腐蚀及降低热损失率问题，故而停止推广[41]。

1998年，笔者在对美国油田进行防腐技术考察时发现，有5家公司采用多种地面和油井油套管内外防腐技术，揭示出美国应用CO_2驱规模大、效益好是依靠全面配套的高效工程技术的支持。

自2000年以来，我国已在大庆、胜利、吉林等多个油田开展了CO_2驱先导试验。吉林油田在长岭发现CO_2气藏后，于2008年建成投产了黑59块6个井组CO_2驱与埋存先导示范区，每年捕集CO_2达20×10^4t；2010年启动了黑79南块18个井组CO_2驱与埋存扩大试验，年驱油能力10×10^4t。2015年，吉林油田CO_2驱年驱油能力达到50×10^4t，年埋存量70×10^4t。中国石油还在长庆、辽河、青海、吐哈、新疆和大港等油田积极开展了CO_2驱与埋存技术可行性评价及矿场试验[38]。

上述实例表明，对于轻质低渗透油藏采用CO_2驱，特超稠油油藏采用多元（含CO_2）热流体驱提高采收率技术具有广泛的应用前景，但必须采用配套有效的防腐技术，防止地面设施和油井注入管柱与套管不受损坏，同时防止腐蚀物伤害油层。

总之，不论推广应用成熟技术还是开拓创新技术，都要加强全面配套、组合，才能扎实推进，获得最佳效益。

此外，还须强调，将推广成熟技术纳入油田生产计划，并进行技术交流，将科技攻关成果及时化转为有形生产力，接替更新生产技术；科技创新永无止境。

第六章　回顾历史定位谋划发展策略

新中国刚成立十周年，玉门油田就建成了中国第一个石油生产基地，成为中国的"石油摇篮"，奠定了石油的战略地位，开启了中国石油的现代建设时期。大庆油田的发现与建设，实现了中国石油工业的跨越式发展，原油生产的快速增长支撑了国民经济快速增长的需求。进入21世纪以来，石油生产与需求之间出现了差距，如何应对新形势，确保国家石油安全，本章提出了若干发展策略思考问题，供读者参考研究。

第一节　从"石油摇篮"玉门到开发大庆油田

回顾往事，笔者参与了新中国成立初期玉门老君庙油田的建设和20世纪60年代大庆油田的会战，深切感受到被称作"黑色金子"的石油不仅是工业的血液，而且关系到国家安全。

1949年9月25日玉门油矿解放后，西北解放军三军九师政治部主任康世恩担任玉门油矿军事总代表，兰州军管会派焦力人为军事副总代表，于10月1日带着一面五星红旗赶到玉门油矿，10月4日在玉门油矿庆祝中华人民共和国成立的群众大会上，康世恩总代表做了激动人心的报告，讲了全国即将解放，新中国成立开创了中国历史新纪元，石油工人要响应毛主席的号召，加紧生产，多生产石油，支援解放军多打胜仗，解放全中国，建设新中国。不久，彭德怀来玉门油矿考察工作，他高瞻远瞩，讲了新中国要进行大规模经济建设，要加强玉门油矿的建设，玉门是新中国石油工业的摇篮，要发挥更大作用，鼓励石油工人努力发展生产，建设新中国[42]。从此玉门油田进入现代化建设时期，生产出大量原油及成品油支援了全国的解放，发挥了出石油、出技术、出经验、出人才的我国石油工业的摇篮的作用。

1949年9月底，酒泉获得解放，刘长亮任酒泉地委书记兼专员（后来任玉门油矿党委书记）。笔者于1950年中学毕业后，赴西安考入咸阳西北工学院就读新创立的矿冶系石油钻采专业。在中学时代，同班同学中有几位是玉门油矿技术人员的子弟，其中有油矿创始人孙健初的儿子孙鸿烈，还有几位数理化老师在玉门油矿工作过，对石油的种种印象萌发了学习石油专业的想法，梦想将来要当一名开采石油的工程师。曾在玉门油矿工作过的工程师王祖尧、史久光等，以及西北石油管理局的李天相等兼课教授石油专业课。

1953年，我国国民经济经历三年恢复，开始执行第一个五年计划建设，要建设156个大型项目，以奠定我国社会主义工业化基础。玉门油矿被列为其中重点项目，要求在1953—1957年，建成全国第一个石油基地。西北工学院按中央政府要求，缩短学制，提前一年完成四年课程，石油钻采专业的18位同学于1953年7月毕业。在王维琪院长主持的大会上，笔者代表应届毕业生庄严宣誓，到祖国最需要的地方去参加建设，提出到西北玉门油田去。会后整装出发，在咸阳火车站受到全院师生的欢送。

初到盼望已久的石油城，住在东岗新建宿舍，遥望矿区，尽是荒山戈壁滩，风沙袭人，艰苦的环境中，玉门石油职工火热的建设热情感动和激励着我们去艰苦创业。时任采油厂厂长的朱兆明分配笔者到抽油采油队工作，负责老君庙附近老1井一带K油层10余口老井以及L层、M层少数不能自喷油井用抽油泵开采工作。抽油采油队队长周志华和老工人殷廷玉等将他们积累的宝贵修井与抽油经验倾囊相授。当时，新中国成立前剩余的美国管式铜制工作筒和皮碗式活塞抽油泵已消耗完毕，急需自制新产品，笔者设计研制出第一代全钢制有杆抽油泵满足了油井机械采油生产。同时试验成功第一代声波测环空液面仪器。接着试验从苏联进口的动力仪测试示功图，形成井下诊断技术，为油井停喷转入机械采油积累了经验[43]。1955年荣获"玉门矿务局劳动模范"称号，经国家选派，赴苏联罗马什金、老巴库等油田实习，学习苏联先进的油田开发工程技术。1957年初回国后在玉门油田从事采油工程技术研究。

1953—1957年，玉门油田义不容辞地肩负起祖国的重托，挑起了新中国石油工业的重担。千里河西走廊摆开勘探战场，新油田相继发现，漫漫兰新公路上，原油东运的车队势如洪流。石油河畔，巍峨的炼油厂、高大的炼塔和远远的祁连山雪峰比肩而立。一大批新技术新工艺涌现，原油产量一路向上，突破了百万吨大关，占到当时全国原油产量的一半以上。双马路、文化宫、油城公园、石油新村，成为玉门油田建设史上的标志性丰碑。1957年新华社庄严宣告：新中国第一个天然石油基地在玉门基本建成。玉门油矿在自身发展的同时，还为整个石油工业的发展培育了人才和技术，成为我国石油工业的大学校、大试验田、大研究室，担负起出人才、出技术、出设备、出经验的重任[42]。

1958年10月25日，国务院副总理兼国防部长彭德怀元帅又一次来到玉门油矿。时隔8年，彭老总看到已建成一座新型的石油城，十分高兴，他提出的玉门油田要成为新中国石油工业的摇篮这一期望正在变成现实。

早在1953年，毛泽东、周恩来就石油工业的发展问题，征询了地质部部长李四光的意见。毛泽东说，要进行建设，石油是不可缺少的，天上飞的，地上跑的，没有石油都转不动。这一年，朱德总司令对康世恩说："现代战争打的就是钢铁和石油。有了这两样，打起仗来就有了物资保障，没有石油，飞机、坦克、大炮不如一根打狗棍。我要求产一吨钢铁，就产一吨石油，一点不能少"。

在建设石油基地的火红岁月中，党和国家领导人相继到玉门油田视察。1956年11月25日，党中央军委副主席叶剑英元帅来到玉门油矿视察。他欣喜地看到一个崭新的石油城，正在一片荒凉的戈壁拔地而起，禁不住感慨万千，赋诗两首：

戈壁滩头建厂房，
最新人物最新装；
业将同位诸元素，
用到和平建设场。

引得春风度玉关，
并非杨柳是青年；
英雄一代千秋业，
敢说前贤愧后生。

1957年4月6日，中共中央总书记邓小平视察玉门油田。在油田干部会议上发表讲话，鼓励全矿职工生产又多又好的石油，支援国家建设。

1958年6月26日，国务院副总理陈云视察玉门油田。1958年7月15日，中共中央副主席、中华人民共和国副主席朱德元帅，到玉门油田视察，观看了鸭儿峡6号井场的油井放喷，参观裂化炼油装置、钻井井场等，深受 6 万石油职工和家属的干劲感染。他欣然提笔赋诗：

> 玉门新建石油城，
> 全国示范作典型；
> 六万人民齐跃进，
> 力争上游比光荣[42]。

1957 年玉门油田原油产量由 1952 年的 $14.3×10^4$t 增至 $75.5×10^4$t，1959 年达到 $140×10^4$t 高峰。

中共中央和国家领导人对石油工业的重视与从战略高度的评价与要求，极大地鼓励和激发了广大石油职工的艰苦奋斗、爱国奉献的精神。笔者和老一代石油人亲受教育，代代传承至今。

1958 年，玉门石油管理局开辟新疆吐鲁番新油区石油勘探，在火焰山下发现了胜金口小油田，胜 4 井喷出原油，笔者于当年 8 月调去进行试油试采工作。经过几千名职工两年的艰苦奋斗，在火焰山周边钻探，夏天气温高达 45~50℃，冬天零下二十几度，住老乡的牛棚马圈，生活、工作条件非常艰苦，终于探明 $2km^2$ 的油田，10 多口油井日产轻质原油 20 多吨。油田虽小，但点燃了玉门石油人的强烈找油欲望。1959 年 9 月，在国庆节前夕，在我国东北荒原上发现了大庆油田，全国欢欣鼓舞，消息传至吐鲁番石油矿务局，更鼓舞着石油人。在 1960 年 6 月，我接到调令，赶赴大庆油田参加会战。回到玉门石油管理局，刘长亮书记交代了任务，并让我带上他写给松辽会战指挥部副总指挥焦力人的一封亲笔信，内有要事，不可耽误，命我急速启程。我坐上由酒泉嘉峪关机场飞北京的飞机，赶到萨尔图农垦三场（当时大庆油田保密地点代号），参加了会战，一去就是 15 年。

20 世纪 60 年代初，为中国国民经济遭遇困难时期，又值中苏关系恶化，1960 年 7 月赫鲁晓夫撕毁援华合同，撤走援华专家，从满洲里途经萨尔图车站的入关原油列车消失踪影，国家急需的石油停止供应。在此汽车开不动，北京街头公共汽车背上煤气大包缓行，飞机上不了天的危急关头，中国发现了大庆油田，全国一片欢腾。在荒原一片的高寒地区，在极其困难的条件下，石油工业部经中央批准开展了松辽石油大会战。石油工业部领导余秋里和康世恩组织、指挥了千军万马齐上阵，克服了种种令人难以承受的艰难与险阻。以王进喜为代表的石油人，高喊"有条件上，没有条件创造条件也要上"，"这困难、那困难，国家缺少石油是最大的困难"，"为了拿下大油田，宁可少活二十年"……这种无所畏惧的爱国奉献精神和科学求实的态度，凝聚和鼓舞了石油会战职工，在短短三年时间，会战即取得胜利。1964 年周总理宣告中国石油基本实现自给，结束了用"洋油"的时代。1966 年产量达到 1000 多万吨，逐年上升，自给有余，1973 年开始出口赚取外汇。1976 年达到 $5000×10^4$t。依靠持续科技创新，采用一整套自主创新的油田开发理论和工程技术，超过原先预期的开发方案，高产 $5000×10^4$t，稳产至 2003 年长达 27 年，为国家做出了巨大贡献。

2013 年某日，中国香港卫视有评论称，在 20 世纪 60 年代，中国研发成功"两弹、一星"（原子弹、氢弹、卫星）和发现大庆油田两项成就震撼全球，捍卫了国家安全。

大庆油田的发现与建设成就是在中共中央、国务院正确决策与支持下，全国人民全力支援取得的，几代石油人践行"我为祖国献石油"的崇高历史使命，弘扬大庆精神、铁人精神——爱国、创业、求实、奉献，传承至今。

第二节 对我国原油生产发展前景的思考

回顾石油工业发展历程，展望未来，进入新的历史时期，石油人又面临着更加艰巨的发展任务。国民经济的快速稳定发展，对石油需求量有更多、更高的要求，2013 年原油对外依存度已接近 60%，能源安全中的原油产量是核心问题，重新成为国人关注的焦点。

一、有关我国油气资源前景的思考

笔者引用查权衡等人报告[44]中的有关数据，对于原油储量与产量部分摘要点如下：

回顾建国 60 多年来，在中国已形成东、中、西部和近海四大油气区，并实现了快速"增储上产"。自 1949—1978 年历时 30 年，原油产量达到 $1×10^8$ t，其中东部油区 $9845×10^4$ t，约占总产量 94.6%；主要是大庆长垣、渤海湾等油区。2000 年后，中部油区鄂尔多斯盆地突破，西部新疆三大油区及近海油区快速发展。至 2010 年，三者在全国累计探明储量中占 45%，东部油区由 1985 年的 86.7% 降至 2010 年的 65%。2010 年全国原油产量突破 $2×10^8$ t，东部油区约占 50.5%。中国石油储量及产量增长曲线见图 6-1。

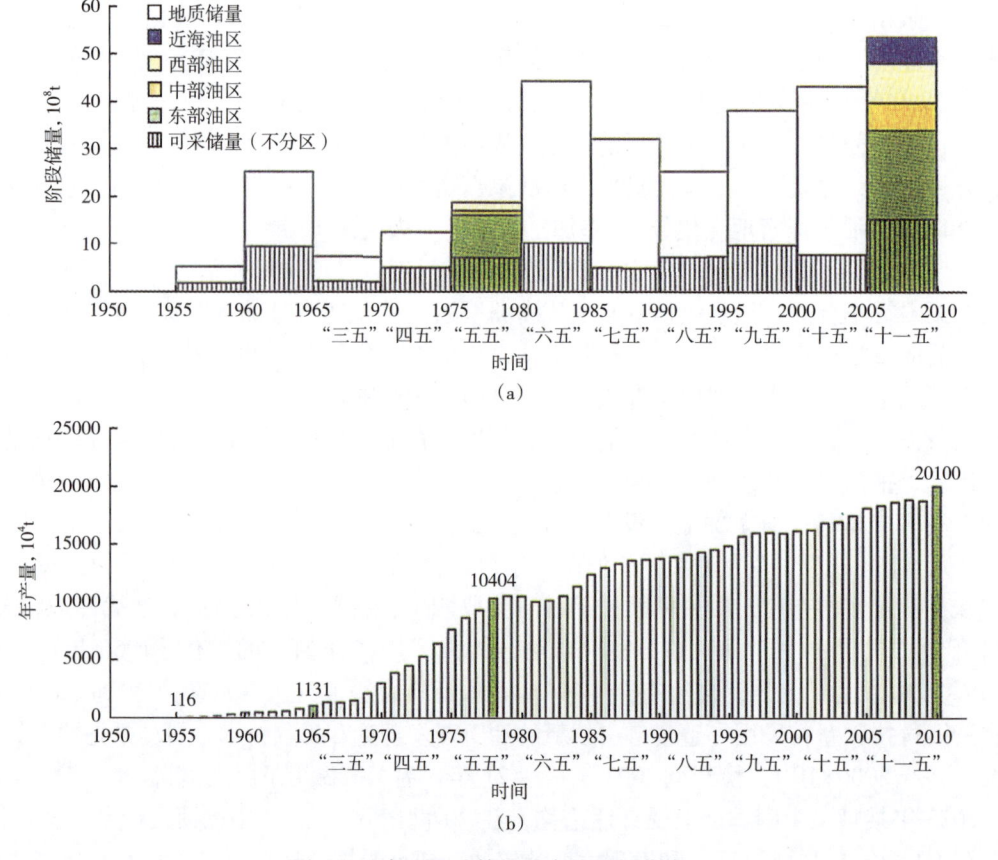

图 6-1 中国原油储量及产量增长曲线

截至 2010 年底，全国累计石油探明地质储量 $310×10^8$ t，开发动用状况可分为 3 部分：（1）1978 年前已动用 $85×10^8$ t；（2）2010 年前又陆续动用 $151×10^8$ t；（3）至 2010 年尚未动用（即未开发）$74×10^8$t。

2010年产量$2.01×10^8$t构成中，属于储量（1）的产量为$5750×10^4$t；储量（2）的产量为$1.435×10^8$t。预测2011—2030年，储量（1）随着采出程度提高，递减加快，产量按每年减少2.0%计；储量（2）中，产量按每年减少1.3%~1.4%计，预计至2030年，原来的$2.01×10^8$t产量可保留$(1.38~1.41)×10^8$t水平。如果储量（3）全部动用，采油速度按0.5%计，可年产油$3700×10^4$t。三者相加，2030年原油产量可保持在$(1.75~1.78)×10^8$t。

关于石油勘探前景，报告中认为我国油气勘探分别处于中期和早期，资源探明率分别不到四成和二成。即使勘探历史长达70~100多年的四川盆地和鄂尔多斯盆地，仍处在勘探早期。在资源探明率达到六成之前，若保持目前的增长势头，2011—2030年石油储量增加$200×10^8$t，天然气储量翻一番，累计达到$15×10^{12}$m^{3}以上是可能的。按国土资源部编制的《全国油气资源动态评价》预测，2011—2030年，全国新增石油探明储量$201×10^8$t，累计探明率为58%；新增天然气探明储量$(12.4~12.8)×10^{12}$m^3，累计探明储量$21.8×10^{12}$m^3，累计探明率41.9%。

报告中预测2030年油气产量将上新台阶。引用国土资源部油气资源战略研究中心预测数据，2020—2025年，全国原油峰值年产量达到$2.2×10^8$t，2030年产量降至$2.1×10^8$t；2030年全国天然气产量为$2700×10^8$m^3。他认为对石油产量的上述预测过于谨慎，因为2011—2030年新增石油储量$200×10^8$t，采油速度以0.5%~0.8%计，也能形成$(1.0~1.6)×10^8$t的年产能力。上述的采油速度是很低的，即使公认以"低品位"为主体的长庆油田和吉林油田，目前的采油速度也分别大于1.1%和0.77%。长庆的安塞、靖安和姬塬等油田可以达到1.3%~1.5%；吉林的大安油田、大情字井油田和扶余油田也可达到0.7%~1.0%。加上原来$310×10^8$t储量留下来的$(1.75~1.78)×10^8$t的生产水平，2030年全国原油生产水平达到$(2.5~3.0)×10^8$t也不是不可能的，而且之后再找到$200×10^8$t以上储量，努力提高采收率，保持20~30年的稳产也是可以设想的。

由此，查权衡在结束语中讲，我国常规油气勘探总体处于中期和早期，非常规油气勘探刚刚起步，石油上游业拥有广阔的发展空间。2011—2030年，石油储量预计增长$200×10^8$t；天然气储量预计翻一番达到$15×10^{12}$m^3。2030年石油年产量预计$(2.5~3)×10^8$t，天然气产量预计$(2500~3000)×10^8$m^3，页岩气与煤层气年产量将突破$1000×10^8$m^3，均有资源基础。

笔者认为，我国油气资源具有广阔的发展空间，但是上述预测过于乐观，可能是最好的预期。

二、历史经验的启示

2003年由石油工业出版社出版的《中国油气田开发若干问题的回顾与思考》这本巨著[45]，由原石油工业部副部长焦力人任顾问，由60多位中国石油、中国石化、中国海油三大石油总公司原领导层决策层和资深老专家组成的编委会，由几百位各油田老专家、老领导参与历经3年，记叙了自中华人民共和国成立后至21世纪初50多年来，中国油气田开发的开发历程、重大成就、重要经验和某些失误的教训，实事求是地进行回顾与总结，探讨具有中国特色的油气田开发道路的特点。正如中华人民共和国成立初期参与创建玉门油田和大庆油田会战的老领导焦力人在序言中讲：这本书有全国各油气田同志们的共同参与，是一次大范围的集体创作，遵循历史唯物主义和辩证唯物主义的观点，坚持解放思想、实事求是的原则，抓住50多年实践中一些重要问题进行回顾与思考，肯定了成绩，也实事求是地指出了一些缺点和失误……我衷心地希望：在我们身上曾经犯过的错误、教训被后来人借鉴，从而减少今后的失误。

在该书最后一章中，论述了国内外石油界关于油气田开发不确定性问题的讨论，此问题对油气田开发战略性发展，尤其对领导决策至关重要。笔者摘几点观点：

（1）油气田开发过程，始终贯穿了人对自然的种种认识和改造活动。纵观我国50多年来油气田开发过程，波澜壮阔、起伏跌宕，其中既有过辉煌、有过胜利的喜悦，也有过挫折、有过失误的痛楚。从作为起主导作用的领导决策状态反思，大部分时候头脑冷静清醒、注意调查研究，处事审慎正确决策，也有一些时候头脑发热、主观臆断，存在较多盲目性，决策不当。检验这二者的差异，最根本的是人们的认识与行动是否符合于油气田的客观实际，即是否能取得主客观的一致。因此，必须重视当代科学技术与社会发展中越来越显得重要的一个课题——关于"不确定性（uncertainty）"在油气田开发中如何把握的问题。

（2）油气田开发领域忽视不确定性的种种表现。按照辩证唯物主义对客观事物的发展规律，确定性与不确定性也是对立统一的关系。事物的发展既有确定性的一面，具有必然的规律，也有不确定的一面，呈现随机与偶然状态。对从事油气田开发工作的科技人员、管理干部，尤其是领导决策者，都应该有"客观事物的发展有不确定性"的概念，应该有驾驭不确定性的能力，有一套处理和应对不确定性的对策。这样才能使自己（组织）的工作始终处于主动地位，不致被动挨打，受到客观规律的惩罚。人们在思想认识上往往缺少"不确定性"的概念，或知之甚少，容易把工作的立足点放在从"好的愿望"出发和"想当然"的位置上，自然在实际工作中难于处理无处不在的"不确定性"了。回顾过去，有大量事例说明，不重视"不确定性"必然会受到客观规律的惩罚。例如：

①急于求成，以想象代替现实。当新区勘探第一口井获得工业油流，在许多基础研究欠缺的情况下，往往把储量估算和油田开发前景建立在一厢情愿的基础上，盲目乐观，把很多未知领域作为确定的东西对待，匆忙做出主观的开发部署。其结果导致严重浪费，甚至延误了该地区的勘探开发进程。

②做规划计划满打满算，不留余地，不做两手准备，只考虑一种可能，只设想一种前途，做出期望值过高的设想。

③超越程序，不计后果。有的在三维地震连片地区，不等解释结果出来，井位部署即已确定和全面实施；有的产能未建成，却已将产量安排列入计划；有的先导性试验还未得出结果，地下矛盾尚未充分揭露，开发方案却已铺开。有的将未来长远、经过努力可能达到的目标当作当前现实的事情来对待。这些做法的后果可想而知。

④认识一次完成论。忘记对地下油藏的认识是个不断深入的过程，因此开发调整是必需也是必然的道理。开发方案一上手就决策一套井网、一套层系，希望"毕其功于一身"，相应的地面建设则求"一次计划到位，基建一次全部建成"。为后来的开发不留调整空间，带来较大的被动等。

（3）为什么油气田的发现和开发充满了不确定性？近代石油工业自建立以来，150多年内，石油上游业，尤其是油气田的发现与开发，被公认为不确定性极为严重的领域。其主要因素有：

①油气深埋地下，经历漫长的地质年代的复杂演变，才形成今日多种类型、性质各异的油藏。地下油气藏具有隐蔽性和模糊性特点。

②各处油气藏的埋藏深度、品位、储量丰度、储层性质、油气组分、性质特征，以及所

处地理位置等各不相同。即使发现了油气，其生产效益与经济效益也都有极大的不确定性。这是多样性的特点。

③油气田勘探开发所取得的资料数据再多，相对于认识的对象——"地质体"来说，终究是微小、分散、稀疏、间接和间断的，往往跳不出"一孔之见"。当前信息技术有了长足进步，人们认知能力有所提高，要想十分准确地认识地下油气藏还是十分困难的。这是认识的有限性与间接性的特点。

④现有的勘探地质学基本上遵循一条思维轨迹：从"已知现在"出发，去回推"未知过去"，在重塑地质历史过程中，预测有利油气区，加以发现证实。而油气田开发地质学的思路，是立足于"已知现在"，去预测近期的"未知将来"，是在基于认识基础上建立起来的地质模型框架下，配合以相应的工艺技术措施，实现油气采出的。前者是反演过程，后者是正演过程。经过如此反演与正演的交叉，其多解性、不唯一性是不可避免的。这是认识的复杂特点。

⑤与其他固体矿床不同，油气这种流体开采始终处于动态之中，加上采取注水、注气等介质，以及压裂酸化等人工干预后，地下油气藏已由"第一自然"变为"第二自然"——人工地质体了。此时地下流体分布参差交错，油气水运动错综复杂，原始储层特性已相应发生了变化。随着开发阶段加深，变化也加大。开发初始，认识的重点是储层及流体特征；投入开发以后是油气水分布状况；到了油田开发的后期，认识的重点转移到了剩余油分布。运用动静结合的方法，在动态中不断深化认识，是油气田开发认识论的主要特点。上述各点是油气田客观自然属性内涵所具有的"不确定"因素。此外，还有两方面也是十分重要的。一是油气田开发所处的环境条件与时代背景：如世界或资源国经济、政治、军事、社会形势与演变，具体到不同的能源政策、资源战略、环境与可持续发展战略等，无一不施加影响于油气田生产而增加其不确定性。二是油气田的决策层或决策人不同的主观指导能力，包括个人素质、思想政策水平、习惯思维、决断能力、对规律的掌握与运用，对已往成效得失的认识等，同样增加了具体油气田开发中的不确定性。

可以说，世界上不仅没有相同的油气田，而且更没有千篇一律的开发历程与相同的开发效果。书中列举了国外几个大规模的油田勘探开发历史上经历的由勘探失败、放弃、再勘探、失败，直到成功的曲折历程。无怪乎西方石油界将投资大、风险大的油气上游业比作"地球上最大的赌博"。我国塔里木盆地的勘探开发历程也经历过"不确定性"挑战。

书中也提出在当前国外石油界已相当普遍地应用"不确定性"概念，同时也提出油气田开发的领导决策——"不确定性"对策的讨论。

第一，要承认不确定性。油气藏的隐蔽性和认识的有限性特点说明，人们对开发对象不可能完全搞得清清楚楚，更不可能在彻底搞清楚后才开始着手开发。因之在制订开发方案、计划、设计时，一定要充分考虑各种基础数据中的不确定因素和实施过程与结果的不确定性。要有预见，要设想两种或两种以上可能的前途，从而有两手、多手的准备。承认不确定性的存在，也不要走到另一个极端，不要把不确定性绝对化，而陷入"不可知论"的泥潭。从油气田开发来讲：做好地下油气藏能量的接替补充，就能保持产量的持续稳定与增长；实施正确的驱替措施，就能更多地采出地下油气储量；要注意保护油气储层，防止各种作业过程中的污染影响，就能较好地保持油气层产能……如果不能把握对基本规律的认识，油气田开发工作将会紊乱无序，无章可循。

第二，要坚信不确定性是可以掌握、可以认识的。虽然油气田开发过程的各个阶段、各个环节上存在不确定性因素不可避免，但只要立足于齐全准确的基础资料，有系统地监测油藏动态变化的信息，细致分析，系统思考，深入研究，进行精细的油藏描述，对于油藏地质情况、油藏内部油水运动规律和开采特征等，可以逐步认识和将不确定性压缩至最小。油气田开发中的动态监测系统是认识油藏特性的有效手段。近年来相继出现的几项新技术，如MWD（随钻测量），LWD（随钻测井），SWD（随钻地震），PWD（随钻环空压力测量）以及地质导向钻井、时延地震等，都是在动态中认识勘探对象发展起来的。

第三，要在"不确定性"转化上下功夫。大庆油田会战初期，吸取了国内外油田开发的经验教训，按照毛泽东《实践论》《矛盾论》辩证唯物主义哲学思想，遵循反复实践、反复认识的认识论观点和客观事物充满矛盾、矛盾的复杂性与矛盾转化规律的论点，纠正了已往油田边勘探、边建设、边开发的错误做法，先打基础井网，搞清主力油层分布状况，不急于投产；待第二批井全部钻完，再进行对比，做出开发设计方案（这是第二次实践至认识的过程）；再等方案实施，全部油水井投产后，结合创新分层注水分层采油工艺技术成就，制订各个开发阶段的配产配注方案。经过三次实践、认识的反复，油田开发设计方案，比较符合油层实际，为达到长期稳产高产的油田开发战略目标打下了基础。当时还没有关于"不确定性"的提法，但这种建立科学的决策程序和方法，是油田开发过程的正确的指导思想。20世纪80年代以来，国内外油气田开发程序中的"概念设计"，也是同样的道理。在转化中要增强预见性，要发挥从以往经验总结升华为条例、规程、模式的作用。如1979年石油工业部颁发的《油田开发条例》中关于"详探与油藏研究"的规定，针对过去油田开发人员不管详探，待勘探人员搞清楚储量后，开发人员才接替采油的被动处境，增加了"详探和油藏研究相结合"的规定。专门规定对新油田要进行试油试采，减少不确定性，避免盲目性，增强预见性。又如强调进行油田开发试验，开辟油田开发试验区，充分揭露地下矛盾、解剖典型，减少不确定性，这是获得指导全局主动权的好方法。大庆油田40多年来进行了350多项开发试验，全国各油气田也都有自己的试验区，都取得了良好的效果。

第四，民主决策、集思广益是规避风险、减少不确定性的有效方法。多年来，油气田开发界坚持召开大型油气田开发技术座谈会是发扬技术民主、提高决策有效性的好制度、好方法。油气田的主要决策者要"沉下去""坐得住"，和科技人员共同讨论、分析形势，研究问题，找出办法，形成对策。要深入研究问题，抓准开发过程中的主要矛盾，先当学生，后当先生，集中群众智慧，引出正确结论。从当年余秋里、康世恩亲自主持技术座谈到后来开得成功的技术座谈会都坚持这样的领导方法。反之主要领导不下功夫，或委托于其他人，则往往徒有虚名而无实际效果。开好座谈会，要有各种专业人员通力合作，发挥团队精神，强调创新，允许发表不同意见，提倡争论，为决策者提供各种备选方案，有利于优化决策方案。

第五，正确对待由"不确定性"引来的失误。因为从事变革现实的人们，往往受到许多限制，不仅有科学条件和技术条件的限制，也受到客观环境发展的限制。在此情况下，由于实践中发现前所未料的情况，原定的设想、计划、方案，出现部分地或全部地不合于实际，导致部分错了或全部错了的事都是有的。但是我们要努力做到在规模上不犯全局性的错误，在性质上不犯重复性的错误，在程度上不犯不可改正的错误。这些提法，来源于大庆会战时期，石油工业部党组织领导的警句，它提醒和鞭策了一代又一代向地下进军的勇士们，不但敢于斗争，而且善于斗争，注重提高思想水平，从全局出发，从实际出发，讲求策略，从而不断取得新成就。作为领导决策层，在指导思想上要把错误难免论与错误可免论结合起来，在油气田开发过程中，要从战略上估计可能失误之所在，而在战术上尽一切努力去避免失误，以及从已有的失误中导出正确途径来。英国 BP 公司董事长布朗爵士在展望 21 世纪的讲话中，坦言过去在世界各地曾有过的不成功例子，十分强调"要向自己的失误学习"，可见，此理是中外相通的。

总之，油气田开发的一切活动，都是围绕着认识和改造客观世界进行的。而客观世界的复杂性、多样性、客观事物联系的普遍性与事物发展的永恒性、人的实践与认识的有限性制约了人们总是在确定性与不确定性中奋斗、生活。伴随着旧的不确定性的排除，新的不确定性又会出现。在此过程中，由未知到已知，从不确定走向确定，充分发挥主观能动性，提高驾驭不确定性的能力是非常重要的。从这里我们也悟出了一个道理：为什么一个正确的认识来之不易，一个正确的答案要经历反复？从认识论来说，因为被认识的对象与认识的过程都具有不确定性。由此推论，为什么人们常说真正做到实事求是是很难的？除有的人们故意违反实事求是的情况之外，主要还是因为"实事"——客观事物不是抽象的、静止的、孤立的，而是处在普遍联系与永恒发展之中，具有许多不确定因素。而"求是"——更是动态的、变化的，因人因时因事而异，即主观指导能力和客观提供的可能条件等都不确定，因而求出来的对"是"的认识可以是多种多样的。说到底，还是要求我们多一点辩证法，少一点绝对化；多一点从实际出发，少一点主观臆断。还是陈云同志的那句老话："不唯上，不唯书、只唯实"。这就是结论。

以上就是笔者重读自新中国成立以来几代石油人，尤其是开创我国石油工业的老领导人用毕生爱国奉献精神发展石油事业浸注心血记述于《中国油气田开发若干问题的回顾与思考》中的寄托与提示。他们提示后来的继任者和科技人员在工作中要注意辩证思维科学方法，既看到成绩，或有利的一面，更要重视存在的问题或不利的一面，要遵循客观规律，做计划、规划要有两手准备，从最坏处着眼，向最好处努力，不可脱离客观实际想当然臆断决策，力求避免风险招致失误带来不能挽回的损失。

第三节　国内油田开发形势展望

一、国内油田开发现状

据有关报告，2011 年底，全国探明石油地质储量 323.3×10^8 t，可采储量 87.2×10^8 t，累计动用石油地质储量 245.4×10^8 t，可采储量 73.4×10^8 t，标定采收率 29.9%，原油年产量 20365×10^4 t。

进入 21 世纪以来，全国原油产量见图 6-2，全国油田分布见图 6-3。

2010 年原油产量首次突破 2×10^8 t，2011 年 20365×10^4 t，2012 年达到 2.05×10^8 t。2000—2012 年均增幅 2.2%。

从地区看，陆上东部产量持续下降，产量比例从 2000 年的 71.6% 减少为 50.7%，陆上西部和海洋产量持续增长，产量比例分别增加到 30% 和 19.3%。

从公司看，中国石油产量 10754×10^4 t，仍占主体地位，但占全国产量的比例由 2000 年的 64.4% 下降到 2013 年的 54%；中国石化产量比例稳定在 21%~23%；中国海油产量比例增加到 20% 左右。

地区产量构成趋势见图 6-4，中国石油主力油田油气产量见图 6-5。

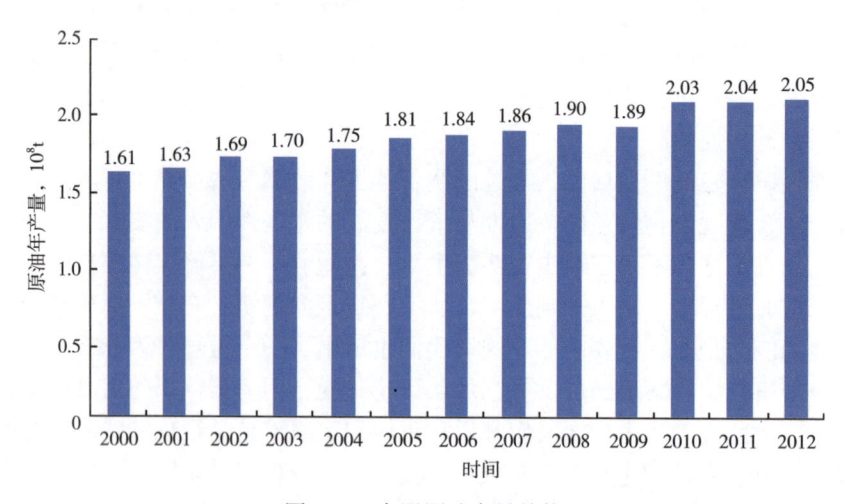

图 6-2　全国原油产量趋势

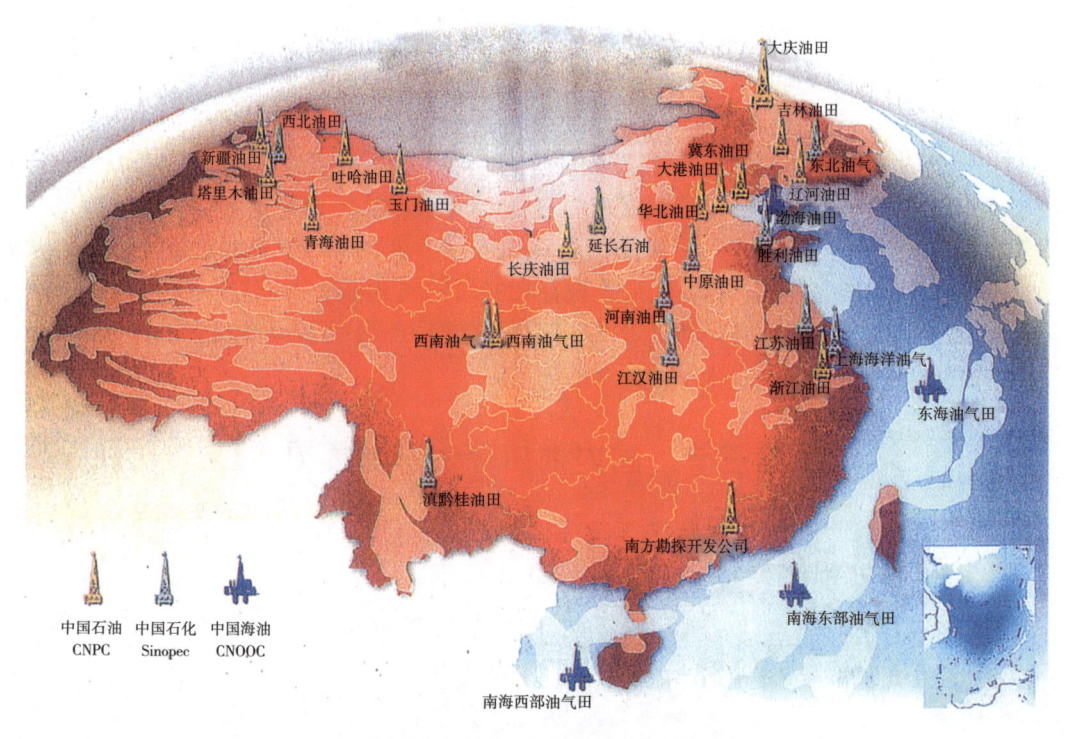

图 6-3　国内主要油气田示意图

按不同类型油藏的开发形势看,目前油田开发的主要油藏类型有中高渗透砂岩、低渗透特低渗透砂岩、稠油和特殊类型油藏。其中,中高渗透砂岩和低渗透特低渗透砂岩油藏是开发的主体,动用储量和产量分别占50%和30%,稠油和特殊类型油藏各占10%左右。

(1) 中高渗透砂岩油田产量$7052×10^4$t。主要采用注水开发,综合含水率为92%,按可采储量采出程度已达79.5%,整体处于特高含水阶段。除大庆油田外的中高渗透砂岩油田外,可采储量采出程度大于60%的油田储量、产量约占54%,含水率接近或在80%以上,但采出程度差别较大。针对注水开发的这类油田采用的三次采油技术,近年来取得了长足进

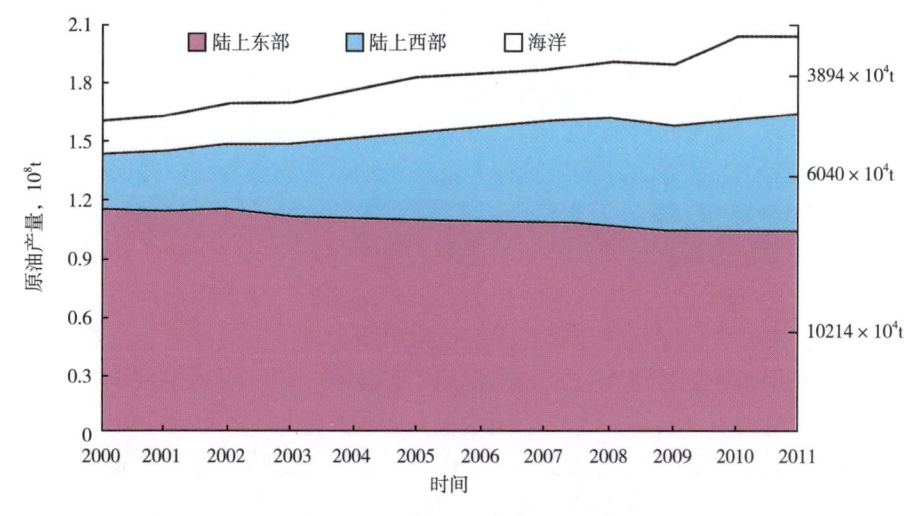

图 6-4 全国原油产量地区构成趋势

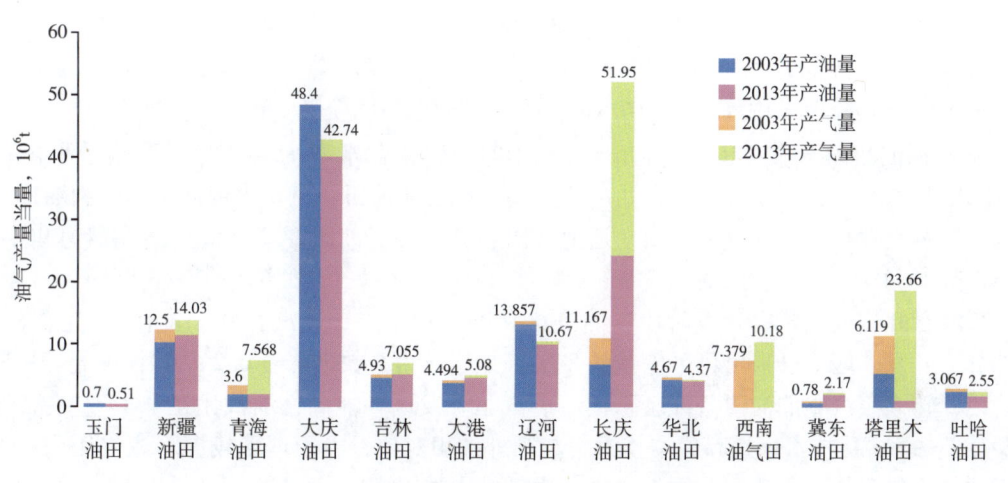

图 6-5 中国石油主力油气田 2013 年产量直方图

展和显著效果,以化学驱(聚合物驱、二元与三元复合驱)为主的三次采油技术,应用规模不断扩大,2010 年产量已达 1692×10^4 t,主要在大庆油田和胜利油田。大庆长垣油田三次采油产量保持了增长趋势,2010 年达到 1298×10^4 t。胜利油田化学驱效果显著,对Ⅰ类、Ⅱ类油藏已动用储量 5.1×10^8 t,只剩余 6000×10^4 t,还需要发展Ⅲ类、Ⅳ类高温高盐及聚合物驱后储量约 10×10^8 t 的接替技术。

(2) 低渗透砂岩油田年产量 4081×10^4 t,综合含水率 70.5%,可采储量采出程度 54.9%,总体处于开发中期。低渗透砂岩产量主要分布在长庆、吉林、大庆外围、新疆等油区。中国石油低渗透油田中,中低含水储量和产量占主体,含水率低于 60% 的储量和产量分别占 56.9% 和 64.9%。由于地质条件等不同,不同地区低渗透油藏开发特征相差较大。产量递减率都较大,如大庆外围老井递减率达到 16%。长庆油田属大面积低渗透特低渗透油田,年递减率 5%,但主要依靠新区块投入上产 2500×10^4 t 以后的稳产能力值得关注,关键在压裂投产后如何补充驱油能量技术的发展。

特低、超低渗透油田的产量将持续增长,与常规低渗透油田相比,驱油体系建立更加困

— 107 —

难，注水开发难度大，单井产量低，受技术经济制约大。

最近十年来，我国低渗透特低渗透油田已初步形成了多项主体关键技术，包括中高含水调整技术和低渗透非均质性油藏剩余油描述方法，井网加密先导性试验取得成功，试验区平均单井产量提高0.5t，含水率降低16.3%；形成了重复压裂、堵水调驱、套损井治理等中高含水期综合调整配套工艺技术，还需继续研究低渗透油藏非均质特征、井网调整技术政策以及低产低效井改造等工艺技术。

对特低、超低渗透油田有效开发技术，已加大研究与现场试验力度，对不同注水、注气的适用条件和多种先导试验区正进行深入研究和试验。例如，超低渗透油田天然裂缝描述新技术、水平井开发配套技术、多缝压裂技术等已取得重大进展。低渗透、特低渗透油田储层高效改造技术，采用多级加砂压裂技术，与常规压裂技术相比，平均单井增油0.5t/d以上，已成为这类油田改造的主体技术。现场采用水平井多段改造技术，已有115口压裂529段的实例，压裂段数由以前的3~5段增加到8~10段，压裂后稳定增产倍数达到3倍以上。还需要继续攻关低渗透油藏水力压裂裂缝扩展机理与诊断技术、体积改造优化技术、注水注气开发油田裂缝控制技术等。

CO_2驱油技术，应用于吉林油田黑59、黑79及大庆树101等区块，见到了显著效果，见效初期产量提高50%以上，预计可提高采收率10%。2010年产量达$10.5×10^4$t，还需开展高含水老油田CO_2驱、中高含水油藏CO_2驱扩大试验，力求CO_2驱工业化推广应用。

（3）稠油油田开发 2012年产量$1433×10^4$t，综合含水率85.4%，可采储量采出程度67%。其中热采稠油约占85%。稠油产量主要分在辽河油田、克拉玛依油田和胜利油田，热采稠油以蒸汽吞吐为主，胜利油田、辽河油田和克拉玛依油田吞吐产量比例分别为96.4%、72.5%和80.4%。

蒸汽吞吐进入高轮次开发阶段，油汽比和产量均下降。蒸汽吞吐平均在12轮次以上，大部分为开发老区，已采出可采储量的84%，地层压力系数已降至0.2左右，正处于快速递减阶段，转入蒸汽驱的油藏条件已恶化。蒸汽驱开发区耗能高，油汽比在0.15左右，经济效益变差。SAGD技术也是高成本技术，与国外油田对比，由于埋藏较深，注汽压力高，缺乏天然气供气条件，无法实施国外热电联供低成本技术。

辽河油田2012年蒸汽驱产量$78×10^4$t，SAGD产量$71×10^4$t，可安排Ⅰ类储量$1×10^8$t，其余储量为深层、薄互层，还缺乏成熟有效的接替技术，正在攻关火驱、火驱与蒸汽驱复合、多元蒸汽辅助重力泄油等技术。胜利油田稠油油田采用以蒸汽吞吐为主，以及水平井添加CO_2、沥青溶剂等多元热流体吞吐开采特稠油技术，预计转蒸汽驱的储量有$1.16×10^8$t，但面临控制边底水等技术难题。克拉玛依九区蒸汽驱产量60多万吨，截至2013年底，风城超稠油探明地质储量$3.6×10^8$t，是实现接替产量的潜力区。

2012年SAGD产量$10×10^4$t，2013年已建成$50×10^4$t/a产能，全区稠油产量$189×10^4$t，"十二五"末建成$400×10^4$t/a产能规模。

上述3个稠油主产区，依靠多元热采技术的创新发展是持续稳产和提高采收率的必然需求，面临着如何发展以气代油、以煤代油调整燃料结构的问题。提高热效率、降低热能消耗的诸多技术难题，也即急需发展提高油汽比、增加商品率、降低生产成本的新技术，尤其对超稠油、深层、薄层以及结束蒸汽吞吐开采的大批储量，如果没有创新技术难以突破困境。

（4）特殊类型油田 2012年产量$1176×10^4$t，综合含水率67.6%，可采储量采出程度68.4%。特殊类型油田主要包括新疆砾岩油田、塔里木碳酸盐岩油田和塔河油田。

砾岩油田年产量 246×10⁴t，含水率 74%，可采储量采出程度 78.8%，其中低渗透、特低渗透产量占 55%。这类油田采用注水开发，岩性与物性非均质性十分严重，面临现有井网井距适应性差、注采矛盾突出、储量动用程度低等问题，通过实施二次开发效果明显改善，2010 年老区二次开发建产能 22.9×10⁴t/a，单井日产量提高 3.1t，含水率下降 12%。

塔里木碳酸盐岩油气藏储量丰富，约占盆地油气资源量的 38%。碳酸盐岩具有多重孔隙特征，非均质性大，成藏复杂性多，储层埋深普遍超过 5000m，开发初期产量高，但开发中易出现压力和产量骤降问题，部分高产油井甚至变成水井，被石油界专家称为"世界级难题"。2005 年产量 24×10⁴t，2013 年产量达 190×10⁴t，年平均增长率超过 12%，不仅弥补了碎屑岩油藏的递减，而且为塔里木油田保持 580×10⁴t/a 水平提供了保障。塔里木油田碳酸盐岩原油日产量在 2014 年 5 月保持在 5612t，累计原油产量突破 1000×10⁴t，达到 1010.3×10⁴t，平均单井累计产油 1.82×10⁴t。已投产碳酸盐岩生产井 551 口，原油探明地质储量 3.57×10⁸t[46]。

对这类油田开发面临的诸多问题，如对储层空间分布认识、流体动态特征认识、开发井对储量控制、注入驱油方式及缝洞型油藏剩余油分析等进行了大量研究，对多井缝洞单元注水技术优化、缝洞型油藏工程分析方法、油藏数值模拟方法及软件、高效酸化压裂改造技术等，已取得成功经验。但还需要在地质体定量描述、剩余油定量分析、开发方式优化等方面继续深入研究。

二、中国石油油田开发形势分析

中国石油天然气股份有限公司（以下简称股份公司）2013 年原油产量 11260×10⁴t，同比增长 227×10⁴t，这是自 2010 年以来，连续 4 年净增 200×10⁴t 以上的最高历史水平，成就来之不易。

油田开发形势中，以下几点值得关注：

（1）已投入开发的主力油田进入"双高"阶段多年。

产量递减率加快，采油成本上升，经济效益下降，影响中国石油全局持续稳产增产战略目标。

自大庆、新疆等 8 个油区的注水开发油田整体进入"双高"阶段以来，原油产量占中国石油总产量 1.12×10⁸t 中的比例达 73.7%，含水率 88.3%，可采储量采出程度 77.2%，控水稳油的生产压力加大，难度很大。

（2）原油产量递减率依然较大，控制难度增大。

目前开发老油田自然递减率控制在 10% 以内的只有大庆油田和长庆油田，其他油田自然递减率偏大，辽河、新疆、塔里木、吐哈、吉林、冀东等油田自然递减率均大于 15%。近几年投入开发的一些重点产能项目中，低品位、复杂岩性油藏及新开发方式产量比例增加也加大了控递减的难度。例如，塔里木哈拉哈塘的碳酸盐岩油藏、新疆风城超稠油、辽河兴隆台潜山油藏等，自然递减率普遍在 30% 以上。

（3）单井产量低，稳产作业工作量大，操作成本增加。

2013 年，股份公司共有生产油井 21.15 万口，开井 16.31 万口，平均单井产量 1.9t/d，同比下降 0.1t/d，与"十一五"相比下降 0.6t/d，且下降趋势依然存在，形势较为严峻。主要原因是新井产量较低，难以弥补老井产量递减。2013 年新井平均单井日产油 2.8t，与"十一五"期间平均单井日产油相比下降 0.2t。主要是低渗透、特低渗透新井比例较高。例如，长庆油田和吉林油田新投产井数达6800口，占股份公司投产新井总数的43%，新井平均单井日产油仅有2.2t。

（4）新增探明储量品质差，接替产能较薄弱。

近年来，勘探领域不断向低、深、难方向发展，复杂构造油藏、岩性油藏和致密油藏已成为主要勘探开发对象。2009—2013年，探明储量中渗透率小于10mD的储量所占比例为72%，稠油所占比例为12.5%，油层埋深超过4000m的所占比例为9%；而且新增探明储量采收率呈逐年下降趋势，2013年不到20%。据报道[47]，中国石油已钻成油井深达8023m，建设万吨产能1985年需要打井钻井进尺5000~6000m，到2008年已增至（1.5~1.8）×10^4m。井越打越深，开采难度越大，成本越高。

（5）近几年新增探明储量以低品位为主，动用难度大。

截至2013年，股份公司探明未动用储量中低渗透储量占70.9%，小于10mD低渗透储量占58.1%。由于缺乏技术及经济上的可行性，造成大量未动用储量不能有效开发。

（6）总体上，最近几年股份公司上产节奏比较快，但各油田原油生产产量压力普遍比较大。

2011—2013年，新区和老开发区新建产能项目平均每年有190个，项目多、规模小，按计划完成率不到90%。新建产能达不到设计方案规模，因而对弥补老油田产量递减的作用不足；新区新井产量投产后产量递减较大，对产量的接替效能发挥不够；产能建设投资升高，经济效益变差。低品位储量已导致股份公司最近几年产能建设效果呈现变差趋势。

三、对今后油田开发前景的几点思考与建议

进入21世纪以来，中国三大石油公司（中国石油、中国石化和中国海油）石油职工继承和弘扬大庆精神、铁人精神，意气风发，依靠科技创新、体制创新和生产运营创新，持续开拓发展石油天然气资源勘探开发事业，推进国内原油生产稳产增产，原油产量突破$2×10^8$t，为国民经济快速增长做出了重大贡献，而且还有持续发展的生产潜力，但是也要看到客观世界——石油资源已发生了质的变化：一是开发几十年的主力油田，已进入开发后期——"双高"阶段，原油产量递减必然加快这是自然规律；二是已探明尚未动用的新油田，多数为低品位难以动用储量，急需下大力气攻克一系列世界性技术难题，尚待时日创新接替技术；三是石油勘探领域不断向低、深、难方向发展，储油层多为"三低"（低渗透、低丰度、低产能）、稠油超稠油的热采难度大、采收率低的，以及埋深在4000~5000m，投资大、开发难度及效果存在风险性的超深油藏。在此资源条件大背景下，需要思考今后的油田开发战略性、长远性的问题。

1. 对今后10~30年的原油产量预测或规划要符合实际

对石油勘探开发企业来说，原油产量是核心业务，追求产量没有错，但追求产量的方式和过程可能出现偏差，类似于部分地方政府常见的一味追求GDP结果而不顾过程、不讲方法的做法。中国政府正大力提倡转变发展方式，改变"唯GDP论"的政绩考核体系，希望这一做法也能延伸应用到石油公司业绩考核体系中[48]。这是世界石油理事会中国国家委员会青年委员胡森林4月18日为英国《金融时报》中文网撰稿中的一段。他还指出，产量大的石油公司不一定是最好的石油公司，但产量少的石油公司一定不是最好的石油公司。对我国石油企业而言，产量和效益对油气都重要，当"鱼与熊掌不可兼得"时，应该追求有效益的产量，而不是为增产而损害效益，甚至影响发展。同时，企业应充分发挥产量增加的正

向调节作用,即通过产量增加的带动效应,提高公司经营管理能力,促进创新。

这段见解,不能以简单的"对与错"来评定,但值得有关部门深思。

前述石油勘探资源专家查权衡的报告[44]中,认为国土资源部油气资源战略研究中心预测:2020—2025年,全国原油峰值产量达到$2.2×10^8$t,2030年产量降至$2.1×10^8$t,过于谨慎。经过计算认为在1978年前已动用储量$85×10^8$t,2010年前又动用了$151×10^8$t,加上2010年尚未动用的$74×10^8$t全部动用,三者相加,2030年原油产量可保持在$(1.75~1.78)×10^8$t。预测2011—2030年新增石油储量$200×10^8$t,将形成$(1.0~1.6)×10^8$t的年产能力,2030年全国原油生产水平达到$(2.5~3.0)×10^8$t是有可能的,之后再找到$200×10^8$t以上储量,努力提高采收率,保持20~30年的稳产也是可以设想的(笔者认为这种预测过于乐观)。

他在《中国石油报》石油时评中[49]讲:制定符合国情的油气发展战略,当前我国石油上游业面临着许多事关全局的问题。例如,我国本土原油产量水平就止步于$2×10^8$t?探明待开发的$82.8×10^8$t原油储量怎样利用?海域油气如何才能加快发展?老油区怎样持续发展?非常规油气如何才能更省地、更省水、更省钱和更环保地开发?目前,急需制定一个符合国情的油气发展战略,这个战略应该统筹国内外"两种资源、两种市场",既有前瞻性,又具有现实可行性,目标明确,阶段清晰,各个阶段工作对象(含常规与非常规油气)主次分明。

他又讲:要符合国情,要符合石油上游业的实际,说起来容易,真正做起来难!在我国石油上游业发展历史上,某些业内具有多年工作经验的专家、院士,或因调研不够深入,或因出发点有问题而做出"荒腔走板"的事并不少见。石油是战略资源,直接关系国家安危。因此,国家石油主管部门要认真汲取历史经验教训,按照"三严三实"的要求,放下身段,做深入、系统的调查研究,听取不同意见,通过民主程序,实现科学决策,为我国石油业制定出正确、可持续的发展战略和规划。

究竟如何规划我国石油业的发展战略,对此重大决策问题,在2014年全国人大和政协两会上,代表委员们展开了深入、严肃认真的讨论。在《中国石油报》"两会聚焦·视点专栏"中载文《供求平衡,保障国家能源安全》中[50],有几点重要论述:

(1)一边是一路飙升的能源需求,一边是"底气不足"的能源供应。全面深化改革,继续扩大开放,全面建成13亿人民的小康社会,实现中华民族伟大复兴的中国梦,让能源供求的中国式困境从未像现在这么严峻。何以解忧?代表委员认为,政府工作报告给出了方向——推动能源生产和消费方式变革,从问题源头入手。

(2)从供应上,保证煤炭的清洁、高效、持续稳定,以及石油的稳产和规模化"走出去"。在相当长一段时期内,煤炭仍将是我国能源的主体,实现煤炭清洁高效利用,是我国能源安全的基本要求。

(3)石油方面,做好国内国外两个市场。国内,原油生产要持续精细挖潜,稳住$2×10^8$t左右的产量规模;海外,继续加强油气合作,确保"走出去"走得稳、走得久,提升国际能源供应能力,提高我国能源投资优化程度,改善投资效益,加强能源经济实力。

(4)在常规能源产能拓展有限的情况下,要向更具潜力的清洁能源进军。必须落实好政府工作报告中提出的"加强天然气、煤层气、页岩气勘探开采与应用"。全国政协委员、时任中国石油天然气集团公司董事长周吉平指出,一方面要加大国内勘探开发的力度,常规气和非常规气同步推进;另一方面要加快"走出去"步伐。他预测:"如果致密气开发也有页岩气那样的支持政策,就可以在技术完善后实现产量翻番,以缓解供需矛盾,为页岩气规模有效发展赢得时间。"

（5）代表委员的观点契合了我国能源发展"十二五"规划降煤、提气、稳油、增新（能源）的消费目标。

（6）能源安全存在供应与需求的失衡，是急速发展的发展中国家绕不过的坎。代表委员对能源供求问题的重视、呼吁和建议，给监管者、生产者及消费者都提了个醒，护航能源"安全号"，到了该发力的时候了。

上述对我国能源供需形势，以及对石油生产量的发展趋势的分析，结合前述石油资源勘探与开发事业具有投资大、风险高、充满不确定性因素的特点，尤其当前全国石油勘探与开发中出现的新情况、新挑战，笔者建议有关部门在制定近期和长期石油生产规划中，对原油产量指标要有尽可能符合实际的要求，不可估测过粗、过高，显然到2030年达到3×10^8t的可能性、可行性极小，稳定在2×10^8t左右也并不容易，取决于科技创新驱动效果与油价等主客观因素。加快"走出去"战略，加强海外油气合作，提高投资效益及实力，是长期战略目标。利用国内国外"两种资源、两种市场"是必胜之路。

2. 油田开发中要关注采油速度、经济效益与采收率三者的统一

长久以来石油被誉为"工业血液"，石油是现代工业持续发展之基，是现代人高品质生活之源，1933年诞生于伦敦的世界石油大会，就深刻洞见了石油的价值。几十年来，实践"石油世纪"的20届世界石油大会，努力为人类文明提供"能源薪火"，给经济发展贡献"能源动力"。这是《中国石油报》为于2014年6月15日在莫斯科举办的第21届世界石油大会特刊中所言[51]。文中还引用了基辛格的名言："石油——人类共同财富，石油——攸关人类利益，谁拥有了石油，谁就掌握了世界。"他一语道破了石油独特的价值秉性。没有石油，就没有工业文明的辉煌；没有石油，就没有高速发展的现代社会。

回顾历史，77年前的第2届世界石油大会，中国派出代表参会，宣告中国能源迈进世界石油大门。1979年第10届世界石油大会，中国被吸纳为成员国。1997年，中国在北京首次成功举办第15届世界石油大会，向国际石油界发出洪亮的"中国声音"。

当前，全球油气在东西半球间生产西移和消费东移，越来越明显地形成"两带三中心"格局，即"中东—中亚—俄罗斯"和美洲两大供应、出口中心带，美国、欧洲和亚太三大消费中心。在此大背景下，中国石油工业持续快速发展，不断"走出去"，坚持"引进来"，积极融入世界经济圈，靠互利之诚意、双赢之实效，赢得全球能源尊重，为世界油气版图描绘出灿烂的"中国色彩"，给世界经济引擎注入强劲的"中国动力"。

当前，世界经济缓慢复苏，中国原油增长理性放缓、天然气快速增长，原油产量成功跻身世界前4位，天然气生产进入世界前7位，原油消费占世界次位，天然气消费跃居世界第3位，国际合作项目覆盖全球33个国家100多个项目，成为世界多国重要的油气合作伙伴。这些举世瞩目的成就和变化，演绎出中国油气工业从小到大、由弱变强的发展史。生产实施一体化战略，推动勘探开发齐头并进，稳油增气，在为中国油气工业做贡献的同时，也为世界油气发展鼓气加油。国内大庆油田年产4000×10^4t持续稳产、西部大庆如期建成、新疆大庆稳步推进，建成海外大庆，形成五大国际油气合作区、四大能源战略通道、三大油气运营中心。这是《中国石油报》[51]对我国油气工业高度概括的写照。

但从全球视角看，2002—2012年，世界原油产量除2008—2009年受金融危机影响下降外，呈现增长态势。2012年全球原油产量达41.8×10^8t，2013年达到41.9×10^8t，由于美国大规模开发页岩油，原油产量达3.9×10^8t，比上年增加13.9%，致密油开发使美国石油产

量继续增长,领先该项技术。2012 年世界天然气继续增长,达 $3.34×10^{12} m^3$,增长 1.9%,但消费量增长更快。页岩气开发使美国 2012 年天然气增产近 $330×10^8 m^3$,产量达 $681.4×10^8 m^3$,继续保持第一产气大国地位[51]。

《中国石油报》在 21 届世界石油大会特刊[51]中报道：

(1) 我国油气资源概况。我国的石油资源在地域分布上主要有西部、东部和海域三大区域。而且集中分布在几个大型叠合盆地中,具有很强的不均衡性。石油消费主要分布在东部及南部沿海地区。未来我国油气产业发展趋势将依然是从东部向西部转移,从陆上向海上转移,从石油向天然气转移。同时,非常规油气领域的发展将进一步拓展我国油气勘探开发的领域和规模。

(2) 油气勘探。我国石油剩余探明储量 $24×10^8 t$,居世界第 14 位。目前,我国油气勘探处于早中期阶段,未来仍有巨大发展潜力。立足大盆地,寻找大发现仍是我国油气勘探应坚持的方向。非常规油气资源丰富,未来有望实现快速发展。但在油气开发环节,难度进一步加大,技术将成为上产关键。在气田开发中,常规气仍是开发重点,非常规气的重要程度逐步提高。

(3) 海外布局。截至 2013 年,我国能源国际合作成果显著,已在全球 33 个国家开展了 100 多个国际油气合作项目,建成五大国际油气合作区,成为世界全球多国重要的能源合作伙伴,并推动国际能源秩序的多极化。

(4) 油气消费。2013 年,我国能源消费达到 $37.55×10^8 t$ 标准煤。其中,原油消费量居世界第 2 位,天然气消费量居世界第 3 位。随着中国经济稳步发展,据国际能源署（IEA）估测,到 2030 年,中国将取代美国成为世界最大的石油消费国。

(5) 油气产量。2013 年,中国油气产量再创历史最高水平,较上年增长 4.6%。其中原油产量 $2.1×10^8 t$,天然气产量 $1209×10^8 m^3$。尽管中国原油和天然气产量已列居世界第 4 位和第 7 位,但过高的能源消费仍使中国原油对外依存度超过 57%。据 IEA 估测,到 21 世纪 20 年代早期,中国或将成为世界最大的原油进口国。

(6) 管道建设。截至 2013 年底,中国油气管道干线、支干线总长度达 $10.6×10^4 km$,油气管道建设稳步推进。

据《中国石油报》(2014.6.13) 报道,中国油气产量、消费量及对外依存度如图 6-6 与图 6-7 所示。

图 6-6 中国原油产量、消费量、对外依存度

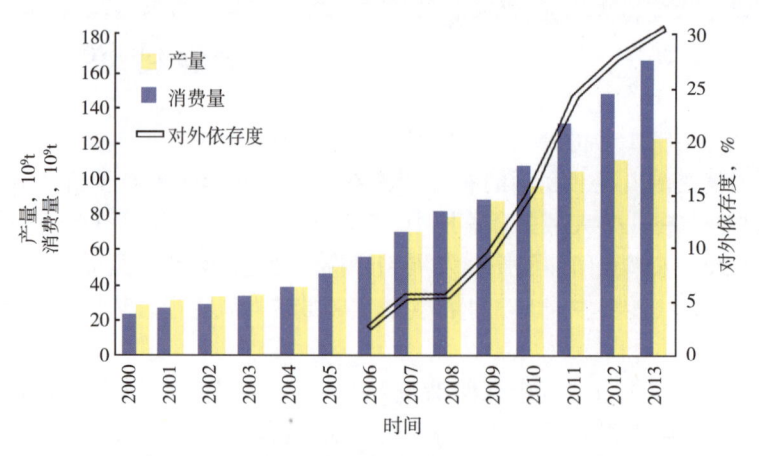

图 6-7 中国天然气产量、消费量、对外依存度

在赞誉我国油气工业取得巨大成就和进步，对国际石油工业的发展起到越来越大影响的格局下，也要看到存在的挑战和问题。

据有关资料，2012 年全球石油剩余探明可采储量达 $2358×10^8t$，其中排名前 5 位的国家分别是委内瑞拉（$465×10^8t$）、沙特阿拉伯（$365×10^8t$）、加拿大（$280×10^8t$）、伊朗（$216×10^8t$）和伊拉克（$202×10^8t$）。中国石油剩余探明可采储量 $24×10^8t$，居世界第 14 位。

据国土资源部数据，截至 2012 年底，我国剩余石油经济可采储量 $25×10^8t$，占全球的 1.1%，居第 14 位；剩余天然气经济可采储量 $3.12×10^{12}m^3$，占全球的 1.2%，居第 12 位。

2012 年中国石油剩余石油经济可采储量 $16.12×10^8t$，石油储采比在 15 左右。中国石油原油产量占全国的 54%。由上述数据可以看出，中国原油产量能位居世界第 4 位，但剩余可采储量位居第 14 位，而且前述已探明地质储量中多数品位较差，难以开采，未动用储量所占比例大，这意味着原油增产十分困难，要想保持未来 20 多年稳产在 $2×10^8t$ 左右也不容易，需要有忧患意识。

由此，笔者认为不可忽视的问题是，在原油产量、经济效益和采收率三者之间要取得平衡，而且核心是采收率，它关系到油田开发寿命能否长久，提高采收率可为后续开发难动用储量开拓新技术赢得时间。更重要的是，立足于国内资源的稳固根基，始终掌控主动权，维护国家核心能源安全。

据各种资料统计，我国油田原油采收率总体上达到 30% 左右，大庆油田采收率已突破 50%，正迈向 60% 的世界先进水平，树立了原油产量高产稳产、经济效益和采收率三者统一的榜样。

今后为满足国内稳步增长需求，除继续加强油气勘探增加后备开发储量，求稳求快拓展国际油气合作，增加进口量外，必须依靠科技创新和政策支持，大力提高已开发油田采收率和难动用储量的创新技术。我们遇到的一系列世界性技术难题主要靠我国自主创新来解决。从全球产油大国、储量大国看，他们的油田油藏地质条件、储层物性都比我国油田好，应用常规技术的单井产量高。不急于"啃硬骨头"，这是我国石油资源的特点赋予我们的历史使命。

第四节　中国石油加强科技创新的重大部署

最近10年，中国石油天然气集团公司持续加大科技创新力度，是支撑实现原油稳产增产的关键因素。"十一五"期间，中国石油研发形成了20项具有国际竞争力的重大核心配套技术、10余项重大装备和软件及系列自主创新产品。在油气勘探开发方面，中国石油总体技术水平继续保持国内领先，优势技术国际领先[52]。

《中国石油报》报道[53]，在2014年2月，中国石油天然气集团公司董事长、党组书记、集团公司科技委员会主任周吉平主持召开集团公司新一届科技委员会成立后的首次会议，总结2013年科技工作，安排部署2014年任务，强调要加快推动创新驱动发展，为建成世界水平综合性国际能源公司的战略目标提供科技支撑和保障。

会议充分肯定了2013年科技创新工作取得的成绩，指出，集团公司持续提升公司核心竞争力和自主创新能力，在科技攻关和科技管理政策方面均取得丰硕成果，为主营业务发展提供了重要支撑和保障，尤其在2013年特殊情况下为实现生产经营业绩好于预期做出重要贡献。

会议强调，要深刻认识科技创新在推动集团公司科学发展、实现战略目标方面的意义和自身责任，进一步增强加快科技创新的紧迫感和责任感。要把科技创新摆在发展全局的核心位置。统一思想认识，重视、鼓励和支持科技创新工作，切实实施创新驱动发展战略，努力营造推动科技创新的良好氛围，强力驱动有质量有效益可持续发展。

会议同意2014年科技工作安排，强调要紧紧围绕集团公司战略目标，坚持"主营业务战略驱动、发展目标导向、顶层设计"理念，重点从三方面持续提升自主创新能力。持续实施科技创新三大工程，突出抓好重大科技攻关和新技术推广应用。加强科技战略管理，优化"十二五"科技规划，超前研究"十三五"科技规划；持续抓好重大科技专项攻关，加大新技术、装备研制与集成配套和现场试验示范，推广应用重大技术和装备，解决重大生产瓶颈技术难题，努力创造经济效益；超前部署基础和储备技术研究，组织实施颠覆性、跨越式技术攻关计划，占领发展制高点。

会议还研究了深化科技体制机制改革，完善科技创新体系，以激发科技创新活力，切实推动创新驱动发展战略实施。这些举措有：完善集团公司"一个整体、两个层次"科技创新组织体系，充分发挥整体优势；完善项目制管理，推广重大科技专项管理模式；完善科技投入稳定增长机制，探索建立科技投入回报和成果效益量化评价方法及相关激励政策；完善科技成果管理机制，加快成果转化应用；完善人才培养使用机制，加快推进"双序列"职级体系；加强科技交流和合作，扩大国际影响力；发挥市场机制在科技资源配置中的决定性作用，建设具有国际竞争力的科技创新体系。

会议强调，要把科技创新与全面深化改革结合起来，切实推动集团公司质量效益发展。要把握好科技工作的发展规律，更好谋划科技创新和技术进步；要找准科研和生产、科技和效益的对接点，重视工艺和工具、地质和工程、技术和设备的结合，完善创新科技管理体制机制，有所为有所不为；科研方向更加突出安全、环保、节能、智能、节省、开发先进成熟配套技术；重点解决制约发展的关键瓶颈和必备技术；要充分调动各个层面积极性，科技工作管理者要甘当人梯和铺路石，为科研人员发挥更大能量创造条件。

上述推动科技创新的战略部署与谋划和推进科技体制机制改革的重大举措，既有我国油田开发创新驱动发展更多更先进的核心技术的规划，也有充分调动石油科技人员创新动力的切实措施。

笔者殷切期盼在今后科技发展规划中，一要针对的油藏类型要多，解决矛盾要多途径、多样化，倡导勇于开拓创新思路，支持有发展潜力的探索性项目，放宽创新基金的应用，避免评审立项阶段的草率否定。二要有紧迫的时间观念，力求成熟技术尽快转变为生产力，见效于有效益产量，前瞻性技术攻关，及早进入接替阶段，对后备研究项目创造室内模拟实验条件启动基础性课题。油藏动态变化规律中蕴藏着最佳适用新技术时间节点，失去了有利时间必然陷入被动，增加前功尽弃的风险。三要夺取新技术规模化应用效果，体现在大幅度提高石油采收率，增加成千上亿吨原油和巨大投资效益，科技人员的贡献不仅反映在纸面成果上，而且要落实在实实在在对国家物质财富的贡献上。

实现科技创新有跨越式重大成果的关键因素在人，主观世界能否掌握油藏开发中的客观变化规律，驾驭主导权，任何规划与计划可以与时俱进，进行修正或补充，但贵在落实。必须加大科技工作改革力度，冲破各种阻力，克服各种困难才能实现上述三点期盼。在充分肯定当前占主流创新驱动机制正能量的同时，也要清醒地看到某些消极的因素。例如，有些决策层、执行层个别在位者对科技创新项目怕担风险，无所作为，不求有功，但求"无事"，不积极支持科技人员，坐失时机；有些单位思想守旧，不愿学习其他单位的先进技术，或者对己方的科技成果封闭保密，不愿交流，只求竞争，不求协作与合作；深受科技人员欢迎的"双序列"职级改革，是实现国家"人才战略"、加快造就我国石油科技领军人才和精英团队的举措，也有阻力……凡此种种消极因素，要逐步逐级解决，也需要有比攻克技术难关更大的毅力和决心。科技工作管理者要甘当人梯和铺路石，也要敢当"推土机"，推倒一切绊脚石，为科技人员开辟坦途捷径，集中精力攀登科技高峰。

第五节 创新提高采收率技术需要政策支持

在2003年出版的《中国油气田开发若干问题的回顾与思考》（上卷297页）中[45]，焦力人等老一代石油人提出了发展三次采油技术需要政策支持的举措。

该书中讲：根据我国三次采油矿场实践，尽管三次采油具有高投入特点，但更重要的是具有高产出特点。它可以大幅度提高老油田产量和较快地增加可采储量。尤其在我国近期石油勘探储量跟不上生产需要的情况下，三次采油技术的发展与应用，更显示出它的战略地位。我国聚合物驱、复合驱的多个矿场试验，均可提高采收率10%（聚合物驱）、20%（复合驱）；2000年，大庆油田在14个区块143km^2、有2.57×10^{8}t地质储量的葡一组主力油层，靠聚合物生产的油量达到880×10^{4}t，相当于几亿吨地质储量的油田投产。根据已结束聚合物驱的中区西部试验区的经济评价，其总投资6159.6万元，纯增油10.96×10^{4}t，纯盈利8501.9万元。已结束工业性聚合物试验的北一区断西区块，利润收入高于水驱达68341.5万元。但是，像大庆油田那样三次采油具有明显经济效益，在别的油田却很难做到，三次采油的投入使原油成本上升，因而近年来，一些有效的三次采油矿场试验（例如克拉玛依油田）正在减少或停滞，这是值得我们关注的。

文中还讲：我国不论从石油企业的发展、国民经济发展，还是从国家安全考虑，都需要重视发展三次采油，而三次采油的发展又必须有企业和国家的支持，这是由于三次采油技术的发展很大程度上受到初期高投入经济条件的制约。国外石油消费国，在国际原油价格低的情况下，多采取购买国外原油的做法，使高投入的三次采油尤其是化学驱油技术被停止试验；在国际石油价格高的形势下，主要石油消费国为了本国的石油安全又采取一系列政策，以刺激本国石油生产，在这种情况下，三次采油又得到较快发展。例如，20世纪70年代国际石油涨价，引发了两次全球性能源危机，美国为了发展本国石油生产，能源部除拨款给国家研究所和大学进行三次采油基础性研究外，还先后采取了成本分担、不控制油价、减少暴利税等优惠政策，大大促进了美国三次采油技术的发展，三次采油项目从1971年的41个增长到1986年的311个，就连经济上昂贵的表面活性剂驱，在美国政府的资助和鼓励政策下，也开展了7个矿场试验。在1994年SPE/DOE第9届提高石油采收率会议上，有篇论文指出，提高石油采收率在美国成为技术进步与资源废弃间的竞赛。据研究报告，截至1991年底，美国已有35%～45%石油剩余地质储量被废弃，他们认为资源废弃程度的加剧，使得开发经济有效地提高采收率（EOR）技术显得更加迫切。指出用现行的EOR技术和改进二次采油（ASR）可从美国各主要石油油藏中采出大量的剩余油储量，面临的挑战是在油藏废弃之前应用改善采收率来遏制最近产量的下降，宣称由此带来的石油产量的增加、就业、经营者利润、州及联邦税收以及能源保障的改善都将会在整体上使国家受益。美国联邦政府尝试通过联邦税收的优惠政策来鼓励国内原油生产，对提高采收率方法的项目提供了税额抵免。文中谈到的经过鉴定的三次采油方法包括热力采油方法（蒸汽吞吐、蒸汽驱及火烧油层）、气驱开采方法（混相与非混相驱、CO_2驱、非烃类气驱）、化学驱方法（微乳液驱、碱水驱）和流度控制驱方法（注聚合物）。自2000年以来，国际油价再次上涨，因此，2001年布什一上台就提出能源计划，对石油工业要提供税收优惠，包括不同油价下的税额减免值，以及开采权使用费的减免。

可以看出，为了国家安全和经济发展，充分利用国内石油资源是至关重要的，国家对三次采油的政策直接关系到三次采油发展。我国面对人口众多、经济亟待大发展的形势，石油资源的开发已成为影响国民经济发展的重要因素，在我国陆上油田总体已进入二次采油后期，现有探明石油地质储量增加1%采收率，就相当于又找到一个近$2×10^8$t的大油田。三次采油可大幅度提高老油田采收率，增加了可采储量，实际上就相当于又找到了新油田。

目前，我国三次采油技术已走在世界前列，尽管还有很多技术需要不断深化和发展，但我国三次采油技术的实践已证实可大幅度增加油田可采储量，已经成为老油田持续发展的重大战略应用技术。但至今我国对三次采油还没有激励发展的政策，三次采油增产油量与油田常规水驱产出油的成本、税率、油价没有区别。正因为如此，在三次采油需要一次性高投入的情况下，一些油田已无法承受，从而使蓬勃发展的三次采油技术受到限制，尽管一些油田先导试验已取得很好效果，但不能继续扩大试验，未能形成工业化推广技术。编写组在座谈采收率问题时认为：三次采油的高成本，简而言之，即使三次采油是零利率，甚至负利率或者相当于用进口油价来开采这部分原油，也对国家有利，对企业有利，因为它既利用了国家的宝贵资源，也节省了国家急需的外汇，反过来，这笔钱支持了油田和相关的产业，扩大了内需，对各方都有好处。在今天世界油价较高的形势下，国家应制定三次采油政策，如对三次采油减免一些税收，三次采油的增产油量企业按国际油价销售，采油成本单独核算，这将会使我国三次采油技术有更大发展。

老一代石油人（多为退休领导和资深专家）深怀对开拓发展三次采油技术的期望，深切希望国家和企业建立起一套激励发展三次采油的政策，努力提高油田原油采收率。笔者也亲身经历了几桩故事，深有体会。例如，辽河油田稠油地质储量很大，20世纪90年代我国开创了中深稠油油藏大规模采用蒸汽吞吐技术跨越式发展，开展了蒸汽吞吐后续蒸汽驱先导试验，并取得了重大突破，曾规划将采收率由蒸汽吞吐阶段的20%左右，适时转入蒸汽驱后提高到50%以上，科技人员提出了几个区块转入蒸汽+氮气泡沫驱的开发方案，强调不失最佳时机实施。由于转换开发方式，不仅要有决策者的长期战略思维，而且要增加注蒸汽与注氮气设备等投资，初期的采油成本有所上升，为数不多的蒸汽驱先导试验未能坚持下去取得最佳效果。持续推行蒸汽吞吐，虽然获得了短期经济效益，但延误了转入蒸汽驱提高采收率的时机，损失了上亿吨的可采储量。笔者提出蒸汽+氮气泡沫驱模式，既可选择性封堵汽窜扩大汽驱波及效率，又可环空注氮气降低热损失，因此可提高油汽比，增加经济效益。可惜，采油厂厂长不能越过出厂吨油操作成本规定（500多元/t），只能延续低效蒸汽吞吐周期，致使成千口油井超10轮次，油藏降压到原始值的⅓以下，地下大量蒸汽凝结水不仅衰减吞吐效果，而且不利于二次热采。在2007年初，笔者再次提出加快采用多元热流体驱提高采收率的建议，以后集团公司对辽河油田增加大幅度科技专项投资，开展了20多项提高采收率试验。实施情况表明，错过了最佳或适用时机，各种挖掘剩余储量的新技术，必然要打折扣。此外，笔者2007年曾对吉林油区老扶余油田，提出在进行二次开发的项目中，增加水驱+氮气泡沫驱的工程技术，针对储油层存在微裂缝导致水窜危害，将$1×10^8$t地质储量的浅层老油田的采收率由20%多提高到40%以上。遗憾的是，未能立项获得资金支持而作罢。此外，对克拉玛依稠油区，也建议采用蒸汽+氮气泡沫驱的开发方案，以及蒸汽+沥青溶剂+氮气驱的建议，同样，采油厂领导受采油成本不能超过统一规定的成本指标限制未能实施，眼看某些剩余储量大的区块，采收率不能达到50%以上。

笔者已退休多年，深切体会到老油田提高采收率、延长开采寿命面临种种技术上的难题，需要艰难攻关，更困难的是人们思想上的转变和决策资金上的支持。

归纳起来，有以下几点认识：

（1）我国油气资源较丰富，但在油少、气多的资源格局下以及油气田开发发展趋势走向稳油增气新阶段，近期和长期原油生产的规划要力求符合实际，不片面追求近期高产，要致力于提高石油采收率的战略目标。

（2）油田开发中要关注采油速度、经济效益与采收率三者的统一，将提高石油最终采收率放在核心地位，这是我国国情、油情特点所必需。

（3）大力加强科技创新及体制创新，为创造世界一流的核心技术，形成高资源利用率、高石油采收率的中国特色配套技术铺平道路。

（4）创新提高石油采收率技术，需要国家和企业政策支持。通常国内外油田开发采收率在30%左右状况下，我国大庆油田已突破50%以上，正迈向60%的目标，拥有一大批世界先进的配套技术，中国也拥有强大的油田开发科技力量，具备自主创新、引领发展的核心技术。需要国家政策支持，解决新技术试验及推广阶段的高投入资金不足和定价限制障碍，即使增产原油成本与进口油价接近或持平也值得。

（5）应加强提高石油采收率的现实和战略意义的认识和宣传。不论从石油企业的持续发展、国民经济稳定发展，还是从国家安全考虑，提高我国石油采收率，巩固石油核心基石都非常重要，而且延长了油田开发寿命，增加了若干亿吨可采储量，创造了巨大的石油财富，增加了就业岗位，为子孙后代及相关产业后续发展也创造了条件。

第七章　中国海外油气合作生产发展形势

在我国持续改革开放的背景下，石油工业实施"走出去"发展战略，近十年来，海外油气合作项目发展迅速，扩展至五大洲，形成了五大海外油气合作区、四大油气战略通道及三大油气运营中心。我国石油的国际化发展战略取得了重大进展，包括中国石油、中国石化、中国海油、中化、振华和中信6家石油公司在全球五大洲35个国家经营着106个油气开发项目。2011年原油作业产量1.39×10^8 t，天然气作业产量281×10^8 m³。

随着国家建设"丝绸之路经济带"的推进，国际油气合作扮演着重要角色，中国石油发挥着主力军作用。"丝绸之路经济带"将以传承友谊、谋求双赢合作的新面貌接棒古丝绸之路，有望成为"能源之路"。

第一节　中国石油在五大洲形成合作生产新格局

2014年6月，在莫斯科举办的第21届世界石油大会前夕，《中国石油报》（2014年6月13日）为大会刊载特刊介绍了中国石油天然气集团公司的总体概况和海外油气合作新局面，摘要如下：

中国石油作为国有重要骨干企业，坚持"奉献能源、创造和谐"，实施资源、市场和国际化战略，建立了集油气勘探开发、管道运营、炼油化工、油品销售于一体的上中下游一体化业务链，基本完成五大海外油气合作区、四大油气战略通道、三大国际油气运营中心战略布局（图7-1），有力地保障了国家的能源安全，促进了国民经济的持续健康发展。

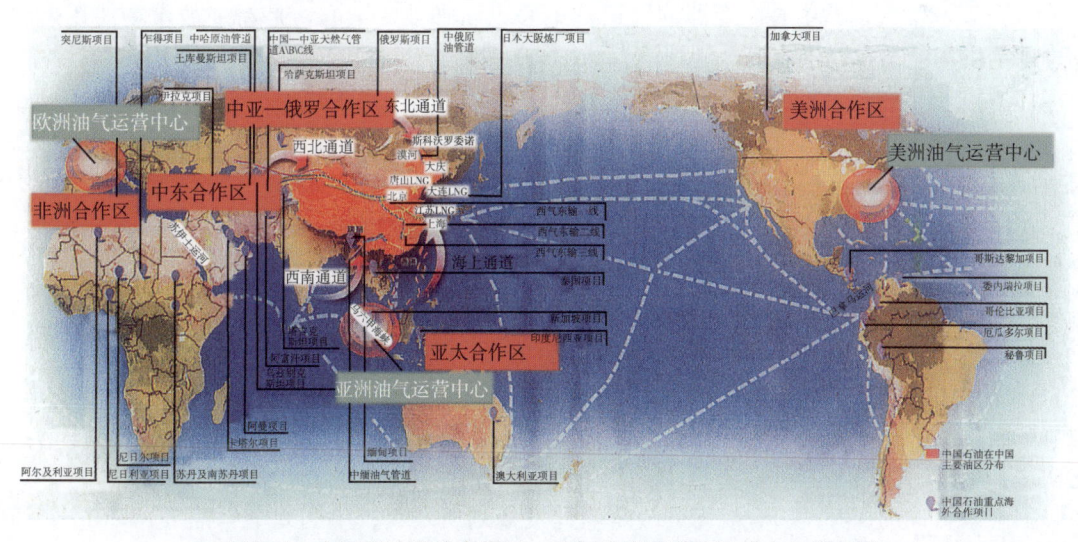

图7-1　中国石油海外合作区、油气战略通道及运营中心分布图

一、五大海外油气合作区

（1）中亚—俄罗斯合作区。在哈萨克斯坦、土库曼斯坦等7个国家管理运作21个油气

— 119 —

合作项目。2013年，原油作业产量2300×10⁴t，天然气作业产量140×10⁸m³，原油加工量480×10⁴t。

（2）中东合作区。在伊拉克、伊朗等6个国家管理运作13个油气合作项目。2013年，原油作业产量4800×10⁴t。

（3）非洲合作区。在苏丹、尼日尔等8个国家管理运作21个油气合作项目。2013年，油气作业产量当量1500×10⁴t，原油加工量550×10⁴t。

（4）美洲合作区。在委内瑞拉、厄瓜多尔、加拿大等7个国家管理运作19个油气合作项目。2013年，油气作业产量当量1300×10⁴t。

（5）亚太合作区。在印度尼西亚、澳大利亚、缅甸等6个国家管理运作15个油气合作项目。2013年，油气作业产量当量820×10⁴t。

二、四大油气战略通道

（1）西北通道。中哈原油管道2005年12月15日建成投产，规划输油能力2000×10⁴t。中国—中亚天然气管道A/B/C线全面贯通，设计年输气能力520×10⁸m³。

（2）东北通道。2011年1月1日，中俄原油管道正式投产运营。2013年，中俄签署增供原油长期贸易合同。

（3）西南通道。2013年7月28日，中缅天然气管道正式投产向中国输气，设计年输气量120×10⁸m³。中缅原油管道于2010年6月3日开工建设；2014年5月30日，全线机械完工具备投产条件；2015年1月28日，中缅原油管道工程预投产。

（4）海上通道。持续推进LNG接收终端建设，东部构建海上通道，建立石油和LNG海上船运供应。

三、三大油气运营中心

（1）亚洲油气运营中心。亚洲油气运营中心以新加坡为中心，是新加坡市场船用燃料油、香港机场航油重要供应商。

（2）欧洲油气运营中心。以伦敦油气贸易中心为基础，涵盖欧洲和非洲。

（3）美洲油气运营中心。以美洲核心贸易区为基础，涵盖南美、中南美和北美地区，与亚洲油气运营中心开展跨市场贸易运作。

2014年初，中国石油海外油气业务扩展到全球30多个国家，管理和运作着89个油气合作项目。

第二节 中国各石油公司海外油气合作项目概况

中国有6个石油公司在海外开展了油气田国际合作业务，其中，中国石油最大，中国石化次之，中国海油第三。

据中国石油勘探开发研究院海外战略与开发规划所资料，中国6个石油公司2011年海外油气作业产量如图7-2所示。中国石油原油作业产量8938×10⁴t，中国石化5361×10⁴t，中国海油1061×10⁴t，中化892×10⁴t，中信201×10⁴t，振华石油184×10⁴t，总计中国海外原油作业量为16637×10⁴t。

按合作项目油气作业产量规模分布概况，在已生产的87个项目中，有3个项目的作业

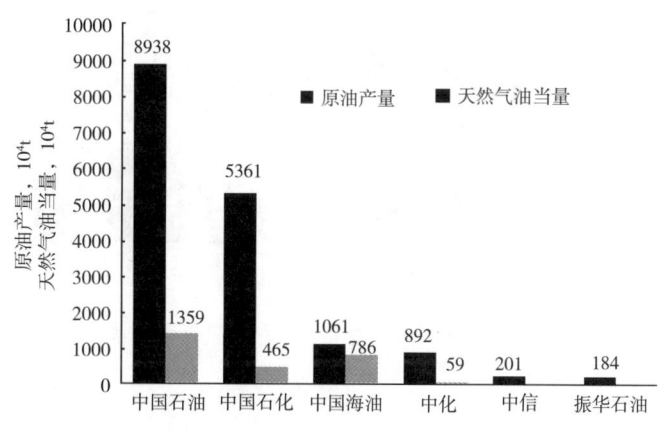

图 7-2 2011 年中国各公司油气作业产量示意图

产量规模大于 1000×10^4t/a，2011 年作业产量合计为 4090×10^4t，占中国海外油气产量总数的 25%，其中中国石化的 Syncrude 项目为海外作业产量最大的项目，2011 年产量 1743×10^4t；产量规模为 $(500\sim1000)\times10^4$t/a 的项目共有 6 个，2011 年作业产量合计为 4168×10^4t，占总产量的 26%；产量规模为 $(100\sim500)\times10^4$t/a 的项目共有 28 个，2011 年作业产量合计为 6463×10^4t，占总产量的 40%；产量规模小于 100×10^4t/a 的项目共有 50 个，2011 年作业产量合计为 1414×10^4t，占总产量的 9%。

一、中国石油

经过 18 年的努力，到 2014 年，中国石油海外勘探开发公司在中亚—俄罗斯、中东、非洲、美洲和亚太 5 个海外油气合作区，建成了集勘探开发、管道运输、炼油化工与销售上中下游一体化的完整石油产业链。公司从一个国际石油市场默默无闻的跟进者，快速成长为世界大中型油气项目开发作业者，成为国际知名石油公司信赖的优选合作伙伴。中国石油海外油气业务目前在 23 个国家参与管理和运作着 35 个油气开发项目，2011 年原油作业产量达到 8938.2×10^4t，天然气作业产量为 170.6×10^8m^3，建成"海外大庆"，海外油气业务实现了跨越式发展。

据《中国石油报》2013 年 1 月 17 日报道[54]，2012 年，中国石油海外油气作业产量当量持续第二年突破 1×10^8t，达 1.0428×10^8t，权益产量 5242×10^4t，"海外大庆"成果得到巩固。2012 年，由于地缘政治影响和资源国政局动荡，海外勘探开发公司快速反应，推进注水、水平井、提高采收率三大工程，有力促进重点油田稳产上产。2012 年，伊拉克、哈萨克斯坦、拉丁美洲、阿姆河等海外地区公司均实现不同程度超产。2012 年，伊拉克鲁迈拉项目原油作业产量超过 2500×10^4t，超产 520 余万吨，是海外油气作业超产最多的项目。2012 年，海外油气业务新项目开发围绕重大成熟项目重点攻关，取得多个突破。海外勘探开发公司注重扩大非常规油气资源开发，在高端油气市场接连取得多项进展；注重勘探项目的获取，成功签署卡塔尔 4 区块 40% 权益的购股协议。这一年，三大油气运营中心建设稳步推进，国际贸易量首次突破 3×10^8t，贸易额达 2300 亿美元。亚洲油气运营中心市场竞争力和影响力明显提升，欧洲油气运营中心完成英力士炼油项目业务整合，美洲油气运营中心在南美、加拿大等资源地的贸易额增长。2008—2012 年，中国石油海外油气作业产量增长见图 7-3。

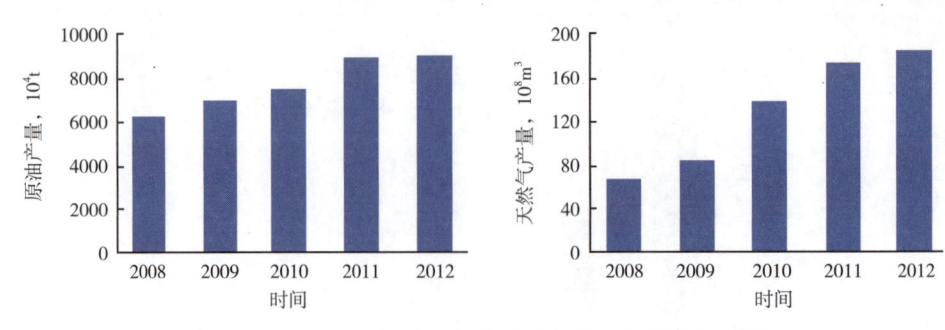

图 7-3　2008—2012 年中国海外油气作业产量增长图[54]

二、中国石化

近年来，中国石化集团国际石油勘探开发有限公司致力于在全球范围内进行油气勘探开发投资和项目经营管理，项目类型包括陆地勘探开发和海上及深海勘探开发。目前公司在迪拜、莫斯科和巴拿马分别设立了西亚—北非大区公司、俄罗斯—中亚大区公司、拉丁美洲大区公司以及西非—亚太大区公司，协助公司本部对遍布非洲、中亚、中东、俄罗斯、美洲、南亚太地区的 40 多个项目进行靠前指挥与管理。中国石化围绕国际化战略和资源战略，海外油气勘探开发业务发展迅速，油气储量和权益油产量增长较快。在全球 18 个国家运营 45 个油气勘探开发项目。2011 年获得海外原油作业产量 5361×10^4 t，天然气作业产量 $58 \times 10^8 m^3$。权益油气产量首次突破 2000×10^4 t，担负起中国石化上游"半壁江山"的重任。

三、中国海油

中国海油持续优化海外业务布局和投资结构，提升海外项目运作质量和收益，国际化经营规模持续扩大。跨国指数向国际一流公司逐步趋近。"2011 年中国 100 大跨国公司"排名中，中国海油位列第四。在全球 9 个国家运营着 17 个油气勘探开发项目。2011 年海外原油作业产量 1061×10^4 t，天然气作业产量 $99 \times 10^8 m^3$。随着印度尼西亚老油田产量的递减，中国海油 2008 年原油作业产量达到谷底。新项目 MOL130 与 Angostura 投产扭转了产量递减趋势。海上石油勘探开发技术的发展使得中国海油从浅水挺进深水，奋力推进"二次跨越"。

四、中化

中化积极响应和实施国家"走出去"的发展战略，从保障国家能源安全供应和增强公司可持续发展能力的目标出发，确立了向石油上游业务延伸的战略。2002 年，中化成立了中化石油勘探开发有限公司，专门从事油气勘探开发业务。

10 年来，中化油气勘探开发业务的产量与储量规模不断扩大，油气储量稳步上升，油气产量迅速增长，资产质量与结构大为改善。截至 2011 年底，公司在 8 个国家已拥有 11 个油气合同区块，基本形成以中东、南美为核心的战略发展布局，2011 年油气作业产量 892×10^4 t。

10 年来，中化的上游业务实现了从非作业者到作业者、从开发到勘探、从油田到气田、从陆上到海上的跨越式发展，油藏类型涵盖了砂岩、碳酸盐岩和火成岩、常规油和重油，业务规模不断扩大，逐步成为一个具备较强自主发展能力的国际石油勘探开发公司，为下一步快速发展奠定了坚实基础。

五、中信

中信的原油开发项目均是由位于香港的中信资源控股有限公司运营。目前，中信在海外的原油业务主要集中在印度尼西亚 Oseil 油田和哈萨克斯坦 Karazhanbas 油田。Oseil 油田合同类型为产品分成制，主要分两个阶段开发：第一阶段开发包括获取及处理 Oseil 油田三维地震数据、钻探油井、完井、安装生产设施、输油管道、储油设施、石油出口设施及其他支援基建以运作及生产油井，以及为 Oseil 原油建立商业市场；第二阶段开发包括钻探及完成开发更多油井及扩充生产设施等。Karazhanbas 油田的石油主要以稠油出砂冷采法和注水法进行开发。自 2005 年起，蒸汽吞吐和蒸汽驱先导性试验在油田东部小规模地开展。2011 年，中信海外原油作业产量 201×10^4 t。

六、振华石油

振华石油（振华石油控股有限公司）是国际化的专业石油公司，是国家重点支持的主要从事石油产业投资、海外油气勘探开发、国际石油贸易、石油炼化、油品储运等业务的国有石油公司；自 2003 年成立以来，振华石油各项业务均实现了长足发展。截至目前，振华石油已在全球 5 个国家获取了 6 个海外油气项目，包括 1 个勘探项目、2 个 EOR 项目、与中国石油合作 3 个开发项目。拥有地质储量 8.6×10^8 t，2011 年原油作业产量 184×10^4 t。

第三节　推动"一带一路"建设，促进我国能源稳定发展

2013 年中国国家主席习近平提出，沿着古丝绸之路建设"丝绸之路经济带"，使之成为一条"能源新丝路"，中国与中亚各国和俄罗斯开展能源合作，让古老的丝绸之路日益焕发出新的生机和活力，也把各国的互利合作不断推向新的高度，展现出合作、共赢的美好前景。

《中国石油报》在 2014 年 5 月 19 日、20 日刊载"丝绸之路经济带"特刊，阐明了丝路经济带建设的重大意义，开辟"能源之路"以及中国石油在能源丝路建设中的重要角色。

一、亚信上海峰会将提速"丝绸之路经济带"建设

2013 年 9 月 7 日，国家主席习近平在哈萨克斯坦纳扎尔巴耶夫大学发表题为《弘扬人民友谊 共创美好未来》的重要演讲。在演讲中提出，为了使欧亚各国经济联系更加紧密、相互合作更加深入、发展空间更加广阔，我们可以用创新的合作模式，共同建设"丝绸之路经济带"。这是一项造福沿途各国人民的大事业。我们可从以下几个方面先做起来，以点带面，从线到片，逐步形成区域大合作。第一，加强政策沟通。第二，加强道路连通。第三，加强贸易畅通。第四，加强货币流通。第五，加强民心相通。

千百年来，在这条古老的丝绸之路上，各国人民共同谱写了千古传诵的友好篇章。2000 多年的交往历史证明，只要坚持团结互信、平等互利、包容互鉴、合作共赢，不同种族、不同信仰、不同文化背景的国家，完全可以共享和平、共同发展。这是古丝绸之路留给我们的宝贵启示。

20 多年来，随着中国同欧亚国家关系的快速发展，古老的丝绸之路日益焕发出新的生

机活力，以新的形势把中国同欧亚国家的互利合作不断推向新的历史高度。中国同中亚国家是山水相连的友好邻邦。中国高度重视发展同中亚各国的友好合作关系，将其视为外交优先方向。

2014年5月20日至21日，亚洲相互协作与信任措施会议（亚信）第四次峰会在中国上海召开，中国国家主席习近平出席并主持会议。其间，中国、俄罗斯和中亚国家领导人对共建"丝绸之路经济带"做出了具有里程碑意义的战略部署。

中国作为亚信会议轮值主席国，倡导树立亚洲新安全观，传播中国的安全理念，以共同安全、综合安全、合作安全和可持续安全观，推进大周边外交战略，维护亚洲和平发展与稳定，上海合作组织与欧亚同盟、亚信成员国一道，在亚欧大陆展开全方位战略协作。为了增进新欧亚主义的亲和力，中国传统文化和新安全观将成为俄罗斯领导层新欧亚主义的重要补充。

中国、俄罗斯和土库曼斯坦、哈萨克斯坦等中亚国家领导人对共建"丝绸之路经济带"做出的具有里程碑意义的战略部署和宏伟蓝图，必将推动有关国家间的经济合作和能源持续快速合作与发展，促进国际战略伙伴关系发展。正如哈萨克斯坦总统纳扎尔巴耶夫在2013年9月所讲："哈中合作形式多样且富有成效，两国关系已发展到很高水平。中共十八大后，中国制定了国家发展的新战略目标，而中国国内的大规模变革不仅将影响中国百姓的生活，还将影响到国际政治的总体走向。'中国梦'的实现将给其邻国、欧亚地区乃至全世界都带来新的机遇。哈中两国的全面战略伙伴关系将为两国的可持续发展做出重要贡献。"

二、丝绸之路有望成为"能源之路"

1. 俄罗斯及中亚各国的油气资源

据《中国石油报》（2014年5月19日）摘自2013年《BP世界能源统计年鉴》及中国外交部网站资料，俄罗斯及中亚各国的油气资源如下。

俄罗斯：石油探明储量为119×10^8t，占全球探明储量的5.2%，储产比为22.4；天然气探明储量32.9×10^{12}m^3，占全球探明储量的17.6%，储产比为55.6。

哈萨克斯坦：石油探明储量为39×10^8t，占全球探明储量的1.8%，储产比为47.4；天然气探明储量1.3×10^{12}m^3，占全球探明储量的0.7%，储产比为65.6。

土库曼斯坦：石油探明储量1×10^8t，储产比为7.4；天然气探明储量17.5×10^{12}m^3，占全球探明储量的9.3%。

乌兹别克斯坦：石油探明储量1×10^8t，储产比为24；天然气探明储量1.1×10^{12}m^3，占全球探明储量的0.6%，储产比为19.7。

塔吉克斯坦：油气资源储量分别为石油1.13×10^8t、天然气8630×10^8m^3，尚无法得到有效开发。主要原因：一是资源埋藏较深，多为7000m以下；二是缺少战略投资商。2012年，原油产量2.99×10^4t，天然气产量2992×10^4m^3。油气依赖进口。

上述资料表明，丝绸之路的西端是拥有丰富油气资源的中亚及里海地区。很多权威机构预测，该地区将成为仅次于中东的世界第二大油气产地，它对21世纪的世界油气供应将与21世纪的海湾地区具有同等重要地位。

2. "丝绸之路"油气纽带的发展历程

1997年，中国石油天然气集团公司在丝绸之路沿线开展了两个海外油气合作项目，截至2013年底，中国石油在丝绸之路沿线的合作项目增至30多个。

在哈萨克斯坦的阿克纠宾项目于1997年签约，这是中国石油在中亚地区第一个大型油气投资项目，主要包括让纳若尔油田、肯基亚克盐上稠油油田、肯基亚克盐下油田和北特鲁瓦油田（希望油田）等。阿克纠宾项目原油年产量已由1997年接管时的$230×10^4t$提高到2013年的$600×10^4t$以上，居哈萨克斯坦油田产量第四位。

哈萨克斯坦PK项目，于2005年10月签约。PK公司是上下游一体化的石油公司，是哈萨克斯坦最大的综合性石油公司。2005年10月，PK项目被中国石油接管后，油气产量当量连续多年稳产在$1000×10^4t$以上。2011年底，中国石油哈萨克斯坦公司PK项目获2011年度哈萨克斯坦共和国"企业社会贡献总统金奖"。

哈萨克斯坦的曼格什套项目（MMG）主力油田已开发40多年，现处于中高含水开发后期，是中国石油在哈萨克斯坦投资油田中井数最多、开发历史最长、单井产量最低、生产设施老化和腐蚀最严重的油田。自中方接管以来，老井递减得到有效控制，新井产量得到大幅度提高。曼格什套项目2013年原油产量突破$600×10^4t$，创21年来新高。

土库曼斯坦阿姆河右岸天然气项目于2007年签约，是中土两国在能源领域合作的重大项目，也是中国石油规模最大的境外天然气勘探开发合作项目。截至2014年4月底，该项目已向中国供气$215×10^8m^3$。

土库曼斯坦的复兴气田，面积$510km^2$，据介绍，单位区域面积储量居世界第一，总储量规模居世界第二，是中土两国能源合作重要气源地。2013年9月4日，中国石油承建的土库曼斯坦复兴气田南约洛坦年产$100×10^8m^3$产能建设项目中第一天然气处理厂竣工投产。2014年5月8日，由中国石油EPC总承包的年$300×10^8m^3$增供气项目开工，生产的天然气将供应中国市场。

中哈原油管道，是我国首条长距离跨国输油管道，是中国同里海相连的能源大动脉。西起哈萨克斯坦西部的阿特苏，途经肯基亚克、库姆科尔和阿塔苏，从中哈边界的阿拉山口进入我国新疆境内，全线总长度2800余千米。2014年5月，中哈原油管道增输扩建改造工作已完成，管道实际输送能力已达到年$2000×10^4t$，已累计向中国输送原油6360多万吨。

中亚天然气管道，起点位于土库曼斯坦—乌兹别克斯坦边境的格达伊姆，终点位于中国新疆的霍尔果斯，A/B双线并行敷设，单线长度1833km，其中乌兹别克斯坦境内529km，哈萨克斯坦境内1300km，中国境内4km。该项目于2007年8月正式启动，2009年12月A线建成通气，2010年10月B线投产，2012年10月全线达到设计输气能力$300×10^8m^3$。2011年12月，C线乌兹别克斯坦段开工建设，单线全长1833km，已于2014年投产。2014年9月13日，中国国家主席习近平在访问塔吉克斯坦之际和塔吉克斯坦总统拉赫蒙参加了D线的开工仪式。中亚天然气管道A/B线与国内西气东输二线相连，供气范围覆盖全国23个省、市、自治区，受益人口逾5亿人。截至2014年5月10日，已累计输气突破$800×10^8m^3$。

中俄原油管道，起自俄罗斯远东管道斯科沃罗季诺分输站，经黑龙江省和内蒙古自治区13个市、县、区，止于大庆站，管道全长约1000km。2011年1月1日，全线建成投产。按双方协定，俄罗斯将通过该管道每年向中国供应$1500×10^4t$原油，合同期20年。2013年，中俄签署增供原油长期贸易合同。根据增供合同，俄罗斯将在年$1500×10^4t$输油量的基础上逐年向中国增供原油，到2018年达到年$3000×10^4t$，增供合同期25年，可延长5年。

国内管道建设：（1）阿独管道，阿拉山口至独山子，2006年7月建成投产，全长

248.2km，一期设计输油能力 1000×10⁴t；（2）陕京一线输气管道，1997 年 10 月建成投产，全长 918.4km，设计年供气能力 33×10⁸m³；（3）陕京二线输气管道，2005 年 7 月建成投产，全长 935.4km，设计年输气量 120×10⁸m³；（4）陕京三线输气管道，2011 年底建成投产，全长 896km，设计年输气量 150×10⁸m³；（5）西气东输一线，2004 年 10 月 1 日全线建成投产，全长 3843km，当时设计年输气量 120×10⁸m³；（6）西气东输二线，2012 年 12 月 30 日全线投产，全长 8704km，设计年输气量 300×10⁸m³；（7）西气东输三线，2012 年 10 月开工建设，总长度约 7202km，设计年输气量 300×10⁸m³。

丝绸之路油气能源通道分布示意图见图 7-4。

3. "丝绸之路经济带"开拓了全新的能源丝路

《中国石油报》在 2014 年 5 月 19 日发表的"丝绸之路经济带"特刊中，以《能源唤醒千年古迹，合作续写丝路新篇》为题，这样概括：

时隔 2000 多年，沿着古丝绸之路，一条"能源新丝路"在中国与中亚人民眼前徐徐展开。

驼铃悠悠不再，油气策马奔腾——丝绸之路用新的生命样态完成了商贸使命的传承延续，让公平交易、共同发展的血液在千年古道再一次沸腾。

历史的光辉再度照进古丝绸之路。20 世纪末，中国石油人来到哈萨克斯坦。始于 1997 年的中哈油气合作，拉开了中亚油气合作的序幕。1997 年 6 月，中亚第一个合作项目——阿克纠宾项目启动。生产原油、创造就业机会、推动当地经济发展……能源丝路犹如 2000 多年前张骞凿空西域一样，彪炳青史，福泽两国人民。

在丝绸之路上，油气这种 21 世纪最有魅力的商品替代了丝绸，成为经贸往来的主角，让中国与中亚、俄罗斯等国的合作找到了一条全新的共赢通道——能源丝路。

自 2004 年以来，中哈原油管道、中亚天然气管道、中俄原油管道相继建设投产。三条钢铁巨龙，带动了中国与中亚、俄罗斯的能源合作，成为多方受惠的福气工程、利民工程。

国内，西气东输管道系统由于中亚天然气管道的接入，从而保证了东西部十多个省市区亿万百姓用上清洁天然气，改变了我国的能源消费结构，推动了我国经济结构的转型升级。国外，中哈原油管道和中亚天然气管道的建设运营，为当地创造了大量的就业机会和可观的税收，带动了当地经济发展，搅热了更宽领域的商贸合作。而经过多年谈判的中俄原油管道，则将俄罗斯和中国两个大国的手紧紧地握在了一起，双方实现了利益最大化。俄罗斯打开了一个稳定的原油消费市场，中国在能源进口多向化上开辟出东北能源战略通道。

17 年执着描画，一条优美的能源弧线终于呈现在东半球的地图上。它是国际区域睦邻友好合作共赢的生动注解，凝结着中国与中亚、俄罗斯人民珍贵的友谊，凝结着中国石油与中亚、俄罗斯能源企业的真诚合作，凝结着中国石油不畏艰难、埋头苦干"奉献能源，创造和谐"的企业精神。

传奇继续演绎，新篇正在书写。"丝绸之路经济带"将以传承友谊、谋求合作的新面貌接棒古丝绸之路，吸引一切尊重公平贸易规则的人们共同发展、共融互利。多赢之路，从不拥挤，因为共同利益将拓宽合作空间。我们可以预见，未来无限宽阔的能源丝路将会吸引更多国家、企业和人们，牵手、加入、同行。我们也坚信，"丝绸之路经济带"的荣光一定会在 21 世纪辉煌绽放，更加灿烂。

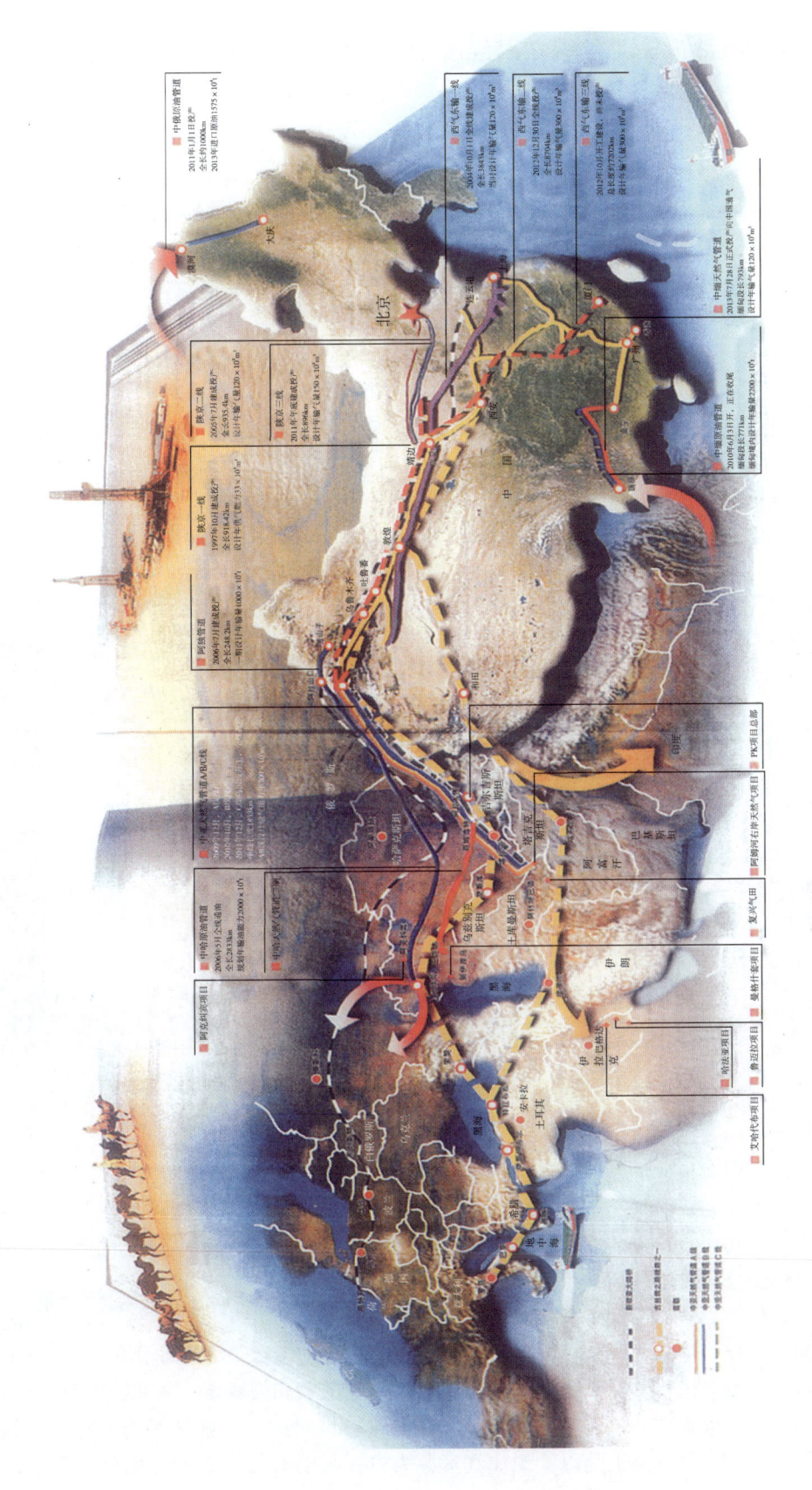

图7-4 丝绸之路油气能源通道分布示意图（《中国石油报》2014年5月19日）

— 127 —

三、中国石油抓住"丝绸之路经济带"建设机遇，让能源之路成为友谊之路、共赢之路

诸多专家、学者，在"丝绸之路经济带"特刊中发表了许多赞誉评论，既肯定了中国石油已成长为排名第四的国际一流大石油公司的发展成就，正朝着全面建成世界水平的综合性国际能源公司目标努力，更期待以"奉献能源、创造和谐"为企业宗旨的中国石油，必将在"丝绸之路经济带"建设中抓住机遇，迸发出更大活力，为国家发展贡献更大力量。

有视点指出，丝路西端是世界瞩目的全球油气资源富集区。哈萨克斯坦是全球第十一大油气资源国；土库曼斯坦被称为"站在大气包上的国家"，天然气蕴藏量位居全球第四位；里海沿岸的伊朗、阿塞拜疆等国更是油气资源大国，油气资源极为富饶的里海，也被称为"21世纪海湾"。

而被丝绸之路贯穿的我国西部地区，同样也是能源宝库。丝绸之路至今已绽放出一个西部大庆，孕育着一个新疆大庆，油气产能在西部发展的战略部署下稳健发展。

中国石油西部地区主要油气田及炼厂产能如图7-5和图7-6所示。

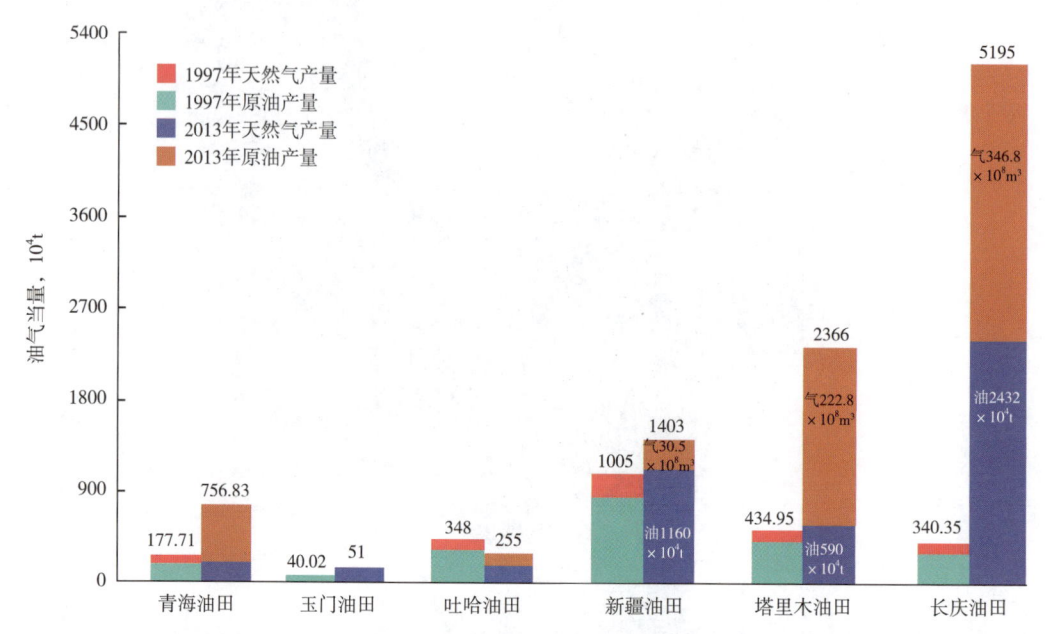

图7-5 中国石油西部2013年年产油气当量发展图（《中国石油报》2014年5月18日）

中国石油在中亚地区的发展，所具有的规模优势、比较优势、文化优势及本身承载的期望、责任、使命，要求必须义不容辞地在"丝绸之路经济带"建设中当好主力军。

为此主题，2014年3月在全国人大和政协两会期间，刊登于《中国石油报》专访中国石油天然气集团公司董事长周吉平的摘要如下：

建设"丝绸之路经济带"是国家改革开放的重大决策。在积极推进"丝绸之路经济带"建设中，油气合作扮演着重要角色，中国石油将义不容辞地发挥主力军的作用。

这些地区以油气出口型国家为主，包括中亚、西亚国家和俄罗斯，与我国有很强的经济互补性。还有一个很重要的特点就是现在世界能源供应格局中，常规油气仍占有重要地位，而中亚、西亚国家和俄罗斯正是以常规油气资源为主，所以扩大与这些国家的油气合作是推

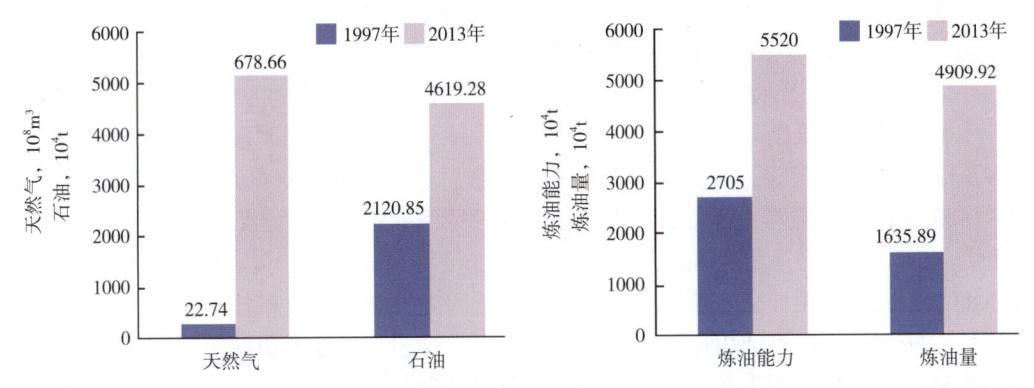

图 7-6　中国石油西部地区主要油气田及炼厂产能发展图（《中国石油报》2014 年 5 月 19 日）

进"丝绸之路经济带"建设的重要内容，意义非同寻常。

中国石油在现有合作项目基础上，进一步加强顶层设计、统筹规划，认真贯彻习近平总书记提出的建设"丝绸之路经济带"的重大战略。我们的合作不仅仅是过去那种简单的勘探生产和油气贸易，而是更加关注资源国的诉求，在推进大型基础设施建设、下游炼化加工和装备制造等方面的全面合作，实现共赢发展。

丝绸之路本身就是一条有着悠久历史的友谊之路，如今通过"丝绸之路经济带"建设构筑起利益共同体，对中国增进和相关国家之间的友好合作关系，维护我国经济、国防安全和边疆稳定意义重大。无论是从国家战略，还是从集团公司国际化发展战略来看，中国石油都将义不容辞地在"丝绸之路经济带"建设中发挥重要的主力军作用。

第四节　坚持扩大原油进口与提高国内油田采收率战略并举

石油资源具有国家能源战略地位，石油安全是中国能源安全的核心。

为践行复兴中华民族伟大梦想，在 21 世纪中叶实现小康目标，满足国民经济快速稳定发展的石油需求，涉及国家发展的战略问题，石油工业企业担负着光荣而繁重的历史重任。随着国家经济发展新阶段、新形势对石油的更多需求，百万石油职工，秉承"我为祖国献石油"爱国奉献的核心价值观，履行赋予的政治、经济、社会三大责任，必须牢固树立使命感。积极、稳步推进"走出去"战略，开拓国际石油合作，扩大进口原油，又要持续创新提高国内油田采收率技术，延长油田开发寿命，创建更多百年油田。夯实石油自主发展战略基础，也即要两种发展战略并举。利用海外石油资源，不仅可补充石油需求，增强经济利益，而且也为发展国内油田勘探开发赢得更多时间，创造更多条件。

一、理性处理我国原油对外依存度，实施"稳油增气"中长期目标

从国际油田储量、产量等资源状况，供需发展形势以及油价变化趋势等可以看出，近期国际原油储量巨大，产油量充足，供需较稳定，而且供大于求，油价下行趋势已形成，发生全球性石油危机的概率极低。因此，笔者认为不必为对外依存度逐年增长而担心，也不必设立对外依存度的"警戒线"。

首先，要从国内油田开发现状及发展趋势出发，既充分肯定近 10 年来，我国原油产量快速增长达到 2×10^8 t 以上的巨大成就，也不可忽视在深度化发展中出现的诸多难题和不利

因素，如不及时调控解决，可能导致不可挽回的后患或损失。当前，已开发老油田已进入"双高"阶段，大部分老龄化油藏单井日产量不足2t，而含水率高达90%以上，每采出1t油要采出10t水，而且还不得不注水以水驱油，还要油水分离处理污水回注，必然增加生产成本，控水稳油的技术难度越来越大。现今勘探开发钻井的深度越来越深，中国石油已钻成深度达8023m的油井。建设万吨产能1985年需要钻井进尺5000~6000m，到2008年已增至$(1.5~1.8)\times10^4$m，成本更高，开采难度更大。关闭特高含水、无效益井越来越多；尚未动用和新发现的油田，多数是深层、超稠油、"三低"（低渗、低丰度、低产能）特殊岩性，开采难度大，成本和投资高，还需开拓新技术才能有效开发等。这些技术难题都具有国际难题的特征，而国外，这类油田还不用开采，因为现有探明与开发油田的储量、油藏地质条件都相当优越，对劣质油藏不必去冒风险，啃"硬骨头"。

其次，面临的一系列油田开发中的难题的解决，需要依靠科技创新，研发出多种多样的新技术，经过现场先导试验、扩大试验到成熟应用的周期都在10年左右或更长。例如，提高采收率的项目，包括聚合物驱、三元复合驱、稠油蒸汽驱与SAGD、CO_2驱等由实验室进入矿场试验，到形成规模应用的时长都超过10年，何况现在面临的诸多研究课题技术难度更大，不仅要靠科技人员的智慧、投入资金的支持，更需要更多时日反复试验，一步步深化认识，没有充足的时间达不到目的。智慧+资金+时间→重大突破性科技成果，这是科学规律。我国需要多进口原油补充国内需求，减轻国内油田追求产量的压力，不搞"唯生产量论"，要追求有效益的产量，并且留出科技创新的时间，在油藏开发进入废弃时机前，应用创新技术，多采出剩余储量，尽力提高采收率。直言之，这是一场和时间赛跑的科技斗争。

二、积极稳步开拓国际油气市场，充分利用海外资源

最近10年，在国家层面各方面的大力支持下，中国6个石油公司践行国际化发展战略，在全球五大洲35个国家经营着100多个油气田开发项目，原油作业2011年超过1.3×10^8t，开拓了利用海外石油资源以满足国内原油需求，而且增强了我国石油企业在国际合作上的竞争力和水平。

据2014年《财富》世界500强榜单发布，中国石油天然气集团公司以年营业收入4320.077亿美元位居排行榜第4名，比2013年排名再升一位，创最好成绩。自2001年中国石油首次荣登《财富》500强榜单以来，排名位次节节上升，从最初的第83位、81位、69位一直上升到2014年的第4位。中国三大石油公司皆表现出色，中国石油化工集团公司以年营业收入4572.011亿美元排名第3位。中国海洋石油总公司排名第79位，比上年位次有较大幅度提升。专家指出，在《财富》500强中，上榜大企业的数量是一个国家经济实力的象征。2014年，中国上榜企业数量首次突破两位数，由2013年的95家增长至100家，数量位居第二。有石油专家指出，2014年主要国际大石油公司油气产量普遍下降，同时持续对下游业务进行战略调整和资产剥离，除壳牌公司外，其他国际大石油公司原油加工量和油品销售量也都出现不同程度的下降。而我国石油公司保持平稳发展，上游油气产量继续上升，成品油和天然气销售量也在不断增长[55]。

经过20年的不懈努力，中国石油海外油气业务从无到有、由弱变强。截至2012年底，中国石油天然气集团公司海外油气业务遍及全球31个国家和地区，管理和运作着82个油气合作项目，初步形成了上中下游一体化的海外油气业务规模化发展格局。

2003年，中国石油提出建设具有国际竞争力的跨国企业集团。这一年，中国石油进入

海外风险勘探和海上油气业务领域，坚持油气并举，发展海上油气勘探开发，大力拓展全球油气资源领域。

2005年，中国石油大举进行海外公司与资产兼并收购，先后成功收购哈萨克斯坦PK公司、ENCANA厄瓜多尔安第斯石油公司等，并建成我国陆上第一条长距离跨国能源战略通道中哈原油管道。跨国经营的目标、规划、思路越来越成熟。

2008年，全面建设综合性国际能源公司成为百万石油人新的奋斗目标。中亚天然气合作取得重大突破，启动了土库曼斯坦天然气大规模开发和中亚天然气管道建设项目。接着中东项目实现重大突破，中俄油气合作获得新进展，海外油气业务进入了"规模、有效、可持续"发展的新阶段。

20年的国际合作共赢历程，中国石油人爱国主义的精神与石油资源物质相得益彰，奠定了中国石油宏伟战略蓝图的坚实基础。伴随着实现"中国梦"的波澜壮阔进程，建设世界水平综合性国际能源公司的战略目标，将指引国际合作共赢之路持续向前推进。

需要指出的是，石油勘探开发是高技术、高风险、高投入产业，没有技术优势，何谈合作？何来共赢？吸取国际大石油公司的成功经验，一要有雄厚的资金和抵御风险的能力；二要有技术，通过技术可以降低投资风险；三要有高素质的国际化管理人才。20年来，中国石油把国内数十年形成的成熟配套技术与海外实际相结合，通过创新，逐步形成具有中国石油特色的海外先进适用十大油气勘探开发技术，并获得5项国家科技进步奖。惊人的成果，彰显了中国石油的技术实力，是经济效益，更是社会效益。一个个成功的实例，为中国石油赢得了口碑，得到了资源国越来越坚定的信任，给资源国带来了新油田，也带来了更加广阔的合作前景。中国石油重组改制后形成的上下游综合一体化产业链优势，国家法定投资主体的资金优势，历经国内外双重市场洗礼的管理优势，油公司与工程技术服务双轮驱动的整体优势，大庆精神、铁人精神的独特精神优势，逐步开始发挥威力。正是依靠着这种整体优势，投资、服务、贸易"三驾马车"并行，通过投资带动、项目滚动、整体协调发展方式，中国石油建立起现代化的石油工业体系，才能在全球形成上中下游三位一体的业务格局框架。

概括起来，有四句话：从"小舢板"到跨国"舰队"——合作共赢的轨迹；成熟技术与整体优势赢得信任——合作共赢的基础；复合型国际人才茁壮成长——合作共赢的依托；大庆精神异域放光彩——合作共赢的支柱。[56]

《中国石油报》报道了中国石油20年来获得的成就和新进展：

截至2012年，中国石油天然气集团公司海外油气业务扩展到全球31个国家，管理和运作着82个油气合作项目；物资装备产品出口扩大至78个国家和地区；走出去的工程技术服务作业队伍超过1000支，为60多个国家提供工程建设和工程技术服务；五大油气合作区、四大油气战略通道、三大国际油气运营中心战略布局基本完成，建立了集油气勘探开发、管道运营、炼油化工、油品销售于一体的上中下一体化业务链。

截至2012年底，中国石油海外油气作业产量当量达$1.0428×10^8$t，连续第二年突破$1×10^8$t；权益产量当量达到$5242×10^4$t。建成输油（气）管线总长度超过$1.1×10^4$km，年输送能力超过$7000×10^4$t当量。国际贸易量突破$3×10^8$t，贸易额达到2300多亿美元。

20年间，中国石油天然气集团公司海外油气保障能力显著增强，国际贸易量和贸易额持续大幅增长，国际市场品牌效益日益显现，综合竞争能力和国际化经营管理水平不断提升，营造了良好的内外部环境，实现了与合作伙伴、资源国的互利共赢，和谐发展。

20年间，具有中国石油特色的海外技术支撑体系，为海外油气业务快速发展提供了有力支持。伴随着海外业务发展成长的国际化人才队伍，成为中国石油海外油气业务的中坚力量。

随着"十二五"宏伟蓝图的展开，中国石油海外油气业务进入一个新的历史发展阶段，朝着规模有效可持续发展的方向快速前进，为进一步提升国家能源安全保障能力书写新的篇章。

第五节　关于海外油田开发工程技术方案的几点思考与建议

按照国家利用"两种资源、两个市场"的战略要求，中国石油统筹国际国内两个大局，深入贯彻落实"走出去"方针，迈出了海外创业的坚定步伐。20年来，中国石油海外油气业务已进入一个新的历史发展阶段，稳步朝向规模、有效、可持续发展方向快速前进，为提升国家能源安全保障能力打下了坚实的基础。在国际政治、经济风云变幻莫测的时代，如何抓准有利时机、有利地区，采取有针对性的油田开发合作方式与成熟、高效的工程技术，以获得高效益，规避投资风险？

对于海外油田合作项目，需要分类谋划其最佳或多种应对方案，讲究战略与战术。对某些最有利的项目，要发挥我国现有成熟的、具有优势的适用工程技术，加快开发步骤，以提高原油采油速度为首要目标，以期获得最大投资效益。

从技术层面讲，对于砂岩、轻质原油油藏，采用同井多级封隔器分层注水技术，以提高采油速度并控水稳油；对碳酸盐岩油藏采用水平井配套技术，以提高采油速度并控制边底水锥进；对稠油油藏采用新一代热采技术——多元热流体泡沫吞吐及蒸汽驱技术，以提高采油速度并控制汽窜提高采收率；对低渗透油藏，采用分层压裂增产技术等，充分发挥我国成熟配套的优势开发工程技术；对于尚不成熟的试验性技术在国内进行，不宜在国外开展，以控制风险，防止贻误海外盈利时机。

对委内瑞拉稠油开发合作项目提出如下建议：

2009年4月，笔者有幸应邀参加了中国石油南美公司第三届勘探开发技术交流会，参与讨论、研究了委内瑞拉MPE-3合作开发项目，8月又参加了委内瑞拉JUNIN4合作开发项目技术评审会。这两个海外重大稠油开发项目，是中委两国领导人亲自关注与决策，中国石油天然气集团公司领导及中国石油南美公司领导经过多年艰苦努力获得的海外最有发展潜力的项目。在有利的国际政治经济背景下，对实现中国石油南美公司建成5000×10^4t原油上中下游一体化目标意义重大，中国石油勘探开发研究院直接担负着这两个项目的勘探开发方案总体设计研究及技术支持任务。笔者作为中国石油勘探开发研究院专家室的老石油工程师，针对这两个具有重大战略意义及近期比较容易取得重大突破的稠油开发项目，起草了报告《关于委内瑞拉两个稠油合作项目加快开发的建议》[57]。现将报告中的几个要点概述如下。

一、有能力、有信心，高效率、高效益开发好这两个项目

对委内瑞拉奥里诺科重油的开发，笔者有一定了解。在1978年6月，受石油工业部委派，笔者带领专家组考察了委内瑞拉马拉开波湖岸稠油及奥里诺科重油区热采技术，学习了委方的稠油注蒸汽热采技术，从此开启了我国注蒸汽热采的序幕。经过既借鉴委内瑞拉、美国和加拿大的先进技术和经验，又结合我国稠油油藏特点自主创新，解决了一系列技术难

题，形成了油藏深度超过国外油藏热采门槛达2倍——1600m的配套工程技术，1992年稠油年产量突破1000×10⁴t，并于1998年在北京成功举办了第七届国际重油技术讨论会[34]，标志着中国稠油热采技术与产量已跨入世界前列。过去30年，我国稠油热采技术实现了快速跨越式发展，形成了具有中国特色的整套稠油热采工艺技术及工程技术设备。从稠油油藏工程研究、开发方案设计、室内物理模拟技术、数值模拟技术、各种钻井完井技术、中深井井筒隔热技术、同井分层注汽工艺、降黏堵窜调剖化学剂到地面集输处理及注汽设备等，都形成了成熟配套技术。而且，我国陆上稠油油藏类型多，地质条件也比较复杂，已投入热采开发的有浅层，也有中深层，多数深度达800~2000m，有地下原油黏度在10000mPa·s以内的普通稠油，也有黏度上万毫帕秒、超过10×10⁴mPa·s的特稠油及超稠油。实践证明，注蒸汽热采是高速度、高效率、高效益开发稠油的最有效技术。我国稠油最大产区——辽河油区中深层稠油，采用蒸汽吞吐方式采油速度可达3%，初期更高，采收率普遍可达25%以上。中深层稠油齐40油藏已成功转入蒸汽驱开发，已有蒸汽驱井组150个，突破了深度超过800m蒸汽驱获得成功的国际先例。杜84块超稠油采用蒸汽辅助重力驱技术（SAGD）已实现规模应用。这些现实有效而且配套的科研成果、工程技术及实践经验，可以为委内瑞拉稠油开发提供借鉴和技术支持。

当然，委内瑞拉的稠油油藏既有共同点，也有不同点，我们应结合其实际，适应其特点，在研发中创新，避免走弯路招致可能的风险。

二、奥里诺科重油带及合作区油藏地质特点

奥里诺科重油带是全球特大型油区，据1983年委内瑞拉石油公司（PDVSA）勘探评价，面积54000km²，分4个大区，地质储量约12000×10⁸bbl（1900×10⁸t），按22%采收率计算，可采储量达2670×10⁸bbl（425×10⁸t）。此后再未做大的评价工作，目前公布的储量为2350×10⁸bbl，相当于整个中东石油储量的一半。

经委内瑞拉国会批准，在该重油带实施了4个战略合作项目。目前已动用1000多平方千米面积，动用地质储量1600×10⁸bbl（254×10⁸t），包括中国石油（CNPC）在内的5个合资项目及一个PDVSA项目在内，日产重油约85×10⁴bbl（约5000×10⁴t/a水平，2006年资料）。主要采用水平井及多分支水平井冷采，预计总采收率为8%~12%。

原油性质属重油，在油层中可以流动。20世纪70年代至80年代初，发现此特大型重油带，受当时对重质原油分类认识上的局限性，称作奥里诺科沥青带或油砂，当时认为这类原油主要是沥青质，很难流动，和地面露头受风化形成的固状沥青砂及炼油厂沥青产品相混淆。1982年在委内瑞拉举办的第二届国际重油技术讨论会上，UNITAR专家组正式推荐：将油层温度下脱气油黏度大于100mPa·s、小于10000mPa·s，密度为934~1000kg/m³（即API度为10~20°API）的原油分类为重质原油（Heavy oil）；将黏度大于10000mPa·s、密度大于1000kg/m³（即API度小于10°API）的原油分类为沥青；除此之外的原油分类为中质原油及轻质原油。

笔者参加了此次会议，并在会上就"中国稠油热采技术发展前景"[58]进行发言，其中，提出中国的稠油分类为以原油黏度为第一指标（油层温度下脱气油黏度），将重油（中国称稠油）分为三类：黏度为50~10000mPa·s，称为普通稠油；黏度为10000~50000mPa·s称为特稠油；50000mPa·s以上者称为超稠油。后来也以此为推荐标准，制定为我国石油行业标准，一直应用至今。

按我国原油分类标准，奥里诺科重油带两个合作区的原油属普通稠油，在油层条件下含溶解气 $10m^3/m^3$ 左右，甚至还多，黏度为 4000~6000mPa·s，冷采条件下能够流动。

最近十几年，采用水平井冷采方式获得单井高产的实践说明，疏松砂岩油层中溶解气含量较高，能形成流动性强的泡沫油流，通过出砂形成"蚯蚓洞"，促使渗流通道扩大是增产的主要机理。因而奥里诺科重油带的可采储量及经济评价可以大幅度提高。

因此可以认为，中国石油（CNPC）在委内瑞拉重油合作区块的油藏地质条件优越，是优质地质储量，优于国内稠油资源。

目前 CNPC 在重油带上已拥有的合作区块及委内瑞拉政府承诺未来将给予的合作区块，在满足委方提出的 20% 采收率的前提下，中委公司报告称，可以建成年产 $3000×10^4t$ 产能并稳产 20 年以上。笔者认为如果提前采用先进实用的注蒸汽技术，缩短冷采时间，能够提前达到峰值产能，建成 $5000×10^4t$，在 20 年的合作期间，提高采油速度，增加累计产量和投资效益。

已投入开发的 MPE3 区块油层厚度较大，为 15~60m；油层物性好，孔隙度、渗透率和饱和度分别为 32%、8~15D 和 86%；地下黏度为 5516mPa·s；储量丰度高达 $1490×10^4t/km^2$，油藏埋深 800~1070m，适中。

Junin-4（胡宁 4）区块油层厚度大，油层物性好，地下黏度 8000~14000mPa·s，储量丰度达 $820×10^4t/km^2$，油藏埋深浅，为 240~610m。

两个合作区储层分布平缓、沉积稳定，在含油区没有层间水及活跃边底水层。

这样诸多好的油藏地质条件，远比我国内主要稠油——辽河油田稠油油藏好。

三、建议采取的技术策略及思考的问题

鉴于中委双方合作开发项目已有良好基础，油藏物质基础条件优越，为早日实现年产 $3000×10^4t$ 近期目标，既要抓住有利时机，加快步伐，又要充分考虑可能出现的经济、技术及其他导致的不利因素或风险。

开发规划要求年产 $3000×10^4t$ 重油，稳产 20 年以上，采收率超过 20% 的目标能否实现？选择开发技术路线至关重要。首先，必须慎重选择整体开发模式。

在开发规划中对两个合作区的开发方式是：对油层厚度大、丰度高的部位（占总储量 62%~68%），优先采用水平井冷采方式，认为这种开发方式投资少，单井产量高，经济效益好；将厚度较小、可能黏度较高的较差区块，采用热采，而且，也预定采取水平井热采方式。值得注意的是，Junin-4 浅油层也先采用水平井冷采，后转入热采方式，有何开发难度？这种水平井冷采模式，在 20 世纪 80 年代逐步兴起。当时受 1987 年低油价（每桶 10 美元）冲击，以及水平井、多分支水平井技术快速发展，通过对携砂冷采中"蚯蚓洞"非达西流、"含气泡沫油"机理的深入研究，发现冷采方式确实能提高单井产量并降低操作成本，形成了技术潮流。这一潮流在 1998 年第七届国际重油技术讨论会（中国北京）上达到高潮。而且，国内也兴起稠油冷采风，甚至，有人提出将中国石油勘探开发研究院热力采油所改名为稠油研究所，否定稠油热采是主导技术。

笔者认为对水平井冷采模式的应用，需要做全面分析研究，要有新思维，与时俱进。不论何种方式，核心经济指标是投入产出比，在适当投资条件下，不仅单井产量高，高产稳产期长，累计产量多，也要满足委方提出采收率要大于 20% 的要求，而靠冷采方式采收率仅

为10%左右，在有限的合作期内很难达到这三项要求。

在合作期25年内，有三种开发技术路线可供选择：（1）以水平井冷采为主导，后期热采为辅；（2）冷采起步，以热采为主导；（3）蒸汽吞吐起步，不同区块采用各种热采方式，一次热采与二次热采相衔接。哪种方式最适用，要开展研究。

其次，重油快速上产和提高采收率的关键是进行热采，要采用适用的热采配套技术，获取最大的经济效益。

为此，搞清两个合作区的油藏地质情况，是高效率、高效益开发成功的前提。建议对合作区要进一步布井详探，进行大量取心，对重点井进行注蒸汽吞吐试油试采，打破冷采试油试采的传统方式。

MPE-3合作区面积114km^2，2004年根据16口老井及新钻5口评价井及三维地震资料，计算了地质储量，编制了开发方案。至2006年共钻井95口，在21口直井中仅有3口井部分取心，重新进行三维地震精细解释，依据冷采试油及其他资料又做出了开发规划，投入了先期开发，完成了现在的开发部署。

对Junin-4区块，依据8口评价井冷试油试采资料，主要依据电测与地震资料，计算地质储量，并依据邻区蒸汽吞吐资料，用数值模拟方法预测了不同冷采、热采方式的开发效果。开发规划中确定北部284km^{2}为水平井冷采区，中部206km^{2}为热采区，靠数值模拟方法做出了各种开发方案。显然，这个规划报告仅是初步粗略研究。对油藏地质规律的认识深度有限，要做好3000×10^{4}t/a产能的开发方案依据还不全面、准确。

为此，笔者提出尽快在Junin-4合作区打一批详探资料井（直井），油层段全取心，通过典型直井注蒸汽吞吐试油试采资料，进行各种开发方式的研究。

四、对MPE-3上产稳产的建议

该区储量大，3个主力油层较集中，厚度大于30ft的地质储量占74%，2014年已达到900×10^{4}t/a生产产能，已建成了强有力的发展基地。全区规划钻数千口水平井，全部冷采，稳产4年，靠加密井弥补递减，30年阶段采出程度为13%。在南部开辟热采试验区，进行水平井注蒸汽吞吐，在合同期内采出程度超过24%，再大规模进行热采。

笔者建议，在主力区内选择现已投产的厚度大、渗透率高、原油黏度为5000mPa·s的1~2个平台，提前转入蒸汽吞吐热采试验。提前开辟由冷采转入热采先导试验区的目的：开拓以水平井冷采起步，以蒸汽吞吐方式为主导技术的开发模式，追求减少总钻井数及投资，延长单井产量高峰（1000bbl/d左右）期，将采油速度由冷采期不足1%提高到热采2%以上，在开发期内采出程度超过20%，建成一个高效开发示范区，在开发技术上创出新路子，取得经验，不断完善配套工艺，逐步扩大应用，实现总体战略目标。

对于热采试验区的方案，笔者也提出了关键性要点：

（1）在冷采期出现明显产量递减时或油层受到伤害导致低产时，及早转入蒸汽吞吐，大幅度加热降黏，解除油层堵塞，使油井保持高产稳产。为何强调早点采用蒸汽吞吐技术？这是因为该区很适用蒸汽吞吐这种强化采油方法，并且也不考虑二次热采（转蒸汽驱、SAGD等）补充热能及驱替能。虽然二次热采能增加采收率，但增加投资大，耗能高，操作成本高。可考虑一次布井，井距为200~300m，不打加密井弥补递减。

（2）采用由隔热油管注汽，并添加高温起泡化学剂，由环空连续注氮气，即多元热流体泡沫吞吐新技术，发挥减少井筒热损失、保护油井套管、控制蒸汽窜流、提高油汽比等综合效果。

（3）采用长冲程（7~8m）大泵径有杆泵及立式节能抽油机举升技术，举升能力达到1500bbl/d，取代不耐高温的电动潜油泵及螺杆泵。这是国内已有的成熟技术。

（4）在新钻水平井投产时，为解除钻完井可能造成的油层伤害，注入适量蒸汽及氮气进行吞吐回采，既解堵又预热油层，扩大后续冷采油流通道，促使冷采产量达峰值。不用其他传统酸化解堵方法。

（5）注蒸汽吞吐工艺参数要优选，生产周期争取2年。

五、对 Junin-4 区浅油藏开发方案的建议

Junin-4 区块是石油储量大、储层物性好、储量丰度高的大油田，其突出的地质特点：油层埋深浅；原油黏度较高，属于重油，但有一定流动性；油层多，有3个开发层系。

经过中委双方多次交流确定的开发方案：

（1）采用丛式水平井分层系开发，"先肥后瘦"，从下而上分3个层系逐层接替开发。先动用E层北部较厚油层上产，埋深大于1000ft（305m）油层的所有井先期投入冷采；在油层厚度大于30ft（10m）的区域，油井先期冷采至经济极限后加密至150m，转入蒸汽吞吐，两个周期后转入蒸汽驱。对于厚度大于15ft、小于30ft的区域，油井冷采至经济极限。埋深小于1000ft、厚度大于30ft的井不冷采，直接蒸汽吞吐两周期后转蒸汽驱。

（2）布井方式，采用丛式水平井。

（3）规划井距：冷采阶段300m，蒸汽驱阶段加密至注采井距150m。

按 CNPC 推荐的开发方案，该合作区建设期及上产期为4+3年，总井数2310口，冷采第13年后转热采，冷采累计产油 18.4×10^8 bbl（2.9×10^8 t），热采累计产量 10.8×10^8 bbl（1.7×10^8 t），冷采产量占总产量 4.6×10^8 t 的63%；冷采采出程度为7.0%，冷采+热采采出程度为11.2%，累计油汽比为 0.33bbl/bbl。

笔者认为，由于油层浅，原始压力低，天然弹性能量小，原油黏度高，采用冷采的生产潜力远比较深层、压力高者小。不仅初期产量低，而且递减率大，采油速度低，采出程度低。根据胡宁4区块早期生产平台的7口水平井试采资料，采用常规冷采方式，7口井合计日产油 1300bbl，平均单井日产油只有 185bbl，常规冷采产量低。采用注蒸汽热采，加热至 250℃，可将脱气油黏度从约 2×10^4 mPa·s（地层黏度 6000mPa·s）降黏至 10mPa·s，产油状况将大为改观。

根据规划报告资料，采用水平井冷采的单井产量初期高，但递减率都为25%~30%，采油速度为 40×10^4 bbl/a，峰值期仅为0.34%，冷采结束采出程度仅为10%左右。

为此，笔者建议：

（1）将冷采转热采时机再提前。在第1~5年建设期内开辟蒸汽吞吐先导试验区，有2~3年取得实践结果，第10年以前转入吞吐规模生产，比原方案第13年转热采提前数年，将冷采产量比例由63%降至40%以下，热采产量占主导地位。

（2）补打一批详探资料井，细分开发单元，"先肥后瘦"，采用热力试油试采，确定主力开发区。仅靠几口井冷试油试采资料并参考邻区采油数据，显然很不充分。要优先投入油层厚度大、原油黏度低的开发单元，采用蒸汽吞吐方式为主导上产技术。

（3）推荐采用多元热流体泡沫吞吐及蒸汽驱技术。在原规划方案中，提出将埋深大于1000ft、厚度大于60ft的油层，采用冷采+蒸汽吞吐、冷采+SAGD 及冷采+蒸汽吞吐+蒸汽驱

三种方式供选择。对浅层采用 SAGD 技术采收率较高，但耗能高，热采设备多，操作成本高，并不适用。现修改后删去了 SAGD 方案是正确的选择。在冷采后提前进行蒸汽吞吐及蒸汽驱方案中，采用蒸汽+N_2+起泡剂形成多元热流体泡沫吞吐及蒸汽驱，可以提高油汽比，控制汽窜，改善开发效果。

（4）规划报告中提出由冷采阶段转入热采，采用电动潜油泵和螺杆泵举升技术，笔者认为这两种泵适用于冷采，在转入热采时，不能承受 250~300℃高温，现正在试验阶段，建议先采用国内成熟应用的立式长冲程节能有杆机泵，或加拿大斜直水平井有杆泵举升技术。

第八章 夯实国家石油安全基石

新中国成立60多年来，我国石油工业大体经历了三个阶段：一是从玉门油田起步，到发现大庆油田创业阶段，1964年石油产品满足自给，结束了依靠进口的时代。二是自20世纪60年代起，随着大庆进一步开发建设和渤海地区相继投入开发建设胜利、大港、华北、辽河等油田，原油产量快速上升，自给有余，1973年开始出口。1978年，全国建成东部、西部以及海上不同规模的油气生产基地，原油产量达到$1×10^8$t，跨入世界石油生产大国行列。三是自改革开放以来，我国国民经济进入快速发展时期，对原油需求逐年增长，石油工业加快了对西部和海上的油气勘探和开发，2000年全国原油产量达到$1.61×10^8$t，2010年突破$2×10^8$t，达到$2.03×10^8$t，同时实行了"走出去"的重大战略举措，三大石油公司在海外参与油气勘探和开发合作，利用两种资源、两个市场，在国际石油大市场的竞争中取得了重大成效。

我国石油工业快速、持续发展的历程和成就，始终是在党和政府全力支持下取得的支柱行业。当前，我国能源结构发生了新变化，一方面倡导节能减排，开拓发展新能源与替代能源；另一方面石油天然气勘探和开发推向新领域，进入深度开发阶段，深层油气、海域油气、非常规油、页岩油气、致密油藏等正在加快发展。总之，油气资源的开发和利用已进入多元化发展阶段。

石油始终是国家能源的战略核心地位没有变化。虽然贯彻"走出去"发展战略，海外油气合作已取得重大成就，增加油气进口量和投资效益，保障国家石油安全创造了有利条件，但如何在国家能源发展战略大格局推动下，依靠科技创新驱动，持续开拓提高国内原油采收率的核心技术，确保国内油田长期持续稳产，保持在可靠、稳固的生产水平上，发挥自主开发石油的主导、主体战略地位，夯实维护国家石油安全的基础，这是我国石油人的光荣使命。

第一节 提高油田采收率是长期战略目标

回顾20世纪60年代，在我国油田开发史上有两件石油战略储备大事。

第一件石油战略储备的大事是在1964年，大庆油田正式投入开发建设，萨尔图油田面积146km^2，原油产量达到$625×10^4$t，占全国年产油量的73.7%，而成为我国最大的石油生产基地，为实现我国石油自给发挥了决定性作用。在油田开发技术上为实现"长期稳定高产"的战略目标，开创了以同井多级封隔器为手段进行分层注水分层采油技术，研发了一系列提高采收率核心技术且取得了成功经验。当时对长垣北部储量大、油层厚的喇嘛甸油田已完成详探并制定了初步开发规划，但石油工业部领导余秋里、康世恩决策暂不开发，提出作为战略储备油田，将"高速度、高水平"开发方针集中力量落实在萨尔图油田开发上，1966年产量突破$1000×10^4$t（$1060×10^4$t），1970年达到$2118×10^4$t。1973年，国务院根据国民经济需要，克服遭受"文化大革命"严重破坏的困难，决定将作为战略储备的喇嘛甸油田投入开发，经过两年半时间，建成年产原油$1000×10^4$t生产能力，为大庆油田年产5000×

10^4t 奠定了基础。1975 年，石油工业部党组遵照周恩来总理在四届人大的《政府工作报告》精神，要求大庆油田在 1976 年提前达到"五五"期间（1976—1980 年）年产原油 5000×10^4t 的水平，该年实产原油 5030×10^4t。油田党委提出了高产 5000×10^4t 稳产 10 年的第二个油田开发战略目标。大庆油田持续制定第三个油田开发战略目标，到 2003 年高产 5000×10^4t 达到 27 年，创出世界油田开发的最高水平。进入 21 世纪来，实施"高水平、高效益、可持续发展"的第四个油田开发战略目标，稳产 4000×10^4t。截至 2013 年已达 10 年，仍在继续推进。大庆油田 50 多年来在辩证唯物论科学思想指导下，确立油田开发战略目标的同时，经历了 4 个发展阶段，立足于从油田地质特点出发，制定了符合实际的油田开发基本技术政策，持续科技创新，创造了不同开发阶段采用水驱、聚合物驱、多元复合驱配套的系列化提高采油率核心技术，将油田采收率由 40% 提高到 50%，目前正在向 60% 的世界先进水平迈进。

第二件石油战略储备的大事，是 1969 年中苏关系恶化，紧急建设江汉战略油田。1969 年，我国正在经历"文化大革命"，苏联领导人勃列日诺夫企图发动侵华战争，蓄意挑起黑龙江珍宝岛事件，值此中苏关系恶化之际，毛泽东主席发表了备战备荒号召，提出"深挖洞、广积粮、不称霸"，大搞"大三线"建设。国家计划委员会提出在湖北江汉盆地开发建设战略油田（称五七油田）和一个炼油厂，作为应对苏联入侵的后备石油基地。周恩来总理以备战为理由，下令进行江汉石油会战，把"走资派"石油工业部副部长康世恩从造反派监管的"牛棚"中解放出来，任命武汉军区副司令韩东山为会战总指挥，康世恩为副总指挥。从 1969 年 6 月开始，计划上 100 台钻机，短时间内建成 100×10^4t 原油产能，并建成炼油厂，准备打仗的军需。

在此紧急时刻，周总理指示石油工业部军管会尽快将大庆油田领导干部解放出来抓生产，恢复"两论"起家基本功。将被"打倒"的宋振明等大批领导干部解放出来，扭转油田"两降一升"（压力下降、产量下降、含水率上升）局面。全油田采取多种应急措施，防空袭破坏油田，如将抽油机采油改为电动潜油泵采油、改装"四小井口"、集输油站建在地下等，将油田地面生产设施隐蔽起来。笔者也参与了"油井被炸防止井喷起火的井下防喷器"试验项目，在油井中安装封隔器和球形自动开关阀，当油井井口破坏时，瞬时压差变化自动关闭油套管出油通道。仅半年时间即试验成功，测试有防喷效果。

1969 年 9 月，为紧急支援江汉石油会战，大庆油田抽调大批精兵强将赶赴江汉油田。井下作业指挥部原指挥裴虎全率领一批作业队参战，采油工艺研究所抽调孙希敬、李淑廉、汪柱国、王启宏、李渝生等几十名技术骨干，组成江汉油田采油工艺研究所，担负科研任务。这支科研团队能力强，焦力人将其称为有战略储备性的"种子队"，后来江汉石油会战结束，局势稳定后，部分人员调赴大港油田和南阳油田支援会战，为建立新油田采油工程院所发挥了科研主力军作用。

时光流逝至今，国际政治、经济形势发生了巨大变化，而石油在国家能源安全上的战略地位没有变化，对石油的战略储备重要性、长期性不可忽视或放松。

据经济界专家分析[59]，自 2014 年 6 月以来，随着伊拉克内战升级，布伦特轻质油一路攀升，一举突破了 2013 年 9 月以来 113 美元/bbl 的高点，引起对石油危机的担心，但分析中东及全球石油供需发展态势后，认为全球发生石油危机的概率不会超过 5%。尽管全球石油危机爆发的概率越来越小，但中东变局已危及我国石油企业海外项目的运营安全，需要进行认真的风险再评估。

据《中国石油报》"石油时评"中题：《在能源革命中主动作为》[59]，摘其要点如下：

2014年6月13日，习近平总书记在中央财经领导小组第六次会议上再次强调，必须推动能源生产和消费革命，更好保障国家能源安全。对石油企业而言，深刻领会能源革命意图，并切实推进能源革命，既是时代赋予的庄严使命，同样也是企业发展的重要契机。我国是能源大国，一次能源生产和消费总量居世界首位，近年来在国际能源事务中影响力、话语权明显提升，能源安全供应能力显著增强，能源结构和生产力布局明显优化，科技创新能力提升，石油企业"走出去"取得历史性突破。然而，当前我国能源安全面临的内外挑战，使得能源革命势在必行。就国内来看，能源供应和经济发展模式、环境保护间存在突出矛盾。从国际看，世界油气供需格局已从"一带两中心"转变为"两带三中心"，美洲凭借非常规油气开发的强劲势头，正崛起成为新的供应带；与此同时，亚太受经济调整增长驱动，已超过美国和欧洲成为全球最大的油气消费中心。

新形势、新挑战，急需新思路、新举措破题。实施能源革命，目的就是要通过建立顺应世界能源发展趋势、符合我国发展阶段和能源基本国情的现代能源体系，努力实现能源消费总量合理控制、能源生产结构不断优化、能源运行机制完善高效，走出一条经济社会发展、能源消耗与生态环境保护三者间稳定平衡、良性互动的"中国道路"。

由于我国正处在工业化和城镇化深入推进的关键时期，能源生产革命必须承担起保障能源稳步增长、优化能源结构的双重任务，通过着力发展油、气、核、可再生能源等非煤能源，建立多元供应体系，贡献更加绿色、更加清净的能源增量。同时，考虑到可再生能源在市场、技术和成本方面仍存在诸多发展瓶颈，今后一个阶段，天然气将成为我国能源调整的"绿色支柱"。

为此，石油企业要深刻地认识和把握国际能源大格局，充分利用两种资源、两个市场、稳油增气，在能源革命中主动作为。一方面，要立足国内，千方百计增加国内产量。按照"油气并举、常非互动、海陆并进"思路，继续加大常规油气资源勘探开发力度，同时推进非常规和海洋油气资源勘探开发。2014年年初，国土资源部公布最新油气资源评价成果，指出我国石油和天然气地质资源量较2007年评价结果分别增长36%和77%，并预测到2030年我国油气当量产量可达近$7×10^8$t，在目前基础上翻一番。要实现这样的愿景，石油企业必须高度重视常规油气资源，不能因"非常规热"偏废老油田的持续经济开发。而针对非常规油气资源，必须切实加强地质、工程技术和装备制造等各环节技术攻关，尽快实现非常规效益开发，使其成为常规油气资源供应的有益补充。另外，要拓展海外，形成多元油气供应市场。目前，美国"页岩气革命"不仅加速了其能源独立进程，还对世界地缘政治产生重要影响。同时，国际能源署预测，在非常规开发热潮作用下，未来5年国际市场都将处于供略大于求的局面。石油企业要牢牢把握历史机遇，积极参与国际能源大循环，在全球范围内实现资源优化配置。其一，根据世界油气供需新格局优化海外投资重点，抓住"一路一带"建设契机，按照"立足周边、就近供应、多元供应"原则，以中亚俄罗斯为重点，延伸至中东、非洲，再辐射美洲，按此次序梳理已有项目、布局新项目。其二，加大贸易力度，提升油气定价话语权，尽可能多地从国际市场获取质优价廉资源。其三，要将能源外交和企业公关糅合在一起，切实保障海上和陆路油气管道安全。

笔者摘录《中国石油报》这篇社评的主要部分，由于该报是中国石油天然气集团公司主办的中国石油业界"窗口"媒体，有一定的权威性和贴近油情实际。笔者认为国内原油生产保持长期稳产是国家石油安全的基石。

虽然当前国际形势不会像20世纪60—70年代那样严峻，需要进行备战准备，但国际形势的某些不稳定性和不可预测性始终存在，正如上述"石油时评"中所述，我国正处在工业化和城镇化深入推进的关键时期，能源生产革命势在必行，必须承担起保障能源稳定增长，优化能源结构的双重任务。石油企业要把握国际能源大格局，充分利用两种资源、两个市场，稳油增气，在能源革命中要有主动作为。

从我国油田开发发展趋势及面临的诸多挑战来看，我们必须清醒地认识到，我国老油田进入深度开发老龄期，产量主力军作用下行；已探明地质储量多为低品位和难动用油藏；新区勘探区域难以发现高丰度、高产能油藏。这些实际油情，意味着我们不能在近期可能发生石油供应危机时刻，开发建设一个高产、高效油田来应急需。

在此局势下，如何解决原油安全供应问题？如何深刻认识和正确把握当前增产与长期稳产的关系？

根据国土资源部对我国石油和天然气地质资源量预测，到2030年我国油气当量产量可达近$7×10^8$t，在目前基础上翻一番。此信息表明我国油气产量似乎还会大幅度增长，但不知原油和天然气分别是多少？我国天然气勘探与开发正处于快速增长时期，天然气在一次能源消费结构中的比重，已从2010年的3.5%迅速提高到2013年的5.9%。随着推进国际天然气合作逐步扩大和跨国战略通道建设，国内输气管道网、储气库和液化天然气供应站的增长，加快形成资源多元、运行高效的市场供应体系的发展，我国天然气供应进入快速发展的前景超过原油开发愿景，这是不争的趋势。但油气供应中关注的焦点是原油产量到2030年，甚至更长远期间究竟能稳产到多少？按油气资源量推测的原油产量大致（不可能很准确）是多少？石油资源量数据来源于地质家从形成石油生成诸多地质环境研究成果，作为预探前期的依据。要将可能的资源量，经过盆地模拟确定勘探有利地区、钻预探井、详探井、形成控制储量，再经进一步钻井形成探明地质储量，投入油田开发可行性研究，形成生产建设达到真正的原油生产能力，并确定可采储量。显然，石油勘探开发具有高风险、高投入特点，必须依科学程序渐进，不可超越程序冒进。试想将目前国内原油产量$2×10^8$t提高到2030年的$3×10^8$t以上，在15年内需多少投资、钻多少油井、建设多少工程系统，才能既弥补老油田递减并能增产？

国际上通常预测原油产量依据的是已有预探阶段掌握的控制储量或探明储量资料，并不采用资源量这种不确定性极高的资料，而我国某些人习惯用此依据推测和引导长期发展规划，这样必然会引起盲目乐观和不切实际引发的不良影响。为使制定中长期发展规划具有较高的科学性和可信度，要贴近实际，建议采用国际通用方法，并且既讲油气当量产量，更要区分原油与天然气产量。我国油藏产油、气藏产气，二者共生的凝析油气藏极少。这样可避免按油气当量评价将掩盖油藏开发中的矛盾，有利于及时采取应对措施。

究竟到2030年，或更长时期，甚至延续到21世纪中叶，我国将建成社会主义小康社会时，国内原油产量将保持在何种水平，这是迟早要回答的国家大事。我们不能只依靠国际合作进口原油这一手，也不能因"非常规油气热"而放松创新技术推动老油田的持续有效开发和已探明储量的动用开发。

实际上，利用国外进口原油战略，一方面解决国家能源需求，另一方面也为国内现有新老油田多产油赢得了时空条件；同时，现有新老油田剩余储量的有效开发和动用，也为勘探新油田和非常规油藏给出了发展时间。总之，加大力度（技术创新+政策创新+经营创新）发展提高油田采收率系列核心技术是保障国内原油生产长期稳定的基础。笔者期望保持$2×$

10^8 t 的目标至 2030—2050 年，这种愿景，须要有石油企业和主管部门进行战略规划研究来回答。

归根到底，牢固守住我国国内原油生产基线，这不仅是应对国际风云不测之患的石油安全基石，也是由我国国情赋予的光荣使命。设想国内增产 $10×10^4$ t，$100×10^4$ t，$1000×10^4$ t 至 $1×10^8$ t 原油，尽管生产成本较高，但产生的经济效益和社会效益，远远大于进口同等原油的经济价值。在我国人口众多格局下，将解决大量人员的就业、相关产业链发展以及地方经济的持续发展、社会稳定等。保障我国国内原油生产基线的关键——创新提高油田采收率技术是根本，必须将我国油田的资源利用率提高到国际先进水平，以创造超强的油田开发新技术优势来弥补人均资源的劣势。为此，要在推进实现中华民族伟大复兴梦的大潮中，树立信心，创建若干个能支撑起石油大国的百年油田。要有紧迫感、危机感、使命感，相信中国石油人有智慧、有勇气、有能力，传承与弘扬大庆精神、铁人精神，为实现中国梦做出应有的贡献。

第二节 提高油田采收率是永恒的科技创新课题

油田开发中对立统一的自然法则表现在采油速度（年产量）、经济效益（生产成本）与采收率（累计采出程度）三者之间既密切关联，又互相制约，要维持三者平衡，或提高最佳化实属不易。

按现已投入开发的油藏类型分析，均有不同的矛盾贯穿在不同开发阶段中。

对多层状砂岩油藏，以大庆长恒油田为例，在开发初期，油层压力在原始水平下能自喷采油获得高产，随着压力下降油井产量也必然下降，将导致短期高速度开采，获得高经济效率，但采收率低；为实现长期高产稳产目标，进行早期注水以保持压力，大幅度上产阶段，出现了注入水沿高渗透层突进，油井见水早、含水上升快的矛盾，为此提出了既注水又治水的技术策略，开展了选择性注水、选择性堵水、选择性压裂（低渗透层）"三选"技术试验，以达到"三稳"（注水量稳、压力稳、产油量稳）迟见水的要求，在采用国外传统技术试验失败后，自主创新研发了同井多级封隔器分层注水为核心的"六分四清"采油工艺技术，分层段控制与配注注水量，使多层段较均匀吸水驱油，废弃"堵水"概念，改为"控水"调剖，因此实现了全油田高产稳产达 20 多年、水驱采收率达 50% 的高效开发。最近 10 年来，进入高含水采油阶段，采取了细分小层、分层注水+聚合物+多元复合驱配套技术，又获得了稳产上 10 年，采收率又迈向 60% 的目标。总结过去 50 多年的历史经验，大庆油田将高产稳产、高效益开发、提高采收率三者（以下简称三项指标）统一取得举世瞩目的成就。现在油田进入特高含水开发阶段，多油层油藏的剩余油分布极度分散，必须创新技术，要达到延续稳产 3000 多万吨，采收率上 60% 以上，任务十分艰巨，主要矛盾是须投入更多资金，更新地下油层注采系统和地面工程系统，因此采油成本要攀升，三项指标要求创造新的平衡，须大智大勇创新驱动。

目前，国内低渗透、特低渗透油藏开发储量和产量所占的比例很大，直接关系到今后若干年的原油产量发展趋势。已投入开发的长庆油田、吉林油田及其他新发现油田，采用水平井+分层压裂配套技术，获得了显著的开发效果，初期增产量高于传统直井 3 倍以上，但随着油层压力下降导致产量也下降，稳产期短。如不及早注水或注气补充驱油能量，必然采收率低。为此，如何将一次采油和二次采油衔接起来，必须及早投资建立注采工程系统，这就增加了采油成本，产生投资、产量与采收率三者最优化配制的谋划，低产、低效、低采收率的矛盾是这类油藏的突出特点。如果多打井，靠增加井数弥补单井产量的递减，未必能获得较好的经济效益。因此，这类油藏开发应及早采取水平井+分层压裂+注水或注气模式，是解决三者的途径。

对于稠油油藏的开发，我国经历了30多年的生产实践，注蒸汽吞吐与蒸汽驱是主导技术，并取得了丰富经验。目前已进入多种方式、多元化发展阶段，蒸汽吞吐、蒸汽驱、SAGD、火驱、多井型组合驱、添加化学剂水驱等，开发方式多元化破解了我国稠油油藏类型多、地质条件复杂、原油黏度幅度大的难题，导致开采难度加大，也即正在创新和实施多种开发模式。面临诸多难题：现有蒸汽吞吐已处于衰竭期的剩余储量较多，采出程度仅为20%左右的油藏，转入二次热采（汽驱、SAGD、火驱等）的不利条件增多（地下存水率高、耗热能高），要提高采收率难度极大；转换后续热采方式的二次投资大，耗能高，增产效果受限；2000多米至3000多米的特稠油还待技术创新等。因此，要将三项指标提高至合理水平，必须依靠科技创新，更新多种形式的换代技术。

这几年，我国发现并投入开发的碳酸盐岩裂缝性油藏增多。在辽河油区、塔里木油区及其他油区，这类油藏的共同特点是储层为裂缝性古老岩层，裂缝纵横交织、含油井段长，并具有较活跃的边底水层。采用钻水平井与多分支水平井的初期产量较高，但随油层压力下降，边底水锥进加剧，含水率上升快，油井产量递减率高。这类油藏上产快，但稳产难，采收率低。急需改变"鞭打快牛"不顾长远的强采模式。

概括起来，我国油田开发已跨入新的发展阶段，出现的各种矛盾前所未有，或者说积存的不利因素在加剧恶化。如果只注重追求近期产油量，强调经济效益为评价开发效果的核心，势必会损失相当数量的可采储量，也即导致最终原油采收率低，这不符合长期利益。因此，如何将提高采收率放在首要目标，并且获得较好的经济效益，既顾当前产油任务，更为长期着眼，这是油田开发决策层、执行者和科技人员光荣而艰巨的使命。

第三节 加快开拓老油田更新换代技术

石油开发过程是人在地面通过钻井形成注采井网，是技术含量极高的遥控作业，远比其他固体矿藏人可下井采掘复杂得多。而且随着采出程度增加，进入"双高"阶段，控制含水上升速度和提高1%采收率的难度越来越大。全球油田最终采收率最高峰值个别实例也仅为70%左右，通常值在1/3左右。油田开发者必须时刻紧盯地下油藏中油、水、气的运移规律，通过各种实验和研究手段跟踪监测与调控，关键在于能在多大程度上发挥主观能动性，既认识客观世界又改造客观世界，在各种矛盾（概括为多油层剖面、油藏分布平面、各小层层内驱油非均质与采出程度差异，简称层间、平面、层内三大矛盾）变化过程中，不失最佳时机，获得最好调控效果。

为此，要思考以下"三不"及"三要"问题。

三不：

（1）不能只重视新油田开发增产，而放松老油田控递减多增产稳产努力。老油田的剩余储量、储量丰度较高，地面注采输工程系统仍有利用价值，远比新建油田的投资及形成的产能有利。

（2）不能因已达到或接近标定采收率而束缚创新理念，无所作为。

(3) 不能因有国际上尚未解决的难题，而削弱自主创新的努力。

三要：

(1) 要树立和时间竞跑的紧迫感，抢在老油田废弃之前，扭转无效益局面，增强延长油田有效开发寿命的信心。

(2) 要树立科技创新永无止境观念，不将阶段性成果作为最终目标，不求"短跑冠军"，要搞"长跑接力赛"，追求石油资源利用率最大化，创造中国油田开发新理论、新技术。

(3) 要树立科技进步无国界限制，要善于开展多渠道吸取国际先进技术和经验。

在当前和近期，期待扎实推进分轻重缓急的长效稳产举措，以紧迫感抢时间创新以下几项技术：

(1) 对注水开发油田创新精细分层注水技术和多元复合泡沫驱技术，有效控制含水上升率与递减率。

据报道[60]，中国石油从2008年启动了历史上最大规模的注水专项治理工作。5年来，中国石油13个油田平均自然递减率从2008年的13.84%下降到2013年的10.42%，使注水开发油田每年少递减原油达340×10^{4}t以上。2013年，中国石油年产量11033×10^{4}t中，来自注水开发油田的贡献达7414×10^{4}t，占67.7%，为中国石油质量效益发展做出了突出贡献。5年间，注水治理促进中国石油水驱储量控制程度由78.5%提高到了82.7%，储量动用程度由69.9%提高到72.4%。这些数字标志着中国石油将注水治理列为长期工程，建立精细注水长效机制体系，夯实了中国石油油田开发整体质量效益发展与提高油田采收率更上新水平的根基。精细注水是油田开发工程最基础、最成熟、最具潜力的技术，包括精细油藏描述，精细到单砂体，搞清层间、平面、层内水驱剩余油分布规律，提高注水方案调整的针对性和精准性，借助多级封隔器和桥心同心分层注水配注工艺，以及大斜度井、超深井分注突破5000m大关，扩大了精细分层注水应用范围。

以上大庆油田精细分层注水+聚合物驱、多元复合驱，是以创新水驱为主导的大幅提高采收率组合配套技术，取得的先进经验引领着我国注水开发油田整体效益迈向世界先进水平，榜样的先行成就最有说服力，预示着老油田"延年益寿"大有可为。

(2) 对水驱后期中质油油藏采取多元热流体泡沫驱技术，控制水窜，强化高度分散剩余储量动用程度。

大庆油田喇嘛甸、萨北过渡带地下原油黏度较高，水驱采出程度较低，水驱+聚合物驱效果差，建议采用热水/蒸汽+氮气+泡沫驱，或其他低耗能热流体复合驱技术。又如吉林油区扶余油田、辽河油区稠油水驱油藏，以及胜利油区孤岛油田等，在注水驱效果较差区块，采用此项技术已有成功实例。利用热能降黏与热扩散激活低渗透水驱不动剩余油，选择性泡沫封堵水窜通道，扩大综合驱波及体积，从而提高采收率及增加经济效益。

(3) 目前仍在进行蒸汽吞吐方式延迟转换开发方式的稠油油藏，尽快筛选出采出程度较低、剩余储量较大区块，采用多元热流体泡沫驱，最大限度提高油汽比和采收率。

例如，辽河油区这类过度吞吐开采已衰竭油藏，仍有几亿吨剩余储量，须尽快采用蒸汽+N2+溶剂+泡沫剂段塞驱，有可能提高5%~10%采收率，也具有巨大的经济效益，创出超越齐40蒸汽驱的经验。抢时机就是抢油，延迟转换方式，必定失去任何新技术的有效性（包括现在试验水平井、U形井排水、吞吐后续火驱等）。关键问题在于处理好战略性决策和投资方向。

（4）古潜山裂缝性油藏加快采用顶部注氮气压水锥稳产技术。

目前辽河油田维持年产 $1000×10^4t$ 产能中，潜山油藏产量将近占 1/5。潜山油藏裂缝发育，以多种水平井为主开发，投产初期产能较高，但产量下降速度快，含水上升快，严重影响持续稳产和提高采收率。自 2012 年来，辽河油田科技人员进行了注氮气、空气和二氧化碳驱油研究和现场试验，探寻这种油藏采用非烃类气驱开发方式，以取代传统水驱低效方式。以兴隆台古潜山油藏为代表，说明开拓控制底水锥进技术的紧迫性。

兴隆台古潜山油藏埋深 4600 多米，含油幅度 2300 多米，地质储量 $1.2×10^8t$，储量丰度 $228×10^4t/km^2$，轻质原油。2007 年第一口水平井自喷日产油 150t，开辟开发试验区，产油量 $8.9×10^4t$；2010 年全面投入开发，产量达到 $77×10^4t$。按开发规划，2012 年达到 $130×10^4t$，稳产 5 年，10 年采出程度达 12.5%，最终采收率为 23%，争取 30%。这是辽河油田为接替稠油占总产量 60% 多，而产量、效益下降，加快调整产量、效益结构，在短期内规模建产实现稳产 $1000×10^4t$ 的战略性举措。

2012 年产量达到 $100×10^4t$ 后，出现了油层压力下降快（由原始 35MPa 下降 11.9MPa）、停喷井增多的问题；老井年递减率由上年 21% 上升到 26%；底水锥进加快，2012 年有 11 口井见水，见水井含水率为 50%。受压力下降影响，油井产量递减率在 14%~22% 之间，但含水率上升对产量影响更大，见水后产量剧减，仅半年时间，16 口见水井产量的递减率由之前的 21% 上升至 35%。由此表明，这类油藏开发中的主要矛盾是必须人工补充驱油能量，并控制底水锥进，才能延长稳产和提高采收率，否则达不到预想的目标。按勘探开发一体化方案，预计 4 年探明地质储量 $1×10^8t$，部署 166 口井，单井日产油达到 50~60t，体现少井高产。

显然这项"储量高峰期工程、提高单井日产量工程、精细管理工程"的具体落实意义重大，但十分艰巨。

据记者报道，自 2012 年以来，辽河油田沈阳采油厂首先对沈 625 高凝油潜山油藏进行了注氮气、空气、二氧化碳的评价研究后，进行注入非烃类气驱先导试验。已在 5 个井组进行试验，前期注氮气，后注空气。截至 2013 年 10 月止，累计增油 4961t，这种组合气驱方式与单纯注氮气相比，成本降低一半。如沈 625-12-28 井平均日产油 15t，综合含水率降低 63%，此前这口井日产油仅有 2t。按初步规划，在沈 625 潜山油藏将全面实施注空气开发，预计可提高采收率 10%，并为其他区块转换开发方式提供借鉴。

另据《中国石油报》记者报道，辽河油田研究院、兴隆台采油厂、钻采研究院正在研究兴隆台古潜山油藏气驱试验。2014 年 3 月，设计了 3 个井组试验方案，5 月中旬完成了兴古 7-H306 井注 CO_2 试注试验。兴古 7-H325 井进行注氮气方案设计，兴古 7-H322 井正在加工井下防喷安全管柱。研究人员正在编制兴古潜山油藏注气扩大试验方案，力争水平井单井注气量达到 $20×10^4m^3$，优选注气介质、降低注氮气成本以及确保潜山城区油井的安全环保措施。

对于辽河油田古潜山油藏开展非烃类气驱的试验，笔者认为启动试验有点滞后，但终于列为重大科技攻关课题。早在 20 世纪 90 年代，笔者曾建议辽河曙光古潜山稠油油藏和胜利油区单 2 块砂岩稠油油藏进行注蒸汽+氮气泡沫压水锥吞吐试验，且取得了成功经验[61,62]。而且，华北油田在雁翎古潜山轻油顶部注氮气压水锥试验，也取得了成功。笔者经过多年的跟踪调研，提出加快抢时机试验注氮气压水锥稳油试验。

①对注气介质的选择，不再迟疑优选注氮气。通过制氮设备，提高氮气浓度至 95%、

降低含氧量至5%，这种惰性、非凝结气体注入油层，当发生裂缝性窜流至生产井时，产出液中含氧量不会超过爆炸极限，并且不发生对井筒设备的腐蚀破坏，确保安全环保要求。注纯空气，虽能降低一定操作成本，但附加了产出液的监测成本，含氧量超极限时（大于5%）易爆炸，腐蚀破坏井况，虽前期可降成本，但后期产生问题多，不宜选择。CO_2对轻油附加驱油作用有限，受气源限制，而且腐蚀作用强，必须有防腐技术。

②注氮气压水锥增产机理比较清晰，须优化设计方案，及早由井组试验扩大到多井段、多井组规模试验。目前靠自喷较高速度开采，油层降压快，导致∧形水锥，含水上升加速，油水界面上移，含油井段缩小，这种不利趋势必须抢时间控制；否则进水易、退水难，开采效果变差。主要压锥增油机理：从油藏顶部和较高部位在油水界面处连续注入大量氮气及泡沫段塞（加表面活性剂），形成人工气顶，产生重力驱油能量，并改变油水相渗透率比值，促使油水界面下移；其次，注入气体扩散体积增大，波及周围生产井驱油。这种纵横驱替方式，发生在双重介质中，氮气泡沫既驱替裂缝油又控制其窜进速度，同时靠气驱驱替含油饱和度高的孔隙与基质油。由此要精细设计每个开发单元的井网井距、层系和鱼骨分支井的整体方案，而且要建立监测油水界面系统，设定合理的采油速度，以及有接替稳产的方案。

③监测油水界面变化，制定合理采油速度。在潜山内幕裂缝系统与油水界面精细研究的基础上，对潜山的复杂性和非均质性引发的产水规律须跟踪监测研究，掌握各井点的压力变化及油水剖面，为此要创建测试配套技术。对于高产水平井，要制定合理的采油速度，生产压差过大是导致底水锥进的主因，求得短期高产，必定导致含水上升快，损失长期稳产效益。

④采用已有的井控带压作业技术，试验氮气泡沫欠平衡钻完井技术。目前采用无固相卤水钻井液，对减轻油层伤害程度有限，液柱压力高，产生大量漏失液不仅难以控制，而且排出也难。国际上氮气泡沫欠平衡钻完井技术已规模应用，国内已有先例，期望辽河油田创新应用，形成潜山油藏开发配套技术。

⑤在开发整体部署中，确定的补充能量方式：底部采用鱼骨分支复杂结构井注水，上部采用大斜度水平井采油，应用纵向交错井网改善底水驱的方案，设计注水井41口，生产井112口。对此，笔者认为需要对注水驱和注氮气驱两种技术路线进行深入评估，开辟井组先导试验，两者的适用性、有效性、经济性和环保安全整体尽早得出结论。潜山裂缝性、长井眼的油藏不同于砂岩层状油藏水驱，设想利用底水驱方式向上驱油，将助推底水∧形锥进，水淹油井，其利与弊难以调控。由顶部注气方式，形成次生气顶产生垂向重力驱油，压制油水界面上升，将使含油井段产油能力稳定。两种技术路线，将有两种开发成果。

（5）对边水活跃油藏，采用控制水浸技术。

油藏形成过程中离不开水，在生油、运移、成藏漫长的地质进程中，油水层共生互动性密不可分。在油田开发过程中，具有边底水的油藏随着纯油区（层）投入开发油层压力下降，边底水必然浸入，油水过渡带向内扩大，油井见水含水率上升。如边底水活跃、水体很大，将造成水淹含油区，损失可采储量。

笔者曾考察和研究过这类油藏的几个实例。1999年在吉林油区勘探发现套保油田，含油面积54km^2。2000年，经过筛选评价，对油层地质条件最好的白87块钻了一批开发试验井，有42口井采用螺杆泵冷采，12口井进行蒸汽吞吐热采试验。该区块是套保油田最大的主力区块。储层为萨尔图层，含油面积9.3km^2，油层深度浅，仅250~300m，储量丰度152×10^4t/km^2，平均有效厚度7.3m，疏松砂岩，孔隙度35%，渗透率1700~2000mD，含油饱和度66%，地层原油黏度2956mPa·s。另一区块白92块，含油面积4.7km²，地质储量527×10⁴t，储量丰度112×10⁴/km²，平均油层厚度5.3m，物性较好。白87块及白92块都在油区鼻状构造高部位，是两个高点，地层倾角2°~5°，下倾方向是边水区，而且水体较大、活跃。

对于套保稠油油区具有"油层薄、埋深浅、有边底水"等突出特点的稠油采取的总体开发方案思路，笔者经现场考察提出如下要点[63]：

①冷采试验效果差，冷采不是发展方向。截至2000年9月止，在白87块进行了常规冷采试验，采用螺杆泵及有杆泵抽油，共采出原油5678t。42口井中，日产油1.0~1.9t的有12口井；日产油2.0~2.5t的有11口；日产油在0.9t以下的有8口井；日产油水淹高含水关井11口。一年来累计产量为200~300t的井10口（最多不超过300t），不足100t的16口。不仅冷采采油量低，而且冷采产量在1.0t/d以上的时间极短，不到半年。显然，油层薄，深度浅，油藏天然能量低，原油黏度高，冷采产量必然甚低。而且螺杆泵也不耐高温，不适用以后注蒸汽热采要求，更不是发展方向。

②分析认为，白87块及白92块合计含油面积14km²，地质储量1941×10⁴t，须进行热采可行性评价研究。按油层有效厚度大于5.0m、纯总厚度比大于0.5、含油饱和度大于60%，筛选出适宜热采的储量及布井范围。估计适宜热采的储量有500×10⁴t左右，另有约300×10⁴t较次，有经济风险。有利于热采的条件是储层物性较好，原油黏度在3000mPa·s以下，但不利的条件是油水分布较复杂，边底水较活跃。建议对已探明并已打基础井网（井距300m）的白87块，约有2km²、400×10⁴t储量，优先投入热采开发。

③2000年，在白87块采用9.2t/h活动式注汽锅炉，在12口油井进行了蒸汽吞吐试验，共注蒸汽10627t（水当量），烧燃料原油744t，9月底累计产油2662t，油汽比0.25t/t，处于经济极限。12口井中，仅有6口井平均单井日产量仅为1.5~4.7t，单井累计产量200~552t（最高），其余6口井共产油215t，低于燃料原油360t，半数稍好，半数失败。分析蒸汽吞吐效果差的原因：注汽压力过高，强度过大，半数井达到142~385t/m，油层形成压裂裂缝；蒸汽干度低，多数井实际是热水吞吐；回采过程产水率高，有4口井超过100%，说明边水侵入。试验说明由辽河油田某公司承包的这项试验，按辽河中深井高压、快速蒸汽吞吐方式，并不适用于浅层、薄层稠油油藏。

为此，笔者建议吉林油田公司重新研究设计注蒸汽热采方案，与有关单位合作解决资金短缺、缺乏热采人才及关键性技术的困难，加快套保稠油油田的开发，争取在2~3年内产量达到（10~20）×10⁴t，以获得较好的经济效益。

2002年，笔者再次赴现场考察时，白87块及白92块仍采用冷采开采，边水推进已水淹大部分油井，再次建议在油水过渡带开展连续注蒸汽，形成增压带，向内驱油，向外阻水。2007年考察时，白87块已水淹停产，损失了大部分地质储量。据报道，2011年套保油田开发面积3.7km²，地质储量783×10⁴t，原油年产量1500t，未开发面积10.1km²，地质储量1237×10⁴t。可惜，失去了采用蒸汽驱热采并控边水时机，未动用储量也无法有效开发。

另一个边水侵入损失大量可采储量实例——胜利油区乐安油田（原名草桥油田）。该油田原油黏度高达1×10⁴mPa·s，砂岩储层，渗透率高，有活跃的边水，地质储量7000多万吨。在多周期蒸汽吞吐降压开采过程中，边水侵入逐年加剧，测算年水淹储量达百万吨以上。1998年9月，笔者调研时，曾提出控水方案，即在油水过渡带钻一排油井，井距100m左右，采用大型注氮气设备，进行蒸汽加氮气泡沫驱，采用较高的气液比，在油层中形成增压条带，局部升高油层压力梯度，阻断边水侵入，对内驱油补充能量，纯油区吞吐强采。对此方案，和厂领导、科技人员取得共识，但胜利石油管理局因资金问题难以解决，致使该方案搁置。3年后得知，这一区块的第三油矿已全部水淹，油井关闭，锅炉搬家，损失了大量可采储量。能否找到抗地下洪灾的技术，令笔者久久不能释怀。

可喜可慰的另一个实例——中国海油天津分公司所属 QHD32-6 油田试验注氮气泡沫压水锥成功。该油田属常规稠油油田，地质储量大，砂岩物性好。油层埋深1000m左右，平均厚度40m左右，孔隙度在30%以上，平均渗透率超过1000mD，地层倾角5°~6°，平均地下原油黏度280mPa·s，具有活跃的边底水。2002年油田全面投产后，含水率上升快。截至2004年11月底，全油田含水率超过60%，西区达到70%，而采出程度不到4%。虽然采取了封隔器卡水、化学剂堵水等控水稳油技术措施，但收效甚微。至此西区尚未注水，靠天然能量开采，主要原因是在降压过程中边水推进、底水锥进产生暴性水淹，水体体积是油层的20倍以上。

2004年，笔者应中海油田服务股份有限公司（简称中海油服）之邀，考察了渤海海上三大稠油油田开发动态，提出了海上常规稠油油田试验注蒸汽泡沫调剖及注氮气泡沫与控水增油技术建议。在中国海油领导积极支持下，他们组成科研项目组，与中国石油大学（北京）合作开展了秦皇岛32-6稠油油田西区断块注氮气泡沫压水锥增油技术试验。笔者和廖广志作为技术指导，于2006年8月完成了设计方案。对3口油井交替实施注氮气泡沫压水锥，优选几种施工方式。用600m³/h和900m³/h注氮气设备，注氮气15~20天，加入起泡剂，氮液比为（1~2):1，周期注氮气（28~32）×10⁴m³，氮液混注或段塞注入，焖井数天等，取得了降水增油效果。

据了解，在辽河油区锦45块等稠油区块、冀东油田南堡砂岩轻质油藏、大港油田、华北油田某些常规稠油、轻质油藏，都有边底水层突进问题。

笔者回忆这种看不见的地下"洪灾"，提醒决策者及青年科技人员在开发这类有边底水油藏过程中，要及早研究清楚油水分布关系，尤其要监测水体能量、推进动态，在油水过渡带建起升压带（防洪堤），选择打一排小井距注水井（水平井最优），或注入氮气泡沫（轻油），或热流体泡沫驱（稠油），建立既向内驱油，又对抗边水注采系统，采油与治水并重，不可重采油轻治水，在治水上更加下功夫打破传统封隔器卡水、化学剂堵水等，无法阻断水体绕流方式，在创新技术上有所作为，开拓新思路。

（6）加快低渗透油田注氮气开发规模试验，开拓新一代复杂岩性低渗透油藏提高采收率模式。

进入21世纪以来，中国石油探明与投入开发的低渗透油田的地质储量及产量逐年增长，尚未动用的低渗透油田储量仍然很多。这类油藏采用注水开发方式和水平井水力压裂增产技术，形成了有效配套技术，为中国石油总体产量的增产稳产做出了重要贡献。

由于低渗透、特低渗透油藏的地质条件较特殊，储油层岩性较复杂，油藏类型多，储量丰度低，含油品位低，依靠天然能量驱油效率低，渗流阻力大，导致单井产量低，采收率低。尤其对岩性复杂不适宜注水开发的油藏，注水困难，急需开拓注气开发方式的研究与现场试验。

低渗透油藏注入何种气体为驱油介质，是首要优选研究的课题。美国对低渗透油藏采用注天然气、CO_2驱已大规模应用，成为主导技术。我国由于缺乏这类气源，应用很少。最近几年，兴起了非烃类气驱热潮，包括注空气、CO_2和氮气。许多科研院所及油田开展了室内物理模拟及数值模拟研究,而且已在吉林油田、大庆油田、长庆油田和辽河油田等诸多油藏区块开展了现场试验。

毫无疑问,开拓低渗透、特低渗透油藏注气开发领域是提高这类油藏的开发效果,获得经济效率和最大采收率的必走之路,而且要抢时间,及早将科研成果有形化,变为生产力,成为主导技术,大规模应用于生产。

笔者一直关注的焦点:注CO_2驱,在具备充足、可持续气源及防腐配套工程技术的情况下,应尽力发展,但估计还有经济、技术限制因素,短期内工业化应用速度将受制约。注空气与氮气成为关键性选项。而且,注空气的研究力度大于注氮气。

为什么笔者热衷于倡导注氮气,企盼尽早成为仅次于注水驱的主导技术,对注空气要慎重选择其适用油藏。主要依据为:

①许多研究证实,氮气驱比水驱采收率高,单井产油量高。依据中国石油勘探开发研究院的长庆西峰低渗透油田注气开发研究报告[64]可知,注氮气30年,采收率为20.5%,平均单井产量为2.08t/d;而水驱30年,采收率为12.0%,单井产量为1.42t/d。

②注空气的采收率、单井产量也高于水驱,略高于氮气驱。

而根据同样的报告可知,空气驱30年采收率为24.3%,单井产量为2.47t/d。但是,注空气存在安全隐患,在空气突破生产井后,残余气中含氧量上升,达到极限值时将引发爆炸事故。

倡导注空气的作者认为:

(1) 油层注入空气与油层中原油接触,能够产生低温氧化反应,温度升至70~200℃,并有少量CO_2产出,但不会发生高温氧化反应(火烧油层)。其驱油机理主要是氮气驱、热效应与CO_2驱,三者对驱油效率的贡献依次为72.9%,22.5%和4.6%[64],综合驱油效率高于纯氮气驱。

(2) 注空气驱至生产井突破时,可用监测手段监测产出气体中的含氧量呈上升程度,及时采取调控措施(关井等)不致达到安全极限发生事故。

(3) 注空气比氮气成本低,经济效益好。

这三点很有吸引力,认为注空气开发方案最优,因此在现场开展了试验。

笔者认为,对油田开发领域的创新课题,从开始室内实验至现场先导试验,直至推广应用全过程中,把握准确的技术发展路线至关重要。注空气和注氮气的优劣对比,必须将增产原油的有效性、经济性、普遍适应性和生产安全性统一起来决策,而且其中生产安全是硬性要求。油气田生产中,石油、天然气是易燃易爆产品。油井注入空气与碳氢化合物混合,在油层中可产生高温,或层内燃烧,在井筒及地面管网中可形成爆炸源,存在安全隐患。此外,注空气还会引起油井井下油套管设备腐蚀损坏。因此,笔者认为采油工程师要牢记确保三条命:人的生命,井的寿命,设备的命。以人为本,确保人身安全是国家与行业的绝对法规。

回忆过去,笔者亲身经历过油井井喷起火事故无数次。1970年,为防止苏联挑起"珍宝岛"事件备战,大庆油田修建了一批地下集输油站。第一采油厂北二地下油站发生爆炸起火,瞬间千吨原油燃起大火,无法营救,查明原因是地下油库输气管线一个阀门破裂漏气,地下燃气加热炉引燃爆炸,3名值班工人罹难,惨不忍睹。此后将所有地下油库、集油站重建于地面。在冬季居民普遍要用伴生天然气取暖烧饭,因操作不当或管网漏气,造成的爆炸导致人员伤亡事故多至十多起。当时笔者刚恢复工作,在油田生产办公室和李虞庚晚间坐车巡夜时（"文化大革命"中油田治安混乱，管理制度破坏，采油工人夜间不敢上井），赶到南一区油建工地食堂发生火灾现场，目睹了烧死的炊事员惨状，极度悲痛，一把火造成的生命伤亡无法挽回。这是石油人刻骨铭心、永远不可忽视的教训，必须时刻牢记安全生产第一的信念。另一件事例，采油作业中过去普遍采用压风车（车载空气压缩机）进行试油试采及井下作业中注入空气排液，提高作业效率。记得在1987年，克拉玛依油田发生两起爆炸事故：一起是井下测试压力及动液面变化采用压风车气举排液，引起井口爆炸，3名工人受伤；另一起是用压风车注空气扫注水管线，发生爆炸，但始终未查清原因。在辽河高升油田蒸汽吞吐油井，用压风车清扫漏油管线时发生爆炸起火事故。从此，中国石油天然气总公司下令禁止采用压风车用空气气举排液和进行地面管线扫线作业。

最近几年来，发生过中国石化黄岛输油管道特大爆炸伤亡事故，中国石油大连石化厂码头装油管道爆炸起火事故，更是敲起了全行业的警钟。但是对于油井注入空气进行空气驱，甚至辽河油田曙光采油厂在蒸汽吞吐作业中注入空气扩大加热波及范围，以降本增油确有效果，靠添加催化剂段塞，以加速氧化降低含氧量的安保措施，还未发生事故，但能否确保大面积扩大时存在不可预测的隐患，值得思考。为什么对空气驱，或油井注空气（包括空气泡沫冲砂洗井等），而不采用注氮气，存在质疑。

低渗透油田注空气驱的安全隐患及劣势有三：其一，低渗透油藏普遍存在非均质性，不仅含油饱和度、渗透率差异大，而且存在大小不等的裂缝，导致空气驱进过程中，沿裂缝突进快，氧化程度弱，突入生产井产出流体含氧量高，可能达到安全极限。例如，在长庆西峰油田注空气先导试验方案[64]中，注气井7口，生产井23口，井距540m×220m，油层厚度8.1m，预计注空气开发20年，共产油54.1×10^4t，共注空气3.65×10^8m^3，采出程度18.2%。在注空气两年后产出氮气，10年后有3口井最早见到氧气，含氧量分别为7%、9%及6%，均超过5%以上安全极限。设定油层中没有裂缝，实际油层中可能存在天然裂缝，注采井周围有水力压裂人工裂缝，说明存在空气过早窜进可能性。这是油藏非均质性的检验。其二，在现场试验阶段，注采井数较少对生产井的产出气监测工作量较少，但在推广应用阶段，几百、几千口井的监测工作量剧增，必然增加投资和人力，而且发生事故的概率增加，由量变到质变，"安全可测可控"的局面将转化风险性莫测难控，这是数量的检验。其三，在注空气开发初期，注空气较注氮气的设备投资较少，经济效益较好，但到开发中后期要增加监测、产出气处理等辅加工作量，而注氮气则不需要，形成前期省、后期增局面，这是时间因素的检验。注空气驱的发展要经历上述生产实践中三个检验，要将安全生产放在经济效益之前，看当前更看长远，由局部放眼整体发展，绝不可重眼前效益，忽视安全风险。

现举一个亲身经历的实例，2000年11月，笔者受原石油工业部部长焦力人的委托，到延长油矿管理局调研。对开发最早的七里村油矿、甘谷驿油矿及最近几年新开发的川口采油厂注水试验区进行考察。延长油矿是我国陆上石油的发源地，早在1905年第一口油井钻井成功并开始采油，是我国石油工业的创始者。延长油矿的石油人发扬了延安革命圣地的光荣传统，艰苦奋斗、自力更生、不怕困难、勇于创业，原油产量由几万吨增加到2000年上百万吨，已投入开发的油矿有7个。七里村及甘谷驿油矿，主要产层为三叠系延长统长6组。其突出的地质特点一是储层物性较差，孔隙度8%~9%，渗透率小于1mD，为非常致密的粉细砂岩，称为"磨刀石"。二是储层分布较广、较平缓，地质构造较简单，埋深较浅（200~700m），油层较厚（长6_1层及长6_2层平均厚度各为10m以上），总厚度达25~40m。这两个油矿探明含油面积210km^2，地质储量11132×10^4t；已动用138km^2，储量7093×10^4t，丰度

$51×10^4$t/km²。三是储层上下及层间没有明显产水层，只有部分游离水，无水层干扰。四是原油性质好，为轻质原油，低含硫。

2000年，这两个油矿总井数各为1900口及1842口，正常生产井各为1700口及1690口，采用三角形井网，平均井距150m，1999年以前打的井均为裸眼完成，2000年新打投产井160口均为5½inJ-55套管射孔完井。由于油层渗透性差，即使裸眼完成，也无自然产能，因此都采用水力压裂技术投产。压裂初期产量可达3~4t/d，不到半年降至1t/d以下。2000年，这两个油矿平均单井产量各为230kg/d及260kg/d，采油速度极低，仅为0.22%，累计采出程度仅为3%~4%，预计靠衰竭式一次采油方式再开采20年的采收率也达不到标定的9%。七里村油矿和甘谷驿油矿2000年产量均为$15×10^4$t，比上年略有增加，主要靠投入新井及压裂技术，但增产难度越来越大，未能补充人工驱油能量，只靠天然弹性能量开采，油井产量递减是必然的。

笔者参观了新开发的川口采油厂注水试验区，采用二级精细过滤水质处理技术，井口水质达标，但注入管柱未做防腐处理，井底水质可能不合格，对低渗透油层注水井注入量很难超过10t/d，而且采用延河水源，当地干旱少雨，与民争水矛盾突出，显然注水开发方式不适宜。此外，也考察了公路旁油层露头，直观看到储油层"磨刀石"裂缝系统渗流出原油，油层非均质一目了然，如图8-1所示。

图8-1 低渗透油层地面露头裂缝系统渗出原油

笔者针对延长油矿七里村、甘谷驿油矿等低渗透油田开发现状，急需开拓既提高单井产量，又能提高原油采收率，延长油田有效开发期的技术形势，提出的总体技术思路是：向油层注入大量氮气驱油，取代注水驱，在补充驱油能量的同时，对注采井进行多层分层短裂缝压裂改造，先单井注氮气吞吐采油，增产原油，积累经验，后转入氮气驱开采，简称注氮气提高采收率技术，或注氮气二次采油技术。

笔者于2000年11月18日撰写了《对延长油矿特低渗透油田开展注氮气二次采油技术试验的建议》[65]，并由焦力人写信转交给延长油矿管理局局长赫宇[66]。报告中详述了采用这项先氮气吞吐后氮气驱技术的有利条件，包括现有从空气中分离制氮技术专用设备已成熟配套，上述两个油田具有注氮气优于注水的诸多条件，现有井网井距适合注氮气驱油，当地缺水，却不缺电力，采用电驱动取代燃柴油制氮设备降低成本等，而且列举了注氮气提高采收率的机理和成熟经验，也提出了先导试验区的设想方案，预计这项技术可将采油速度由0.22%提高至0.5%以上，单井产量增加3倍以上，原油采收率提高5%以上（与一次采油对比）。注氮气方式，远比注水投资少，现实可行，经济效益好。

此后，延长油矿租用辽河油田车载注氮车组，于2002年10月至2003年11月，共进行注氮气吞吐试验68井次，所有井均有不同程度的增产效果。其中，效果最好的3井次，注氮气后单井产量由0.5~5.0t/d增至3.2~11t/d；效果中等的有55井次，由0.4~2.1t/d增至0.6~3.9t/d；较差的10井次，由0.3~1.0t/d增至0.4~1.5t/d。说明氮气吞吐有效，但后来未进行大规模应用和氮气驱试验。

据追踪了解，2007年10月，甘谷驿油田进行了交替注空气泡沫与空气试验。该油田唐80井区长6组油藏平均孔隙度7.9%，渗透率0.82mD，微裂缝局部发育，是典型的低孔隙度、特低渗透率油藏，埋深479~544m，油层温度24.8℃，注水困难。泡沫注入压力由8MPa上升至9MPa，累计注空气$4\times10^4m^3$后注气压力由10MPa升至13MPa，处于超破裂压力状态注入。注气后部分生产油井见效，但检测到氧气，最高达到10%。在注入空气泡沫后，对应油井含氧量下降。分析含氧量较高原因：一是地层温度较低，氧化能力差；二是裂缝窜流。

据国土资源部《油气储办年报》，2011年延长油矿已开发含油面积$1739km^2$，年产量301×10^4t，累计采出程度5.4%，标定经济采收率9.6%。其中甘谷驿油田开发面积$122km^2$，当年产量16.8×10^4t，采油速度0.26%，累计采出程度6.3%。这些数字表明，延长油矿巨大的石油资源是地方经济的支柱产业，原油生产潜力很可观，但仅靠一次采油方式，不仅采油速度低，更致经济采收率不到10%，主要依靠增加新井及常规措施工作量来维持稳产，必须改变低水平、低效率、低资源利用率的发展趋势。期待决策者勇于创新，开拓注氮气提高采收率和经济效益的发展战略。如果在今后20年，有1×10^8t地质储量采用注氮气驱二次采油方式，将原油采收率比一次采油提高5%，即最终达到15%，将增产原油500×10^4t，产值将达几十亿元。盼望这个梦想在延长油矿，或者在同一大油区的长庆油田能够实现。

第九章 持续创新钻采工程技术

自 20 世纪 60 年代，大庆油田开发建设标志我国石油工业跨入现代化快速持续发展以来，石油勘探开发科技不断创新，形成了一系列有中国特色的新理论、新技术，推进了我国类型繁多、地质条件复杂的油田开发高效益、高水平的开发，原油产量持续增产稳产，跨入世界产油大国之列，有力支撑了国家对石油的需求，并且石油科技迈向世界先进水平。

石油勘探开发科技是多学科、多专业的庞大系统工程，在油田开发方面主要包括开发地震与测井、开发地质、油藏工程、钻井工程、采油工程、地面工程等六大工程技术系统。各专业紧密连接、相互渗透，发挥着整体性、综合性效能，体现在具体油田开发方案设计及实施，也创新不同类型油藏的最优开发模式，以追求油田开发达到高效益、高水平、高采收率的战略目标。

概括起来，油田开发过程贯穿着两条主线：不断深入认识客观世界的规律——深埋地下的储油层，以及不断创新改造客观世界的技术将探明的油层储量最大限度采出来。

过去几十年科技转化为生产力的实践说明，石油钻采工程技术始终发挥着油田开发中攻坚克难的开路先锋作用，是制定各类复杂油藏开采主导技术的战略武器，是实施提高油田产能、经济效益以及采收率的锐利手段。面对当前，老油田仍是今后若干年原油生产的主力，对各种油藏中的剩余储量，最大限度提高采收率，延长有效开发期，更需要开拓与创新钻采工程技术。同时，要为开发新油田包括低品位、超深层、超稠油、特殊岩性等难度更大油藏创造新式硬件"武器"。由此，必须持续加强石油钻采工程技术的创新发展，突出其战略性地位。

可喜的是，最近 10 年以来，我国在石油钻采工程技术方面已取得了一系列重大成就，传承换代、补缺配套、装备更新、自主创新、规模应用、成效显著、技术先进、走向世界前列是其特点。

第一节 持续发展分层注水工程技术

大庆石油会战初期，为实现"长期高产稳产"的开发战略目标，针对油田开发依靠天然能量不足以维持高产稳产的矛盾，首创了早期注水保持油层压力，以及分层注水为核心的"六分四清"采油工艺技术，并持续创新发展，支撑了高产 5000×10^4 t 长达 27 年之后又持续稳产 4000×10^4 t 达 10 年以上，为国家贡献了 20 多亿吨石油，以水驱为基本开发方式和配套的开发主导技术，并在全国推广应用，发挥了巨大效能。

大庆油田在经历以"六分四清"为核心的细分注水保持长期高产稳产以来，进入"双特高"（特高含水、特高采出程度）总体递减阶段后，面对"资源接替、技术瓶颈、投资回报"三大挑战，加大低成本产量比重，突出长垣油田主体地位，突出水驱精细挖潜，形成"四个精细"系列，即精细油藏描述、精细注采关系调整、精细注水系统挖潜和精细日常生产管理，从而使含水率上升和产量递减率得到有效控制，为全国注水开发油田进入中后期控水稳油提供了先进、有效、实用的经验，使我国油田注水开发技术保持世界先进水平。

最近5年，中国石油上游业务为提升发展质量，转变发展方式，夯实发展根基，适时启动了历史上最大规模的注水专项治理工作。中国石油13个油田平均原油自然递减率从2008年的13.84%下降到2013年的10.42%，油田开发各项技术指标均达历史最高水平，促进了整个上游业务质量效益发展。上游业务历来是中国石油的首要业务，它是整个油气产业链的源头，更是实现提质增效的龙头，贡献着中国石油90%以上的利润。上游业务的质量效益发展，夯实了中国石油整体质量效益发展的根基。2014年8月，中国石油近200名油田开发系统的专家和科研技术人员齐聚北京，总结了精细注水的经验，《中国石油报》专门对精细注水工作推出特别报道，笔者据此及其他资料，总结了以精细分层注水为重点的最新成就与宝贵经验[67-69]。

一、中国石油最近5年精细注水工程取得的成就与经验

从2009年开始，中国石油开展了油田开发基础年活动和注水专项治理工程。截至2013年，5年来，注水专项治理共覆盖注水区块791个，地质储量$120×10^8$t，与2008年相比增加了$19×10^8$t，2013年中国石油共生产原油$11033×10^4$t，其中注水开发油田贡献了$7414×10^4$t，占总产量的67.2%（不包括三次采油）。

中国石油油田自然递减率由2008年的13.84%下降到2013年的10.42%，下降了3.42%，相当于每年少递减原油$340×10^4$t以上，2010—2013年累计少递减原油$1256×10^4$t。若这些少递减的原油靠新井弥补，则需要每年多建产能$600×10^4$t，多投资300亿元。

中国石油全部注水区块年度含水上升率由2008年的2.39%下降到2013年的1.32%，下降了1.07个百分点。

5年来，采注井数比由2008年的2.8:1下降到2013年的2.2:1，水驱储量控制程度由78.5%提高到82.7%，双向以上连通比例由78%提高到82%。水驱储量动用程度由69.9%提高到72.4%。注水井分注率达66.65%，提高了5.66%；分注合格率达到86.77%，提高了4.47%，其中重点区块提高到90.71%，提高21.09%。

采出水处理站水质合格率由2008年的71.1%提高到95.5%，井口水质合格率由2008年的58.8%提高到85.1%。

中国石油油田自然递减率逐年变化与注水驱产量示意见图9-1。

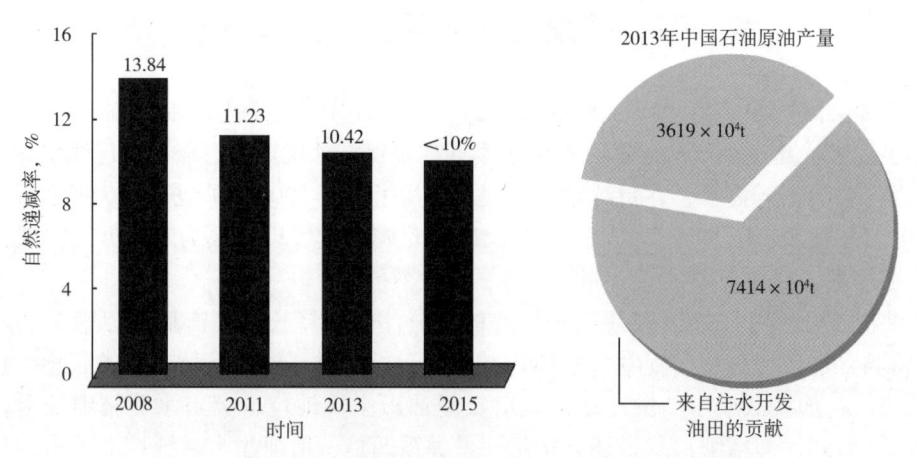

图9-1 中国石油2013年油田自然递减率变化与注水驱产量
（引自《中国石油报》2014年8月精细注水特别报道）

全部注水区块含水上升率由2008年的2.39%下降到1.32%，下降了1.07个百分点；重点区块含水上升率由2.84%下降到1.22%，下降了1.62个百分点，见图9-2。

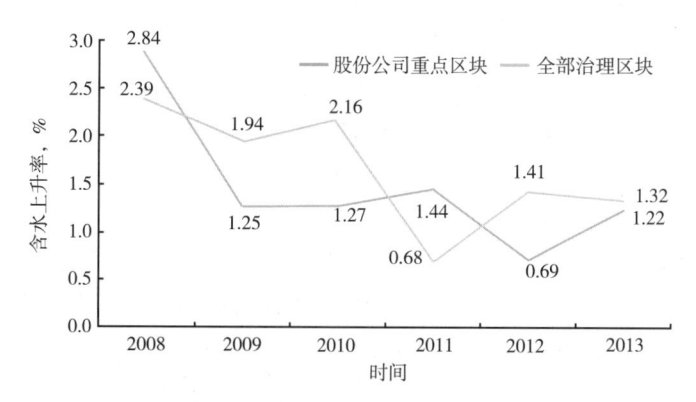

图9-2　中国石油全部注水区块年度含水上升率变化示意图
（引自中国石油勘探与生产分公司2014年6月油田注水专项检查情况汇报资料）

中国石油最近几年新储量"三低"居多，开采难度极大，占总产量主体的老油田处在采出程度高、含水率高且含水率上升快的"双高"和低产开发阶段，在此形势下，继承和持续创新了大庆油田以注水开发为长期战略主线，突出注水驱为我国油田的主体开发方式。50多年来，始终是油田开发持续稳产的基础和提高采收率的主体战略性技术。最近5年，中国石油持续加大注水开发系统工程技术进步力度，以注水为主题，召开了三次会议，有力推进了老油田"双高"阶段降低原油递减率和含水上升速度，取得了显著成效，上述开发指标彰显了石油人攻坚克难、勤奋创新的跨越式发展成果，成就来之不易。

2009年，中国石油上游业务启动以"注够水、注好水、粗细注水、有效注水"为主题的油田开发基础年活动。

2011年，中国石油油田开发基础年及注水专项治理工作现场推进会在大庆油田召开。会议深入学习大庆油田精细注水开发经验，总结交流各油田典型经验和做法，提出要不断转变开发观念，落实注水保障机制，持续推进技术进步，推动注水开发工作转入常态化管理。

2012年，中国石油注水专项治理工作推进会在辽河油田召开。经过3年专项治理，所属油田自然递减率平均下降2.61%，含水上升率下降到0.49%，各项开发指标均创近10年来最高水平。中国石油提出要像重视原油产量一样重视注水工作，着力完善精细注水长效机制，不断夯实老油田稳产基础，提升油田开发水平，为上游业务健康发展做出更大贡献。

2014年，中国石油精细注水推进会在北京召开。提出"十三五"期间要全力推动精细注水工作再上新台阶。具体目标是：原则上油田自然递减率和含水上升率不升，分层注水率、分注合格率、井口水质合格率、老油田水驱储量控制程度和动用程度稳步提高，老油田采收率至少再提高1%，增加可采储量$1.5×10^8$t以上。

2014年8月5日至6日，在中国石油精细注水工作第三次推进会上，中国石油天然气集团公司副总经理赵政璋出席并讲话。会议强调，要持之以恒抓好精细注水工作，科学构建长效机制，夯实油田稳产基础，为实现上游业务有质量、有效益、可持续发展和全面建成世界水平的综合性国际能源公司做出更大贡献，充分肯定了注水专项治理工作取得的成效。这5年，油田开发理念发生明显变化，改变了以往油田开发中重新区轻老区、重油井轻水井的思想观念，形成了注水是一切开发工作的重点和主线的理念。注水工作量大幅增长，开发指标持续向好，2013年股份公司自然递减率为10.42%，与治理前的2008年相比下降了3.42个百分点，相当于每年老井多产油$300×10^4$t以上，含水上升率控制在0.5%以内。注水管理体系更加健全，长效机制初步形成。

赵政璋指出，5年持续推进精细注水工作得到如下启示：精细注水是油田开发工作最基础、最成熟、最具潜力的技术；注水工作的关键在于因地制宜精细化，最终水平要看自然递减率；精细注水是看准的事，必须持之以恒抓到底；领导重视、组织落实、投资保障三者缺一不可。针对精细注水工作下一步的开展，一是要创新理论，不断丰富精细注水内涵；二是要创新技术，不断提高精细注水保障能力；三是要强化管理，不断完善精细注水常态化机制，把控制递减率和含水上升率作为检验工作效果的重要标准，努力实现2015年油田开发精细注水工作目标，即总体自然递减率控制在10%以内，平均含水上升率控制在0.5%以内。

《中国石油报》记者王晶、张舒雅将会议总结的经验概括为如下三点[67]：

（1）稳油必先重视注水——认识转变推动行动升级。

5年注水治理能取得突出成绩，源于思想大解放，认识大突破，观念大转变。

以往，受投资拉动、外生式经济增长方式和历年产量压力影响，许多油田过度重视新区建设，对老区已有潜力挖掘不足，"重油轻水"的观念在部分油田部分单位较为普遍，注水管理较为粗放，发展方式不精细。

自注水治理工程作为油田开发的战略选择以及转变发展方式的重要途径之后，中国石油从思想上下功夫，让各油田意识到精细注水是事关全局的基础工程，是锐意进取的创新工程，是实实在在的效益工程，也是长期的战略工程，从而敦促整个开发系统开始认识大转变。

各级领导者率先转变思想观念，注水工作得到前所未有的高度重视。经过几年持续推进，各油田公司像抓原油生产一样抓注水，促进精细注水理念逐步深入人心，油田开发系统逐渐形成稳油必先重水的共识，能够做到油上出问题，水上找原因。

现在，精细注水已经从领导的强力推动逐渐转变为全员的自觉行动，各油田主动学习大庆精细注水经验，创造属于自己的经典案例。辽河静安堡油田经治理后，老井自然产量从$44.1×10^4$t回升到$54.6×10^4$t，相当于少打71口新井，节约投资12亿元。有70多年开发历程的玉门老君庙油田，经过治理连续3年保持油田稳产。

（2）管理落实责任——长效机制保障战略工程。

精细注水，5年持续不断推动并且取得突出成果，更归结于韧劲。正如此次会议上提出的："精细注水是看准的事，必须持之以恒抓到底。"

事实上，从启动开始中国石油就将注水治理列为长期工程，力求推进其管理的常态化，力求建立精细注水长效机制体系。

完善组织架构，逐级落实责任，是长效机制的重要保障，比如水文章做得最精细的大庆油田，其水系统管理人员多达218人。在中国石油勘探与生产分公司推动下，各油田公司也纷纷加强组织机构建设，成立以主管油田开发工作的副总经理为组长的注水管理机构。开发部门成立了注水管理科，设置注水管理岗位；各采油单位设立专职负责注水管理的副厂长（或总工程师），研究院、采油院成立相应的注水技术支撑组。通过设置岗位，明确责任，保障注水工作顺利推进。

通过建章立制，全面推行以制度约束注水工作的管理模式。在注水专项治理工作中，各油田公司结合实际建立完善注水管理制度和技术标准，涵盖方案、工艺、测试与调配、水系统管理和基础工作管理的所有环节，还把注水主要技术指标纳入油田公司和采油厂年度工作业绩考核，定期逐级检查。由此，注水工作实现了全过程、全方位的制度化管理。

各油田在健全注水管理体系、构建长效机制上花心思、下功夫、动真格，除注水组织机构规章制度外，还围绕技术创新、人才培养、队伍建设、装备配备和资金保障真抓实干，精细注水的长效机制已初步形成。

（3）科技延伸视野——精雕细刻助力油田稳产。

精细注水是油田开发工作最基础、最成熟、最具潜力的技术。这在5年不凡推进路中得以反复印证。也是在这一过程中，油田开发大军不断在注水技术攻关方面取得新成果，部分技术还取得突破性进展。

要想把水注好，地下情况摸得越清越好。5年来，精细油藏描述研究不断取得新突破，像给人们戴上了更高倍数的"地宫探视镜"，使精细注水调控不断向新领域拓展，为油田注水开发上水平提供源头支撑。深化精细油藏描述研究，注采系统完善精细到单砂体，提高注水方案调整的针对性和精准性，量化细分注水标准，充分挖掘各类油层潜力，让油层"喝够水"，也"喝好水"；建立精细分层注水效果评价体系，为优化方案提供系统、规范的内容和论证依据。

地下情况摸得越清越好，水也要注得越细越好。这5年，借助分注工艺的重大突破，测调效率大幅度提高。具有划时代意义和革命性成果的高效测调技术，能大幅度提高测调效率。创新发展的桥式偏心分注工艺，解决了多级细分注难题；桥心同心分注工艺的创新性突破，解决了大斜度井分注与测调难题。超深井分注工艺的发展，让分注井深突破5000m，为水往深处走增添了信心。

注水开发不能一劳永逸，既要"驱"，也得"调"，以实现高效开发。借助深部调驱配套技术创新发展，高含水油田精细挖潜技术空间进一步拓宽。

5年精细注水工作的持续推动，为油田开发向技术要质量、要效益增添了新的内涵。

成绩斐然，责任不减。精细注水工作只有起点，不设终点。现在，距离"十二五"末实现油田自然递减率控制在10%以内的工作目标仍有一些差距，中国石油也对"十三五"精细注水工作提出了更高的要求。站在新起点上，期待精细注水这一基础工程和效益工程再上新台阶。

自大力推进精细注水工作以来，中国石油不断加大技术创新和推广力度，形成一套完整有效的技术体系，油田注采调控更加精细，为精细注水提供了强力的技术支撑。

《中国石油报》记者张舒雅、高向东、张晗对精细注水技术系列进行整理，共包括如下8项内容：

（1）细分注水技术。

细分注水是尽量将性质相近的油层放在一个层段内进行注水。其作用就是减轻不同性质油层之间的层间干扰，提高各类油层的动用程度，发挥所有油层的潜力。因此，合理选井与分级是影响细分调整效果的主要因素。

（2）多元化注水技术。

多元化注水是针对断块油田断块类型多样、油品类型多样、储层类型多样、开发井型多样和开发矛盾多样，而采取的以多类注水方式、多种注入介质、多重调控方法、多样注采关系、多期注水时机为主要内容的不同注水开发对策。

（3）桥式偏心分注工艺技术。

桥式偏心分注工艺技术是国内应用最广泛的分层注水技术，是油田开发过程中解决层间矛盾、提高水驱动用程度的重要手段。桥式偏心分注工艺技术是在常规偏心工作筒上通过桥式结构设计和测试主通道过孔结构设计，实现注水井实际工况下的单层流量测试和压力测试。

（4）桥式同心分注工艺技术。

桥式同心分注工艺技术是通过使用同心可调式配水工作筒，可调水嘴一体化设计，不需要进行水嘴投捞作业，具有在大斜度井中测调易对接、测调效率高等优势，适应精细分层注水要求，可提高多油层开发效果。这项技术是在桥式偏心分注工艺基础上不断创新的成果，适用于"三低"油田。

（5）深部调驱技术。

深部调驱技术是指向注水井注入可以在地层大孔道或裂缝中流动的凝胶。通过流动凝胶的缓慢移动，实现调剖剂在地层深部不断重新分配，增加调剖剂的作用范围，封堵高渗透层或减弱其渗透性，从而使注入水波及低渗透层，提高注入水的波及效率，从而达到提高采收率的目的。

（6）高效测调技术。

通过连续可调堵塞器、直读式测调仪等配套设备的创新，可实现嘴径无级差限制，单层测调由多次投捞变为一次投放，实时传输层段压力、流量，通过地面调节，实现井下水嘴可调，测调效率可提高一倍以上，是具有划时代意义的革命性的创新成果。

（7）精细油藏描述技术。

精细油藏描述技术就像医学上的 B 超、CT，可以透过地层"扫描"出剩余油分布在哪里，储量究竟有多少。精细油藏描述技术一般是指油田投入开发后，随着油藏开采程度的加深和生产动态资料的增加而进行的精细地质特征研究和剩余油分布描述，是指导油田开发调整和措施挖潜的基础。简单地说，精细油藏描述就是要把油藏特征搞清楚。

（8）膜过滤技术。

以压力为推动力的膜分离技术又称为膜过滤技术，是深度水处理的一种高级手段，已经在石油化工、轻工纺织、食品、医药、环保等多领域应用。先进行生物处理然后进行膜过滤，能使处理后的污水达到 A1 级注水水质标准，处理成本大幅降低。

二、大庆油田精细分层注水技术新突破

大庆油田开发 50 多年来，经历了早期注水保持油层压力开发技术，分层注水"六分四清"采油技术，井网加密接替长期高产稳产注水开发技术，稳油控水系统工程调整和水驱精细挖潜技术五个阶段，开创了以多油层同井下入多级封隔器分层注水分层采油以及加密调整接替稳产为特点的注水开发模式，实现了高水平、高效益开发。

自进入"双高"开发阶段以来，以"控递减、控含水"为目标，大庆油田提出"四个精细"，着力从两个核心技术创新发展：其一，精细油藏描述，细化研究剩余油分布规律，提高掌控分类储层剩余油准确度，精细认识储层潜力，提供精细分层水驱方案和动态调控依据；其二，细分层注水工艺，创新多级封隔器细分调整和高效测调技术，突破小卡距、小隔层限制多段细分注水难题，实现精细注水。由此，组合的精细油藏描述、精细注采关系调

整、精细注水系统挖潜和精细生产管理,对进一步提高水驱动用程度、深挖剩余油潜力,从而提高单井日产油、控制含水上升率和减缓产量递减发挥了更大作用,这是注水开发进入"双高"期的重大技术突破。近几年,水驱加聚合物、二元复合驱、三元复合驱能够大幅提高采收率,正在扩大应用范围;精细注水仍然是最经济、最现实的主体技术,对二类、三类储层以及表外储层是经济有效的开发方式。

最近几年,大庆油田采油工程研究院在精细注水工艺技术上又有了重大突破。据《中国石油报》的报道[67-70],共有如下两个方面:

(1) 多级封隔器细分注水与配水工艺。大庆油田是多油层非均质油田,各油层渗透率差异较大,各储油层厚度和层间隔层变化也很大,要对高渗透层控制注水量,低渗透层加强注水,尤其在高含水阶段,必须创新、发展精细分层注水技术。为此,对以前的多级水力式封隔器更新换代,成功研制了逐级解封封隔器,实现了常规作业条件下多级细分调整,大大降低了更换管柱作业成本;研制了小卡距细分注水管柱,使两级配水器最小间距由 6m 缩短到 2m,局部可达 0.7m;为满足小隔层细分注水要求,研制了双组胶筒封隔器与长胶筒封隔器,0.5m 的隔层也能实现密封。这三项工艺,解决了小卡距、小隔层限制多层段细分注水难题,支撑了精细注水技术迈向新水平。

(2) 高效测调技术。以前大庆油田一年内对注水井进行两次测试调整,以跟踪注采系统动态,调整分层注水参数,稳定和改进分层注水效果,后来调整为一年三次,工作量大幅增加,必须提高测试效率。为此又成功研发了高效测调技术,测试周期由 8 天左右一口井降至 2 天,这种首创的分层注水高效智能测调配套工艺技术,在 2010 年 9 月止,经 3985 口井施工及 5795 井次测调,注水井测调效率和测试精度效果良好,能满足油田细分注水开发需要,填补了国内技术空白。由于大庆油田分注井数以年均 1000 口的速度增加,2010 年已达到 1.93 万口,分注层数不断增加,含水率上升,层间矛盾突出。以往 6 个月测调周期缩短为 4 个月,促使测试工程量大幅增加,在测试队伍数量不变的前提下,原有的注水井钢丝投捞测调工艺越来越不适应油田特高含水期高质量注水需要。为此,大庆油田采油工程研究院经过技术攻关,形成分层注水井高效智能测调配套工艺,取得三大系列的技术创新,获得发明专利 3 项,实用新型专利 20 项。这项技术可进行井下任意层段的流量、压力和温度等参数的采集及分层流量的实时调整,所有信息以曲线和数字的形式通过地面控制仪直接显示,测调仪一次下井可完成全部层段的流量调整及指示曲线的测试,改变过去压力、流量井下存储、地面回放的采集和处理方式;将原有的投捞更换级差式陶瓷水嘴的测调方式改变为井下智能连续可调方式,实现井下免投捞流量调节,提高效率 3~5 倍。

与常规工艺技术相比,单井测调时间不仅缩短到 2 天,也大大降低了员工劳动强度。这项此技术已在国内 5 个油田 20 多个采油厂推广应用。据报道[70],2013 年大庆油田水驱开发保持良好态势,水驱自然递减率 6.85%,综合递减率 4.19%,全油田综合含水率控制在 91.84%。近年来,经过精细挖潜,大庆油田各项开发指标持续向好,但进一步"控递减、控含水"的难度明显增大。近 5 年,长垣油田水驱共实施细分注水 7101 口井,细分井数已占注水井数的 1/2,按照细分标准调查,目前潜力较大的井已经不多。同时,长垣水驱开发对象转向剩余的二类油层和物性更差、厚度更薄的三类油层,储量品质逐渐变差且进一步增储的潜力变小。立足实际,着眼长远,大庆油田提出水驱精细挖潜要一以贯之,不断丰富"四个精细"的内涵,精细了还要更精细,确保地下形势可控,开发形势平稳。自 2014 年初以来,大庆油田持续精细挖潜,规模调整 8 个区块注采系统,不断提高油层动用程度,持续强化细分注水。

跳出大庆油田看水驱，精细注水是油田开发的长效之策、根本之策。从开发规律看，精细注水意味着尊重开发规律，是强化开发基础工作的表现。如果精细注水工作抓得不好，递减则很难控制。一旦产量压力大，正常的开发程序、合理的开发指标都无从谈起，反过来又会进一步加剧开发的不合理性，进而影响基础工作的落实。

从效益评价看，精细注水是最具潜力的技术。中国石油80%的原油产量来自水驱，注水开发油田是生产原油的主体。根据中国石油水驱开发涉及的地质储量，采收率每提高1%，增加的可采储量就是上亿吨。精细注水，大有可为。

据统计，自2011年以来，大庆油田共实施细分注水5031口井，年均工作量为"十一五"期间的2.2倍。2013年，细分井数达到1600口，细分井平均注水层段达到4.9段。大庆油田共有2.3万口分注井，平均分注层段达到4个，其中5段及以上井占1/3[71]。

自2001年以来，大庆油田注水井细分工作量变化情况见图9-3。

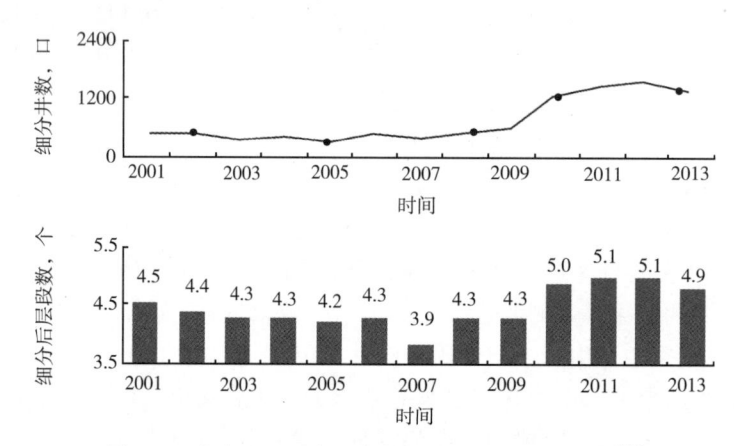

图9-3 大庆油田历年注水井细分工作量变化情况[71]

三、油田精细注水实例

根据《中国石油报》报道可知，在中国石油所属油田，普遍采用注水开发精细注水技术，均获得显著成效，现举几个技术创新实例如下。

1. 长庆油田创新研发新一代同心分注技术

据长庆油田分公司油气工艺研究院院长慕立俊刊文讲[67]：长庆油田在精细注水工艺方面起步比较晚，2009年以前进展缓慢。开展注水专项治理工作以来，长庆油田首先引进了大庆油田桥式偏心分注技术进行试验，并根据自身"定向井、小水量、深井"的特点，在原有技术基础上，不断完善，创新研发新一代桥式同心分注技术，测调效率和成功率大幅提升，测调时间由1d缩短到8h，拓宽了分注工艺在大斜度井、多层小卡距、采出水回注井的应用范围，解决了定向井小水量测调效率低、误差大等问题。短短两年时间，已经在1000多口分注井应用成功。

技术探索无止境。如今，长庆油田数字式分注技术正处于试验阶段，精细注水工艺未来的发展方向是能够实现自动测试调配，实现精确注水，注水参数实时监测，大幅减少工作量，提高工作效率。

另据有关报告，2013年，长庆油田扩大定向斜井分注技术应用规模1064口，累计应用4055口，分注率达到38%，是国内最大规模应用分层注水开发低渗透油田增产的实例。

2. 华北油田创新深井、大斜度分注技术[69]

记者岳双才报道，与2008年相比，2013年华北油田分注率提高15.5%，井口水质达标率提高33.6%。

随着油田深井及大斜度井的增多，常规分注工艺适应性差的问题日益突出。自2013年起，华北油田将高温大斜度分注工艺作为瓶颈技术组织专项攻关，并对"提高分注管柱密封性"和"测调工艺适应性"两个关键技术开展研究，深井高温大斜度分注工艺取得突破。自主研制的封隔器承压差由25MPa提高到35MPa，耐温由120℃提高到150℃；配套研发可钻式油管支撑锚、大斜度井自动关闭坐封球座、新型扶正器等系列工具，形成了具有华北特色的深井高温、大斜度分注技术。

针对低渗透油藏注水能力差等问题，华北油田开展低渗透注水井深部酸化的多氢酸酸液体系及不动管柱带压作业一体化工艺技术攻关，开发出新型多氢酸深部酸化体系。该体系具有低伤害、远距离、溶蚀率高的优点，解决了长久以来低渗透、特低渗透砂岩井酸化中存在的酸液有效作用距离施工后存在二次沉淀污染的难题，注水增注技术取得突破，实现不动管柱带压施工。目前，已在12口注水井应用，井口压力下降36%，日注水量提高3倍。

3. 大港油田攻克海上大斜度井分注难题

据记者李建报道[72]，2014年9月，大港滩海地区的埕海油田庄海8Es-L3井测调结果显示，分层注水情况良好，完全符合配注要求，打开了滩海地区精细注水的新局面。这口井采用压控开关分注技术，成功突破了最大井斜88°的分层注水难关，达到国内领先水平。

该油田于2007年投入开发建设，油藏类型复杂，天然能量弱，需要同步注采保持地层开发能量。但受技术限制，60°以上大斜度井的分注是一大难题，一直采用笼统注水方式，效果较差。近年来，随着油田开发的不断深入，层间矛盾逐渐显现，笼统注水方式不能满足开发需要。由于注水井斜度大，受井身结构复杂、油层埋藏较深、胶结疏松易出砂等因素影响，埕海油田2012年年初的分注率仅有19%。

2012年，油田开展注水专项治理工程，对大斜度井分注问题开展立项攻关。经调研，国内大斜度分注井最大斜度不超过60°，而大港滩海油田一半注水井的斜度都为50°~80°。其他油田分注技术无法借鉴，只能自主研发。大港滩海开发公司与大港油田石油工程研究院联合攻关，通过技术创新，研制了特定的分注工具，选用适合深斜井的钢带封隔器与自主研发配套的配水器，通过试注，可精细测算出不同层位的注水量，在井下对各分注层段实施定比例注水。2012年，在埕海油田实施5井次，最大井斜达到75.8°，井深达到3500m，初步实现了大斜度注水井的分层注水。

自2013年以来，对于井斜小于50°的大斜度井，试验成功桥式同心分注技术，已实施5井次，井深达到3100m，分层水量测试调配精度达到96.8%。对井斜大于60°的注水井，创新应用压控开关分注技术，精细调配各层注水量，至今已实现4井次，最大井斜达到了88°，分注层段达到4300m，创下国内大斜度井分注的最新纪录。

据大港油田滩海开发公司工艺所所长刘伯良介绍，随着8Es-L3井的分注成功，这一地区分注井达到13口，分注率上升至43.3%，分注合格率达到100%。由此，层间矛盾趋于缓和，区块自然递减率下降了3%，含水上升率得到有效控制，控制在64%左右，标志着大港油田海油精细注水上了新台阶。

4. 吐哈油田突破大斜度井防砂分注技术[69]

记者王多立报道，吐哈油田在雁木西疏松砂岩油藏开展化学防砂+防砂K344分注管柱集成试验，取得了预期效果。2014年8月12日，吐哈油田工程技术研究院院长雷宇向记者介绍。其中，以扩张式封隔器为主的防砂分注管柱已试验3口井，封隔器验封合格率、高效测调配注合格率均达100%。

此项技术的成功试验，有效解决了目前防砂分注一体化管柱配套工具较多、无法细分层系等问题。针对主力油田自然递减控制难度大等注水开发难题，吐哈油田从提高单砂体水驱动用程度和剩余油类型、欠注类型量化认识入手，分区块、分井层开展注水技术政策论证，打出了一套注水技术组合拳。

吐哈油田突破特殊井层分注技术，保证大斜度井同心分注、层内分注和防砂分注技术，分别满足井斜小于45°、薄夹层和疏松砂岩油藏的分注要求。为改善水驱效果，吐哈油田持续推进调剖技术应用，研制出鲁克沁稠油"改进型酚醛树脂冻胶"及牛圈湖低压油藏"冻胶+无机颗粒絮凝体系"两大类调剖体系，并配套优势渗流通道识别等四项调剖设计关键技术。

5年来，吐哈油田通过实施分注、增注和化学调剖措施，注水油田剖面动用程度由73.4%提高到82.2%，自然递减率和含水上升率得到有效控制，采收率提高2.5%。

5. 塔里木油田超深5920m井分层注水获得成功

在本书第四章第一节中已讲述了这项重大技术突破。2009年，中国石油提出为确保以注水为核心的油田开发基础年活动，确立了以轮南油田为主的8个综合治理先导试验项目，围绕提高油田采收率，以延缓综合递减率为目标，实施细分注水技术攻关。于2009年5月，首次在轮南2-3-14试验超深井偏心分层注水获得成功，又在轮南6口注水井试验成功，实现了由以前一口注水井只注一层转变为多层注水，解决了低渗透油藏细分层系注水难题，为减缓自然递减率提供了技术保障。

塔里木油田是中国最深的已开发油田，深度在5000m以上，目前已成熟掌握了超深井分层注水、分层测试及酸化的分层注水工艺技术，也为深度为3000m及4000m油层分层注水提供了经验。

在中国石油勘探与生产分公司2014年5—6月进行的油田注水专项治理工作检查中，将塔里木油田5000m超深井分层注水，测调成功率达到100%列为重大技术亮点。

四、精细分层注水+深部调驱是水驱油田提高采收率技术创新发展方向

大庆油田在1960年首口注水井注水半年后，第一口油井见到注入水"单层突进"含水后，大庆石油会战领导决定开展"三选"（选择性注水、选择性堵水、选择性压裂）技术攻关，以期既注水又治水，采用当时传统技术试验失败后，总结经验，提出自主创新研制"糖葫芦"多级封隔器及分层配水技术并获得成功，对于注入水在多油层渗透率差异大的情况下，形成以分层注水为核心的"六分四清"采油工艺，从注水井入手，控制高渗透层进水量、加强低渗透层进水量，解决层间水驱不均的矛盾；又针对生产油井含水率上升快，采用多级封隔器与分层配产器进行分层采油，既限制高渗透层的含水率上升速度，又压裂改造低渗透层，提高纵向动用程度。"六分四清"采油工艺不仅是项革命性技术创造，也改变了

传统油井堵水的认识：注水驱过程中生产井出水是以水驱油的必然效果，对出水层不能封堵，只能调控，堵死了出水层，也堵死了继续产油的通道。因此，大庆油田最早提出控水取代堵水的新概念。对于层间水层、边底水等堵水技术要区别对待，不可混淆。

在"七五"至"八五"期间，大庆油田综合含水率达70%以上，大庆油田立足油田基本地质特征和注水开发中的三大矛盾（层间、平面、层内水驱不均），推出"稳油控水"系统工程，包括油藏细分层描述、井网加密调整、持续创新"六分四清"采油工艺、开展聚合物驱现场试验等全方位稳定产量控制含水率上升系列措施。

大庆油田开发史上这项与时俱进再次自主创新的重大战略性科技成就，有力支撑了油田进入高含水期持续稳产$5000×10^4$t，有数十项科技创新成果获得了国家级、部级奖励，标志着有中国特色的油田开发工程技术。大庆油田首先开创了多级封隔器分层注水+聚合物驱以及二元、三元复合驱配套工程技术，既改善油层纵向吸水剖面，扩大波及体积，又深入调控层内水驱液流，提高驱油效率，从而控制无效水窜、提高采收率，形成了"稳油控水"的核心技术，也更加明确树立了注水开发油田要发展调整吸水剖面和深部调驱的新概念，简称注水"调剖"、"调驱"，取代传统堵水笼统堵水技术。大庆油田采油工程研究院在油田进入高含水阶段，及时研制了一系列适应细分层注水+注聚合物等化合物调剖剂的井下管柱和工艺（图3-7），发挥了采油工程技术推进油田开发整体技术的战略性创新。

显然，我国老油田的原油产量在今后若干年仍居于主体地位，注水驱又占优势份额形势下，以大庆油田为先导，发展精细分层注水+深部化学剂调驱是注水油田提高采收率技术创新的大方向。

各个油田有不同油藏类型及开发进程的地质、工程条件，在此技术框架下，采用适用的分层管柱和高效经济的驱油化学调剖剂，增油控水，提高采收率大有可为。

现列举几个油田技术创新实例如下。

1. 玉门油田公司老君庙油田加强精细注水为后期开发再现注水活力

记者周蕊报道[73]，老君庙油田是我国现代石油工业开发最早的油田。1954年，采用人工注水方式保持驱动能量，开创了我国注水开发油田的先河。注水始终是老君庙油田开发的重要手段，特别是在进入后期开发中，精细注水更是作为深度开发的利器受到高度重视。但在2009年，古稀之年的老君庙油田遇到注水"瓶颈"：水注不进去。随之而来的后果是：注水井开井数减少，注水量减少，地层压力下降，油井产量下滑。2009年，老君庙油田注水井不足200口，平均日注水量只有3945m^3，地层压力下降到3.8MPa，导致当年产量下降，年产量比同期水平下滑10%。

井无压力不出油。技术人员找到症结所在：注水系统已有20多年历史，注水压力严重不足；60%的注水井生产时间长，套管负载不断增加，地层吸水能力严重下降；对注水新工艺新技术应用较少。

2010年，老君庙油田按照中国石油"油田开发基础年"的要求，制定"注好水、注够水、精细注水、有效注水"的开发方针，开展注水专项治理，着力提升注水开发水平。通过注水系统改造、注水技术革新和注水措施调整，注水工作重新回到正规。

2012年，以优化注采井网和提高水驱动用程度为目标，开展水井地面、井筒和地下三位一体的系统排查研究，确定各类水井治理措施360井次，日增加注水能力1150m^3，并且加大新技术试验与应用，对新型封隔器和配水器验封9井次，对桥式同心配水工艺试验2口井。新工艺的引用，为老君庙油田后期开发提供了更多、更有效的选择。

2013年，把注水工作重点放到分层注水和提高分注率上，对L与M两个主力油藏进行挖潜，采取地面分注、井下分注、小井眼分注，不断进行开采层系的调整和优化，实现层内分层注水。

至2013年11月，老君庙油田常开注水井248口，分层注水井77口，分层数380层，分注率达到40%。日注水量保持在5200m³，地层压力和产量逐步回升。在开发了70多年之后，老君庙油田仍然担当着玉门油田主力油田重任，走出了一条注水开发和长期稳产的道路。

2. 长庆油田采用差异化注水方式攻克低渗透油田开发难关[67,68]

《中国石油报》记者杨文礼报道，由于对注水井实施调驱措施，2008年就已废弃的长庆油田第三采油厂盘古梁油田盘44-26井起死回生，目前日产油接近10t。2013年7月23日，长庆油田一位油藏专家对记者说："针对不同油藏采取的差异化注水策略，让我们攻克了一道低渗透油田的开发难关。"

地处鄂尔多斯盆地的长庆油田，是典型的低渗透、低压、低丰度及多类型、隐蔽性、非均质性极强的复杂油田。由于极为复杂的地质环境，不要说相同区块好多相邻井难以使用相同的技术措施，就是在同一个油井内的不同层位，由于其原始压力、渗透率及岩石结构上的差异，同样的技术措施也难以共用。就同一个注水井的功能而言，在相对应的大部分油井上发挥正面效应的同时，在相对应的另一部分油井上则可能起到负面效应。仅第三采油厂盘古梁油田近几年生产的500余口油井，由于地层裂缝发育成熟被水淹而迫使封堵的油井就有64口。因而，长庆油田多层系、复杂多变的油藏结构，被喻为难以征服的"顽症"。

为适应"大油田管理，大规模建设"的需要，保证2015年长庆油田5000×10⁴t油气当量目标的顺利实现，这个油田把注水工作视为油田开发的"效益工程"和"生命工程"，在大力实施"超前注水、平稳注水、注足水、温和注水"，保证地层足够能量的基础上，还根据不同区块、油井的实际状况，在实施注水及注水过程中，采取差异化的技术措施，适时调整、改变注水方案，坚持"能攻能守、进退适宜"及"软硬兼施"的原则，力争把注水在油田开发中的作用发挥到极致，从根本上保证油田的稳产增产。

靖安油田地层结构大孔道裂缝多，造成注入水沿裂缝方向突进，致使主应力方向的油井注水压力高而被水淹，而侧向上注水的推进速度低，对应油井注水利用效率低，油藏能量得不到有效补充，产油量低。针对这种实际情况，这个油田大力开展不同油藏窜流通道类型的识别和技术研究，目前已研发出相应的堵剂及相配套的调剖工艺，形成了窜流通道综合识别技术、多种类型调堵剂系列等三项主体工艺体系。调剖技术取得长足进步，调剖效果逐年变好。自2013年年初以来，现场试验22井次，累计降水1222.7m³，增油1137t。

第八采油厂针对多层开采的实际，自2008年以来大力进行分层注水、水井增注等剖面治理，使水驱动用程度由原来的68.1%上升到了85.2%，油井见效91口，累计增油5916t。其中，盐26延9油藏日产油水平由2008年12月的20.58t上升到目前的31.48t，油藏开发效果明显改善。

针对水驱不均、水穿油层、水淹油井的"顽症"问题，第三采油厂在盘古梁油田坚持分区域精细注水的原则，通过实施补孔调剖、酸化调剖、化学堵水、平面径向调差等为主要内容的油藏综合治理，油藏水驱状况不断好转。2007—2009年，通过在64口油井采取堵水措施，累计增油 5.9×10^4t，其中有 7 口井单井增油达到 5t 以上。

负责镇原油田开发的超低渗透油藏第四项目部，对已关闭的高含水井，采取调整注采措施和封老层开新层的办法，目前措施 15 口井，口口见效益，其中镇 44-38 井日产油 6.06t。

3. 新疆油田陆梁 9 井区精细注水增储上产量[69]

《中国石油报》记者宋鹏报道，自 2009 年以来，新疆油田陆梁作业区开展精细注水工程，实现精细注水工作常态化，改善了油田开发效果。

作业区确定了单砂体解剖与流动单元划分基本方法，对 800m 跨度内 40 个水平井开发单砂体逐一落实了油层展布，明确注采结构调整潜力。

通过开展 4 种水平井注采井网的数值模拟研究，确定合理井网为多口直井交错式注水；通过对两类水平井的合理井距研究，确定了边水型水平井和底水型水平井合理井距；通过对 40 个水平井部署油藏开展注采关系研究，优选储层连通、井距合适的井点完善注采井网。

作业区还对水平井类型进行细分，将水平井分为边水、底水和油水同层 3 大类，结合水平井生产特征，进一步细分为 6 小类。根据分类结果，利用油藏工程、经验公式和数值模拟等手段，确定了不同类型水平井的注采界限，为水平井合理开发奠定基础。

2010—2013 年，陆 9 井区共补钻注水井 6 口、补层分注 94 口，共补开 157 层，实施注采参数调整 651 井次。实施后水驱控制程度由 65.5%提高至 87.8%。水平井自然递减率由 32.0%下降至 18.6%，含水上升率由 8.6%下降至 6.5%，水驱可采储量增加 100.8×10^4t，采收率提高了 6.65 个百分点。

4. 大港油田研发分层注水与调剖一体化技术成功

记者种占良、宋祖广报道[74]，2014 年 9 月，大港油田采油工艺研究院在板桥油田开展桥式同心分层注水与调剖一体化管柱试验研究取得新进展，成功下完 7 口井，为老油田提高注水开发效益提供了技术支撑。

桥式同心分注技术已成为大港油田深斜井分层注水的主体工艺技术，但随着调剖规模的不断扩大，桥式同心分注工艺管柱难以满足生产需要，分注井需要调剖时必须进行检管作业，耗费作业费用，影响注水开发效果。通过联合攻关，在保证精细配水的前提下，对桥式同心配水器水嘴过流通道进行了优化和改进，将进一步扩大桥式同心分注技术的适用范围。

另据记者李建报道[75]，自 2013 年以来，大港油田公司石油工程研究院自主创新，研发出水平井完井、采油管柱及工艺技术，获得国家发明专利授权。

这一新工艺针对出砂油藏和底水油藏，将水平井完井工艺与后期采油技术结合，优化集成水平井先期防砂控水一体化完井技术。它通过下入遇油膨胀封隔器，和管内预设密封筒进行分段开采，能有效提高水平段动用程度。同时，它还与中心管技术有效结合，采用优化布孔设计，调整水平井内生产压差的分布，有利于延缓底水锥进，延长低含水采油期，为工业化推广创造条件。

五、结束语

（1）半个世纪以来，我国以大庆油田为先导的陆相砂岩油藏创立的早期水驱、分层注水、精细注水等系列油田开发理论与工艺技术，持续推进了油田开发迈向世界先进水平，面对占主体原油产能的老油田进入"双高"开发阶段的高难度技术、经济等诸多挑战，又开拓了聚合物驱、表面活性剂/聚合物二元复合驱、碱/表面活性剂/聚合物三元复合驱+同井多级封隔器分层配注工艺规模应用新创造。

（2）最近5年，中国石油开展精细注水开发专项活动，有力推进了各类油藏以注水为基础的稳油控水配套措施，以"控递减、控含水"为具体切入点，转变各级领导者观念——立足注水，稳油必先重水，把精细注水确立为长效机制保障战略工程，持之以恒，最大幅度提高采收率，提高石油资源动用程度和开发效率。各个油田结合油藏地质特点和突出问题，创造了各具特色的新技术、新经验，获得了崭新的成效，为创建百年油田开拓发展前景。

（3）展望未来，当前正在扩大规模应用的气驱（CO_2，N_2）、深度调剖技术，以及国内外正在研究的几项前沿技术，诸如，智能表面活性剂驱油技术、智能纳米驱油技术、生化降黏提高采收率技术等，能够进一步提高驱油效率，同时采用多级封隔器分层配注和高效测调工艺，发挥我国的优势技术，更将推进构建注水油田实现百年油田的战略目标。

第二节　水平井钻井采油技术必将成为主导技术

笔者在1994年6月有幸参加了在挪威举办的第14届世界石油大会，作为张贴论文的作者，以图片影像资料展现了中国稠油资源分布及开发现状，重点介绍了大规模应用蒸汽吞吐热采技术。1993年产量达到了$1139×10^4$t，成功应用于1600m深井的国产高效隔热油管、多种型号的耐热封隔器、各种油井防砂技术，以及丛式定向井、水平井钻井设备及技术、抽油设备等。当时，丛式定向井已在辽河油田曙一区规模化应用，水平井钻井技术已批量试验成功，水平分支井已有2口井试验成功。

在大会上，应用水平井及水平分支井的技术是项引人关注的亮点，许多大公司对水平井及多底分支井的研究及现场应用规模表明，这项开发稠油、低渗透油田、特殊岩性油藏的新技术已发展到成熟应用阶段，增产量成数倍于直井。加拿大重油采用双水平蒸汽辅助重力驱（SAGD）技术的成功经验，以及法国IFP公司利用水平井及水平多分支井技术控制底水的新技术等引起了与会者的关注和重视。这项新技术也引起了我国石油科技人员和决策者的重视。

进入21世纪以来，我国水平井及水平多分支井钻井采油技术加快了发展步伐，在中国石油勘探与生产分公司统一部署协调下，各主要油田开展了整体区块规模化应用。近几年，中国石油每年完钻水平井近1000口左右，随着压裂改造技术的进步，应用于低渗透油田水平井展示出巨大的生产潜力和广阔的应用前景。2013年，原油区块完钻水平井1327口，比上年净增346口，创水平井应用规模新高。其中，长庆油田579口，新疆油田235口，吉林油田155口，辽河油田120口，大庆油田110口，吐哈油田30口，大港油田28口，塔里木油田25口，华北油田20口，青海油田13口，玉门油田9口，冀东油田3口。2013年，中国石油对开辟的5个低渗透油田水平井规模应用示范区继续扩大，部署总井数490口，其中水平井250口，已完钻水平井208口，平均水平段长807m；投产89口，平均单井日产油6.9t，是同区块直井的3倍以上。

根据《中国石油报》报道，现摘要列举以下应用实例。

一、辽河油田规模应用多种水平井开发稠油、高凝油与潜山油藏获得重大成就

辽河油田是我国最大稠油生产基地，也是高凝油最多生产油田，而且新发现一批裂缝性

潜山油藏，这三种难动用储量大的油藏，从20世纪90年代开展水平井开发技术攻关，至2012年已累计井数达1205口，规模应用效果显著，成为支撑辽河油田稳产$1000×10^4t$产量水平的主体采油工程技术。据《中国石油报》报道及有关内部资料，辽河油田在上述三类低品位储量勘探开发、新断块高效开发、老油田二次开发上规模应用水平井技术，2013年累计实施1294口，占总开井数的5.9%，贡献了1/4的产量。

千万吨持续有效稳产是辽河油田的"生命线"，在经历40多年勘探开发、原油千万吨以上连续稳产27年后（至2013年），面对愈发复杂的内外部发展环境，实现效益稳产成为辽河石油人首先要破解的难题。面对开发矛盾逐年凸显的严峻形势，辽河油田顶着稳产和效益的双重压力，努力寻求破解困局之道，实施了"提高新区建产比例、提高稀油高凝油产量比例、提高稠油转换新开发方式比例、提高吞吐稠油组合开采产量比例"四大结构调整，促成了原油持续有效稳产。

辽河油田曙光采油厂所属杜84块等特超稠油，采用水平井吞吐、双水平井SAGD技术，使该厂的稠油热采开发30年来保持在200多万吨水平，其中双水平井SAGD技术，在2012年已规模应用于48个井组，年产$71×10^4t$。

辽河油田逐年水平井累计数量见图9-4，双水平井SAGD技术示意图见图9-5，曙光采油厂稠油开发指标见图9-6，沈阳油田胜安堡潜山不同井型探井效果见图9-7。

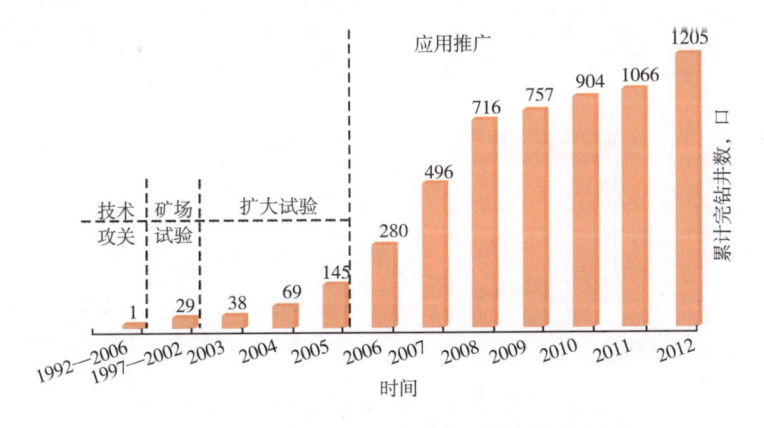

图9-4 辽河油田逐年水平井累计数量示意图

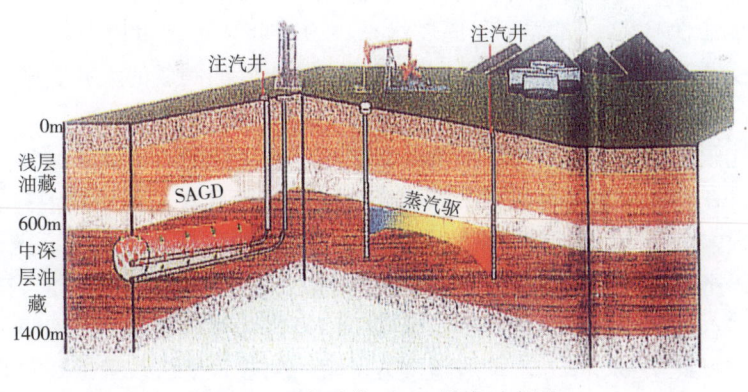

图9-5 双水平井SAGD技术示意图

图 9-6　曙光采油厂稠油开发指标

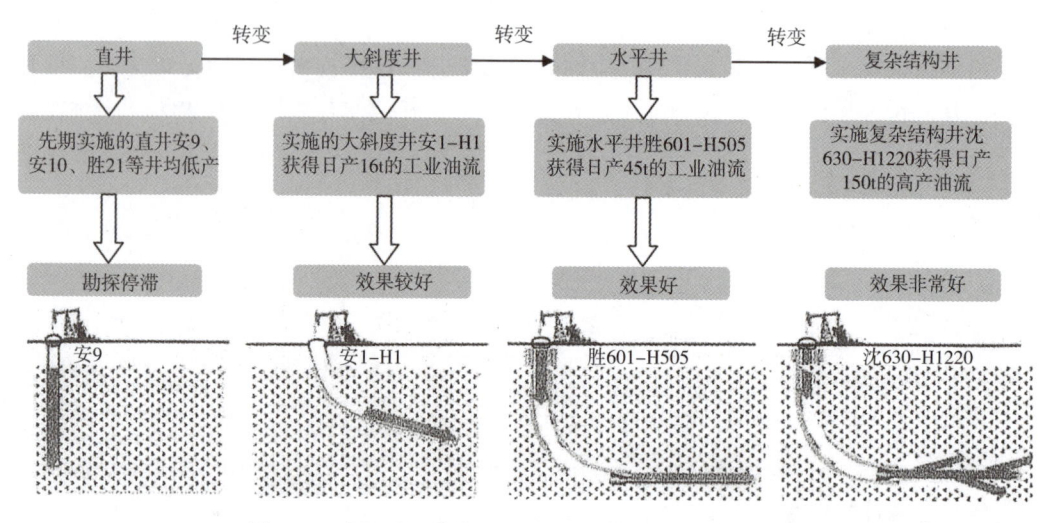

图 9-7　沈阳油田胜安堡潜山不同井型探井效果示意图

辽河油田拥有 3×10^8 t 高凝油地质储量，已动用 2.4×10^8 t，是我国最大的高凝油生产基地。辽河油田高凝原油具有高凝点、高含蜡、低硫、低胶质的特点，属轻质原油，原油凝点最高为 67℃，最低为 37℃，常温下呈固体状态。2010 年，上海世博会石油馆里展出过用原油制成的多种雕塑工艺品，在笔者办公室保留着一件用原油制成的大肚笑佛坐像，外表涂金色光彩，笑口动人，如不讲明是原油制品，必定误认为是石蜡制成。

辽河油田沈阳采油厂所属高凝油油藏既有非均质性较强的砂岩储层油藏，也有双重介质的古潜山油藏，在开发中，不但油层中原油流动困难，而且在井筒中降温过程举升很困难，造成开发难度极大。自 20 世纪 80 年代以来，采用空心抽油杆热水循环、电磁加热、蒸汽/热水吞吐、注热水驱、注冷水驱等技术，围绕提高单井产量和采收率难题，持续开展技术攻关。为降低能耗及操作成本，最近几年，试验了钻完井井型结构的三个转变，由常规直井转变为大斜度井，再转变为水平井，最后转变为复杂结构井，依次改善了开发效果，并采用电磁加热采油、注水驱开发。如图 9-7 所示，水平井效果好，复杂结构井（即水平分支井）效果更好。这表明辽河油田对高凝油要保百万吨产油规模，建成高效开发油田的目标，有了创新开发方式的新途径。

辽河油田最近几年发现并投入开发了兴隆台潜山油藏,地处盘锦市兴隆台区,主要含油储层是中生界和太古界,构造面积 84km², 有兴古潜山、马古潜山和陈古潜山,共分 7 个开发单元。兴隆台潜山油层最发育,含油层厚度大,储层岩性主要为混合花岗岩、黑云母斜长片麻岩及其混合岩。储集空间和渗流通道主要为构造裂缝、风化裂缝,其次为次生溶蚀孔隙。油层基质孔隙度 4.3%, 裂缝孔隙度 0.7%; 基质渗透率小于 1mD, 裂缝渗透率 161mD。油藏类型为具有统一压力系统的块状裂缝性轻质油藏。截至 2012 年底,探明含油面积 55km², 地质储量 1.27×10^8 t。

2007 年,在兴古 7 块开辟了开发试验区,进行井型优化设计与实施,投产直井 10 口、水平井 18 口、鱼骨水平井 5 口; 开展了合理井网井距研究、井间干扰试验,确定合理工作制度; 开展了开发方式研究,试注水 1 口井。试验区直井投产初期平均单井日产油 28t, 2009 年降为 12t; 水平井初期平均单井日产油 82.3t, 2009 年为 63t; 鱼骨水平井初期平均单井日产油 94.8t, 2009 年为 54t。截至 2009 年 12 月底,试验区日产油 1602t, 累计产油 86×10^4 t。

2010 年,兴隆台潜山油藏全面投入开发,动用地质储量 1×10^8 t, 开发方案部署 166 口井,其中水平井 122 口, 直井 12 口,实现原油生产能力 100×10^4 t 持续稳产的目标。截至 2012 年,完钻开发井 93 口(水平井 70 口),投产各类油井 107 口(水平井 63 口)。日产油 2500 多吨,接近年产 100×10^4 t。生产实践表明,采用水平井及纵横交错的井型,能够提高单井产量,上产快,但又暴露出依靠天然能量不足油层下降较快,已由 35MPa 下降至 12MPa, 导致老井产量递减加快,底水锥进快,含水率上升快,已有部分井停喷。对于选择注水、注气保持油层压力并控制底水锥进的重大课题,在第八章第三节中已述及。

二、吉林油田规模应用水平井开发低渗薄层油藏获得成功[76]

2012 年初,中国石油将水平井开发低渗透油田示范区两个项目下达给吉林油田,当年完钻水平井 192 口, 投产 107 口, 日产油是周边直井的 4~10 倍。以水平井加体积压裂推进低渗透油田高效开发的前景日渐明朗。在地质特征认识、工程设计理念、实施手段到监测评价等环节迈出了成功的第一步,实现了 2012 年初确定的"突破产能、试验技术、取得认识"的水平井压裂开发试验目标。

在吉林油田,用水平井加体积压裂技术的油层,一是低渗透薄油层,俗称"煎饼油层";二是扶余致密油藏,俗称"磨刀石"。针对"煎饼油层",以水平井加体积压裂方式,提高钻探成功率,增加井控储量,依靠水平井实施勘探开发一体化,加快资源发现与动用。针对"磨刀石"油藏,水平井加体积压裂形成了空间裂缝体,改善了水平井周围储层的渗流能力,有效增加了单井控制储量,从而提高了单井产能。

一组数据能说明问题:在属于"煎饼油层"的黑 168 区块,常规压裂直井动用储量 0.33×10^4 t, 体积压裂水平井动用储量 6.3×10^4 t。以黑 168 区块为试点,探井成功率由 53% 提高至 100%, 初期试油日产量由 5t 提高至 50t, 打开了勘探局面,开发低效井由 50% 降低至 10%, 单井日产油由 1t 提高至 10t, 实现了效益开发。

三、大庆油田第八采油厂攻克水平井开发"三低"油藏

据报道[77], 大庆油田外围的第八采油厂,作为大庆油田水平井开发"三低"油藏应用的先锋,经历 10 多年的探索攻关,发展完善了水平井开发配套技术,建立了水平井+直井

联合开发模式，实现了由零散开发到整体开发、纯油区到油水同层发育区、连片席状砂到窄小河道砂、新区储量动用到老区剩余油挖潜4个拓展应用。

2013年8月，第八采油厂累计完钻葡萄花油层水平井144口，投产138口，初期单井日产油13.4t，是直井的3~5倍，阶段采出程度较直井高5%~10%，百万吨产能较直井少钻井749口，吨油操作成本较直井低499元。攻克水平井、高效注水、精细管理称为"三板斧"，使原油年产量由2007年的134×10⁴t增加至2013年的166×10⁴t，已保持6年以上，成为大庆油田外围高效开发"三低"油藏的领跑者。

第八采油厂历年原油产量与水平井开发状况图见图9-8。

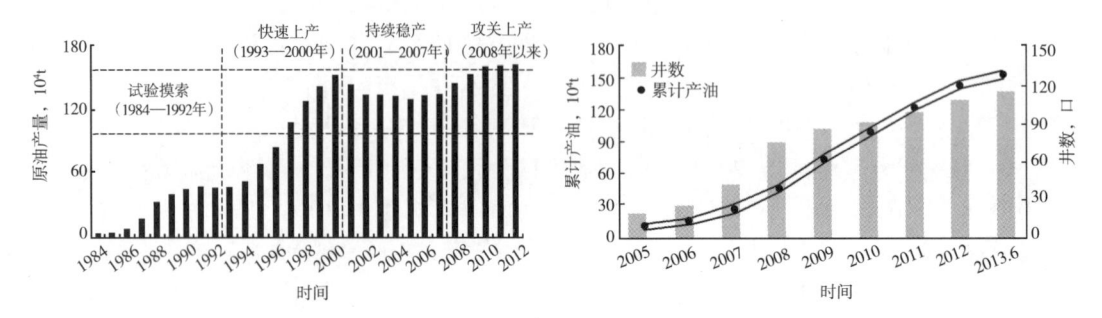

图9-8 第八采油厂历年原油产量与水平井开发状况

四、华北油田突破薄油层钻水平井开发难题

据报道[78]，华北油田第四采油厂泉2平2井顺利完钻，油层水平段长度300m，钻遇率93.3%，成功开创了建厂30年来钻探薄油层水平井的先河。由于地层出砂严重、油层薄，位于柳泉构造带南部的泉2断块虽然在1983年就上交探明石油储量121×10⁴t，至2013年3月已完钻各类井14口，却一直未能投产。为了缓解紧张的产量形势，盘活难动用储量，该厂地质技术人员对泉2断块油藏沉积微相、储层分布特征、构造特征等大量资料进行精细研究，认为砂体展布认识清楚，砂体单一，储层物性较好，局部厚度可达6m，油藏具备择优动用条件，适合水平井开采。

为攻克常规水平井钻穿的油层一般不低于5m，而泉2断块油层较薄，其中泉2平2区油层厚度只有3~5m的开发难题，精确卡层和准确导向成为断块水平井钻探成功的关键。而泉2平2井油层上部泥岩标志层变薄，水平油层段中部倾角突然变换等一系列地质问题又成为钻探中的"拦路虎"，厂地质研究人员充分利用开发协同工作环境平台，认真分析油藏、地质、工程研究成果，现场驻井监督卡层、导向，密切跟踪及时调整轨迹，确保了泉2平2井成功完钻，不仅为盘活这个断块油藏的难动用储量提供了新的采油方式，而且为今后实施调整类似油藏措施开辟了新的思路。

五、吐哈油田水平井钻井在2m超薄油层成功穿行587m

据报道[79]，吐哈油田鲁克沁稠油区在1500多米的地下让钻头在2m厚的超薄油层中穿行587m，由吐哈油田工程技术研究院研发的"双探底"技术施工成功。2012年12月23日，采用这项技术钻成的英502H2井顺利射孔，产量是邻井直井的2倍。

吐哈油田在鲁克沁超深稠油英也尔构造部署了英502丛式井组。英502H2井是井组4口水平井中的第一口开钻井,地处火焰山南侧库木塔格沙漠腹地,由西部钻探吐哈钻井公司承钻。由于地层倾斜,钻头在钻进时易发生蹩钻、跳钻、滑动现象,要钻成水平井,难度极大。在超过1500m的地层深处,钻头要在仅有2m厚的超薄油层中穿行而不能出界。钻井队技术员杨消说:在千米地层深处,好比在"刀尖上跳舞",据测算,即使是钻头倾斜只有1°,钻进30m后偏差就会超过2m,钻头就会钻出油层。为解决千米地层中钻头精确制导难题,吐哈油田工程技术研究院采用无线随钻仪器,并应用地质导向系统,实时采集自然伽马和感应电阻率等近20项数据,为地下钻头提供实时精确制导。在地层倾角测定上创新思路,利用地质导向仪器,研发出"双探底"技术,通过实测两点油层边界位置,并建立长方体油层模型,从而为定向钻井提供直观的参数。技术负责人说,这仿佛是装上一双透视眼,让钻头在千米地下"看着"地层穿行,哪里有油就往哪里钻。

2012年9月26日,英502H2井顺利完钻,实测水平段长587m,砂层钻遇率100%,实钻轨迹控制在垂向中心线上下0.5m之内。按照设计要求,钻遇率超过80%即为合格,而这口井的油层钻遇率高达92.4%。这口井的顺利钻探,有效评价了储量规模,不仅为鲁克沁东区稠油薄层长水平段钻井积累了经验,而且为超深稠油储量升级和有效开发奠定了基础。下一步,吐哈油田将围绕丛式水平井展开矿场试验,努力提高单井产量,落实储量规模,为下一步勘探开发探路。"双探底"技术可根据需要向"多探底"方向发展,为如期钻成吐哈盆地丛式水平井提供技术支撑。"双探底"技术示意图见图9-9。

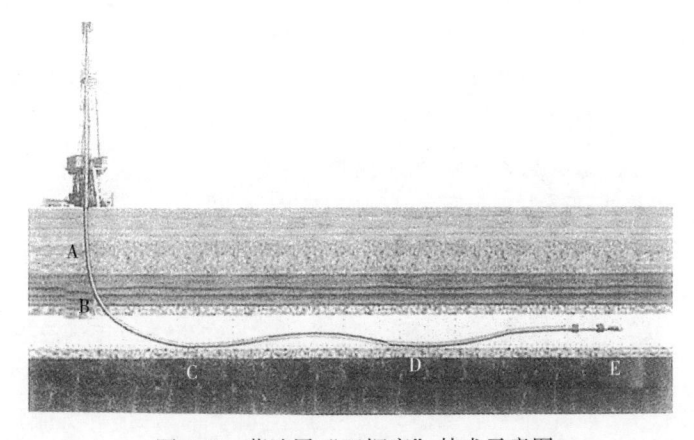

图9-9 薄油层"双探底"技术示意图

从地面垂直钻进到A点后井眼开始造斜,以一定角度倾斜钻进,通过B点进入目的油层,开始在2m厚的超薄油层中水平钻进。为确保钻头不穿出油层,钻头在C点与D点位置先后探底,通过确认这两处油层下界面从而计算出油层倾角及走向,并为后续钻进建立长水平段动态三维长方体模拟靶盒,保障钻头始终在油层中穿行。这就是"双探底"技术

六、冀东油田高浅北区水平井开发控水获得重大突破[80]

冀东油田高浅北区油藏位于南堡凹陷高尚堡构造带高柳断层上升盘,总体构造为一个宽缓鼻状构造,探明含油面积6.8km²,属未饱和常规稠油油藏。1992年,确定以定向井井网方式投入开发。由于非均质性强,油水黏度比大,含水率上升快,"水淹"现象严重。加之储层疏松易出砂,生产过程中油井易砂堵、套损、套变、窜槽十分严重,无法正常生产。虽然采取卡堵水、防砂、解堵和提液等措施,始终不能扭转产量低、含水率高的状况。经过10年开发,这个区块综合含水率达到90%,采出程度9.1%。

着眼特高含水稠油油藏二次开发，冀东油田大胆采用水平井开发新技术。2003年8月，高浅北区第一口水平井高104-5P1井投产，水平段长150m，初期日产液62t，日产油54.3t，成功突破稠油油藏开发瓶颈。

由于水平井生产具有压差小、悬挂滤砂筛管完井可先期防砂的优点，可有效解决油井出砂、堵塞和措施频繁的问题。水平井井段长，接触油层面积大，可显著提高单井产量和储量动用程度。与定向井开发相比，水平井开发可大幅度降低产能建设投资，提高油藏采收率。

冀东油田整体部署的110多口水平井，打开了高浅北区地下"黑金"宝藏之门。这个区块日产油从2003年7月的315t上升至2007年7月的1355t，年产量由不足10×10^4t攀升到40×10^4t，采收率提高近10%，新增可动用地质储量372.3×10^4t。

高浅北区稠油油藏水平井开发取得成功后，冀东油田将水平井确立为开发主导技术，迅速扩展应用规模和应用领域，先后在高南、庙北和南38区块等油藏集中论证部署水平井。截至2007年，水平井建设产能达到188.5×10^4t，当年水平井产量达到86.1×10^4t。

冀东油田持续推进水平井合理井型、油层保护、地质导向、完井方式和举升方式等关键技术进步，逐步形成适合复杂小断块油藏的水平井配套开发技术系列，应用领域从浅层常规稠油油藏发展到中深层、深层底水稀油油藏，以及含油面积小的复杂断块油藏和潜山碳酸盐岩裂缝型底水油藏，井型由常规水平井发展到侧钻水平井和大斜度水平井。目前，冀东油田已形成水平井开发特色技术系列，包括水平井开发适应性评价、水平井部署方案优化设计、水平井钻井地质设计、水平井钻井工程设计、水平井轨迹控制与地质导向等10个方面，成为助推冀东油田快速上产的"新引擎"。

由于水平井采液强度大，中后期含水率上升快、产量递减快和层间接替潜力小等矛盾凸显，亟待有效治理。自2008年以来，冀东油田持续开展水平井控水攻关，精调细控，取得了水平井先期分段完井控水、高含水水平井找水、水平井二氧化碳吞吐、水平井控水作业等五大技术成果，诞生了自然膨胀式封隔器等10项技术专利。

水平井控水必须立足于"早"和"控"。所谓"早"，就是在完井和投产阶段即对井筒提前做工作，采用分段完井控水管柱，为后期高含水治理创造条件；所谓"控"，就是按照"一层一策、一井一法"原则，精心制订开发技术方案，在生产过程中合理控制采液强度和生产压差，不采"过头"油，延缓含水率上升速度。经过探索，冀东油田已形成4套具有自主知识产权的水平井分段完井控水管柱，适用于不同的油藏深度和井眼尺寸，为水平井控水发挥重要作用。

此外，冀东油田试验了二氧化碳吞吐技术，初步掌握了其控水稳油机理、选井选层条件以及延长生产有效期的方法。向油层注入二氧化碳，可以溶于原油，使原油体积膨胀，显著降低原油黏度，增加其流动性，萃取出其他方式无法采出的边边角角的"死油"。同时，二氧化碳泡沫能够封堵水流通道，实现高含水水平井的控水增油。截至2013年底，共在水平井现场应用二氧化碳吞吐技术措施135井次，累计增油7.14×10^4t，阶段降水62.2m³，投入产出比为1:3.5，实现效益开发[80]。

此外，据《中国石油报》记者顾虹采访中国石油勘探开发研究院采油工程研究所熊春明，对水平井后期开发中存在含水率上升、产量递减速度过快的问题，提出控水要树立"全生命周期"理念。他说："相较直井而言，水平井见水后，治理难度更大，因此要树立'全生命周期'理念，形成'先期预防、中期控制、后期治理'的系统方法，以防为主、防治结合，下功夫做好水平井控水工作。所谓'先期预防'，就是要从油藏层面优化开发方式和井网部署，减缓水窜现象，为水平井低含水稳产夯实基础。同时要从井筒层面优化完井方式，为后期治理预留接口和条件。'中期控制'就是要合理制定并动态调整生产制度，加强水平井分层控采技术的研究与应用，通过'劳逸结合'延长水平井寿命。'后期治理'尽管从管理角度看是次优的选择，但在现实条件下必须予以足够重视并努力推动。就后期治理技术来说，中国石油经过5年多的攻关，已取得较大进展。"目前，中温砂岩油藏水平井控水技术已基本成形，逐步形成"分段找水、分段封隔、分段封堵/控采、低渗透段措施增产"的砂岩油藏水平井控水技术。今后，中国石油将加大研发力度，着力解决高温油藏水平井，具有人工裂缝的低渗油藏水平井，天然裂缝发育的潜山油藏水平井以及复杂结构水平井的控水难题[80]。

七、大庆油田水平井测试新技术应用成功

据报道[81]，2013年11月，大庆油田测试分公司管柱输送存储式仪器产出状况测试技术在州54-平60井应用成功，录取资料完整准确，攻克了大庆水平井测试技术难题，成为外围稳油上产的新利器。

据悉，大庆油田水平井水平段长度一般为200~700m。由于测井仪要进入水平段，必须在井下拐个弯，因此水平井测试一直存在诸多技术难题。目前，大庆油田水平井测试主要依靠牵引器将测井仪器输送到水平井段进行测试，由于水平井段出砂、落物等原因，经常导致牵引器无法将测井仪器输送到位，因而难以完成测试任务。

为解决这一技术问题，大庆油田测试分公司研发中心科研人员开展了管柱输送存储式仪器产出状况测试技术的科研攻关。一年来，科研人员深入测试生产一线，反复研究，细心做好井下作业工具、电子开关器、存储式电磁流量计等附件的选型、改型以及模拟井的试验等工作，精心研制出管柱输送存储式仪器，用来录取水平井在生产期间多层段的压力、温度、流量以及流体取样资料。

大庆油田测试分公司与专业技术部门通过井下分段流量测量、井温变化及流体取样情况分析，对分段产出状况以及管外其他情况进行分析解释，为这项技术进行实际应用奠定了基础。历经一个多月的现场测试施工，成功录取到州54-平60井3个不同生产层段的10组压力、温度数据；3组流量数据，1组井下密闭流体取样资料，充分证明这项技术可对水平井产出状况准确测试。与以往测试仪器10m的体型相比，该仪器长1m，还可根据实际情况更短，身材小巧，具有成本低、密闭性好的特点，推广应用后，将大大减少测试仪器在套管内的阻力，保障仪器在安全情况下反复进退，提升了大庆油田水平井测试技术水平。

大庆油田测试分公司科研人员拓宽技术适用范围，将管柱输送存储式仪器产出状况测试技术应用于水平井堵水治理中，为提升水平井单井产量提供了技术支持。

八、大庆油田水平井组试验强碱三元复合驱获得成功

据《中国石油报》报道[82]，经过8年攻关试验，2014年7月，大庆油田第四采油厂，国内首个水平井组强碱三元复合驱现场试验获得成功，开发效果显著，提高采收率25.8%，是聚合物驱开发效果的2倍，8年增油 14.42×10^4 t。

大庆油田第四采油厂所属杏北油田已有48年开发历史，经过水驱、聚合物驱高效开发后，厚油层顶部富含一定剩余油，但特别难采，为此，该厂专门成立项目组，开展个性化开发方案设计，通过水平井与直井不同组合关系优选，最终确定了有利于后期开发评价的3注

2采水平井井组,并与周围能形成注采关系的18口注采直井,构成水平井强碱三元复合驱现场试验区。

目前,第四采油厂逐步形成了点坝砂体内部结构精细刻画技术、水平井组优化布井技术和水平井三元复合驱动态跟踪调整技术等6项公司级创新成果,并取得7项国家级专利。

第三节　水平井多段压裂储层改造技术新进展

进入21世纪以来,中国石油各主要油田在加快发展水平井开发工程技术的同时,创新发展了水平井多段压裂改造新技术,进一步发挥了老油田高效改造低渗透油层挖潜提高采收率,以及低渗透、特低渗透油气田增储上产的重大战略性采油工程技术的威力,已成为技术成熟、增产效果显著、经济效益良好的重大创新采油技术。

据有关报告,中国石油在2013年共完成该项技术1056口井,同比增加36%,其中分层压裂10段以上井298口,占28.2%;5~9段903口,占85.5%。平均压裂后稳定产量是直井的3.5倍以上。

据《中国石油报》记者金江山、通讯员王晓泉2012年12月24日从中国石油勘探与生产分公司了解到,针对致密油气和页岩气等非常规领域开展的油气藏储层改造技术重大现场攻关试验取得重大突破。

"十二五"开局以来,在顶层设计指导下,各攻关单位在"十一五"低渗透油气藏储层改造技术成果的基础上,基本掌握复合桥塞多段压裂技术,套管滑套多层压裂技术,连续油管喷砂射孔多层压裂技术,封隔器滑套多层多段压裂技术,体积压裂设计和实时监测及压裂后评估技术等致密油气和页岩气开发领域的技术;研发拥有自主知识产权的复合桥塞+多簇射孔联作适合三种套管尺寸的分段压裂工具系列,具有不受分段压裂段数限制、工具管柱简单、套管施工排量大和桥塞钻选后井筒完整便于后续作业等优点,具有国际先进水平。这些成果对页岩气、致密气高效开发和降低成本具有重要现实意义。

中国石油勘探与生产分公司按照"先直井后水平井、先致密气井后页岩气井"的试验原则,遵循多段大液量大排量体积压裂理念,2011年11月26日,首次应用西南油气田公司自主攻关开发的复合桥塞+多簇射孔联作分段压裂技术,在安岳须家河组致密气藏岳101-58-x1井成功完成5层压裂施工,性能达到了国外同类产品水平。截至2012年11月底,西南油气田公司已生产并销售页岩气1125.3×10^{4}m^3。

截至目前,应用自主研发的复合桥塞+多簇射孔联作工具分段压裂12口井。其中,直井7口,水平井5口,最高分压段数10段,工艺成功率100%。现场试验表明,自主研发的复合桥塞性能完全达到设计要求,多簇射孔和带压钻磨桥塞配套工具性能可靠、工艺可行,标志着水平井复合桥塞+多簇射孔联作分段压裂技术成功实现国产化,为下步页岩气水平井应用国产化复合桥塞工具进行低成本、大规模体积压裂提供了有力技术支撑。

据了解,根据中国石油页岩气和致密气等非常规天然气勘探开发部署,2013年重点在西南油气田部署致密气开发井86口,其中水平井60口,当年建产能21×10^{8}m^3;部署页岩气水平井36口,当年建产能2.73×10^{8}m^3;计划推广复合桥塞多段(层)压裂现场试验30~50口井。

复合桥塞+多簇射孔联作分段压裂技术的突破,标志着西南油气田公司储层改造技术迈上新台阶,改变了以往只能引进国外技术开发页岩气等非常规天然气的局面,掌握了页岩气水平井开发的关键主体技术，完善了中国石油水平井加分段压裂主体技术体系，为页岩气和致密气等非常规领域的规模效益开发奠定了坚实基础。

2012年，由中国石油勘探开发研究院、中国石油长城钻探工程有限公司（以下简称长城钻探）和大庆油田有限责任公司等单位共同完成的"水平井钻完井多段压裂增产关键技术及规模化应用科技成果"获国家科技进步一等奖。这是中国石油"九五"以来在石油工程技术领域获得的最高等级奖项[83]。

这项重大创新采油工程技术，已在大庆、长庆、吉林、新疆、吐哈、冀东等油田规模应用，又有了新创造。

长庆油田是我国最大的低渗透、特低渗透油田开发油区，是中国石油建成$5000×10^4$t油气当量的重点油区，如本书第四章第二节所述，经历40余年针对有效开发低渗透、特低渗透油藏持续科技创新，开拓了水平井多段分层压裂、工厂化压裂施工模式等系列工程技术，达到世界先进水平。作为长庆油田工程技术服务主力军的川庆钻探长庆井下公司，截至2013年12月10日，对"三低"油气藏的增产改造中，年度完成试油气压裂酸化突破9000层次，刷新国内井下作业队伍年施工层次最多纪录，为建设西部大庆提供了有力支撑。对于因"三低"著称，"逢井必压"的长庆特低渗透油气田而言，压裂施工是增产稳产的关键所在。40年来，该公司累计完成试油气压裂酸化作业8.7万层次，完井3.07万口井，从2008年专业化重组整合以来，以一年递增一千层的速度进行工程技术服务。2013年，该公司集中资源和技术优势，新增压裂、测试试井设备56台套，总功率新增8万匹水马力，以不同水马力的压裂机组应对不同油气藏。首创中国石油水平井"工厂化"压裂施工模式，技术集成化、队伍专业化、生产组织模块化，全年完成水平井施工664口井、6006层次，占长庆水平井总工作量的66.4%，极大地推动了长庆油田水平井规模化开发。面对鄂尔多斯盆地"三低"油气藏地质特点，形成了具有自主知识产权的十大特色系列压裂工艺技术。一系列新技术新工艺在工厂化压裂施工中成功应用，成为中国石油致密油气勘探开发获得新突破的攻坚利器（摘自2013年12月16日《中国石油报》）。

此外，笔者再列举几例，阐明这项"革命性"技术创新新进展及获得的效果。

一、大庆油田创新可控穿层压裂技术，有效开发薄互层油藏

据记者王志田报道[84]，2013年11月，大庆油田采油工程研究院应用水平井可控穿层压裂技术，试验36口井，单井纵向目的层小层动用率100%，平均单缝累计产量为同区块常规压裂水平井的1.2~1.6倍。

大庆外围油田葡萄花和高台子的扶杨油层丰度低，属于特低渗透储层，采用常规直井技术开采，大多低效、无效，甚至因不可动用而闲置。油田近期和中长期的勘探资源品位相对较差，这些难采储量的有效动用和资源升级是当前的重点攻关目标之一。水平井开发及压裂改造技术拓展应用到薄互层更加复杂的葡萄花储层，如果只压裂改造钻遇层，将使井控储量损失严重。为此，大庆油田采油工程研究院立项攻关低渗透砂泥薄互储层水平井可控穿层压裂技术，通过水平井纵向穿层压裂，沟通上下未钻遇油层，以提高储量动用程度，减少低渗透砂泥薄互储层开采丢层而造成的储量损失。

位于松辽盆地中央坳陷区三肇凹陷宋芳屯鼻状构造的芳50-平16井位，发育4个葡萄花薄油层，由于席状砂发育，水平井钻遇率低，水平段长660m，钻遇砂岩只有93m，井控储量损失大。应用水平井可控穿层压裂后，纵向上沟通4个油层，目前日产油6.3t，已累计

产油2607t。

古龙南油田水平井规模应用示范区采用可控穿层压裂技术，现已有12口井投产，平均单井初期日产油达9t以上，其中，主断块内可控穿层井平均单缝产油为常规压裂井的1.6倍。通过可控穿层优化，在保证单井产能达到方案设计指标的情况下，平均单井少压4段，压裂费用降低42.6%。

这项创新技术具有针对性及有效性的技术思路，为实现少井高产和难采储量有效开发提供了强有力的技术支撑，随着水平井开发规模化，水平井穿层压裂技术的应用规模将逐年扩大，具有广阔的应用前景。

需要说明的有如下两点：

其一，什么是可控穿层压裂技术？据该项目负责人张洪涛介绍，可控穿层压裂技术，是通过优化设计和压裂施工，纵向建立人工裂缝，将葡萄花薄互储层的油层与隔层穿透，使人工裂缝有效沟通更多油层。针对人工裂缝所接触的钻遇段与非钻遇段的不同，穿层压裂方式也不同，前者采用砂岩穿层压裂，后者采用泥岩穿层压裂。可控穿层压裂技术的主要特点有：（1）不同薄互储层、不同区块储层可控穿层压裂判断标准不同，选井选层更具理论依据；（2）薄互层水平井可控穿层压裂设计依据目的油层数量、高度等施工参数优化进行，保证裂缝穿层成功；（3）薄互层水平井可控穿层压裂具备完善的现场诊断技术及方法，保障施工效果；（4）薄互层水平井可控穿层压裂形成了纤维网络固砂技术，提高裂缝有效支撑，建立了不同物性加砂浓度匹配图版，形成了有效支撑技术，从而在提高薄互层储层动用程度的同时，使水平井单井初期高产、长期稳产。

水平井可控穿层压裂技术示意图见图9-10。

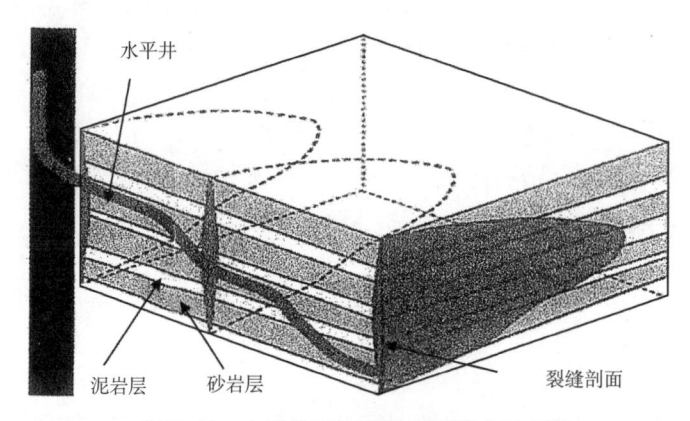

图9-10 水平井可控穿层压裂技术示意图

其二，水平井可控穿层压裂技术应用于薄互层油藏的前景

据中国石油勘探开发研究院海塔研究中心李莉回答记者顾虹访谈录，截至2012年年底，薄互层油藏占中国石油未动用储量比例达40%左右，广泛分布于大庆、吉林、长庆和新疆等油田。因此，经济有效开发这类储量，对于中国石油未来产量保持稳定和增长具有重要意义。

薄互层储层开发主要存在两大难题。一方面，找到这类砂体本身很难。由于薄互层上下两层岩性不同，单层又比较薄，在地震剖面上看到的反射波，实际上是一组薄互层整体的地震响应，并且通常具有高含泥、高含钙等特点，给预测和评价带来很大困难。另一方面，找到后要有效动用更难。这是因为薄互层储层丰度低,导致单井产量很低,相应地投资成本也会很高。

如果形象地比喻,薄互层储层就像千层饼,如何将多个薄层识别出来,并经济有效地开发好,关键还在于做好"精细+创新"文章。

首先,地质认识和地震预测要更加精细,探索并形成一套成熟的、行之有效的薄互层砂岩油气储层识别技术。其次,储层改造技术日新月异的发展,为破解单井产量低的瓶颈提供了可靠保障。在这方面,要做好三项创新实践:一是井网和压裂一体化设计技术,设计方案时就考虑到井排方向与裂缝的匹配关系,以提高整体开发效果;二是水平井可控穿层压裂技术,这项技术在横向上抓住大片储层,纵向上沟通多个含油砂体,更有效地扩大了泄油面积;三是水平井体积压裂改造技术,由制造"单一的长缝"转而制造"缝网",实现对储层在长、宽、高三维方向的"立体改造",从而增大渗流面积及导流能力,最大限度地提高单井产量和最终采收率。

二、大庆油田创新难采储量动用模式——水平井+体积压裂+工厂化施工

大庆油田不断持续加大外围难采储量技术攻关,在水平井+体积压裂+工厂化施工技术创新取得新突破。

据报道[85],2012年11月23日,大庆油田第三口超万立方米压裂液水平井——齐平2井圆满完成压裂施工,这口设计压裂10段、支撑剂1755m^3、压裂液1.68×$10^4 m^3$的水平井,对探索大庆外围油田难采储量经济有效开发,保证原油4000×10^4t持续稳产具有重要意义。

2012年,随着油田开发的不断深入,大庆油田勘探开发继续向外围延伸,各项勘探、开采指标不断创新,大型压裂大有作为。为此,大庆井下压裂大队乘势而上——应用自主研发新技术,压裂技术水平不断提升。

到11月中旬,大庆井下累计完成大型压裂井51口,共计282层,是2011年全年的159%。尤其是压裂及完井一体化管柱压裂,水平井段近千米超长压裂,水平井裸眼管外封隔器滑套式多段压裂,纤维动态转向压裂,单趟管柱多层大砂量压裂,裸眼井段分段压裂及套管多段多簇体积压裂等都取得新的突破,大型压裂技术凸显出由常规向高端迈进的态势。

为了确保施工质量,大庆井下压裂大队针对冬季施工温差大、车辆易出现故障、大型压裂用液和用砂量大、高压作业现场生产组织难度大等实际困难,制定了一套完善的现场管理与应急预案,统筹兼顾,科学运作,历经一周艰苦奋战,成功完成这口超大规模压裂井的施工作业,做到了施工后现场不渗一滴液、不漏一粒砂、不留一块物,实现了安全生产零事故、零伤害、零污染。

据了解,齐平2井的压裂成功,标志着大庆油田大型水平井压裂工艺技术突出重围,在独立完成多级数、大砂量、大液量、高压力的油(气)水平井压裂施工任务上有了新建树,成为大庆油田外围经济有效开发的有力手段[86]。

据《中国石油报》报道[87],2014年4月4日,大庆油田连续施工3口井不"挪窝","一口气"压裂21层,尤其是单日完成大垣平1-8井型压裂5层,这在大庆油田是首次。

2014年,大庆油田常规压裂井达到5000口,大规模井达到260口,任务量创历年之最。大庆井下压裂大队根据大型压裂施工排量大的实际,为工厂化压裂建立作业指导书,建立蓄水、净化、配液、储液流程,实现一体化作业;实施模块化管理,现场设置供液区、供砂区、压裂施工区、作业区、指挥区等区块,统一指挥,分区协调,实现了现场管理规范化。

据悉，井下压裂想要不"挪窝"连续施工3口井，井的位置必须有一定的特殊性。此次施工的垣平1-4井、垣平1-5井和垣平1-8井，位于大同区唐花马屯以东约1.8km处，属松辽盆地中央坳陷区大庆长垣葡萄花构造北部，为低孔隙度、特低渗透率储层，油层砂岩单层厚度薄且致密，常规开发效果较差。其中，垣平1-5井和垣1-8井是一个平台的井组，而垣平1-4井距离这两口井仅500~600m，为3口井同时进行压裂施工提供了先决条件。

第一次同时进行3口井压裂施工，大庆井下压裂大队在连接管汇、人员分工等方面做足了功课。3口井所有的管线都连接在同一条管汇上，管线和阀门是以往施工时的3倍。3口井需要穿插进行压裂，压完这口井的一层，需要倒阀门，再去压另一口井的新一层。员工在倒阀门时认真细心，以保证施工成功。同时，使用连续加油装置，现场储液，建配液站，及时进行扒泵，使施工可连续进行。

"同一个井场、同一条管汇连续施工3口井，共节省了至少8d时间。"负责施工的压裂五队副队长王岩说。3口井压裂施工历时11d，共注压裂液$2.92×10^4m^3$、支撑剂$2600m^3$。同时，通过同一条管汇的阀门切换分井压裂，实现了射孔、压裂互补施工，节省了施工时间，提高了工作效率。特别是这次压裂施工的3口井通过缝间距优化，应用现场裂缝监测技术，采取大规模套管多段多簇体积切割压裂，达到了评价工艺效果，实现了短期和长期产能评价的目的。

大庆油田3口井连压工厂化作业模式的成功，为今后同类施工积累了经验，证明了工厂化压裂施工运行模式的高效性。同时，工厂化压裂施工为大庆油田经济有效改造开发致密油藏开辟了新模式，为优质高效开发外围油田致密油难采储量提供了技术支撑。

2014年11月5日《中国石油报》传来喜讯[88]，大庆油田创新难采储量动用模式——水平井+体积压裂+工厂化施工技术。

大庆油田第九采油厂龙26平5井压裂投产13个月，产油超7000t；茂15-1水平井试验区自2012年底开发以来，累计产$7×10^4t$。这是大庆外围难采储量采用水平井+体积压裂方式，在施工上采用工厂化，与直井开发方式相比，开发效果显著变好的例证。

大庆油田第九采油厂坚持有质量、有效益、可持续发展方针，积极探索，创出外围难采储量提质增效新模式。调整思路，转变发展方式和发展技术，以效益为中心，全力攻关致密油和储量丰度低的茂15-1区块。目前，致密油得到快速发展，低丰度区块开发也见到了良好效果。

设计上，采用水平井提高单井产量。大庆油田有两个致密油试验区在第九采油厂，2013年部署水平井23口，目前已完钻22口，投产12口。

2014年，第九采油厂新布35口水平井，有10个平台井，节省了占地，减少了搬家次数，提高了效率，为压裂施工提供了便利，降低了成本。

工艺上，采用体积压裂，使致密油得以有效动用。体积压裂规模已达到千立方米砂、万立方米液，大大提高了储层渗透性。体积压裂比过去缝长加大，在地下形成网状缝，井筒周围地层渗透性得以改善，单井产量比周围直井提高18倍。

致密油开发多为平台井，为钻井、压裂施工实现工厂化创造了条件。一个平台有4口井左右，单井钻井周期缩短近7d；2014年9月6日，该厂齐平2-平9井、齐平2-平3井和齐平2-平2井应用"三井连压"完毕，实现不挪地方一口气压裂40层。3口井压裂施工共注压裂液$3.1×10^4m^3$，既节省了施工时间，又提高了工作效率。

2014年11月5日，《中国石油报》又传来另一则喜讯，大庆油田水平井分段测试技术试验成功[89]。

记者张云普、通讯员高建勋报道，10月31日，大庆油田肇平7井分段测试工艺试验现场一片欢腾。由大庆试油试采分公司工程技术人员研究的水平井分段测试工艺在这口井试验首获成功，标志着大庆油田水平井分段测试技术达到国内同行业领先水平。

"这项工艺的成功，为油田水平井分层测试提供了技术支撑"。在肇平7井施工现场，工程师程绍鹏告诉记者，"这项工艺不仅能够指导油田压裂方案优化设计，为勘探上交储量和后续开发方案提供科学依据，满足致密储层勘探需要，还可以为水平井采油堵水提供技术支持。"

近年来，随着大庆油田勘探步伐的不断加快，扶余、高台子等储层逐渐成为勘探的重点领域，水平井体积压裂技术工艺已成为提高致密储层单井产能的重要手段之一，水平井分段测试工艺技术则是评价压裂效果的有效方法。

在历时一年半的科研攻关中，工程技术人员先后开展室内实验百余次，并在葡28和龙26-平9两口直井上进行多次模拟试验。这些前期工作，为这项工艺最终在肇平7井获得一次成功奠定了坚实基础。

三、水平井裸眼分段压裂酸化配套技术获重大突破

《中国石油报》记者王巧然、通讯员陈敏报道。根据日益发展的水平井生产技术和油气储层改造需要，川庆钻探公司自主研制成功适用于7in套管、6in裸眼水平井分段压裂酸化工具及配套技术，结束外国公司在此高端技术领域的垄断，填补了国内空白，实现了水平井增产改造工具国产化，不但为提高单井产量和降低成本增添了利器，而且为难动用储量效益开发提供了技术支撑。

2013年8月3日，中国石油工程技术分公司组织专家在四川成都对川庆钻探水平井裸眼分段压裂酸化新工具及配套技术进行评审。评审专家组认为，川庆钻探自主研制的成套工具，可承受工作压差50MPa、温度120℃，能分6段进行加砂压裂和酸化改造，性能满足裸眼水平井储层改造的要求，一致同意通过水平井裸眼分段压裂酸化新工具及配套技术评审。

这套工具及配套技术具有六大创新点，现已申报12项国家专利，其中发明专利5项。此工具及配套技术在川渝和苏里格地区4口裸眼水平井完成18段压裂酸化作业，成功率100%。工具最大下深4636m，裸眼水平段最大长度1004m。工具具有下入通过性好、封隔器密封承压性能好、滑套开启灵活可靠和安全性高等特点，现场应用增产效果显著。专家组建议加大推广力度，扩大应用规模，加快工具产品的系列化。

四、水平井不动管柱水力喷射多级多簇压裂技术试验成功

《中国石油报》通讯员高迎春、谭永生报道[90]，2014年2月7日，新疆油田工程技术研究院采油机械所技术应用室刘亚明等人编制了多级多簇管柱试验方案，并开展了相关试验。

经过8年攻关，新疆油田研发出不动管柱水力喷射分段压裂技术，较好地解决了水平井多段改造的需求。但该技术处理层段少，一般为8~10级，加砂量受限，只有40m³。

为弥补不动管柱水力喷射分段压裂技术的不足，2013年年初，新疆油田工程技术研究院以水力喷射多级多簇压裂技术为攻关内容开展立项研究。经过努力，研制出多级多簇三眼、四眼喷枪及配套工具，目前已现场实施一级三簇的4口井，技术成功率100%。这也标志着该项技术初步取得成功。

这一技术的研发成功不仅扩大了不动管柱水力喷射压裂的应用范围，而且有利于老井分段小层改造，使储层改造更加充分、合理，减少了施工作业成本。这项技术形成了具有自主知识产权的多级多簇管柱工艺技术及系列配套工具，走到国内管柱技术研究的前沿，对更加科学地进行油气开发具有重要意义，尤其适用于开发中后期油田的压裂改造。

水力喷射多级多簇压裂技术利用水力喷枪，采用分段多簇射孔，多簇一起压裂模式，产生多条裂缝，从而提高渗流面积。通过将不动管柱水力喷射技术与多级多簇技术的结合，可以较好满足储层改造的需要。

据介绍，现场试验的这4口井主要是根据油井自身情况选择采用哪种管柱工艺。而恰巧这几口井层段间相差很近，从地质角度上说属于同层，地应力差距小，正好适合采用多簇的方法。使用一级三簇处理三个层段，可节约成本，布孔方式较之前的方式分布更为合理，油层改造比原来的管柱更加灵活，适应范围更广。

不动管柱水力喷射技术与多级多簇压裂技术相结合，可充分发挥这项技术的优势，为新疆油田的水平井多级多段、老井小层多段储层改造做出更大贡献。

五、玉门老君庙油田水平井配套压裂技术使低产区获得有效开发

《中国石油报》记者周蕊报道[91]，从2013年1月至2014年10月30日，玉门油田公司老君庙油田在低产区开井已达到73口，其中水平井34口，日产液升至177t，日产油达到94.6t，采油速度为0.74%，低产区已成老君庙油田最现实的上产区块。

3年前，老君庙油田低产区的日产油仅为31.7t，采油速度仅为0.23%。低产区的储层为三类储层，物性差、水敏严重，长期采用直井开发效果不佳。自2012年开始，老君庙油田技术科加强地质研究，重新评价M油藏潜力。这个油田加强油藏精细描述，确定剩余油分布状况，在M油藏精细描述成果的基础上，进一步确定低产区的挖潜方向，整体部署的水平井平均单井产量为直井的4倍。

"根据水平井在M油藏低产区应用的良好效果，我们认为，水平井在低产区应用的主要优势有储量控制面积大，实现了小层精细挖潜，能为储量失控区提供新的挖潜方式。"老君庙油田副总地质师王美强说。

针对低产区的主要问题，老君庙油田技术人员在加强地质研究的基础上，运用水平井技术完善注采井网，并通过体积压裂实现三类储层的有效开发，做到从零星部署到整体调整、从分散布井到平台布井、从直井到水平井、从陆续投产到集中投产4个转变。

水平井技术在老君庙油田后期体现出明显的技术优势。随着开发逐步深入，老君庙油田开始研究水平井配套压裂技术。针对M油藏储层物性差、井网密度大、地层能量不足、多井低效的开发现状，老君庙油田提出砂塞预堵、塑料球选择性分压工艺，同时引进吸收成熟的双封单卡分压等工艺，提高单井产量。

经过近两年的推广应用，老君庙油田水平井及各项配套技术日趋完善，低产区日均增加产油量49.6t，累计增产$2.1×10^4$t，采油速度提升了0.51%，低产区得到有效开发。

第四节 我国钻井技术装备和配套技术迈向世界先进水平

油气田勘探开发领域最具硬实力、高新技术特征的是钻井技术设备及相配套的工程技术，地质家研究确定的油气藏在哪里要靠钻头钻井才能揭开地下"秘密"的真实面目，对

于越来越深、地质条件更为复杂、难以开采的油气藏，更要依靠钻井完井工程技术准确、高效、快速完成开发井网，并获取多种地质、油藏、储层信息，为评价开发决策部署打基础。这也是为什么在20世纪50—60年代，老石油人将钻井队伍称作石油工程技术的"火车头""前路先锋"，以钻井队长王铁人为代表的英雄模范卓越贡献称颂至今。

一、超深钻井技术装备研发取得重大突破

据《中国石油报》（2013年1月21日）报道，国产ZJ-5850型8000m钻机研制成功，既降低了钻井成本，又满足了生产安全需要。这是中国石油2012年度重大科技进展之一。

中国石油在"新疆大庆"和川渝天然气基地建设中，面对近7000m超深井钻井难题，组织实施了一系列重大科技专项和重大现场试验，取得钻井关键技术装备重大突破，形成超深井钻井技术、装备系列，大大缩短了建井周期，加快了油田建设步伐。

井身结构优化简化技术解决了超深井钻井中纵向压力层系多、巨厚砾石层和高压盐水层等情况同时存在的难题，有效提升了复杂地质条件下钻达目的层的能力。有机盐、抗高温钻井液和新型油基钻井液的突破，解决了超深井大段泥岩缩径、盐膏层蠕变等难题，大幅度减少了井下复杂与钻井事故。自动垂直钻井技术解决了高陡构造防斜打快技术难题。气体欠平衡钻井技术显著提升了超深井上部地层钻井效率和深层油气发现率。高效破岩技术大幅度提高了超深井下部地层钻井速度，缩短了钻井周期。大温差固井技术有效提高了深井长封固段固井质量，延长了井筒寿命。控压钻井技术解决了超深井窄密度窗口难题。ZJ-5850型8000m钻机研制成功，既降低了钻井成本，又满足了生产安全需要。

标志我国超深钻井技术再次提升的还有两则报道：

（1）国内陆上首口超长水平井诞生。

据《中国石油报》2013年4月24日报道，由川庆钻探长庆钻井总公司承钻的苏5-15-17AH井，以100天13小时完钻，成为国内陆上第一口超长水平井，设计井深6660m，实际井深6707m，实际水平段长3056m。这口井的顺利完成不仅填补了苏里格气田多项超长水平段施工技术空白，而且为国内陆上施工超3000m以上水平段水平井积累了经验。

（2）塔里木油田最深水平井塔中862H井开钻。

据《中国石油报》2014年5月14日报道，这口井设计井深8008m，垂深6325m，水平段长1557m，目的层为上奥陶统良里塔格组。目的在于探索塔中861号奥陶系缝洞系统的含油气性，获得产能、流体性质及物性等资料。已于5月8日完成1502m的一开钻探任务。

二、长城钻探工程公司研制成功随钻方位电阻率测井仪器

据《中国石油报》记者董旭霞报道[92]，长城钻探公司（以下简称长城钻探）在近4年时间完成了3种规模的随钻测井系统和随钻方位电阻率测井仪的研制。2014年10月31日，辽河油区杜813区块的一口水平井即将钻遇油层，通过钻台上的仪器操作，井斜角、方位角、工具面角等都能在屏幕上直接看到钻头在油层游走的轨迹，就像钻头长了眼睛，可将辽河油区的油层钻遇率从70%提高到90%以上，现场工程师如此说。

这个神奇的工具就是随钻方位电磁波电阻率测井仪。该类仪器出现前，国际上其他随钻测量装置还无法精准地实现这样的预期目标。目前国际上拥有随钻方位电阻率这套高端装备的只有4家公司，即贝克休斯、斯伦贝谢、哈里伯顿和中国石油旗下的长城钻探。作为最早走出国门的中国石油工程技术服务企业之一，长城钻探也因此实现了从长期依赖国际大公司

供货到自主研发随钻测量高端装备的跨越。

2010年初，长城钻探启动了高端随钻仪器研发战略，集中优势力量，坚持自主创新，打造拥有完全知识产权的装备和技术。到2011年底，完成了高端装备随钻电磁波电阻率测井仪的研发和现场应用；2014年完成了国际顶尖装备随钻方位电磁波电阻率测井仪器的研发和现场应用；2015年推出了近钻头地质导向系统、随钻中子密度孔隙度测井仪和指向式旋转导向系统，计划在"十二五"末，将与国际大公司在这一领域的差距缩短到3~5年。

长城钻探副总经理、总工程师刘乃震在同日《中国石油报》上刊文《技术创新，要勇于不断攀登》，具体讲了这项技术的创新规划。他认为，按照建设国际化石油工程技术总包商的发展定位，必须加快弥补技术短板，精心培育优势特色技术，不断提升核心竞争力。着力提升参与国内外高端技术服务市场核心竞争力，关键是拥有自己的高端技术利器，核心是自主研发能力。以随钻测量与控制技术为例，随着水平井技术在复杂油气藏和非常规资源开发中的推广力度和应用规模不断加大，我们一直在思考，水平井如何能够"打得准"？这里所说的"准"，不仅要做到"指哪打哪"，而且还要"让钻头沿着油气层走"，这就需要先进的随钻地质导向技术。水平井如何能够"打得快"？水平段如何能够"打得长"？这就需要先进的旋转导向钻井技术做支撑。这些都对随钻测量与控制技术提出了更高要求。

长期以来，国际大石油工程技术公司凭借随钻测量与控制技术优势，垄断了国际高端市场和定价权。他们不是只服务不销售，就是销售价格高、供货周期长、应用范围控制严。

在高端无线随钻测量与控制技术研究方面，长城钻探不仅比国外大公司起步晚，与国内相关企业和研发机构相比，在研发起步时间上也落在了后面。为了迎头赶上，我们对研发模式进行了思考。一是不走模仿制造的路子。仿制的技术没有自主知识产权，无法与国外公司实现同台竞技。二是技术要达到国际一流水平。我们自主研发力量不足，国际一流大公司不与我们合作，与国际上非一流公司合作研制不出一流技术来，没有一流技术在市场竞标中必然处于劣势。基于上述认识，最终选择与国际上知名专家团队合作，开发具有国际先进水平的随钻测量与控制技术。

研发模式确定后，编制了2010—2015年研发规划。计划利用5~6年的时间，完成GW系列随钻测量与控制技术的研发，大幅缩短与国际领先水平的差距。

发展规划指导科研实践。目前，随钻测量与控制技术几个课题正在按计划有序推进。一是实现了GW-LWD（BWR）随钻测井仪的系列化。从2010年2月开题，2011年10月通过集团公司科技成果鉴定，实现了国内首次设计与制造。到2012年底，我们在国内建成了随钻技术中心和产业化基地，形成了直径120mm，172mm和203mm随钻电磁波电阻率测井仪的系列化，累计制造23套，基本具备了研发、制造、服务一体化的能力，总体达到国际先进水平。二是GW-LWD（BWRX）随钻方位电磁波电阻率测井仪通过集团公司科技成果鉴定，总体达到国际先进水平。随钻方位电磁波电阻率测井仪测得的原始资料图层位清晰，储层边界方位标志明显；测量数据能准确反映边界变化，实时测得仪器到储层边界的距离与实钻情况吻合，实现了储层边界方位与距离的随钻实时测量，进而可实现随钻精准地质导向。三是完成了随钻电磁波电阻率近钻头地质导向仪工程样机的组装与调试。在国际上首次将随钻电磁波电阻率用于近钻头地质导向，测深度达到1m，拥有360°井眼围岩成像，可迅速探测储层边界。经过近两年的研制，已完成仪器组装调试，近期将进入现场试验。该技术试验成功后，将使随钻测量储层边界的时间进一步提前，为及时调整井眼轨迹、提高储层钻遇率创造了条件。目前，该技术处于国际领先水平。四是在研课题按计划进展顺利。具有完全自主知识产权的指向式旋转导向钻井系统、随钻中子密度测井仪等课题的研究，正按计划有序推进。

如果指向式旋转导向钻井系统和随钻中子密度测井仪的研制两个课题也像前几个课题一样进展顺利，那么长城钻探"十二五"随钻测量与控制技术发展目标将全面实现。届时，中国石油随钻测量与控制技术水平总体上将达到国际先进水平，部分处于国际领先，为特殊工艺井和复杂结构井在国内外市场规模化推广应用，提供强有力的技术支撑。随钻测量与控制技术示意图见图9-11。

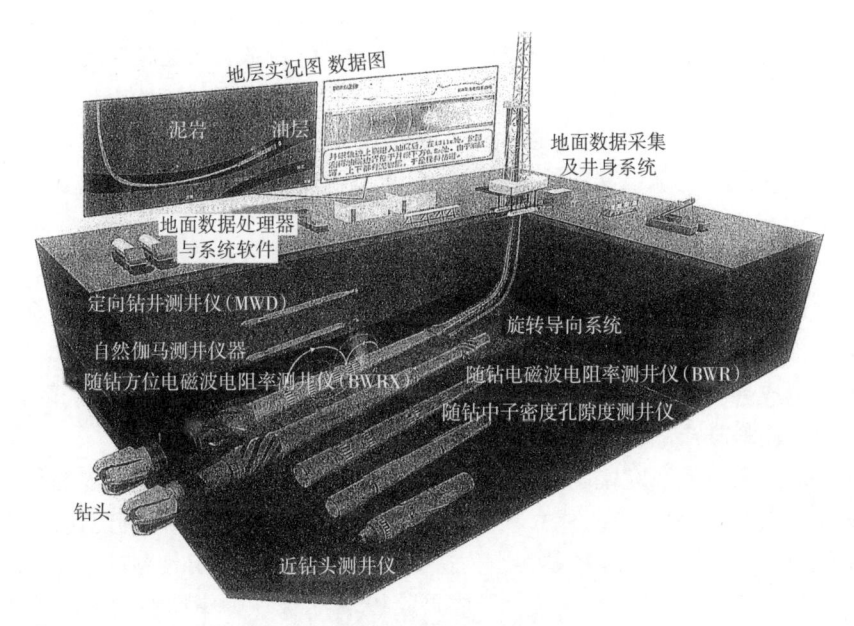

图9-11　随钻测量与控制技术示意图

三、中国钻井重大装备首次出口美国

2004年，由中国石油勘探开发研究院自主研发的石油钻井顶部驱动装置（以下简称顶驱），由中国石油天然气集团公司北京石油机械厂（以下简称北石）生产制造，被专家评定达到"三个一流"——综合性能国际一流、顶驱的配置国际一流、顶驱的外观国际一流，经过现场钻井作业以及在严峻工况条件下的考验，证明达到了技术先进、质量可靠，得到油田用户的充分认可和高度评价，用事实宣告了科研成果有效地转化成现实生产力。北石顶驱产业化的成功结束了顶驱装置依赖进口的历史，促进我国钻井工程技术提升到新水平，对中国石油钻井装备制造业也具有重要意义。

2004年12月9日，美国罗恩公司定购中国石油北石顶驱签约仪式在北京人民大会堂隆重举行，中央电视台、《人民日报》等媒体进行了报道。

以下内容为《人民日报》2004年12月10日的报道：

【新华社北京12月9日电(记者徐松)　中国石油天然气集团公司北京石油机械厂（简称北石）9日与美国罗恩公司签订供货协议，向该公司提供由中国自主研发、代表钻井工艺技术和机电液一体化石油专用设备最高水平的顶部驱动钻井装置。这是中国钻井重大装备首次出口美国。

负责研发课题的中国石油科学技术研究院副院长丁树柏说,顶部驱动钻井装置是当今石油钻井工程界的重大前沿技术之一,迄今为止,世界上仅有几家公司能够生产顶部驱动钻井装置。此次美国罗恩公司定购北石顶驱,是拥有自主知识产权的国产顶驱首次出口,标志着中国自主知识产权的钻井装备研制已经具备了参与国际竞争能力和水平,直接进入了国际石油钻井装备的高端市场,是中国石油装备走向世界的良好开端。

美国罗恩公司总裁大卫·拉塞尔表示,经过多次实地考察与分析对比,北石顶驱技术先进、质量可靠,是所有厂家中最好的。罗恩公司愿与北石建立钻井装备方面的长期合作。

业内专家认为,北石顶驱在设计上采用了代表当前世界上顶驱发展方向的交流变频驱动技术,具有速度控制与转矩控制自动转换的优异性能,特别是上位监控系统能实时直观地给出机、电、液各系统的优异性能,特别是上位监控系统能实时直观地给出机、电、液各系统的工作状况,具有电控系统的监控、互锁功能以及自我诊断和保护功能,可以有效防止误操作造成的故障。整套系统机、电、液信息一体化的控制技术,具有相当高的自动化程度,可以满足不同工况对转速和扭矩的要求。

据了解,北石顶驱已分别在新疆霍尔果斯地区霍001井、高泉1井以及巴基斯坦SPA-2井承担钻探作业,其良好的性价比以及稳定可靠的运行性能和完善的维护、保养服务受到了用户的高度评价。】

上述由科研成果转化为生产力的典型实例,说明中国石油人的爱国创新精神+科学智慧创造出了世界一流科技产品。

由中国石油勘探开发研究院副院长丁树柏、机械研究所所长马家骥组成的科技团队,从1987年开始调研顶驱,1989年正式立项研发,科技人员刻苦钻研,大胆创新,机、电、液多学科密切配合,发挥团队合作精神,奋力拼搏7年,研发设计出具有自主知识产权的顶驱(图9-12、图9-13)。于1997年完成科研成果,1999年被评为中国石油天然气集团公司科技进步一等奖。后来为实现科研成果产业化,以取代国外进口,于2003年初又组成了顶驱

图9-12 北石顶驱试验现场

产业化领导小组长，丁树柏任组长，北石厂长刘广华任产业化攻关组长，在北石制造出了3台DQ70BS顶驱配套装置，投入现场作业，达到国际一流水平，出现了上述出口美国的喜庆一幕。

据2014年6月统计，各版北石顶驱共生产出售500台，满足了国内外钻井业务需求，现已形成产值50亿元，而且还在递增，顶驱产品的种类和品质不断提升。

图9-13 中国石油勘探开发研究院专家研讨会
（左一丁树柏，左二钟树德，右一马家骥）

另据《中国石油报》2014年11月6日报道，中国石油9000m钻机——90D钻机将赴古巴提供钻井服务。

董旭霞记者从长城钻探相关部门获悉，长城钻探10月底与古巴国家石油公司签订了9000m钻机钻井及相应技术服务合同，定于2015年2月初开钻。这是中国石油首部赴国外施工的90D钻机，也是古巴乃至南美地区首次引入90D钻机。这部钻机可以施工水平位移超过7000m、平垂比达到4.5、两个分支段距离达到450m的大位移双分支水平井。

长城钻探于2005年进入古巴石油市场，凭借先进技术和积极进取精神，叫响长城钻探品牌，在古巴制造出一个个奇迹；突破古巴钻井"禁区"，不断刷新南美地区最大水平位移纪录，定向井施工比肩国际先进水平，平均生产时效保持在99%以上且做到绿色环保施工。长城钻探不断融入当地社会，打牢市场根基，与古巴国家石油公司建立了良好的合作关系，为这次合同签订奠定了坚实基础。

古巴油气开发长期依靠"海油陆采"，油田产量持续递减，急需通过新区块的开发和超大位移水平井提升单井产量，缓解能源紧张局面。2013年年初，长城钻探与古巴国家石油公司商谈90D钻机项目，签署备忘录。2013年9月，古巴现场考察90D钻机，签署合作备忘录。2014年1月，双方签订启动钻探项目工作计划和技术交流备忘录，初步制订超深井

— 185 —

钻井设计方案。

90D 钻机的成功引进，将为古巴勘探开发近海油田提供有力支持，也将进一步提高长城钻探施工能力和品牌影响力。

第五节 塔里木油田超深钻井技术水平跻身世界前列

据《中国石油报》2010 年 7 月 26 日报道，塔里木油田公司部署在克深地区的克深 7 井钻至井深 7816m，再次刷新中国石油陆上钻探最深纪录。至此，作为西气东输主力气源地的塔里木油田，有 6 口设计超过 7000m 的深井直叩"龙宫"。塔里木油田超深钻井钻探配套技术水平跻身世界前列。塔里木盆地是世界上油气勘探难度最大的地区之一，也是中国最大的含油气盆地。油气勘探过程中，塔里木油田不断完善对埋藏深、地质构造复杂油气井钻探技术的研究，形成了适合塔里木地质特点的前陆盆地山前高陡构造天然气勘探等多项深井、超深井配套钻井工艺技术。据统计，塔里木油田目前钻探井深平均 6200 多米，正在库车坳陷克拉苏构造带钻探的 4 口井，设计井深均超过 7000m，克深 7 井更达 7900m。超深井部署将进一步揭开克拉苏构造万亿立方米大气藏的"面纱"。

为整体突破塔北碳酸盐岩勘探，塔里木油田开展了超深水平井钻探，对超过 7000m 的哈 901H 井和哈 122H 井实施水平钻进。

在 6 口重点超深井钻进中，塔里木油田瞄准国际标准，勇攻世界级难题，已在 6 口井钻井参数优化、钻头个性化设计、钻井液适应高温高压、钻具组合优化、固井施工等方面取得突破，攻克了超深井地层温度超高、压力系数超大等诸多难题。同时，创国内陆上油田大吨位技术套管下深、高密度抗高温油基钻井液体系等多项国内纪录。

据《中国石油报》2011 年 11 月 14 日报道，中国石油首口超 7000m 水平井——哈拉哈塘水平 901 井，历时 160 天钻至 7069.56m 成功完钻，最大井斜 90°，水平段长 310m，最高井温 158℃，以技术特色打造中国石油第一口超深、高温、高压的水平井，再次彰显了塔里木油田深井和超深井钻探的技术实力。

据《中国石油报》2013 年 9 月 23 日报道，截至 9 月 15 日，塔里木油田塔中地区的水平井已超过这个地区总开发井数的 70%。其中，塔中 16 井区是塔里木油田水平井开发的典范，25 口生产井中有 17 口水平井，累计产量达 424.67×10^4t，水平井产量占总产量的 84.6%，水平井产量是直井产量的 3.8 倍。

受诸多世界级难题限制，依靠增加井数稳产增产是不现实的；而可以动用更多储层、大幅提高采收率和单井产量的水平井无疑是塔里木油田稳定并提高单井产量，实现由"稀井高产"到"少井高效"转变的必然选择。

2005 年，塔中 82 井试采获得高产工业油气流，由此发现我国第一个亿吨级礁滩相油气田——塔中 I 号坡折带。但是，与砂岩油藏整体含油不同的是，塔中 I 号坡折带碳酸盐岩储层发育是深埋地下 6000m 的"羊肉串"状缝洞。由于储集空间复杂多变和基质渗透率低等原因，导致单井上产"好景不长"，稳产难度大，钻井成本高。为此，塔里木油田科研人员经过深入精细的地质研究，摸清了碳酸盐岩的孔洞裂缝性发育特点；地下裂缝和溶洞如同人体经脉，有主动脉和支脉之分；碳酸盐岩大多数油气存在"主动脉"中，其余部分分散在"支脉"中。这被形象地称为经脉理论。

自 2013 年以来，塔里木油田科研人员创新出塔中碳酸盐岩的"五线刻油藏、经脉定轨迹"科研理论，即利用构造线、断层线、地层线、物性线和油水边界线刻画油气藏边界，实现油气藏、构造和断裂的精细解释，摸准碳酸盐岩油气藏复杂的"脉络"，基于经脉理论，塔里木油田创新运用串"羊肉串"的水平井开发模式，在同一个井眼中穿越多个缝洞单元，尽可能多地增加泄油面积，将这些储存于"经脉"中的油气引导出来，从而找到解决稳产高产问题的治本之策。

钻探水平井，钻杆在6000多米深的地下形如面条，不仅要准确钻遇油层，而且要在油层中有利位置保持水平穿行几百米甚至上千米，难度堪比在6000多米的地下"穿针引线"，航天"上天"难，"下地"穿行采油也很难。而且，塔中碳酸盐岩钻井过程中，还具有"塌、黏、卡、溢、漏"的特性，导致钻遇目的层更容易造成钻井液漏失。对此，技术人员提出"近小断层、远大断层"思路，创新运用"迂回战术"，贴着储层"头皮"打井，避开缝洞，以减少井漏等复杂情况。但贴近储层"头皮"钻进，并非易事，试验运用精细控压钻井技术，最大限度地保持井底压力平稳，实现了单个井眼钻遇多个缝洞体单元的目的。截至目前，在塔中地区应用此项技术超30口井，成功解决了窄窗口地层喷、漏、卡等复杂问题，塔中水平井水平段长度由以前的600m增至1345m，水平井和直井钻完井周期同比分别缩短25.9%和14.2%，水平井试油周期同比缩短15.1%。

面对塔中地区碳酸盐岩储层压力窗口窄和易喷易漏的钻井难点，又创新出适合塔中地质特色的大型酸化压裂技术，形成多条横切井筒的人工裂缝，不仅扩大了渗流面积、提高了单井产能，而且有效避免了钻井喷漏的发生。自2013年初以来，通过投球分段酸压和全通径分段酸压改造技术，塔里木油田对19口井127段进行分段改造，成功率100%。其中，中古162-H2井分6段进行酸压改造后，日产油33.9t，日产天然气$4.27\times10^4\text{m}^3$，酸压深度达到7495m，创油田成功酸压施工井深最深纪录。

经过多年探索，塔里木油田在塔中地区已形成以"伽马导向、控压钻井、分段改造"为核心的超深水平井优化设计、钻井地质跟踪、完井及采油工艺、水平井动态监测与分析等钻完井一体化配套技术，广泛应用于新油田的开发和老油田的调整，提高了水平井钻井成功率和开发效益。随着地质理论的创新和工程技术的进步，塔中地区成为塔里木油田水平井应用的典范区域，水平井开发已成为塔中碳酸盐岩"寻找高产井，建立高产井组，培养高产区块的主导开发模式"。

塔中水平井窄安全压力窗口井水平段长度纪录见图9-14。

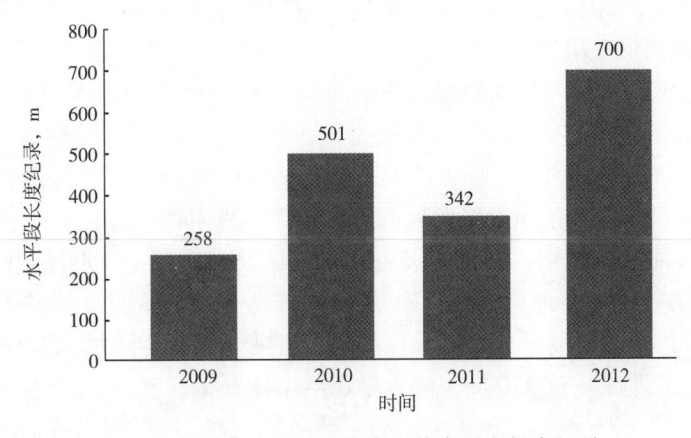

图9-14 塔中水平井压力窗口井水平段长度纪录

另据《中国石油报》2014年3月7日报道，中国石油已钻成油井深度达8023m，攻克了一系列超深钻井完井的难题，水平井钻井、地质导向等智能钻井技术突飞猛进，在一些领域已走在世界前列。

第六节　世界下泵最深5000m油井举升采油技术诞生

塔里木油田是中国最大的含油气盆地，油气资源丰富，是中国石油勘探开发增储上产的重点区域之一。由于油气藏埋深极深，也是世界上油气勘探开发难度最大的地区之一。如上节所述，目前钻探井深平均6200多米，中国石油已钻成油井最深达8023m，攻克了一系列超深钻完井的技术，为大规模开发和今后的发展奠定了基础。

对于塔里木油田，开发工程技术方面最具战略性的技术难题之一是，当油藏压力随着开发进程下降、油井含水率上升，导致油井由自喷采油方式转入机械举升后，必须要有适合超深井耐高温、举升能力较大的抽油机设备与深井泵，这也是世界性技术难题。面对严峻的技术挑战，中国石油最近几年进行了技术攻关。

当前，机械采油井中主要采用游梁式抽油机与深井泵。因其具有结构简单、使用维护简便、价格较低、耐温和适用性较强等优点而被广泛应用。但是，游梁式抽油机并不适用于超深油井，国内最大游梁式16型抽油机，负荷16t，冲程小于5m，下泵深度仅2500m左右。最近几年，有几家企业研发并规模应用的塔式、皮带式、链条式抽油机，冲程长度达7.3m，在胜利油田、辽河油田和冀东油田应用，但最大深度不超过3000m。

据《中国石油报》2013年10月10日报道，由中国工程院院士、石油钻采机械专家顾心怿自主研发并获得国家发明专利的齿轮齿条式CCYJ-28-9型大型抽油机，安装在塔里木油田轮古2-2井口，经调试到位后开始抽油。首台大型抽油机自重41t、悬点载荷28t、冲程长度9m，是塔里木油田公司与胜利油田山友技术公司联合研制的。该机不仅是目前最长冲程的抽油机，而且仅需55kW变频功率电动机，达到了大幅节能增效和绿色环保的要求。

为解决常规游梁式抽油机冲程短、冲次快、载荷小、能耗大等不适应超深井生产和增效控本的不足，在整机设计上采用新理念、新结构，通过齿轮在齿条上的上下往复运动，解决长冲程机行程长的问题。其工作原理是变频器通过电缆控制变频电动机，电动机通过皮带轮、角传动箱、刹车装置、链轮链条和减速器驱动装置在减速输出轴上的小齿轮旋转。

据《中国石油报》2014年1月21日报道，该机在东河5井已经平稳运行20天，表明下泵5008m深的抽油机在塔里木油田应用成功，下泵深度创造了全国最深纪录。东河5井井深6104m，属超深井，是一口间歇抽油井，此前已经间歇生产了10年。自投产以来，对该井的产量、液面、配重等参数及时进行监测和调整，保障了安全平稳生产。目前，东河5井日产液11m³，日产油0.75t。这种无游梁长冲程抽油机性能较好，具有下泵深度大、举升能力大、节能降本等优点，是抽油机发展的方向，为塔里木油田提供了一项新的采油装备。

另据《中国石油报》报道，由渤海装备中成机械公司研制的5000m电动潜油泵于2014年8月22日在中国石化塔河油田10113CH井投用。截至9月13日，该井生产正常，每天比原来增产15t原油，标志着世界上泵挂最深的电动潜油泵的诞生。塔河油田原油地面黏度大于100mPa·s，油藏埋深超过5700m。随着油田的不断开采，地层能量不断衰竭，3500m的深抽工艺已难以满足开发需求。2009年，渤海装备中成机械公司与塔河油田第二采油厂联合，在分析塔河油田原油物性与井筒温度场的基础上，通过对电泵结构和性能进行配套化设计，于 2009 年年底成功研制出了 5000m 电动潜油泵机组，并通过了性能试验，各项性能都达到了设计要求，符合深井采油技术条件。在下泵作业中，技术专家进行全程跟踪，优化选井、作业监控、安装调试、开机投产等精细施工，将 50m³/5000m 电动潜油泵下至 5029.8m 深度，成功投产。

近年来，渤海装备中成机械公司先后研发了防腐、耐高温、大排量、抗稠油等产品和配套技术，为油田开发提供了重要技术支撑，也为塔里木油田超深油井机械采油提供了另一选项。

笔者认为深度 5000m 油井，井底温度超过 150℃，这对电动潜油泵的电缆、电动机整机是严峻的挑战，能否经受住高温与耐油性的长时间考验，仍有待验证。

第七节　连续油管技术推进钻采工程革命性变化

1985 年 5 月，笔者在加拿大参加"重油开采及改质"技术会议，会后赴艾伯塔冷湖重油开发区考察，在现场参观了已广泛应用于稠油热采的连续油管技术。随后我国也开始引进了几套连续油管配套技术设备，在几个油田进行修井作业。1997 年，笔者再次赴加拿大调研稠油热采技术时，在某石油技术服务公司的连续油管多种作业测试基地，看到了连续油管井口新一代注入头（水力液压起下关键装置）、水力喷射钻进设备、地质导向测井仪器，也看到了在连续油管基础上研发的连续隔热油管。这种无接头、双层钢管空间充满超细珍珠岩粉隔热材料的连续隔热油管，已应用于水平井注蒸汽热采，大幅度减少了井筒热损失率，提高了水平井热采的增产和节能效果，笔者曾向有关单位提议引进这项技术。

连续油管技术，在美国、加拿大等国发展很快，至今，已广泛应用于水平井钻井、完井、采油、修井和原油集输等作业，发挥了独特的破解诸多难题的作用，用途越来越广泛，效果越来越优越，这不愧为一项石油钻采工程方面的革命性技术。

据《中国石油报》（2014 年 3 月 31 日）记者王巧然的报道[93]，连续油管技术在全球大显身手。1962 年，全球第一台连续油管作业机问世。有数字显示，在 20 世纪 70 年代中期，全球有 200 多台连续油管作业机，1993 年约有 561 台，2001 年 2 月约有 850 台，2004 年 1 月已超过 1000 台。近 5 年，大口径智能连续油管技术快速发展，应用于水平井钻井、修井作业和增产技术等，有利于施工过程的简便快速和安全可靠，提高了作业效率，降低了劳动强度和作业成本，减少了对油层的伤害。尤其对一些特殊井、复杂井，连续油管技术的应用远优于常规作业和增产措施。目前，连续油管钻井已在国外油气田规模应用。特别在页岩气等非常规天然气开发中，小井眼连续油管钻井技术、欠平衡连续油管钻井及定向钻井技术正大显身手。

该报道称，在我国应用此项技术起步较晚，发展较慢，但进入 21 世纪以来，我国石油科技人员积极攻关，一些研发单位、油田及制造企业已取得了阶段性成果，国产连续油管作业机、连续油管、连续油管复合钻机相继在中国石油江汉机械研究所、宝鸡石油钢管有限责任公司、四川宏华集团问世。同时，随着技术不配套、操作者不熟悉以及缺乏对连续油管技术认识等现象逐渐改观，我国推广应用连续油管作业和钻井技术的条件日趋成熟。据中国石油钻井工程技术研究院统计，连续油管作业方面，已从 2010 年前的平均 30 井次提高到 80 井次，现在单机每年可完成 100 井次以上常规作业或 10～20 井次高端复杂作业。长庆油田公司在解决油井水淹问题时用连续油管作速度管替代常规油管见到奇效，长城钻探等公司已把连续油管列入公司发展战略技术储备库。在青海等油田实现了常规作业的规模应用,多台单机年作业量达到了 120 井次以上的国际先进水平;带工具作业比例由原来的不足 5% 提升至 35% 以上。增储上产和储层改造方面,在川庆钻探井下作业公司不断探索推动下,连续油管压裂成为 5 段以上多级压裂的主要技术之一,连续油管带压促成酸化成为更加高效、安全的措施。

中国石油钻井工程技术研究院江汉所等研发的连续油管作业机喜获第十四届中国国际石油石化技术装备展览会产品创新金奖。《中国石油报》记者王巧然在 2014 年 3 月 20 日,从第六届国际石油产业高峰论坛连续油管分论坛上获悉,随着连续油管作业设备和连续油管的国产化、工艺工具的国内配套步伐加快,以及安全可靠、运输等制约问题逐步解决,国内连续油管作业机的年利用率大幅提高,有望成为改变油气工业生产方式的"撒手锏"技术。

国产连续油管作业机在现场作业场景见图 9-15,中国石油钻井工程技术研究院连续油管技术与装备研发历程见图 9-16。

图 9-15 中国石油钻井工程技术研究院连续油管作业机在现场作业场景

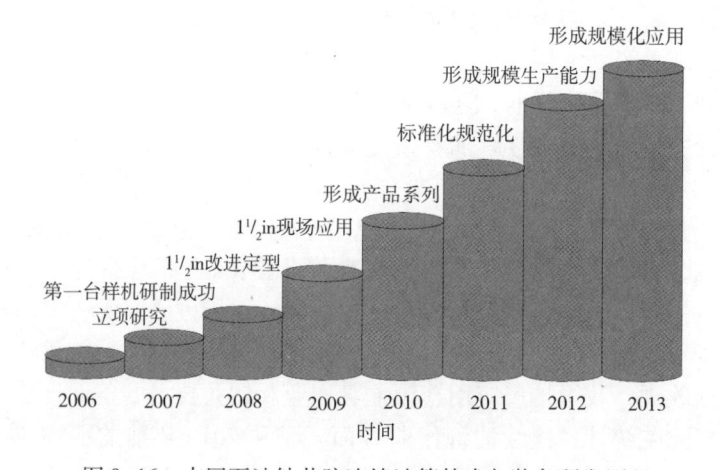

图 9-16 中国石油钻井院连续油管技术与装备研发历程

又据《中国石油报》编辑孙秀娟、谭萍报道，国产LG360/60T连续油管作业机（图9-17）是为解决油气井作业及增产技术难题而开发的设备，解决了大管径、高强度连续油管穿注入头的技术难题。

LG360/60T连续管作业机的主要技术参数达到国际先进水平，在液压控制、夹紧方式、夹持块表面处理等8方面取得重要突破，获得专利3项，申请发明专利1项。2011年8月，在辽河油田强1-44-15井进行水力喷射压裂作业，成功射孔48孔、压裂4层，压裂后日产原油13t，是邻井日产量的2.6倍。LG360/60T连续油管作业机，已累计实施300余次油井作业。

LG360/60T连续油管作业机的研制成功，为提高单井产量提供了先进的技术装备和手段，总体达到了国外同类产品先进水平（图9-17）。

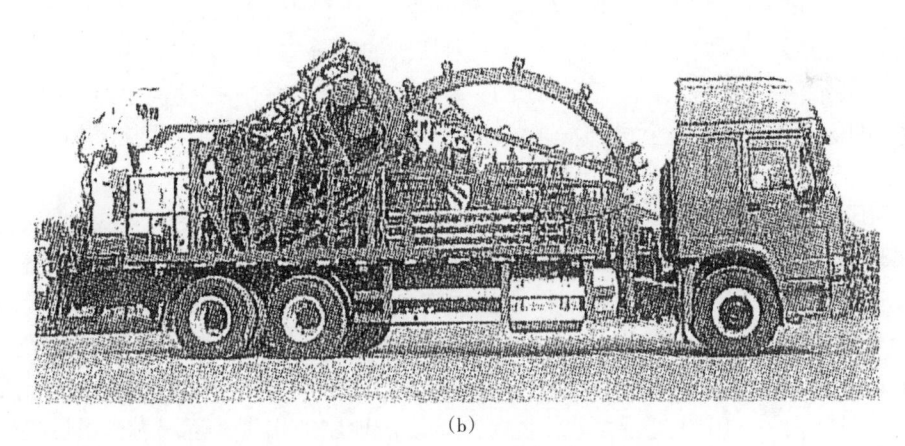

(a)

(b)

图9-17 LG306/60T连续油管作业机

笔者就其应用情况再列举几例。

(1) 国产CT90连续油管首次作业成功。

据《中国石油报》2012年5月15日报道，宝鸡石油钢管公司自主研制的高强度CT90钢级、直径38.1mm、壁厚3.18mm连续油管，首次在吉林油田德深12井进行排水采气作业。一次下井成功，各项性能指标均符合施工设计和现场工况环境要求，为高端连续油管产品的国产化奠定了基础。

此次国产CT90连续油管排水采气作业，历时46小时，主要对酸化压裂后的气井进行残液排除，作业深度2325m，由于残液中含有酸性物质和气井原生的腐蚀介质，对连续油管的耐腐蚀性和强度要求较高，确定符合要求的管材技术要求和标准，CT90连续油管是连续油管产品系列中综合要求最高和用量最大的产品之一。此前，国内这类产品长期依赖进口，价格昂贵和交货期长等给油田生产造成很大困扰。2011年10月，国产首盘CT90连续油管在宝鸡钢管公司成功下线。

据《中国石油报》2014年11月19日消息，宝鸡钢管公司依托国家石油天然气管材工程技术研究中心，经过一年多技术攻关，于2014年9月成功试制出我国第一盘CT100钢级、直径50.8mm、壁厚4.44mm、全长3500m的连续油管，填补了国内空白。这是我国目前屈服强度最大、钢级最高的连续油管。

（2）青海油田连续油管技术应用规模达到国际水平[93]。

在2014年第六届国际石油产业高峰论坛连续油管分论坛上，全国唯一高原油气田——青海油田连续油管作业的井次以年均超过50%的速度增长，连续两年连续油管技术的年作业量国内第一，单车年作业量达到国际水平。

2009年9月，青海油田井下作业公司引进第一套连续油管设备，不到5年时间，就建立起一支拥有40人和3套连续油管设备的专业化队伍，完成了381井次作业，年作业量居国内第一；平均单车年作业量超过120井次，有两套设备超过160井次，达到国际上连续油管设备规模应用的先进水平。其中，与江汉机械所联合开发的LG180/38-2600一体化连续油管作业机，交付不到半年时间就完成166井次作业，创造了高效作业的新纪录。

低压气井连续油管氮气泡沫冲砂、新井连续油管通洗井一体化作业两种特色工艺在青海油田规模化推广，综合效益明显。到2013年，青海油田现场应用17项连续油管作业工艺，是国内工艺种类最多的油田。其中，可缠绕连接器、连续油管通洗井一体化作业、连续油管喷砂射孔环空压裂（3种）、连续油管水力割刀切割油管等工具工艺的自主配套和现场应用，都是国内开展最早的。近年来，每年新增1~2套连续油管设备，持续快速推广应用。

（3）川庆钻探井下作业公司研发连续油管9项特色技术、21项应用技术填补国内12项技术空白。

据《中国石油报》（2012年4月9日）通讯员梁多庆报道，川庆钻探井下作业公司在塔里木油田玛5-4H井采用了连续油管水力旋转喷射加砂压裂技术，为碳酸盐岩储层增产改造提供了技术支撑。与国外相比，井下作业公司在连续油管技术应用方面起步较晚，发展较慢。直到20世纪末，连续油管技术基本上还停留在酸化、排液、冲砂、清蜡等常规应用阶段。井下作业公司经过充分调研和市场需求，开展了技术攻关。2007年7月，采用连续油管带喷射工具在白浅110井进行喷砂作业，减少了对地层的伤害，逐层大排量压裂造主长裂缝，取得重大突破。2011年8月，采用连续油管带底部封隔器，在合川001-41-X4井和001-44-X3井进行多层和大跨度加砂压裂作业，再获成功。

井下作业公司应用连续油管分层压裂技术，在西南油气田实施9井次，在塔里木油田实施13井次，在苏里格气田实施1井次，成功率和有效率达100%。为克服加砂摩阻力、施工压力高、对连续油管磨损大、压裂深度受限的问题，2012年3月，井下作业公司在白浅202H2井采用连续油管技术将水力喷射和分段压裂技术相结合，不带封隔器、定位器，再次破解了勘探开发的一道难题。

为建成全国首个页岩气技术研发基地，实现页岩气规模有效开发，西南油气田与外方达成联合开发页岩气的合作协议。面对新形势、新课题，井下作业公司一方面积极引进2500型压裂车组和大管径连续油管车组，一方面不断研究直井分层、水平井分段压裂技术。2011年7月，在威远201-H1井实施复合桥塞+连续油管+喷砂分级射孔技术，注入滑溜水$2.3×10^4m^3$，加入支撑剂903t，再一次使用了大液量、大排量、高前置液、低砂比、小粒径的支撑剂。在页岩气储层压裂改造的实践中，井下作业公司展现了在非常规油气田勘探领域的技术水平。

川庆钻探井下作业公司研发的连续油管逐层压裂技术、连续油管作生产管柱、连续油管传输射孔测井等9项特色技术和21项应用技术，获得15项国家专利，填补了国内12项技术空白。

（4）连续油管带压冲砂洗井在注水井中的应用。

据夏健、杨春林等在2013年11月的《石油钻采工艺》上刊文[94]，2011年华北油田针对一些注水井地层出砂造成砂埋注水管柱无法正常生产的情况，提出在注水井中利用连续油管实施带压冲砂洗井作业，通过规模应用，降低了单井次施工费用，取得了显著效果。

该文具体论述了连续油管冲砂工艺所用的设备、作业原理、作业工艺参数、水力计算以及操作程序及应用效果等。连续油管作业机由连续油管、注入头、滚筒、井口防喷器组、液压动力装置、控制台等组成。连续油管长4500m，内径25.4mm，外径31.75mm，抗内压88.9MPa。注入头为牵引起下设备，由油管导向架、链条牵引总成和防喷器组成，其作用是提供足够的推拉力起下连续油管并控制其起下速度；正常起下速度912m/h，最大上提拉力270kN。滚筒用于缠绕连续油管。井口防喷器组由4套液压驱动的防喷器芯子，由自上而下排列的全封芯子、油管剪断芯子、卡瓦芯子和不压井作业芯子组成，用以控制井口压力下防止井喷。液压动力装置为连续油管起下作业提供液压控制和操作动力。控制台由各种开关和仪表组成，用于监测和控制连续油管作业机所有装置的操作。

在现场冲砂作业时，配套使用吊车和高压泵车。用吊车将连续油管注入头、防喷器组与采油树测试阀门连接，连续油管通过注入头下入油管内指定位置后，由泵车与连续油管进口相连接打入洗井液。启动泵车，在连续油管和油管之间建立起正循环，并连续下放连续油管冲砂，返出液通过连续油管与油管之间环空排出，达到注水井冲砂洗井的目的。

以实例计算了冲砂洗井的最低泵液排量和水力损失。以泉241-9井为例，井深1888m，油层套管$\phi139.7mm×7.72mm$，生产油管$\phi73mm×5.5mm$，连续油管$\phi31.75mm×3.175mm$。连续油管内压力损失为3.02MPa，环空压力损失为0.245MPa，合计为3.265MPa。

采用连续油管对带压注水井进行冲砂洗井，现场施工58口井，42口井恢复正常注水。其中砂埋油管待大修井19口，成功恢复10口；砂埋油层注水进水井32口，成功恢复22口。

冲砂作业采用正冲洗方式，连续油管下至砂面以上50m，开始启泵循环，由于连续油管长达4500m，启泵后泵压一般在10MPa以上，循环排量在70L/min左右。已冲砂的58口井，冲砂前油压在4MPa以上，最高16MPa；冲砂压力普遍为13~20MPa，循环排量为50~70L/min。如赵41-60X井，油压22.8MPa，日注水$28m^3$；2011年8月探砂面深度1605m，注水层被砂埋，被迫停止注水。2012年4月进行连续油管冲砂施工，施工前注不进水，施工后日注水$40m^3$，油压21MPa，达到预期效果。

从实施58口井的连续油管冲砂效果可以看出，一是施工费用大量节约，仅用几万元的冲砂支出，节约了砂埋管柱需大修施工几十万元甚至上百万元费用。二是施工时间大幅缩短，仅用5~8小时就解决了检管、大修10多天占用时间，提高了注水井生产时率。三是带

— 193 —

压作业的井控安全有保障。四是施工效率高，冲砂彻底。五是避免了放压排水，减少排水污染环境，实现了节能降耗。因此，连续油管在高压注水井中冲砂洗井具有广阔的应用前景。连续油管长度4500m，目前冲砂深度一般不超过3000m；返出砂粒一般小于12mm，还需进行技术改进，提高其适应性。

（5）小结。

目前，我国各油田已加快了应用连续油管技术进行油水井冲砂洗井、试油、解堵、酸化、压裂等多种作业，而且正在向高端作业迈进，如连续油管进行水平井分段压裂，喷砂分级射孔、测井、测试、钻分支井等，显示了特有的高效率、增储增产降本效果，是采油工程技术的革命性创新发展，更可喜的是，配套设备及技术已国产化，助推了更大规模的开拓性发展。

第八节　油水井带压作业技术的创新发展

早在1960年大庆油田中区开始开发试验，进行早期注水试注作业起，到采用封隔器分层注水期间，一直存在一个难题，就是当油井和注水井打开井口起下管柱作业时，由于油层压力高，喷出或返洗井排出大量油水液体，作业工人在油水中作业十分辛苦。如果采用钻井液压井，又会伤害油层。为此，大庆油田采油工艺所自主创新研制出了我国第一代"不压井不放喷"作业装置。采用井下作业机绞车动力及双绳索加压油管系统，井口安装三级封隔器（全封、半封、自封），油管底部下入可投捞堵塞器，可以在井口密封条件下，将油管柱顺利起出和下入。而且在井口套压最高40atm❶下可以将多级水力压差式封隔器下入。这项技术在1964年试验成功后，在注水井和油井中进行分层注水、分层采油等作业中推广应用，发挥了"快捷、安全、环保"效果，不仅提高了作业效率，避免入井液压井伤害油层，也防止了排出大量洗井液造成地面污染。

在本书第四章中叙及采用这项不压井、不放喷、不动管柱连续进行分层压裂技术的情形。

大庆油田井下作业公司与采油工艺所密切合作，对这项重大创新技术不断改进和发展，在1971年试验成功不压井、不放喷、不动管柱连续压裂多层的滑套式分层压裂工艺技术，成为第二代技术。这套工艺主要由井下管柱和井口控制器两部分组成。管柱由投球器、井口球阀、工作筒和堵塞器、K344-113型水力压差式压裂封隔器、滑套喷砂器组成。

这套工艺技术可以防止油层伤害所造成的堵塞，有利于提高压裂效果；可大幅度减少起管柱作业量，提高作业效率，降低多层压裂成本；与其他压裂工艺配套，可适应不同含水期改造挖潜需要；工艺简便可靠，一次成功率可达98%以上。自1973年在大庆油田推广应用配套技术以来，至1989年底，共压裂19473井次、31205层次。自1988年以来，年压裂超过2000井次［摘自《大庆油田井下作业公司志（1960—1990年）》］。

时至今日，这项在井口有压力的情况下不压井、不放喷的作业技术，为适应更高技术、更宽领域需求，不仅提升换代了配套设备，而且应用工艺技术也有了全新发展，简称为带压作业技术，作为不同类型井下作业的高端技术的配套技术，发挥了当前油水井多种作业对环境保护、节能降本、提质提效的更高要求，成为一项不可或缺的成熟技术。

---

❶　1atm=101325Pa=0.10MPa。

中国石油在2010年将带压作业技术列为重大科技专项，旨在实现油水井带压作业装备升级换代及技术成熟配套，为带压作业技术的推广应用奠定了基础。据中国石油勘探与生产分公司年度报告，2013年全年带压作业技术共完成施工4034口井，当年减排污水$263×10^4m^3$，提前恢复注水$99×10^4m^3$，增油$1.24×10^4t$，增产天然气$59×10^4m^3$。

笔者现列举几例，说明创新与应用情况。

例1：吉林油田带压作业技术攻关高端作业技术。

据《中国石油报》（2014年5月26日）通讯员李占峰、蒋红霞报道，吉林油田从20世纪70年代就开始尝试带压作业，但直到2001年才取得真正意义上的重大突破，这一年，吉林油田研制成功了空心配水器堵塞器，彻底解决了不放压、不破坏油层压力的修井作业难题，并由此开启了吉林油田防喷作业历史新纪元。

处于起步阶段的防喷作业，面临着占井周期长、工序复杂、堵井等诸多难题，远不能满足施工需求，为此组织了技术攻关。2004年，研制成功空管堵塞器和偏心堵塞器，有效解决了防喷作业的堵井问题，填补了不放压作业空白。尤其是新型车载式整机一体化防喷作业机的试验成功，具备了井口适用性更广、压力级别更高、搬迁更便捷、作业效率更高等优点，整体技术与施工工艺在当时处于领先地位。这项技术获得中国石油天然气集团公司科技项目二等奖，同时获得两项国家专利。

新型防喷作业机的试验成功，标志着吉林油田防喷作业技术日趋完善，具备了大规模发展的技术条件。此后，吉林油田又研制了冲砂通井器、空心堵塞器等多项专业器具。技术上的进步，有效减少了施工工序，缩短了占井周期，单井作业成本大大降低。同时，新研制的防喷装置采用环形防喷器与三闸板防喷器配合使用，操作更集中控制，井口的投送机械化程度更高，不仅提高了工作效率，而且生产更加安全。扶余综合服务公司一个作业队曾到大港油田施工作业，全年完成注水井带压作业35口，创收634.7万元，开辟了外部市场。

截至2014年5月，吉林油田已经步入规模化发展轨道，吉林油田带压作业队伍已增加至10支，年作业能力达650口井。

另据《中国石油报》记者穆广田、通讯员尤恒报道[95]，随着大修、带压、特种作业和气密封检测作业施工等高端作业技术实力的增强，吉林油田扶余综合服务公司实现了降服疑难井，"玩转"特殊井。截至2014年9月1日，该公司完成带压作业和气井作业施工井315口，与去年同期相比增加37口，综合返修率同比降低0.6%，特种作业施工创收占总收入近1/3。

该公司始终把攻关高端技术、发展核心服务、提高疑难井和特殊作业井施工能力，作为增强整体实力、拓展外部市场和提升经济效益的重要举措。针对吉林油田部分采区进入中后期开采、疑难井作业量不断增多的情况，工程技术人员深入开展不同地质条件、不同开发层位的疑难井攻关，先后完成了乾安采区黑56平1-4高凝油井大修钻磨作业、英台采区+24-7井全井捞油钢丝落井和新立采区+5-4井隐患治理施工任务，为开展不同采区疑难井积累了经验。2014年8月上旬，随着4部桅杆式带压作业机完成调试投入现场，该公司已拥有车载一体带压作业机、模块式带压作业设备、桅杆式带压装置等多种类型带压设备，每个不同类型作业机可承担不同井深、不同区域的作业井施工。截至9月初，该公司已累计完成带压作业井269口，同比增加23口。

例2：辽河油田带压作业技术拓展应用新领域。

据《中国石油报》2014年2月27日报道，辽河油田兴隆台工程技术处作为工程技术服务单位，产业发展更大的挑战来自市场。带压作业是开展较早的一项业务，由于早年市场开发精力主要放在吉林等外部油田,其"回归本土"后遭遇了市场认可的问题。在辽河油田采油工艺处的大力支持下,坚持以质取信,逐步扩展规模,打开了局面,2013年完成修井93口。经过近两年的努力,兴隆台工程技术处大修、带压作业等新增新扩业务每年可实现产值近1.2亿元。

技术创新有效加速了修井作业升级。兴古10井是辽河油田位于城区的一口油井,该井需要进行钻桥塞和修套施工。4500多米的井深,高油气比更是让施工风险骤增,安全环保是头等大事。甲方曾请来两支钻井队都未接手。2013年9月,兴隆台工程技术处大修3队接手施工,有针对性地完善施工方案,制作相关工具,最终征服了该井。类似复杂疑难井大修,已完成10口,积累了经验。

油区内带压作业施工领域不断拓展。从解决了潜山油井洗井排液慢、油层破坏大、投产周期长等问题的潜山井带压作业技术,到只要一人就可以完成作业机和液控设备操作的新装置,再到解决高温高压难题的热采带压作业技术,2013年,兴隆台工程技术处带压作业从原来只能干水井,迅速扩展了全面胜任油井、水平井等热采井施工。据统计,全处科技创新对修井作业产值增长的贡献率,已达到30%。

另据《中国石油报》(2014年5月26日)记者张晗报道,得益于辽河油田带压作业技术,沈平625井管柱憋压问题仅用10天就得以解决,恢复了正常生产,与常规作业相比,效率提高一倍。像这口管柱内壁结蜡严重、常规作业洗井不通的油井,以及高温、高压等油水井作业施工,应用带压作业技术成为首选。

图9-18 辽河油田带压作业现场员工正在起注水管作业

辽河油田年修井量有万余井次，而且由于油田开发处于中后期，修井量呈逐年增加趋势。若普遍采用常规修井施工，不仅增加修井成本，还对油层造成伤害，同时油气井生产压力短时间内很难恢复到施工作业前的状态，影响油气采收率。辽河油田积极探索改进作业方式和手段，力求走出一条高效、低耗、零排放的工程技术之路。经过数年来的发展，辽河油田带压作业技术已由最初的仅在常规油井进行带压作业，成功发展为超深井、热采井和大修带压作业。特别是热采井带压作业取得了突破，成功研制出一种在200℃以下能保持稳定的耐高温材料，满足了井口温度120℃、压力14MPa以下的热采带压作业需求，解决了常规作业造成的热量损失、热采效果差的问题。

抽油杆环形防喷器等配套工具研发成功，形成了带压连续起抽油杆等3项关键技术。施工压力范围从原来的7~14MPa提升至如今的35~70MPa，设备也实现了由原来的分体式到一体式的更新换代。

这几年，辽河油田已在300多口油水井进行了现场试验，施工一次成功率达90%以上，没有任何安全、质量、环保事故，且取得了良好的经济效益和环保效益。据辽河油田科技处估测，油田在注水井小修和油水井大修全部实行带压作业后，可减少污水排放60%以上。热采井实现大规模带压作业后，预计每年实施3000口井，增油15×10^4t。图9-18为辽河油田带压作业施工现场。

例3：冀东油田井下作业公司带压作业技术取得新突破。

据《中国石油报》（2013年9月2日）记者朱米福报道，冀东油田井下作业公司自主研制的尾管堵塞器、四功能尾管阀和倒置式喇叭口已顺利通过现场测试，各方面性能均达到设计要求，在带压作业技术上取得新突破。

由于油管结垢、生锈等原因，常规带压作业封堵油管的堵塞器时常存在投堵不到位、封堵不严等问题，为油水井带压作业带来较大的井控风险。对此，冀东油田井下作业公司刻苦攻关，自主研制成功上述三种带压作业工具。尾管堵塞器预置在抽油泵底部，在启泵时通过抽油杆触发开关封堵油管；四功能尾管阀预置在注水管柱底部，通过地面打压来实现油管封堵；倒置式喇叭口及配套堵塞器能够确保堵塞器投堵到位，密封可靠。这三种带压工具不仅提升了冀东油田井下作业公司的自主研发能力，也为冀东油田带压作业提供了新的工艺方法和可靠的技术支持。

第九节 生产油井分层监测技术的创新发展

我国注水开发油田采油过程中，除对注水井采用多级封隔器分层注水、分层测试等分层调控注采动态外，对生产油井下入多级封隔器进行分层测试、分层配产等调控含水率的配套技术也一直在持续创新发展，推广应用。

对于生产油井进行不动管柱环空测试产液剖面、分层流量、分层含水率等生产动态的技术，在大庆油田及其他油田已有创新和应用。

笔者现列举两则报道，说明该项技术的新发展。

一、环空测井技术综合报道

据《中国石油报》编辑解亚娜于2012年的报道，诸多油田环空测井技术的应用情况如下：

油田开采中的油井由自喷（用油嘴生产）转入机械采油（抽油机开采）阶段后，油管内不能下入测试仪器，油管外环形空间狭小。特别是我国大部分油田采用5½in套管（内径为124mm）和2½in油管（最大外径为89mm）组合，最大间隙只有35mm，要取得分层产油量、产液量、含水率和油水比等动态监测资料就更加困难。

近几年来，随着油田开发发展、科学技术进步及新的元器件、新材料及制造工艺的提高，我国自行研制发展了一套环空测井工艺，胜利、大港、江汉、中原等油田先后设计制造了一批适合这种工艺的小直径仪器。目前，大量使用的有磁性定位仪、井温测井仪、含水仪、压力计、涡轮流量计、核流量计、四探头三参数LPJC-338组合测井仪等，并正在研制其他各种新型的测试仪器。在进行环空测井前，要在地面先安装一个偏心井口，将油管偏靠在套管的一侧，从新月形环形空间中，将电缆和测试仪器下入井中，直下到生产层段，在油井不停抽的情况下，取得第一手资料。为了防止电缆缠绕在油管上，可以任意旋转偏心井口，以解除缠绕、遇阻、遇卡现象。通过上万井次的现场实践，证明环空测试是安全可靠的。

目前，我国绝大多数油田已应用和推广环空测井技术，特别是在油田开发中后期，应用更普遍。

环空测井技术还为储层流体空间分布研究提供了技术支撑。水淹层生产测井（指用环空测井技术测产液剖面）是研究开发单元水淹状况及剩余油分布的重要技术，是建立精细储层预测模型的重要基础。油田开发技术人员对水淹层测井新解释，主要采用产液剖面测井、脉冲中子能谱测井、硼中子寿命测井等测井方法，准确地确定储层的原油剩余油饱和度变化。如大港油田某井，原生产层位共射开3层20.6m，经环空产液剖面测试结果，只有1层4.6m产液，其余2层16m均为干层，不出油、水。有了这一分层测试资料，就能采取有效措施，解放未动用层，使地下均衡生产，保持油井旺盛的生产能力。

二、大庆油田多级井下分层控制及监测技术助力老油田挖潜

据《中国石油报》（2014年7月28日）记者王志田报道，大庆油田采油工程研究院自主研发的油井多级井下分层控制及监测技术在350口井上应用，累计增油$4.03×10^4$t。

随着大庆油田进入特高含水期，剩余油高度分散，同井多层高含水并且含水层不断变化，常规堵水工艺无法满足精细分层开采的要求。具体而言，管柱下到地层后，遇到达不到开采价值的高含水层段，技术人员常会将管柱再封死。可是，这些油层的含水率是不断变化的，随着精细分层开采的不断深入，当技术人员想要开采油层中的剩余油时，又因管柱被封死而无法施工。

那么，能不能研发一种技术，不用起管柱，就能把想开采的层段打开呢？2007年，采油工程研究院开展了油井多级井下分层控制先导科技攻关，研发了采油井过环空分层流量、压力、含水率监测及分层产液控制技术，发展了油水井对应控制新工艺模式，提高了注水利用率及波及体积，缓解了层间矛盾和平面矛盾。

经过7年不断研究和完善，油井多级井下分层控制及监测技术日趋成熟，实现了油井装上"遥控器"的愿望，想开哪层开哪层，达到了国际先进水平。

为何这样神奇？采油工程研究院技术员岳庆峰介绍说，在地下原油开采过程中，配产器是原油流通的重要通道，之前，开采哪层油藏就把配产器下到哪层，没有配产器的层段自然打不开。现在，采油工程研究院给暂时不开采的层段也装上电动配产器，再把测调仪和电动

配产器连接上，这样，地面控制系统发出指令，就可以打开指定油层了，而且可以灵活控制油层全部打开或者打开几分之一。油层一开，原油自然哗哗往外流，产量也就跟着提高了。

目前，这项技术已取得授权发明专利3项、实用新型专利6项，形成自主知识产权的有形化产品9项，获得大庆油田技术创新一等奖。

大庆油田构建了与这套技术配套的"细分注水—细分采油"油水井对应控制新工艺模式。截至目前，应用这种技术的350口井，平均单井日增油0.23t，含水率下降1.6%，平均单井日产液下降25.86m³。这种适用于含水率80%以上采油井的剩余油挖潜技术，正逐渐成为大庆油田提高原油采收率的一项关键技术。

第十节 油井电测井和射孔技术的创新发展

最近几年，我国油井电测技术和完井射孔技术快速创新发展，以适应对老油田储层剩余油、低渗透、低品位油藏、超深井、水平井等测井和射孔更高水平的需求，形成多种类型系列测井射孔仪器与解释技术，提高了认识油气层的准确度，对勘探开发油气田发挥了极其关键的功效，总体上达到了国际先进水平。

笔者现将《中国石油报》上刊载的信息列举如下。

一、自主研发的成像测井装备形成系列实现规模应用

据《中国石油报》2013年1月21日报道，中国石油测井有限公司（以下简称中油测井公司）自主研制的微电阻率扫描、阵列感应等系列成像测井仪器，配合精细成像处理和解释技术，形成装备技术系列，实现了规模化应用，为日益复杂的油气勘探开发地层评价提供了重要技术手段。这项技术是中国石油2012年的重大科技成果之一。

微电阻率扫描仪器实现自适应密封极板、大动态范围电阻率测量等关键技术突破，电阻率测量动态范围达到$1\times10^4\Omega\cdot m$，耐温耐压指标提升到175℃/140MPa，2012年在塔里木油田7000m深井中成功应用。阵列感应仪器实现高可靠线圈系工艺、快速合成聚焦处理等技术突破，全面取代双感应测井仪器，成为长庆油田低孔隙度、低渗透率储层饱和度快速定量评价的利器。阵列侧向仪器形成软硬结合聚焦监控、多频混合纳伏级小信号检测等创新技术，可提供0.3m纵向分辨率的地层径向电阻率信息，使中国石油成为世界上第二家拥有这项技术的公司。通过统一高速传输接口，阵列感应与常规仪器、微电阻率扫描与阵列声波仪器快速组合，可大幅度提高测井效率，节约勘探开发作业成本。自主研制的系列成像测井装备获得6项国家发明专利，目前已经形成批量制造能力，技术指标达到国际先进水平。

截至2012年年底，240套成像测井仪器在长庆、青海和塔里木等10多个油田推广应用，完成测井作业6800多井次，使油气层识别准确率平均提高5%。目前，这套仪器已经在俄罗斯、加拿大等7个国家推广应用。

据《中国石油报》2014年1月27日报道，中油测井有限公司自主研制的MIT阵列感应成像测井仪，是国内首个投入批量生产的成像测井仪器。

作为复杂非均质储层测井解释的重要手段，阵列感应成像测井仪具有测量精度和纵向分辨率高、薄层划分能力强、描述地层侵入特征和真电阻率直观合理、识别油气层准确等特点，是各测井公司增强竞争力的重要装备之一。

阵列感应成像测井技术是国家"863"项目，也是中国石油科研攻关项目。2007年，中

油测井公司负责完成的这一项目获得了中国石油技术创新二等奖，同时，阵列感应成像测井仪获国家专利授权，打破了国外的技术垄断，填补了国内空白。

为将技术优势尽快转变为产品优势，中油测井公司先后建成投产了4条阵列感应调试生产线，具备年产50套的制造能力。公司按照"质量第一"的要求，产品出厂合格率始终保持100%，仪器整体性能指标达到国外同类产品先进水平。

截至目前，公司累计生产190套，获得专利12项、专有技术20项。这些产品已在长庆、华北、吐哈、青海、吉林以及乌兹别克斯坦、伊朗等国内外油田投入应用，累计测井1.5万余口，一次下井成功率和资料合格率分别达到99%和100%。

二、硬电缆测井水平完井应用获得突破

硬电缆测井是大斜度井及水平井测井工艺技术的革命。这项工艺适合于井深7000m左右水平井或大斜度井的测量，具有结构简单、成本低廉、可靠性高等特点。

近年来，俄罗斯的水平井测井技术发展很快，尤其是硬电缆测井技术的研发与应用水平，稳居全球前列。目前，俄罗斯30%的测井公司使用了这项技术，其中带压施工的约占8%。

我国从2012年起开展此项新工艺技术的研究，已成功应用于大斜度井固井质量和水平井完井测井。

据《中国石油报》（2014年8月20日）记者陈青报道，中油测井公司自主研发的硬电缆测井工艺，在长庆油田定边油区进行首次水平完井测井作业取得圆满成功，装备一次下井成功率和资料优等品率均达到100%。这标志着我国硬电缆测井工艺技术研究取得重要突破，并迈入国际先进行列。

为进一步提升中国石油测井工艺技术水平，有效降低勘探开发成本，提高油气单井产能和采收率，2012年年初，中油测井公司精心组织开展硬电缆测井工艺配套研究与现场试验，并对这项工艺的技术规范、作业流程进行了系统研究。

2013年下半年，中油测井公司启动了难度更大的水平完井硬电缆测井工艺研究（图9-19）。经过近一年的刻苦攻关，2014年8月5日，该公司在定边油区YX7-19H水平完井测井作业中，首次成功应用钻杆输送旁通出套管硬电缆水平井测井新工艺，一次下井取全取准

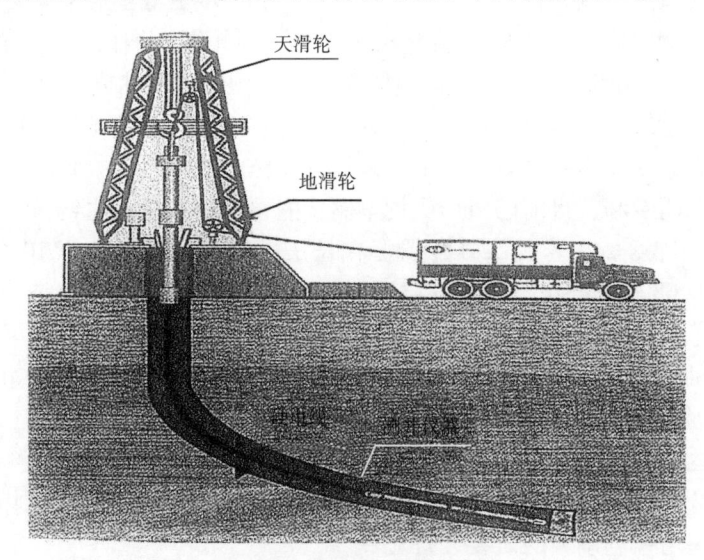

图9-19 硬电缆测井示意图

了所有测井资料。

据了解，这口井井深 3166m，表层套管下深 305m，大斜度长度 260m，水平段长度 690m，钻杆输送硬电缆测井 950m，全井测井作业共用时 25 小时。与传统测井工艺相比，至少为油田公司缩短建井周期 12 小时。

目前，这项新工艺技术中的自适应深度测量、常规电缆与硬电缆连接、电缆泵送、硬电缆测井配重及装备打捞等，均处于国内领先水平，已累计申报国家专利 5 项。

三、吉林油田扶余老区复合射孔技术挖掘剩余油

据《中国石油报》记者于鸿升报道，吉林油田紧密结合扶余老区油藏"低渗透、低丰度、低产量"实际，不断探索应用推广以复合射孔技术为重点的一系列特色原油开采技术，有效支撑了老区持续稳产，为挖掘扶余老区剩余油辟出了新路。

据了解，截至 2012 年 2 月 25 日，复合射孔技术在扶余老区实施 24 口井，实现日均增产原油 8.8t。

复合射孔技术是一项集射孔与高能气体压裂于一体的油层造缝、解堵技术。该项技术具有操作简单、施工周期短、施工占地面积小等特点。据了解，经过半个多世纪的开发，吉林油田扶余老区现已进入高含水后期开发阶段，随着采出程度的加深，可动用潜力层性质逐年变差，特别是正韵律厚油层因底部水洗较重，动用常规、补压方法后，极易导致高产液、高含水现象的发生，一旦措施手段不当，就可能造成较大的储量损失。

针对储层发育多数以正韵律为主的地质特点，如何有效动用正韵律中上部剩余油，成为扶余采油厂挖潜的主攻方向。

吉林油田在深入研究扶余老区自身油层构造及现状的基础上，对国内外复合射孔技术特点进行了深入对比研究，在近两年摸索试验的基础上不断加大技术研究力度，扩大试验规模。2011 年，吉林油田在扶余老区有效实施该技术 94 井次，累计增油 5963t，吨油成本控制在 1502 元，较核定指标降低 707 元，并形成了一套完善的选井选层方法及复合射孔后的过程控制方法，为剩余油挖潜探索出一条切实可行的新路。

鉴于这项技术良好的增油效果及较高回报率，吉林油田今后将在扶余老区进一步扩大实施规模，加大配套技术试验力度，力求取得新突破。

四、渤海测井超深穿透射孔技术成利器

据《中国石油报》2015 年 2 月 24 日报道，渤海钻探测井公司应用超深穿透射孔技术进行施工的大港油田板 821-31 井，日产原油 20.67t，日产气 $1.2367×10^8m^3$。至此，该公司超深穿透射孔技术成功应用 215 口井，占 2014 年施工井应用的 66.7%，成为新井开采利器。

超深穿透射孔技术是渤海钻探测井公司的一项品牌射孔技术，包含国家专利一项。这项技术通过提高射孔器的整体穿深，最大限度穿透地层，沟通油层，可提高油气井产能 30%以上。目前，渤海钻探测井公司已形成 89 型、102 型和 127 型超深穿透射孔器系列，技术指标达到国际一流水平，满足了油气井对超深穿透射孔技术的需求。

板 821-31 井隶属于大港油田板 821 断块，是 2015 年开发的新井。渤海钻探测井公司对这个断块的 3 口新井实施了射孔试油作业，全部采用 102 枪 127 弹深穿透射孔技术，射孔后均获得高产。

五、玉门油田射孔技术创新跨度最长纪录

据《中国石油报》（2013年12月3日）记者周蕊、通讯员詹文亮报道，玉门油田老君庙作业区 N936 井，股股油流伴着一声射孔枪响声涌进储油罐，油井顺利投产。截至2013年11月底，玉门油田作业公司试井队完成射孔120井次，成功率100%。

射孔是让井筒与地层连通，使油气流入井筒的"临门一脚"。射孔技术的高低，直接决定着油井产量的有无或者多少。

玉门油田各个油藏情况复杂，油气井储层跨度较大。射孔施工作业中，一次要射开目的层之间距离较远，由于施工周期短，试井队必须多个射孔层一次射开，射孔段之间要用夹层枪连接以达到同时射开储层的目的。因此，试井队必须克服两个困难：一是由于大跨度（长夹层）射孔夹层枪里只有一根导爆索，导爆索用白布带捆绑，这样由于自身重力作用和下射孔管柱时的速度变化等原因，夹层枪中的导爆索下滑伸缩，传爆距离加长导致射孔时从夹层枪处断火，易造成射孔施工事故；二是大跨度（长夹层）射孔施工时，装配、运输夹层枪过程中，不仅耗费大量的人工和材料成本，而且存在隐患。

为此，试井队在现有射孔工艺的基础上，大力研究射孔设备和多级起爆射孔技术，利用现有枪型实现大跨度多级起爆射孔技术，在油田各作业区6000m内的各类井型中安全熟练应用。

2013年5月17日，酒东油田作业区丰2井上，试井队成功完成射孔深度5260~5280m，打破了射孔层段最深井纪录；9月10日，在老君庙油田作业区的1312H井，他们又一次射孔8小层，跨度240.5m，实现射孔跨度最长纪录。这两口井的成功射孔，标志着试井队射孔技术达到国内领先水平。

自2007年至今，大跨度多级起爆射孔技术在玉门油田的青西、鸭儿峡、老君庙、酒东4个油田作业区以及潮雅探区应用30多井次，成功率100%。

第十章　中国特色油田开发理论、开发模式和二次开发理念的形成与发展

1949年新中国成立，我国第一个石油基地——玉门油田获得新生，成为石油工业的摇篮；1960年发现大庆油田建设投产，跨入快速发展新阶段。我国百万石油职工，秉承"我为祖国献石油"的崇高理念，发扬大庆精神、铁人精神，不仅为国家生产了 $40×10^8$ t原油，为我国国民经济建设、改善人民生活和保障国家能源安全做出了巨大贡献，而且依靠自主创新，在油田开发领域开创出具有自己特色的油田开发理论；从生产实践中不断总结经验，形成了各类油藏的开发模式；最近几年，又创新实施了老油田二次开发理念。从油田开发总体上构建出既符合我国国情、油情，又迈向世界先进水平的油田开发系列理论、技术路线和工程技术，清晰地勾画出大幅度提高油田采收率，最大限度地获取地下油气资源，创建百年油田的蓝图和发展前景。

第一节　我国油田开发理论的主要内容

大庆油田会战初期，石油工业部领导余秋里、康世恩组织领导干部和科技人员学习毛主席的《实践论》与《矛盾论》，以辩证思维哲学思想，总结以往石油勘探开发的经验与教训，提出了指导大庆油田开发"长期高产稳产"的战略方针，对发展我国油气产业的一系列重大战略性、核心决策问题，上升至理论高度，形成了工作指导原则，为落实在油气田勘探开发部署、重大技术方案和科学研究诸多方面打下了科学方法论的基础。在不断实践、不断认识、传承与创新至今，形成了我国油田开发的理论，具有普遍的指导意义。概括起来有以下要点：

一、充分认识地下油层是油田开发的基础

早在1958年，玉门油田老君庙、鸭儿峡油田开发中，由于缺乏经验，加上当时全国"大跃进"形势影响，片面追求高产，在地下原油储量及油藏地质尚未充分搞清情况下，粗估冒算，扩建地面工程，在玉门油田扩大新市区建设，在戈壁滩荒原上修建大量住宅区及其他生产、生活设施，按几百万吨生产规模规划建成大市区。笔者当时分到一间住房在第十七区，由南岗采油厂回家坐公交车要绕约一小时。时隔不久，原油产量大幅度下降，市区扩建工程成为废墟，造成大量浪费。另有一个油田，尚未打完井，储量不清，却抢先建成地面储油库等设施，结果产量很低，地面工程设施未用，造成浪费。

石油工业部余秋里部长深刻总结历史经验，提出"石油工作者岗位在地下，斗争对象是油层""地面工程，服从地下"的指导方针，打破了当时唯心论者"人有多大胆，油井就有多高产"的违反科学规律的谬论。在大庆油田制订开发方案时，突出强调，要取全取准油层资料，要算准地下原油储量，究竟储量是多少、能动用多少、能采出多少、科学的产量是多少，能稳产多少年等，必须搞清楚，来不得半点马虎，切忌粗估冒算。对科技人员严格要求，对地质资料数据都要有标准。当时要求时任总地质师的李德生、童宪章要做出准确答

案和预测，要经得起历史的考验。

大庆油田地质科技人员，一直遵循立足地下的原则，进行油层精细研究，分层、分井、分区块，不仅研究原始静态，更注重追踪研究开发过程中的动态变化。直至大庆油田进入高含水阶段，对水驱剩余油分布规律、油砂体动用程度、储层微观分析等，精细了还要精细。在充分认识、再精细认识地下油层的基础上，大庆油田采油工程技术，不断创新分层注水、分层采油系列分层开采技术，直至今天创造出一整套精细分层开采的世界一流注水开发油田科学技术，实现了大庆油田高产 $5000×10^4$t 稳产 27 年后又持续稳产 $4000×10^4$t 至今 12 年的辉煌成就，这称得上是国际上同类油田开发的奇迹。

"石油工作者岗位在地下，斗争对象是油层"理念传承至今，树立了"油田开发的工厂在地下"的理念，坚持不懈狠抓油藏精细管理工作，精细注水技术创新，以控递减保稳产，增储增产增效，提高老油田采收率。

二、早期注水保持油层压力是人工驱油开发的前提

大庆油田会战之初，石油工业部领导重视科学技术，组织科技人员调研美国和苏联的两个大型油田的开发方式与主要经验，美国得克萨斯油田是晚期注水，苏联罗马什金油田是早期边外和大井距行列注水，共同点是注水开发，但注水时机有早晚区别。注水驱油能够提高产量，但注水过程中必然产水，含水率上升过快又反过来影响稳产和采收率。不注水油层压力下降，必然导致产量下降，早注水比晚注水可以保持油层压力多采出原油，但如何控制水是核心问题。罗马什金油田采取早期注水方式，但为延缓产水期采取边外、大井距行列注水，注水驱见效慢，油层压力也必然下降，油井产量难以稳定。笔者曾于 1956 年赴罗马什金油田学习考察，见证了行列式注水。当时油井自喷采油产量高达 100t/d 以上，采用一种由自喷压力驱动清除油管结蜡的"飞刀刮蜡器"，推广应用效果很好，油井自喷产量高。苏联专家送给我样品，带回老君庙油井试验时，油层压力下降，飞刀刮蜡器飞不起来，多数油井转入抽油。后来得知，罗马什金油田也很快因压力下降而转入机械采油。

大庆油田会战领导，经过反复调查研究，集思广益，形成新理念，在国家急需石油的大背景下，提出要高速度、高水平建设开发大庆油田的战略方针，制定了油田开发"长期高产稳产"的开发总体战略。要采取早期注水保持油层压力、小排距行列注水方式，跳出美、苏油田注水模式，创造我国油田注水开发理论和技术路线。为此，在 1960 年开辟中区 $30km^2$ 开发试验区，在开始采油时，抢时间在冬季来临前建成供水、注水工程，于 9 月开始第一口注水井试注试验。与此同时，严格控制油井自喷生产产量，严密监测油层压力变化。当时最引人关注的是油层压力，将油层压力称作油田的"灵魂"，注水保持油层压力是头等任务，集中技术力量开展了注水会战。

为准确监测油层压力，采油指挥部（即第一采油厂）组建试井队，建立测压技术标准。余秋里部长担心测压不准，特意点名将玉门油田采油厂试井队队长刘兴俭乘飞机携带标准井下压力计赶来大庆，监测压力测试精确度。王铁人有句名言："油井没有压力就不出油，人无压力就会轻飘飘一事无成"。早期注水保持油层压力成为会战职工的奋战目标，为实现早注水，涌现出了抢建地面供水、注水站工程、井下作业及科技攻关的动人故事，在此不再详述。

由于早期注水，油层压力始终保持在原始水平（120atm），水驱能量旺盛，自喷采油期长达 10 年以上，油田产量稳定上升。在进入中含水期阶段，转入机械采油，放大压差提液，

保持了产液量上升，而原油产量稳定。直至在高含水、特高含水阶段为稳油控水创造了基础性条件，形成水驱为提高采收率的主体技术，显示出注水开发方式的优越性。在全国推广，成效显著。

三、提出"三大矛盾"概念，确定开发科技创新方向

由于大庆油田具有陆相沉积多油层地质特点，早期开发的两套主力油层——萨尔图油层和葡萄花油层，划分为5个油层组、14个砂层组和45个小层，油层多，而且渗透率、孔隙度、含油饱和度等物性差异很大。在中区试验区，选择中7排11号井为第一口注水井，共有28个小层。在1960年9月开始注水试注，采用冷水洗井试注失败后，创造热洗热注技术成功。很快1960年冬至翌年春，中区3排、7排注水井全部投入注水开发试验。

在1961年5月，注水半年，距中7-11注水井250m的油井开始见到注入水。康世恩等领导组织科技人员跟踪测试与研究，发现高渗透层优先进水，产生"单层突进"现象，暴露出多油层采用笼统注水，必然导致吸水剖面不均，油井过早见水，含水率上升快的缺点，将出现"水淹"油田，不利于全油田长期高产稳产的开发战略。在生产实践中，分析各种矛盾，提出注水开发油藏，存在注入水层间吸水不均的矛盾、面积上注采井之间水驱不均的矛盾以及注入水在油层内驱油程度不均的矛盾，统称为"三大矛盾"，三者之间有密切关联，但层间矛盾是主要矛盾，它影响着注水开发油田能否实现"长期高产稳产"大局，如不解决层间矛盾，将会导致早期注水的有利转化为害。因此，提出了既注水又治水，兴水利、避水害的辩证发展思路，决定开展"三选"技术（选择性注水、选择性堵水、选择性压裂）攻关试验，试图控制高渗透层进水量，加强低渗透层进水量，求得较均衡水驱，但未获成功。因此又从实践中总结经验，废弃传统的技术框架，自力更生，创造新技术。针对国外传统卡瓦式封隔器，不适用于同井多级分层注水的缺陷，康世恩提出"糖葫芦"式水力压差封隔器的设想方案，组建大庆油田采油工艺研究所进行技术攻关。至1962年10月，经1018次模拟试验成功，又经133井次注水井下井试验，获得成功。

在1964年，在萨尔图油田146km^{2}开发区开展了"101，444"分层注水会战，对101口注水井下入多级封隔器分444个层段注水，实现了按开发设计方案分层配注，开辟了我国第一个分层注水开发规模区，获得预期"兴水利、避水害"的良好效果，当年生产原油626×10^{4}t，实现了国家原油自给自足，开创了早期注水保持油层压力+分层注水的注水开发理论与实践，为解决"层间矛盾"找到了技术创新途径。随着注水开发进程进入含水上升期，为解决平面矛盾，采取加密井网、注采井对应调整、优化注入工艺参数等措施；对于层内驱油程度不均的矛盾，开始研究注入水+化学剂（聚合物等）深度调剖等新技术。由"三大矛盾"的新理念，引领发展我国油田开发各类油藏类型从三维角度整体上提高多油层人工驱油储量动用程度和采收率的系列特色技术。

四、以分层注水为核心的"六分四清"采油技术创新与发展

在1962年大庆油田采油工艺所研发成功水力压差式多级封隔器，实现同井分层注水后，接着又研发了油井分层采油、分层压裂封隔器和分层配注配产井下工具，为直接测试分层注水量、分层产油量、分层产水量及分层压力，研制了相应的分层测试仪表等配套技术。在1964—1965年形成了以分层注水为核心的"六分四清"工艺技术：即分层注水、分层采油、分层压裂改造、分层测试、分层研究、分层管理；做到分层注水量清、分层采油量清、分层

产水量清、分层压力清。这项凝聚大庆油田会战领导和科技人员的创新技术，是又一项革命性油田开发工程技术，开创了早期注水+分层注水+"六分四清"整体注水开发理论与实践技术。

在1965年9月，石油工业部在大庆油田召开的会议上，正式宣布了这项重大技术成就，表彰了大庆油田采油工艺所，开始向全国推广应用。

几十年来，"六分四清"配套技术不断发展、完善，在油田开发不同阶段，针对我国大多数油田属陆相沉积地质特点，不断深化、细化研究油藏开发中的各种矛盾与难题，更新换代分层注水开发工程技术，推进了油田开发向更高水平创新发展。表现在三个方面：其一，油藏工程研究由分层段细化为分油砂体精细研究；其二，分层注水分层采油工艺技术，向精细分注分采、智能化高效测调技术发展；其三，采油生产管理向更小开发单元、分层精细管理，最大限度增加产量，降低成本。这三条创新主线，显示了我国油田开发整体迈向了世界先进水平。

五、重视科技创新和建立强有力科研机构

在大庆油田会战初期，以余秋里、康世恩为首的会战领导层组织各路职工奋战在各个方面，按天按月争时间抢进度，一切为了早出油为国解忧，奉献国家急需的石油。中心工作立足于地下，一切工作服从地下，为"高速度、高水平"开发好大庆油田，将制订好大庆油田开发方案始终放在一切工作之首。倡导学习"两论"唯物辩证思想，强调实践是认识客观规律第一的观点。1960年在大庆长垣油田方圆一千多平方千米展开详探，落实石油储量之际，首先在萨尔图中区开辟了 $30km^2$ 先导试验区，确定十大试验，也即十种开发方式的试验，包括早注水与晚注水、笼统注水与分层注水等，虽然已决策早期注水，分层注水为首选，但要从生产实践中再揭露矛盾和隐蔽的问题，以求检验开发战略决策的准确性和科学性。在1960年6月1日第一列生产出的原油由萨尔图车站外运进关，康世恩在外运剪彩庆祝大会上将其称作"科学试验油"。在开展十种开发方式先导试验的同时，又开展了注水工程技术试验，通过这两手抓，反复实践、反复认识，由感性上升到理性，逐步升华形成了开发理论和实践技术手段。

还需指出，以往采油工程技术研究，通常根据生产中出现的问题，产生初级设想方案，直接在生产油井中进行试验，摸不清规律，找不出成败因素，随意性、盲目性导致不能有效创新，延误了生产发展。大庆油田进行"三选"技术攻关失败后，1962年2月会战领导及时吸取经验，打破以往缺乏科研专业机构的局面，决定组建大庆油田采油工艺研究所，康世恩提出打破旧思路，自主研制"糖葫芦"式多级封隔器设想方案，同时余秋里对笔者讲，只要你攻下"糖葫芦"封隔器，需要摘月亮我就去摘，要创造一切条件。要成立采油工艺研究局，以表明采油工艺技术在油田开发中的战略地位。由此，成立了我国第一个专业采油工程研究机构，不仅调集、扩大科研队伍，而且在采油研究所自己动手，建成7口全尺寸模拟试验井，可以真实模拟封隔器分8层注水，以及适用于注水井、油井各类封隔器等配套工具仪表的模拟试验装置，加快了技术创新进度，在生产实践中不断改进、最终形成了系列有形技术。

从此，全国各主要油田都建成了采油工程研究所（院），形成了中国石油、油田和采油厂三级采油工程研究系列，与三级油田开发地质研究系统形成了整体科技研发体系，并与钻井、测井、机械等工程技术系统，组合成强有力的科技创新体系和高效高水平创新实力。中

国石油勘探开发研究,是中国石油的一部三中心(油气上游业务发展战略参谋部、新理论高新技术研发中心、高层次人才培养中心、技术支持与服务中心),为国内外科技提供全方位、多层次的技术支撑。并且,有20多个研究所及分院,拥有若干国家重点实验室(研发中心)和更多的集团公司重点实验室,担负着多种类型油藏和多种开发方式提高采收率技术,以及超前研究的重大项目。科学研究实验条件达到了世界大石油公司的先进行列,这为创造自主源发性前沿技术创造了重要条件。

重大科研课题来源于生产实践中的需求,创新技术依赖于室内深入严谨的科学模拟和研究,再进入现场先导性试验,反复实践、反复认识、升华,形成新理论,突破技术难关,将科研成果转化为生产力,见效于生产,产生巨大油气产量财富,这是油田研发技术创新发展的技术路线。大庆油田注水开发理论与技术获得了1985年国家级"大庆油田长期高产稳产注水开发技术"特等奖。

六、油田注水开发理论小结

笔者从1960年6月参加大庆油田会战至1975年已有15年,经历了大庆油田注水开发历程,至今年过八旬,一直关注着油田开发创新与发展。我国油田注水开发理论的主要内容有三:

(1)早期注水保持压力开发理论。从开始采油实施注水开发直至中后期,坚持注水保持油层压力,发挥注水旺盛驱油能量,打好高产稳产基础的机制论述。

(2)同井分层注水"六分四清"开发理论。从早期注水开始采用多级封隔器分层注水,形成分层注采、分层研究、分层管理三个科技系统,持续创新全过程,有效控制含水率上升速度,增加动用储量,延长稳产开发期,提高采收率与经济效益,形成控水稳油的理论与技术。

(3)高含水期精细分层挖潜注水理论。油田进入高含水特高含水期,针对剩余储量分散、难动用特点,创新精细油藏细分挖潜研究,更新精细分层注水配套工艺技术,发挥控制含水上升率、减缓原油递减率的功效,形成最有效、经济效益好的开发主体技术。

这3项理论与配套工艺技术,可以称作是注水开发方面的三次革命性飞跃,是大庆油田迈向"持续有效发展,创建百年"目标的科技创新与保障。

大庆油田创立的系列注水开发理论与分层注采工艺技术,在全国大多数注水开发油田推广应用与创新发展,获得成功,适应了我国陆相沉积多油层油藏特点,并彰显出同井采用多级封隔器采油工程技术的优越性和独特的开发效果。

第二节 我国各类油藏开发模式

我国油田类型很多,油藏地质条件复杂,几十年来在油田开发方面积累了丰富的实践经验。为了总结经验,形成各种油藏开发模式,以便从理论高度和有形化系列技术指导新、老油田科学开发,提出分类油藏日后的科技创新方向,从而与时俱进,不断提高油田开发水平,获取更好的开发效益,在1990年初,在中国石油天然气总公司领导的大力支持下,中国石油天然气总公司开发生产局领导王乃举等组织编写了《中国油藏开发模式丛书》,并陆续出版。

这套丛书将我国油藏分为多层砂岩油藏、气顶砂岩油藏、低渗透砂岩油藏、复杂断块砂岩油藏、砂砾岩油藏、裂缝性潜山基岩油藏、常规稠油油藏、热采稠油油藏、高凝油油藏及凝析油油藏10种类型。

笔者分工编写了《热采稠油油藏开发模式》一书，在本书中将油藏地质特点和相适用的钻采工程技术相结合，将10种类型油藏归纳为四大类，使开发模式更具体化，将开发方式与技术创新相结合，以便阐明各自提高采收率技术的发展与创新的技术路线。按这四大类油藏开发模式推进理论创新与技术创新，着眼于推广应用已成熟技术，完善接替技术，加快重大技术攻关，以及超前谋划储备技术，持续推动我国油田开发迈向更高水平。

需要指出的是，各种类型油藏有其特点，要优化适用的开发方式，而各种驱动方式也有适用的油藏地质条件；钻采工程技术是实现最佳开发方式和驱油方式的重要手段，这三者构建为不同类型油藏最有效的开发模式，从而确定各自发展模式及技术路线，从繁杂中找出简明的发展途径。

一、注水油田开发模式的创新发展

我国注水开发的油藏占大多数，包括多层砂岩、气顶砂岩、复杂断块砂岩、砂砾岩、常规稠油、高凝油、凝析油以及大多数低渗透油藏等。全国原油产量的80%来自注水开发。可见，注水开发是关键，也是主体开发模式。

当前大多数老油田已进入高含水、特高含水开发阶段，持续创新发展精细油藏分层和精细分层注水技术，是改善油田开发效果最经济、最成熟、最具潜力的途径，也是今后注水油田精细挖潜提高采收率的主攻方向。

1. 精细油藏描述由静态向动态方向发展，并全面提高预测精度

根据《中国石油报》记者、专家在2014年8月、11月发表的精细油藏描述和精细注水专栏，笔者对今后的创新发展前景[96,97]摘要如下：

精细油藏描述是推动老油田可持续发展的重要基础。最近几年，我国精细油藏描述技术研究单元已从小层细化到单砂层（体），逐步实现了单砂层（体）精细表征及其剩余油分布预测，对地下情况的掌控精度对比医学检查从"X射线"发展到"CT"。这为钻加密井、部署开发调整方案，以及按单砂层（体）完善注采井网、精细注采调控提供了有力支撑，有助于控制含水上升率和自然递减率，改善水驱开发效果，确保老油田持续稳产。

精细油藏描述技术的进步，主要得益于油田日益丰富的动静态资料和多学科理论方法的综合应用。在资料层面，油田不仅采集高精度三维地震、新加密钻井测井和密闭取心等静态资料，而且增加了油井和注水井的动态监测资料。由于地下情况不可见且十分复杂，凭借资料描述地下情况的过程犹如盲人摸象，资料越丰富，就越有利于认识完整的"大象"。

目前，我国油藏描述技术已经能够满足对地质体的静态认识和剩余油分布的预测要求，但还不能描述油藏的动态变化特征。因此，由"静"而"动"，精准描述变动中的油藏，规避刻舟求剑式的局限性，将是未来我国精细油藏描述技术的发展方向。

具体来说，在中高渗疏松砂岩或砂砾岩油藏开发中，长期的水流冲刷会导致储层孔隙结构发生改变，加剧储层层内非均质性，形成水流优势通道。这不仅影响油水相对流动能力和剩余油分布，而且影响油田堵水和深部调驱效果。为此，水流优势通道识别及表征是未来精细油藏描述的重要方面。而在低渗透油藏开发中，受岩石力学性质和注采强度等因素驱动，油藏局部范围内会出现规模不等的动态裂缝，既影响低渗透油藏剩余油分布，又影响低渗透油藏水驱开发效果。为此，动态裂缝识别及表征也将是未来精细油藏描述的重要内容。

此外，储层孔隙结构、渗透率、润湿性和原油性质等参数也会随着油藏开发阶段发生一定程度的改变，应将这些变化与注水倍数、注水流线等因素统筹考虑，全面提高储层非均质表征和剩余油分布预测精度[96]。

据记者刘波对大庆油田精细油藏描述技术追踪剩余油纪实的报道[97]，大庆油田通过精细油藏描述技术，看清地下剩余油分布，再采取压裂、作业等措施，近10年来，新增动用可采储量近亿吨。对油藏精细精准研究有两项传承创新点：一是取全取准每个生产数据，打好精确研究的基础；二是创新认识地下工具，为降低人为因素、确保精准研究创造条件。

大庆油田对地质认识的进程，相当于从放大镜到显微镜的进化。而这，离不开大庆油田50多年来基础数据资料的准确翔实。大庆油田自诞生以来，地质技术人员就练就了扎实的基本功：取全取准各项资料，及时准确上报汇总。取全取准每个生产数据，"三老四严"在大庆油田一直被"完整"地传承着。大庆油田平均每年打6000口井，每打一口新井，就多一次重新认识油层的机会，精细描述的数据不断更新。例如，2013年大庆油田第五采油厂通过对全厂18个区块1826万个节点数据的整理分析，在大庆油田首次实现多学科精细描述全厂覆盖。据悉，该厂建立的模型网络节点数达891万个。

依据扎实的基础管理，让数据基础平台存有海量信息。如何在应用时得心应手？如何使工具平台更为精准、规范，降低人为因素？大庆油田精细油藏描述技术的发展依靠数据基础平台、软件工作平台和地质研究应用平台三个平台的建设。

自2008年以来，三维地震的全覆盖，为精细油藏描述提供了很好的平台，使地质认识更全面细化。通过沉积相控制地质建模技术，技术人员可以熟练地将测井资料、地震资料结合起来，利用层序地层学和构造理论，结合沉积相数字化成果进行相控建模。这一模型可以在一个比较小的单元网络上，高度数字化地表达储层物性特征和流体分布规律。

地质建模离不开软件工作平台。大庆油田大规模开展多学科精细油藏研究的关键技术攻关，即精细油藏数值模拟技术。他们构建了用于并行油藏模拟的双CPU微机群，研发出具有自主知识产权的大规模数值模拟软件PBRS，不仅摆脱了对国外数值模拟软件的完全依赖，而且适应大庆长垣油田大规模水驱并行数值模拟。从此，大型数值模拟在采油厂进入规模应用时代。

由于建模和数值工作对技术要求高、对专业软件依赖性强，并不是所有人都能直接应用其研究成果，导致研究成果与油田实际开发调整衔接不够好。而且油藏研究成果很丰富，格式复杂不利于应用也是问题，大庆油田再接再厉，降低平台应用"门槛"。他们研发多学科集成化油藏研究成果应用平台，实现了研究成果与动态分析、综合调整方案编制的对接。这一平台的应用大大提高了编制措施调整方案的工作效率，规模化的流程也让新人更容易上手，更为关键的是，有助于改善开发效果。大庆油田第五采油厂是最初建设这个平台的倡导者和尝试者。2010年以前，第五采油厂平均自然递减率达10.05%，平均年含水上升率为1.02%。多学科油藏研究成果规模应用后，平均自然递减率下降为7%，平均含水上升率仅为0.09%。

自2002年以来，针对高含水后期油田开发重点难点，大庆油田开展了以精细地质建模和油藏模拟为主要手段的多学科油藏研究，应用三个平台，完成精细油藏技术追踪剩余油研究。精细油藏调整设计方案的流程见图10-1。

大庆油田精细油藏描述技术的创新发展，为全国油田开发提供了先进经验。

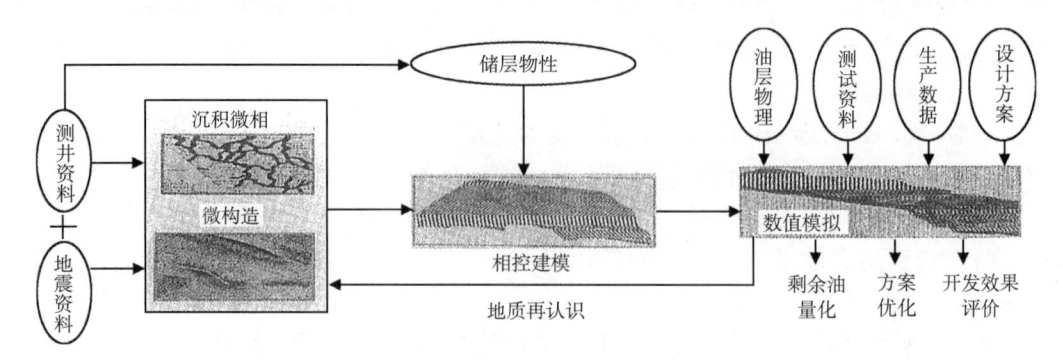

图 10-1　精细油藏调整设计方案流程图

2. 精细分层注水技术的创新

大庆油田进入"双高"开发阶段，突出水驱，突出水驱精细挖潜，形成"四个精细"系列（精细油藏描述、精细注采关系调整、精细注水系统挖潜和精细日常生产管理），从而使含水上升率和产量递减率得到有效控制，引领全国注水开发技术持续创新发展。正如广大科技人员取得的共识，精细了还要精细，确定了创新发展方向。

对于当前及今后在精细分层注水技术方面的创新发展问题，笔者就《中国石油报》刊载闫建文、王亮亮等的综合报道[97]摘要如下：

（1）非接触智能分层注水技术。

由大庆油田采油工程研究院研发的非接触智能分层注水技术，将压力流量监测、控制调整系统置于井下智能配注器中，比对单层流量与配注量，发送指令实现井下全自动测调。其优势在于：自动化——无须人工参与，节省测试班组；单层流量超出设定误差范围后，可进行自动调整。非接触式——利用智能测控仪把井下监测数据传至地面。这项技术可使注水合格率长期保持在90%以上。

这项技术适用于层间矛盾突出、层段压力变化频繁等注采关系复杂区块的精细分层注水。特别是新开发投产区块，基础资料少，井下情况认识不清晰，应用这项技术可对井下压力、流量数据进行2~3年的连续监测。

通过6口井的现场试验，实现了注水井生产数据连续监测、流量自动测调、历史数据非接触上传。试验共录取井下压力、流量和温度等监测数据12.6万组，单层流量配注精度控制在10%以内。通过分析采集数据，制订井组匹配调整方案，层段注水平均合格率91.3%。大庆油田非接触智能配注示意图见图10-2。

（2）层内精细分层注水。

长庆油田研发的层内精细分层注水是解决油田开发中平面矛盾、层内矛盾和层间矛盾的新型技术工艺。实施层内精细分层注水，可以最大限度地发挥油藏的地质潜能，实现注水效果最大化。层内精细分层注水，是为油层单井"水道"，彻底消除了传统注水中的"大锅饭"现象。华庆油田主要开发层系为三叠系长6通过层内精细分层注水，由原来的3个小层细分为目前的9个小层，确保有效注水。

层内精细分层注水适用于多层系、多层段油藏，且各层系、层段的吸水能力差异大。在这种油藏中，如果采用一根油管的合注工艺笼统注水，一个大的油层段会由于局部构造上的差异，导致吸水出现"饥饱"不均的现象。

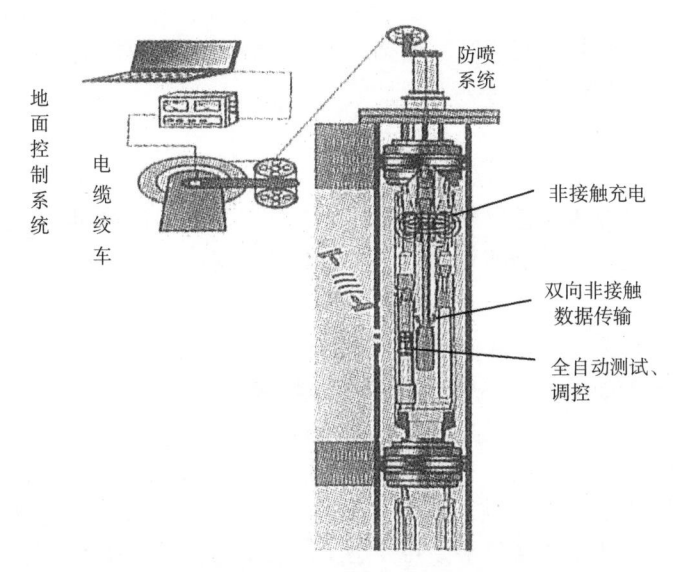

图 10-2　非接触智能配注示意图

层内精细分层注水，使长庆油田的水驱动用程度和压力保持水平分别由 2010 年的 50.5%和 80.2%提升到目前的 70.8%和 92.1%。被列为集团公司分注示范区的白 153 区块，分注率达 93.7%，相比 2010 年，自然递减率下降了 3 个百分点。

（3）分层注水实时监测与控制技术。

该技术由中国石油勘探开发研究院研发。

油田现有分层注水测调工艺能基本满足生产作业需要，但不具备实时监测和调配等功能，不能辅助认识油藏。分层注水实时监测与控制技术是将流量监测、压力监测、温度监测和流量控制集成一体，形成可实时监测和控制的一体化配水器。长期置于井下，可实现井下分层参数的实时监测和配注量的自动测调。

目前，这项技术适用于井深 1500m 以内的注水井，井下压力小于 40MPa，环境温度低于 85℃，分层流量 5~60m^3/d。

（4）水平井与直井联合井网重组技术。

该技术由大港油田第六采油厂研发（图 10-3）。

常规直井和水平井控制泄油面积的差异，导致两种井型渗流规律不同。常规井的注采井网组合方式不完全适用于水平井注采井网，需要针对水平井部署区块的井网特点，开展水平井与直井联合井网重组技术研究。

该技术适用于水平井和直井在同一开采单元同时开采的区域。随着水平井的日益增多，老油田注采井网不完善的矛盾日益突出。在这样的区块，就需要采用水平井与直井联合进行注采井网重构以提高采

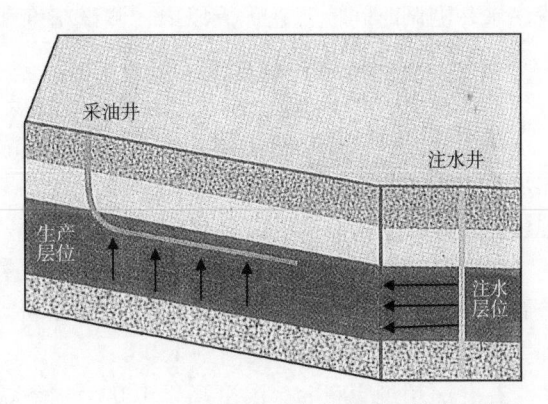

图 10-3　水平井与直井联合井网重组技术示意图

收率。

通过实施此项技术，预计可提高采收率 1.5 个百分点，减缓自然递减率 2 个百分点，对老油田特高含水期综合调整具有重要参考价值。

（5）双台阶水平井分层注水。

该技术由塔里木油田油气工程研究院研发。

双台阶水平井分层注水工艺是一套分层酸化、分层注水一体化同心分层注水工艺，解决了双台阶水平井分层注水、分层酸化的难题。作业时，将起出原井管柱，之后对不吸水的薄砂层油藏 2 号层单独酸化，最后下入分层注水管柱。

双台阶分层注水技术，不仅能够在超薄油层中有较长的注水段，而且实现了对两个开发层系同时注水，适用于埋深超过 5000m 的超深、超薄、大面积、储量丰度特低的边水层状油藏。

历经 1 个多月的现场施工试验，2014 年 11 月 16 日，双台阶水平井分层注水技术在哈得 1-H34 井一次性试验成功。此项技术试验成功，填补了国内外超深、双台阶水平井分层注水工艺的空白，为哈得油田双台阶水平井分层注水创造出合适的技术，为大幅提高储量动用程度提供了技术保障。

（6）大斜度井分层注水技术。

该技术由冀东油田、中国石油勘探开发研究院合作研发。

大斜度井分层注水测调效率较低，影响开发效果。为此，冀东油田与中国石油勘探开发研究院联合开展基于偏心阀结构和单层直读测试的桥式同心分层注水工艺技术研究，配水器与井下仪器同心对接、同心测调，免投捞配水堵塞器。

配水器漏失小，22MPa 压差下漏失仅为 $0.5m^3/d$，且调节更加容易。在测调方面，采用电动双皮囊设计，保证仪器在大斜度井中居中、集流测试，实现单层直接测试，避免递减法产生的误差，进而提高小水量的测试精度。在封隔器验封方面，采用三压力传感器验封，皮囊密封状态可监测，一次下井可完成全部验封作业。

目前，这项技术适用于井斜 60°以内、单层注入量 $5m^3/d$ 以上、温度 135℃ 以内、压力 60MPa 以下的大斜度井的分层注水和测调。

自 2014 年年初以来，该项技术在冀东油田进行 5 口井现场试验，在吉林油田进行 2 口井现场试验，最大井斜 55.11°，最高温度 135℃，最高压力 51MPa，最小注入量 $10m^3/d$。经过不断完善，目前工艺对接成功率 100%，分层流量测试误差 5% 以内，井深 3000m、3 层段注水井测调时间控制在 1 天以内，测试精度和测调效率得到提高。

（7）高温分注技术。

该技术由华北油田钻采工程部、华北油田采油工程研究院合作研发。

高温分注技术是针对高温井中常规分注封隔器容易出现密封橡胶老化、密封性不严、压缩形变，刚体易被磨损、腐蚀，洗井阀密封面易受杂质影响等问题，采取的适合深井、高温地层的分注技术。

新研制的系列封隔器的胶筒、密封件，均采用氢化丁腈橡胶；所有零部件均采用镍磷镀防腐处理；封隔器的反洗阀，采用线密封及自动回位机构。新封隔器承压差由 25MPa 提高到 50MPa，耐温由 120℃ 提高到 150℃。

在井深超过 3000m、温度高于 100℃ 的情况下，高温分注设备所采用的密封橡胶，可最高到 150℃ 极限条件不出问题。高温分注设备所采用的刚体，在同等温度条件下，其抗腐蚀和耐磨性优于其他常规分注设备。

华北油田在最大井斜59.3°、最大井深3590m、最高井温127℃的条件下,实现密封合格率98.9%,测调合格率93%。

(8)分级调驱技术。

该技术由中国石油勘探开发研究院研发。

分级调驱提高水驱波及效率技术(简称分级调驱技术),即把储层中的优势流动通道按照发育程度及对水驱效果的影响进行分级,并针对不同级别的优势流动通道研制和应用相应的调驱剂新材料。将这些新材料优化组合后注入,持续改变和调整水驱方向,把扩大波及系数落到有效波及上来,从而提高注入水利用效率。

非均质水驱开发油田存在不同级别的水流优势通道,导致注入水无效或低效循环,注入水利用率低。分级调驱技术可有效解决这一问题,是提高水驱波及效率的有效手段。

目前,该项技术在新疆砾岩普通稠油、大港砂岩高温稀油、辽河砂岩高凝油、华北砂岩普通稠油、青海砂岩高温高盐稀油等不同类型油藏进行了矿场试验应用,提高采收率3~6个百分点,见到明显的增油降水效果。

以新疆六中东砾岩普通稠油油藏T6032井区为例,这个区注入水指进、舌进现象严重,含水率上升快、稳产难度大,项目施工前采出程度25.5%,含水率80.8%。根据分级调驱技术理念,采用聚合物弱凝胶携带SLG大颗粒和不同粒径的SMG微凝胶颗粒段塞优化组合、交替注入,井区日产油由25t提高到75t,含水下降20%以上。

对于正在探索研究的技术,据闫建文、吴兴才、高杨报道有以下4项:

(1)同井注采工艺技术。

高含水老油田开发后期,采出液量急剧升高,地面水处理矛盾更加突出,能耗大幅上升,设备投入和运行费用不断增加。井下油水分离是解决这些问题的有效途径。通过井下油水分离,将油井举升系统进行改进并与油水分离工艺相结合,对产出液进行井下油水分离。分离出的水直接回注到注入层,分离出的富油流则被举升至地面,实现在同一生产井筒内注水与采油工艺同步进行。

同井注采关键技术包括井下高效旋流分离技术、同井注采管柱与工具、井下监测与控制技术和同井注采层系匹配技术。该项技术一旦取得突破,将实现特高含水井高效节能、安全环保生产,可保持产油量稳定,地面产水降低75%以上,最终颠覆传统油田注水开发模式,实现注采合一。

(2)井下实时监测与控制的油藏工艺一体化技术。

通过在重点区块、重点井布置多层段注水井实时监测与控制工具,实时获取注水井的分层温度、嘴后压力和分层流量等数据,与对应的油井监测技术配套使用,进一步了解油藏动态变化过程,并在此基础上实现油藏工程一体化。同时,在地面配套无线数据传输,在中央处理室可以实现对各注水井随时监测和调配。

未来20年,分层注水工艺技术、分层采油工艺技术、油藏工程及地面信息处理等技术将紧密结合,油田数字化水平将得到极大提高。

(3)无线传输井筒控制技术。

目前,注水井测调主要通过电缆实现,一种是通过测调车下入井下仪器实现测调,另一种是随管柱下入预置电缆实现井下与地面通信。

下一步,井下分层注水技术将向自充电、井下信号无线传输方向发展。通过自充电保证井下能量，通过压力波、电波、电子标签等无线通信方式，实现井下信号的双向无线传输。在这种情况下，无须电缆就可以快速实现井下信息监测和配注量自动测调，大幅度提高测调效率和准确度。

（4）智能调驱技术。

在注采井间，如何让注入水有效波及未水洗或弱水洗的区域和相对分散的剩余油，是未来水驱开发的难题。智能调驱技术在此背景下应运而生。

智能调驱技术强调注入水在注采流场中的导向性和可控性，是多学科的系统集成技术。未来，智能调驱技术攻关方向主要包括以下3个方面。

一是智能调驱材料。目前，可基本明确的研究方向有：水油比自控制粒径变化的分散性微凝胶颗粒，自修复凝胶体系，活性纳米智能分散和聚焦调驱体系。

二是高含水期储层再认识（精细描述）技术。这项技术将现有的储层描述技术尺度进一步微观化，对不同类型、级别的水流优势通道定量描述，研究微观形态剩余油储存特征及其最优的启动机制。

三是机理研究及数学模型建立。建立不同智能材料作用机理的物理模拟方法及在此基础上的数学模型，并研制配套软件。

智能调驱技术的突破，可使进入开发后期的油田提升经济开采价值。这项技术基本成熟预计需要10年时间，但发展过程中的每一步进展都将带来油田水驱开发水平的不断提升。

3. "四个精细"分层注水开发+化学剂大幅提高采收率

大庆油田早在20世纪90年代，出现了分层注水减缓层间矛盾的同时，而层内矛盾日趋突出，高渗透层含水率上升快，导致水驱效果变差，为此，不失时机研发了聚合物驱，并逐步完善注入工艺，推广应用规模，聚合物驱效果十分显著，年产油量在$1000×10^4$t以上，是全球最大聚合物驱项目。

最近几年，大庆油田实施"四最"工程，聚合物驱、二元三元复合驱（称为三次采油技术）采油规模不断扩大。坚持科研与生产一体化、技术与管理一体化的工作模式，以最大幅度提高采收率为目标，创新"四最"管理工程，进一步发展了三次采油配套技术。"四最"是指最小尺度的个性化设计、最及时有效的跟踪调整、最大限度地提高采收率、最佳的经济效果。

从两方面入手：第一，大力开展"双特高"含水期的聚合物驱提效技术攻关；第二，规模推广复合驱油接替技术。

随着开发深度加深，开发对象由一类油层转变为二类油层，聚合物驱效果逐渐变差，以提效率为核心，发展形成了配套技术体系，包括注入参数优化技术、全过程跟踪调整技术、对标分类评价方法、分层注入工艺技术和配注系统黏损治理。目标是一类油层再提高采收率15%，二类油层再提高采收率12%，三类油层再提高采收率10%。这5项创新技术都具有明显的首创特色，并已有多年来33个区块规模试验的成功经验。

经过多年技术攻关，复合驱油技术实现了快速发展，开始规模推广应用。这项技术有二元（聚合物+表面活性剂）、三元（聚合物+表面活性剂+强/弱碱）驱油方式。这项复合驱油技术有三项重大创新：其一，发展形成了新的驱油理论体系，实现了驱油机理认识由定性向定量的转变。研制出适合大庆油田条件的系列石油磺酸盐表面活性剂。其二，形成5项主体配套技术，实现了向现场应用的快速转化。包括：油藏工程设计技术，按层系组合与井网井距设计优化了三元复合驱体系配方和注入方式；全过程跟踪调整技术，以提高油层动用程度和注采能力为重点，确定了不同开采阶段的跟踪调整原则；配注工艺技术，优化系统布局，形成了集中配注、分散注入的配注方式，可实现聚合物个性化注入；防垢举升配套技术，解决了结垢严重、检泵周期短、工作量大的问题；采出液处理技术，研发出破乳剂和水质稳定剂等配套处理工艺，油中含水率和污水处理双达标。其三，创建管理和技术标准体系，完成14项技术标准，制定6项管理制度，涵盖了复合驱开发应用全过程。

大庆油田通过技术攻关与3个工业性矿场试验结果，三元复合驱取得了较好的开发效果，提高采收率可达到20%以上，是聚合物驱的2倍。2014年规模推广应用，年增原油突破 200×10^4 t，较2013年增加1倍。

由此，大庆油田开创并已形成了注水开发油田进入"双特高"含水期的油田开发模式：精细油藏描述技术+精细分层注水技术+聚合物驱+二元/三元复合驱→大幅度提高采收率，实现采收率达60%以上的目标，引领我国注水开发油田迈向"有质量、有效益、可持续发展"的总体目标。

4. 中国石油勘探与生产分公司部署的另两项重大试验项目也取得进展

（1）辽河油田于2007年开展了二元复合驱重大开发试验，为探索并形成适合高含水砂岩油藏提高采收率的主体技术，实现辽河油田稀油开发方式的有序接替。试验目标是探索聚合物+表面活性剂提高波及体积和驱油效率的井网、井距及层系组合方法，建立二元复合驱化学剂评价方法，形成二元复合驱配套工艺技术，提高采收率15%以上。

试验区选择在锦16区块，面积 $1.37 km^2$，储量 586×10^4 t，五点法井距150m，有24口注水井分层注水、35口采油井。截至2014年年中，日产原油达到350t高峰值，含水率由95%降至83%，阶段累计增油 27×10^4 t，阶段提高采收率9.1%，仍在继续见效期。

预计辽河油田"十三五"期间，工业化推广二元复合驱的地质储量约有 4000×10^4 t，高峰年产量 40×10^4 t以上，提高采收率15%左右。

（2）新疆油田于2005年开展了砾岩油藏聚合物驱重大开发试验。针对克拉玛依油区砾岩油藏水驱开发50余年，油田已处于"双高"水驱开发后期，水驱效益变差，探索转入聚合物驱对这类油藏适用的可行性和生产潜力。试验目标是：探索砾岩油藏聚合物驱井网、井距及层系组合方法，创建砾岩油藏开发配套技术，实现砾岩油藏水驱后期聚合物驱开发提高采收率12%以上。

试验区为克拉玛依七东1区块，面积 $1.25 km^2$，储量 194×10^4 t，五点法井网，井距200m，注水井9口，生产井16口。截至2014年10月，中心井累计产油 5.4×10^4 t，已提高采收率11.7%，见效高峰期（23个月）平均单井日产油10.2t，采油速度由聚合物驱前的0.4%提高到3.5%，仍在继续见效期。

预计"十三五"期间，新疆油田工业化推广聚合物驱的几个区块动用地质储量近 2000×10^4 t，可提高采收率11%以上，形成 100×10^4 t生产能力。

5. 小结

综上所述，我国注水开发油田产量是全国产量的主体，而且也是老油田的主体。以大庆油田为先驱先导，经过50多年的注水开发，持续创新发展，形成了我国独特的注水油田开发模式。从油田注水开发初期直至开发进入"双高"阶段，其特点或主要内容有：

（1）采用油田投入开发初期，确立早期注水保持压力，奠定注水驱为主导开发方式，充分发挥水驱开发的优势，避免晚期注水的不利因素。

（2）采用多油层笼统注水方式，必然出现层间吸水不均现象，导致油井过早见水、含水率上升过快局面，及时加以创新，同井采用多级封隔器分层注水，控制水驱较均匀推进，创立分层注水技术。

（3）在含水率上升开发阶段，创新以分层注水为核心的"六分四清"开发配套技术，在对油藏分层研究的基础上，实现分层注、采、改造、测试，进行分层生产管理，全面提升注水开发持续高产，延长油田稳产期，形成注水油田"黄金"开发期。

（4）在中含水开发阶段，进行细分层研究，跟踪分层动用程度，调整井网、井距，创新细分层注采工艺技术，进入精细分层研究、分层管理，全方位"控水稳油"。

（5）在高含水开发阶段，在细分层注水基础上，创新注入水加化学驱油剂，为提高采收率开拓新途径。

（6）在"高含水、特高含水开发阶段，坚持突出水驱精细挖潜战略，创新'四个精细'系列"，并加上聚合物驱、二元/三元复合驱，形成了大幅度提高采收率整体开发模式。

以上是在油田注水各个开发阶段，持续创新开发模式升级转型，推进油田开发水平不断攀升，原油产量持续稳定，开发效益显著，成就辉煌，形势喜人。

一分为二看，当前，相当一部分老油田主力油层的强水洗层段驱油效率已接近水驱极限值，继续依靠水驱开发调控存在较大经济风险；复杂断块、二三类砾岩和高温高盐砂岩油藏进入水驱开发后期，虽然精细分层注水+化学剂有一定效果，仍需进一步攻关新化学剂配方体系，完善配套技术。现在科研人员正在开展纳米级驱油剂以及其他前沿性三次采油新技术，技术创新无止境，提高油田采收率，获取经济效率的艰巨任务不能停步。

二、低渗透、特低渗透油田开发模式的创新发展

低渗透油田在中国分布很广，从东部的大庆长垣周围、吉林、辽河、华北、二连、大港、冀东、胜利、中原等油田，到中部的长庆油田，再到西部的新疆、吐哈及塔里木等油田。中国探明的低渗透地质储量逐年上升，尤其是特低渗透储量的比例越来越大。近几年，每年新增探明储量中，低渗透、特低渗透储量已上升到60%以上。低渗透油田产能建设和产量比重逐年增加，是中国石油近年来原油增产稳产的主要支持。2000年，新区产能建设中低渗透油藏建产比例为40%，年产量$1560×10^4$t，约占中国石油原油产量的15.1%；2006年，低渗透油藏建产比例上升到60%以上，年产量达到$2300×10^4$t，占中国石油原油产量的21.9%。

最近7年，中国石油年新增探明储量中低品位储量的比例从"十五"期间的不到50%上升到2013年的90%以上；特/超低渗透（渗透率小于0.3mD）的比例上升到81%。2013年开发低渗透油田产量$4228×10^4$t，占中国石油总产量的37.5%。这说明低渗透油田在总体油田开发的重要性，在今后新油田建设中占有重要地位。一方面低渗透油藏是增储上产的主要发展方向，有巨大的生产潜力；另一方面也表明这种"三低"油藏开发的难度越来越大，面临如何依靠科技创新，突破一系列技术难关，获得有效益持续发展的严峻挑战。

地处鄂尔多斯盆地的长庆油田超低渗透油藏（0.3mD级）储量大，预计可探明$35×10^8$t储量。与特低渗透油藏相比，岩性更致密，孔喉更细微，物性更差，导致能量补充困难，有效动用开发难度很大。为此，中国石油勘探与生产分公司于2005年在长庆油田设置了"超低渗透油藏重大开发试验"项目。试验目标：单井日产达到2.5t以上，水驱采收率达到19.6%，形成超低渗透油藏开发配套技术。

2005—2008年实施了4项开发试验：（1）沿25五点井网先导试验区，深920m，渗透率0.17mD，面积2.1km²，储量87×10⁴t；（2）庄9水平井/直井先导试验区，深2100m，渗透率0.36mD，面积6.5km²，储量284×10⁴t；（3）塞392规模扩大试验区，深1960m，渗透率0.39mD，面积13.6km²，储量842×10⁴t；（4）白155工业化试验区，深2260m，渗透率0.30mD，面积14.4km²，储量704×10⁴t。

经过几年技术攻关、先导试验与工业化试验，形成了长庆油田超低渗透油藏开发理论和技术体系，构建了低渗透、超低渗透油田开发模式，完善了超低渗透油藏开发三项基础理论，形成了六大技术系列。

三项基础理论是：非达西和变形介质渗流理论、超低渗透储层分类评价标准与超前注水区地应力变化规律。

六大技术系列是：（1）储层快速评价技术；（2）有效驱替系统优化技术，实现了裂缝与基质、井网、技术政策的合理匹配，确定了"小井距、小水量、超前温和注水"技术政策；（3）多级压裂改造技术，包括前置酸加砂压裂（改善基质与裂缝之间的连通性）、多级加砂压裂（实现原油层纵向充分动用）、直井多级水力射流压裂（提高多套薄油层纵向动用程度）；（4）水平井有效开发技术；（5）低成本钻采配套技术；（6）地面优化简化技术。

各试验区达到了设计方案指标，初期平均单井日产油2.6t。2014年，长庆油田超低渗透油藏年产油850×10⁴t，占长庆油田原油产量2500×10⁴t的34%。

长庆油田是我国最大的低渗透产油区，从20世纪70年代开展"磨刀石上革命"，经过40多年的艰苦创业和科技创新，为我国低渗透油田有效开发做出了突出、重大贡献，开创了低、特低、超低渗透油藏有效开发理论与系列配套工程技术，为我国低渗透油藏开发创造了丰富的经验，推进了这类油藏开发水平不断提高，步入世界先进行列。

由20世纪90年代，有效开发的渗透率为1.0~2.0mD，2000年为0.5~1.0mD，2010年为0.3mD，也即低渗透级别由低渗透发展到特低渗透，到目前已开辟了超低渗透油藏，工业应用阶段，而且正在延续创新发展，推动致密油气藏类型的发展。

对于低渗透、超低渗透油藏的开发模式已经形成，以水平井投产开发+水平井多级压裂稳产+精细注水补充能量提高采收率为框架模式。

现将长庆油田创立的这类油藏开发模式的关键技术概述如下：

（1）强化科技攻关，水平井规模开发成效显著。

长庆油田水平井开发经过早期探索、攻关试验、技术突破和规模应用四个阶段。2013年，中国石油完钻水平井1620口，其中长庆油田完钻579口，为各油田之首，超过1/3。

通过技术集成与创新，针对不同类型（边底水、层状、岩性、致密油）油藏，形成了以"布井、井网、压裂改造、能量补充"为主要内容的水平井有效开发技术模式。

以合水长6油藏为例，有效厚度11.2m，渗透率0.19mD，采用直井注水、水平井采油五点井网，平均水平段长度820m，单井日注水10~15m³。投产水平井129口，初期单井日产油9.5t，递减率较小，含水率稳定，注水开发效果较好。

（2）持续攻关，更新压裂改造技术，提升了油田增储上产空间。

针对储量物性逐年变差的趋势，先后经历了由定向井开发压裂到多级多缝压裂、定向井到水平井分段压裂，再到体积压裂的实践发展，实现了特低、超低渗透储层的有效规模开发，也为致密油储层开发取得突破性发展。

通过技术创新，形成了水力喷砂分段压裂、水力喷砂分段多簇体积压裂、速钻桥塞体积压裂和 EM30 滑溜水压裂液等主体工艺技术。

通过推进水平井规模应用创新发展，开拓了物性差、定向井难以经济有效开发（初期产量小于 1.5t/d）的低品位储量的增储上产发展前景。目前，已建成了合水长6、马岭长8、姬塬长6、华庆长6四个 20×10^{4}t 以上的超低渗透水平井规模开发区，年生产能力达 125×10^{4}t。另外，还建成了 70×10^{4}t 致密油规模开发试验区。

（3）加强精细注水、精细管理，夯实油田稳产基础。

最近5年，加大注水专项治理工作力度，形成了以精细注水单元划分、精细注水政策制定、精细注采调控为核心的"三个精细注水"。

精细注水单元划分是：在抓共性、区别个性的基础上，分开发层系、分开发阶段、分渗流特征，细分油藏注采单元；精细注水政策制定，根据注采单元特征，选择合理的注水时机和注水方式，在开发初期建立有效压力驱替系统，实现中后期稳油控水的目标。精细注采调整，采取优化注采参数、分层注水、堵水调剖等手段，实现油田平稳开发。

针对定向井、小注水量的特点，引进完善桥式偏心分注技术，创新形成桥式同心分注技术，实现了分注工艺升级换代，探索试验了数字式智能分层注水技术，初步形成了适合长庆油田开发特点的精细分层注水技术系列。2009—2013年，应用桥式偏心分注技术，实现流量、压力直测，降低层间干扰，累计应用 3887 口井。2012—2014 年，应用桥式同心分注技术，提高了测调效率，降低了测调误差，累计应用 1359 口井。2013—2014 年，试验成功数字式智能分注技术，免除人工操作，实现注水参数实时监控录取，现场试验 25 口井。

以华庆油田为例，华庆油田长6油藏总注水井 906 口，其中分注井 756 口，与 2010 年相比，2014 年分注率由 35.2%升至 83.4%，水驱动用程度由 50.5%升至 70.8%，地层压力保持水平由 80.3%升至 91.4%。自然递减率由 24.3%降至 11.2%。分层注水开发效果显著。

2014 年，长庆油田分注井达到 6152 口，为 2008 年的 5 倍；分注率升至 39.3%，比 2008 年提高 19.5%；水驱储量动用程度升至 73.5%；自然递减率由 10.9%降至 9.4%，含水上升率由 3.3%降至 1.6%。

（4）立足于水驱，在精细分层注水基础上，探索三次采油技术。

为进一步改善水驱效果，目前又开展了加密调整和空气泡沫驱提高采收率重大试验，并超前部署研究化学驱、气驱等三次采油技术。

由上述可知，以长庆油田为主力的我国低、特低、超低渗透油藏的开发模式已经形成并大规模应用，推进了这类难动用但生产潜力巨大的石油资源持续创新，开拓了有效开发的广阔发展前景。尽管还面临诸多难题，但已有了模式可循。这种油田开发模式的核心是：将水平井投产+水平井压裂增产+精细分层注水稳产+多元添加剂驱油提高采收率紧密超前结合，统筹在最佳时机上将一次采油、二次采油和三次采油有机衔接起来，目标是实现全油田（油区）原油产量稳步上升、稳产期长、采收率高、经济效益好，达到中国石油"有质量、有效益、可持续发展"的总体战略要求。

三、稠油油藏开发模式的创新发展

我国稠油资源较多，分布较广。陆上主要分布在辽河、胜利、克拉玛依、吐哈等油区。从 1982 年，中国石油组织国家级科技攻关，首先在辽河油区高升油田试验成功蒸汽吞吐技术，很快在辽河油区曙光油田、欢喜岭油田，以及胜利油区单家寺油田、克拉玛依油区等大规模应用，形成了我国中深层（1600m）与浅层（几百米）稠油注蒸汽热采技术系列。稠油热采产量快速上升，仅仅10年，1993年上升至1066×10⁴t，至2013年保持在1000×10⁴t水平。以注蒸汽热力采油方式开拓了我国稠油开发的新局面，至今仍在持续科技创新，迈向发展新阶段，走在世界先进先列。

1. 20世纪稠油油藏开发模式的形成

稠油的主要特点是沥青质、胶质含量高，相对密度大，流动困难，开采难度大，国际石油界称为重油（Heavy Oil），我国称为稠油，与轻质原油相区别，也称为非常规原油。1982年2月，联合国计划训练署重油研究中心UNITAR组成专家组，在委内瑞拉举办的第二届国际重油及沥青砂技术会议上，正式发表了原油分类标准，提出以黏度为第一指标，密度为第二指标，将地层温度下脱气原油黏度为100~10000mPa·s，API度为20~10°API（密度0.9340~1.0000g/cm³）的原油定义为重质原油（Heavy Oil）；将黏度大于10000mPa·s，API度小于10°API（密度大于1.0000g/cm³）的原油定义为沥青砂或油砂（Tarsands，Oil sands）。

笔者经过研究，从中国稠油的特点（沥青质含量较低，胶质含量较高，稀有金属含量很低等）及国内外稠油开发经验出发，推荐并试行后正式制定的分类标准，以黏度为主要指标，将稠油分为普通稠油（油层温度下脱气油黏度为100~10000mPa·s）、特稠油（黏度为10000~50000mPa·s）及超稠油（黏度大于50000mPa·s）。

对于稠油开发而言，主要矛盾是原油成分特殊，黏度高，在油层及井筒中流动困难，极难采出。但它对温度极为敏感，当加热升温10℃时，黏度即降低一半；当加热至200℃左右时，黏度降低至10mPa·s左右。因此，注蒸汽热采成为主体开发方式。

我国稠油分类为三个档次，与开发方式及发展前景紧密关联，有实用性，也留有发展空间。将普通稠油又分为两个亚类，在油层条件下黏度为50~150mPa·s者可以先采用注水开发方式；超过150mPa·s、低于10000mPa·s者采用先蒸汽吞吐，后转入蒸汽驱存在风险，需有其他辅助技术；对超稠油采用常规蒸汽吞吐方式风险大，需要开拓注蒸汽新方法。这在20世纪80年代制定的分类标准与热采开发方式相结合的思路，经过20多年的实践，说明符合我国实情，也确定了技术发展方向。

我国稠油油藏在陆相沉积等地质环境运移、聚集、成藏因素的作用下，不仅原油黏度变化范围大，而且油藏储层结构繁多，笔者在《热采稠油油藏开发模式》一书中，将已投入热采开发的稠油油藏大致分为10类。

由于稠油注蒸汽热采的机理与常规轻质原油注水开发有极大不同，注入油层的蒸汽必须具有高热焓值，主要依靠高干度的潜热，在油层中释放出大量热能传质传热，致使原油黏度大幅度降低，热膨胀驱替原油流动，一定程度上蒸馏萃取轻质化等，使储层中流动困难，甚至呈塑性状、固态状的沥青质、胶质含量高的原油变为常态流体，被采出地面。因此，注蒸汽热采必须解决三大技术关键：其一要有产生高干度、高压力大排量的注汽锅炉，即蒸汽发生器；其二，高效井筒隔热油管，以降低井筒热损失在井底保持蒸汽干度在50%以上，并且保护套管不超过耐温极限而损坏；其三，要有高水平的热采物理模拟与数值模拟技术，根据油藏地质参数和热采工程技术，研究不同热采方式的机理，优选注采工艺参数制订热采开发方案。

稠油热采工程具有高难度、高技术、高耗能加上传统性高投入、高风险、高效益的特点，不仅要分类评价研究哪些油藏适合注蒸汽热采，哪些不具备注蒸汽热采，而且更需要具体确定稠油油藏储层物性、原油物性以及注汽井极限深度等工程技术条件的适用性及经济可行性，以避免投资的风险性及盲目性。对此具有制定规划需求的紧迫性，又有长远战略性的问题，笔者和中国石油勘探开发研究院热采所科研人员持续进行了研究，在1985年3月完成了《关于我国稠油分类、热采筛选标准及储量分等问题的研究》报告，并经过试行与实践验证，取得广泛共识，于1987年经过有关部门正式批准。

随着稠油蒸汽吞吐技术推广应用取得规模化生产成就，热采工艺技术取得新进展，中国石油勘探开发研究院热采科研团队，于1991年完成了"我国蒸汽吞吐与蒸汽驱筛选标准及稠油储量分等标准"研究项目。依据对注蒸汽吞吐与蒸汽驱方式起决定性的油藏特征5组参数（原油黏度、油层深度、油层厚度与纯总厚度比、孔隙度×含油饱和度与储量系数、渗透率），分等评价地质储量适应蒸汽吞吐和蒸汽驱的筛选标准。

在蒸汽吞吐筛选标准与储量分等指标中，属于一等储量的适用标准：（1）原油黏度为 50~10000mPa·s；（2）油层深度为150~1600m；（3）油层纯厚度大于5.0m，纯总厚度比大于0.4；（4）孔隙度大于0.20，含油饱和度大于0.50；（5）储量系数大于 $10×10^4$t/（km^2·m）；（6）渗透率大于250mD。对于原油黏度为（1~10）×10^4mPa·s的储量有待创新特殊吞吐技术。

在蒸汽驱筛选标准与储量分等指标中，由于对蒸汽干度的要求更高，以及油层中热损失率较大，因而耗热量大，必须保持有经济效益的油汽比在经济极限以上，提出靠现有技术可采用蒸汽驱方式的一等储量中，原油黏度上限为10000mPa·s，油层深度上限为1400m，油层纯厚度不小于10m，纯总厚度比不小于0.50，孔隙度不小于0.20，含油饱和度大于0.50，储量系数大于 $10.0×10^4$t/（km^2·m），渗透率大于200mD。二等储量的油层黏度上限为50000mPa·s，油层深度上限为1600m，其余不变，预计近期技术可行。对于原油黏度大于50000mPa·s的超稠油，不适用蒸汽驱开采。以上稠油分类和注蒸汽筛选标准，适用于我国稠油油藏特点和热采技术，具有自己的特色。与美国能源部NPC专家组的筛选标准有很大差别，例如，注蒸汽油层深度上限不大于3000ft，油层纯厚度不小于20ft，原油黏度不大于15000mPa·s，油层压力不大于1500psi等。

上述我国稠油油藏分类、分等筛选评价标准，经历了1982—1985年国家级科技攻关，首先在辽河油区高升油田（1600~1700m）蒸汽吞吐技术试验成功，突破了中深井注蒸汽吞吐热采的一系列技术难关，紧接着从1986年起完善了注蒸汽热采配套设备与工艺技术，促使辽河油区、胜利油区及克拉玛依油区大规模推广应用，稠油热采产量逐年上升。至1995年，全国稠油年产量达 $1100×10^4$t，当年蒸汽吞吐8241井次，年油汽比达0.61t/t，获得巨大经济效益。实践说明，对普通稠油一等储量油藏，采用蒸汽吞吐方式的开发效果显著，而且投资较少，见效很快，现场操作较易，成为稠油热采的主体方式。

按照当时的前瞻性战略规划，普通稠油热采模式是蒸汽吞吐+蒸汽驱。由于蒸汽吞吐技术是注入热能，大幅度降低原油黏度，依靠天然能量（油层压力）强化开采，属一次采油范围，随着吞吐周期增多，油层压力下降，必然产量递减，只能采出油井周围数十米的原油，采收率有限，根据预测，单一蒸汽吞吐方式采收率仅为20%左右，扣除燃料原油，商品率较低。因此，从1986年至1995年，连续10年，中国石油天然气总公司开展了蒸汽驱技术攻关项目，并开辟了9个蒸汽驱先导试验区及2个蒸汽驱开发试验区。共代表了6种油藏类型、3种原油黏度级别，注蒸汽的地质储量近 $13.0×10^8$t，占全国已探明稠油 $15.8×10^8$t 总储量的82.0%。在11个先导试验项目中，除原油黏度（1~5）×10^4mPa·s及大于5×10^4mPa·s两个试验区外，其余9个试验区所代表的油藏均在"七五"期间投入蒸汽吞吐开发，争取早日获得试验成果，以引导实现适时由吞吐转入蒸汽驱开发，达到这种热采模式，将采收率提高50%以上。

截至1995年，克拉玛依油区九1、九2和九3浅层普通稠油蒸汽驱先导试验项目获得成功，蒸汽驱206个井组，产量达到$36×10^4$t，河南油田井楼零区浅层稠油4个井组也成功，辽河油区曙1-7-5区7个井组见到初步效果（后续蒸汽驱成功），胜利单家寺油田4个井组初步试验，但边底水锥进严重。全国蒸汽驱试验区年产油$49.1×10^4$t。

概括起来，截至20世纪末，我国稠油注蒸汽热采技术经历20年的科技创新，打开了稠油开发新局面，1998年产量上升至$1300×10^4$t（不包括水驱），其中热采产量$1100×10^4$t，形成了以中深油层、普通稠油油藏以蒸汽吞吐技术为主体的开发模式，创造了具有自己特色的全面配套的热采工程技术。

总结这段历史性经验，对稠油热采开发模式有几点认识：

（1）稠油油藏分类为普通稠油、特稠油与超稠油三个类型以及地质储量分等评价筛选方法，确定注蒸汽热采开发方式的思路，符合科学方法论的要求。

经过20世纪20年的科学研究与生产实践，针对我国稠油资源较多，但黏度高达成千成万，甚至几十万毫帕秒，储油层由浅到深，油藏类型多种多样，在此特点及复杂条件下，采用注蒸汽热采方式，抓准了破解原油黏度高、难以开采的主要矛盾，创出了用非常规技术开发非常规油的新途径。而且，分步骤先易后难，分类创新技术，依次突破普通稠油、特稠油、超稠油的框架技术路线。

（2）蒸汽吞吐技术是中深层普通稠油油藏主体开发方式。

我国东部地区的辽河、胜利油区，油层深度800～2000m，多为普通稠油，储量十几亿吨，开创了中深层注蒸汽吞吐开发技术，形成了配套工程技术，成为稠油热采大规模上产达到$1000×10^4$t的主体开发方式。

由于蒸汽吞吐技术的投资较少，见效较快，操作条件较简便，经济效益好等优越性及适用性，因而推广应用快于预期。

原来设想这类中深层普通稠油油藏采用蒸汽吞吐+蒸汽驱开发模式，争取总采收率达到50%以上，实践结果技术难度极大，未能突破。在11个蒸汽驱先导试验方案中，对辽河高升油田高3-4-032井区，油层深度1600m，块状巨厚油藏，原油黏度740mPa·s；设计五点法4个井组，蒸汽干度（井底）60%，预计蒸汽驱阶段采收率21.6%，油汽比0.25t/t，未能实现目标。由于转入蒸汽驱开采必须连续注入高干度湿饱和蒸汽，保持蒸汽带不断向生产井推进，并扩大纵向及平面上波及范围，大幅度降低剩余油饱和度，才能获得较好的效果。由于当时的井筒隔热技术、调控汽窜技术以及注汽锅炉等不具备蒸汽驱条件，不仅技术难度大，而且也受到投资意愿等诸多因素制约，延迟了转换热采方式的时机，有待后续发展。

（3）浅层普通稠油油藏采用蒸汽吞吐+蒸汽驱开发模式获得工业化应用成功。

克拉玛依油田九区稠油田，油层埋深较浅，仅为200m左右，依靠地层弹性能量采用蒸汽吞吐方式的采收率低，经过科技攻关、先导试验，掌握了浅层蒸汽驱配套技术。1986年开始实施蒸汽吞吐+蒸汽驱开发设计方案，年产量$100×10^4$t，采收率预期达50%以上。到1990年，热采产量达到$117×10^4$t，1998年蒸汽驱产量超过吞吐阶段，年油汽比0.22t/t，此后，稳产$100×10^4$t达10年以上。

（4）特稠油采用蒸汽吞吐方式获得成功，超稠油必须创新。

辽河油田特稠油开发公司在20世纪90年代对曙一区特油区块，采用蒸汽吞吐方式建成几十万吨产能，特稠油油井获得有效开发，但黏度高达$10×10^4$mPa·s的井区，效果很差。

新疆克拉玛依风城区超稠油,黏度更高,曾探索性试验蒸汽吞吐多次,均告失败。

由此表明,特超稠油的热采方式期待更新发展新技术。

(5) 改善蒸汽驱开发效果的技术策略及主要技术。

在大规模推广蒸汽驱吞吐技术过程中,出现不利于转入蒸汽驱趋势,根据蒸汽驱先导试验中的实践经验,为使蒸汽驱获得技术上、经济上成功,提出了三项技术策略:一要编制比较完善的设计方案,并在实施中不断进行跟踪监测、跟踪调整;二要有配套、有效的工艺技术,解决由转蒸汽驱前后直至蒸汽驱后期全过程的各种问题,保证蒸汽驱开采正常实施;三要加强油藏生产技术管理,尤其是地面、地下的热能管理,减少热能消耗,提高系统热效率,防止注采井井况恶化、损坏。

强调8项具体技术:

①从蒸汽吞吐转入蒸汽驱存在最佳时机及极限时机,如果吞吐周期过多,蒸汽凝结存水率太高,注采井近井地带含水饱和度高,转蒸汽驱后,排水低产期长,开发效果恶化,油汽比低。

②需建立完善的蒸汽驱监测系统,采用跟踪数值模拟方法,不断掌握蒸汽带推进动态。对井底蒸汽干度、油层加热效率、热能利用率及"三场"(温度场、压力场、饱和度场)变化要跟踪监测,及时调整与控制。

③进一步完善井筒隔热技术,确保井底蒸汽干度在70%以上。不仅要采用高质量的防氢害隔热油管注汽,要采用环空注氮气,排空环空存水。

④采用多级耐热封隔器进行分层注汽及配汽,提高纵向吸汽厚度,控制汽窜。辽河油田已创造出多级金属密封封隔器,需推广应用。

⑤采用蒸汽泡沫及多种化学剂封窜技术。蒸汽驱继承性恶化了吞吐阶段的汽窜,采用蒸汽+高温起泡剂、环空注氮气方式,已在现场有试验效果,需加快发展。

⑥高温化学剂封堵汽窜技术,已在许多蒸汽吞吐井中应用,需进一步完善。

⑦蒸汽驱过程中,在发生蒸汽突破后,采用多种动态调整方法。为减少热能损耗、扩大蒸汽波及范围,可以关闭见汽窜生产井,迫使蒸汽流向未见效井。采用间歇注汽或脉冲式注汽、变干度或变速度注汽、蒸汽与热水交替注入或转入热水驱等,可以多种方式结合进行。

⑧采用侧钻井及多底井,对原油层较高部位剩余油打开蒸汽驱通道。此项技术是针对高升区块油层吞吐后期剩余油分布进行过数值模拟提出的。

(6) 稠油油藏二次热采概念的提出[98]。

蒸汽吞吐方式是单井注入蒸汽又回采出加热降黏的原油,不产生井间驱油作用,油井间必然存在大片尚未动用的剩余油,纵向上也存在未动用或动用程度很低的油层段,采出程度仅为10%～20%,因此,为提高原油采收率,挖掘石油资源潜力,提高原油产量及整体开发效益,需要向选定的注入井连续注入蒸汽、热水或其他驱替剂,向油藏补充大量的热能及驱替能,形成注入井→采油井的驱油系统,这种热采方式统称为二次热采。

笔者提出的二次热采的概念,是期望打破蒸汽驱的局限性,将蒸汽热力驱的多种灵活应用方式,如间歇蒸汽驱或蒸汽/热水段塞驱、高低干度蒸汽交替驱、变速度蒸汽驱等,热水驱及热水段塞驱,热汽/热水+氮气泡沫驱等都包括在二次热采方式中。总之,只要油藏地质条件适宜于蒸汽驱采油,尤其是黏度在1×10^4mPa·s以内的普通稠油,就应适时将蒸汽吞吐开采转入蒸汽驱,国内外大量研究及油田实践经验已证实其是最好的,也是最主要的二次热采。对于不适宜进行有效蒸汽驱的油藏，则采用注热水或其他二次热采方式。应把二次热采作为稠油油藏提高开发效果及采收率的主要方法、主要的开发阶段。

截至 1995 年底，全国投入注蒸汽开发的地质储量超过 8×10^8t，年产稠油 1250×10^4t，其中蒸汽吞吐井 8200 口，年产量 1100×10^4t，蒸汽驱注入井 260 口，生产井 710 口，蒸汽驱年产油量 50×10^4t。到 1996 年底，全国吞吐作业 14541 井次，其中在 6 周期以上的有 5470 井次，占 60%。面临吞吐采油将进入最佳转蒸汽驱前期，中国石油勘探开发研究院热采科研团队，在全国开展蒸汽驱先导试验的同时，对稠油储量、产量及井数都占全国 60% 以上的辽河油区三种类型稠油油藏加密井网继续吞吐开采的潜力与转入蒸汽驱的可行性做了研究。研究结果表明：

①薄互层油藏（杜 66 块、杜 48 块等），预测常规蒸汽驱开发效果差，难以获得经济效益。目前只能加密井距继续吞吐开采，但加密至 100m×141m 井距后，累计吞吐开采采收率为 24% 左右，仍然很低，剩余油仍成片、成层分布。

②对中厚互层油藏（齐 40 块、锦 45 块等），预测地质条件能够进行蒸汽驱开采，但目前在进行蒸汽驱先导试验的同时，按加密井距继续吞吐开采，以注采井距 100m 最佳，累计吞吐采收率可达 30% 左右。即使如此，剩余可动油储量仍然很大，不能靠吞吐开采单一模式，需转入蒸汽驱开采。

③对深层块状油藏（高升油田），蒸汽驱试验难以突破技术难关，目前只能加密井距至 105m（注采井距）继续吞吐开采。但累计吞吐采收率只能达到 20% 左右。对这种 1×10^8t 地质储量的整装大油田，急需寻找二次热采技术。

对各类油藏转入二次热采方式的关键问题进行了研究：

①转蒸汽驱/热水驱前进行必要的井网调整，提出了井网、井距调整原则，对常用的五点、反七点以及反九点井网便于调整有利于最佳热驱方式，以实例模拟了其效果对比。

②对各种热驱方式，如蒸汽驱、热水驱、热水+氮气+泡沫驱、热水+化学剂驱等进行了模拟实验研究。

③对二次热采的主要工程技术条件提出了创新要求。

采用"双模"技术具体研究了由于油藏埋深大、薄互层状等原因不适宜进行蒸汽驱的高升油田、杜 66 块、冷家堡油田冷 43 块 S_3^2 油藏及锦 45 油藏等，采用热水驱、氮气泡沫驱及热水化学驱的可行性方案研究。高升油田在吞吐开采油层压力降至 4.5MPa 时，转入 250℃（井底）热水驱，可增加采收率 6.1%，加上蒸汽吞吐阶段（20.4%）总采收率为 26.5%，并获得经济效益。锦 45 块兴Ⅰ组，原油黏度 597mPa·s，已进入蒸汽吞吐开采后期，注冷水现场试验已出现注入指进严重，驱油效率仅为 14.8%。为此，笔者与赵郭平等人研究了热水+氮气泡沫驱提高采收率的方案。当注入水温度为 80℃（井底），驱油效率可达 81.4%，比冷水驱（45℃）14.8% 提高 66.6%。主要机理在于起泡剂是表面活性剂，可大幅度提高驱油效率，加上泡沫流可封堵水窜，提高波及体积系数。冷 43 块 S_3^2 油藏，深 1700~1900m，60℃原油黏度 759mPa·s。采用 120℃热水+耐高温石油磺酸盐 HR8903 化学剂（中国石油勘探开发研究院油化所产品），驱油效率 58.2%，比 60℃水驱 24.1% 提高 34.1%。

由此，对油藏深度小于 2000m，已经过蒸汽吞吐开采，因不利蒸汽驱或普通水驱效果差的油藏，以及选择热水温度在 200℃使油水黏度比降至 50 以下的稠油油藏，推荐调整井网、井距，采用热水+氮气泡沫驱开发模式。

（7）超稠油 SAGD 技术起步研究。

20 世纪 80 年代，我国在辽河油区及克拉玛依油区风城油田发现黏度超过 $10×10^4$ mPa·s 的超稠油，预测地质储量有几亿吨，采用蒸汽吞吐技术未获成功，面临技术挑战。1988 年 8 月，在加拿大艾伯塔埃德蒙顿市召开了第四届国际重油及油砂技术会议。中国石油勘探开发研究院派笔者与王建设等参加了会议。在此期间，在艾伯塔油砂研究局（AOSTRA）安排下，由习助博士安排考察了冷湖超稠油（称为油砂、沥青砂）刚兴起的双水平井注蒸汽开发新项目——UTF 工程项目，由两个直径 3m 的竖井井底，向油层钻长度为 65~100m 的三组水平井，下面注汽，上面采油。卡尔加里大学据此试验开展了改进型水平井物理模拟实验，称为蒸汽辅助重力驱技术，即 SAGD 技术。笔者有幸参观了实验过程。实验模拟了从地面向油层钻上下两个水平井，井间距离 5m，上水平井注蒸汽，下水平井采油，蒸汽扩展的范围不断扩大，加热原油靠重力下泄至下水平井采出，取得突破性进展，后又开展了工业性试验，完善了从地面钻水平井配套工程技术。这种开发超稠油的新思路引起了我们的关注。

1995 年，在北京举办的第三届中国—加拿大稠油技术讨论会上，加拿大专家介绍了 SAGD 技术，这种革命性新技术，已取代常规注蒸汽吞吐与蒸汽驱，已投入工业性应用，打开了加拿大储量巨大的超稠油开发新局面。随后，中国石油勘探开发研究院稠油热采团队刘尚奇等人利用加拿大 CMG 公司 STARS 数值模拟热采软件，研究了蒸汽辅助重力驱技术的应用研究，重点完成了辽河杜 84 块超稠油油藏蒸汽辅助重力泄油（SAGD）开发方案设计研究。选定的杜 84 块兴 6 组是厚层块状超稠油油藏，埋深 730~850m，油层发育，储层厚度大，隔层厚度小且不发育，单层厚度最大 38.8m。油层温度下脱气油黏度 122807mPa·s。含油面积 $5.6km^2$，地质储量 $2773×10^4$t。常规直井蒸汽吞吐试采表明，油井虽有一定产量，但开发效果很差。在油藏地质及三维地质模型研究的基础上，进行数值模拟研究结果表明，采用 SAGD 方式可取得较好的开发效果。为此，中国石油天然气总公司及辽河石油勘探局决定开辟中国第一个 SAGD 试验区，由中国石油勘探开发研究院与辽河石油勘探局组成重大科技攻关项目。

按设计方案，钻两口水平井，上注汽，下采油。最佳注汽参数为：注汽速度 200t/d，注汽干度（井底）70%，注汽压力 6.5MPa，注汽温度 280℃；最佳动态注采系统由预热阶段、降压阶段与 SAGD 操作阶段组成；水平井射孔位置对 SAGD 效果影响很大，对于 300m 的水平段，最好是全部射开，如果部分射开，要射开前部 2/3；SAGD 共生产 2850 天，平均日产油 53t，累计采油 $15.1×10^4$t，累计油汽比 0.266，原油采收率可达到 44%；模拟了蒸汽腔的扩展情况，据此设计出了初步的动态监测系统。在 1997 年钻成一对水平井，建设地面配套工程设施，投入试验。1998 年 10 月，第七届重油及沥青砂国际会议在北京成功举办，会后部分与会代表赴辽河油田参观了试验现场，对初步试验进展给予了积极评价。

2. 进入 21 世纪以来稠油开发模式的新进展

最近十多年来，我国多种类型的稠油/超稠油油藏开发方式组成的开发模式，有了新创造，进入了发展新阶段。有的继承与创新，增添了新内容，有的依据新情况、新难题开辟了新途径。总体上讲，由于我国稠油油藏地质条件较复杂，相应需求的工程技术与经济效益的要求越来越高，加之遭遇国际性难题，在此背景下，广大科技人员与各级管理层勇于开拓创新、攻坚克难，取得了许多重大突破和新成就。

辽河油田是我国主要的稠油产区，也是最大的稠油开发科研基地，1998 年全国稠油注蒸汽热采产量 1100×10⁴t，辽河油田热采产量近 700×10⁴t。2010 年动用稠油地质储量 8.7×10⁸t，稠油热采产量 560×10⁴t。稠油热采技术持续创新发展，推进中国石油稠油产量稳产在 1100×10⁴t 水平，并且发展了多种稠油开发模式。

1）深度蒸汽吞吐技术的延续发展

1995 年前后，笔者带领中国石油勘探开发研究院稠油热采团队，进行室内物理模拟实验与现场试验。结果表明，蒸汽吞吐作业中，蒸汽中加入耐高温起泡剂，由油套环空连续注入氮气在油层中形成较稳定的热流体泡沫流，不仅不下封隔器起到减小井筒热损失率的作用，而且能够封堵蒸汽指进窜流通道，扩大吸汽剖面与加热波及体积，在回采时氮气返排增加了回采水率，这种方式可以增加周期产量，延长周期次数。

车载式新型膜分离制氮设备首先在辽河油田几个采油厂工业化应用，取得了显著的增产效果。这种膜分离制氮设备，可将空气中的含氧量由 20% 降至 5%，氮气含量由 78% 增至 95%，注入热采油井，可确保产出气含氧量不超过引爆安全极限，并防止对井下设备的腐蚀损伤。由此，蒸汽+氮气泡沫吞吐技术的推广应用，比常规蒸汽吞吐既增产，又延长了更多周期采油期，同时也简化了作业程序，实现了不动注汽管柱转入机械采油，提高了作业效率和经济效益。但也推迟了转入蒸汽驱的时机，造成地下蒸汽凝水量持续增加等不利于二次热采的负面因素。

从 2012 年开始，辽河油田试验了空气辅助吞吐技术，即在蒸汽吞吐作业中注入空气，取代氮气，目的是注空气较氮气的作业成本低约 1/3，并节约了注蒸汽量。截至 2014 年底，已累计实施 321 井次，注入空气 4383×10⁴m³，累计注蒸汽 69.8×10⁴t，累计增油 3.0×10⁴t，节约注汽量 1.9×10⁴t，见到了较好效果。据此计算，平均每井次注蒸汽 2174t，注空气 13.65×10⁴m³，空气/蒸汽为 62.8m³/t。据有关计划报告，将大规模推广应用。

2013 年/2014 年施工超过 1000 井次，可将辽河油田 2013 年/2014 年蒸汽吞吐产量 329×10⁴t/327×10⁴t 稳定下来，将年油汽比稳定在 0.27。今后蒸汽吞吐开发方式仍然是主导技术。

2014 年，辽河油田采用蒸汽吞吐开发方式的地质储量为 5.67×10⁸t，总井数 7800 多口，平均周期数 15.7 个，平均周期日产油 4.1t，吞吐采油操作成本已达每吨 1200 多元。随着油层压力下降，难以稳产，成本持续上升，采用气体辅助吞吐方式，短期内即可减少注汽量、稳定油汽比、增加周期产量，最终降低成本、提高经济效益。

在此持续进行蒸汽吞吐采油的发展趋势下，地下蒸汽凝结水量必将大量增加，剩余油分布更为复杂、难采。按辽河稠油油藏早期蒸汽吞吐周期资料，注入蒸汽水当量的回采水率一般小于 40%，甚至仅为 30% 左右（不包括边底水）。估算目前每口井周围存水量平均 2×10⁴t 左右，如转入蒸汽驱第二次热采方式，排水期长，耗能高，成为主要障碍。因此，建议要重视每口井回采水量的计量与统计，模拟研究区块或开发单元的三场（温度、油水饱和度、压力）动态变化，作为精细油藏描述剩余油内容之一。同时要跟踪监测注空气井产出气体的含氧量与腐蚀性，以采取必要的调控措施，确保安全生产。

总体上，由蒸汽吞吐方式转变为其他开发方式仍然是当务之急，必走之路。纵然面临投资大、技术难度大、不利因素多，不可能大量区块在近期内转入二次热采等问题，但剩余储量大、生产潜力大，必须开拓创新，及早选择有利区块加快转换开发方式的试验，突破发展瓶颈，创造出新一代技术。

值得称赞的是，辽河油田科技人员在 2009 年开始进行重力泄水辅助蒸汽驱开发方式转换研究，探索稠油开发新途径。据报道[99]，辽河冷家油田洼 59 块洼 60-H25 水平井组是典型的超稠油油藏，经过10年蒸汽吞吐开发，区块周期产量及油汽比双双走低。为保证区块长期稳定，辽河油田研究院科研人员从井底干度、注汽井与排液井纵向距离、直井与水平井液量的匹配关系等研究入手，选择油层发育较好的洼60-H25井组开展先导试验。具体设计方案为在油层上下各部署1口水平井，井组周围部署9口直井，形成立体井网结构；通过油层上部水平井注汽，油层下部水平井进行排液，周围直井进行采油。在油层上部水平井注汽过程中加热油层，降低原油黏度，形成蒸汽平面驱替，并将原油驱替至生产井；而油层下部冷凝液受重力作用下沉，由排液井及时产出，从而疏通油流通道，达到提高采收率的目的。生产日报显示，洼60-H25井组自2009年10月转换生产方式后，产量逐步提高，平均单井日产量由过去的3.8t上升到2012年7月6日的9.2t，这个井组日产原油达到67.9t，至此，累计产油$5.42×10^8$t，与蒸汽驱相比，产量提高了44%，获得较好效果。重力泄水辅助蒸汽驱技术已获两项国家专利。初步预计，辽河油田适合重力泄水辅助蒸汽驱技术的稠油储量为$1.4×10^8$t以上，应用前景广阔。

据辽河油田2014年总结报告称，重力泄水辅助蒸汽驱矿场试验见到较好苗头。针对深层、厚层特稠油，在油层底部设计一套采水井网排水，一方面有效降低了地层压力，发挥蒸汽最大潜热；另一方面改变了注采井间压力场分布，弥补了地层压力下降的不足，增加了有效驱替压差，降低了注汽井注入压力，提高了采油井单井产量，使深层、厚层特稠油有效开发成为可能。

2）我国中深稠油齐40块蒸汽驱持续成功运行

辽河油田齐40块稠油油藏埋深1000m左右，含油面积7.9km^2，地质储量3770多万吨。1987年投入蒸汽吞吐开发，1998年10月有4个100m×70m反九点井组转入蒸汽驱试验。之前，油井平均吞吐10轮次，采出24.0%。蒸汽驱先导试验区逐步扩大，截至2006年6月底，蒸汽驱11个井组，生产井50口，蒸汽驱累计产油$22.4×10^4$t，蒸汽驱累计油汽比0.19，蒸汽驱阶段采出程度26.6%。经历近9年的试验取得较好的开发效果，辽河油田公司做出齐40块全区转蒸汽驱开发方案：蒸汽驱井组151个，总井数831口，设计生产时间15年，累计产油$750×10^4$t，累计油汽比0.177，蒸汽驱增产油量$635×10^4$t，蒸汽驱采收率24.7%，吞吐+蒸汽驱采收率54%。按此方案投入了全面转蒸汽驱开发，这是辽河开创稠油蒸汽吞吐+蒸汽驱热采开发模式的范例。

齐40块全区年产油由2006年的$48.5×10^4$t上升至2009年的$68.5×10^4$t，初期生产井排水期长，油汽比为0.13，而且波动大。后来采取了多种调整措施，提高油汽比，改善蒸汽驱效果。2010年产油$66×10^4$t，综合含水率87%，累计采油$285×10^4$t。2012年产油61.3×10^4t，2013年产油$59.2×10^4$t，2014年产油$53.5×10^4$t。如果不转入蒸汽驱开采，只依靠蒸汽吞吐开采，2014年产量将降至$10×10^4$t。

以上说明，蒸汽吞吐油藏，适时转入蒸汽驱开发，能够提高采收率，延长有效开发期，比延续吞吐降低操作成本，增加经济效益。齐40块转蒸汽驱以来，经历了多种调控油汽比为核心的措施，取得了十分宝贵的经验及技术进步，这对指导更多区块转换开发方式具有重要意义。

3）我国超稠油SAGD技术走向更新换代阶段

进入21世纪以来，中国石油相继在辽河油区及克拉依油田开辟了两个超稠油蒸汽辅助重力驱（SAGD）重大试验项目，即杜84区超稠油及风城区超稠油SAGD区。经历持续试验，不断改进，已由先导试验进入规模应用，形成了生产能力，实现了跨越式发展。

我国采用SAGD技术的油藏地质条件和加拿大的油藏条件既有相似之处，也有很大差别。杜84块较后者深度多一倍，渗透率较低，隔夹层较发育，原油黏度更高；风城区埋深浅，仅200~250m，储层物性较差，原油黏度更高达（20~100）×10^4mPa·s。在初期试验阶段，吸取了加拿大经验，取得了较好效果，然后逐步扩大了试验规模。

最近几年，针对暴露出的主要问题，以提高井组产量和油汽比为目标，采用自主研发的大型SAGD三维物理模拟技术，研究提高蒸汽干度与高温条件下隔夹层物性变化特征，优化整体技术方案；研制成功注入过热蒸汽发生器配套系统，注入过热蒸汽；发展SAGD加非凝结气（N_2、CO_2）辅助复合驱技术，促使蒸汽腔横向扩展，穿透隔夹层，提高油汽比；针对原油黏度高呈固化形态的特点，开展了加入沥青溶剂辅助SAGD技术，强化降黏效果，加速蒸汽腔扩展，以提高单井产量。这些创新技术意味着我国超稠油采用SAGD方式已进入技术更新换代阶段，拓展了SAGD适用油藏地质储量，为今后发展增强了技术实力。

辽河油田杜84块SAGD项目自1998年首次启动探索性试验后，于2005年建成两个井组，年产原油210×10^4t，见到显著效果。接着在2007年启动了一期扩建工程，按动用地质储量2149×10^4t、新建产能100×10^4t、预计提高采收率30.8%的目标，逐年扩大井组。这是中国石油天然气集团公司的重大开发试验项目，运行步骤加快。2012年底，一期工程48个井组全部实现转驱，当年产量上升至80×10^4t。转驱后，辽河油田SAGD项目部通过加强油藏动态调控、应用先进技术手段和适时进行常规作业等，确保持续上产。

现场科技人员针对目的层实施以射孔为主的低物性段改造技术，解决了低物性段影响蒸汽腔扩展的问题。11口井应用这项技术后，蒸汽腔扩展速度明显加快，蒸汽效果显著提升。其中，杜84馆平15、杜84馆平16和杜84馆平17三个井组实施以射孔为主的低物性段改造技术后，日产油增加21t。这为规模推广SAGD改善开发效果开辟了一条新途径。

隔夹层是储层中的非渗透层，是困扰稠油油藏开采的难题。杜84馆平15井在开发过程中，由于隔夹层阻碍，日产油曾上升到50t后又陷入长期停滞。技术人员经过攻关，探索出"层内找层和改变射孔方式及利用自主研发的光纤实时自动测出6点、8点测温技术等，改进了注汽工艺"。2014年，杜84馆平10等6口井，实施后日产油达到688t，创出单井百吨高水平，此前单井日产油仅30t左右，预计最终采收率可达59%，成为创新范例。

辽河油田科技人员持续技术创新，进行了注氮气辅助SAGD开发先导试验，解决SAGD生产过程中存在蒸汽腔发育不均、中后期含水量高和油汽比低等问题。同时，先期实施的4个井组用氮气替换蒸汽，节约注汽量8×10^4t，节约成本逾1500万元，对SAGD实现低碳、节能、环保和高效开发具有意义[99,100]。

需指出，杜84块在实施SAGD前，采出程度22.7%，2014年底实施SAGD区采出程度为46.4%，预计最终采出程度将达59.0%。这说明杜84块SAGD开发开辟了辽河油田超稠油开发新局面、新途径。

新疆油田是我国第二大稠油产区，动用稠油地质储量3.3×10^8t。最近几年稠油产量大幅增加，由2009年的345.8×10^4t提高到2014年的528×10^4t，稠油产量比重从31.8%提高到44.8%。其中超稠油比重从6.5%提高到20.8%。而且超稠油的储量还在增加，超稠油开发是新建产能和增加全油田产量的重点工程。

2008年，中国石油天然气股份有限公司将风城油田浅层超稠油SAGD开发先导试验列为股份公司十大开发项目之一。该项目的实施对新疆油田实现稠油400×10^4t稳产及下游克石化千万吨炼油的发展具有重要意义。作为今后新疆油田建设"新疆大庆"的重中之重，

SAGD开发先导试验的实施对实现整体规划部署也具有重大意义。

SAGD开发先导试验开展以来，受到中国石油集团公司、股份公司的高度重视和大力支持。在风城油田重32、重37井区开辟的两个SAGD试验区，分别于2009年1月和12月相继投产。重32井区为双水平井开采方式，即上水平井注汽，下水平井采油。2010年SAGD产油4×10^4t，2012年建成50×10^4t产能，实产10×10^4t。2013年产量22×10^4t。截至2014年，SAGD累计动用地质储量3078×10^4t，建产能129.5×10^4t，2014年产油48×10^4t。

风城油田超稠油油藏具有突出特点：其一，原油黏度极高，从几十万到上百万毫帕秒，呈固态，要求注入蒸汽干度高、热焓量大，主要依靠潜热能降黏；其二，储层埋深超浅，导致上覆地层压力低，造成水平井钻完井轨迹控制难度大，机泵采油杆柱偏磨严重，并且注汽过程中易压裂出垂向裂缝；其三，产出液集输、净化脱水处理工程复杂，成本高等。采用SAGD技术的技术难度超过辽河杜84块。但风城油田的超稠油是优质沥青产品与特色石化产品的宝贵原料，其产品附加值高，必须迎难而上，开拓有效开发新途径。

新疆油田的科技人员与中国石油勘探开发研究院和其他工程技术服务公司密切合作，在中国石油勘探与生产分公司每年跟踪研究与协助下，群策群力，攻坚克难，着重科技创新，跨越重重难关，取得重大技术、生产效益成就，SAGD超稠油开发正迈向持续增产的新水平，值得庆贺，经历的创新思路值得借鉴。

据《中国石油报》几则报道[101-103]，2008年在重32井区采用双水平井SAGD试验取得初次成功，除储层物性条件好、油层厚度大，油层纵向与横向连通性好等优势外，另一个重要原因，就是采用了3套水平井井网同时开发3套开发层系，对直井、水平井和SAGD双水平井进行组合实施，实现超浅层超稠油油藏多层系水平井立体开发，最大限度地利用热能，达到提高油层采出程度的目的。为此，重32井区实现了3个方面的创新：一是实现超浅层超稠油油藏多层系水平井立体开发；二是开展超浅层超稠油油藏直井与水平井组合方式试验；三是在新疆油田首次整体采用集团注汽投产优化技术。

2012年7月，SAGD试验中的重32井区，单井日产量达到45t以上，油汽比0.48，超过了方案设计指标。单井产量是直井的10倍、水平井的5倍。为做好SAGD开发先导试验，风城油田作业区调集精兵强将，成立了重大开发试验项目采油站和调控技术攻关小组。经过3年多开发试验和攻关研究，风城浅层超稠油SAGD开发配套工艺技术已基本形成，包括双水平井设计，双水平井钻完井，高压、过热蒸汽锅炉应用，机械采油系统优化，循环预热与生产阶段注采井管柱设计，水平井与观察井温压监测，高温产出液集输处理和动态调控八大主体技术，自主研制了SAGD双管井口、井口防喷密封装置等设备和工具，形成了高效的管理组织机构，建立了完善的规章制度和操作手册，培养了一批掌握国际先进、国内领先技术的专家，风城SAGD技术已具备规模化工业推广应用条件。风城油田是新疆油田未来重要的稠油产量接替区。

SAGD开发中，主要的技术与经济评定标准是油汽比。此项指标随着开发进程变化，油汽比降低将极大影响开发效果与经济效益。关键调控措施之一是改变注蒸汽锅炉的燃料结构。为此，于2014年，新疆油田开工建设燃煤注汽锅炉工程，在风城油田吞吐开发区和SAGD开发区各建一座有两台每小时生产130t蒸汽的燃煤锅炉注汽站，以煤代天然气。注汽站建成后可满足吞吐区与SAGD开发区新建产能70×10^4t的注汽需求。该项工程建成投产后，不仅可以大大降低油田的运行成本，而且还能节约大量天然气，有效缓解北疆地区天然气供应紧张局面。

风城油田稠油开发中，由于原油黏度高，地下、地面流动困难，成为开采与集输的关键问题。在重18井区蒸汽吞吐开采的油井开展了多项化学降黏技术研究，研发出多套降黏体系。经过对比几种降黏技术的现场应用效果后发现，单一的降黏方式很难获得既经济又理想的降黏效果，而采用复合技术可以优势互补，提高降黏效果。2014年，重18井区采用两步法生化裂解降黏技术的15口井见到明显效果。其中，F340129井日产量由措施前的1.11t增加到6.55t。所谓两步法生化裂解降黏技术，就是采用生物酶制剂与耐高温降黏剂相结合的降黏工艺，需通过低温阶段分散剥离、降解大分子和高温阶段裂解反应两个步骤。室内评价及现场应用结果表明，生物酶具有较好的耐温性能，比一般的化学表面活性剂耐温性能高，作用温度可达到150℃以上，再加上优选的催化降黏剂，乳化效果较好，能够在地层中改变岩层润湿性，有效剥离原油。由此，采用这种复合降黏技术，应用效果显著，加在蒸汽吞吐作业中，周期生产状况明显好转，低温生产期延长，油汽比增加，同时能避免破乳剂对原油脱水效果的影响。此外，两步法生化裂解降黏技术具有成本低、无污染、经济效益好的优势，有一定推广价值。风城油田将继续对稠油降黏工艺持续优化，进一步提高在风城超稠油油藏应用的适用性，从而规模化应用，实现油田经济、高效开发。

以上几项科技创新实例表明，新疆风城超稠油油田将实现$230×10^4$t的目标。

4) 火烧油层技术正迈向工业化应用阶段

火烧油层技术（简称火驱）是通过向油层连续注入空气，点燃油层形成燃烧带，驱替原油推向生产井，是一种稠油热采技术。在全球开展研究与现场试验已有上百年的历史，由于加热原油是靠燃烧油层中难采的重质组分，仅占原油总量的10%，驱油效率高，残余含油饱和度降至3%以下，地下原油在700℃左右高温下经改质大幅度降低黏度，从而原油采收率可达60%以上。这种热效率高、节约能耗与环保等优势，始终吸引着国内外石油人的持续追求。但至今，由于存在诸多技术上的复杂性和难度，全球火驱年产油量一直保持在$200×10^4$t以内的水平，远比蒸汽吞吐、蒸汽驱及SAGD热采产量（$8000×10^4$t以上）小得多。

进入21世纪以来，中国石油天然气股份有限公司加大了火驱科技创新及现场先导试验投入力度。针对我国稠油油藏蒸汽吞吐开发后期产量递减快、经济效益差，以及超稠油开发面临的难题，加强了火驱技术应用机理基础性研究和油田现场试验项目，攻克常规火驱的种种难关，注重科技创新，开拓适合我国油田特点的新型火驱开发多种方式和配套工程技术，目标是将蒸汽吞吐油藏转入火驱开发，将采收率再提高30%，对超稠油油藏另开辟既节约能耗又降低成本的新途径，充分发挥火驱具有的高采收率、低能耗双重优势。

在中国石油勘探开发研究院热采所扩建了新一代火驱燃烧釜实验装置，以及大型一维和三维火驱物理模拟装置，引进了加拿大先进的热力反应学测试仪器等，使火驱机理室内实验技术系统化，具备了多种火驱方式高质量的实验研究。采用加拿大CMG公司STARS新版本热采软件，通过"双模"技术，开展了针对现场试验项目的设计、动态跟踪等全程系统化研究，以及前瞻性、开拓性课题的实验研究。2007年，完成了国内第一个水平井火驱辅助重力泄油三维物理模拟实验。接着通过深入系统的实验，揭示了注蒸汽后火驱的多项机理，包括火驱燃烧带"油墙"的形成及运移机理，指导现场生产动态分析；火驱过程中次生水体有利于生产井见效；水平井火驱辅助重力泄油燃烧特征，提出方案设计参数优化要素等，同时，辽河油田勘探开发研究院也建立了大型一维和三维火驱升级实验装置，紧密结合现场试验项目，开展了多项高质量的重大课题研究。中国石油这两支强化形成的火驱科研团队，室内火驱物理模拟实验装置和研究水平进一步提升，有力指导了现场试验项目的加快和科学有序地实施。

中国石油在辽河油田杜66块和新疆油田红浅1井区开展了最早的两个火驱现场试验重大项目。截至2014年，已由先导试验获得成功，不断扩大试验，现在正迈向工业化应用阶段。

辽河油田杜66块是多层状、经历蒸汽吞吐后转入火驱的中深层油藏。2005年6月转火驱6个井组，38口生产井；2006年7月扩至16个井组，88口生产井，单井日产原油0.6t，先导试验区地下已形成稳定连续燃烧驱油带，见到明显增油效果。在继续扩大试验中，现场科技人员完善了油层点火技术、燃烧判断技术、注入井完井工艺技术，创造了分层火驱工艺、火驱采油分层井下注气转换装置等7项专利[104]。2012年，杜66块已有36个井组转入火驱。2013年，《辽河油田杜66块整体火驱开发方案》获得中国石油天然气股份有限公司成功批准，规划建成火驱井组223个，项目实施后将成为我国最大的火驱开发区块。

2014年，杜66块火驱井组超百个，通过完善注采井网、加大蒸汽辅助开采、优化调整注采参数等，日产量达到千吨，年产量32万多吨，获得显著效果。单井日产量由2006年的0.6t上升至2008年的1.3t，逐年上升至2012年的3.2t，2013年和2014年皆稳定在2.8t。空气油比由2006年的峰值2409m³/t逐年下降，至2008年已下降至1000m³/t左右，2011—2014年保持在410m³/t以下。火驱运行成本自2011年起低于蒸汽吞吐开采区，保持在1000元/t水平，为吞吐成本的70%。这些数字表明，杜66块火驱开发效果显著好于蒸汽吞吐区，将成为一项接替转化方式的有效途径，预计火驱可提高采收率30%。

辽河油田在曙一区中深厚层稠油油藏选定曙1-38-32区块开展5井组火驱辅助重力驱试验，于2012年1月首口井点火成功，至9月，火驱井组产量由2.8t/d升至12t/d，含水率由86%降至63%，见到好的苗头。至2014年，仍在先导试验阶段。该区块埋深875m，油层厚度61.4m，原油黏度59834mPa·s，渗透率1335mD。试验目的是开拓这类油藏由蒸汽吞吐后期转入火驱提高采收率的新途径。

新疆油田红浅1井区直井火驱先导试验是中国石油天然气股份有限公司于2009年设立的重大开发试验项目之一。红浅1井区为蒸汽吞吐+蒸汽驱后濒临废弃的稠油油藏。油井关停数高，开井率仅为40%，单井日产油仅0.3t，采出程度33.9%。有生产潜力，但靠注蒸汽已无效益开发，处于废弃状态。在2009年12月开展火驱先导试验，总井数55口，一期注气井3口，二期注气井4口，形成7口注气井为基础的线性火驱。

2012年3月，二期工程已成功点燃7个井组，并完成了线性火驱井网部署，累计生产原油1.2×10⁴t。通过5年的试验，2014年底累计产油6.92×10⁴t，阶段采出程度为16.3%，各项生产技术指标均达到方案设计要求，形成了浅层稠油火驱工业化开发技术，包括方案设计、生产调控、点火、注气、监测、采油、集输、处理等配套技术。

红浅1井区火驱试验区表明火驱节能减排优势明显。对比注蒸汽开发，火驱技术热效率高，截至2014年底，已节能8.5×10⁴t标准煤，减排8.1×10⁴tCO_2，减少81×10⁴t清水消耗，经济效益和社会效益明显[105]。

新疆风城区超稠油水平井火驱辅助重力泄油先导试验，2011年初由中国石油天然气股份有限公司设立为重大先导试验项目，探索超稠油油藏在SAGD之外的高效开发方式。重18井区试验区面积0.11km²，地质储量30.5×10⁴t，开展了5对水平井火驱试验，2011年12月，第1口井点火成功。2014年9月，FH003井点火成功，至2014年底，产出气体中CO_2含量稳定在14%左右，O_2利用率92.3%，水平井B点温度大于500℃，井组处于高温燃烧状态，运行平稳。取心资料表明，燃烧带纵向波及系数达到90%以上，残余油饱和度低于6%，驱油效率在80%以上，高温燃烧有效降低了储层非均质性对火驱开发的影响。这表明超稠油火驱方式有发展优势。

据悉[105]，新疆红浅1区2014年采油速度达到4.2%，火驱5年的累计产油量6.92×10^4t，与注蒸汽阶段累计产油相当，预计最终采收率65.1%，已形成了蒸汽吞吐+蒸汽驱+火驱开发模式。辽河油田4个区块（杜66、高3、高3-6-18、高2-4-6）已形成了蒸汽吞吐+火驱开发模式，2014年实施注空气井165口，年产规模达到33×10^4t。预计"十三五"将在新疆红浅1、风城重18、辽河杜66和高3-6-18等区块开展火驱工业化推广应用，2020年火驱年产量将达到113×10^4t。

5）稠油油藏注蒸汽/热水添加化学剂的应用

在20世纪90年代，中国石油勘探开发研究院和各稠油油田对热采井应用各种化学剂增产技术的研究实验十分活跃，已研制并试验成功了封堵蒸汽窜流的耐高温堵剂，蒸汽吞吐井增加回采水率及产油量的助排剂，解除近井地带堵塞物的解堵剂，防止黏土膨胀的防膨剂，以及油井井筒与油层中的化学降黏剂等，为推广应用积累了经验。

添加化学剂包括6大类20种。

（1）凝胶类高温调剖堵剂：胜利油田研制的PST-Na高温堵水剂，新疆油田研制的HMF高温调剖剂与木质素高温调剖剂，辽河油田研制的GW高温堵剂调剖剂。

（2）热采油井解堵技术：常规解堵技术，中国石油勘探开发研究院研发的ZHJ系列综合解堵液，辽河油田研发的BJ-30及ARP-8801综合解堵技术，胜利油田研发的RIP综合解堵剂。

（3）防止黏土膨胀的防膨剂：各单位对稠油油藏注蒸汽过程中储层中黏土矿物的变化规律及其影响进行了深入研究，并试验成功防膨剂k-2。

（4）蒸汽吞吐井薄膜扩散剂排水增油技术：有HR8902和HR8903助排剂以及KW-1薄膜扩散剂。

（5）稠油降黏增产化学剂，有碱性纸浆黑液稠油降黏剂、XT94稠油降黏增产剂、TW33及FC1303稠油降黏剂、LA-150稠油降黏剂等。

（6）注蒸汽井堵窜技术：有耐温水泥封堵技术、水玻璃氯化钙高温封堵剂、超细粉煤灰和水泥堵剂等。

以上各种添加化学剂各有特点及应用效果，可供参考，期望在继承中创新发展。

针对目前特超稠油油藏持续增加储量与产量的发展趋势，在采用多种注蒸汽开发方式（SAGD、辅助泄水重力驱、超深井特稠油开发等）中，笔者推荐参考以下三个实例，作为辅助措施，以提高产量与降低能耗。

例1：特超稠油注蒸汽+溶剂+氮气多元热流体热采技术[34]。

1998年，我国在辽河油田杜84、杜32块，克拉玛依九区九8区和胜利油田草桥南区的超稠油投入蒸气吞吐开发的储量已超过2×10^8t，由于原油黏度高达10×10^4mPa·s左右，生产实践表明，吞吐周期短，油汽比低，经济效益差。对超稠油采用常规直井蒸汽吞吐开采模式已不适用，推荐水平井加非凝结气辅助吞吐（SAGP）等技术试验。为此，中国石油勘探开发研究院针对辽河油田曙一区杜84块超稠油开展了"超稠油氮气溶剂辅助蒸汽吞吐开采"的研究与试验。

油化所通过室内实验，对不同溶剂进行了筛选与测试，调配了以芳烃类为主的溶剂，再加有增容、耐高温的表面活性剂作为助剂，制成 LH-S 溶剂，呈白色乳状液体，性能稳定，使用安全。将杜 32 块原油加入 5%后，溶解与分散沥青质的效果明显，原油黏度由 96000mPa·s 降至 21510mPa·s。

热采所采用物理模拟装置，系统进行了杜 32 块原油进行蒸汽驱、蒸汽+溶剂驱、蒸汽+氮气驱、蒸汽+氮气+溶剂驱的实验，表明后者驱油效率可达 75.4%，比蒸汽驱高 32 个百分点（PV=1.0）。

采用数值模拟方法，测定了蒸汽吞吐过程中加入溶剂的效果，为减少溶剂用量，求得最好经济效益，采取吞吐注汽前 1/3 段塞注入方式最佳。又模拟了加入氮气的增产效果，加入氮气后，增产油量明显增加，并且吞吐轮次越高，增产油量越多。加入氮气可以扩大蒸汽及热水加热带，回采时氮气膨胀，加速返排。总体上，加入溶剂与氮气效果十分明显，增油量大，溶剂增油比可达 7.9~8.4。

由数值模拟结果得出：对杜 32 块采用蒸汽+氮气+溶剂吞吐 6 个周期的采油量为 12370t，累计油汽比为 0.74t/t；比常规蒸汽吞吐 6 个周期的采油量多 2133t，累计油汽比多 0.12t/t，其中，溶剂的作用是主要的。

由室内实验结果，于 1999 年 6 月至 12 月，在现场试验了 4 口井。4 口井累计增产油 1308t，平均单井增产 326.9t。实施中，4 口井均采取了环空注氮气和一次注采管柱，加溶剂的仅 1 口井，加表面活性剂的 1 口井。并未按原定试验方案进行，尽管如此，也有增产效果，增产幅度 30%，平均回采水率提高 9.6%。

由于石油溶剂来自原油炼制中间产品，其价格随着原油价格变动，而采油厂的原油成本按当时经济政策是规定死的（500 元/t），因此新技术应用受到限制。采油厂无力投资，虽有增产效果，也不愿推广应用，此项技术未推广。

例 2：超稠油三元复合吞吐技术[106]。

在 2000 年前后，辽河油田特种油开发公司的经理刘福余和总地质师包连纯积极组织试验蒸汽+CO_2+表面活性剂复合吞吐热采技术，简称三元复合吞吐技术。经过室内实验，于 2002 年底，在杜 32 块 4836 井首次实施了 CO_2 辅助蒸汽吞吐试验，生产 196 天，增油 746t，取得初步成功。经过 3 年技术攻关，不断改进工艺技术，2004 年至 2005 年底，对三元复合吞吐技术进行了推广应用，累计实施 404 井次，取得显著增产效果。总结这项技术的适用条件发现，水平井比直井更适合实施三元复合吞吐技术，增加产量、降低吨油成本的效果显著，能够有效增加超稠油井蒸汽吞吐效果，成功率达到 76.8%，平均单井增油 378.6t，投入产出比达到 1:3.1，油汽比提高 0.13，适用于杜 84 块及杜 229 块大多数超稠油蒸汽吞吐井，尤其对水平井吞吐及初轮次井作用比较显著。

笔者曾多次到特油开发公司考察，见证了这项技术的创新过程。现将其发展思路及技术要点摘要如下。

（1）超稠油蒸汽吞吐变差的主要原因：一是油井近井地带的蒸汽凝结存水增多，含油饱和度下降，导致油井采水期延长，采水量增加，周期产量下降；二是地层压力下降，导致油井周期日产水平下降；三是油层纵向动用状况不均，平面汽窜严重，使大量地下原油得不到动用；四是由于吞吐作用半径的增大以及地下存水的影响，蒸汽前缘的热水带温度低，造成原油黏度高，回流油井困难。

（2）三元复合吞吐机理研究。杜 84、杜 229 块原油属超稠油，具有高黏度、高密度、高凝点、低含蜡特征。兴隆台油层原油密度大于 1.0g/cm^3（20℃），50℃脱气原油黏度

(5.4~16.8)×10^{4}mPa·s，凝点20~26.5℃，胶质、沥青质含量49.3%~57.8%，含蜡量低于2%。馆陶组原油50℃时黏度为（18~30.2）×10^{4}mPa·s，胶质、沥青质含量56.2%。

采用杜84、杜32块典型油井原油，通过物理模拟实验研究，对CO_2在超稠油中溶解性、CO_2在油水混合体系中的分配比例以及CO_2溶解对超稠油黏度的影响进行了系统测试研究。得出结论：CO_2溶入超稠油，可以使其体积膨胀，密度减小，黏度大幅度下降；压力越大，CO_2溶解度越大，原油黏度下降幅度越大；温度越高，溶解CO_2原油的黏度越小（200℃时降为80mPa·s，300℃时降为10mPa·s）。先将表面活性剂水溶液注到井下，再注入蒸汽，形成泡沫流。在多孔介质中，泡沫的表观黏度与孔径大小成正比，推动泡沫所需的压力梯度在高渗透层大，在低渗透层小，因此可以有效封堵蒸汽产生的舌进和汽窜通道，提高波及系数，克服非均质油层中常见的指进和重力分异等问题。

（3）物理模拟实验了三种吞吐方式的对比效果。采用7组单管线型驱油模型和一组3管线型驱油模型，实验了蒸汽吞吐、蒸汽+CO_2吞吐、蒸汽+CO_2+表面活性剂吞吐三种方式的效果。对于3管模型吞吐实验，三种不同方式各两个周期的吞吐实验结果表明，蒸汽吞吐采出程度为6.7%，蒸汽+CO_2吞吐采出程度为20.4%，蒸汽+CO_2+表面活性剂吞吐采出程度为26.9%。这充分说明，三元复合吞吐增产机理有三：其一，提高储量动用程度，蒸汽加入CO_2与表面活性剂产生稳定的泡沫流，使物性好的层段渗流阻力增大，物性差的层段蒸汽和CO_2的注入量增加，提高其波及系数，减少汽窜的发生；其二，降低原油黏度，加入CO_2，溶解于原油使黏度大幅度下降，加入表面活性剂改变油、水、岩石的界面性质，由厚膜变为薄膜，形成水包油型乳状液，降低原油黏度和流动阻力；其三，溶解气驱作用，原油溶解CO_2后，体积膨胀增大，促使油层中不可动残余油被挤出孔道，降低残余油饱和度，同时发生相渗透率转换，油相相对渗透率提高，有利于增加回采原油量。

（4）通过生产实践，确定了三元复合吞吐技术最佳工艺参数和优化选井条件。对CO_2用量、表面活性剂用量、注汽量递增规律、注CO_2—蒸汽间隔时间等主要的工艺参数做出最优选择。表面活性剂浓度采用5%较为合适，注入量为蒸汽注入量的1.5%；CO_2（液态）注入量为蒸汽注入量的2.5%较为合适；蒸汽注入量每周期递增3.3%；注CO_2—蒸汽间隔时间为4小时。

总结这项技术应用效果，截至2005年底，特油开发公司实施复合吞吐404井次，其中直井382井次，水平井22井次。累计增油101076t，平均单井增油378.6t。若只考虑热采费用、动力费用、原油处理费用、措施费用等主要成本因素，公司平均技术吨油成本按410元计算，投入产出比为1:3.1，平均油汽比增加0.13，技术吨油成本下降32.6元。

后来由于价格昂贵的隔热油管有严重腐蚀损伤，缺乏防腐技术，且采油厂无专项资金支持，因此这项技术未能继续应用。

例3：胜利油田特超稠油创新水平井+溶剂+CO_2+蒸汽开发模式（HDCS）。

21世纪初，笔者曾多次到胜利油田考察调研，关注稠油热采技术的发展与创新。胜利油田自20世纪以来，科技人员持续科技创新，推进新发现的特超稠油有效开发，促使胜利油区的稠油热采年产量一直保持在（200~300）×10^{4}t水平，创造了许多重大高水平开发配套技术和丰富经验。

为加快特超稠油油藏的开发动用，自2005年以来，胜利石油管理局石油开发中心在胜利石油管理局的大力支持下，组织中国石油大学（华东）和胜利油田地质院、采油院、钻井院等科研院所，针对郑411等特超稠油油藏的地质特点，提出了水平井+SLKF高效油溶性复合降黏剂+CO_2+蒸汽的协同作用新型开发模式,形成了一套适合中深层特超稠油和中浅薄层特超稠油油藏的开发配套技术。该技术已在胜利油田得到规模化推广应用,并取得了良好的经济效益。

经过多年来不断深化 HDCS 技术研究和油田规模化应用表明,这项具有自主创新特色的特超稠油油藏配套技术,对提高稠油储量动用率和采收率开拓了良好前景,有必要总结经验,以提供知识共享与技术交流。由中国石化胜利石油分公司和中国石油大学(华东)的张继国、李安复、李兆敏、毕义泉编写并于 2009 年 10 月出版了《超稠油油藏 HDCS 强化采油技术》专著[107]。这本专著内容翔实,既有坚实的理论分析,又有科学实验与丰富的生产实践经验。

在本著作中有几点值得特别关注:

一是针对胜利油区特超稠油油藏开发难点,诸如原油黏度高达 $15×10^4$ mPa·s,最高 $100×10^4$ mPa·s,沥青质 14%~20%,胶质含量大于 45%,常规蒸汽吞吐工艺无法突破产能大关;油层埋深超过 1000m,油层厚度较薄,一般为 4~15m;注汽压力高,井筒与地层热损失大,蒸汽吞吐效果极差;油层中泥质含量较高,一般达 6%~20%,普遍有较强的多种敏感性,在注汽过程中造成伤害;油层胶结疏松,岩性较细,易发生微粒二次运移,油层堵塞,储层隔层薄,油水关系复杂,大多具有较强的边底水,热采井间防窜工艺难度大。这些特点不适用 SAGD 开发方式,为此,科技人员确定了从四个方面提高热利用率与效果的新思路,明确了技术创新方向。

二是研究了采用水平井可以提高吸汽与泄油面积、扩大蒸汽波及系数与加热效率的基础作用,与油溶性复合降黏剂、CO_2、蒸汽混合可以发挥综合协同效果。

三是 SLKF 系列油溶性复合降黏剂,是针对超稠油胶质、沥青质含量高,沥青质结构复杂、相对分子质量大等特点研发的。它借助于溶剂、热力、渗流搅拌作用及加入表面活性剂等辅助手段拆散芳香片聚集体,再通过降黏剂中的复配成分与其相互作用,从而达到更为理想的降黏效果。该降黏剂与重质芳烃、表面活性剂等多种有机组分复配而成,具有很强的渗透性、反相乳化性能,能够快速溶解、分散超稠油中大分子结构,并大幅度降低油水表面张力,对油包水乳状液进行反相乳化,能够实现超稠油在油藏条件下的强化降黏。SLKF 油溶性复合降黏剂的降黏率比柴油、二甲苯及其他油溶性降黏剂都高。例如,当加入量为 1% 时,含水率 30%的稠油黏度由 201290mPa·s 下降至 162mPa·s。除降黏外,有利于降低注汽压力,回采时起破乳作用,改善注汽效果和回采效果。而且与已往试用过的以甲苯、二甲苯等芳烃类化合物为主要成分的混合苯进行对比,此类混合苯属易燃易爆化学品,闪点低(低于 35℃),现场施工安全隐患大。这一点,与例 1 中的 LH-5 有相同优势。

四是系统研究了 HDCS 强化采油技术的综合机理研究,对加入液态超临界 CO_2 的传热、溶解、萃取、动量传递等在注汽、焖井各阶段发挥的作用有较深入的模拟测试实验研究,揭示了内在规律,很清晰地说明应用效果。

五是 HDCS 强化采油关键配套技术已成熟应用,包括薄隔层油水交互层油藏的水平井先期封窜完井技术、水平井泡沫流体增产技术、水平井砾石充填防砂技术、特超稠油注采管柱一体化工艺、举升机、杆泵选择与空心杆电加热降黏技术等。

据介绍,HDCS 强化采油技术已推广应用,开发效果显著。

截至 2008 年 12 月,已在胜利油区的 3 种油藏类型 7 个区块得到广泛应用,包括以郑 411、草 109、单 113、草 104 为主的中深薄层特超稠油区块,以坨 826 为主的强边底水中深厚层特超稠油油藏,以草705、草南为主的中浅薄层特超稠油油藏。预计新增动用储量6411×10⁴t,已建和在建产能93.2×10⁴t。2008年12月,7个典型特超稠油区块总井数124口,开井112口,产液量1769t/d,产油量946t/d,综合含水率46.5%,区块累计产油126×10⁴t,累计产水184×10⁴t,累计注汽155.8×10⁴t,累计油汽比0.81,区块采油速度1.48%,采出程度3.8%。

采用HDCS强化采油技术后,注汽压力明显下降,注汽质量大幅提高,启动压力能降低2~3MPa,平均注汽压力降低1.5MPa以上;周期产油量、油汽比等指标大幅上升,开发效果明显提高。各种吞吐方式的效果见表10-1。

表10-1 各种吞吐方式生产情况对比

方式	周期	井数口	注汽量 t	干度 %	生产时间 d	周期产油 t	单井产量 t/d	油汽比 t/t
直井蒸汽吞吐	1	5	1523		17	21	1.2	0.01
直井+N₂蒸汽吞吐	1	2	1578		41	181	2.9	0.11
直井+CO₂蒸汽吞吐	1	2	1502	8	86	324	3.7	0.22
直井+降黏剂+CO₂蒸汽吞吐	1	4	1217	32	72	338	4.7	0.39
水平井+蒸汽吞吐	1	2	561	12	21	67	3.2	0.12
水平井+降黏剂+CO₂蒸汽吞吐	1	64	2057	72	136	1494	11.2	0.75
	2	27	1818	72	196	2214	10.3	1.22

表10-1统计了郑411、坨826和草109三个重点区块油井周期生产情况,结束一周期的64口井,平均周期采油量1494t,周期油汽比0.75,单井平均产油量11.2t/d;结束二周期的27口井,平均周期采油量2214t,周期油汽比1.22,平均单井产油量10.3t/d,表明HDCS方式的开发效果远好于其他方式。

据著作者不完全统计,该项技术可在胜利油区实现$1.2×10^8$t超稠油储量的有效动用,具有推广应用前景。

3. 小结

我国稠油油藏热采开发技术于1978年启动研究,开展技术攻关,1982年在辽河油田第一口井试验蒸汽吞吐获得成功后,注蒸汽开发步入快速发展阶段,经历10年,热采年产量上升至1000×10⁴t。进入21世纪以来,广大科技人员持续科技创新,在油田管理层大力支持与培育下,克服种种困难,自主创新创造了不同类型稠油油藏的热力采油开发方式,形成了具有我国特色的稠油、特超稠油热采开发模式,已形成技术先进、高效开发的配套工程技术,支撑了我国稠油热采年产量一直保持在1000×10⁴t以上。

(1)深井蒸汽吞吐技术的创新发展。

稠油蒸汽吞吐方式一直是热力采油中的主体技术,占热采产量的大部分。由于深度超过千米以上的中深油层转入蒸汽驱方式的井筒热损失大、热效率低、耗能高等问题受到制约,在深井蒸汽吞吐开发延续发展中,推广应用蒸汽+氮气+泡沫剂方式获得显著效果。为降低生产成本,辽河油田规模试验成功气体辅助蒸汽吞吐方式,形成了由常规蒸汽吞吐升级转换。这种创新蒸汽吞吐方式,提高普通稠油油藏采收率25%以上。

（2）重力泄水辅助蒸汽驱是接替高轮次吞吐的转换新模式。

针对高轮次蒸汽吞吐后期油层存水量高的不利问题，辽河油田创新试验成功重力泄水辅助蒸汽驱技术，在洼59块获显著提高开发效果。这种蒸汽吞吐+直井与水平井相结合的蒸汽驱模式，能够提高采收率20%左右，有推广应用的良好前景。

（3）辽河稠油油藏齐40块由蒸汽吞吐转入蒸汽驱开发已成功运行9年。

这是我国开创的中深层稠油蒸汽吞吐+蒸汽驱热采开发模式的典型实例，形成了配套工艺技术与丰富经验，为其他类似油藏转换开发方式提供了宝贵经验。预计累计采收率可达50%以上，起到引领蒸汽吞吐转换蒸汽驱方式的标志作用。

（4）超稠油油藏采用蒸汽辅助重力泄油驱（SAGD）开发模式跨入规模应用阶段。

杜84块油层厚达50m以上的超稠油油藏，开展直井与水平井两套井网组合，平面驱替与重力泄油两种方式复合的主体开发试验区，日产量由之前的155t上升到228t，油汽比也从之前的0.15上升到0.2。

辽河油区中深超稠油油藏和新疆油田浅层超稠油油藏突破技术难关，创新发展了新一代SAGD开发方式，形成成熟配套的工程技术，开发效果显著。辽河油田杜84块和新疆风城油田SAGD2014年产油量达到150×10^4t，已跨入规模应用阶段，预计采收率可达到55%以上。这种超稠油热采模式将加速上亿吨储量投入有效开发，促进产量上升。

（5）特超稠油藏采用水平井+溶剂+CO_2蒸汽吞吐方式已规模应用，开拓了另一项不适于采用SAGD方式的油藏地质条件的新途径，对于深层、薄互层、油水交互等特超稠油油藏提供了借鉴选项。这类油藏有效开发动用的难度极大，急需开拓新技术。

（6）稠油油藏采用火驱技术开拓了有效工业化开发前景。

杜66块和红浅1井区稠油油藏在注蒸汽后期转入火驱获得规模试验成功，表明中深层状和浅层层状稠油油藏在高轮次蒸汽吞吐之后转入火驱方式，可以大幅度提高采收率30%，已迈向工业化应用阶段。

中深块状稠油油藏，在蒸汽吞吐之后进行火驱辅助重力驱先导试验，有望取得成功。

风城区超稠油油藏试验水平井火驱辅助重力泄油先导试验已进入实施阶段，呈现良好发展前景。吐哈油田超深稠油油藏已启动火驱试验研究。

多种稠油油藏采用多种创新升级的火驱方式，对今后扩大应用规模、助力推进稠油多元化热采方式，将支持产量持续稳产与增产。

四、裂缝性潜山基岩油藏开发模式的发展思路

最近几年，我国在塔里木油田和辽河油田投入开发了几个裂缝性基岩油藏获得高产，逐年产量快速上升，2014年已达到300×10^4t，呈现出这一类型油藏增储上产的良好发展前景，开拓了中国石油扩大油气田勘探开发增加原油产量新领域。

裂缝性潜山油藏的地质特点是埋藏深，储层缝洞交错，非均质性强、含油量低等，得益于近几年地质勘探理论与勘探技术的创新，依靠精细三维地震、水平井钻采技术进步，探明储量已超过5×10^8t，投入开发的油藏单井产量高，上产快。但也出现了高速开发中地层压力下降快、产量骤降、边底水锥进含水率上升快的问题，导致产量递减率达到25%以上的不利局面。

目前，科技人员正在研究与试验如何稳产和提高原油采收率的各种开发方式，依靠科技创新，开创裂缝性潜山油藏开发新模式。

从我国三大油区古潜山油藏开发历程与出现的主要矛盾，来分析研究如何破解此议题。

1. 华北油田任丘古潜山油藏出现千吨高产油井，开辟了找油找气新领域

1975年7月3日，位于华北平原任丘辛中驿构造带的任4井喜喷工业高产油流，古潜山油藏千古之谜由此揭开。9月，经酸化作业，任4井日产油1014t。任4井是华北油田的发现井，它的诞生揭开了华北石油大会战的序幕，开辟了在古潜山找油找气的新领域，创造了"新生古储"原油成藏的地质理论。

紧接着，从1975年10月至1976年1月，6口油井口口见油，几口油井日产千吨。其中，任9井经酸化放喷，获得日初产工业油流5400t的高产，迄今仍位居我国单井初产油量之冠，成为中国石油工业史上单井日产量最高的油井。

1976年，国务院批准冀中地区展开石油工业大会战。来自大港、大庆、长庆等油田的3万多名石油健儿，在冀中平原$2.63 \times 10^4 km^2$土地上展开了石油大会战。到1976年4月，华北油田原油日产量超万吨，6月达到$2 \times 10^4 t$，当年国庆节前夕，日产原油$3 \times 10^4 t$，实现当年勘探、当年建设、当年开发、当年收回国家投资，这在全国其他油田开发中绝无仅有。在国庆节前夕，石油工业部领导康世恩、焦力人、张文彬等在任丘县城边上召开了庆祝大会，几千石油职工和当地人民群众参加了庆祝盛典。从此又一座新型石油城市——任丘市，也应运发展。笔者此时已由大庆油田调入北京石油勘探开发规划研究院任科技管理室主任，负责全国石油勘探开发科技规划，参与了会战初期的科技攻关研究。

为了向国家奉献更多石油，华北油田连创佳绩，1977年原油产量突破$1000 \times 10^4 t$大关，1978年达$1723 \times 10^4 t$，为当年国家原油产量上亿吨立下汗马功劳。1979年，华北油田原油年产量达$1733 \times 10^4 t$，为新中国成立30周年献上一份厚礼。在中国经济最困难时，华北油田大规模开发为国民经济建设做出了重要贡献。1977—1986年，华北油田连续保持年产原油$1000 \times 10^4 t$以上，当了10年光荣的全国"油老三"。

任4井的发现意义非凡，伴随着古潜山这一新的找油领域的开拓，不仅创造了任丘潜山油田的奇迹，而且带出任丘外围十大潜山和"四块一带"一个又一个"金娃娃"。在渤海、大港等很多油田，也相继找出古潜山式的油气田。任4井的发现，是我国石油勘探史上当之无愧的里程碑[108]。

就在1977年任丘雾迷山组潜山油藏产量达到顶峰之际，笔者正在大港油田带领由玉门油田组成的防砂技术攻关组王甫潭等开展试验，攻克大批油井出砂上产问题，接到通知，到任丘油田会战指挥部向康世恩老部长汇报。他当时正在谋划华北油田的发展规划，提出要组织技术攻关，研制出"千立方米大泵"和"青蛙肚皮式"封隔器（即长胶筒封隔器）。他讲，任丘油田油井能够日产千吨油，主要依靠油层压力高，自喷生产和少井高产保产量，迟早降压开采必定要停喷转入机械抽油，需要尽快组织搞出千吨泵，现有抽油机仅能抽出几十吨，需要打更多油井才行；同时已发现潜山油藏产油层段长达一二百米，油水界面以下有底水层，有的油井已出现产水量上升，对于裸眼完成的井筒，需要封隔器堵水。搞成一个"青蛙肚皮式"长胶筒封隔器，紧贴井壁堵水。由此，笔者组织研制了大型长冲程抽油机和举升液量超百立方米电动潜油泵，并由大庆油田采油工艺研究所调来的仇射阳等人攻关长达1m以上的长胶筒封隔器。这两项技术诞生后，并未阻挡油井产量的快速下降。

经过华北油田地质研究院等开展的大量研究，这类裂缝性碳酸盐岩油藏的地质特征具有双重孔隙结构，包括裂缝系统和岩块系统，这是影响开发效果的主导因素。双重介质的特点导致裂缝系统和岩块系统具有两种不同的驱替机理，决定底水上升过程中存在两个地区

（近井地区、远井地区）和三个高度（水锥高度、裂缝系统油水界面高度、岩块系统油水界面高度），影响流体分布和剩余油分布状况，因而对控制采油速度和采油强度提出了更严格的要求，有别于砂岩油藏驱替机理，应区别对待。此外，碳酸盐岩潜山油藏中裂缝和岩块两个系统之间的渗透率相差悬殊，裂缝宽度变化大，因此这类油藏的非均质性远比砂岩油藏严重。

在生产实践中，逐步加深对潜山油藏开发特征认识，认识到保持地层压力和控制含水率是主要矛盾。采取边缘底部注水、合理保持地层压力、逐步加密井网、降低单井产量、减少水锥高度等措施。可惜，由于当时的经验不足，加上未能控制过高的采油速度和采油强度，压力下降快，底水锥进严重，没有有效控制油水界面上升速度的措施，导致含水率上升快，大量顶部"阁楼"剩余油无法采出，出现任丘油田年产量急剧下降的局面。

任丘油田历年产油量变化图见图10-4。

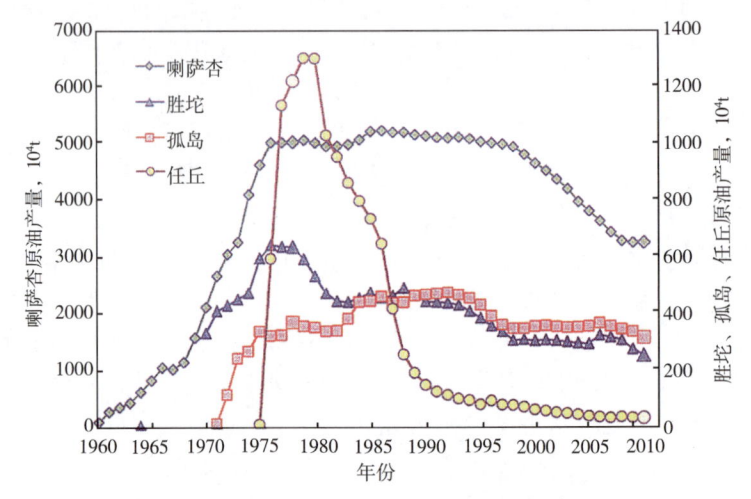

图10-4　任丘、喇萨杏等4个油田年产量变化图
（引自：2014年1月《石油学报》查权衡论文）

据国土资源部油气储量评审办公室2011年度报告，任丘油田的地质储量为$4.11×10^8$t，年产油已降至$32×10^4$t，累计采出原油$1.46×10^8$t，采出程度35.6%。2011年，孤岛油田地质储量$4.08×10^8$t，年产量$306×10^4$t，采出程度36.1%；胜坨油田地质储量$5×10^8$t，年产量$247×10^4$t，采出程度35.8%，这两个储量相近的砂岩油藏，高产稳产期都很长。大庆喇萨杏油田高产稳产期更长。

昔日任丘油井日产千吨，迄今不到5t，含水率高达95%，甚至已关闭大批油井。产量高峰期10年，低产期达25年以上，充分表明这类油藏开发中的主要矛盾和难度所在。

2. 塔里木油田碳酸盐岩油藏跨越式开发

据《中国石油报》记者高照报道[109]，塔里木油田哈拉哈塘碳酸盐岩油藏2014年9月原油产量已超过$80×10^4$t，全年将完成$113.8×10^4$t的任务指日可待。塔里木油田碳酸盐岩累计原油产量已突破$1000×10^4$t，当前日均产量保持在5600多吨，碳酸盐岩油气藏开发进入新时期。在过去勘探开发的25年里，碳酸盐岩油气藏有十余年的"低潮期"。近6年，发生了跨越式突破。

报道说，专家认为塔里木油田25年的勘探开发史，没有哪个时期像现在这样重视碳酸盐岩。从时间上看，塔里木油田原油"三分天下"——碎屑岩近10年未找到优质规模储量，后备不足使产量箭头难以向上；凝析油长期稳于年产$200×10^4t$，未来预测仍"风平浪静"；而碳酸盐岩年产量从2008年的$55×10^4t$，增至2013年的近$200×10^4t$。专家预测，未来前景可期。从空间看，东部老油田稳产压力越来越大，塔里木油田承担的上产责任越来越重。自2008年后，塔里木油田新增原油储量的90%集中在碳酸盐岩，可谓接替作用巨大。自2008年以来，经过6年持续攻关后，碳酸盐岩实现了质的飞跃。产量上，碳酸盐岩原油在塔里木油田原油的所占比例，从2008年的8.5%升至2014年的37%，资源优势正逐步变为产量优势，可谓跨越式发展。

虽然前景可期，但塔里木油田的碳酸盐岩是最复杂的——埋藏深、非均质、低丰度。美国一位知名专家说，从未见过这样复杂的油藏。因此，要从碳酸盐岩中获得"金豆子"，绝对是世界级难题。

塔里木油田的碳酸盐岩是非均质的缝洞型储层。因此，搞清储层的分布规律至关重要。通过持续攻关，科研人员逐步摸清了塔里木油田碳酸盐岩三大岩溶类型，并提出"一个缝洞体就是一个小油藏"等观点。认识上的突破，丰富了碳酸盐岩古岩溶及油气成藏理论，揭开了塔里木盆地碳酸盐岩油气资源的面纱。认识和理论进一步指导勘探开发实践，促成勘探开发技术不断进步。近几年，缝洞雕刻预测技术快速发展，使地下缝和洞的样子、状态、位置、规模更加清晰，精细雕刻完成了从"望远镜"到"放大镜"观察地下缝洞的飞跃。钻完井技术愈发成熟，让碳酸盐岩直井平均钻完井周期从2008年的260多天提速到现在的百天左右。这对于普遍埋深5000m以上极复杂的碳酸盐岩来说，无疑是历史性突破。

从地下情况看，缝洞单元的能量不足，导致碳酸盐岩油井产量递减非常快，自然递减达30%以上，"高产不稳产"的难题依旧存在。尤其在2008年以前，70%的碳酸盐岩井产量都在快速递减，初期试油单井日产在50t以上，有的井产量能上百吨。但近一半的井120天以内就停喷了。而同样在塔里木油田的碎屑岩井，一般10年后才停喷。从地面看也有难题，产能建设滞后严重影响碳酸盐岩高效开发。碳酸盐岩井通常生产周期较短，而从发现到地面产能建成至少四五年时间。上产高峰期都过了，地面才建起来。见油时不见管线，导致大部分井要用罐车运油，提高了开发成本。据估算，仅哈拉哈塘油田一年的运油和发电成本高达1.5亿元，长此以往就会陷入"高产不高效"的困境。

要想解决地下难题，需要更有效地注水、注气，达到补充能量、控制递减的目的。可喜的是，塔里木油田已把整体注水纳入开发规划，把注水作为碳酸盐岩重要的开发方式。同时，单井注水替油技术也已成熟，从2008年到现在，塔北共注水$200×10^4m^3$，增油50多万吨。但如果再想质变，就需要更细致地深入了解油藏内部结构。目前，虽然已实现从"望远镜"到"放大镜"的转变，但缝洞体的内部结构、油水关系等精确描述还需攻关，能否尽快用上"显微镜"，是延长稳产期，从而提高效益的关键。对于地面建设难题，塔里木油田也已开始进行积极探索：正在考虑建设橇装化原油临时拉运点，以便在后期改扩建成混输站，尽可能降低成本。但从长远看，还需合理设计油气处理厂站的规模，合理布局骨干管网，确保地面系统既能满足生产需求，又能节约建设成本，缩短周期，让地面地下更加协调，治标又治本。

塔里木油田碳酸盐岩原油产量见图10-5。

综合《中国石油报》记者连续报道[109-113]，在塔里木盆地，碳酸盐岩分布区域大于30×

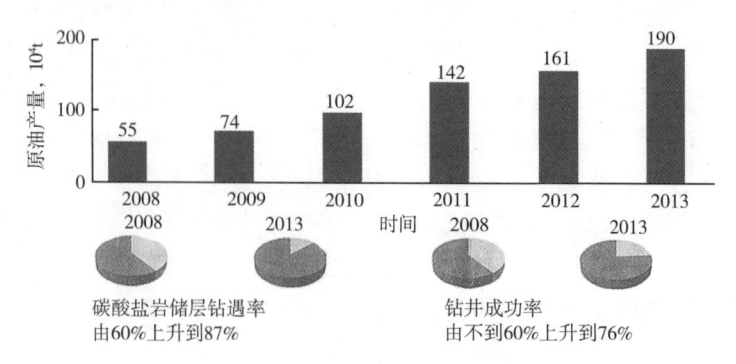

图 10-5 塔里木油田碳酸盐岩原油产量

10^4km^2，油气资源约占盆地总量的40%。碳酸盐岩属孔洞裂缝性发育，裂缝、溶洞、微细裂缝分布，如同人体内的动脉和静脉。大多数油气存于"动脉"中，其余分散在"静脉"中。在7500m的塔里木地下勘探，就像"穿针引线"，勘探难度堪称世界级。为实现增储上产，塔里木油田突破固有地质理论，以"小缝洞、大视野、窄缝隙、宽思路"为勘探突破口，经过多年探索实践，创新形成"缝洞串联、点面兼顾、连片控制、系统开发"的经脉理论，这是摸清碳酸盐岩习性、找到高产缝洞带、找准大型缝洞集合体和培植高效缝洞单元的法宝。在"经脉理论"指导下，塔里木油田把钻探目标由"单串珠"转向"串珠相关的缝洞集合体"，使哈拉哈塘区块勘探连续4年取得突破，钻井成功率保持在80%以上，并建成首个百万吨产能碳酸盐岩油田。

塔里木油田提出打高产井、建高产井组、创新运用串"羊肉串"的水平井开发模式，在同一个井眼中穿越多个缝洞单元，尽可能多地增加泄油面积，从而找到解决高产稳产问题的治本之策。由于碳酸盐岩的最大特点是储集空间复杂多变，天然裂缝发育和基质渗透率低，95%以上的油井需要进行储层改造。但埋藏深、温度高和非均质性强等特点，使储层改造技术成为一项世界级难题。塔里木油田深化储层改造技术，推广水平井分段改造技术，攻关携砂压裂技术，为碳酸盐岩开发"通经活络"。携砂压裂技术成为储层改造的新亮点，工艺成功率100%。如轮南171井施工前气举不出油，改造后日产原油92.5t。截至2013年11月，塔里木油田碳酸盐岩高效井比例已经突破40%，高效井产量占到碳酸盐岩油井总产量的50%，原油产量以每年（20~30）×10^4t的速度递增，初步建成轮古、塔中、英买力和哈拉哈塘4个油气高效开发区。2013年完成原油产量190×10^4t，进入规模高效开发阶段。

"初产高、衰竭快、稳产难"是碳酸盐岩油井的突出特点，是国内乃至世界碳酸盐岩油藏开发普遍面临的难题。针对这一难题，塔里木油田开展注水替油技术攻关，在塔中1号气田开展注水替油23井次，累计注水83×10^4m^3，增产凝析油5.2×10^4t，取得明显效果。

轮古油田是塔里木油田最早投入开发的碳酸盐岩油田，2014年已进入开发中后期，面临着整体含水高、地层能量不足、单井产能低、加密井部署困难等一系列难题。随着储层改造、堵水等措施挖潜及注水二次采油的深入开发，油藏开发效果逐渐变差，并且因为油藏内部高低不平，储集体顶部一般存有采不出的剩余油，俗称"阁楼油"。塔里木油田研究人员通过精细油藏描述和深化地质研究，认为轮古碳酸盐岩油藏普遍埋藏深，盖层压实紧密，封堵条件好，能有效防止气窜，适合油藏注气驱油技术提高采收率。在此认识指导下，轮古油田首批3口注氮气采油先导试验井于2014年上半年实施注气，其中轮古45井已增油1680t。

在注气吞吐试验取得成功的基础上，科技人员进一步加大井间注气驱替剩余油的力度，通过进一步深化研究油藏特征基础研究、注气效果影响因素分析和扩大注气试验范围等工作，采取向油层中注入天然气或二氧化碳等气体，在储集体顶部形成"气顶"，从而驱出微小孔隙、裂缝中难以动用的"阁楼油"，使部分死油转化成可流动油，以达到延长寿命、提高油田采收率的目的。2014年，注气驱油技术已成为轮古油田挖潜新亮点。轮古油田已优选第二批次8口井准备实施注气驱油作业，轮古45井也准备实施第二轮注气驱油作业。

轮古油田注气驱油先导试验获得突破，不仅使轮古老区重现活力，保持年 $20×10^4$t 长期稳产，同时也为其他碳酸盐岩开发区块注气提高采收率提供技术支持[113]。

3. 辽河油田兴隆台潜山油藏开发中的主要矛盾与对策

兴隆台潜山油藏处于辽宁省盘锦市兴隆台区，构造上位于渤海湾盆地辽河坳陷西部，构造面积 $84km^2$，以兴古潜山为主，包括马古潜山和陈古潜山，主要含油层位是中生界和太古界裂缝性基岩，共分7个开发单元。截至2012年底，探明含油面积 $55km^2$，地质储量 $1.27×10^8$t。

2007年，在兴古7块开辟了开发试验区，采用直井、水平井与鱼骨水平井组合的布井方式。截至2009年，试验区日产原油1600多吨，打开了潜山油藏开发新局面。2010年，兴隆台潜山油藏全面投入开发，目标建成百万吨。2012年底，兴隆台潜山动用地质储量7500多万吨，投产各类油井107口，日产原油2500多吨，年产 $100×10^4$t，日产气 $73.8×10^4m^3$，累计产油 $374.6×10^4$t，累计产气 $10.4×10^8m^3$，采出程度4.97%。

兴隆台潜山油藏历年原油产量变化见图10-6。

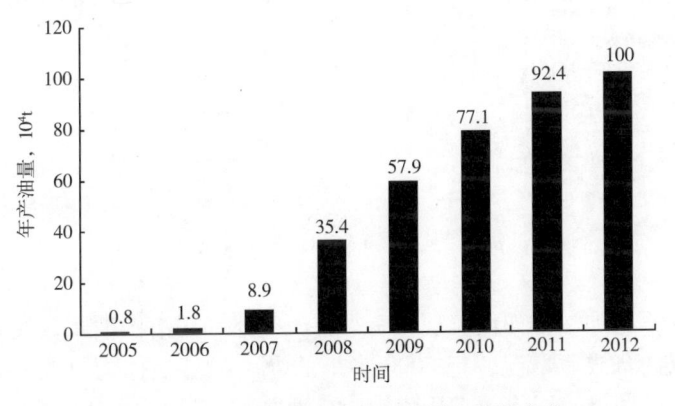

图10-6 兴隆台潜山油藏历年原油产量变化

据辽河油田兴隆台采油厂桑转利和《中国石油报》记者张晗报道[114,115]，兴隆台基岩潜山呈典型的"洼中之隆"形态，为新生古储型潜山油藏，具有十分优越的油气成藏条件。兴古7断块区构造上位于兴隆台背斜构造带的北部，受两条近东西向断层与北东向断层控制，潜山整体呈东西向展布的背斜形态。潜山储层以混合花岗岩为主，岩性坚硬。油藏内部发育北东向60°~80°网状高角度裂缝，构成潜山储层的主要储集空间，裂缝密度为25.4条/m，油藏有效孔隙度最大13.3%，平均值为5.7%，油藏平均原始含油饱和度为61%，原油平均密度为 $0.82g/cm^3$，油藏埋深2335~4670m，含油幅度在2335m以上，油藏类型为具有层状特征的块状变质岩裂缝性潜山油藏，具有统一压力系统，平均压力系数为1.05。

兴隆台潜山虽然含油幅度达2000多米，但油层分布并不集中，有效厚度叠加起来只占潜山整体厚度的1/5，而且变质岩裂缝性储层横向分布千差万别，极难预测，如"八阵图"

一般扑朔迷离。低渗透、超深、难采，兴隆台潜山一度被贴上低品位的标签。多次外请专家咨询得到的答复是："开发这样世界少有的油藏根本没有经验可循，还得靠你们自己研究"。面对这类世界性难题，辽河油田的科研人员经过深入研究，对井型选择得出结论：打直井，平均高达73%的年递减率，不行；集中在水平井上，水平井泄油面积大，油层钻遇率高，还可避开地面障碍物；先导试验数据显示，水平井日产量是直井的近4倍，泄油面积是直井的近5倍，因此，选择水平井为主要井型。考虑到采用一层水平井只能动用不到1/7的储量，要动用更多储量就必须用多层水平井。

辽河油田先后拿出16套方案，经过反复比较、优化、完善，最终确定了"纵叠平错油藏工程开发方案"。"纵叠"指的是水平井段间叠置、段内叠置，"平错"指的是段内井间水平错开150m距离。这种方式不仅提高了油层动用程度和采油速度，而且还兼顾了长期稳产。"纵叠平错"这一全新的井网设计，使兴隆台潜山的储量变为产量，潜在资源变成现实油气。在早期投产的50口水平井中，百吨井就有17口，50口水平井吨油操作成本仅为53元，远低于辽河油田814元的平均水平，水平井的巨大优势一览无遗。

开发方案设计的水平井与鱼骨井纵叠平错立体井网示意图见图10-7，井距300~500m，水平段长度800~1000m，单控储量在$60×10^4$t以上。

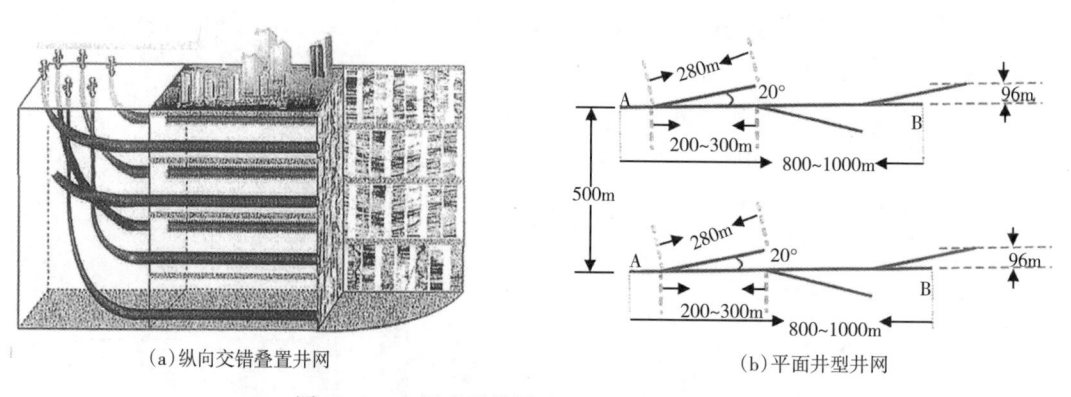

(a) 纵向交错叠置井网　　(b) 平面井型井网

图10-7　七层水平井纵叠平错立体井网示意图

随着含油底界不断加深，如何实现纵叠平错，整体动用潜山油藏，成为辽河人要克服的又一个难题。根据内幕成藏情况，把2000多米的潜山内部整体上分为"四段七层"，按油层的不同确定不同的井型，以有效动用潜山内幕油藏。经过兴古7-H202井试验，获得自喷高产，证实了"四段七层"的部署方式既有理论依据，又现实可行。按此布井方式，辽河油田部署了134口开发井，其中122口均为水平井。按照规划，这些井将分批部署，一直要到2017年才全部打完，合理的开发程序得以确立，为兴隆台潜山持续稳产提供充足的产能接替。"四段七层"实现了储量的无缝隙全覆盖，让"纵叠平错"由理念变为现实，建立起了平面径向驱和垂向重力驱共同受效的开发新模式，成功破解了裂缝性潜山油藏产量大起大落的难题。截至2014年底，兴隆台潜山百万吨产能已经连续稳产3年（包括新建），为解决埋深大、储层致密等低品位储量的经济有效开发问题，也为我国储量规模巨大的同类油藏开发提供了技术解决方案。为此，中国石油天然气集团公司开发管理部门这样评价：兴隆台潜山是科学高效开发整装区块的一个标杆[115]。

辽河油田勘探开发科研人员、钻采工程技术人员和兴隆台采油厂生产一线职工紧密结合，勇于创新，付出艰辛努力与集体智慧，在中国石油勘探开发研究院和集团公司开发部门大力支持下，在短短几年时间，将兴隆台潜山油藏投入有效开发，不仅产量达到百万吨高产水平，而且开创出古潜山勘探开发新理论、超深水平井钻完井技术、"纵叠平错"潜山油藏工程开发方案等开发模式，成就来之不易，经验实为可贵，值得充分肯定和赞誉。

在油田开发中，裂缝性基岩潜山油藏，有不同于其他碎屑岩油藏的独特特征和开发难度，和前述华北任丘雾迷山组潜山油藏、塔里木油田古潜山油藏这类特殊类型油藏一样，都存在油井"初产高、衰竭快、稳产难"的突出特点，是国内外同类油藏普遍面临的难题。主要矛盾是采取怎样的既补充地下能量，又控制边底水锥进的开发方式，以求延长稳产期和提高原油采收率。

笔者根据辽河油田公司与中国石油勘探开发研究院有关研究报告[114-116]，将兴隆台潜山油藏近年来的开发历程、生产特征和主要问题综合梳理为如下几点：

（1）兴隆台潜山油藏投入规模开发达到百万吨后，进入了快速递减阶段。

2005年兴古7井在3963m试油获得工业油气流，揭开了内幕潜山勘探的序幕，7口评价井获得工业油气流，兴古7块和马古1块探明地质储量2309×10⁴t；2007年第一口水平井兴古7-H1井投产，自喷日产原油50t；从此，在纵向上划分出四段七层裂缝发育段，以兴古7块为开发试验区，采用四段七层开发模式进行规模开发，原油产量由2007年的8.9×10⁴t逐年上升，2011年达到92.4×10⁴t水平（图10-6），实现了快速增长。按照已探明地质储量1×10⁸t投入全面开发的规划，整体部署166口井，其中新增开发井134口，2011年原油产量达到100×10⁴t，并稳产8年，预设最终采收率30%。

从2007年实施滚动勘探开发至2011年，2007年投产的新井初期平均单井日产油117.8t，到2011年下降到52t，下降幅度达55.9%。同时，老井产量递减也较大。按油井深度分析，各段单井日产量初期高、下降快：二段平均单井日产量下降最多，下降45.1%；一段下降41.8%；三段下降40.4%。

兴隆台潜山油藏截至2011年底，共有油井39口，开井27口，井口日产油1125t，日产气27.3×10⁴m³，年产油45.2×10⁴t，累计产油176.2×10⁴t，累计产水3.83×10⁴m³，采油速度1.58%，采出程度6.15%。

据2014年度兴隆台开发状况，2014年产油98.1×10⁴t，采油速度为0.7%，递减率达25%，显示已处于快速递减阶段。按同类潜山油藏生产数据作出的无因次采油速度曲线见图10-8。

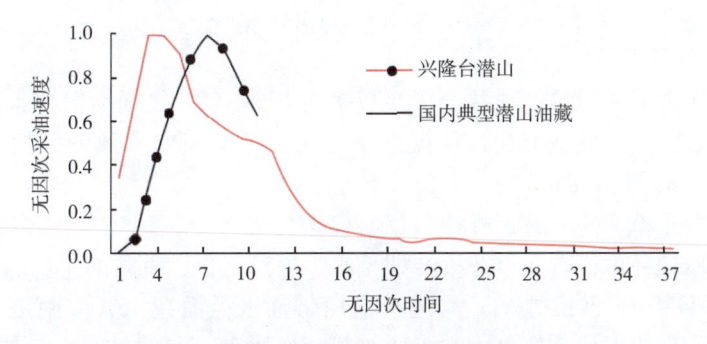

图10-8 兴隆台潜山与同类油藏无因次采油曲线

由此显示，兴隆台潜山油藏自投入开发以来，突出的生产特征是初产量高，采油速度快，但逐年递减率在加快。尽管2011—2013年钻新井53口，新建产能53.6×10⁴t，但用于弥补老井大幅度递减，总体产量难以稳产增产，发展趋势不容乐观。

（2）油藏天然能量不足，地层压力持续下降。

兴隆台潜山油藏自投产以来，地层压力下降较快。截至2012年底，地层压力由35MPa下降至15MPa，已停喷15口井，另有26口井接近停喷边缘。油井下泵转抽后，日产量大幅下降。兴古潜山、马古潜山和陈古潜山老井下泵前后单井日产油量对比见图10-9。

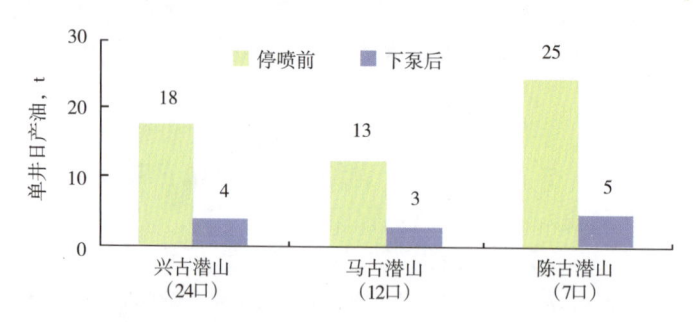

图10-9 兴隆台潜山老井下泵前后单井日产油对比

（3）底水锥进快，影响底部油井生产。

兴隆台潜山自投产到2011年底，有16口井见水，综合含水率达28%。见水后油井产量大幅递减或停喷，停喷后下泵抽油含水量高。例如，兴古7-H310井含水率达到40%以上后停喷，产量由30t/d以上急剧下降，下泵后日产液25m³，含水率100%（图10-10）。

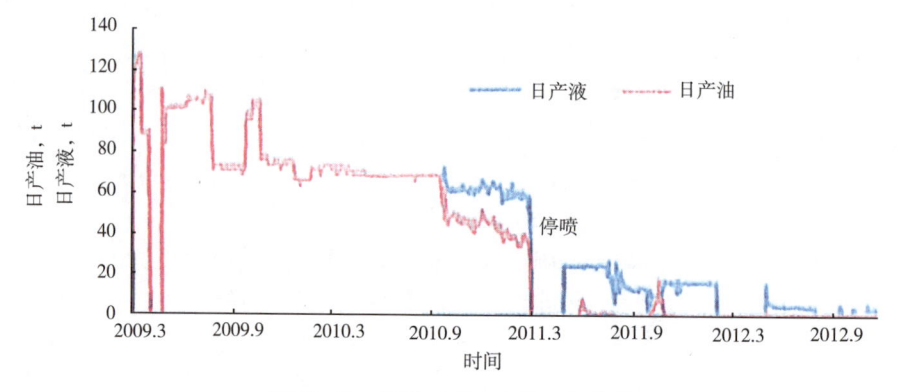

图10-10 兴古7-H310井生产曲线

据分析，受压力下降影响，油井产量递减率在14%~22%之间，但含水率上升对产量的影响更大。见水后产量会发生突变，仅仅半年时间，16口见水井致使区块递减率由见水前的21%加大到见水后的34.8%。

水从何来？含水率为何上升这样快？据研究报告[114]，兴隆台潜山油井见水主要集中在Ⅲ段和Ⅳ段。Ⅳ段油井中，有5口井投产即见水，通过对Ⅳ段直井的生产层位分析，油井见水生产井段均在4480~4750m之间。兴隆台潜山带油水界面在4670m附近，但各油藏略有高差。主力断块的出水层位主要集中在Ⅲ段与Ⅳ段，平面上集中在兴古7块、兴古7-12块东部，说明潜山存在严重的非均质性，地层水已沿着高渗透区域形成锥进。由于兴古潜山属裂缝性油藏，油藏虽具备统一的压力系统，但并不存在水平的油水界面。针对兴古潜山强非均质性油藏生产动态分析，认为底水锥进的可能性是完全存在的，其中应用物质平衡法计算兴古潜山底水侵入量,目前压力下降10.6MPa,底水上侵量在$17.55\times10^4m^3$以上。由此得出结论,兴古潜山油水界面不是水平的,东部区域油水界面应高于其余地区,且目前地层水已形成锥进,对Ⅱ段生产井造成极大威胁,因此研究能量补充方式迫在眉睫,建议以顶部注气方式补充能量。

笔者认为,兴古潜山油藏采取"四段七层"开发方式,将含油井段长达2000m的非均质裂缝性储层同时打开,随着单井高产量开发,地层压力下降快,必然引起底水沿高渗透裂缝锥进,含水率上升加快,严重干扰上部开发层段,如何控制底水锥进,已是当务之急,刻不容缓。为此,笔者关注采用何种补充地层能量有效控制底水锥进并延长稳产期是关键问题。

辽河油田的科技人员为研究这项具有开发战略意义问题的对策,进行了如下工作:

(1) 自2012年5月起,辽河油田的科研人员在沈阳高凝油潜山油藏先后进行了注氮气、空气和二氧化碳气驱探索性试验。

沈625潜山非烃类气驱已在5个井组进行,前期注氮气,后注空气,累计增油4961t。这种组合气驱方式与单纯注氮气相比,成本降低了一半。截至2013年10月,在9个井组进行非烃类气驱试验,累计增油7000余吨,投入产出比达到1:1.7。

非烃类气驱已成为辽河油田的重大开发试验项目。按照规划,科研人员将在沈625潜山油藏全面实施注空气开发,预计全部实施后油藏可提高采收率10%,并为其他区块转换开发方式提供借鉴。此外,在辽河油田稀油主力区块兴隆台潜山,非烃类气驱也在抓紧准备进行现场试验[117]。

(2) 辽河油田兴古潜山开始气驱试验。

2014年3月,在前期的油藏地质认识以及注气试验技术储备的基础上,开发人员在兴隆台采油厂正式开展非烃类气驱先导试验,设计了3个井组。至5月实施了2个井组,注二氧化碳试验井兴古7-H306井已达到设计注入量,暂时停注。注氮气井兴古7-H325井完成设计总量的27%,将持续进行注气,动态分析油井见效特征。兴古7-H322井正在加工气密封管柱,条件具备后马上开展注气作业。

由于潜山油藏生产层位多在3000m以上,现场施工难度大,注气施工噪声强、注气工艺难度高等诸多课题。兴隆台采油厂积极与研究院、钻采院协调,优化方案设计,创新工艺方法。潜山油藏油井地处城区,安全环保压力较大,采用了海上油井应用的井下安全阀,防止井喷和环境污染。

潜山油藏注气开发的关键在于注入介质的优选、注气部位的优化以及注采比的设计。通过加大注气量进一步验证水平井的吸气能力,力争单井吸气量达到$20\times10^4m^3$以上。专家预测,方案成功投产实施后,采收率有望达到35%,较水驱提高12%,将为兴古潜山稳产注入新动力[118]。

(3) 辽河油田兴古潜山规模注气初见成效。

据报道[119],2014年12月1日,辽河油田兴隆台古潜山油藏实现注气的7口井累计注氮气$1386\times10^4m^3$,注液态二氧化碳2500t,4口邻井见到明显注气效果,压力与产量都有升高且保持稳定,12口井产量递减趋势得到减缓。该油藏勘探开发8年来,地层压力快速下降,底水锥进严重,仅今年就有2口产量近百吨的高产井在见水后一周内停喷。该区日产油从年初的1839t降至目前的1591t,稳产形势严峻。

为了延缓潜山递减速度,辽河油田公司在兴古潜山组织试验非烃类气驱,目前已实现注气7口井,有8口井将陆续注气,单井日注气量由$2.5\times10^4m^3$增至$4.5\times10^4m^3$,最高达$9\times$

$10^4 m^3$。在不到一年时间内，非烃类气驱先导试验已初见规模。

(4) 辽河油田兴古7块潜山油藏开始实施注气开发方式。

据报道，兴古潜山油藏兴7断块曾试验注水驱以补充地层能量、减缓递减，转注井5口，累计注水$8.59×10^4 t$。因注水压力逐渐升高，吸水指数低，注水开发难度大，底水锥进快，油井见水后产量急剧下降，含水率上升快，影响底部油井生产，因而关井停注。同时，注入水需要进行配伍性处理，以适应氯化钙型地层水性，以减轻地层和井筒结垢。

据辽河油田2014年度工作报告，兴古潜山油藏2014年自然递减率达到25%，预计2020年下降到$17×10^4 t$，稳产形势严峻。因此，决策通过扩大注非烃类气体补充地层能量，以控制递减，将2015年和2020年产量分别保持在$86×10^4 t$和$46×10^4 t$。

据中国石油网站2015年2月初消息，辽河油田兴古7块注气开始实施，方案确定采用顶部注气重力驱为主的开发方式，未来40年注气模拟，兴中7块的最终采收率将从目前的15%提高到33%，采取先注氮气，再注天然气的开发方式。出于三方面考虑：一是目前兴古潜山急需补充能量，注天然气需要打新井，投资大、周期长，而先利用老井开展注氮气试验弥补能量，降低风险；二是从室内实验看，天然气的驱替效果比N_2好，因此最终要实现注入天然气；三是兴古潜山目前还每天自产20多万立方米溶解气，注天然气不但不会影响自产气产量，而且还可以实现注入气的循环利用。

上述表明，辽河油田的科技人员勇于开拓创新，面对兴古潜山油藏开发中的诸多复杂难题，通过理论创新、钻采工程技术创新，促使年产量仅仅7年就上升到百万吨。目前针对潜山油藏开发中的主要矛盾——压力下降、底水锥进导致难以稳产的形势，确立了注气补充能量控制递减的开发方式，开始创造潜山油藏开发新模式。

4. 华北油田雁翎古潜山油藏注氮气先导试验的经验

20世纪80年代，华北油田在获得任丘古潜山油藏年产千万吨高产之际，兴起了勘探开发周边地区的热潮。在任丘北部白洋淀地区，发现了雁翎古潜山油藏，并投入开发。与任丘雾迷山组潜山油藏开发特征相同，也出现了初产高产、压力下降快、底水锥进导致产量急剧下降的局面。在90年代初，笔者在稠油注蒸汽热采技术攻关中，研究了注氮气在油田开发中的应用技术，特意考察了雁翎油藏注氮气试验过程，并向有关部门提出了扩大试验的建议。现简要介绍如下：

1980年发现并投产雁翎古潜山雾迷山组油藏，岩性为致密白云岩，以大小悬殊分布不均的裂缝及洞孔组合成储集空间。裂缝相互交切形成渗流系统，而且垂向裂缝发育，以高角度裂缝为主。在构造顶部含油柱达几十米，底部为活跃水体。

开发初期单井自喷日产量达数百吨以上。以后随着压力降低，油水界面上移，含水率上升，产量下降。为控制水锥及含水量，提高采收率，于1990年初开展了中法雁翎技术合作项目——雁翎油田北山头雾迷山组油藏注氮气提高采收率项目。

在注气前，地质研究及油藏工程分析，雁翎油田北山头雾迷山组油藏剩余油地质储量为$632.7×10^4 t$，其中裂缝系统为$221.4×10^4 t$；岩块系统为$411.3×10^4 t$；在油水界面以下，水淹带内剩余油地质储量为$582.2×10^4 t$。

试验区选择构造最顶部的雁33井为注氮气井，周围较低部位有14口生产井。雁翎油田北山头注氮气试验区井位图见图10-11。

1989—1994年10月，北山头油井全部停产，试验油水界面自然下降程度。该阶段经历

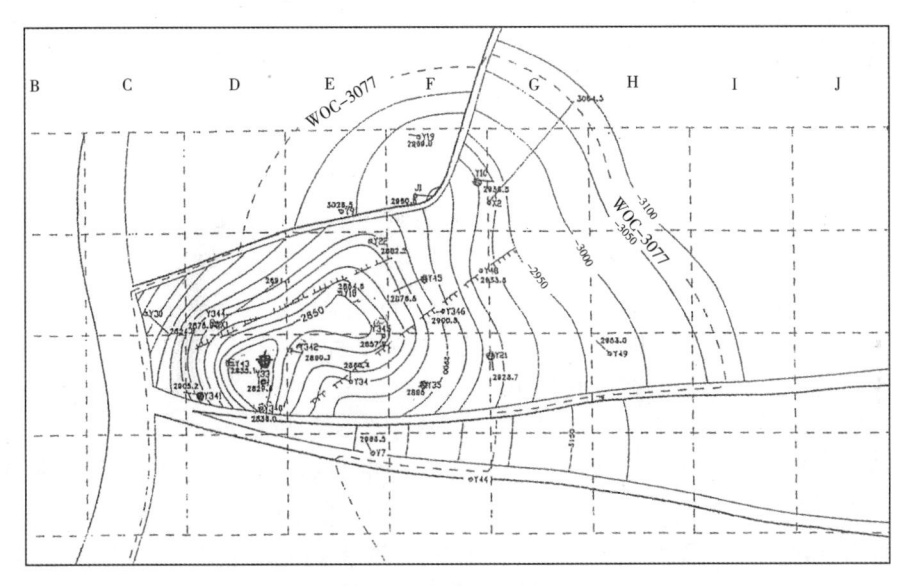

图 10-11 雁翎油田北山头注氮试验区构造井位图

5年，油水界面下降13m，纯油带储量增加28.93×10⁴t。靠重力分异作用使剩余油重新富集，但速度很慢，平均月恢复0.22m，年富集量5.79×10⁴t。

1994年10月6日开始注氮气，至1995年12月22日停注气，延续时间为417天，实际注气仅219天，累计注氮气2122.29×10⁴m³，折合地下为11.78×10⁴m³。注气后顶部较大裂缝系统已形成气顶，平均气油界面为-2885m，界面之上残留油19.50×10⁴t。

注气后油水界面由之前的-2911.94m下推至-2933m，下降21m，气油、油水界面之间形成了约47m厚的新原油富集带。富集储量达123.24×10⁴t，比注气前纯油带增加储量53.31×10⁴t。

从1996年3月底开始，为控制水锥及防止气体过早突破，首先打开腰部井及边部井，在北山头7口井陆续投产。截至1996年10月31日，累计生产原油16787t，日产75t，平均含水率86.7%，见表10-2。虽然注气量未达到设计数量，注气时续时断，但也获得明显压水锥效果。注气前，7口井含水率均在96%以上，平均单井产量15.3t/d，合计产量47.3t。

表10-2 雁翎油田北山头注气生产试验数据表（截至1996.10.31）

	井号	雁10	雁21	雁35	雁341	雁斜1	雁45	雁346	合计
	部位	边部	边部	腰部	腰部	腰部	腰部	腰部	
	开井日期	1996.3.29	1996.3.29	1996.4.13	1996.4.21	1996.5.15	1996.5.31	1996.4.12	
初期	产液量，t/d	137	278	113	93	61	46	143	871
	产油量，t/d	10	71	110	93	60	26	2	372
	含水率，%	92.7	74.4	3	0	1	42.5	98.6	57.29
目前	产液量，t/d	110	179	38	33	35	167	—	562
	产油量，t/d	2	4	11	19	31	8	—	75
	含水率，%	98.2	97.8	71.1	42.4	11.4	95.2	—	86.7
	累计产油，t	907	2319	3707	5883	2959	1000	12	16787
	累计产水，t	14083	35206	3241	2737	1238	19477	405	76387

通过试验，注氮气驱油机理有三：①靠驱动压差形成的重力作用和驱动方向的改变，采出大缝大洞中的剩余油；②靠重力作用和流动条件的改变，部分地采出中小缝洞中的剩余油；③原油溶气后的体积膨胀作用，驱出剩余油。

通过试验获得许多经验，提出了下一步进行的试验方案。对北山头预测继续注气生产，从1996年开始到2005年，可生产原油$8.54×10^4$t，比原先水驱方式提高采收率2.93%~3.25%。可惜未能实施。

经济效益测算结果：在项目继续正常运行条件下，净现值为$7277×10^4$元，投资回收期为2.26年，内部收益率为51.88%，该项目经济可行。敏感性分析表明，当预测的增产油量降低40%时，经济效益指标仍优于中国石油的基准评价指标。

注氮气设备建筑高达三层楼，投资大，制氮设备是空气深冷制氮技术，日注氮气$10×10^4 m^3$，设备庞大，耗电量大，运转故障多，因而再未继续注气开采。

该项目深入研究了许多具体技术，经验很多，如果采用现代更新的大型膜分离制氮设备，可降低制氮成本，氮气中加起泡剂，在油水界面形成泡沫流，将增大压水锥并控制生产井含水率回升作用，开发效果更好。为此，笔者于2004年提出对任丘雾迷山组潜山油藏开展注氮气压水锥开发剩余"阁楼油"报告，建议华北油田公司、集团公司对外合作部门和美国威德福公司合作，后者在国内几个油田采用大型膜分离制氮设备进行欠平衡钻井方面很有经验，但未达成愿望。2011年3月2日，笔者又以老石油人献言写了《对油气田开发'十二五'技术发展战略的思考与建议》中再次提出这项建议[120]。时至今日，对于裂缝性古潜山油藏，塔里木油田和辽河油田的科技人员采用注气压水锥技术控制递减提高采收率，创新这类具有世界性难度的油藏开发新模式，雁翎油田的先导试验可提供借鉴。

5. 创新裂缝性潜山基岩油藏开发模式的几点建议

我国这类油藏开拓了中国石油扩大油气田勘探开发增加储量和产量的新领域，现已进入规模开发新时期，并且有良好的发展前景。

由于这类油藏地质条件复杂，具有埋藏深、储量品位低、开采难度大等突出特点，在开发中必须过三关：储层精细研究有效性评价关、先期改造增产关和控制递减提高采收率关。我国科技人员勇于创新，创造了勘探开发一体化新途径，制订了有效益开发的整体战略性方案；超深水平井与直井组合提高单井产量工程技术获得重大突破；目前已确立了以注气为核心延长稳产期的战略思路。总体上，这类油藏的开发模式已逐渐成熟并定型化应用，正处在跟踪创新发展新阶段。

为此，笔者提出几点建议以供思考：

（1）采用何种补充地层驱油能量方式才能有效控制油井递减？

从上述华北油田、塔里木油田和辽河油田裂缝性潜山基岩油藏的开发实践中，显示出这类油藏开发的共同特点是"初产高、衰竭快、稳产难"，必须采用补充地层能量措施才能破解这类油藏的主要矛盾。只有尽力延长单井较高产量的稳产期，才能获得较好的经济效益和采收率。持续补充能量是最主要且最具决定性的开发手段，其核心问题是注入何种驱油能量才能既控制地层压力竭减，又控制底水锥进达到最大限度动用储量的效果。显然，适用于砂岩等碎屑岩油藏的传统注水方式并不适用于裂缝性基岩油藏，注入水沿纵横交错的裂缝系统发挥横向驱替作用有限，而助推纵向水锥的作用有害。因此，必须打破传统注水思维，采用以顶部注气开发方式为主的模式。

（2）注入何种气体最佳？

注入气体包括天然气、氮气、二氧化碳和空气等。也不必再笼统称注非烃气体，必须具体选定适合油藏地区的气源，确定总体开发规划，尽快实施。注空气虽然比注氮气较便宜，但长期注入有产出气体含氧量高存在潜在爆炸的安全风险。注氮气既安全环保，又减少了监测管理等费用。

注二氧化碳，采用源自化工厂的液态 CO_2，增加了运输成本，对轻质原油增效有限，会腐蚀井下设备，尤其对套管有腐蚀损伤，可能堵塞油层等，因此不宜采用。

注天然气在油藏顶部形成气顶，既起压水锥、重力驱油效能，也起储气库作用，二次利用或循环利用。

(3) 塔里木油田有丰富的天然气资源和现有产气外输设施，建议对超深碳酸盐岩油藏从顶部注天然气，形成次生气顶发挥重力驱油并控制底水锥进双重作用，创造天然气优先用于采油再外输的二次利用方式。同时，形成的气顶也起到储气库的作用。按此思路进行可行性论证与先导试验。

(4) 辽河油田兴古潜山油藏顶部以注氮气为主，并开展氮气+泡沫剂在油水界面形成泡沫流以控制水锥的试验。

(5) 在现有膜分离制氮车载活动设备进行单井试验的基础上，研制大型膜分离制氮设备系列，用于区块工业化应用，采用电驱动、国产化压缩机以及配套注气工艺技术，以获取整体降本增效目标。

(6) 采用大排量机械采油设备，油井停喷即转抽油，提升产液量。现已有成熟应用的塔架式直线电动机长冲程（7~8m）节能抽油机，在胜利油田、冀东油田等应用，塔里木油田正在采用齿轮齿条式大型抽油机，载荷 28t 冲程长度达 9m。这两种有杆机泵适用于超深油井举液量达 $100m^3/d$ 以上，耐温 150℃ 以上，高于电动潜油泵的耐温极限。

(7) 继续深化研究顶部注气开发方案，跟踪油水界面、油气界面的动态变化，系统监测地层压力，及时调整注采对应措施，选择注泡沫剂控制水锥的辅助作用等。

(8) 控压降、压水锥方案的实施要快，错失良机，必定失去预期的开发效果。

时间因素对这类油藏的控水稳油十分重要，与其他类型油藏相比，钻井成本高，为提高单井产量获得经济效益，必然降压快，加剧水锥矛盾。因此，要有危机感、紧迫感，决策要快、方案要准、投资要及时，与时间"赛跑"。

第三节 老油田二次开发理念

进入 21 世纪以来，中国石油 70% 的原油产量，来自于开发了 20 年以上的老油田，而且大多数油田进入"双高"开发阶段，面临原油产量递减加快、含水率上升、单井产量下降等困难与挑战，在长期的油田开发实践与认识过程中，逐步形成了"二次开发"理念与技术。老油田"二次开发"是中国油田开发史上的一次革命。

从 2000 年起，中国石油持续推进开发基础年活动、二次开发工程以及重大开发试验工程，油田开发水平不断提高，原油产量稳定增长，开发效益位居同行前列，成就辉煌。

面对当前新的挑战，大力加强低品位储量开发力度增储上产，提升新产能建设效益，在老油田剩余储量与生产潜力巨大的资源基础上，攻克提高采收率核心技术，推进二次开发工程，转变老油田开发模式是实现有质量、有效益、可持续发展的重要方向。

一、二次开发理念的要点

胡文瑞院士在其著作《老油田二次开发概念》[121]中，对二次开发有详细的论述，现摘其要点如下。

1. 二次开发的定义与主要内容

老油田二次开发是指当油田按照传统方式开发基本达到极限状态或已接近废弃条件时，更新理念，按照重新构建油田新的开发体系实施深度再开发，以求大幅度提高油田最终采收率，最大限度地获取地下油气资源，实现安全、环保、节能、高效开发。

二次开发的核心内容是"三重"，即重构地下认识体系，重建井网结构，重组地面工艺流程。重构地下认识体系，主要包括采用精细三维地震技术、高精度动态监测技术（过套管电阻率测井、C/O 测井、PND 测井等）、精细油藏描述、储层精细刻画技术等。深化油藏认识，搞清剩余油分布，采用网络化、信息化技术，建成数字化油田。重建井网结构，以丛式井、水平井、侧钻水平井、平台式水平井等为主要开发井型，纵向上层系细分重组，平面上井网加密，完善注采系统，改善水驱效果。重建地面工艺流程，根据高含水油田特点，以丛式钻井和平台式集约式布井为基础，扩大水平井的规模应用，优化简化地面工艺流程，采用短流程、常温输送。淘汰能耗高、效率低的地面设施，采用新工艺、新技术、新设备、新材料、节能提效，产出液达到全密闭、全处理、全利用，污水处理后循环利用。

2. 老油田二次开发的基础条件

中国石油在勘探开发历程中，积累了丰富的经验和技术，特别是"九五"以来，在油田开发方面采取了一系列重要举措，取得了积极的成果，为实施二次开发奠定了基础。

一是规模开展精细油藏描述工作。自 2004 年以来，共精细描述地质储量 $81×10^8$ t，占已开发储量的 62%，油藏模型实现了数字化。大港油田在精细油藏描述方面率先示范，使大港陆上油田保持了相对稳产。

二是重大开发试验取得突破。辽河稠油蒸汽驱、SAGD 试验取得成功，SAGD 技术提高采收率 30%，蒸汽驱技术提高采收率 20%，可推广一类地质储量 $2.5×10^8$ t，可增加可采储量 $6400×10^4$ t；大庆油田"二三结合"提高采收率试验，针对长垣油田不适合三次采油技术的高含水二类、三类储层，在萨中北一区和喇嘛甸北块开展试验，可提高采收率 7%~10%；新疆油田砾岩油藏开展提高采收率试验，克拉玛依六中东区已开发 40 多年，井网严重不完善，采油速度仅为 0.4%，而含油饱和度仍在 50% 以上，开展了改行列注水为五点法面积注水、恢复压力、分层开采试验，预计提高采收率 8% 以上。

三是水平井技术得到规模应用。2007 年中国石油完成水平井 806 口，占新钻开发井数的近 6%，涵盖稠油、边底水、薄层等主要油藏类型，发展了常规水平井、侧钻井、分支井、阶梯状水平井等多种井型，初步形成水平井设计、轨迹控制、储层保护、举升、生产监测等配套技术。辽河新海 27、冀东庙浅等渤海湾 4 个老油田水平井开发示范工程，目前已见到明显效果，项目共设计水平井 112 口，侧钻水平井 31 口，水驱采收率整体提高 7%。为濒临停产、高含水、低采油速度油田进一步提高采收率发挥了技术示范作用。

四是地面生产系统"优化简化"成效显著，最近实施 3 年多来，实现了节能降耗、提高效率的目的，基本形成了适合老油田开发的地面工程技术。有组织地推广了辽河油田的"关、停、并、转、减"，长庆油田的"单、短、简、小、串"等做法和经验。例如，大港港西油田集输系统改造后以及吉林扶余油田综合调整后，降低吨油能耗、提高集输效率、减少计量站、改建集输管线等数据表明，总体效益明显，成为股份公司"优化简化"的样板工程。

五是一批高水平开发单元水驱采收率已超过50%。例如，大庆油田南二三区高台子油藏采收率达到60.8%，大庆杏南纯油区58.1%，大港油田庄一断块54.0%，华北油田京11断块51.9%，为完善水驱效果、提高水驱采收率积累了经验。

上述5个方面的成果和经验，为老油田二次开发提供了成功的基础和技术上的保证。这些在前人实践基础上的探索进步，促使二次开发工程在一定时间内取得较好的成果。

3. 老油田二次开发的目标及重点部署

截至2006年底，中国石油已累计产油32.4×10^8t，平均采收率为33.6%（标定值）。

大量的研究和实践表明，目前的采收率具有提高10%~20%的潜力空间。老油田二次开发的目标就是大幅度提高采收率，以目前采收率34%为基准值，一般油田目标采收率达到44%~49%，中高渗透等特殊油田目标采收率达到50%~55%。就目前情况看，最终采收率达到50%是可以实现的。对于一些条件较好的油田，采收率的提高幅度将更大。

二次开发是一项全新的系统工程，开发对象复杂，剩余油整体分散、局部富集，油水关系复杂；井眼轨迹优化、控制难度大，钻井工艺复杂；稳产和生产调控技术难度大；新体系需建立，老体系要调整，一次性投入大，存在一定的技术经济风险。为了最大限度地降低二次开发的技术经济风险，按照"整体部署、分步实施、试点先行"的原则，首先针对不同油藏类型做好"三项技术示范"，组织"五项攻关研究"和"六项试点工程"，开展"六项重大开发试验"，确保二次开发高效、有序进行，取得明显的效果与效益。

"三项技术示范"即大庆长垣油田新三维地震数据体技术示范，大庆多学科一体化地质研究技术示范和冀东油田南堡陆地地面系统整体优化技术示范。

"五项攻关研究"是指精准剩余油分布新模板研究，数字化油田资料自动录入及方案自动形成研究，注采工艺配套技术研究，采收率标定新方法研究和全新地面工艺流程研究。"五项攻关研究"的开展将有效解决二次开发中遇到的技术难点，为二次开发的顺利进行提供技术支撑。

"六项试点工程"是指辽河油田稠油转换开发方式工程，克拉玛依西北缘砾岩油田工程，冀东南堡陆地复杂断块油田开发工程，玉门老君庙油田及鸭儿峡低渗透油田开发工程，大港西中高渗透油田开发工程和吉林扶余低渗透油田开发工程。"六个试点工程"提高采收率9.8%。

"六项重大开发试验"是指大庆长垣油田三次采油结束后二次开发提高采收率试验、辽河稠油II类、III类油藏蒸汽驱/SAGD试验，冀东南堡陆地油田循环经济模式试验，大庆特低渗透油田注CO_2提高采收率试验，吉林特低渗透油田注CO_2提高采收率试验和玉门老君庙油田及鸭儿峡油田提高采收率试验。"六项重大开发试验"将探索与验证不同类型油藏进一步提高采收率的方法与方式，发展配套技术，为其他二次开发指明方向。"六项重大开发试验"进行两年多来，已经取得多项技术突破，对油田开发起到了巨大的推动作用。

4. 结论

室内研究和现场试验表明，老油田依然潜力巨大，中国石油原油采收率具有提高10%~20%的空间。老油田二次开发的主要技术路线是重构地下认识体系，重建井网结构和重组地面工艺流程。二次开发是一项艰巨复杂的系统工程，要按照"整体部署、分步实施、试点先行"的原则高效、有序进行，以降低经济技术风险，提高油田开发的效果与效益。

总之，中国石油老油田开发潜力巨大，目前的开发形势决定了老油田必须实施二次开发。二次开发前景开阔、意义重大，它将从根本上改变地下自然资源的利用和获取程度，最大限度地实现中国石油资源可持续发展，保障国家石油安全。

二、最近几年中国石油老油田二次开发进展

据中国石油天然气股份有限公司2013年度油田开发报告资料，截至2013年底，股份公司累计产油 $39.9 \times 10^8 t$，地质储量采出程度23.6%，可采储量采出程度75.3%；2013年生产原油 $11260 \times 10^4 t$，同比增产 $227 \times 10^4 t$。

自2007年以来，稳步推进二次开发工程，不断提高老油田采收率，二次开发已经取得明显成效。尤其对于套损井较多、井网不完善的油田，通过重建井网结构，采收率和采油速度都得到了大幅度提高，显示出老油田二次开发潜力仍然很大，针对不同油田要采取不同的开发调整策略。

2013年，二次开发工程全年完钻新井1919口，新建生产能力 $113 \times 10^4 t$，年产原油规模达到 $983 \times 10^4 t$。大庆长垣油田8个二次开发区块新建产能 $46.1 \times 10^4 t$，年产原油由 $184 \times 10^4 t$ 增加到 $323.9 \times 10^4 t$。新疆油田克拉玛依砾岩油藏六七区试点工程单井日产油量由2.3t提高到3.4t，采油速度由0.3%提高到0.78%。辽河油田二次开发实施54个区块，动用地质储量 $3.3 \times 10^8 t$，平均单井日产油由2.8t上升到3.4t，年产油规模达到 $313.4 \times 10^4 t$。

据中国石油勘探与生产分公司2014年油气开发工作总结报告资料，老油田二次开发，自2007年在新疆、大庆、辽河、吉林、大港、玉门等油田开展以来，覆盖地质储量 $14.4 \times 10^8 t$，建产能 $1088 \times 10^4 t$，年产油达到 $1043 \times 10^4 t$。2014年完钻新井938口，新建生产能力 $72.8 \times 10^4 t$；实施区块综合含水率由86.4%下降到74.6%，水驱控制程度由76.3%提高到86.9%。

上述情况表明，老油田二次开发理念已经过多年的研究和现场生产实践，是推动我国一大批"高龄、高含水、高采出程度"油田获得新生的发展方向，对大幅度提高采收率，创建百年油田增添了新活力，开拓了新途径。

三、关于二次开发的思考与建议

上述"老油田二次开发理念"的提出和生产实践经验说明，对开发至衰竭状态或已接近废弃条件的老油田，重建地下认识体系，重建井网结构，重组以地面工艺流程为核心内容的二次开发，能够较大幅度提高采收率，是一项油田开发史上的重大创举，将推进我国老油田持续开发，为创建百年油田开拓了新理念与技术支撑。

笔者认为，2015年，全球油价已下降至50美元/bbl上下，越来越多的人预测国际油价将长期保持低位。全球原油供大于求的格局将延续较长时间，我国原油需求增速减缓，也改变了以往的各种预测。在油价走低的情况下，中国石油行业受到了冲击，面临极大的挑战，提出了控制成本、提高质量、确保持续稳定发展的要求。对于今后推进二次开发的项目，需要适应新形势、采取新举措，以提高经济效益与预期的最大采收率为目标，化解技术经济难题，避免各种风险与失误。关于二次开发思考的问题与建议如下：

（1）要全面客观地筛选评价老油田实施二次开发项目的适用性、经济性及潜在风险性。

我国现有开发的老油田，油藏类型多，油藏动用储量程度差别大，原油黏度与性质多种多样，而且以轻质原油注水开发方式的老油田居多。大量生产实践说明，在注水开发基础上

进行二次开发是优选重点，有较好的适用性及经济潜力。即使这种以砂岩及砂砾岩为主的油藏有利于采用二次开发的因素较多，但也有剩余储量分布不均、剩余油分散程度高、含水率升高、注入水窜进严重、井况差、套损多等不利因素普遍存在，导致二次开发的投资大，而可能的技术经济风险也很大。因此，必须建立二次开发项目的筛选评价机制与科学程序，决不可不经过预研究、多种方案精细模拟、充分补充技术创新就轻易决策。对具体油藏而言，采用二次开发方案的技术难度大、工作量多，对担负重任的科技团队要求高，责任重大。

对于经过多轮次注蒸汽吞吐热采后期的稠油油藏，存在难题更多，如已有井网较密，油层压力很低，存水率高，形成的汽窜通道复杂等。重建井网结构的二次开发方式适用性差，选择二次热采方式（多元热流体泡沫驱、火驱、SAGD等）是发展方向，需要思考创新热力采油新技术的思路。

哪些油藏适用于"二三结合"深度开发（二次采油+三次采油+少量补充井）方式，而不适用二次开发方式，需要思考确定基本技术界限，逐步形成筛选评价标准，以指导制定规划。

（2）对已实施二次开发的油藏或区块，加强跟踪研究，创新降本增效技术。

既要肯定已实施二次开发油藏或示范区取得的效果，也要依据低油价新形势要求，加强跟踪研究，重新审视投资回收效益，创新降本增效技术。在低油价（例如 40~50 美元/bbl）条件下，如果预测经济效益不佳，必须研发降低成本、保证开发效果的技术、管理等措施。越困难，越要坚持创新发展，也越需要国家政策支持。

已实施二次开发的项目中，对已暴露的矛盾要迎难而上，及时采取补充措施。例如，对注入水窜进严重的油藏，采取泡沫驱或其他控水技术。对随开发进程可能出现的潜在风险，更须有对策与具体技术准备。加强科学预见性，争取掌控主动权，不犯战略性失误。

（3）加强技术交流及科技专题讲座活动，挖掘推广成熟技术的效益。

最近几年，我国油田开发方面积累的新理念、新技术以及通过大规模试验已成熟的创新技术丰富多彩，适用于二次开发油藏的生产潜力很大，将这些常规技术更新、战略性接替技术推广应用，发挥转化为生产力是最现实、最有效的举措。借鉴已往举办技术座谈会的历史经验，在当前新形势下多听取科技人员的意见，集思广益确定重大技术创新方向，开阔视野，提升决策能力。活跃技术交流，开展油田开发专题讲座以及油田经理、厂长、总工程师、总地质师短期学习班，以提升油田执行层创新能力。将推广已成熟技术列入生产计划，采用资金补贴政策，将发挥"花小钱得大钱"事半功倍的效益。

四、老油田开发形势与创新发展建议

中国石油勘探开发研究院对老油田的开发形势和面临的问题及挑战，进行深入全面客观的分析，提出了今后科技创新的建议。

1. 老油田开发取得的成果

自 2000 年以来，中国石油天然气股份有限公司针对油田重大开发问题，科学制定并实施以增储、增产、增效为宗旨的七项重大决策，引领油田开发技术和管理水平大幅提升，实现了原油产量稳定增长。

中国石油勘探开发研究院紧紧围绕七项重大决策为核心的总体部署，瞄准重点难点，贴近油田生产，积极发挥"重大领域、重点地区、重大技术"的战略决策参谋和技术服务作用，为原油开发业务持续发展提供有力支撑。

2007—2013年，在战略决策方面，相继完成了五项研究：即二次开发系统工程的内涵和技术路线（2007年），传承和创新公司的油田开发文化体系（2009年），低渗透油田稳产及提高采收率战略构想（2010年），油田开发非常规时代内涵挑战与对策（2011年）及老油田"二三结合"深度开发模式的转型（2013年）。

自"十二五"以来，中国石油勘探开发研究院在中国石油天然气集团公司党组和管理层的正确领导下，原油业务快速发展，在低品位资源效益开发、老油田精细水驱和大幅度提高采收率三大领域创新思路，攻坚克难，取得重大成果和进展。

主要有4个方面的重大成果与进展：一是原油产量实现了稳定增长，开发指标保持较高水平；二是新资源开发领域不断拓展，效益建产模式初步形成；三是老油田精细水驱集成发展，努力夯实油田开发基础；四是提高采收率技术持续创新，规模效益开发前景广阔。

在老油田精细水驱集成发展，努力夯实油田开发基础方面，取得的重大成果有：（1）精细油藏描述技术更新换代，夯实老区深度开发基础。第三轮精细油藏描述形成了多信息综合的新技术体系，松辽盆地、渤海湾、准噶尔盆地等油区的描述精度持续保持领先，工业应用覆盖储量$16.7×10^8 t$，应用规模居世界之最，为激发老油田的开发活力奠定了地质认识基础。（2）精细注水理念发生深刻变化，5年原油产量少递减$1256×10^4 t$。"油田开发基础年"和注水专项治理工作自实施以来，水驱理念转到"注够水、注好水、精细注水、有效注水"的正确轨道，发展了以精细注采结构调整为核心的关键技术，实现了注水工艺技术快速升级换代，进一步夯实了油田开发基础。（3）践行二次开发理念和技术，规模应用年产油超千万吨。倡导二次开发理念，实践"三重"技术路线，以"二十字"为方针，形成了单砂体构型表征、层系井网立体优化等关键技术，明确了老油田"二三结合"提高采收率方向，2013年产油$1012×10^4 t$，提高采收率7.2%。

2. 应对油田开发面临的挑战与潜力，提出老油田开发的技术对策与建议

中国石油上游油气业务经历10余年的高速规模发展，当前已进入一个全新阶段。油气资源劣质化日趋严重，已开发油田在现有技术条件下储采失衡状况难以扭转，大幅度提高采收率技术路线尚处初期阶段，投资效益状况不容乐观，油田开发理念、技术和管理变革时代已然来临。

在油田开发非常规时代的大背景下，创新勘探开发理念，推动油气资源从构造油气藏向岩性油气藏、致密油/页岩油的重大转变，解放极其丰富的低品位和非常规资源，将迎来增储建产新局面。

已开发油田剩余储量潜力巨大。"二三结合"深度开发将根本解决中高渗透油藏储采长期失衡的问题；体积压裂技术将有效改善特/超低渗透油藏注采状况；化学复合驱、气驱和热力驱将大幅度增加老油田可采储量。这是客观存在的现实潜力，也是中国石油可持续发展的战略方向。

中国石油勘探开发研究院在上述油田开发形势分析研究的基础上，提出了今后油田开发技术对策与建议[122]。报告中的总体安排是：以理念和技术创新展现的增储潜力为切入点，围绕"低品位储量规模效益开发、'双高'老油田提高采收率和致密油资源有序接替"三大主题，突出效益开发，重点做好七个方面工作：（1）突破提高单井产量关键技术，提升产能建设的质量效益；（2）发展"二三结合"配套技术，推进老油田开发模式转变；（3）攻关低渗透油藏提高采收率技术，构建稳产控水开发新模式；（4）致力稠油开发升级换代技术，开辟热采降本降耗新途径；（5）创新致密油效益上产新技术，加快资源产量接替的步

伐；（6）研发三项前沿战略接替技术，为油田持续发展做好储备；（7）探索低含油饱和度油藏潜力，拓展非常规资源接替领域。

在发展"二三结合"配套技术，加速老油田开发模式转变方面，报告指出："双高"老油田2014年产油$5076×10^4$t，是实现原油产量目标的"压仓石"。面对储采失衡的严峻形势，近年来的研究和实践证明："二三结合"是最大幅度提高采收率最现实的战略选择。例如，大庆油田六中区实施二次开发，水驱控制程度由试验前的35%提高到84%，提高水驱采收率10%；七东1区聚合物驱，单井产量由试验前的2.3t/d提高到7.2t/d，采收率由46.7%提高到58.8%，提高采收率12.1%；二中区三元复合驱，单井产量由试验前的2.0t/d提高到8.4t/d，采收率由46.9%提高到71.2%，提高采收率24.3%，最终采收率达70%。

老油田精细注水和二次开发实践证明，中高渗透油田提高水驱采收率的潜力较大，精细水驱仍是近期工作的重中之重。由于历史的原因，井况复杂，注采井网严重失调，超过45%的优质储量处于低速低效或弃置状态，严重影响到水驱系统正常发挥作用。

重建合理的层系井网是水驱精细挖潜的必要前提，考虑到重建水驱井网系统的效益，需统筹考虑水驱和三次采油的潜力，从根本上解决精细水驱重建井网规模效益受限的难题，更好地发挥水驱精细挖潜作用，也是有序推进三次采油的必要准备。

"二三结合"深度开发模式就是要将水驱与三次采油的层系井网整体优化部署，立足当前规模精细水驱挖潜，适时转入三次采油提高采收率，追求水驱与三次采油衔接的最优化，总体经济效益最大化。

发展"二三结合"配套技术，加速老油田开发模式转变，采取如下技术对策：

其一，规模构建"二三结合"井网及注采系统。以渤海湾油区复杂断块油藏、新疆砾岩油藏为主要对象，完善并推进不同类型储层层系细分、井网重组模式，发展以单砂体为核心对象的井网井型协同优化技术，提高水驱储量动用程度和水驱采收率。

其二，强化精细注水工作，发挥水驱有效增储潜力。精细水驱仍然是"十三五"期间"二三结合"工作的重点，大力开展以单砂体为单元的注采结构精细调控，加大细分注水和深部调驱的力度，在复杂断块和砾岩油藏提高采收率5%以上。

其三，攻关"二三结合"技术系列，有序规模推广。基于"立足水驱、二三结合、推进三采"的总体思路，统筹近中长期目标，按照"攻关一批、推广一批、储备一批"的发展脉络，不断扩大"二三结合"实施规模。

在近期，推广大庆油田三元复合驱、辽河油田二元驱、新疆油田砾岩聚合物驱，攻关泡沫辅助二元驱、砾岩复合驱、聚合物驱后多介质复合驱，研发储备技术——纳米智能化学驱技术。在中期，推广泡沫辅助二元驱、砾岩复合驱、聚合物驱后多介质复合驱，攻关智能化学驱技术，储备有机/无机化学驱。在远期，推广纳米智能化学驱技术，攻关有机/无机化学驱技术、储备机器人结合化学驱技术[122]。

这样谋划的由近期到中期、远期持续发展的蓝图和思路，勾画了我国油田开发不断创新发展的技术路线和方向。

综合上述，中国石油进入21世纪以来，原油产量经历高速规模发展，当前已进入发展新阶段，面对新形势、新挑战，继承和弘扬大庆精神、铁人精神，石油人对做过历史贡献的老油田并仍为今后持续开发的主体油气资源，开拓了"二次开发"和"二三结合"全新理念以及系列核心技术，为突破现有常规技术标定的采收率，创新提高最终采收率，创建百年油田注入新活力，开辟了新途径。

第十一章 开拓创新几项技术的思考与建议

技术创新是推进油田开发工程持续提高原油采收率、延长有效开发期、创建百年油田的核心。针对我国油田开发形势迈入发展新时期，面临的新问题、新难题，百万石油人肩负光荣而艰巨的历史使命，弘扬大庆精神、铁人精神，实践"我为祖国献石油"的崇高信念，为实现中华民族伟大复兴梦，在各自岗位上振奋精神、攻坚克难，依靠油田开发理论创新和技术创新贡献力量。笔者作为一名老石油人，虽年迈体弱，但终生热爱石油事业的心愿铭记在胸，现提出开拓创新的几项建议，以供参考。

第一节 拓展应用多元热流体泡沫驱提高采收率

笔者在《中国稠油热采技术发展历程回顾与展望》一书中，详细地阐述了"发展多元热流体泡沫驱，提高稠油采收率"专题研究与应用建议。内容包括：蒸汽/热水+氮气泡沫驱室内机理实验结果；蒸汽吞吐注氮气泡沫的应用；稠油油田水驱注氮气泡沫段塞提高采收率现场试验实例；稠油蒸汽驱氮气泡沫现场试验实例；吉林油区扶余油田采用两种方式提高采收率研究；针对辽河油田持续稳产千万吨中稠油二次热采的难题，进行稠油多元热流体泡沫复合驱提高采收率研究；大庆油田萨东北过渡带油区采用多元热流体驱提高采收率的建议；大港油田高黏、高凝、高含水老油田开展热采提高采收率可行性研究等 8 项研究与建议。

笔者在《中国油藏开发模式丛书·热采稠油油藏开发模式》一书中，也详细论述了"热水、氮气泡沫驱及热水化学驱"的机理实验研究、适用油藏条件及应用前景。

2002 年 11 月，中国石油对外合作部杭州国际技术研讨会上，笔者阐述了《发展中国陆上油田应用注氮气提高原油采收率新技术的设想及建议》报告。文中介绍了从 1987 年开始，进行了大量室内物理模拟、数值模拟研究以及多个现场试验稠油蒸汽驱/水驱+氮气泡沫驱提高采收率技术获得成功的项目[123]。

2004 年 10 月，笔者完成《油田注氮气泡沫驱油提高采收率技术研究及应用》报告[124]，综述了 1987 年中国石油勘探开发研究院与加拿大艾伯塔研究院（ARC）合作，互派专家共同开展了"氮气泡沫驱油提高原油采收率技术研究"，学习并掌握了泡沫驱实验研究方法，并带领科研团队完成了 7 项室内物理模拟与数值模拟机理研究。1990—2000 年，辽河油田曙光 175 块、锦 90 块、小洼油田、杜 66 古潜山油藏、冷家油田冷 43 块、胜利单家寺油田、新疆克拉玛依九一 3 区油田采用蒸汽/热水+氮气泡沫驱、蒸汽+氮气压水锥等 7 项现场试验方案取得成果。

为宣传多元热流体采油技术的推广应用，2006 年 1 月，《中国石油报》记者姜斯雄访问笔者，在《中国石油报》内参版发表《提高原油采收率的三点建议》访谈录[125]，并在《中国石油报》发表了简短的报道（图 11-1）。

2006 年 12 月，笔者在技术座谈会上做了《开创新一代稠油热采技术，采用多元热流体

刘文章应对"十大开发挑战"书写新文章

多元热流体采油技术可提高采收率5%至20%

本报讯 （记者姜斯雄）1月16日，在中国石油勘探开发研究院专家室，曾荣获国家科学技术发明一等奖和国家科学技术进步一等奖的刘文章教授，向有关采油专家讲述新一代稠油热采技术——多元热流体泡沫热采配套采油技术及实验效果。

实验证明，这一创新技术能使我国东部老油田原油采收率再提高5%至20%。更为可喜的是，此技术为系列技术，它的成功意味着多年来困扰我国油田开发的"十大开发挑战"在技术上已有所突破。

刘文章在大庆会战期间任采油总工程师，是我国著名的油田开发技术专家。经过10多年的潜心研究，刘文章综合分析我国稠油开发的形势，研究出新一代稠油热采技术——多元热流体泡沫热采配套采油技术。这项技术从稠油普通热采技术基础上发展而来，在注入蒸汽(热水)过程中添加气体及化学剂，以形成稳定的泡沫流，解决开发过程中水窜、汽窜、油层剖面动用不均、地层能量太低、井底存水过多等严重影响油田开发效果问题。同时，该技术由于兼备热采和化学驱的特点，因此对大庆油田聚合物驱后驱替分散剩余油具有可行性。

据介绍，此技术可以形成蒸汽氮气泡沫吞吐、蒸汽氮气泡沫段塞驱、稠油油田水驱注氮气泡沫段塞驱、氮气溶剂辅助蒸汽吞吐解堵增产等新型采油工艺技术。

刘文章认为，当前推广此技术的条件已经成熟。这些条件主要包括：技术机理研究已经成熟并可指导现场实施方案；相关数模软件可支持方案设计；所需制氮、蒸汽锅炉等设备已系列化；高效真空隔热油管注汽保证了井底蒸汽的干度；油管防腐技术已有有效解决途径；现有的化学添加剂产品工业化生产，可满足油田需要；治理大气污染日益迫切，此技术大量利用二氧化碳，利用后可减少大气污染。

图 11-1 笔者在《中国石油报》发表的报道

泡沫驱热采配套技术，提高稠油采收率技术研究》报告[37]。报告的主要内容有：现行传统稠油蒸汽驱及超稠油蒸汽吞吐热采技术已不适用，急需开拓新一代热采技术；2005年底，中国石油累计动用稠油地质储量 $10.4 \times 10^8 t$，其中普通稠油 $7.2 \times 10^8 t$，特超稠油 $3.2 \times 10^8 t$，热采产量 $1031 \times 10^4 t$，其中蒸汽吞吐产量占83%，已处于最佳转入蒸汽驱前期，建议采用多元热流体泡沫驱替代常规蒸汽驱，以辽河油田齐40块为先行；采用新一代稠油热采技术已具备现实条件，具有广阔的发展前景；提出需要支持发展的政策与若干措施等。

为什么笔者热衷于宣传多元热流体采油技术？笔者并不是蒸汽+氮气泡沫驱技术的发明者，只不过在中外专家多年来持续创新的基础上，结合我国油田实际与需求，倡导综合应用而已。认定这项技术在我国多种类型油藏有广泛应用前景，已具备形成水驱+热力驱+气驱+化学驱多种方式集成发展模式，有其技术优越性和适用性。

针对当前老油田开发需要大幅度提高采收率技术，又要降低操作成本与降能耗提效的发展战略，这项技术的发展思路是正确的选择。

一、多元热流体泡沫驱作用机理

1987年，在全国推广蒸汽吞吐技术并开展蒸汽驱先导试验之际，普遍出现油层中注入蒸汽窜流严重的现象。其主要原因是高渗透油层部位及高压注汽形成裂缝导致高温高压蒸汽"单层突进"，这比蒸汽超覆现象更难调控。为此，笔者带领数名研究生开展了热采物理模拟及数值模拟研究。并且，和加拿大ARC进行了技术合作研究，互派专家在双方实验室用同样的模拟方法（单管驱油装置）进行了氮气泡沫驱油机理实验。实验结果揭示了在蒸汽/热水中加入氮气及泡沫剂，能够自控选择性控制流体窜流的机理。

图11-2（a）是在加拿大ARC由Eddy Isaacs与北京石油勘探开发科学研究院李建共同实验，得出含油饱和度对泡沫形成的影响，当含油饱和度 S_o 为零时，也即含水饱和度 S_w 为1.0，形成泡沫的阻力梯度最大；S_o 为0.15时，才产生泡沫。

图11-2（b）是Eddy Isaacs在北京石油勘探开发科学研究院与赵郭平共同实验，得出

含油饱和度（S_o）与阻力因子（为纯水驱升压倍数）关系。

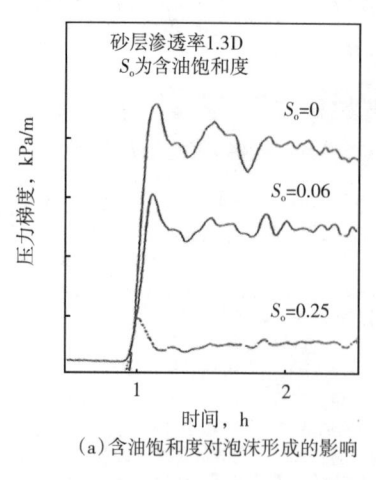

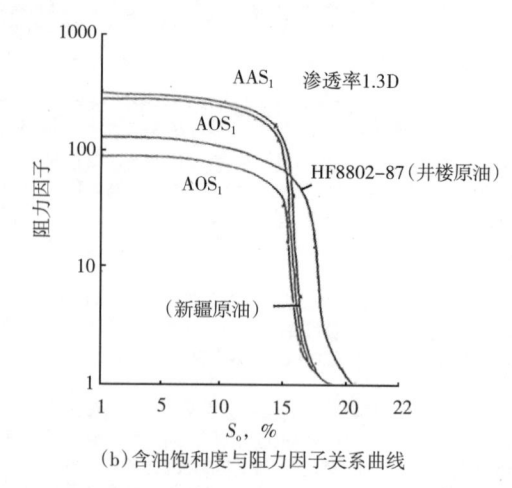

图 11-2 氮气泡沫驱机理实验结果
(a) 含油饱和度对泡沫形成的影响
(b) 含油饱和度与阻力因子关系曲线

从上述实验中得出规律：当含油饱和度（S_o）小于20%时，即强水洗层、水窜层形成泡沫流，液流阻力（压力梯度或阻力因子）成百增加；S_o>20%时，即水洗差层不形成泡沫，流动阻力和纯水驱一样。在蒸汽或热水中加入氮气及起泡剂（表面活性剂），在油层中形成高黏度泡沫流，产生选择性控制蒸汽或热水的窜流，起到深度调剖作用。含油饱和度（S_o）是控制产生泡沫的主要因素。

为了进一步验证：在油层中存在高、低渗透两个油层，同时笼统注入水+氮气+起泡剂，能否选择性形成泡沫流，控制高渗透层优先强水洗后形成的窜流，增加注入压力，迫使液流进入低渗透、剩余油多的层位，扩大驱替波及系数，从而提高采收率的机理，由研究生赵郭平、王益辛等做了双管驱替实验。实验中模拟注水井同时注高低渗透（$K_1/K_2=15$）两个油层时驱油效率及注入压差的变化。证实了高渗透层优先进水驱油，当S_o在15%左右时，产生泡沫流，增加压力差，迫使低渗透层进水驱油，提高水驱油效率。在低渗透层即含油饱和度高的层，起始不产生泡沫，表面活性剂溶于水，可增加驱油效率（图11-3）。

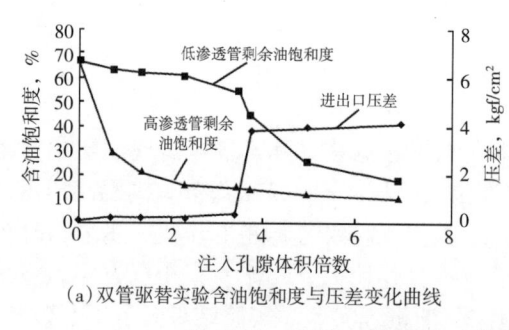

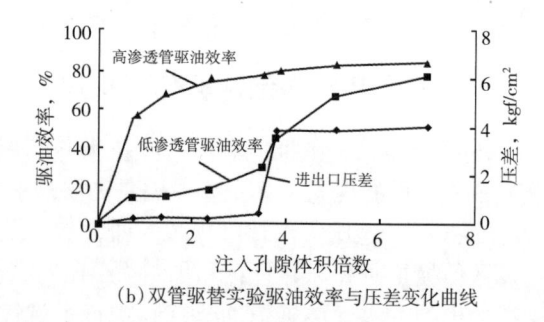

图 11-3 采用双管驱替实验装置检验氮气泡沫选择性控制水窜效果
(a) 双管驱替实验含油饱和度与压差变化曲线
(b) 双管驱替实验驱油效率与压差变化曲线

近20多年来，国内外众多专家学者发表了多篇有关蒸汽/水+气体泡沫提高采收率的论文。一致验证了泡沫驱油能够有效控制汽/气/水窜的规律，对热采稠油/水驱轻油油藏进行段塞泡沫驱或连续驱，或气水泡沫交替驱方式等均有提高采收率的效果。

二、应用实例

实例1：辽河油田锦45块注水加氮气泡沫段塞驱提高采收率试验。

辽河油区锦州采油厂锦45油田是具有边底水的稠油油藏，埋深1000m左右，疏松砂岩储层，地下原油黏度110~430mPa·s。1984年投入蒸汽吞吐开发，到1993年采出程度13%，含水率70%，出现产量递减加快、边底水锥进、含水率上升加剧现象。为转换开发方式，开展了蒸汽驱及普通水驱先导试验，均未成功，主要原因是汽窜、水窜严重。

1990年前后，辽河油田锦45油区锦90块兴I组原油（50℃脱气油黏度约500mPa·s），在双管驱油模型中，模拟同一口井有高渗透层及低渗透层，同时注入水中加氮气泡沫驱油。由实验结果看出，80℃热水加氮气泡沫剂首先进入高渗透管，驱出原油，使其含油饱和度降低，而低渗透管含油饱和度基本不变（进水少），此时进出口压差无大变化。当高渗透管含油饱和度低于20%时，进出口压差急剧上升，以后高渗透管含油饱和度降低很少，而低渗透管含油饱和度却显著降低。这说明高渗透层已被泡沫液封堵，进水量减小，热水及氮气泡沫剂开始驱替低渗透层。最终高、低渗透层的残余油饱和度均低于20%，驱油效率都接近80%。

同时，采用单管驱油物理模型，用锦45油区锦90块原油，实验不同温度下水驱、水+氮气驱及水+氮气+泡沫驱的驱油效率结果见表11-1及图11-4。

表11-1　锦45油区原油不同温度下不同驱替方式的驱油实验结果

驱替方式	45℃ 最终驱油效率 %	45℃ 残余油饱和度	60℃ 最终驱油效率 %	60℃ 残余油饱和度	80℃ 最终驱油效率 %	80℃ 残余油饱和度
水驱	14.8	0.554	38.2	0.402	47.05	0.317
水+氮气驱	47.5	0.341	59.4	0.265	64.8	0.246
水+氮气+泡沫驱	71.0	0.188	73.7	0.171	84.4	0.111

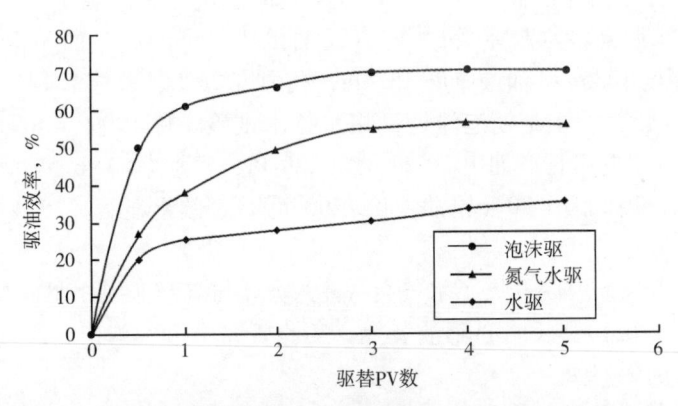

图11-4　锦45油田原油不同驱替方式实验结果（45℃）

以上实验说明，对于油层温度下原油黏度仅几百毫帕秒的注水稠油油藏，采用注水或注热水+氮气泡沫驱方式，能够大幅度提高原油采收率。

根据上述物理模拟实验结果，笔者与锦州采油厂总工张彦福等人合作，1996年在锦90

块锦 19-141 井组开展了第一个水驱+氮气泡沫段塞驱先导试验。以注入井锦 19-141 为中心，与周围 8 口生产井构成一个不规则反九点井组，面积 0.2km²，平均注采井距 167m，地质储量 59×10⁴t。

截至 1997 年 10 月，历时 416 天，间歇注氮气 70.37×10⁴m³（地下体积），注水 4.17×10⁴t，气液比 1:2.8，起泡剂浓度 0.16%，共注入 360.3m³，阶段产油 15565t，采出程度 2.64%，采油速度 1.86%，以前无效水循环，控制了水窜，原油增产，取得突破性效果。

1999—2003 年，辽河油田公司决策，扩大试验至 9 个注水井组、46 口生产井，含油面积 0.68km²，地质储量 259.8×10⁴t，采用注氮气能力为 1200m³/h 的大型制氮设备。

该项注水+氮气泡沫段塞驱提高采收率试验，现场科技人员称为氮气非混相驱，共试验 4 年，9 井组试验区共产原油 23.5×10⁴t，注水 91.5×10⁴t，注氮气 1772.5×10⁴m³，注化学剂 6772t，平均采油速度 2.1%，阶段采收率已达 8.7%。截至 2012 年底，4 年平均原油操作费 577.2 元/t，产出投入比 1.74（原油售价 1020 元/t），开发效果与经济效益较好。为此，2003 年底，辽河油田公司决定再增加 4 个井组，扩大至 13 个井组继续试验[126]。

通过现场试验，说明注水+氮气泡沫段塞驱，能够有效控制水窜，扩大纵向及平面上驱油波及体积系数及驱油效率。实际试验过程中，注入水的温度并未加热提高到 80℃，仅 40℃左右。

实例 2：八面河油田注氮气泡沫提高采收率试验。

八面河油田属于复杂复式断块型油田，由 14 条主断层控制为 6 个区块、16 个开发单元。储油层为古近系沙河街组沙三上亚段、沙三中亚段及沙四上亚段，共有 14 个砂层组、38 个含油小层。油层埋深 947~1505m。1989 年底，探明地质储量 7161×10⁴t，含油面积 33.5km²。主要开发区分为北区、面一、面二、面四、面十二和面十四 6 个开发区 16 个开发单元。

胜利油区八面河油田（隶属江汉油田管理）为复杂断块油藏，于 1987 年底投入注水开发。由于断层多、开发层系多、油层非均质性严重，平面上原油黏度变化较大，大部分区块属普通稠油油藏。注水开发中，注入水窜进严重，水驱采收率较低，含水率上升快。1996 年 4 月，笔者推荐在原油黏度高、注水开发效果差的区块开展注热水、注蒸汽段塞热采试验，注水+氮气泡沫调剖堵水技术等[127]。江汉油田清河采油厂对面一区（地下原油黏度 79mPa·s，油层深度 1235m，油层厚度 15.4m，孔隙度 36%，渗透率 1418mD）3 个注水井组（16 口生产井）开展了注氮气泡沫调剖堵水技术试验。从 1999 年 8 月至 2002 年 12 月止，注入单段塞，3 个井组日产油由 70.6t 增至 120.9t，含水率由 96.5%降至 94.1%，累计增油 28000t，投入产出比为 1:20（原油售价 1400 元/t），效果显著。2004 年 10 月，笔者考察现场写了报告[128]。

江汉油田勘探开发研究院开展了水气交替注入方式氮气与非混相驱提高采收率研究。采用平面物理模型（三维）及长岩心驱油装置，实验研究了地层韵律、注气位置、倾角、气水比等对驱替效果的影响。

八面河油田参考了氮气与水交替注入方式、注入水+氮气泡沫调剖两种方式的研究结果，开展了现场试验。

平面物理模拟结果显示：0.1MPa、10MPa 和 20MPa 下进行泡沫驱时，高、低渗透层的流量比值分别为 1.44、1.63 和 1.67，随着压力上升，调剖能力呈下降趋势。说明随着系统压力的升高，泡沫调节高、低渗透层流量的能力有所下降，高压下泡沫的产生和稳定相对于常压下困难，但仍具有调剖能力。氮气—泡沫调驱实验结果表明：(1) 氮气泡沫驱主要通过产生泡沫流发挥调剖作用，扩大波及体积；(2) 氮气泡沫驱油过程中，泡沫剂浓度为 0.5%~0.6% 比较合适；(3) 气水比处于 1:1 时，能产生稳定的微小泡沫，使高渗透层的流动阻力增加，起到明显的调剖作用；(4) 油藏环境下氮气和泡沫剂同时注入，在多孔介质中仍能形成泡沫流，可提高采收率。

在室内研究中，使用单管模型开展了不同流体的驱油效率实验，均质的单管模型代表实际油藏的某一微小单元，通过单管驱油试验，可以很好地对各种驱替流体的洗油效果做出评价，为油田开发及各种 EOR 方法取得最基本的实验数据。使用双管模型开展注氮气及起泡剂提高波及系数的实验，能有效和直观地研究各种注入流体的波及程度及提高波及系数的能力。单管模型和双管模型的实验结果表明：

(1) 升高注入水温度，可以大大提高驱油效率，注入流体的温度升高，降低了原油黏度，提高了原油流动性，改善了原油与水的流度比，从而降低了驱替残余油饱和度，提高了洗油效率。

(2) 水驱过程中同时注入氮气或氮气及起泡剂是提高水驱开发效果及采收率的重要方法。注入水中加入氮气、起泡剂可大幅度提高驱油效率。35℃水驱+氮气（气液比1）驱油效率比单纯水驱提高 14.2%，同时加入氮气及起泡剂驱油效率比单纯水驱提高 23%，提高驱油效率的幅度相当大。

(3) 水驱过程中注入氮气，在油层中形成束缚气饱和度，使水饱和度降低，降低了水相渗透率，在一定程度上提高了水驱波及系数。对于正韵律地层，由于气液重力分离作用，可提高油层在纵向上的动用程度。如果在注氮气的同时注入起泡剂，则可大幅度提高波及系数[129]。

按上述模拟结果，设计了现场注氮气泡沫施工方案，利用在污水中具有较好效果的起泡剂 B-18，以及膜分离制氮机以 400~600m³/h 注氮气，同时注水，保持两者压力平衡。

从 1999 年 5 月至 1999 年 8 月，先后对面一区沙三上亚段 3 口注水井进行水驱+氮气+泡沫剂试验。施工情况见表 11-2。

表 11-2 面一区沙三上亚段 3 口注氮气井基本情况

井号	井别	层位	层数 层	厚度 m	注氮气时间 d	压力 MPa	注氮气量 $10^4 m^3$	起泡剂 kg	水量 m^3
M1-5-72	水井	$S_3^上 5_{1+2}$	3	28.2	15	3.0~15.0	20.33	—	760
M1-13-7	水井	$S_3^上 5_{1+2+3}$	6	15.0	18	15.0	26.15	4994	651
M1-11-51	水井	$S_3^上 5_{1+2}$	2	20.0	15	7.0~14.0	20.65	—	630
合 计			11	63.2	48	3.0~15.0	67.13	4994	2041

面一区沙三上亚段 3 口注水井组油井动态变化及效果见表 11-3。

注氮气 1 个月后，部分油井开始见效，2 个月左右 16 口油井见到了注氮气效果。3 个井组均不同程度地见到了增油效果，平均日增油 71.1t，动液面上升 90m。见效油井主要分为两类：一类是位于断层附近的高渗透带或构造低部位的油井（如面 1 井、面 1-9-72 井等）；另一类是注氮气井面 1-11-51 井和面 1-13-7 井对应的双向受效油井（如面 1-11-73 井），且双向受效油井增油降水效果十分明显。面 1-11-73 井见效前日产油 3.8t，含水率 94.2%，见效后日产油上升到 15.8t，含水率下降到 84.8%，目前日产油仍在 10t 左右，综合含水率

89.3%，累计增油 1.24×10⁴t。面一区沙三上亚段油藏在近几年只投入极少工作量的前提下，日产油水平仍保持在 80t 以上（注氮气前日产油 72t）。

表 11-3　面一区沙三上亚段注氮气井组见效情况统计（截至 2002 年底）

井号	注氮气前				注氮气后				累计增油 t
	日产液 t	日产油 t	含水率 %	动液面 m	日产液 t	日产油 t	含水率 %	动液面 m	
M1-5-72 井组	648.5	29.6	95.4	720	705.6	38.5	94.5	620	6800
M1-13-7 井组	666.4	22.3	96.7	560	701.5	41.6	94.1	470	8000
M1-11-51 井组	586.9	18.7	96.8	480	635.5	40.8	93.6	400	13200
合计	1901.8	70.6	96.3	587	2042.6	120.9	94.1	497	28000

从含水率与采出程度关系曲线看，注氮气后水驱效果明显变好，水驱采收率向着增加趋势发展，由原来的 25% 提高至 30%，提高了 5 个百分点。面一区沙三上亚段的 3 口注水井组包括了绝大部分油井，井组中位于断层附近高渗透带、构造低部位和双向受效的井见效显著。截至 2000 年 12 月，注氮气井组已累计增油 16607t，成为八面河油田注氮气成功的范例。

估算面一区试验井组经济效果，注氮气车年折旧费 50×10⁴ 元，注气成本 1×10⁴ 元/d，原油价格 1400 元/t，累计增油 28000t，投入 198×10⁴ 元，创收 3920×10⁴ 元，投入产出比为 1:20。

2004 年 10 月，笔者对八面河油田进行考察时提出如下建议：

（1）清河采油厂领导和技术人员勇于开拓，针对八面河复杂断块稠油（大部分）油田注水开发中出现的油稠、出砂、水窜等难题，开展了注氮气调剖堵水提高采收率技术的研究和现场试验，取得了突破性进展，获得显著的开发效果和经济效益。实践证明，注水开发油田采用氮气泡沫调剖堵水技术能够显著提高采收率，尤其对于高含水期油藏，在其他常规技术难以见效情况下，采用此项新技术见效快，作业成本低，效果好，有很好的应用前景。

（2）现场试验表明，注水过程中加入氮气及起泡剂，采用单段塞方式比氮气和水交替注入方式要好，前者能在油层中形成较稳定的泡沫流，起到增加流动阻力、控制水窜、扩大水驱波及体积系数的作用，同时也提高了驱油效率，而且具有自控选择性调剖作用。而后者，注入的氮气容易窜进，在油层中不能形成较稳定的泡沫流，对水窜通道不能有效封堵，因而调剖作用较小，增产效果不理想。建议今后采用注入水与氮气泡沫混注方式，而且可以周期性多轮次段塞式注入，这样提高采收率的幅度更大。

（3）对于地层水或注入水矿化度高的油田，如八面河油田，选择耐盐性能好的起泡剂十分重要。现用的起泡剂产生的阻力因子较低，达不到应用要求。

（4）注氮气泡沫技术在现场应用中，要注意针对油藏特征、原油黏度高低等，选择预处理（如注热、解堵及增注等）和后续配套的技术措施，延长有效期，也即在有些情况下，提倡综合性技术效果更好[128]。

实例 3：百色油田注空气泡沫试验。

1995 年 10 月，笔者赴昆明滇黔桂石油勘探局考察百色盆地油田开发状况，在王苏民局长的大力支持下，和油田开发处处长司水发立项研究"百色油田百 4 块裂缝性油藏注氮气泡沫提高采收率试验"。在田东采油厂实地考察并提出试验方案。按方案要求，采用当时已有的国产碳分子筛制氮设备，进行水驱+氮气泡沫驱方式，以提高采收率。从 1996 年 8 月开始实施试验。

油藏为裂缝性碳酸盐岩储层，含油面积1.8km²，地质储量169×10⁴t，裂缝及孔洞十分发育，基质孔隙度4%，渗透率为260mD，地下原油黏度为1.09mPa·s。在1990年投产后，单井日产量初期几十吨，很快递减，注水后裂缝性水窜严重，含水率急剧上升至90%以上，无法正常生产。

1996年8月，笔者推荐注入N_2泡沫驱，试验中，国产分子筛制氮设备运转故障多，改为直接注空气，加入表面活性剂作为起泡剂，但用量偏少。从1996年9月至2004年8月，累计注入空气843×10⁴m³，泡沫液3.43×10⁴m³，累计增油1.48×10⁴t，投入产出比为1:4.49，效果显著。

该区块产出气放空未利用。起泡剂质量较差，用量也未达到设计要求，注入后期水窜加重。

三、采用多元热流体泡沫驱技术的应用前景

笔者总结分析稠油开发中采用蒸汽+非凝结气（氮气、二氧化碳）+化学剂（起泡剂、轻烃溶剂、降黏剂）多元热流体泡沫驱采油机理研究及诸多现场实践经验，以及轻质/中质原油注水开发后期的试验成果，充分说明这项综合水驱+热力驱+气驱+泡沫驱为一体化的技术，能够较大幅度提高油田采收率。

（1）这项技术的优越性与有效性。

①在油田水驱开发中占主体地位，进入"双高"开发阶段后注入氮气泡沫，在层内可自控选择性控制"水窜"，提高驱油波及体积；加入氮气可以产生上浮油层顶部驱油与强化低渗透层驱油效果；加入热能提高适度水驱温度，可促使原油体积热膨胀（原油热膨胀系数为$1×10^{-3}℃^{-1}$，加热温度升高100℃，体积膨胀10%），并且热传导可穿透非渗透层夹层，扩大热效应。

②相较于普通稠油蒸汽吞吐后期转入蒸汽驱、特超稠油蒸汽吞吐以及采用SAGD技术，蒸汽+氮气+溶剂可改善开发效果。

③对于某些裂缝性基岩油藏，水驱+泡沫驱可以提高采收率。

（2）有关多元热流体泡沫驱的工程技术已经成熟配套。现有的膜分离制氮技术设备已形成系列，耐高温（250~300℃）起泡剂已有多种国产产品（在20世纪80年代靠进口产品试验），井筒注入管柱已成型，可以分层注入，不分层也有一定效果。因此，这项技术应加快应用与发展。

（3）期盼开辟规模试验示范区，推进工业化应用。多元热流体泡沫驱自开展试验以来，已经历了20多年，虽有诸多先导试验项目取得显著效果，但还未打开工业化应用局面。

笔者建议，吉林油区扶余油田在二次开发中成为中国第一个大规模应用多元热流体泡沫驱提高采收率油田，进行先导试验。

吉林油田是中国石油提高年产量潜力较大的油气开发区，其中老扶余油田二次开发稳产在100×10⁴t的项目2007年已开始实施。

该油田自1970年投产，到1990年动用地质储量1.2×10⁸t，动用面积79.5km²，平均丰度为150×10⁴t/km²，油藏埋深仅为280~500m。建成产能85×10⁴t，估计注水采收率仅达到26%。储油层为微裂缝砂岩，这些密度极大的毫米级微裂缝在注水开发过程中形成了水窜通道，而且是暴性水淹。在早期开发过程中，进行过大量压裂投产、解堵作业，致使后来注入

水窜进严重。另外，由断层分割为西、中、东 3 个开发区的地下原油差别大。占储量近一半的东区，油层温度下的黏度为 90~300mPa·s；中区及西区黏度较低，属于轻质原油及普通稠油过渡型。

早在 1994 年，笔者就研究编写了《吉林扶余油田热力开采提高采收率试验研究总体方案》，提出采用热水（100℃以上）+氮气+泡沫剂段塞驱提高采收率。根据笔者和研究生完成的室内实验结果（表 11-4、表 11-5 和图 11-5），35℃ 水+氮气+泡沫剂的最终驱油效率可达 77.7%，比单纯水驱高 23 个百分点；如果采用较高温度热水，效果更好。1995—1998 年，曾按此方案进行过单井组水驱+氮气泡沫段塞试验，验证了有增产效果。但因无投资，停止继续试验。

表 11-4　扶余油田不同驱替方式实验结果（35℃）

驱替流体	最终驱油效率 %	最终残余油饱和度 %	提高驱油效率 %
水	54.7	29.3	0
水+氮气	68.9	21.0	14.2
水+氮气+起泡剂	77.7	14.3	23.0

注：20℃时原油黏度 50mPa·s。

表 11-5　扶余油田不同温度水驱效果

水驱温度 ℃	最终驱油效率 %	最终残余油饱和度 %	提高驱油效率 %
28	43.7	36.8	0
35	54.7	29.3	11.0
55	69.3	19.7	25.6

注：20℃时原油黏度 50mPa·s。

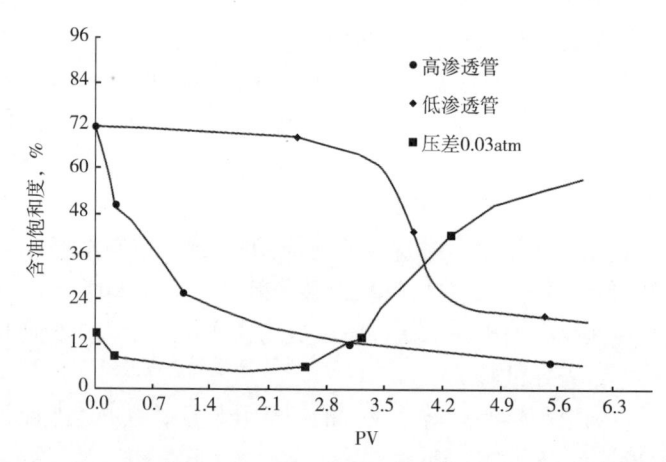

图 11-5　扶余油田原油双管实验含油饱和度曲线（高低渗透率比为 15）

2001 年 10 月，笔者再次到现场考察、研究，又完成了《吉林扶余油田东区提高采收率项目可行性研究》报告[130]。2001 年 3 月，东区开发储量 $5019×10^4$t，总井数 1700 口，采出程度19.1%，含水率87%，采油速度仅为0.4%。在东区低产低速区块有储量3200×10⁴t，总井数880口，开井638口，单井产量仅为0.3~0.8t/d，采出程度仅为11.4%，剩余储量大。但是油井井况变差，套变、报废井占一半。因此，笔者再次提出，针对东区5个区块地质储量为1793×10⁴t，而采出程度仅为15%的地区，开展热水+氮气+泡沫驱提高采收率试验。注入油层的氮气与泡沫剂，在含油饱和度低于20%的水窜通道中形成黏度高的泡沫流，控制水窜，而在水驱油层的层位，含油饱和度高于20%，不产生泡沫，泡沫剂是表面活性剂，能提高驱油效率。这样既可自控选择性控制水窜、提高注水压力、扩大水驱垂向及平面上的波及系数，又可提高水驱差层的驱油效率，远比注其他非选择性调剖剂优越、有效。同时方案中还提出，在低产生产井进行注蒸汽、氮气+泡沫剂吞吐方法，提高油井产量。可惜这个建议未能采纳。

2007年7月，中国石油勘探开发研究院专家室丁树柏主任和笔者到吉林油田考察、调研。此时扶余油田已由集团公司批准开始实施二次开发方案，投资数亿元，补打上千口更新井及调整井，将全油田采出程度（约28%）进一步提高，将年产油60×10⁴t水平提高到100×10⁴t。油田开发出现了转机，现场注采工程系统面貌一新。此外，还查看了注水站及配水间，提出增加注氮气设备及泡沫发生器，就可实施注入氮气泡沫驱方案。因为新钻注采井改善了注采井网，创造了提高水驱储量及调控高含水开发动态的有利条件。但如何控制水窜，解决无效、低效水驱，提高采收率的主要矛盾，没有一套新的工程技术，就达不到提高单井产量上2t、年产量上100×10⁴t并稳产若干年、采收率增加10%以上的预期目标。

2007年，在扶余油田扶南及靠近松原市区的扶北地区，优选了8个区块进行热采，动用面积11.8km²，储量1484×10⁴t。共有103口井进行蒸汽吞吐及混合蒸汽吞吐开采，其中直井76口，水平井27口。平均吞吐周期产油447t，1—10月共产油22490t，增产效果显著。由此认为，扶余油田原油黏度较高的区块进行热采效果好，热采方式有发展前景。但是，笔者认为蒸汽吞吐仍属依靠消耗地层能量采油，提高采收率程度有限。而且采用水平井吞吐开采，加快降压，导致后续可能在城区引起地层沉降，引发环保问题。必须尽早转换为蒸汽驱开发方式。建议采用多元热流体驱，即蒸汽+氮气+泡沫驱，既补充地层能量，又控制液流窜进，才可以较大幅度提高采收率，也可以防止地层沉降。

扶余油田按原油黏度分为两区，就采用水驱+氮气泡沫驱及多元热流体驱两种开发方式的设想，与油田某些领导及技术人员进行座谈，丁树柏主任表态，中国石油勘探开发研究院全力协助开展新方案设计研究。可惜取得的共识因科研资金投入困难等原因并未落实。2008年4月，笔者又编写了《对吉林油公司扶余老油田二次开发，采用多元热流体泡沫驱提高采收率的建议》报告[131]。该报告的主要内容如下：

该油田已注水开发30多年，储量1.9×10⁸t，过去历史高峰产量曾达到过100×10⁴t/a，2003年含水率超过90%，年产量下降到61×10⁴t，单井平均产量降至0.4t/d，采出程度仅为25%。老井套损严重，开井率低，分层注水有困难，加上油层具有微裂缝，导致注入水窜进严重，产量递减加剧，油田进入衰竭期。

在此关键时刻，中国石油天然气集团公司领导正确决策，提出了老油田二次开发战略，对扶余老油田实施二次开发方案。最近两年已基本完成井网加密及更新井计划，新打井1700多口，扩建更新地面注采工程系统，现有油水井6000多口。油田开发地面地下状态焕然一新。改造前油井产量0.4~0.5t/d，改造后新井产量0.7~1.0t/d，2006年产量上升至95×10⁴t，2007年达到106×10⁴t，计划2008年116×10⁴t，预计采收率增加10%。这说明，老油田二次开发战略在扶余油田已取得显著成效。

(1) 二次开发必须思考的问题。

二次开发方案的实施大大改善了油藏注采系统,为大幅度提高水驱采收率创造了非常有利的条件,但以下问题必须开展科技攻关,才能落实二次开发的目标。

①由于油藏微裂缝十分发育,注入水窜进越来越严重,如何控制水窜、扩大水驱波及体积,是提高采收率的主攻方向,但现有技术成效有限,技术难度很大。

②油层中剩余油分布状况多种多样,主力油层水驱不均匀,低渗透层水驱剩余油较多,分散状态剩余油靠水驱更难采出,需要开拓适用油田的新的驱油方式。

③水驱后期及新区稠油能否用热采技术?该油田地下原油黏度在平面上变化较大,开发初期油田中部原油黏度 30mPa·s 以上,过渡带 50mPa·s 以上,东部及边部达 90mPa·s。随着开发期延长,溶解气减少,地下原油黏度普遍成倍增高,导致油水黏度比加大,引起水窜更为突出。最近扩边的扶南、扶北、扶东区块,原油黏度高达 200~800mPa·s,水驱效果差,油藏条件更适合热采。水驱后期及新稠油区块适宜热采,但采用常规蒸汽吞吐及蒸汽驱方式已不适用,因为水窜孔道使蒸汽窜流更为严重,新区油层微裂缝及非均质性,同样导致汽窜加剧,耗汽量增大,油汽比低,原油商品率降低。例如,扶 40 块 24 口井蒸汽吞吐效果,油汽比仅为 0.25,耗能太高。为此,必须采用新一代热采技术。

④扶余油田扩大新区原油属普通稠油,有 11.3km^2 面积位于城区,地面有居民建筑物,地质储量 560×10^{4}t,已有生产井 400 多口,开井 100 多口进行注蒸汽热采,安全与环保是首要问题,许多老井眼位置不详,汽窜、地面冒汽危险性大,必须研究新措施。

(2) 总体技术发展思路及多元热流体泡沫驱提高采收率技术。

多元热流体泡沫驱是指蒸汽或不同温度的注入水中加入氮气、二氧化碳及化学起泡剂(沥青溶剂、降黏剂等),形成泡沫流体,在油层中起到多种综合作用:

①室内实验证实,注入油层的水、非凝结气体(N_2 与 CO_2)及起泡剂形成的泡沫流具有自控选择性,只有在水窜、汽窜层位,即含油饱和度降低至 20% 以下的强水驱、蒸汽驱层带形成稳定的、黏度达上百毫帕秒的泡沫流,而在剩余油饱和度高于 20% 以上的层位中不形成泡沫,起泡剂(表面活性剂)溶解于油中降低油水岩石间的界面张力,提高水驱效率,也即既堵窜流、扩大波及体积,又能提高驱油效率,从而大幅度提高采收率。

②注入的 N_2 与 CO_2 气体,由于渗透性强、密度小,上浮至油层顶部,将油层顶部及低渗透层的剩余油驱替出来,注入的 CO_2 还起到降黏、萃取作用。

③注入的热能不仅加热原油,降低其黏度,产生热膨胀,增强渗流能力,提高驱油效率,而且热能可以穿透泥岩等非渗透夹层,将分散状态的剩余油变为可动油渗析剥离出来,这是热能的独特之处。

(3) 推荐采用的技术方案。

针对扶余油田的油藏地质特点及当前面临的主要问题,采用以下几种方案:

①热水、氮气泡沫驱。

对于地下原油黏度为 50~150mPa·s 的老开发区,注入 80~120℃(井底)的热水+氮气泡沫驱的效果将很显著,气液比(地下)控制在 1:(1~3),采用段塞式注起泡剂,这样增加的作业费用较少,经济效益更好。

②热水、CO_2 泡沫驱。

吉林油田有富含 CO_2 的天然气气藏,采出气不需要处理,用管线输至试验区,直接连接注水系统，形成注入水+CO_2+天然气+泡沫剂，或热水（80~150℃）+CO_2+天然气+泡沫剂，或热水（80~150℃）+CO_2+N_2+天然气+泡沫等方式，要优化气液比、泡沫段塞大小等参数，以取得最佳经济效果。

③蒸汽、N_2泡沫驱。

对于原油黏度较高的区块，采用此种方式可将采收率提高到50%以上，但不要采用单纯注蒸汽，不加N_2及泡沫剂的老模式，因为不能回避汽窜这一矛盾。

（4）实施各种技术方案的配套技术。

①油田注热设备：国内生产的注蒸汽锅炉注蒸汽或热水，采用隔热油管注蒸汽或热水。其他配套设施如井筒隔热管、耐热封隔器、监测仪器等在油田已普遍应用。

②空气膜分离及分子筛制氮设备：在国内已有几家工厂大量组装配套生产，在油田应用数量已超过30台。对于扶余油田，可在配水间（20口井左右）安装一台电驱动方式制氮设备，供多井同时配注，采用环空注氮气辅助隔热。

③高温起泡剂已有多种产品，中国石油勘探开发研究院油化所研制的产品较好。

④多元热流体泡沫驱开发方案设计数值模拟优化软件，加拿大CMG公司的STARS软件已有成熟应用经验。

⑤多元热流体泡沫驱的室内物理模拟技术，中国石油勘探开发研究院已有多项研究成果供参考。

⑥注入CO_2的井下防腐技术。由于注入蒸汽或热水中加入CO_2浓度不高，一般在10%左右，腐蚀性较低，即便如此，也可采用防腐油管。目前。国内已有油管内壁不锈钢衬里防腐技术，不论新旧油管，在油田现场都可就地除锈加衬。

（5）预计新技术达到的总体目标。

①扶余油田主体区块的采油速度由目前的0.5%~1.0%提高到1.5%~2.0%，单井平均产量由0.7~1.0t/d提高到2t/d左右，采收率提高15%左右，累计采收率提高至45%。

②新区早期采用配套新技术，将采油速度提高到2%以上，采收率达到50%。

③城区通过先导试验，早期采用热水泡沫驱等技术，防止地面沉降及老井眼窜流，找到适用的、安全环保的开发技术。

（6）实施新技术的措施。

建议将此项目纳入中国石油天然气集团公司二次开发投资渠道，由生产部门投资管理，由吉林油田公司和中国石油勘探开发研究院合作，扶余采油厂与中国石油勘探开发研究院相关部门组成项目研究实施团队。

四、依靠科技创新，打开多元热流体泡沫驱降本增效新局面

从2014年下半年开始至2015年初，国际油价下降一半，跌至50美元/bbl，预计全球原油供大于求的趋势将延续若干年，这将对我国油气产业产生重大影响。针对国内外形势，对油田开发提高采收率技术提出了更高要求，关键在于以经济效益为中心，降低成本增加效益，加快接替某些低效开发项目，发挥多元热流体泡沫驱技术优势，推进老油田提高采收率技术的持续发展。

（1）优选适用于多元热流体泡沫驱的油田项目，及早谋划、实施、见效。

除上述吉林油区老扶余油田二次开发项目外，大庆油田萨东北过渡带约5×10^8t储量地区，以及喇嘛甸油田采用聚合物驱效果差的区块，剩余储量大，原油黏度较高，剩余油较分

散但在油层顶部与低渗透层较富集，采用蒸汽/热水+氮气泡沫驱方式，可进一步提高采收率10%以上。辽河油区某些蒸汽吞吐后期的区块，可进行优选应用。

在优选项目中，既要精细研究油藏地质条件的适用性，又要注意应用的最佳时机，如错过良机，投资滞后必定产生有利变为不利的矛盾转化。

（2）研发适用于大规模注氮气技术设备，形成系列产品。

国内现有多家国营和民营制造的膜分离制氮气设备，已有数十台在油田使用，在蒸汽吞吐、蒸汽驱作业以及注水驱+氮气泡沫等多种作业中应用，开拓了氮气在油田开发中的应用领域，也为创新多元热流体泡沫驱技术打下了基础。

但是，这种注氮气设备在应用中，也存在以柴油为燃料的压缩机的动力设备运行成本高、租售价较高等问题。为此，建议中国石油工程技术系统的油田设备制造厂，研发油田专用的大型、节能、国产化系列产品，以适应注氮气规模生产需求。

（3）研制新一代热采油井隔热油管，减少井筒热损失，加深应用油井深度。

现用高效隔热油管，在过去数十年来注蒸汽热采作业中发挥了重大作用。但应用油井深度未能突破2000m大关，并且井筒热损失较大，耗热量较高。为此，笔者提出设计新方案，开展研发工作。

（4）提高耐高温起泡剂的质量标准，降低产品应用成本。

早在20世纪80—90年代，为适应稠油热采需求，中国石油勘探开发研究院、中国科学院化学研究所以及辽河、胜利、新疆等油田先后研制了诸多耐温达250~300℃的起泡剂、薄膜分散剂和降黏剂，取代了进口产品，由前者制定了首部起泡剂质量标准。后来，各地区涌现许多小化工厂，提供各类产品。但是，质量良莠不齐，应用效果难以控制。需要有关质检部门采取措施，提高质量标准，在油田应用中按油藏注入水的配伍性，严格经过物理模拟筛选起泡剂、稳泡剂配方的关键性指标。其中，对起泡剂的发泡性能、阻力因子、半衰期、高温下稳定性等进行检测，并在使用时进行跟踪监测，以达到注入量较少而效果好的节本增效目的。

第二节　组建大型制氮系列装备

从20世纪80年代起，国外油田专用制氮技术由高压深冷压缩空气制液氮，发展到碳分子筛变压吸附制氮技术；90年代兴起了采用中空聚合纤维膜制氮技术。至今，膜分离制氮技术已经历多次升级换代，现已广泛应用于油田开发多种作业中。笔者在80年代从事稠油注蒸汽热采研究中，积极倡导开拓应用注氮气于多种类型油井作业中，认定这项技术是继油田注水、稠油注蒸汽之后，多种类型油藏注氮气提高采收率的重大创新技术，尤其在推进多元热流体泡沫驱中膜分离制氮装置是关键性设备。

一、膜分离制氮装置作用原理与特点

空气中含氮气78%，含氧气18%~20%，其余为二氧化碳、水蒸气等杂气。从空气中直接靠中空纤维分离膜组制氮气原理如下：分离膜组由数百万根中空的聚合纤维构成，每根纤维的直径与人的头发相似。膜分离技术依靠空气在膜中的溶解度和扩散系数的差异而具有不同的渗透速度实现气体的分离。它将进入膜组空气中的氧气和水蒸气从侧面孔隙中排出，而将浓度达90%~99.9%的氮气（可调控）经增压机增压至30MPa（视压缩机性能而定），可直接连接至采油井口，实现注氮气作业。

膜分离制氮工艺流程简图见图11-6，膜分离中空纤维膜组结构图见图11-7。

图 11-6 膜分离制氮工艺流程简图

(a) 中空纤维分离原理

(b) 真实纤维

(c) 膜分离个体

(d) 膜组总成

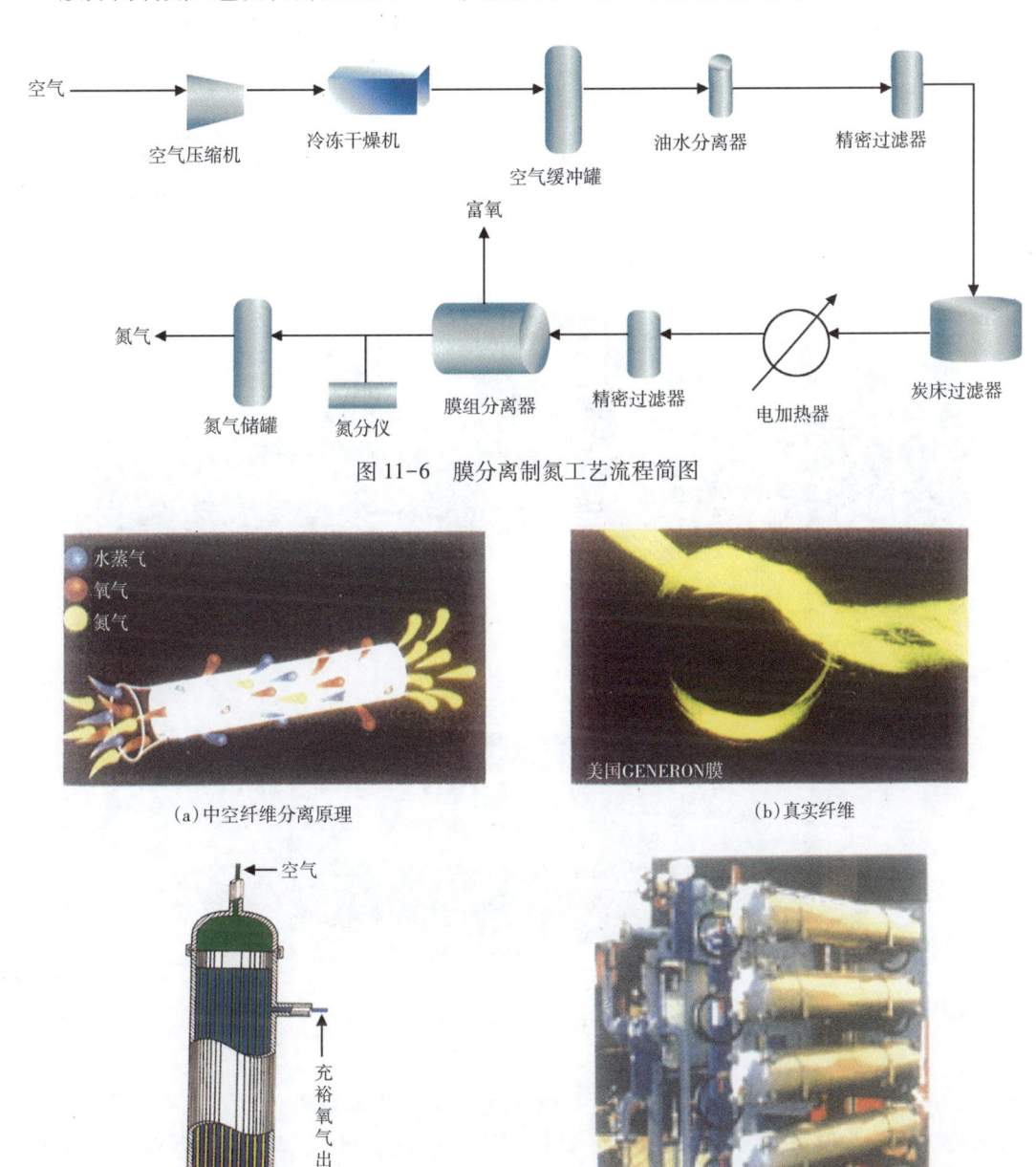

图 11-7 膜分离中空纤维膜组结构图

施工现场的车载膜分离制氮设备见图11-8。图中为将空气压缩机、预处理装置、膜组分离器、增压机和自动控制仪表等分别安装在两台载重汽车上，以柴油机驱动压缩机，移动灵活。2002年7月，笔者在胜利油田钻井研究院讲学，推荐到吉林油区扶余油田开展稠油蒸汽+氮气泡沫吞吐试验。由进口膜分离制氮装置改装在两台国产载重汽车上，由东营市开至吉林松原市油田现场作业。试验取得初步效果，也验证了排量达 1200m³/h、压力达 30MPa 的大型车载制氮设备长距离移动、运行、作业的可靠性。

图 11-8 施工现场的车载膜分离制氮设备

膜分离制氮设备具有如下特点：（1）优于碳分子筛制氮设备，可安装在载重汽车上，移动方便，系统为模块式设计，重量轻、结构紧凑、节省空间；（2）车载式设备氮气排量有 600m³/h，900m³/h 和 1200m³/h，出口压力有 18~30MPa 系列，橇装式设备可组成氮气排量达 1200m³/h，2400m³/h 和 3600m³/h，压力高达 35MPa 并配备柴油机或电驱动（配活动式高压变压器）系列；（3）没有运动部件，故障率低，连续运行可靠；（4）产气快速，操作简单，开机后短时间即可达到合格注氮气；（5）气体分离过程无噪声、无污染，并不产生任何有害废弃物。

二、中国石油工程技术服务系统组建制氮设备运营的必要性

多年来，在各个油田运营的膜分离制氮设备已多达数十台，辽河油田和胜利油田最多，吐哈、新疆、吉林、大庆和冀东等油田已应用于多种油田作业。既有引进国外的设备，但更多为国产组装设备（中空膜组和压缩机从德国、美国进口），多数为车载式设备，规格为

600m³/h 与 900m³/h。由油田生产单位采用租赁方式或购买建成，由专业技术服务团队开展现场作业。

总体上，膜分离设备在各个油田进行注氮气作业已形成常规技术，应用于油水井氮气泡沫冲砂解堵、气举排液、压裂酸化助排、热采井注蒸汽氮气增产和环空注氮气井筒隔热以及蒸汽/热水泡沫驱等，已广泛应用于多种类型油藏与多种井下作业集成配套系列技术，发挥了油田开发工程技术中的重要支撑作用。

在此背景下，笔者为何提出组建高质量、有效益的专业氮气作业服务机构？

其一，多年来，笔者倡导注氮气采油技术，在诸多油田考察宣讲，并且走访过几个提供制氮设备的公司，发现存在服务质量和价格问题。

例如，有的制氮设备已运行 10 年，甚至 20 年，膜组分离效率已衰减或受油气污染，氮气纯度达不到要求而仍在运行，得不到及时更换与维修；租赁形式或按协作关系提供的制氮设备费用较高，按运行注气量计算或按月/年计费的多种形式不规范，容易引起因不能连续注气产生注气效果不理想而难以评估效益；以柴油驱动的设备运行成本高、故障多；改为电驱动也存在难题，或无电源，或无整体规划需求等。

但是，也有一个好的范例，辽河油田钻采工程研究院从 20 世纪 90 年代末组建了一支氮气设备服务公司，有几台车载活动式制氮设备，为辽河油田几个采油厂提供了优质服务，获得好评，远比采油厂租用民营企业的制氮车效率高，价格合理。

其二，近期与远期的需求。近期，各种注氮气技术作业存在进口与国内组装制造的设备形成无序竞争的局面，为中国石油工程技术服务系统提供了扩展业务的机遇。当前需要扩展的注氮气业务有：水平井氮气泡沫冲砂解堵作业，低渗透、低压、裂缝性油藏氮气欠平衡钻井完井作业；为开拓多元热流体泡沫驱于二次开发项目更是应用的重点。

再扩大眼界看，从当前到长远，注氮气采油技术的发展前景有：低渗透油藏注氮气驱与气水交注泡沫驱、水驱、聚合物驱后三元泡沫（加氮气）驱、缝洞型基岩油藏注氮气（或加泡沫剂）驱等提高采收率技术。此外，我国已进入致密油勘探开发起步阶段，对此类潜力巨大的新领域，在采取水力压裂技术有效开发过程中，如何稳产必须有前瞻性技术储备，笔者认为注氮气是首选创新项目。

其三，发展膜分离制氮设备大型化、系列化以达到降本增效目标。

对于前述辽河油田兴古潜山油藏、大庆油田海拉尔油田低渗透、水敏性油藏以及长庆油田低渗透、特低渗透油藏等，笔者推荐采用注氮气加快扩大试验步伐，及早规模化应用，形成规模原油产量，接替老油田的递减以求稳产。为此，需要按整体开发规划选定规模化应用区块，将注氮气技术纳入开发方案中，建立注氮气站。采用电驱动制氮设备，就地设高压电源变压设施，按模块式安装制氮气机组，注氮气排量由日产数万立方米增至数十万立方米，建立氮气管网，扩大注气井组数，进行自动化遥测、遥控等措施，压缩管理人数和动力费用，以降低运行成本，增加经济效益。

三、关注油田安全生产，研判油田注氮气与注空气的优劣

笔者从事油田开发工程几十年，油气生产作业具有易燃易爆风险性，耳闻目睹了数不清的油井与设施起火爆炸事故，深感采油工程师身担"三条命"——人的命、油井的命、设备的命，安全生产是一切工作的首位，丝毫不能掉以轻心。一旦发生重大人员伤亡、设备损害事故，涉事主体责任在油田生产单位，主体责任人是油田决策者和执行者，很难落实到某

些倡导注空气的教授、学者身上。

近几年至今,大庆油田外围油藏、长庆油田某些区块以及大港油田等处正在开展注空气泡沫驱试验,辽河油田曙光采油厂正在扩大蒸汽+空气吞吐采油。对于注空气,优先考虑的是比氮气投资少,经济效益好,认为产出气体含氧量极少,而且可以监测与控制。

对于注氮气与注空气的优劣比较,笔者在《中国稠油热采技术发展历程与展望》一书中已有详细论述。注空气确实比注氮气运行费用低,但从长期与扩大应用看,存在产出气含氧量超安全极限的可能性,对油井设备也有腐蚀损坏等隐患,后期也需增加监测投资。必须从当前到长远全面考虑,注空气与注氮气最终评价需经应用井数扩大规模和长时间应用两个考验,不能仅有几十口井、几年的先导试验来评估下结论。

1971年,大庆油田第一采油厂北一区东地下油库发生爆炸,夜间,一座为"备战"建在地面以下隐蔽的集输油库化为火海,当时还处于"军管"时期,曾怀疑是有人故意破坏,经灭火、抽干后查明,是地下油气分离器出口一个劣质闸阀破裂,地下加热炉引爆天然气所致。笔者当时在二号院生产办(会战指挥部机关)工作,目睹了事故现场惨状,3名值班工人来不及报警逃生,葬身火海殉职。经第一采油厂采油工艺大队模拟试验,天然气中含氧量达到5%~10%是爆炸极限,超过10%即可燃烧。总体设计存在隐患,为此埋下了祸根。这一事故印象深刻,教训难忘。从此,埋葬了一切将油气设施隐蔽地下的做法。在20世纪90年代前后,在开展油田注氮气技术试验时,对于制氮设备注氮气浓度为确保安全的极限应定为多少,笔者查阅了许多国内外资料,油井产出伴生天然气的含氧量极限为5%~10%,由此,制定了制氮设备出口氮气浓度为95%的标准,沿用下来。长期生产实践证明,此标准是安全可靠的。

当前,为推广大规模注氮气技术,为消除注空气的潜在风险并降低运行成本,推荐将注氮气纯度由95%放宽至90%,含氧10%,或称为低氧氮气,或减氧空气,制氮设备膜组由模块组成,可以随机调控,在油田现场开展对比试验。总之,油田安全生产绝不可有任何侥幸心理,必须将事故发生概率控制为零,备有预案与对策。

四、组成高效率专业注氮气工程技术服务业务的设想

建议上级有关主管部门,对目前各油田注氮气/空气现状进行调研,结合发展趋势与规划,做出预测与评估,做出可行性方案。在注氮气作业量较大的油田,例如,辽河、大庆等油田,组建有实力的专业技术服务单位,对规模注气油藏建立的大型注气站提供专业化服务,包括现场技术指导、技术培训、备件维修与维护等。组成注氮设备制造厂采用国产压缩机等与国外膜分离膜组装配成系列产品,或与国内制氮厂合作,尽快形成石油系统发展注氮气采油技术,期盼我国在不久的将来,成为注氮气提高油田采收率最大的国家。

第三节 研发新一代隔热油管

稠油注蒸汽热采技术从1978年起步研究,经历了蒸汽吞吐、蒸汽驱、SAGD发展阶段,近10年来已进入技术多元化新阶段,稠油热采技术又创新了火驱与多种形式相结合的综合应用,呈现了我国稠油开发技术迈向更高难度、更高水平蓬勃发展的景象,稠油热采产量持续稳产在$1000×10^4$t以上已超过20年。注蒸汽热采技术发挥关键性技术之一的井筒隔热技术——隔热油管,发挥了降低井筒热损失和提高热采效果的核心作用。为了拓展注蒸汽和多元热流体泡沫驱应用于更深、更大范围油藏需要,达到降低热能消耗提高经济效益的目标,有必要研发新一代隔热油管技术。

一、井筒隔热技术的发展历程

1978年,康世恩决策对辽河高升油田采用注蒸汽热采技术开发,采用吉林石化厂李国才设计的盘管加热锅炉试验失败,于是派笔者带团组赴委内瑞拉考察、学习(蒸汽吞吐热采技术已在委内瑞拉、美国大规模应用,是稠油开发史上的一项技术革命),并决定引进美国的注蒸汽锅炉。

1979年6月,由笔者带领辽河油田的贾庆仲、李大公及石油工业部勘探开发科学研究院沈燮泉等6人赴美国对引进的注汽锅炉及注汽井口设备进行考察与监制。美国注蒸汽热采的主要油田在加利福尼亚州,油层深度仅为500m左右,最深的油田Cat-canyon深度才800m,仅蒸汽吞吐数口井。而高升油田深度达1600m,采用注蒸汽热采技术难度极大,对跨过热采油层深度800m门槛需要注汽压力高的蒸汽锅炉、井口设备和井筒隔热技术,这是前所未有的新课题。为此,将适用于浅层注汽锅炉的最高压力由2500psi修改为极限压力为2700psi(18.7MPa),安全运行压力不大于17MPa,最高出口蒸汽干度80%。这样还担心在原始油层压力下(16MPa)能否注入高干度、合理速度的湿饱和蒸汽。对于井筒隔热油管,这是另一项重大难题,笔者带领考察组专门考察了现场应用的隔热油管。这种适用于500m左右的隔热油管结构比较简单,在2½in油管与4in外管之间填充隔热材料,接头处焊死。在注汽时下到油层顶部并有耐热封隔器封闭环空,打开套管闸阀蒸发排干。这与委内瑞拉考察时所见相同。

引进了注蒸汽锅炉,有了在高升油田1600m深井注蒸汽的基本条件,但是还没有相适应的井筒隔热油管作为注汽管柱,成为当时的最大"拦路虎",美国、委内瑞拉用于浅井的隔热油管并不适用,是面临的主要矛盾。

面对严峻挑战,别无选择,只能自主创新破此难关。在引进4台注汽锅炉于1980年底到达油田现场开始调试运行之前,必须要有解决方案。为此,1979年石油勘探开发科学研究院成立稠油热采实验室之初,第一个研究课题就是建立隔热油管实验室,按传热学原理建立了井筒传热物理模拟实验装置,开展了自行设计的第一代隔热油管。采用珍珠岩粉和超细玻璃棉隔热材料,为解决深井内外管温差大,伸长差别损坏接头问题,采用波纹管伸缩结构,称为801型隔热油管,如图11-9所示,这是第一代隔热油管。通过井筒传热模拟实验数据及传热系数计算,针对高升油田1600m深井井筒隔热方案的模拟研究,笔者在1981年9月完成了《1600m深井注蒸汽采油的可行性研究》[132],确信高升油田能够注蒸汽热采,石油工业部设备制造司司长詹石安排抚顺石油机械厂建成生产线,制成成品,提供给辽河油田应用。

1982年2月,笔者第二次赴委内瑞拉参加第二届国际重油与沥青砂技术会议时,发表了中国高升油田试验采用井筒隔热油管技术方案,解决了注蒸汽井筒热损失及保护套管安全的关键问题。会上,美国专家提出了采用井底蒸汽发生器的技术方案,准备在加利福尼亚州油田试验。出现了两种不同的技术路线。分析井底蒸汽发生器方案难以实现的原因很简单:要将4根(燃料、空气、水、点火)管线下至千米套管底部,不仅起下作业困难,而且将燃烧物封隔密封注入油层十分困难,何况新油田油层压力高,注蒸汽吞吐更换采油管柱起下作业时,如何控制井喷、保证安全更成问题。对比分析,我们对选定发展井筒隔热技术更有决心和信心。后来,美国某公司曾在加利福尼亚州长岛浅层热采井试验未成功,详见《第二届国际重油与沥青砂技术会议论文集》(1982年版)。

1982年9月，高升油田第一口井1506井采用第一代801型隔热油管与井下耐热封隔器配套蒸汽吞吐试验成功。井口注入压力14.7MPa，温度343℃，蒸汽干度66%，注入蒸汽水当量2850t，焖井5天。开井回采，自喷产油量达到150~250t/d。后改抽油，第一个月平均产量147t/d，第一周期生产184天，产油11850t。而注汽前产油量仅为3.2t/d。至1982年底，高升油田7口井蒸汽吞吐都获得成功，打开了辽河油田热采的序幕。

隔热油管在应用中不断完善改进，经历了四代产品。第二代产品采用硅酸铝纤维，隔热层有多层铝箔纸，抽真空后充入氩气或氮气，接头处有隔热环，预应力结构。第三代产品将隔热层抽高度真空并加入吸气剂，其余与第二代相同。模拟试验中，采用的是第一代产品。第四代产品有了进一步改进，主要将接头部分精细加工，增加隔热与密封性能。第一代产品接头处见图11-9，第四代产品接头处见图11-10。

图11-9 科研人员讨论隔热管设计改进方案（中为作者刘文章）

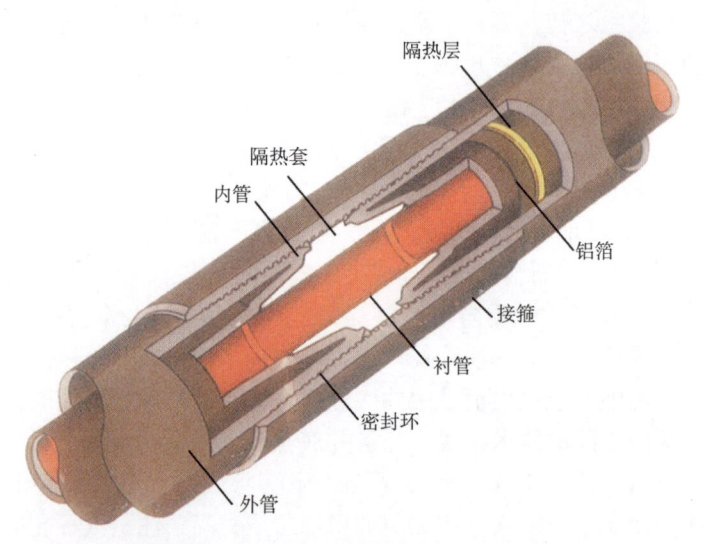

图11-10 第4代预应力隔热油管结构示意图
预应力隔热油管是稠油热采中输送高温高压蒸汽的管柱，是稠油热采工程必备的配套产品。
预应力隔热油管内管两端径镦厚，扩孔成型，内外孔之间采用多道焊缝连接密封

由石油勘探开发科学研究院设计,先由抚顺石油机械厂生产,后由辽河油田总机厂生产的高效隔热油管,即Ⅳ型产品,既参照了国外同类产品,同时又通过研究设计及模拟试验装置的测试进行了改进,采用整体焊接压力容器结构,加入隔热衬管、隔热材料及密封环等部件,隔热效果好,承载负荷大,安装拆卸方便,质量稳定可靠,使用寿命长。

通过井筒传热物理模拟与计算,揭示了井筒径向热流量规律,由注汽油管外壁通过隔热管、环空、套管、水泥环至地层的传热系数 U_{to} 的数值,是标示整个井筒热损失率的关键指标。为控制井筒热损失率,除隔热油管具备最大热阻外,环空流体性质是另一个可变、可控因素。环空是水,或蒸汽或气体,对传热系数影响极大。

根据井筒模拟实验,确定的隔热油管的结构尺寸表明,在 7in 套管中使用 2⅜in 油管和 4in 外管的隔热油管,隔热层厚度可达 17mm,隔热效果较 2⅞in 油管、4½in 外管隔热管好。但在深井中,2⅜in 油管的蒸汽摩阻大,压降较大,担心注汽速度小,而且机械强度较 2⅞in 油管小,注汽管柱安全载荷较小。因此决定采用 2⅞in 油管与 4½in 外管组成隔热油管。对于 5½in 套管,采用 2⅜in 油管与 3½in 外管结构,隔热层为 10.4mm。由此,在制造厂形成 7in×2⅞in×4½in 和 5½in×2⅜in×3½in 两种规格隔热油管,应用至今。而且一直在致力于改进隔热层隔热效果上下功夫,未修改结构尺寸。

油套环空流体性质对传热系数的影响很大,由模拟结果显示,在 7in 套管中下入 2⅞in×4½in 隔热油管,在井口注汽干度为 70%、注汽速度为 7.0t/h、压力为 15MPa 条件下,环空充满水的井筒总传热系数 U_{to} 为 7.6kcal/(m²·h·℃),而环空为空气,则降为 5.6kcal/(m²·h·℃)。1600m 深度的井底蒸汽干度由 35% 提升至 45%,热损失减少约 4%。

根据上述研究结果,在高升油田早期吞吐作业中,采用井筒隔热技术为:7in×2⅞in×4½in 隔热油管,下部安装耐热封隔器,隔热管下端有伸缩管(光管长 2~3m),环空清水靠加热过程蒸干排出。实践中,由于环空存在残留水,伸缩管是散热点,封隔器易密封失效等原因,井底蒸汽干度很低,甚至为热水。后来采用由环空补充液氮的措施,但时少时断效果难稳。在 20 世纪 90 年代,车载制氮气车开始应用,采用隔热管,不用封隔器及伸缩管,环空连续注氮气(600m³/h),获得了显著的隔热效果,也简化了工艺。由此,解决了中深井注汽井筒隔热技术,推广应用于各油田。在应用中,又有了新的创造,多周期吞吐作业时,下入新型抽油泵可实现不动管柱一体化作业技术。这是我国科技人员实现中深井注蒸汽热采技术中一项重大创新。

二、研发新结构隔热油管的可行性和目标

上述已定型并应用几十年的隔热油管,适用于 7in 套管的 7in×2⅞in×4½in 及 5½in 套管的 5½in×2⅜in×3½in 两种规格,应用油井深度不超过 2000m。能否再次创新,将隔热油管从结构尺寸与隔热材质总体上更新换代,将 7in 套管井应用深度延深至 3200m,应用于吐哈油田鲁克沁稠油油田,并扩展应用范围,实现多元热流体提高采收率技术,开拓注蒸汽热采新局面。对此,笔者提出如下可行性论据:

(1) 将隔热油管隔热层加厚,增加热阻,降低井筒传热系数。

将用于 7in 套管中隔热油管的内管由 2⅞in 改为 2⅜in,外管仍为 4½in,隔热层的厚度由 13.5mm 增至 20mm,增加 6.5mm;用于 5½in 套管中的隔热油管的内管由 2⅞in 改为 1½in,外管仍为 3½in,隔热层厚度由 10.4mm 增至 15.4mm,增加 5mm。

按此设计,隔热层分别增加 6.5mm 与 5mm,将大大增加热阻,降低传热系数。

（2）将隔热油管的外管材质改为非金属复合材料，降低传热系数和隔热油管自重，加深应用深度。

原创设计思路，隔热油管内管采用 $2\frac{7}{8}$in 与 $2\frac{3}{8}$in 钢管，考虑注蒸汽的摩阻与承载强度两因素，实践说明，目前内径为 38.1mm 的连续油管注入热流体的深度可达 3000m，而且将外管改为轻质非金属复合材料，不仅可以大幅度减轻整体管柱自重，而且复合材料的导热系数仅约为钢管的 1%，这将增加应用深度。将 7in×$2\frac{3}{8}$in×$4\frac{1}{2}$in 隔热油管应用深度延伸至 3200m 成为可能。

近几年，我国应用于航空航天技术的非金属复合材料及油田管道防腐材料，如吉林油田的玻璃钢等，耐高温、高强度、价格适宜的品种很多，笔者收集有样品，研究筛选用于隔热油管作外管。从试制到定型应用，要解决的技术问题有：①选定非金属复合材料，进行隔热性能与强度等试验；②关键部件是内外管接头的设计与加工制造问题，采用钢管与复合材质外管螺纹嵌入连接，预应力设计，减少"热点"热损失率等；③按 3200m 隔热油管内管承重设计，为保证安全系数达标，可采用 $2\frac{3}{8}$in 加厚油管，或更高强度油管；④在制造厂建立隔热管模拟台架，对试制品检测隔热性能，获取传热参数，编制井筒传热数值模拟软件，力求高精度；⑤根据数值模拟技术，做出 3200m 深井注蒸汽的设计方案，预测由井口至井底的蒸汽干度、温度、压力、热损失率、套管温度等值，以指导现场施工；⑥在选定的试验油井（深度不限）下入新结构隔热油管，进行注蒸汽试验，按不同深度测取的压力、温度变化，检验并校核传热系数，修正计算方法，并评估新结构隔热油管的质量。按此程序，尽快创造出 3200m 注蒸汽的核心技术。

按此思路，建议上级有关部门，设立专项科研项目，组织中国石油勘探开发研究院、吐哈油田、辽河油田和现有隔热油管制造厂（辽河油田总机厂、新疆油田机械厂）联合进行技术攻关。

三、新结构隔热油管应用前景

经历 30 多年注蒸汽油层深度超越国外 800m 深度记录，达到 1600m 深度，打开了我国稠油油田热采的新局面。截至 2014 年，我国新发现并投入开发的稠油油藏深度达到 2000~3200m，又面临新的挑战。研发新结构隔热油管的设想，为开辟应用新领域提供了有现实意义的应用前景。

1. 吐哈油田鲁克沁深层稠油热采技术创新前景

1998 年，鲁克沁油田初步探明地质储量 5000×10^4t，油层埋深 2700~3400m。鲁克沁东Ⅱ区油藏埋深 2000~2300m，油层厚度 14.6m，渗透率 221mD，地层温度下原油黏度 8800mPa·s。自 2007 年起试验了多种开发技术，均未实现储量有效动用，仍在常规冷采。

2007 年，试验 CO_2 吞吐技术，3 口井仅有 1 口井累计产油 169t，另 2 口井无效，停止了试验。

2009 年，在两口井进行了常规蒸汽吞吐试验，一口井有效期 23 天，累计产油 128t；另一口井基本无效。增产效果很差，因此停止试验。

2007—2010 年，在玉 1 井试验天然气吞吐，注入天然气在油层中形成人造泡沫油，降低了原油黏度，虽有增产效果，但多轮次吞吐后效果变差，预期采收率低，并受气源及气源重复利用的限制，未能发展。

2011年，采用超临界蒸汽吞吐技术试验3口井（6轮次）。直井1口，平均日产油2.5t，单轮次累计产油222t；水平井2口，日产油6.2t，单轮次累计产油516t。试验结果表明，井筒热损失率大，到井底热焓降低45%，回采水率低，锅炉注汽困难，技术适应性差。

经过多年研究，对地层原油黏度小于1000mPa·s的地区——鲁克沁中区，采用水驱、气水混驱非热采技术，含水率上升快，采收率低。而该区地质储量超过$5000×10^4$t。

上述研究与现场试验表明，常规水驱、蒸汽吞吐、CO_2吞吐和天然气吞吐等多种技术均难以破解超深稠油油藏提高采收率世界性难题。中国石油人深知火焰山下的超深稠油，在吐哈油田持续上产的进程中扮演着越来越重要的角色。吐哈油田的科技人员勇于创新，迎难而上，千方百计探索高效开发储量巨大的石油资源。虽然油层超深，但地层条件下油层温度高并且原油中含有一定溶解气可以流动，为解决井筒中举升难题，采用了掺稀油降黏抽油方式，推动稠油连续10多年增产。2011年，稠油产量突破$30×10^4$t之后，产量持续增长。

2011—2012年，中国石油勘探开发研究院热力采油研究所开展了超深层稠油火烧吞吐技术研究。鲁克沁东Ⅱ区不宜直接进行火驱，需经过多轮次火烧吞吐后再转火驱的技术路线。研究预期目标：火烧吞吐直井单井周期平均产量达到5t/d以上，吞吐期间气油比小于$800m^3/m^3$，火烧吞吐阶段采出程度大于10%，转火驱最终采收率50%。

经过大量室内物理模拟实验，完成了《鲁克沁东区注空气火烧吞吐/火驱开发先导试验方案》，方案中火烧吞吐试验区面积$0.17km^2$，储量$41.7×10^4$t，火驱试验区面积$0.097km^2$，储量$23.9×10^4$t。2014年3月，经中国石油天然气股份有限公司组织专家评审，批准新钻13口井，经5轮次火烧吞吐后转4注9采井网火驱先导试验方案。2014年至2015年初，吐哈油田和北京石油勘探开发科学研究院、辽河油田进一步完善了火烧吞吐实施方案，完成了配套设备和工具的研制，第1口井完钻。按方案实施了油藏工程、钻采工程、地面工程各项系统配套技术。

笔者积极支持这项创新技术的发展，预计近期火烧吞吐技术将有重大进展与重大突破。对于后续火驱方式，具有更大难度与风险。由于火驱过程中，需要加密井网以利于监测火线推进与控制，这是关键性问题。深井、超深井的钻井完井成本远高于浅层与中深井。例如，新疆红浅油田火驱已进入工业化应用，辽河油田杜66油藏火驱已规模试验成功。为此，笔者建议在超深稠油试验火烧吞吐期间，开展火烧吞吐1~2轮次后进行注蒸汽试验。

具体设想方案：经过初次火烧吞吐以降压、降黏、预热油层，打开注蒸汽通道，采用新结构隔热油管注入高干度蒸汽，环空连续注氮气辅助隔热，以达到井底蒸汽干度，足以实现有效蒸汽驱要求。在试验中考虑注入蒸汽中加入沥青溶剂（如前所述，C_7—C_8轻烃油品加表面活性剂乳化液），实施多元热流体泡沫驱，形成火烧吞吐+蒸汽泡沫驱提高采收率配套技术，期待将采收率提高到30%~40%，并获得经济效益。

2. 对辽河油田稠油蒸汽吞吐区块加快转蒸汽驱的思考与建议

辽河油田是中国最大的稠油开发油区，也是最早开拓大规模中深井注蒸汽热采技术的先行者、最具实力的稠油开发科研基地。2010年底，累计探明稠油储量$10.86×10^8$t，动用储量$8.7×10^8$t。

1985年，我国稠油注蒸汽吞吐技术国家级攻关项目首先在辽河高升油田获得成功，热采年产量达到$75×10^4$t，年油汽比1.36t/t，推动了全国4个稠油产区（辽河、新疆、胜利、河南）热采产量快速大幅度增长。1995年，全国稠油热采产量$1100×10^4$t，其中辽河油田

$675×10^4t$，占61%。

进入21世纪以来，我国稠油热采技术持续创新发展，现已进入技术更新换代与多元化发展新阶段。据2014年辽河油田原油开发总结资料，稠油蒸汽吞吐年产量$327×10^4t$；蒸汽驱年产量$80×10^4t$；SAGD累计实施50个井组，年底日产2400t（折算年产水平$87×10^4t$）；火驱累计井组165个，年产油$32×10^4t$。总计稠油热采产量$526×10^4t$，占辽河油田总产量$1021×10^4t$的51.5%。

辽河油田稠油油藏埋深800~2000m，油藏有块状厚层、多层状薄互层、断块状、具有边底水等多种类型。2010年，稠油注蒸汽热采油藏有65个开发单元，蒸汽吞吐储量近$6×10^8t$。蒸汽吞吐是延续30年的主体开发技术。由于油藏深度大，地质条件复杂，转入蒸汽驱技术难度大，井筒热损失率高导致井底蒸汽干度低等因素，达不到蒸汽驱开发基本要求。辽河油田的科技人员经历9年持续试验，齐40块蒸汽驱试验获得成功，已连续5年工业化开发，年产量达$60×10^4t$，创造了中深稠油油藏蒸汽驱的世界先进水平，取得了宝贵的经验，为其他区块转换开发方式起到示范作用。同时，开拓新思路，开创了蒸汽吞吐后进行SAGD和火驱两项接替新技术，为今后持续提高采收率打下了基础，有发展前景。2015年，火驱累计井组达到199个井组（杜66、高3、高3-6-18、高2-4-6），年产量达到$40×10^4t$，如持续原吞吐方式则将仅产$9×10^4t$。由此表明，这两项接替新技术具有显著的开发效果和生命力。

据辽河油田开发报告资料，2009—2014年，蒸汽吞吐的总体经济技术指标逐年变差。随着吞吐周期的增加，吞吐周期日产油、年产油和年油汽比均呈下降趋势，单位基本运行费呈上升趋势。2014年，蒸汽吞吐整体吞吐平均周期已达15.7轮次，平均初次周期产量达13.0t/d，第5周期7.5t/d，第10周期4.7t/d，第15周期4.1t/d，第17周期4.0t/d，第20周期3.7t/d。年产量、油汽比与吞吐单位基本运行费等指标逐年变差，见表11-6。

表11-6 蒸汽吞吐经济技术指标逐年变差表

时间 项目	2009年	2010年	2011年	2012年	2013年	2014年
年产量，10^4t	467	402	404	373	329	327
年油汽比	0.35	0.33	0.31	0.29	0.28	0.27
吞吐周期运行费，元/t	561	637	834	1083	1241	1247

上述表明，辽河油田蒸汽吞吐开发方式的稠油油藏，地质储量$5.67×10^8t$，作为稠油开发的主体技术，急需转换开发方式。据辽河油田的研究报告，火驱潜力地质储量$1.46×10^8t$，预计提高采收率21.5%。预计2020年，火驱井组累计达到263个，动用地质储量$5087×10^4t$，建成$70×10^4t$生产能力。SAGD技术不适用于有连片隔夹层的多层状稠油油藏，潜力储量约$1.2×10^8t$，2015年SAGD年产量$90×10^4t$，重点在培育高产井，提高油汽比，确保产量持续上升。

在当前稠油热采技术构成的多元化格局，现有蒸汽吞吐方式仍占主导地位的形势下，如何既改善继续吞吐效果，又加快创新发展接替技术是紧迫解决的矛盾。

据辽河油田2014年度总结报告，在积极推进稠油转换开发方式的同时，努力探索非烃类气体辅助吞吐保压开采试验，已见到较好成效，为改善开发效果探索了新途径。2014年，推广空气辅助吞吐试验效果显著，实施了21井次，注入空气$4383×10^4m^3$，累计增油$3.0×10^4t$，累计注蒸汽$69.8×10^4t$，节约蒸汽量$1.9×10^4t$。探索CO_2辅助吞吐试验见到较好效果，实施31口井，单井注入CO_2 170t（液态），实现了周期产量增加、油汽比提高、排水期缩短、成本下降的好效果。在目前蒸汽吞吐方式随着油层压力进一步下降，难以稳产，成本持续上升的形势下，通过非烃类辅助吞吐保压、开采，实现了注汽量减少、油汽比稳定、周期产量增加，最终可降低成本，提高了经济效益。为下步稠油蒸汽吞吐找到了有效开发途径，有望成为稠油蒸汽吞吐稳产降本的主导技术。预计蒸汽吞吐现有地质储量$5.67×10^8$t中，实施潜力储量$3.29×10^8$t，分2015—2017年3年实施，由现有蒸汽吞吐井7846口，实施4552口，年产量$327×10^4$t增至2017年的$367×10^4$t。

此外，洼59块重力泄水辅助蒸汽驱先导试验，进行试验406天以来，已见到好的苗头。针对超深特稠油，探索了重力泄水辅助蒸汽驱方式，在油层底部设计一套采水井网重力排水，其一有效降低了地层压力，发挥蒸汽最大潜热、减少地层水；其二改变了注采井间压力场分布，增加了有效驱替压差，降低了注汽井注入压力，提高了采油井单井产量，使超深特稠油蒸汽驱开发成为可能。从试验动态看，井组产油量由第1天的25t/d，增至第406天的85t/d，综合含水率由78.4%逐渐降至69.6%，油汽比由0.12升至0.25。试验仍在进行中。

辽河油田在目前稠油蒸汽吞吐方式占主导地位的形势下，实施"两手抓"的发展策略：其一，改变常规吞吐方式，推广非烃类气体辅助吞吐保压稳产技术；其二，积极开展多种蒸汽驱方式的试验，开创新一代蒸汽驱接替技术，以获得最大采收率与经济效益。在2015年的开发部署中，计划规模推广非烃类气体辅助蒸汽吞吐工作量，按照3年全部覆盖的原则，全年安排1500井次，实现稠油蒸汽吞吐产量、油汽比稳定。年产量稳定在$327×10^4$t，油汽比稳定在0.27。安排蒸汽驱重大试验方案编制4个：杜212块直井与水平井组合蒸汽驱试验方案，杜813块直井与水平井组合蒸汽驱方案，锦90块蒸汽驱方案和齐40块非主力层蒸汽驱方案。

笔者积极支持既有现实意义，又有长期战略性的规划。辽河油田开创了昔日极难开采的稠油注蒸汽热采技术，经历30多年，依靠蒸汽吞吐技术，将深度大、原油黏度高、地质条件复杂的稠油大规模开发成功，为国家奉献了2亿多吨原油，创造了巨大财富。目前蒸汽吞吐动用储量已接近标定的26%采收率技术，经济上取得的巨大成就，实属来之不易，开发水平之高举世瞩目。当前，蒸汽吞吐热采已进入后期，继续提高采收率并获得经济有效开发，面临诸多技术难题与挑战。对此严峻形势，笔者提出以下思考与建议：

（1）采用新结构隔热管与氮气泡沫辅助蒸汽吞吐技术。

目前，多周期吞吐采油长期形成的油藏特点有：油层压力低，蒸汽凝结存水多，剖面动用程度差异大，普遍存在汽窜大通道，剩余油多富集在上部等。为提高吞吐采出油量，必须注入更多高干度（高潜热）蒸汽以扩大加热范围，有效控制蒸汽窜流以扩大吸汽剖面，注入足够量非凝结气体提高局部地层压力，以强化助排能量。

为此，采用新结构隔热油管（7in×2⅜in×4½in）注入高干度蒸汽，用减少井筒热损失的方法提高井底蒸汽干度，以同等水当量高热焓蒸汽扩大加热范围来增加热采产油量，比节省注蒸汽量的效果要好。同时蒸汽中加入耐高温起泡剂并从环空注入氮气，在井底形成热流体泡沫流，发挥自生选择性控制窜流通道，并扩大纵向与层内热波及体积，注入的非凝结气体助力热流体上浮至油层顶部，增加局部压力和回采助排作用。

形成泡沫流的三要素是水+气体+起泡剂，注入蒸汽中只加入气体并不能形成泡沫流以控制窜流。同时加入的起泡剂是表面活性剂，还起到驱替出更多剩余油（尤其是低渗透及难动用的部位）的作用，以提高驱油效率。这种多元组合方式的效果，比单纯气体辅助蒸汽吞吐方式要好。

对注入空气的问题，笔者认为有利与不利因素并存，注入空气虽然较氮气成本低，但存在安全隐患，对油井油套管也有腐蚀作用。希望油井寿命尽力延长，以留有今后若干年仍有提高油田采收率的时空，建议采用注入减氧氮气（氮气浓度由95%降为90%）取代空气。

（2）加快实施多元热流体泡沫驱，争取提高采收率10%~20%的目标。

现有吞吐采油油藏整体上转入蒸汽驱的不利因素在增加，长期吞吐形成的油层次生水量大与汽窜通道等复杂条件，造成常规蒸汽驱方式难以实施。但油井之间和层间的未动用潜在储量仍可观，远比低品位新增储量开发的潜力大。开拓新思路，采用新一代蒸汽驱技术，仍有进一步提高采收率的发展前景。

建议首选笔者曾研究过的锦45油田，采用新结构隔热油管（7in×2⅜in×4½in），环空注氮气，提高热流体泡沫驱的注汽干度与温度，连续注入蒸汽+氮气+起泡剂泡沫流。其次，对冷43块普通稠油也有过研究，昔日推荐采用热水+化学剂驱油方式，是限于油层深度1900m难以实施蒸汽驱，现在可以思考采用新结构隔热油管（7in×2⅜in×4½in），环空注氮气，连续注入高干度蒸汽+起泡剂，发挥高热焓热流体泡沫驱的独特功效，实现较大幅度提高采收率的期望。

辽河油田2015年安排了4项蒸汽驱重大试验项目，在杜212块和杜813块直井与水平井组合蒸汽驱、锦90块蒸汽驱和齐40块非主力层蒸汽驱方案中，是否也可以考虑采用新结构隔热油管（7in×2⅜in×4½in）提高井底蒸汽干度，环空注氮气，并注入溶剂、起泡剂，提高油层加热效率与驱油效率。采用直井与水平井组合井网，增加这些辅助因素，有利于底部水平井排水，并驱替出更多剩余油，提高油汽比与经济效益。

在编制转蒸汽驱方案中，精细油藏描述与选择注采井别十分重要。依据开发单元压力场、温度场和饱和度场分布确定剩余油分布状态时，需注意多周期蒸汽吞吐后形成的温度场与饱和度场有密切对应关系，但温度场扩散范围要大于驱替后剩余油饱和度场，历次吞吐采出油量计量较准确，而采出水量与存水率计量较差，加上取心井极少，造成剩余油饱和度分布的精度误差大，影响注采井网与层系设定的最优选择。其次，在蒸汽驱方案中，注汽井的井位选择很重要，应尽量选择在油层厚度较大、剩余油饱和度较高部位，钻新井为注汽井。实施蒸汽驱时，先进行蒸汽吞吐1~2次就转入蒸汽驱，利用吞吐排出可能的污染物并预热油层后，尽早注入高热焓多元热流体泡沫驱，从蒸汽驱起始扩大吸汽剖面。同时，相对应的生产井数要多，以保证采注比达到1.2以上，形成蒸汽带前沿推进有合理的速度。总之，新方案要适应既有复杂的油层开发规律，以精细油藏描述、精细设计、精细实施、精细管理提高开发水平与效益。

3. 对新疆油田稠油热采技术发展的思考与建议

新疆油田是我国第二个稠油开发生产区，自1986年克拉玛依九区投入注蒸汽热采建成100×10⁴t年产水平以来，稠油热采产量持续增加，保持在200×10⁴t以上超过20年。得益于超稠油热采技术的重大突破，稠油产量由2009年的345×10⁴t提高到2014年的528×10⁴t，其中超稠油的所占比例由6.5%提高到20.8%。

截至2014年，稠油累计动用地质储量3.3×10⁸t，稠油累计产量达8000×10⁴t。新疆石油人弘扬"爱国、创业、求实、奉献"的大庆精神、铁人精神，累计生产原油达3.2×10⁸t，为保障国家能源安全和繁荣地方经济做出了重大贡献。新疆油田的稠油突出的特点是原油黏度高，大部分为特超稠油，黏度为 $(5\sim100)\times10^4$ mPa·s，油藏埋深浅，地质条件也较复杂，开采难度是世界之最。按勘探与开发发展形势，稠油资源量大，探明储量在持续增加。2014年，稠油产量占全油田产量 1180×10^4t 的 44.8%，稠油热采技术的创新发展极为重要。

自进入21世纪以来，稠油热采开发技术已创立了由蒸汽吞吐、蒸汽驱，迈向蒸汽吞吐、蒸汽驱SAGD和火驱四大技术的发展格局，形成了具有自主创新特色的浅油藏进行SAGD和火驱技术系列，为稠油热采产量持续稳定增产和大幅度提高采收率至50%~60%打下了坚实的基础。

在此稠油热采广阔发展的形势下，思考如何改善稠油老区蒸汽吞吐与蒸汽区块开发效果，开拓提高老区采收率的新途径。

据油田2014年度报告，稠油老区吞吐年产量 246×10^4t，采出程度28.0%，油汽比0.09，单井日产油0.7t；蒸汽驱年产油 57.7×10^4t，采出程度42.0%，油汽比0.08，单井日产油0.5t。吞吐和蒸汽驱整体进入开发末期，急需转变开发方式。试验研究结果表明，火驱是稠油开发比较现实的接替技术。

吞吐与蒸汽驱开发方式开发指标见表11-7。

表11-7 不同开发方式开发指标

开发方式	年产油 10^4t	采出程度 %	油汽比 t/t	单井日产油 t	含水率 %
吞吐	246.2	28	0.09	0.7	85
蒸汽驱	57.7	42	0.08	0.5	90

另据克拉玛依九6区齐古组油藏2013年5月的开发形势报告，该油藏为一由西北向东南缓倾的单斜构造浅层岩性油藏，含油面积 $5.5km^2$，地质储量 1546×10^4t。油藏埋深220m，油层厚度13.6m，孔隙度31%，渗透率2202mD，原油黏度20031mPa·s，原始压力1.8MPa，目前0.82MPa。

1989年投入蒸汽吞吐开采，1996年加密调整，钻井179口。1998年，油藏中、南部58个井组转蒸汽驱；2006年西北部打调整井43口，南部打水平井12口。2013年，油井总数717口，注汽井98口。

2012年，九6区齐古组油藏油汽比低，开井率低，单井日产油低，含水率高，见表11-8。

表11-8 九6区齐古组油藏2012年生产状况

项目	油井总数 口	注汽井总数 口	油井开井数 口	注汽井开井数 口	产油水平 t/d	单井日产油 t
吞吐	375		242		155	0.64
蒸汽驱	342	98	289	64	209	0.72
合计	717	98	531	64	364	0.69

项目	年注汽 10^4t	年产油 10^4t	年产水 10^4t	油汽比 t/t	含水率 %	采油速度 %
吞吐	21.17	4.07	77.7	0.19	95.0	0.53
蒸汽驱	84.48	5.47	95.3	0.06	94.6	0.70
合计	105.6	9.54	172.9	0.09	94.8	0.62

按上述，油井与注汽井开井率分别为74.1%和65.3%；如燃料为自产原油，则产油9.54×10^4t，烧油7.07×10^4t，净产油仅为2.47×10^4t，商品率为26%。

报告指出蒸汽驱区块面临如下生产问题：

（1）历年吸汽剖面资料显示，下部吸汽量仅有13.4%，86.6%蒸汽在油层中上部驱油，蒸汽超覆现象严重，下部油层动用程度低。

（2）蒸汽汽窜频繁，无效循环严重，蒸汽沿主河道方向推进速度快。2012年10月，汽窜井数109口，井口温度104℃，日产油由上年的0.43t降为0.27t，边水水侵加剧。

（3）注汽井井况变差，已大修套管外漏注汽井9井次，有72口井温差剖面测试异常，有可能存在固井质量差、隔热管失效、套管漏等问题。

（4）蒸汽驱区块开发效果变差，急需改善开发方式。吞吐阶段采出程度30%，蒸汽驱采出程度21.9%，总采出程度达51.9%。目前含水率高达95.2%，油汽比仅为0.06，产水率大于100%的井组占总井组的52.8%，原因不清晰。

报告指出蒸汽吞吐区块面临如下生产问题：

（1）东部区块构造低部位井产地层水并含水率居高难以控制，采出程度22.7%。

（2）西北部吞吐区块吞吐轮次平均10.6，其中有112口井平均轮次达14.8，周期产油仅有173t，油汽比0.08；14轮次以后吞吐效果更差，周期产油仅120t，油汽比仅0.05。

（3）油藏西北部高黏度区域，平均原油黏度22×10^4mPa·s，平均吞吐10轮次，地下存水率高、井间窜扰频繁。

（4）蒸汽吞吐井中长停井比例大，共有244口，仅复产87口；已封井、高含水、低产能、有安全隐患、套损等原因的长关井达149口。

（5）吞吐老区亟待改善后期开发效果。2013年，九6区齐古组吞吐老区采出程度已达到21.3%，平均单井日产油0.7t，含水率95%，产水率大于100%井占总井数的56.3%，长期关井、报废、低产井占总井数的30%。

（6）剩余油分布状况：剩余油主要分布在西部高黏区和东部吞吐区域，估算剩余储量为161×10^4t。剩余油平面上分散，边井处较低，剩余油饱和度在30%~40%之间，而角井处为富集区，在60%以上。

报告中提出2013年和今后改善蒸汽吞吐与蒸汽驱措施：

改善蒸汽吞吐的主要工作：

（1）按油层条件与动态相结合，分区分类优化注汽。

（2）开展多井同注同采，即集团注汽，改善九6区西北部窜扰井吞吐效果。

（3）九6区东部采用直井/水平井方式注汽，维持生产。

（4）九6区西部加强一、二、三类井的转轮次力度，确保吞吐效果。

（5）加大长停井复开力度，保持老区稳产。

（6）推广两用泵采油技术，提高生产井生产时率。

（7）实施提压定量注汽，提高高轮次井吞吐效果。

改善蒸汽驱的主要工作：

（1）以沉积相为基础，开展调向间注措施，以减少汽窜。

（2）连续注汽，补充地层能量。

（3）开展封堵调剖，提高低渗透层波及效果。

（4）加强窜扰井控力度，采用高温堵剂封堵与控关井相结合，减少蒸汽无效循环，提高蒸汽波及效率。

(5) 加强注汽井井况调查，更新注汽井管柱，确保油层吸汽。

(6) 引用新技术监测井底蒸汽干度，分析注蒸汽热损失状况。

(7) 加强水淹、汽窜井间关间开力度，减缓地层亏空。

(8) 采用分层注汽技术，提高纵向动用程度。

对于后续工作，提出如下设想：

(1) 改变注采井别试验，论证蒸汽驱挖潜潜力，从面积注汽改变为行列式注汽方式，以弥补日益增加的地层亏空。

(2) 转换开发方式，加密转入蒸汽驱（50m×70m）。

(3) 实施 J_3q_3 层水平井薄油层开发。

根据上述研究报告可知，新疆油田现有稠油老区已处于开发后期，面临进一步提高采收率的紧迫形势。对于稠油老区以及新区开发，笔者提出3点建议。

(1) 蒸汽吞吐老区尽快采用新一代蒸汽驱技术，提高采收率。

以九6区蒸汽吞吐开发区为例，该区含油面积 $3.85km^2$，地质储量 $766×10^4t$，经历23年的吞吐开发。截至2013年底，采出程度21.3%，如转入蒸汽驱可再提高采收率20%，还可增产原油 $33×10^4t$，如继续吞吐，单井产量与油汽比已很低，将出现汽窜、边水侵入、油层压力衰竭，采取上述改善措施不可能扭转单井产量低、油汽比低的局面。如采用传统的蒸汽驱方式，由于汽窜严重，非选择性堵剂调剖难以减少蒸汽无效循环，水淹井、高含水井和汽窜井采取间歇注汽也难以驱出分散状况的剩余油，将导致耗能多、采出油少，油汽比低，无经济效益。

在此两难困局下，建议采用新一代蒸汽驱技术，即蒸汽+氮气+泡沫剂形成高温泡沫流体，发挥控制汽窜、扩大吸汽剖面与波及体积系数作用，提高油层加热效率，达到提高单井产量与油汽比的目标。具体而言，首先在九6区东部吞吐区采用加密井网（50m×70m）转入蒸汽驱提高地层压力，形成增压条带以控制边水侵入并发挥多元热流体的优势提高采收率与油汽比。对于西部吞吐区块，针对原油黏度高、层间动用程度差异大等特点，开展蒸汽+氮气+起泡剂+溶剂多元组合蒸汽驱试验，创造这类特、超稠油（小于 $10×10^4mPa·s$）有效二次热采经验，以扩大应用于其他类似区块。

(2) 创新浅层稠油油藏蒸汽吞吐/蒸汽驱热采技术的思考。

针对新疆油田稠油油藏埋藏浅、原油黏度变化大等特点，以及多年来积累的实践经验，形成了我国浅层稠油油藏采用蒸汽吞吐/蒸汽驱开发模式和配套成熟的系列化工程技术。在此基础上，期望在继承中创新发展，开拓新领域，再创新水平。

其一，创新蒸汽吞吐/蒸汽驱提高采收率的目标。充分发挥浅层稠油有利条件：采用密井网，较小井距，钻井成本低，多取岩心，精细油藏描述，优化整体热采开发方案，灵活运用注采调控措施，将蒸汽吞吐+蒸汽驱一体化开发目标提高到采收率达到50%~60%的高水平，并获得经济效益。发挥这种开发模式的简便、实用，避免中后期治理的复杂化与减少附加投资的优势（与火驱相比）。

其二，改善蒸汽吞吐效果，并为蒸汽驱创造有利条件。浅层稠油藏在蒸汽吞吐阶段，由于地层压力低，弹性能量有限，回采排油能力衰减导致周期产油量递减快，油汽比逐次下降不可避免；同时由于现有注汽锅炉系列额定注汽压力高，难以调控在较低压力下保持高干度的匹配关系，导致注汽压力必然超过5MPa，当井口压力超过油层静水柱压力2倍时，将形成人工水力压裂裂缝,加剧蒸汽"单层窜进"。为此,在吞吐作业初期采用蒸汽+氮气泡沫吞吐技术以扩大吸汽剖面、增加热驱油量,同时应优化注汽工艺参数,限制注汽压力,不追求过高注汽速度来缩短施工时间,防止汽窜发生应是关注的焦点。

其三,掌握适时转入蒸汽驱时机,为转入蒸汽驱创造有利条件。在编制注蒸汽热采开发方案时,要进行蒸汽吞吐+蒸汽驱开发方式的可行性实验研究,依据现场先导试验结果,制订整体开发设计方案,评价和优选最佳方案。对浅层稠油蒸汽吞吐轮次不可过度延长,在井间已有热连通与汽窜初期,应及时转入蒸汽驱开采。浅油藏以吞吐为主的开发方案,采出程度最多仅为20%左右,但对转入蒸汽驱将造成不利影响,最终采收率、油汽比与经济指标达不到理想水平(采收率50%以上,油汽比0.20以上)。同时,按优选最佳井距、井网,一次布井钻完井投产,避免以后加密调整井网时易产生油层伤害的后果。

其四,采用新结构隔热油管,以降低井筒热损失率提高油层加热效率。对浅油藏,采用$7in\times2\frac{3}{8}in\times4\frac{1}{2}in$隔热油管(外管用非金属材料)、环空下入封隔器排干或注氮气的隔热技术,简便易行,既节能省耗,又保护套管防止热损伤。

其五,对浅油藏的蒸汽驱方式,充分利用密井网、多取心、易监测与调整灵活的诸多优势。与中深、超深油藏相比,钻完井的成本高,没有这种优越条件。在蒸汽驱初期以及中后期,运用多种调控措施提高采收率。20世纪90年代,在九-1区开展的两个蒸汽吞吐+蒸汽驱先导试验区,取得了不失最佳时机转入蒸汽驱的经验与调控技术,大面积转蒸汽驱后采收率达到50%以上,获得了显著的经济效益。目前已有蒸汽+氮气+泡沫剂+溶剂的成熟技术,有助于创出新水平。

其六,开拓薄油层、特超稠油油藏注蒸汽新技术试验。

目前,风城油田特超稠油采用双水平井蒸汽辅助重力驱方式,即SAGD技术,已规模应用于油层厚度大的区域。对于油层较薄的特超稠油区块,建议试验单水平井SAGD技术,在水平井下入隔热油管和采油管柱,注入蒸汽中加入氮气与溶剂,力求将厚度最低为4~5m的薄油层开拓出有效开发途径。

以上几点思考,可供新开发区块参考。

(3)统筹谋划,制定新疆油田稠油油藏多元化热采技术发展规划。

最近几年,新疆油田稠油开发已开创出了蒸汽吞吐、蒸汽驱、SAGD及火驱四大技术创新局面,针对普通稠油、特稠油及超稠油3种类型,形成了有效开发的技术系列,破解了诸多世界性难题,取得的成就及丰富经验应充分肯定。

2014年,全油田稠油产量528×10^4t,其中蒸汽吞吐与蒸汽驱产量303.7×10^4t,占57.5%。

风城油田浅层超稠油在重32和重37井区先导试验成功的基础上,双水平井SAGD已推广应用102个井组,产能90.3×10^4t,2014年产油50×10^4t,已进入工业化应用阶段,为今后大规模、大幅度提高采收率(最终采收率达50%以上)打下了基础。

火烧油层技术在红浅1井区注蒸汽后濒临废弃油藏(采出程度33.9%、单井日产量仅0.3t),经过5年的火驱试验,累计产油近7×10^4t,增加采收率16.3%,已具备建年产30×10^4t工业化推广条件,为今后接替注蒸汽开发后期油藏打下了基础,可将稠油最终采收率提高到55%~60%高水平。为探索风城油田超稠油高效开发技术,2014年开展了5对水平井火驱试验项目,首口水平井点火成功。预计12年累计产油16.9×10^4t,最终采收率达55.5%。

从上述新疆油田稠油开发总体发展现状和今后工作安排可以看出,稠油开发技术呈多元化发展形势，将持续推进稠油资源有效开发的创新发展。

笔者积极点赞与支持新疆石油人的创新发展，也提出几点建议。

其一，风城油田超稠油尽快实施 SAGD 中加入非凝结气体及溶剂，扭转油汽比下降局面。

据油田报告资料，风城油田规模开发 SAGD 的油汽比由 2009 年的 0.212 下降为 2014 年的 0.134，这种逐年下降的趋势，导致经济效益下降，急需采用综合措施。注入蒸汽中加入氮气、CO_2、溶剂等化学剂对改善 SAGD 开发效果将起显著功效，是成熟技术，需尽快列入计划推广应用。扩大燃煤、燃气锅炉应用规模，稳定高干度蒸汽供应用量。改进注汽管柱，研制减少热损失的隔热油管及提高油层加热效率的可行技术。探索多种井型，如直井与水平井组合、单水平井 SAGD 等，将 SAGD 技术机理扩大应用于多种类型油层条件。力求在近期 SAGD 技术多元化发展，成为风城油田主体开发技术。

其二，建立稠油油藏火驱筛选评价新标准，科学规划发展前景。

新疆油田浅层火驱具有优越条件，由于油层埋深浅，可以采用密井网布井，有利于实施火驱注采动态调控，扩大火驱波及面积获得高采收率；但在后期火线突入生产井阶段，高温产出液与尾气的处理要有相应附加对策与投资；多层状油藏平面上油层连通状况对火驱效果是决定性因素，与井网密度密切关联。因此，对于火驱油藏的适用与不适用油藏条件应有科学合理的筛选评价标准，以便指导制订近期和长期的规划，避免可能的失误和风险。

在 20 世纪 80 年代，当稠油蒸汽吞吐获得成功时，中国石油勘探开发研究院热采科研团队，及时研究了国内外注蒸汽热采油藏筛选评价标准，制定了我国自己的标准指导了全国稠油蒸汽吞吐与蒸汽驱规划工作，并不断随技术进步进行细化、修订。当时对火驱油藏国外的筛选评价标准也进行过调研。当前，我国在新疆油田浅层火驱及辽河油田中深层火驱试验已有了突破性进展，用取得的宝贵经验来制定出火驱油藏筛选评价新标准已有条件，并且可借鉴国外百年来火驱实践经验。建议有关部门组织研究此课题，以科学制订火驱发展规划，谋划今后 5 年、10 年的发展方案，比较清晰地统筹原油生产规划。

其三，探索短半径径向水平井热采薄层稠油新途径。

新疆油田稠油资源中，还有厚度小于 3~10m 的薄层状特超稠油油藏，要创出有效开发技术，除选择常规水平井以及火驱技术外，笔者建议利用油藏埋藏浅的特点，探索采用修井设备在直井眼油层段使用柔性钻具 90°侧向钻成多个超短半径水平井，水平段达 20m，形成多方向多个井眼，进行注蒸汽开采。蒸汽中加入化学剂，力求发挥注蒸汽热采的诸多优势，节约投资，开拓这类难动用储量的开发新途径。

第四节　创新油层保护与防治套损技术

在油田开发过程中，油层保护与油层改造技术、预防套管损坏与修复技术始终需要高度重视，并不断抓紧技术创新与管理创新，这是延长油田开采寿命、提高原油采收率、实现百年油田目标的基础。

从油藏钻开油层直至开采全过程中，经历钻完井及各种井下作业频繁入井液的浸泡浸入，容易伤害油层，造成近井地带增加油气流动阻力，导致损失产油能力；为解除污染堵塞物进行油层改造措施，必将增加投资并难以确保获得理想效果。同时，油井套管在长时间采油注水过程中，也经历各种井下作业中高压、高温、腐蚀、地应力挤压等因素的损伤，能否延长服务寿命至 30 年、50 年、100 年存在诸多变数，也取决于我们能否采取有效的预防措施。油井寿命直接影响油藏开发投资与生产成本。随着油藏深度加大，钻完井费用占投资费用的比重增长很高，例如，深度500m每口井需几十万元，深度1000~2000m则需数百万元，深度达3000m左右，则需千万元。由此可见，油层保护和油井维护这两大课题至关重要，需要石油职工从领导直至各级员工高度重视，科技人员在制订开发方案与重大项目时，应将这类隐蔽在地下不易察觉的生产安全问题纳入视野，制订有效措施。

回顾20世纪60年代大庆油田会战至今，我国油田开发进程中对油层保护与油井套损防治技术创新取得的成功经验与成就，笔者概括以下几点，以求继承与发展，为创建百年油田打好基础。

一、大庆油田"4·19"钻井质量大检查，开创钻采工程质量大提升

1960年初，大庆油田会战开始，几万石油队伍齐集萨尔图荒原，在十分艰苦的条件下，以王进喜为代表的大庆人，争分夺秒日夜奋战，为争取时间早日多打井快出油，以令人难以想像的速度克服种种困难，开辟了开发试验区，仅半年时间就生产出国家急需的原油，当第一批原油外运列车开赴北京，全国欢欣沸腾，令人难忘。当时钻井速度创造了新奇迹，钻井月进尺不断创新；油建队伍、采油队伍抢时间建井投产；各路会战队伍为建设油、水、电、路、集输站、库等八大工程系统，都在抢时间争速度……

笔者于1960年6月赶赴大庆，在松辽会战指挥部机关工程技术室任主任，负责建设开发规划与工程技术管理全面工作，总工程师刘树人、彭佐献任工程室正副主任。油田钻井、采油、地面建设工程同步按总体规划开展，要抢在第一个寒冬之前，基本建成开发试验区地面工程并投入生产。那时，地处高寒地区的冬季寒风凛冽，冰天雪地，每逢10月初气温开始骤降，最冷时降至零下三四十度。为确保冬季原油安全生产并实现早期注水，9月开始中区7排注水会战时，第一座中区1号注水站抢建中厂房未完工已露天安装注水泵开始注水。为应对冬季油井防冻，加紧试验井口"热风吹"与水套式加热炉（井口点燃伴生气加热出油管线），所有油水管线必须深埋防冻，过冬保温工作十分紧迫，工作量极大。为保障几万职工安全过冬，松辽会战工委安排"四进工作"，即人进屋（抢建一大批"干打垒"土房）、菜进窖、粮进仓、猪进圈。各项生产、生活工作都要按天计时、争分夺秒和时间赛跑，会战职工和家属没有休息日，日日夜夜战天斗地战胜一切困难，艰苦奋斗去创业，为早日建设开发好大庆油田，为国家奉献石油表现出了大无畏的英雄气慨，为战胜第一个寒冬，千千万万不平凡的事迹令人难忘。

1960年冬天，各项工程建设齐头并进快速抢行中，也出现了不配套、不协调的问题。会战指挥部二号院的过冬锅炉房供汽不足，在前面300m处钻了一口浅层天然气井，日产不到$1×10^4 m^3$，安装气水分离器通过气管线向二号院供气保暖。经常发生管线结冰，领导机关人员常常受冻。杨艾（张文彬的夫人）见我就问是什么原因。笔者是工程技术室负责人，指派一名工程师专管供气问题，采用原油烧管线，井组工人昼夜值班，挨过寒冬后才建成锅炉房。

中六排21井，是一口自喷高产井，由于井口加热炉引发了井喷起火事故，很难扑救，火焰高达十余米，康世恩亲临现场指挥，奋战几小时，避免了大火蔓延一大片的危险。在井场召开了现场大会，康世恩大声疾呼，下令全战区动员起来，铲除上百口油井所有井场丛草和油污，"严防油区荒草风大变成火海，人员烧成虾米"。还发生了一些钻井质量事故，如井斜过大井底位移不合格，也有固井质量不合格、泥浆过重等。

1961年4月19日，会战领导小组在油建礼堂召开了千人质量大检查大会。会战总指挥康世恩主持大会，提出"质量不合格就要推倒重来"。从钻井工程抓起，掀起全战区各个工程建设与井下作业全面提升质量的总动员。会上，由钻井指挥部李敬指挥汇报了钻井工程质量情况，并检讨承担责任，王进喜站起来说："过去为了抢进度多打井，没有重视钻井质量带坏了头，今后保证一不打'歪脖子井'要打好直井；二要调配好泥浆不'枪毙'油层"。会场肃立无声，听了采油队、井作业队的事故实例，康世恩提出了开展严格生产安全质量大检查的要求，雷厉风行，查漏洞、建规章、限期见效果。笔者经历了这场后来大庆人常提及的难忘的4·19钻井质量大检查，推动了全油田将高速度、高水平建设大庆油田的总体要求落实在各项工作中。

在此期间，按照会战领导指示，笔者带领工程技术室王礼钦、章怡俊、冯永杰等10多位钻井采油工程师，起草了大庆油田第一部钻井、采油、油建工程安全质量标准草稿，经会战指挥部领导唐克、张文彬、焦力人等组织审定，并以会战指挥部名义铅印成册下发执行，以高标准、严要求规范各路工程作业。笔者回忆其内容有钻井完井质量30条、采油与井下作业30条，地面建设工程30条。在钻井工程中规定钻井完井程序、井身结构、固井质量、泥浆性能、电测射孔标准等；采油与井下作业标准中规定了保证井下无落物、油井清蜡解堵、防火防喷安全生产等；地面工程要求井口加热保温安全标准、油水管线保温与防腐等标准。

二、大庆油田套损井防治工艺技术的创新发展

大庆油田开创了中国油田开发早期注水、分层注水保持压力的油田开发理论与"六分四清"采油工艺技术，有力支撑了长期稳定高产的开发历程。针对大庆油田具有陆相沉积多油层的地质特点，早期开发的两套主力油层（萨尔图油层和葡萄花油层）划分为5个油层组、14个砂层组和45个小层，开发方案虽然划分了2~3套井网，仍难以有效控制每套井网内油层纵向、平面方向水驱不均的矛盾。大庆会战总指挥康世恩提出的"糖葫芦"式封隔器的设想与思路。就是在同一口井内下入多级封隔器进行分层注水分层采油，控制高渗透层定量配注并提高低渗透层进水量，形成了有中国特色的油田分层开发新理论和配套工艺技术。这和国外采用的分层系钻一套井网不用封隔器的分层开发模式有本质区别。显然，同一口井采用多级封隔器动用的油层厚度与地质储量远远高于分层系笼统注水方式，意味着一口分层注水井发挥了多口井的效果，既节约了大量投资，也提高了单井产油量及采收率，这彰显出大庆油田将油藏细分层研究与以多级封隔器井下工具为核心技术相结合的优越性，将注水开发技术推进到世界先进水平。

据大庆油田2014年开发报告资料，大庆油田不断创新分层注水技术，以提升砂岩吸水厚度与油层动用程度为目标，目前已成功研制出小卡距、小隔层细分注水工艺和逐级解封封隔器，实现了7级以上精细分层注水和厚层层内细分注水，可将两级配水器最小间距缩短到2m，局部可达0.7m；双组胶筒封隔器与长胶筒封隔器的应用，可将厚层内部小于0.5m的物性夹层或结构界面用长胶筒封隔器，封堵无效注水部位炮眼停注，其他部位继续注水，提高了注水效率。2014年，细分层注水方案调整1.01万口井，全油田水驱细分程度又有新提高，平均单井层段数达到4.01段，其中5段及以上井数比例达到34.8%。水驱分注率由2008年的80.5%提高到86.0%，水驱吸水厚度百分比由2008年的78.8%提高到86.3%。全油田年含水92%的情况下，原油产量年自然递减率控制至4.97%，水驱综合递减率控制至

2.39%，年均含水率上升值控制至 0.3%。

大庆长垣（萨喇杏）老油田已开发 56 年，在水驱开发进入特高含水开发期，2000 年年产油 $3967×10^4$ t，在年均向三次采油转移地质储量 $6272×10^4$ t 的情况下，年产油递减幅度和自然递减速度仍然大幅减缓。2005 年自然递减率 8.62%，降至 2014 年的 5.22%，年产油缓慢降至 $1909×10^4$ t；年含水上升值由 2005 年的 0.60%，降至 2014 年的 0.27%。目前长垣油田标定采收率达到 52%，仍在持续生产。

这些油田注水开发史上创造的先进指标是：组合精细分层研究与精细分层注水，突破含水界限，在特高含水井中挖掘剩余油；突破隔层界限，在高含水层段中挖掘剩余油；突破厚度界限，在薄差层中挖掘剩余油；突破井况条件，在套损井中挖掘剩余油。这是大庆油田科技人员总结的在含水逐年升高的情况下，依靠科技创新挖潜增油，保持产量基本稳定的宝贵经验与发展思路。

深入分析大庆人围绕"持续有效发展，创建百年油田宏伟目标"历程中，是如何创新油层保护与油井套损防治技术，秘密何在？

从 1962 年大庆油田成立采油工艺研究所，随后扩建为大庆油田采油工程研究院到 2012 年的 50 年历程中，研究院人员发扬大庆精神铁人精神和"三敢三严"优良传统，勇当采油工程科技先锋，大力发展新技术、新工艺，为大庆油田的辉煌成就做出了巨大贡献。多年来，和大庆油田井下作业公司紧密合作，开展了 30 余项关于油水井套损机理及修复工艺技术研究和现场试验，已形成了适合大庆油田实际的解卡打捞、整形加固、取换套管、套管补贴、油水井报废和电泵井故障处理等 6 个系列配套技术，特别是"套损井密封加固技术和套损预测与修防治理技术研究"，已在大庆及外围油田广泛推广应用，为大庆油田降低一次性投资、提高油水井利用率及完善注采关系起到了重要作用。

1960 年参加会战的采油指挥部井下作业队伍，在完成第一批注水井试注作业和 1961 年参加"三选"技术试验后，1962 年扩建为大庆油田井下技术作业指挥部，和采油工艺研究所科研合作，担负大庆油田全局性、战略性井下技术作业任务，胜利完成"101、444"、"115、426"分层配水和"146"分层配产百口油井会战以后，又创新发展了上万口井的分层压裂任务。紧接着又开展了油井大修恢复产能的重大创新任务。随着大庆油田开发进程，曾出现过两次套损高峰。由于分层注水与分层采油井细分层数增加和井况变差的矛盾日益突出，套损趋势更加复杂，修井难度也越来越大，根据不同时期的套损特点，先后研发了 15 项大修技术。在 1986 年以前，主要发展应用了套管状况检测技术、解卡打捞技术和整形技术；从 1986 年到 2003 年，套损形势进一步恶化，这一时期主要发展应用了密封加固技术、取换套管技术、侧斜大修等技术；在 2003 年以后，油田实施水平井和以气补油战略，开始钻水平井和钻深层气井，这一时期主要发展应用了侧钻水平井、水平井大修、气井大修等技术。2001 年以来，年修井能力达到 1000 口以上，修复率 80% 以上，年套损率降到 1% 以下[133]。50 多年来，大庆油田井下作业指挥部（公司）职工为实现大庆油田长期高产稳产开发战略做出了巨大贡献，锻炼出一支装备精良、进攻性强、能打硬仗、勇攀高峰的"修井铁军"，被誉为"油田大外科大夫"。

据统计，2011 年底全油田已累计发现套管损坏井 14443 口，其中，2011 年套损井 1127 口。近 10 年每年套损井数在 600~800 口左右，套损井数趋于上升趋势。套损井一般情况下均不能维持正常生产，甚至停产停注。严重影响了油田的高产稳产。通过以上大修工艺技术的应用和严格执行套管保护法规，有效地控制了套损速度。2011 年，大修井数 1678 口，近

10年大修井数均在1100口以上，超过当年套损井数。套损井修复率逐年升高，2011年套损井修复率达到86.94%，进一步减缓了套损井对油田$4000×10^4$t稳产的影响。修井科研成果在油田持续高产稳产中起到了重要作用。另据大庆油田2014年开发总结报告，2014年大庆油田大修井数2380口，修复率86.3%。

笔者跟踪大庆油田会战初期以来，大庆人关于油田开发历程中创新保护油层与防治套损技术的实例如下。

1. 三项技术的诞生

难忘的4·19钻井质量大检查，推动了大庆油田从会战初期以油层保护与防治套损技术为主，为钻井、注水采油、井下作业、油田建设等工程安全、质量规范化管理与技术创新全面提升打下了基础，逐步发展形成了一切从严要求，达到"人人出手过得硬、事事做到规范化、项项工程质量全优"的新局面。

1962年，大庆油田采油工艺研究所成立，在重点技术攻关"糖葫芦"式封隔器（水力压差式封隔器）的同时，也组织攻关"不压井不放喷井下作业装备（图11-11），针对注水井与油井起下油管过程中，特别是在井口有压力的情况下起下多级封隔器管柱时，实现注水井不放喷、油井不用泥浆压井、不停产安全起下作业。这套装备有3部分组成：井口控制器由自封封井器、半封封井器、全封封井器等组成；油管密封堵塞器采用修井作业机绳索起下加压工具。由研究所试验队试验成功后，开始全面推广应用，对减少油层伤害保护油层、缩短施工作业时间并减轻环境污染，改善作业工人劳动条件发挥了重要作用。这套井下作业控制技术，为后来创新研发出新一代带压作业技术起到了先导作用。

1963年，在"糖葫芦"封隔器进入现场规模试验过程中，发现早期钻的注水井中，套管外水泥固结不牢固产生窜槽问题，有地质师怀疑是封隔器不密封，提出疑问。

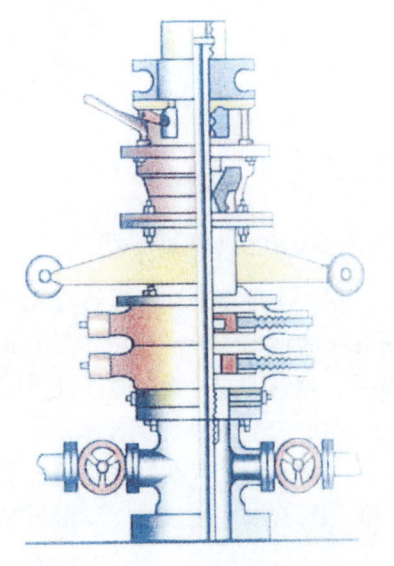

图11-11 不压井不放喷井下作业控制器

为以科学数据来验证封隔器质量和固井质量，采用双封隔器在射孔井段注水检查有无水泥环窜槽，观察套管压力或溢流量变化，即可判断是否有窜槽以及窜通量的大小。如果有窜槽现象，利用验窜管柱卡住窜槽进口炮眼，注入水泥浆与封口填料进行封窜。挤完水泥后，上提管柱到窜槽段上部反洗井，关井候凝后，再次验证封隔效果。全油田推广应用验窜、封窜技术，促进了钻井完井质量提高与注水井进行分层注水技术向多层段、细分层方向的创新发展。

在此期间，发现了有的注水井有误射孔现象，导致分层注水分层配水非正常应用，康世恩得知后，提出要让射孔枪"长上眼睛"，消除电缆射孔枪可能造成的深度误差。此项任务交由井下作业指挥部地球物理站进行技术攻关，不久他们研制出磁性定位器，在钻完井时安装在套管下部，以此为标号来校正射孔电缆的长度误差，从此全面保障了油水井射孔的精确度，并且也推动了钻井、电测、射孔技术和地球物理站发展一系列新技术，为油田开发分层注水、分层采油、保障井况良好与防治套损创造了配套技术。

对于检验注水井、油井中多级封隔器的密封性以及封堵薄夹层套管外水泥窜槽问题，采油工程研究院持续创新，又研发出注水井直接验封监测工艺技术、油井封隔器验密技术和高效高强度浅封堵封窜技术（图11-12至图11-14）。

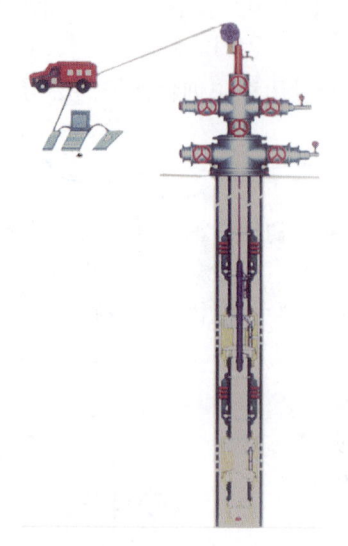

图11-12 注水井直接验封监测工艺图

图11-13 管柱结构

2. 套损井大修技术

据大庆油田采油工程研究院《套损井防护工艺技术》与大庆油田井下作业公司吴邦英、吴邦永的报告《大庆油田各类套损井大修新技术》[133]，现举套管密封加固技术、取换套管技术、侧斜大修技术工业性推广应用的实例如下。

（1）套管补贴加固技术。

对常见的套管断裂井，研发了套管补贴加固技术（图11-15）。采用机械液压动力方式，将膨胀管补贴在套损段，以密封加固。可使 ϕ140mm 套管内经为 ϕ124mm、ϕ127mm 的套损井，密封加固后通径为 ϕ106mm，能满足油田分层注水和分层采油的需要。主要工具由动力

图11-14 高效高强度浅封堵封窜工艺管柱图

图11-15 套管补贴加固技术

坐封器、密封加固器、丢手总成等组成。工作原理：动力坐封器的作用将液压能转变为机械能，将膨胀管体撑开并紧贴在套管内壁上，使其悬挂密封；当坐封力达到一定值时，丢手总成工作，起出丢手总成。该技术适用于φ140mm套管井，整形后通经大于φ120mm的错断井、外漏井、破裂井等不同壁厚的套损井。截至2011年底，推广应用了569口井，成功率100%[133]。

（2）膨胀管密封加固技术。

对套损井进行膨胀管密封加固技术，最早称为"套管贴膏药"技术，和上述套管补贴加固技术相似。据介绍[133]，该项膨胀管密封加固技术由膨胀管、发射器、膨胀头、油管、扶正环和底堵组成，如图11-16所示。其原理是利用金属材料具有塑性变形特性，施加外力，使材料在强化阶段产生塑性变形。现场施工补贴加固时，先将油管下至套损井段，在地面用高压泵向油管注入清水，清水通过膨胀锥进入底堵与膨胀头之间的密封腔，在液压和膨胀头的作用下，补贴管完成整体膨胀，紧贴于套管内壁，实现锚定与密封。

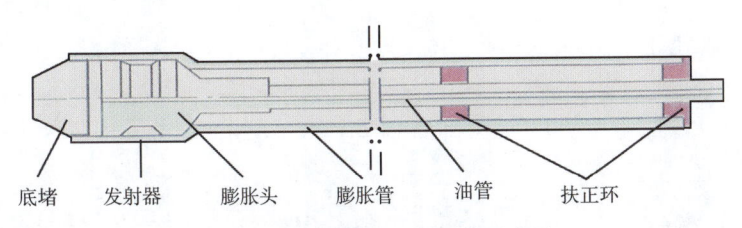

图11-16 膨胀管密封加固管示意图

膨胀管材料必须具有高塑性与高强度，核心是保持管材膨胀后的抗外压强度，其机械性能与J55套管相当，膨胀时驱动力400~440kN，即泵压达44~48MPa。膨胀后抗内压达到91MPa，抗外挤达到51MPa。膨胀管材料与结构尺寸可根据需要加工，壁厚均匀度应小于1mm。截至2008年12月底，已在大庆油田应用227口井（230段），其中单根管补贴施工217口（218段），多根管长段补贴施工10口井，成功率100%，最长加固井段150.7m。

（3）套管错断井爆炸打通道与密封加固技术。

对常见的套管错断井采用套管爆炸扩径器，将套管通径扩大，适用于通径大于φ70mm、断口以下3m内无落物的错断井及变形井扩径整形，如图11-17所示。

技术原理：由电缆携带引爆头及抗水炸药柱下井，当炸药沿井筒下至套损井段预定位置被引爆后，将产生强大的冲击波和高压气体，通过套管内液体介质的传递作用于套管内表面，使套管及管外岩石向外扩胀发生塑性变形，使套管内径扩大，达到错断井打通采油管柱的通道或变形井整形的目的。对φ140mm套管、断口以下3m无鱼顶的错断井及变形井，爆炸扩径后套损井段可形成φ118~150mm的通径。1992—1996年，在大庆、辽河、华北、胜利等油田推广应用，共现场施工46口井，打通道成功率81.8%。

类似的燃气动力加固技术，采用燃气动力系统、动力传递系统、加固装置组成的套损修复技术，可达到密封承压

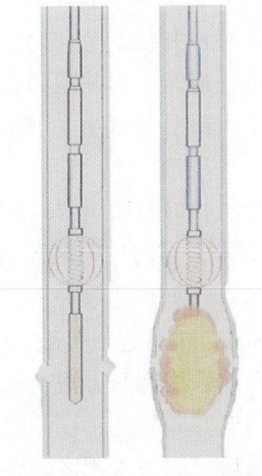

图11-17 爆炸打通管道工艺

21MPa，内通径为 ϕ110mm，最大加固长度22m。

（4）取换套管技术。

取换套管技术是利用专用的套铣工具钻铣掉部分原井眼井壁和固结在套管壁上的水泥环，利用专用割刀将套损点以上及其以下适当部位的套管割掉并捞出，然后下入新套管，利用补接工具进行新旧套管对接，如图11-18所示。该技术可完全恢复套管内通径，完井指标和新井相同，能够满足各种分注、分采措施要求，是最彻底的一种套管修复方法。取换套施工一般可分套铣前准备、套铣取套、补接完井3大步骤。

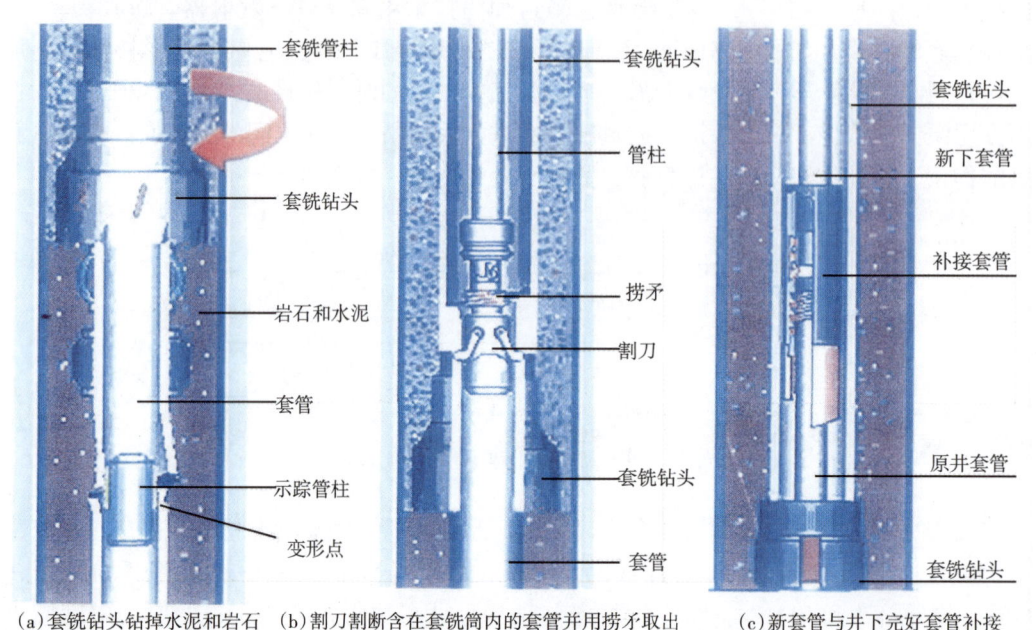

(a) 套铣钻头钻掉水泥和岩石　(b) 割刀割断含在套铣筒内的套管并用捞矛取出　(c) 新套管与井下完好套管补接

图11-18　取换套管技术示意图

该技术适用于在1200m以内的套损井眼，通径在 ϕ60mm 以上及带有管外封隔器、扶正器的套损井。取套最深达到1138m，修复率在90%以上。

（5）侧斜修井技术。

侧斜修井技术是利用定向工具及钻具，在原井眼段的一定深度内按照预定的方位进行侧斜钻进，避开下部井眼和套管，重新开辟出新井眼，根据设计的轨迹钻进，控制井眼轨迹中靶，下入新套管固井。该技术在原井眼地面位置不变，对下部实施侧斜钻进，形成新的井眼。

侧斜井井身质量要求井斜角不能超过3°、水平位移不能大于30m，全井井眼曲率小于1.5°/30m，目的层靶区范围是以原井为圆心，以30m为半径，夹角为30°~40°的扇形区域，比定向井、斜直井等井型的中靶条件更为严格，如图11-19所示。定向井的井斜角一般为15°~45°，相对造斜容易，而侧斜井由于井斜角小，实际操作较困难。为此，侧斜井的井身剖面设计采用特殊方法，选用井身剖面为：造斜段—第一稳斜段—降斜段—第二稳斜段。为防止与老井眼相碰，在侧斜后进行50m稳斜钻进，接着选用双钟摆钻头和PDC钻头组合降斜，最后稳斜进入靶区。在侧斜井的井身剖面设计完成后，可以根据不同轨道类型结合所要求的施工工艺，选择合适的钻井参数和工艺路线，进行实际施工作业。

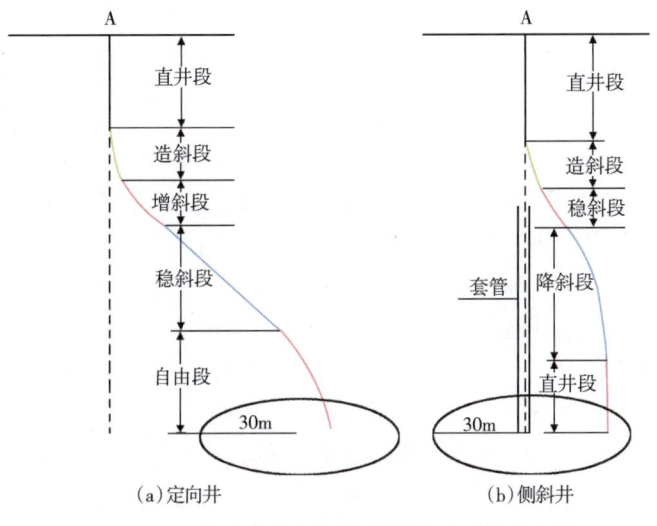

图 11-19　定向井与侧斜井井眼轨迹对比示意图

目前大庆油田井下作业公司每年利用该技术施工 100 口左右，井斜控制在 3°以内，相当于直井，固井质量合格率 100%，修复率 100%，满足分注分采技术要求[133]。

（6）水平井解卡打捞技术。

进入 21 世纪以来，我国油田开发中掀起了水平井开发技术热潮，大庆油田发展应用侧钻水平井和水平井开发低渗透油藏获得显著开发效果，并成为老井治理套损井的一项有效手段，而且也成为开发低渗透油藏的重大战略性技术。

1998 年，大庆油田采油工程技术研究院完成了"侧钻水平井作业管柱受力分析"研究课题，根据侧钻水平井作业管柱的特点，建立较为完善的侧钻水平井作业管柱稳态拉力——扭矩力学模型，编制了计算软件，经现场测试，验证了理论计算结果，达到能够为侧钻水平井起下作业和井上设备造型提供重要理论依据的目的，对侧钻水平井及侧钻定向井降低作业成本、提高作业成功率、保证作业质量和施工安全起了重要作用，也为大庆油田井下作业公司提供了技术支撑。侧钻井示意图如图 11-20 所示。

图 11-20　两种侧钻井示意图

大庆油田井下作业公司为适应水平井发展的需求，2003年以来，成功研发水平井解卡打捞技术：

①水平增力解卡技术。其原理和普通直井上提活动管柱的解卡方法不同，由于水平井井斜角度大，在井口活动管柱能量传递效果差，不易解卡。可利用井下打捞增力器打大钩的垂直拉力转变成水平拉力并具有增力效果，在二力共同作用下实现解卡。管柱结构如图11-21（a）所示，增力打捞器如图11-21（b）所示。该技术适用于各种管柱断脱滑落至弯曲或水平段被卡，或生产、压裂、改造等管柱被砂卡在水平段内的情况。

②震击解卡技术。针对水平井钻压传递困难的情况，采用倒装钻具结构或配合下击器共同作用进行震击解卡，或利用连续油管配合震击器、加速器等管柱进行近卡点震击解卡。倒装震击管柱结构如图11-21（c）所示，主要适用于管柱掉落井后砂卡，或小件落物造成的管柱阻卡后的解卡（由于水平井砂卡一般都是砂桥卡）。

③震击倒扣解卡技术。对前两种方法无法解卡的，可利用震击配合倒扣进行解卡。管柱结构和震击管柱结构相似，只是打捞工具采用可倒扣打捞工具。

④钻磨铣套解卡技术。采用各种钻头、磨铣鞋、套铣筒等硬性工具对被卡落鱼进行破坏性处理，如对电缆、钢丝绳、下井管柱及工具等进行钻磨、套铣，清除掉阻卡处的落鱼，以解除阻卡或直接将落鱼钻磨掉。钻柱结构如图11-21（d）所示，该工艺管柱在磨（套）铣时可采用复合驱动技术，既减少管柱对套管的摩擦，保护套管，又可提高钻磨铣套的工作效率。

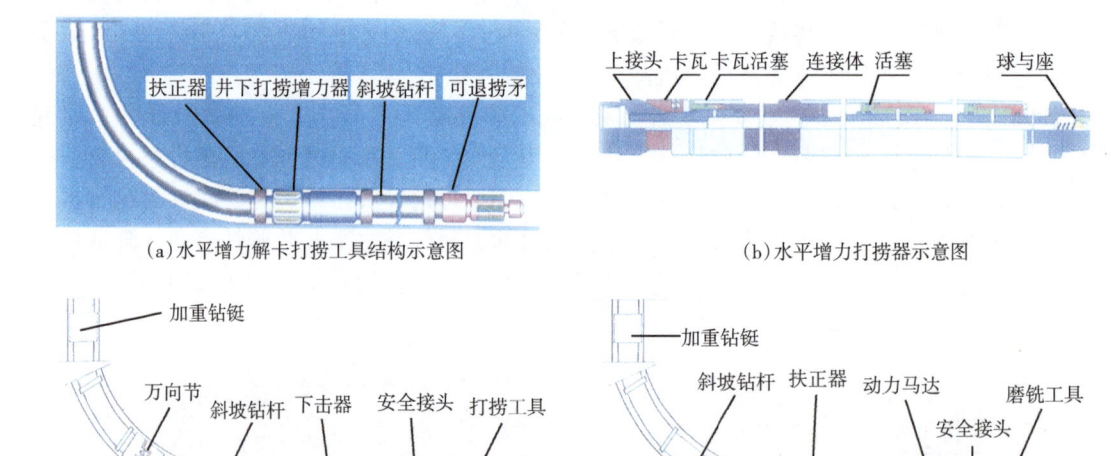

图11-21 水平井解卡打捞技术

（7）套损井大修技术攻关方向。

大庆油田井下作业公司，提出了今后大修井技术持续攻关的发展方向。

①创新井下状况检测技术。目前有3种方法：铅模打印、双封隔器检漏、井径测井。对于ϕ60mm以下小通径错断井和通道丢失井均不适用，制约了修复率的提高，需要进一步攻关。

②发展ϕ50mm以下小通径打通技术。打开通道是套损井修复的基础，目前打通成功率

低，需要进一步提高。

③发展油、气、水井带压修井技术。常规修井施工需要压井放溢，对油气层造成一定程度伤害，尤其对气井伤害更为严重。而且施工中的废液无控制排放，对环境造成污染，需攻关带压修井技术。

④发展水力喷射水平打孔改造技术。大庆油田进入开发后期，剩余油主要分布在厚层顶部和低渗透层。可在老井眼同一水平面内喷射钻进4个水平通道，直径50mm，长100m以上，以增大泄流半径和面积，降低油流阻力，是一种剩余油挖潜的有力手段。

3. 大庆油田套管损坏机理及预防措施研究

大庆油田采油工程研究院完成了3项有关研究，对修复套损井和控制套管损坏提出了有效方法。

2003年，完成了大庆地应力与套损力学机理研究、修复技术研究及现场试验。通过建立地应力分析计算，完成了泥岩浸水力学特征分析，给出了大庆油田套损分布规律和地应力分析结果，为油田套损机理研究提供理论依据，并提出了预防成片套损的主要措施。研究机械式打通道及密封加固技术组合应用工艺，并对工具结构进行优化设计，进而提高施工成功率，为套损井的治理提供了有效的修复手段。根据这项研究及修复技术，现场应用98口井，见到了良好的应用效果，取得经济效益1.86亿元。实施打通道和密封加固新工艺后套损井可实现分注分采。

2005年，对此项目又加深研究，采用现场套损调查统计分析、室内力学实验、理论分析计算方法，应用计算机模拟技术，从整体上全面、系统地研究套管损坏机理，建立套损区块地应力、套管受力计算数学模型，并对其求解，提出了减缓套损措施。

2006年，完成套损预测与修防治理技术研究，并获得中国石油天然气集团公司科技创新二等奖。其内容有创新研究套损测试检测技术，为机理研究和修井提供了先进的技术手段；嫩二底标准层套损机理认识取得重大理论突破，遏制了成片套损区的发生；集成创新套损井综合预防措施和方法，降低了油水井套损率；创新研究了整形、取换套、侧斜、加固、报废5大配套技术，提高了套损井修复率。

创新小直径（ϕ50mm）方位20°独立臂井径测井技术在现场试验112口井，为套损井检测提供了新技术。ϕ40mm以上打通道技术现场试验246口井，成功率77.6%。ϕ108mm密封加固技术现场试验300口井，一次成功率99.4%，最终成功率100%。取换套技术现场试验168口井。侧斜修井现场试验151口井，成功率98.8%。套损井报废现场试验175口井，成功率100%。

以上技术研究和应用见到了明显效果。整个油田年套损井数从2001年的719口下降到2005年的524口，年套损率从1.49%降到0.85%，年套损率近10年首次降到1%以下，套损井修复率保持在85%以上。其中，通径ϕ40~70mm套损井修井成功率77.6%，提高16.4%，为大庆油田的持续发展提供了强有力的技术保障。

三、膨胀管套管补贴技术的创新发展

进入21世纪以来，中国石油大力推进膨胀管套管补贴修复技术，成为修复老油田日益增多的套损井恢复产能的重大核心技术之一。由中国石油勘探开发研究院采油采气装备研究所担负的重大科研项目，已取得重大技术突破，获得丰硕成果，初步形成了系列化实体技术，截至2013年，共在15个油田服务1600多口井，获得显著应用效果。

根据中国石油勘探开发研究院装备所的研究报告[134]与李益良等人的文章[135]，简要介绍如下。

1. 研发目标与创新历程

采用膨胀管技术，能够有效加固套损井段，同时减小普通套损井加固方式造成的通径损失，降低作业成本。其关键技术是将较小直径的可膨胀管下入待修井内，在液压和膨胀头的作用下使膨胀管发生整体塑性膨胀，紧贴在井筒套管内壁上实现锚定与密封。胀后膨胀管具有机械强度高、密封性好、坐挂牢、通径大等突出优点，可满足分注、分采、压裂改造等措施要求。

2000年，该研发项目正式启动，由中国石油勘探开发研究院装备所组成项目组，很快于2001年通过室内设计实验，国内最先成功研发出新型膨胀管补贴技术；2003年完成现场试验；2005年突破膨胀螺纹连接技术；2006年膨胀管补贴技术实现规模推广应用。紧接着在2007年，率先在斜井、气井应用成功；2008年，制定出国家行业标准，获得中国石油天然气集团公司科技进步二等奖。

为适宜稠油注蒸汽热采套损井恢复热采技术需求，2009年辽河油田首次成功研发耐高温膨胀管补贴技术，使这类修复难度极高的套损井有了继续热采的新途径。

2010年，国内首创出膨胀打捞一体化和大通径膨胀管补贴技术，使膨胀管技术水平又迈向了更高水平。

2014年，耐高温、大通径膨胀管技术获得中国石油和化工行业技术发明一等奖，获奖者李益良、裴晓含、李涛、张立新、韩伟业、孙强、陈强、明尔扬、黄守志等。

2. 膨胀管补贴套管技术的创新设计与室内试验

针对常规膨胀管补贴套管技术存在两个问题：经过一次补贴后的套管内径变小，当补贴段下部出现套损问题时，使用常规补贴工具无法通过原补贴段；当套损段位置与补贴段下端较近时，使用补贴手段修套很难精确定位，易与补贴段膨胀管下部重叠。为此，改进了膨胀管结构，如图11-22所示。新结构过套管补贴技术无密封装置与底堵尺寸制约，膨胀工具外置，其外径可以接近原补贴段内径尺寸，不仅改善补贴工具的通过性，还能最大限度提高膨胀管的膨胀率。过套管补贴技术工艺设计见图11-23。该技术利用膨胀管本体与套管之间形成全段金属密封，不仅简化膨胀管加工工艺，同时提高了补贴效果。通过室内模拟试验，

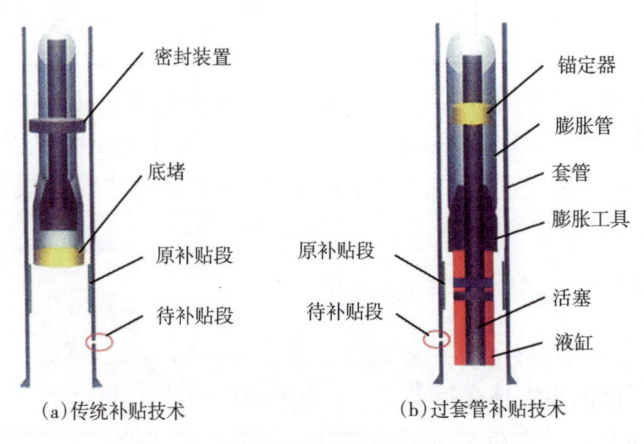

图11-22　传统套管补贴与过套管补贴装置

选取 ϕ114mm×5mm 膨胀管进行 ϕ139.7mm 套管补贴膨胀率为8%。膨胀试验过程中，膨胀锥启动压力12MPa，通径段行走压力12~14MPa，膨胀压力不高，胀后膨胀管与套管之间为0.5mm过盈配合，端面密封良好。测试悬挂力结果表明，膨胀管与1m长套管之间能够承受80kN拉力不发生脱挂现象，说明牢固性与密封性良好。胀后套管与膨胀管端面见图11-24。

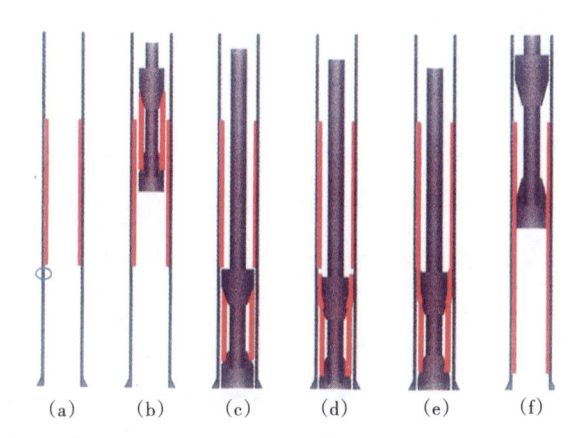

图 11-23　过套管补贴技术工艺设计

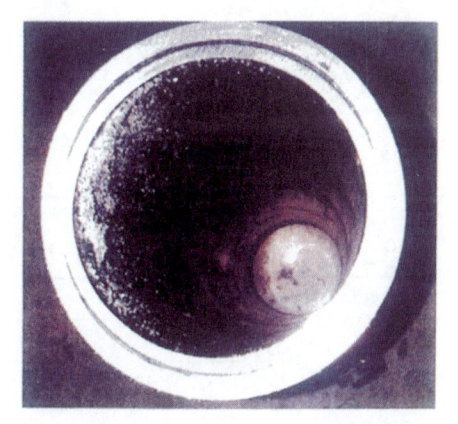

图 11-24　胀后套管与膨胀管端面

3. 过套管补贴现场试验

吉林新木油田 10-31.1 井，由于长期注水，在 256.5~257.5m 处产生漏点，首次补贴发生在 249~256m 处，未完成堵漏作业，已补贴膨胀管内径 ϕ114mm，不利于常规补贴工具下入。采用新结构过套管补贴技术，用外径 ϕ112mm 的膨胀工具与膨胀管结合，顺利通过已补贴段，利用液压与机械组合方式完成膨胀管通体膨胀，作业后补贴段的通径达到 111~113mm，堵漏效果良好，此次作业成功解决了原补贴段内径过小、待补贴段难以精确定位的问题，现场作业过程顺利。2012年，这项技术在大庆油田、吉林油田应用21井次，均取得良好的补贴效果。验证了这项过套管补贴技术极大提高了在复杂井况的适应性和良好的安全性。

4. 多种类型补贴工具与工艺

经过几年的持续创新，中国石油勘探开发研究院采油采气装备研究所自主研发成功 5½in、7in、9⅝in 套管以及部分非标尺寸套管膨胀补贴工具，在国内应用尺寸系列最全；根据各油田不同需求，可提供大通径、耐高温、耐高压、耐腐蚀等多种类型与型号膨胀管补贴工具，并可根据油田需求加工定制特种用途膨胀工具。部分套管膨胀管补贴工具技术规格与性能见表 11-9 至表 11-11。

表 11-9　常用套管补贴工具技术性能

套管外径	套管壁厚 mm	套管内径 mm	修复通径 mm	修复强度
5½in 139.7mm	7.72	124.3	106/108	符合J55、套管标准
	9.17	121.4	106	
7in 177.8mm	9.19	159.4	139/141	
	10.36	157.1	139	
9⅝in 244.5mm	10.03	224.4	214	
	11.05	222.4	212	

表 11-10　大通径膨胀管封堵调层工具性能

套管规范			大通径补贴管		薄壁超大通径补贴管	
外径	壁厚 mm	内径 mm	管材壁厚 mm	补贴段内径 mm	管材壁厚 mm	补贴段内径 mm
5½in (139.7mm)	6.2	127.3	5	117	5	117
	6.98	125.74	5	115	4	117
	7.72	124.26	5	114	3.5	117
性能	采用多级液压助力，膨胀压力≤20MPa；膨胀锥外置，管材膨胀过程中不承压；采用3.5~5mm膨胀管材，获取最大通径。					

表 11-11　耐高温膨胀管补贴工具性能

外径	壁厚，mm	内径，mm	修复通径，mm	性能
7in (177.8mm)	8.05	161.7	141/143	密封压力≥30MPa
	9.19	159.4	139/141	悬挂力≥100t
	10.36	157.1	137	具有一定耐腐蚀能力

除上述3种膨胀补贴工具外，又研发出另外两种创新技术：

（1）针对高压注水井满足35MPa注水压力下达到密封的需求，研发出高压、注水井膨胀管补贴工具，采用金属+橡胶复合密封接头，如图11-25所示。

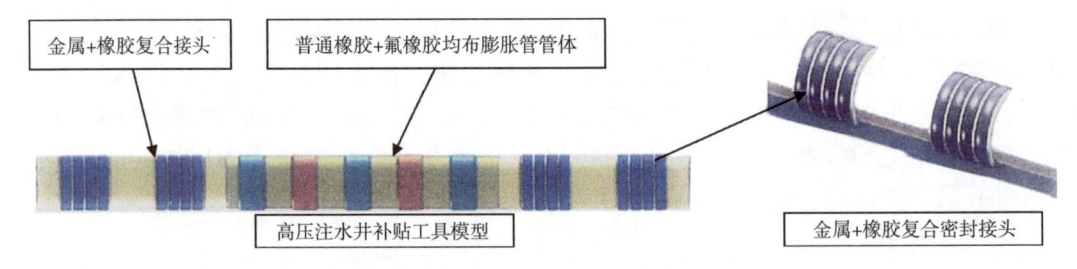

图 11-25　高压注水井膨胀管补贴工具

（2）针对长段腐蚀套损修复和多层射孔段封堵需求，研发出超长段膨胀管补贴工具。采用膨胀管整体补贴技术；膨胀管悬挂无接箍小套管，环空挤水泥（树脂）密封技术；膨胀管双卡无接箍小套管，环空挤水泥密封3种技术。以5½in套管为例，整体补贴后内径大于106mm，密封压力大于30MPa；并可根据需求选择封隔层段；悬挂和双卡小套管修复后内径大于100mm，密封压力大于15MPa。超长段膨胀管补贴的3种技术方案见图11-26所示。

新型结构膨胀管补贴技术的技术性能指标综合如下：

（1）可用于5½in、7in、9⅝in及非标套管修复；（2）5½in套管修复后通径最大达到φ117mm；（3）膨胀管抗内压60MPa，抗外压35MPa，超过J55钢级；（4）膨胀螺纹抗内压≥50MPa，抗外压≥25MPa；（5）补贴管壁厚最薄3.5mm；（6）悬挂力≥450kN；（7）最大工作温度350℃；（8）技术优势是修复后通径大，密封和悬挂能力强。

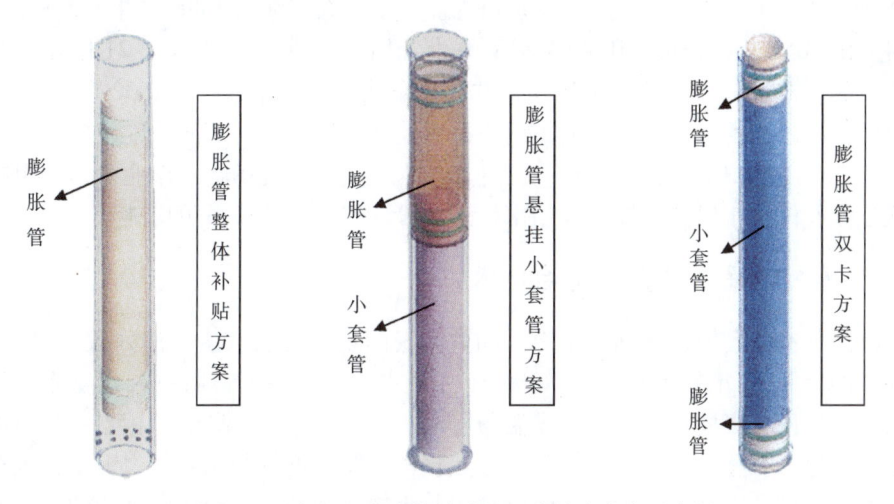

图 11-26　超长段膨胀管补贴的三种技术方案示意图

5. 应用技术水平与实例

（1）深井斜井补贴。冀东油田高 131×1 井，补贴井段井深 4018.6m，井斜 53.8°，井温 120℃，采用耐高温氟橡胶密封环。

（2）超长段补贴。大庆油田杏 5-4-33 井，补贴段长度 150.2m，采用膨胀管 20 根，膨胀螺纹 19 组。修复后下入封隔器试压 15MPa，无泄漏。经测井，通径大于 108mm，达到设计要求。

（3）膨胀管悬挂小套管。华北油田赵 36-3X 井，膨胀管悬挂 400m 小套管。该井全井筒套管腐蚀严重，高含水停产。对腐蚀段 1845.0~2270.0m 进行补贴加固，井斜 20°。采用膨胀管补贴加固 40m。膨胀管悬挂 4½in 无接箍套管 400m，壁厚 6.35mm，钢级 N80，挤胶密封。修复后日产油 10 余吨。

（4）高温热采井补贴。辽河油田杜 211-兴观 3 井，7in 套管注蒸汽吞吐热采。漏点在 678.7~680.9m 之间，曾机械堵水后低产，2011 年 7 月关井。2012 年 7 月，采用耐高温金属密封膨胀管补贴，井段 672~684.3m；2013 年初，已吞吐 3 轮，日产液 27.1t，日产油 13.3t，含水 59.8%，阶段增油 855t。2014 年已应用 38 口井，经 5 轮次吞吐有效。

（5）高压注水井补贴。吐哈油田 H23 井，35MPa 注水井，矿化度 85000mg/L，严重腐蚀。

（6）海上 9⅝in 套管补贴。中国海油渤海油田 BZ-34-4-3 井，2010 年初，P2 井钻井过程中钻穿该井 9⅝in 生产套管 646.8m~647.3m，厚度 0.5m，造成关井停产。2011 年 9 月采用膨胀管两根 1.9m、ϕ203mm×10mm 补贴套管钻穿漏失段，对储层实施深穿透射孔，下入 Y 分生产管柱进行分层开采，恢复了油井产能。

（7）胀捞一体膨胀管。大庆喇 5-1326 注水井，设计了全新的内置拉杆的胀捞一体化工具。补贴深度 1041.8~1047m，膨胀管长度 5.2m，封堵漏点长度 2m，补贴套管内径 124.2mm，膨胀管规格 ϕ114mm×7mm。通道采用 120mm 铣锥处理，118mm×5mm 通井规验证顺利通过。膨捞一体技术获得成功，提高了施工效率。

6. 工业化推广应用

据统计，截至 2013 年，中国石油勘探开发研究院采油采气装备研究所研发的新结构膨胀管补贴技术共在15个油田服务1600余口井。其中，大庆油田1388口井；吉林油田57口井；辽河油田48口井；长庆油田47口井；华北油田39口井；吐哈油田21口井；青海油田13口井；大港油田7口井；玉门油田4口井；冀东油田5口井。合计1632口井。

此项创新系列技术及工具，按油田用户提供油井大修需求，采油采气装备研究所完成整体设计方案并由专业制造厂订制工具，派专业技术人员指导现场施工作业队，采用修井机完成全程施工作业任务，保证了施工成功率，达到设计要求，并获得用户满意。

四、注蒸汽热采油井套损防治技术

注蒸汽热采油井套损机率远高于冷采油井。我国现有注蒸汽热采油井数超过2.5万口，大部分油井经历了30年的开发历程，已处于开发中后期，由于长期注入高温蒸汽，油井套管经历高温、高压、多周期吞吐反复升温与降温的热应力作用，导致了相当一部分油井发生套损、变形等停产。这是热采油井老化的必然规律，既有不可避免的客观因素，也有值得总结分析的经验教训，以推进这类油井防治技术与生产管理的创新，达到延长油井生产期、整体提高热采油藏采收率。

1. 创新注蒸汽井筒隔热技术与防治套损的历程

从20世纪80年代初，我国开创稠油注蒸汽热采技术，以开发辽河油田几亿吨稠油储量为目标，针对油藏埋深超过800m，最大2000m的突出特点，借鉴国外浅层稠油热采技术经验，隔热管并不适用，遇到的最大难题是必须依靠独立自主创造出我国中深井的井筒隔热技术，不仅要保护油井套管不损坏，而且也要减少井筒热损失，提高井底蒸汽干度与油层加热效率这3个相关联目的才能达到有效开发稠油油藏总体目标。

为保护热采油井套管不受损伤，固井水泥耐受高温不要变为"豆腐渣"，笔者总体研究采用三道防线的技术策略。即：研发了第一代井筒隔热油管、下入耐热封隔器环空排干以及预应力套管完井方法，组成井筒隔热技术，并且采用高标号油井水泥加入石英砂（0.3~0.5mm压裂用砂30%~40%）提高固井水泥耐温程度，可简称"3+1"保护油井套管技术。经过辽河高升油田1600m油井蒸汽吞吐试验获得成功，开始规模应用，打开了我国稠油热采开发的新局面。

在高升油田蒸汽吞吐开发初期，也暴露出隔热油管与耐温封隔器组成注汽管柱条件下，环空存在不能蒸发干燥的凝结水，导致井筒总传热系数比预期值高，证实了美国加利福尼亚州克恩河油田注汽井环空蒸干的经验不适应。因此，我们采用往环空注入液氮方法，解决此难题。

后来又出现了井下封隔器发生不密封故障或补充液氮不及时，隔热效果不稳定或失效的矛盾。1990年以后，有了膜分离制氮车，创新了井筒隔热技术。在下入隔热油管注汽时，井下不用封隔器，连续向油套环空注入氮气，注氮气排量保持在600Nm^3/h。这样环空中始终充满氮气，保持干燥状态，不仅改善了隔热效果保护套管，降低了井筒热损失率，而且注入的氮气与蒸汽混合，在油层中扩大了加热范围，并增加油层局部压力。开井回采时回采液量增加，产油量及回采水率增加，取得良好的双重效果。尤其在注蒸汽井深度达2000m、在井口蒸汽干度为80%的条件下，井下蒸汽干度可以调控在50%左右，这是取得的一项重要技术成就和宝贵经验。

这项采用不断创新的高效隔热油管+环空连续注氮气+预应力套管完井方法组成的井筒隔热技术以及耐热水泥固井方法，形成了配套技术，为防止套管损坏、延长油井服务寿命、提高油田热采效果打下了基础。至今，仍是我国稠油油田中深油井注蒸汽热采的有效、必需的重大实用技术。

2. 1991年辽河油田热采油井套管损坏实例分析及防治措施

辽河油田是中国最早、最大的稠油开发油区，从1982年高升油田注蒸汽吞吐试验成功，1985年推广应用后，到1990年油井吞吐达到1738井次，年产量达到$470×10^4$t，发展之快超过预期。

虽然采用上述"3+1"保护油井套管技术，但现场还不能完全避免油井套管损坏，尤其在深度达800~1700m的深井，技术难度很大，多种因素错综复杂。

辽河油田钻采工艺研究院刘坤芳对截至1991年的套损情况进行全面分析研究，现摘要如下：

（1）套管损坏实例。

据统计，4个采油厂（高升、曙光、欢喜岭、锦采）有139口井发生套管损坏。其中：1周期22口，2周期33口，3周期40口，4周期21口，5周期12口，5周期以上5口，情况不详6口。随着蒸汽吞吐次数增加，套损井数有增加趋势。

套管损坏的形式多种多样：套管变形井最多，49口，占35%；套管脱扣21口，占15%；套管断裂10口，占7.2%；破损44口，占31.7%。

套管损坏位置：在油层附近的占70%；0~500m上部井段占25%。

（2）套管损坏原因分析。

虽然大部分井采用了预应力套管完井方法，但在井筒隔热条件差的情况下，蒸汽温度与压力高，仍超过了套管允许温度。蒸汽温度330~345℃下，N-80.7in套管的最高允许温度为204℃。许多井在封隔器失效、环空存水的情况下，仍然注汽，必然导致套管超过安全极限而损坏。

在封隔器以下的井段，温度达到320~350℃，N-80套管处在屈服状态下，套管接箍的密封性受到影响，发生刺漏，冷却后导致脱扣或断裂。封隔器以下井段为极危险区，接头部分又是最薄弱环节，上述多数套损位置就在此处。

固井窜槽及套管外水泥环在高温下的变质损坏引发套管弯曲损坏。当温度超过250℃，水泥环的强度与套管的黏结力下降，尤其在封隔器以下井段及封隔器失效情况下。

油层出砂造成空洞、塌陷等引发套管弯曲。套管管材质量不稳定，有薄弱部分。斜井中隔热油管不居中，引起局部井段套管温度超过安全极限等。

（3）防治套管损坏的技术措施。

强调热采油井全部采用7inN-80套管，不用5½inJ-55套管；坚持热采油井（包括注汽井、斜井）都用预应力套管完井方法；耐热水泥质量要坚持高标准，并进行耐热监测试验；建议在油层上部约50m井段采用更高钢级P105或P110套管；坚持耐热水泥返到井口，尽量采用耐热低密度水泥浆，防止伤害油层及发生窜槽；进行早期防砂，防止出砂亏空对套管的影响等。

强调下井隔热油管必须经过隔热性能检测，保证隔热性能达到标准。坚持环空连续注氮气，发挥改善隔热效果、提高井底蒸汽干度和扩大加热带、回采时助排增油效果。

这项研究报告促进了辽河油田防治热采井套损技术的持续发展，将中国石油勘探开发研究院热采攻关团队提出的三套防线"3+1"保护油井套管技术具体落实在生产实践中。详见笔者所著《稠油注蒸汽热采工程》与《中国稠油热采技术发展历程回顾与展望》。

3. 2003年辽河油田热采井套损井套损机理分析与治理措施

辽河油田钻采工艺研究院杨平阁、付玉红的研究报告[136]，总结分析了稠油热采油井套损井数逐年增加的发展趋势，分析了套管损坏原因，并提出了热采套损井治理措施。报告中提到辽河油田稠油热采井以及注水开发井由于不同的地质、工程和管理条件，套管技术状况逐渐变差，甚至损坏，使井不能正常生产，影响油田稳产。2003年，辽河油田共有停产井2800余口，而且平均每年以10%的比例上升。其中，因套管损坏（变形、腐蚀漏洞、裂缝、错断等）而停产的井约占停产总井数的25%，而且热采井较多。套损井数量的逐年增加，已成为严重影响辽河油田原油生产的主要因素。

现摘录热采井套损原因分析与治理措施如下：

（1）热采井套损原因。

通过有限元法对热采井首次注蒸汽后井筒应力场的分析得出，当注入300℃的高温蒸汽后，注汽管柱下部封隔器附近的套管将产生700MPa以上的压缩应力，高于一般套管材料的允许值，这是造成套损的最直接因素。此外，由于作用于水泥环上的最大应力约60MPa，高于水泥环的抗压强度（以400号高温油井水泥为例，其抗压强度为40MPa），从而造成水泥环的破坏，起不到保护套管的作用，加剧了套管的损坏。

据统计，辽河油田注蒸汽井60%以上的套损发生在封隔器附近的盖层内，其关键原因是在封隔器附近的套管存在缩颈变形引起的恶性局部应力。注蒸汽井中的套管柱不但要承受热胀应力，还要承受挤压应力，构成最危险的双重应力。

油井出砂量大，尤其是坍塌性出砂也是套损的主要原因。由于长期开采，出砂严重，地层下沉，将套管压弯；如果管理不当，吞吐回采时放喷量控制不合理，将会造成油层的坍塌性出砂，从而严重损坏套管。

完井质量影响套管寿命。特别是射孔完井方法，对射孔工艺选择不当，出现套管外水泥环破裂、甚至套管破裂；或射孔深度误差过大或误射，将隔层泥岩页岩射穿，导致注入水浸蚀而膨胀，引起地应力变化，最终使套管损坏。

注蒸汽井环空注氮气隔热方法是成熟的既隔热、又助排的有效技术，但在注氮气过程中如果不连续，会使套管忽冷忽热，急剧热胀冷缩，从而造成套变、套损。油井井斜或全角变化率大的井段易套变、套损。在此情况下，套管的受力情况非常复杂，容易产生套变、套损。

套管材质存在质量问题，造成套管早期损坏。套管本身存在微孔、微缝、螺纹不符合要求及抗剪强度、抗拉强度低等质量问题，在完井以后的长期注采过程中，将会出现套管损坏现象。

（2）热采井套损治理措施。

辽河油田对热采套损井已大量采用开窗侧钻技术恢复生产。除此之外，提出了两项套管修复技术。

①套管加固密封工艺。这是针对热采井中最常见的变形、漏孔、轻微错断等套管损坏形式而发展起来的一项综合修复工艺。它将套管的整形过程和加固密封过程有机组合在一起，以套管补贴技术为主攻方向，通过套管打通道磨铣工具的研制，动力密封工具、密封加固以及小直径大膨胀率封隔器的研制，形成一套完整的套损井修复工艺，最终可使套管变形部位基本恢复到原径向尺寸。其原理如前节所述。根据研究结果，目前使用的补贴管和动力密封工具的压力，补贴管长度超过8m，会导致补贴管失稳，因此只能根据实际需要选择长度在

8m以下的补贴管。

②爆炸整形修井工艺。此项工艺最适用于变形、套管缩径量不大于25mm、机械式整形无法实施的井。经过研究得出整形所需能量、套管外部岩石拉力消耗能量、套管外部静液压力消耗能量,计算爆炸弹用药量的公式,不仅与炸药本身性能有关,而且与套管损坏状况、井下地质结构、井深、固井质量等因素有关。

2002年,上述两项热采套损井加固密封工艺和爆炸整形修井工艺在辽河油田曙光采油厂、锦州采油厂分别进行了5口井的现场试验,经找漏、磨铣、加固密封等工艺,各项要求均达到设计要求,成功率100%。证实了能够有效恢复因套损严重而停止油水井的生产,而且成本投入较少,施工周期较短,为热采套损井修复提供了强有力的技术支持[136]。

4. 防治热采套损井的"三管齐下"措施

笔者据辽河油田有关资料,截至2010年底,辽河油田共有油井18499口,其中热采井数为9934口,占总井数的54%;热采井开井率为55.7%,表明热采井关井停产井占44.3%,包括高含水、低产能和套损井等。截至2014年底,辽河油田老井井况差的停产井数达到5706口,影响日产油5200多吨,严重制约了全油田的上产稳产。

随着开发程度加深,老油田不仅整体产能必定衰减,而且油井井况逐渐变差,逼迫关井停产,这是油田开发长期生产过程中无法回避的问题,也是普遍存在的难题。对于长关停产井的防治,按高含水、低效益井和井下套管损坏的不同类型,有不同的技术对策。笔者仅就注蒸汽热采井的防治提出"三管齐下"的措施。

(1) 坚持"三道防线"技术并用,持续完善与更新。

首先要完善井筒隔热配套技术,这是保护套管的主要防线。隔热油管在多轮次吞吐与汽驱过程中,存在老化衰减的必然现象,尤其在注汽过程中,有数根套管产生"渗氢"、漏失、机械损伤等破坏了隔热效能,必将引起局部高温井段,导致套管和水泥环超过耐热极限。在现场生产中,必须进行检测、评估(用热流计等现场专用轻便监测仪器),该淘汰的就淘汰,不要因小利而失套损大利。对隔热油管也有进一步升级的空间,如前述研发新结构隔热油管。

采用隔热油管与耐热封隔器组成注汽管柱,往往发生封隔器不密封故障以及隔热油管柱中有裸露的伸缩管形成"热点",在封隔器以下油层井段处于"隔热盲点"。这些很难避免的危险因素是造成套损的主因。同时,环空中充满水时,也增加套管及水泥环温度,严重破坏了整个井筒隔热的第一道防线。

为此,笔者倡导不论是蒸汽吞吐或蒸汽驱,都采用高效隔热管、向环空连续注氮气,不用封隔器。注氮气速度保持在600Nm^3/h以上,将达到辅助隔热、降低热损失提高井底蒸汽干度以及扩大油层加热体积,改善热采效果的目的。建议在注蒸汽站建立注氮气站,适应大规模应用的需求。这项一举多得的措施,需纳入整体热采方案中,评估当前及长期获得经济效益的研究。

(2) 加强热采工程技术管理,建立与健全油井井下和地面工程在生产运行中的安全监督制度。

以预防为主的理念,设立安全责任制,建立油井历次吞吐作业档案、隔热油管检验与报废制度、规范科学施工程序,由专人负责督查,油田及采油厂总工程师责无旁贷。

(3) 采用套损井修复技术,尽力延长油井生产寿命。

热采井的整形加固和套管补贴技术已有成熟应用效果。以追求经济效益为主,需要对油井井况进行经常性普查，及早发现，选择最佳时机及优化设计进行修复。修复套损井的计划要结合油藏或区块开发调整方案综合考虑，将点与面结合、当前与长远结合、修复与补打新井结合。

五、创新保护油层系列技术，提高单井产量，延长油井寿命

大庆油田会战初期，我国石油钻井史上发生的"4·19"钻井质量大检查，大庆石油人推动了石油钻井、完井和井下作业保护油层技术的持续发展。至今，已形成的这项系列技术，有力发挥着提高油井单井产量、延长油井寿命的基础性战略作用。

1. 保护油气层不受伤害的理念与技术创新

1961年4月19日，大庆油田会战总指挥康世恩召开钻井质量大检查大会，震动了全油田会战职工，王铁人带头把一口不合格油井填埋掉重新打高质量井，标志着弃旧创新的决心；井下作业工人坚持不用泥浆压井防止"枪毙油层"……从此，石油人树立起保护油气层不受伤害的新理念，不断创新从钻井、完井到井下作业以及油水井生产全过程的保护油层产能的技术发展。

油层伤害的概念与地面环境污染并不相同，在油田开发过程中，采用钻井液、修井入井液等进行井下作业时，油层受到液体中的固体微粒浸入、化学反应生成沉淀物以及其他因素引起腐蚀物、结垢沉淀物堵塞油层孔隙渗流通道，引起油层渗透率降低，油层伤害导致油井产能下降，单井产油量大幅度降低，甚至造成油气层失去工业开采价值，这是很难避免的自然规律。

通常，修复受伤害油层，采用酸化、压裂、挤入解堵化学剂等措施，施工作业复杂，技术难度很大，资金费用很高，而且很难恢复到伤害前的水平。

油层保护的主要技术手段是采用保护油层的钻井液、完井液，最大限度地预防油层受到伤害；在进行修井作业时，采用能保护油层的入井液、压井液等，形成从钻开油层打开油流通道直至采油生产全过程保护油层不受伤害、保持产能的系统工程。

现举《中国石油报》记者李建的一篇报道[137]，以现场实例说明修井作业中油层保护技术的创新发展。

大港油田公司第三采油厂，俗称大港南部油田，2014年拥有年135×10^4t的原油生产规模。从1971年官1井出油至今，历经40多年开发，老区综合含水率达88.3%，可采储量采出程度高，稳产难度大。由于地质情况复杂，油藏类型多、断块多、非均质性强、储层渗透率变化大，修井作业过程中油层容易受伤害，导致渗透率下降。作业油井产量恢复效果差、周期长，是油层伤害的"重灾区"。据统计，2009年，大港油田公司第三采油厂油井维护作业853井次。其中，产量恢复井744口，占87.2%，平均产量恢复期5.22天，年影响产量约7200t；产量未恢复井109口，占12.8%，平均单井产量由6.06t降至3.75t，恢复率仅为61.9%，年影响产量2.5×10^4t。

2010年，大港油田公司石油工程研究院油层保护中心立项攻关。经过几年研究，研制出高凝低渗透油层保护液、可降解堵漏液、低成本高密度压井液等10余项油层保护技术系列；配套建设4座油层保护配液站，制定企业标准7项，解决了长期困扰油田生产过程的油层伤害难题。

近年来，大港油田结合生产实际，加大修井作业过程中的油层保护工作力度，广泛应用"油膜"广谱暂堵、钻井液滤饼处理、系列油层保护液、复合凝胶自降解暂堵、油水井伤害

诊断等新技术，对保护和解放油气层效果显著。

大港油田公司第三采油厂在段六拨、小集、枣园、王官屯、乌马营等区块修井作业过程中，根据各自油层伤害及油井产能恢复情况，在工艺优化、降低成本等方面下功夫，相继攻克了从低压到高压、从低渗透到高渗透等各种区块的油层保护难题。其中，油层无固相盐水体系和低滤失聚合物体系保护技术具有投资少、见效快的特点，对治理油层水敏、水锁损害效果显著。

应用油层保护技术后，投入产出比超过1:3.17。大港油田积极制定并实施油层保护产业化发展模式，建立了从产品研发、技术服务到后期跟踪的全流程管理，年应用超过1000井次，实现了在大港油田油气生产单位全覆盖。

目前，大港油田的油层保护技术除在内部形成规模化、产业化发展的良好态势外，还先后在华北油田、江苏油田、大张坨储气库等区块开发中广泛应用，平均油层保护有效率为95.3%，平均缩短油井恢复3天。例如大港油田公司第三采油厂作业井由2010年的5.02天缩短到2014年的3.3天，恢复率由91.3%上升到95.3%。这意味着每年可以从修井作业中"抢救"出1万多吨原油。

2. 油水井带压作业技术加快创新发展，推进油田地下与地面防污染水平迈向新水平

中国石油天然气集团公司通过几年的大力推进，将20世纪60年代大庆油田创造的第一代不压井、不放喷、不泄压井下作业技术，在装备更新和施工技术方面加快发展，形成了我国规模应用效果显著的一项重大创新技术，发挥了油水井作业中，既保护油层，又不伤害地面环境的双重效益。

据统计，从2009年至2014年，中国石油历年带压工作量完成情况如图11-27所示，由2009年的724口井，快速增至2014年的4269口。5年累计减排污水$928×10^4m^3$，恢复注水$537×10^4m^3$。在本书第十章中已有许多应用实例。

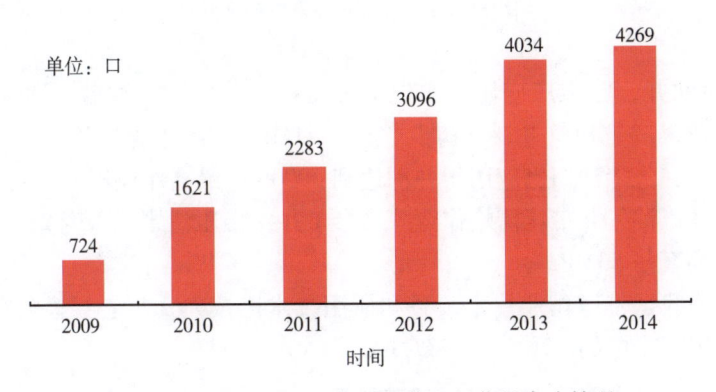

图11-27 中国石油历年带压作业工作量完成情况

油水井带压作业技术已形成了配套的带压作业装备和工具：（1）有集成式带压作业机和分体式带压作业机两种类型；有多种型号的带压作业机可满足不同油水井作业需求（图11-28、图11-29）。（2）耐温250℃、耐压14MPa热采井带压作业装置。（3）油管内压力控制工具。

油水井带压作业技术已推广应用，实现了防止油层伤害、减少排放与节能提效的综合效果：（1）对注水井，21MPa以下的带压作业技术已成熟配套，已广泛应用，减少了大量污

(a) 集成式带压作业机　　　　　　　　　(b) 分体式带压作业机

图 11-28　两种类型带压作业机

(a) DYZY18-14/21带压作业装置　(b) DYZY18-21/35型带压作业装置　(c) KKBYJ18-14型可控不压井作业机　(d) BYJ9014FZ型带压作业一体机

图 11-29　多种型号带压作业机

水排放；（2）对油井，已推广应用，实现了带压检管、射孔、冲砂、通井、刮削、钻塞、下泵、清蜡等作业；（3）对气井，已初步形成了21MPa带压作业配套技术，有待完善推广。

带压作业井，在大港油田已应用于井深达到3900m，最高作业压力达到15MPa。

塔里木油田高压油气井带压清蜡作业井乌参1井，带压清蜡总深度2105.4m，清蜡最高泵压95MPa，最高套压53MPa。

以上充分表明我国带压作业技术装备和应用技术已成熟，配套规模应用取得了显著效果，成为我国油田生产中的一项重大高新技术。

3. 欠平衡钻井技术快速发展已获得显著效果

中国石油天然气集团公司从2006年起大力推进全过程欠平衡钻井、气体钻井、控压钻井等钻井新技术，在及时发现油气、保护油层、降低漏失复杂情况、钻井提速等方面取得了显著效果。

欠平衡钻井采用能形成负压差的钻井液有空气/氮气、气水雾化液、氮气泡沫液等。要实现全过程欠平衡钻井，需解决一系列技术难题，包括在不压井条件下欠平衡钻进、不压井带压起下钻柱、不压井带压测井、不压井下入完井管柱等各个环节都实现全过程欠平衡钻完井，以求达到及时发现和最大限度保护油气层、获得最大油气井产能的目标。

欠平衡钻井是目前钻井技术史上最新创造的顶尖技术，现举两个实例：

（1）空气/氮气钻井技术在徐深28井的成功实践。

据马晓伟等人的报告[138]，大庆油田深部地层成岩性好、研磨性强、岩石可钻性级值高、硬度高，致使常规钻井机械钻速低、钻头磨损严重、钻进周期长，为此在徐深28井开展了气体钻井试验。通过地质分析，选择了适当井段并进行井身结构设计，通过采用满眼钻具组合、优选钻头、优化钻井参数、确定注气排量一系列技术措施，在保证井身质量的同时，实现了防斜打快的目的。现场试验表明：在产层应用纯氮气钻井为今后大庆深井产层进行纯氮气钻井提供了科学依据；通过应用空气钻井所需最小排量的确定方法和气举过程等相关技术，进一步完善了大庆气体钻井技术，加快了徐家围子地区深井的勘探开发速度。

徐深28井是大庆油田深层天然气勘探的一口重点探井，也是第一次在冬季进行气体钻井和应用纯氮气钻井。为提高登娄库组及其以下层段的钻井速度，探索气体钻井技术在该油田深层适用性，采用空气钻井技术完成登娄库组3220~3879m井段钻井作业，采用氮气钻井技术进行目的油气层营城组3879~3921m井段的钻井作业。

通过地质分析，研究了深井井壁稳定性，经过其他深井的12块岩心模拟了井下压力条件下的三轴强度实验，结果表明该地区地层的横向各向异性不强，所取岩样强度较大，为不易坍塌层，在不遇到地层出水和水基钻井液转换而导致岩石强度降低的条件下，适合空气钻井。经过气水层预测研究，得出徐28井登娄库组钻遇水层的概率不大，可以应用气体钻井，但应时刻注意烃值变化，注意转换。

对钻井设计，为避免井下出水对排屑的影响，尽可能在三开前把一些水层和易塌层封固掉，根据这个原则，进行了井身结构设计。同时精心研究并选择了具有对地层研磨性强、可防掉牙轮的强化保径功效的HJT617GH型牙轮钻头。精心设计了钻具组合与注气参数等。

2007年3月9日到3月15日，开始进行三开空气钻井，注气量为$80\sim120m^3/min$。在3220.0~3879.8m井段实施空气钻井，平均机械钻速10.25m/h，是常规钻井的7倍。

此项技术应用效果显著：（1）大幅度提高了机械钻速，钻井周期缩短了20天；（2）提高了单只钻头进尺，减少了起下钻次数和钻头，与常规钻井在相同层位相比，进尺700m大约需要6只牙轮钻头，徐深28井在气体钻井段共用了2只牙轮钻头，减少了4次起下钻；（3）应用满眼钻具组合和合理控制钻压等措施，控制了井斜；（4）采取气液转换措施保持了井壁稳定，在气体钻井结束后，采用往井内注入井壁保护剂方法，稳固井壁；（5）冬季低温情况下气体钻井施工顺利。

空气/氮气欠平衡钻井在徐深28井试验成功，实现了提高钻速、缩短钻进周期、加快勘探步伐的目的。

（2）塔里木油田满东2井氮气钻井的实践与认识。

据何世明等人的研究报告[139]，为了探明塔里木油田满东3号构造志留系的含油气情况，在5818.5~6200.0m井段实施了氮气钻井。针对氮气钻井存在的井深、井控风险大、井壁稳定问题、志留系储层可能微产水等重大难题，钻前研究了对策，进行了周密的设计方案，克服种种技术难题以及地处沙漠腹地等困难，终于实现了满东2井气体钻井的成功，创造了国内气体钻井井深最深记录；该井氮气钻进井段进尺381.5m，机械钻速5.44m/h，是同构造同层位邻井满东1井钻井液钻井机械钻速的5.4倍，创造了塔里木油田深层$\phi149.2mm$井眼的机械钻速最高记录；氮气钻井井段使用两只钻头，单只钻头纯钻时间45h5min，进尺230.4m，刷新了塔里木油田深层$\phi149.2mm$井眼最大单只钻头进尺记录。满东2井氮气钻井的成功实施,促进了满东3号构造的勘探进程,为国内深层小井眼氮气钻井积累了经验,为类似井实施氮气钻井提供了借鉴。

对于存在的井深、井控风险大的难题,采取了系列对策。满东2井预测储层埋藏深度达5922~6080m,地层压力可高达79MPa,在氮气钻井作业中套管及井控装备将承受高压,测试和关井压力恢复监测均需关井获取储层评价数据,对套管和井控设备提出了较高要求。为此,采取的对策:(1)选用105MPa压力等级的套管头、特殊四通、防喷器组、节流压井管汇,以满足关井时井口最高关井压力的要求;选用Williams旋转控制头,动密封压力17.5MPa,满足氮气钻井要求。(2)全井下入ϕ177.8mm TP140VXTPCQ套管,壁厚12.65mm,抗内压120.2MPa,满足关井要求。(3)按最大井深6000m计算,在气体介质下钻柱总质量130×10^{3}kg,S135钻具抗拉强度2180kN,余量880kN,钻柱抗拉强度满足氮气钻井施工要求;考虑可能出现卡钻和钻具刺坏内防喷失效的情况,要求选用全新钻具。(4)选用能满足氮气钻井内防喷要求的耐压105MPa的浮阀和旋塞等内防喷工具。志留系下砂岩段碎屑岩储层平均渗透率为0.32mD,预测产量不高,且产层逐步揭开,安装了耐压105MPa的井控装备,井控风险可控;若钻遇微裂缝,产量增高,井控风险增大时,可实施压井,确保井控安全。

对于井壁稳定问题,利用满东1井相应层位测井资料,应用欠平衡钻井井壁稳定专用软件对满东2井5500~6100m产层段气体钻井分析,发现绝大部分目的层段在气井钻井时井壁稳定的密度大于井筒内环空压力当量密度。由此预测在满东2井气体钻井段钻井时井壁稳定风险较大。为此,采取了以下措施:(1)ϕ215.9mm钻头进入产层1~2m,下入ϕ177.8mm套管,以便气体钻井井段为高强度地层;由于志留系下砂岩段砂岩致密,在确定地层不出水的情况下也可提前下入ϕ177.8mm套管。(2)获得高产气流时,停钻观察,检查有无高速流动引起的流固耦合不稳定问题。(3)在氮气钻进中加强地层坍塌压力的跟踪,如发现井壁严重垮塌,转化成钻井液钻井。

对志留系储层可能微产水问题,据满东1井资料,志留系5555.19~5607.0m井段,加砂压裂后产水8.5m^3/d。满东2井志留系可能微产水。在氮气钻进中如发现地层出水量较大(大于2m^3/h),应及时转化为常规钻井液钻进。

通过上述一系列措施,2006年8月18日钻进至6200.0m进入奥陶系92m,结束氮气钻井,完成了氮气钻井任务。满东2井氮气钻井实践的成功,表明该井志留系地层适合氮气钻井,为下一步塔里木盆地北部满东构造带的勘探开发提供了一条新的有效途径。沙漠腹地夏季气温高、沙尘严重,现有膜分离注氮气设备的抗温、防砂能力还不能完全适应恶劣环境,需要进一步配套完善。

近年来,随着全过程欠平衡气体钻井配套设备和技术的创新进步,在实践应用中显示的突出优越性,中国石油天然气集团公司大力推进了这项重大技术的推广应用。

据中国石油勘探与生产分公司、工程技术分公司的报告,历史欠平衡钻井井数见图11-30。

六、防治套损与治理长停井是践行低成本战略的重要措施

国际油价从2008年飙升至2014年5月,骤然下降约一半,到2015年5月降至每桶50多美元,标志着世界油气产供销格局的深刻调整与变化。据《中国石油报》公布的2000年以来国际油价变化见图11-31。

2015年2月5日,《中国石油报》记者薛梅报道了中国石油天然气集团公司于2月3日

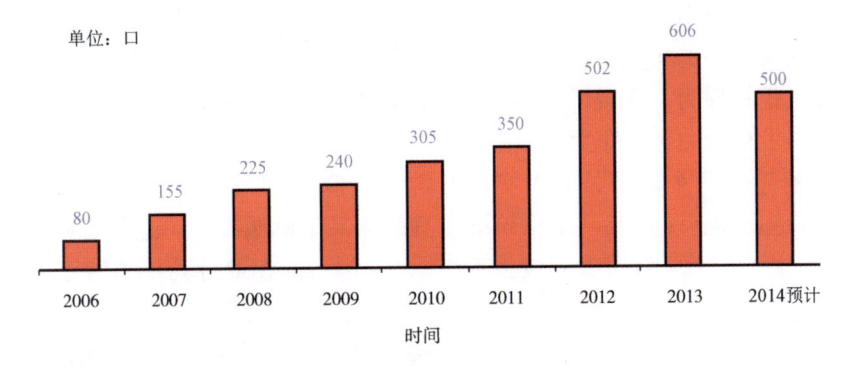

图 11-30　中国石油近年来欠平衡钻井井数

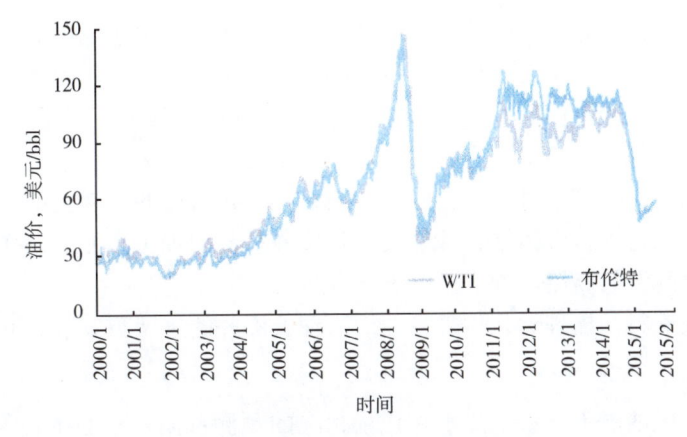

图 11-31　2000 年以来国际油价变化

召开的 2015 年工作会议,以"主动适宜新常态,积极应对低油价"为标题,阐述了此次与会代表应对低油价形势采取对策的共识,笔者摘要如下:

集团公司 2015 年工作会议,注定是集团公司发展历史上极不寻常的一次重要会议。这次会议是在世界能源格局深刻调整、我国经济"三期叠加"、低油价风暴席卷而来等新形势、新挑战下,一次凝聚共识、树立信心、奋力突围的会议。因此,会上会下层层传递压力的同时,更发出"主动适应新常态,积极应对低油价"的动员令,激荡起强大的发展正能量。

面对低油价,国际大石油公司纷纷调整发展战略,通过缩减投资、升级运营、抱团取暖等方式应对"寒冬"。对于中国石油来说,低油价的冲击更是不言而喻。目前,集团公司成本压力陡增、盈利空间收窄,如果油价继续下跌,上游盈利主体地位将面临严峻挑战。此外,低油价还强烈冲击着海外油气、工程技术服务等业务,严重影响到集团公司经营利润和投资回报。挑战前所未有,考验着智慧和勇气。"主动适应新常态,积极应对低油价"正是集团公司面对挑战的回应和表态,更是信心和担当。要看到,集团公司仍处于发展重要战略机遇期,仍处于从注重规模速度向更加注重质量效益发展转型的阶段。当前及今后一个时期,必须保持战略定力、适应形势变化,以改革创新精神抓住机遇、直面挑战,稳中有为、稳中求变,努力实现经济新常态下的转型发展,使集团公司发展速度由快速增长转向持续稳健增长,发展方式由主要依靠投入扩大增量转向更多依靠调整存量做优增量、创新驱动和员工素质提升，效益贡献由过度依赖上游业务转向各业务协调发展共同创收……低油价是集团公司加快质量效益发展的难得机遇，它倒逼百万石油人牢固树立长期过紧日子、苦日子的思想，苦练内功，挖掘潜力，实现低成本发展；倒逼集团公司加快推动改革、加大管理和技术创新力度，增强发展活力和竞争力；倒逼我们更新理念，树立问题意识，统筹优化油气等各种资源和产炼销储贸各个环节，大力实施开源节流降本增效，实现整体效益最大化……"新常态就要打造发展新引擎"，"低油价既是挑战，又是机遇"……这是与会代表的共识。

《中国石油报》记者张舒雅、刘波报道[140]，中国石油在最近几年防治套损与治理长停井提高油田开发效益基础上，2015年，面对低油价等挑战，计划治理恢复长停产油井2990口，年增产原油 $57×10^4$ t，注水井1010口，年增注水 $471×10^4 m^3$。不断强化停井治理力度，优化治理手段，一季度中国石油共治理恢复采油井598口、注水井177口，增油 $5.7×10^4$ t、增注 $33.7×10^4 m^3$，效果显著。

长停井是指连续停产超过6个月以上的井。长停井包括，由于地层能量不足、高含水等造成的低产低效关停井；因为套管变形等造成的恢复难度较大的井；因为地域环境受限等造成的关停井。治理恢复长停井，是提质增效、践行"低成本战略"的重要措施。中国石油长停井治理突出油藏概念、效益观念，立足长停井修复与井网完善相结合、单井措施挖潜与油藏综合治理相结合、生产管理与经营管理相结合。分析长停井成因及剩余油分布，结合开发效果预测和经济效益评价等措施，部署安排长停井恢复治理工作方案，并不断探索产能投资与治理投入优化配置的新路。

笔者依据有关资料，梳理近几年来各油田治理长停井的进展与效果如下：

1. 大庆油田

几十年来，大庆油田十分重视油水井套管状况的预测预防、精心维护与严格生产管理，牢固树立良好的井况理念是长期实施分层注水分层采油的基本条件，是构建百年油田整体战略的要素之一。为抗争油井套管自然老化采取一系列技术措施，使套损率控制在低增长水平；并加大长关井、低产井治理力度，优化治理技术，完善管理制度，设立专项资金，确保了治理工作的常态化。截至2014年，5年时间里共治理长关油井4056口、长关水井1578口、低产井4785口，平均当年增油 $18.2×10^4$ t，增注 $276×10^4 m^3$。历年长关井和低产井治理效果见表11-12。

表11-12 大庆油田历年长关井和低产井治理效果表[141]

时间	长关井 油井 井数 口	长关井 油井 当年恢复产油量 10^4 t	长关井 水井 井数 口	长关井 水井 当年恢复注水量 $10^4 m^3$	低产井 井数 口	低产井 当年增油量 10^4 t
2010	899	18.9	289	155.6	795	12.8
2011	777	17.8	299	230.8	834	16.5
2012	743	18.9	327	329.6	1172	26.8
2013	845	18.0	330	339.2	1097	23.6
2014	792	17.6	333	324.6	887	24.6
平均	811	18.2	316	275.9	957	20.9

2. 玉门老君庙油田

玉门老君庙油田是中国最早发现和开发的老油田，2014年是建矿75周年，新中国成立以来历经了65年的持续开发，为国家做出了历史性贡献。

老君庙油田从1939年第一口油井出油，至1949年底有油井21口，年产原油6.9×10^4t。1959年油井开井数516口，年产量达到93.6×10^4t的高峰。此后逐年下降，2000年开井数600多口，年产量22.1×10^4t[42]。

玉门石油人弘扬艰苦创业精神，继承"穷鼓捣"优良传统，几十年来精心维护油井，一井一策，挖掘每口井的生产潜力，在多次进行油田开发方案调整过程中，充分利用老井、补打新井，经过最近5年注水专项治理，2014年在册开发总井数1377口，日产油360t，年产油13.1×10^4t，取得的重大成就实属不易，令人点赞。

尽管对老油田采取了多种改善井下技术状况的措施，在长期注水开发中，也避免不了油水井自然老化进程。据统计[142]，2014年，注水井总数378口，套损52.9%；油井总数999口，套损率39.6%；油水井合计1377口，套损率43.3%。套损状况见表11-13。

表11-13 老君庙油田套损井状况

注水井					油井					合计套损井		
总井数 口	变形 口	破裂 口	错断 口	套损率 %	总井数 口	变形 口	破裂 口	错断 口	套损率 %	水井 口	油井 口	套损率 %
378	116	22	62	52.9	999	193	105	98	39.6	200	396	43.3

老君庙油田迈向百年油田的目标仍在奋力推进，包括周边鸭儿峡、石油沟、酒东、青西等6个注水开发油藏，2014年玉门油田年产原油49×10^4t，总体构建百年油田的战略目标定能实现。

3. 辽河油田

《中国石油报》记者张建凯报道[143]，2015年一季度，辽河油田长停井复产160口，日产原油280t。其中，杜212大H106井和曙1-40-45井通过大修措施"复活"，日产油分别为20.9t和12.2t。

2014年，辽河油田被"唤醒"长停井698口，日增产原油1380t，年增油26.5×10^4t。这是辽河人从实际出发，在降本增产增效中收获的喜人硕果。

辽河油田开发已处在由资源接替到新技术接替的新常态。最现实的一条路径，就是少投入、多产出、降成本、提效益的路。目前，辽河油田长停井有5000多口，"扶"起它们不仅能盘活资源资产两个存量，而且能为油田培育产量效益新的增长点，向长停井要产量和效益。

老井利用绝非逢停必修，而是要超前算好效益账。开发系统在全油田开展长停井现状和潜力大调查，分析各区块、各单井停产原因、剩余潜力等因素，在此基础上，以效益为准绳，根据井况复杂情况、施工难易、投资大小等因素排队，优选出复产潜力大、投入产出比高、经济效益有保障的潜力井治理，实现效益最大化。

辽河油田始终让科技唱"主角"，立足于自主创新和攻关研发，逐步形成采油井以侧钻、大修、压裂、酸化解堵等为代表和注水井以大修、复注、增注等为代表的治理恢复技术序列，促进了治理恢复工作向增产增收并重转变。沈阳采油厂对6口低产井、长停井采取大规模压裂，5口井明显见效，平均单井年增油402t。

4. 东部其他油田治理恢复长停井的情况

大港油田是我国20世纪60年代继大庆油田之后投入开发的老油田。随着油田注水开发的进程，油水井井况逐渐老化，套损井数逐年增加。2009年有套损井906口，2014年已增至1336口，占在册井数的21.3%。近几年，推广应用套管整形、取换套管、膨胀管补贴等新技术新工艺，取得显著成效。2014年完成套损套变井修复100口，当年累计增油$4×10^4$t，增注$8×10^4 m^3$[144]。

2014年，吉林油田恢复长停井260口，年增加产油能力$2.8×10^4$t，2015年将复活更多长停井[145]。

华北油田采油二厂经过30年的开发，油井步入"老龄化"，面临产能接替匮乏、含水不断上升和老区递减幅度增大等风险。2011年年底，该厂总油井数为880口，停产井已达331口，开井率仅为62%。为保持老区稳产，2012年起，该厂将长停井作为一项重点工作来抓。地质技术人员重新分析相关资料，运用油藏工程、动态监测等手段，筛选出具有一定恢复潜力、操作性较强的110口长停井。截至2014年8月20日，共恢复长停井85口，增油$5.68×10^4$t[146]。

七、结论与建议

（1）在油田开发全过程中，油层保护与油层改造技术、预防套管损坏与修复技术始终是石油人追求两大技术创新与管理创新的重大课题，这是延长油田开采寿命、提高原油采收率、实现百年油田的重要基础。自20世纪60年代大庆油田开发建设60多年以来，中国石油不断推进油层保护与防治油井井况的技术创新，克服种种难题，取得了一系列重大技术成就与丰富经验，有力创造了油气田开发持续发展的基础性条件。

（2）大庆油田会战初期，为抢时间、高速度、高水平建设好油田以满足国家急需的原油，在十分艰苦的条件下，针对出现的钻井质量等问题，提出"质量不合格就要推倒重来"，从钻井完井质量抓起，一切从严要求，"人人出手过得硬、事事做到规范化、项项工程质量全优"的要求，有力推动了全油田各项工程建设质量迈向高标准，口口油井钻井完井质量全优，井下作业无落物等。为实现油田分层注水、分层采油长期战略目标创造了良好的基础。持续创新，迄今为止，采用多级封隔器精细分层注水开发实现了大幅度提高储量动用程度和采收率，创出了世界一流先进水平，以示范作用促进了我国各油田结合实际，将注水开发油田的水平推进到高水平、高效益，对油层保护与油层改造技术、预防套损与修复技术创造了丰富经验，为今后继续挖潜，提质增效奠定了发展基础。

（3）油田开发中的采油通道——油井套管的寿命，既有不可避免的自然衰老因素，也有人为可延缓老化的空间，这和人体经历青年、壮年、老年随年龄健康变化规律相似，只能预防与治理修复并重，尽力延长使用寿命。显然任何类型的油藏要提高单井产油量，必经各种强化采油技术，包括高压改造、高温热采、修井解堵、补孔防砂等一系列人工措施。同时，从钻井、完井、到各种井下作业中，钻井液、入井液必然要引起诸多伤害油层的复杂因素，要完全避免和治理绝非易事。

本节中阐述的丰富的创新技术与经验，表明中国石油人珍视石油资源，深知有效提高采收率的重要性、战略性，必须将采收率、经济效益相结合争取达到最大化，从当前到长远持之以恒。加强预防套损与治理，严格执行套管保护法规，设立专项资金及早修复常态化，为后续创新二次开发等创造条件。

（4）稠油注蒸汽热采油井经受高温高压热流体的套损机率大于其他冷采方式、预防和治理的难度极大，继续挖掘生产潜力也很大，需要继续完善创新"三道防线"（隔热油管、环空注氮气、套管预应力完井）技术、强化以预防为主的理念，健全生产管理监测监督制度，建议设立专业监测隔热油管质量的巡查小分队，对损坏的必须报废，规范注汽科学施工程序，尽力延长油井寿命。

（5）中国石油天然气集团公司近几年大力推进新的油水井带压作业技术，是一项既保护油层提高单井产量，又防止污染地面环境的重大技术成就。现已广泛应用于多种钻井与井下作业中，获得显著的技术、经济效益，而且年应用井数已超过4000口，为今后更大规模应用提供了配套的技术设备与成熟技术。

（6）我国油气田欠平衡钻井技术，虽然起步较晚，但近年来发展迅速，是储层保护最有效的技术，已突破了空气/氮气欠平衡钻井完井的诸多关键性难题，钻井深度已达6200m，井控设备可耐压105MPa。目前，中国石油每年完成欠平衡钻井数已超过500口。这项重大技术成就是勘探开发缝洞型油气藏、低渗透油藏的重大创新技术。实践证明，应用这项技术对及时发现油气、保护油层、降低漏失复杂情况以及提高钻井速度效果十分显著，为今后规模应用开拓了发展前景。

（7）膨胀管套管补贴技术是修复老油田套损恢复产能的重大核心技术之一，截至2013年，已在15个油田应用1600多口井，形成了多种类型的套管补贴工具与工艺，提高了套损井修复水平，应用效果显著。应用实例：补贴井段井深可达4018m，井斜53.8°；超长段补贴可达150m、耐压15MPa；对套管腐蚀井，采用膨胀管加固40m，悬挂小套管400m，修复产量显著；稠油注蒸汽套损井，采用耐高温金属密封膨胀管补贴技术，截至2014年已应用38口井，经5轮次吞吐有效；高压、注水井套管腐蚀停注井，套管补贴后耐压35MPa，恢复注水；对套损井采用胀捞一体化膨胀管施工技术，提高了施工效率。应用实践证明，这项高水平、高效率、低成本套损井修复工具与工艺已成为广泛应用的实用技术，应用前景广阔。

（8）防治套损与治理长停井是践行低成本战略的重要措施。国际油价从2014年5月到2015年初已骤降至每桶50多美元，降幅达一半。面对低油价造成的冲击与挑战，中国石油在最近几年防治套损与治理长停井提高油田开发效益的基础上，加大力度，将治理恢复长停井作为提质增效、践行"低成本战略"的重要措施。中国石油长停井治理突出油藏概念、效益观念、立足长停井修复与井网完善相结合、单井措施挖潜与油藏综合治理相结合、生产管理与经营管理相结合。分析长停井成因及剩余油分布，结合开发、效果预测和经济效益评价等措施，部署安排长停井恢复治理工作方案，并不断探索产能投资与治理投入优化配置的新路，这是中国石油2015年2月召开的2015年度工作会议上与会者对"主动适应新常态，积极应对低油价"议题的共识。

据报道，面对低油价等挑战，2015年中国石油计划治理恢复长停油井2990口，年增产原油$57×10^4$t，注水井1010口，年增注水$471×10^4 m^3$。不断强化停井治理力度，优化治理手段，一季度已治理恢复采油井598口，注水井177口，增油$5.7×10^4$t、增注$33.7×10^4 m^3$，效果显著。

附录一

余秋里要用月亮换他的"糖葫芦"

2009年9月17日,大庆晚报庆祝新中国成立60周年、大庆油田发现50周年、大庆建市30周年进行特别报道,记者刘畅报道原文如下:

辉煌大庆50年
庆祝新中国成立60周年、大庆油田发现50周年、大庆建市30周年特别报道

为了解决一个世界性难题,刘文章带领精兵强将研制出了"秘密武器",把地下管理得井井有条

余秋里要用月亮换他的"糖葫芦"

"糖葫芦"的奇迹

大庆油田自发现以来,在近50年时间里,有两大奇迹。

一个是一举拿下大油田。

1960年2月,党中央批准石油部在松辽搞会战,13路大军以气吞山河之势,仅用了3年半时间,就拿下一个世界级大油田。

一个是管好一个大油田。

大庆油田地处高寒地带,地下原油又是高含蜡、高溶点、高稠度,开采、运输都十分困难,这些不是光靠"人拉肩扛"的拼命劲就能解决的。然而,大庆的科研人员发挥出"没有条件,创造条件也要上"的"三敢三严"干劲,生产出"糖葫芦"式封隔器,解决了当时世界上无法解决的难题。

如果说产油、高产是油田的生命,那么,决定大庆油田生命的就是"糖葫芦"式封隔器,它是辉煌大庆的一颗明珠。

日前,记者在向"活字典"潘景为老人请教时,潘老说,大庆油田的50年辉煌史是从勘探、开发两大关口突破的。

潘老说,咱们的小油层对比法,为拿下大油田立了大功。"糖葫芦"式封隔器,在管好大油田、管成个活油田上,出了大力。

为了鼓励刘文章研制出"糖葫芦",余秋里放出话来,要月亮也给摘。

翻开大庆油田采油工程研究院史志,我们找到了"糖葫芦"式封隔器研制的整个过程。

给油田算命

1960年6月,玉门油田的采油工程研究技术员刘文章接到石油部紧急通知,要他火速赶往大庆参加会战。

他带上玉门局党委书记刘长亮写给大庆会战工委成员焦力人的信，赶往大庆。在大庆会战总指挥部报到后，他担任了工程技术室主任，负责采油、钻井工程的技术管理。

大庆油田的一大特点，就是在勘探的同时也在进行开发。为早日建成大油田，在萨尔图地区开辟了一个试验区。康世恩领着各路大军的领导开碰头会，讨论制定试验区的开发方案。

会上通过学"两论"得出：油层压力是油田开发的核心问题，是油田的"灵魂"。要保住油层压力，就得早期注水。"以水为纲"，就是找到好油田、活油田的"命门"。

大庆油田采取什么时期注水？当然是早期注水。怎么注？地质人员有行列注水、点状注水、先排液后注水等几个方案。余秋里指出，石油工作者的岗位在地下，斗争对象是油层，地面服从地下，要地质人员畅游"地宫"，搞清油层分布规律，计算有多少储量，给油田"算命"。

给油田"算命"，当然是寿命越长越好，产量越高越好。

于是，会战领导把地质工作的重点放在开发试验区上。选择中区7排11号井为第一口注水井，并在井场附近老乡的土坯房中设了注水前线指挥所。

由采油指挥部副指挥张会智、总工程师朱兆明和刘文章组成了领导小组，指挥注水大队、作业大队，在大庆油田开始了注水会战。

大打注水战

秋天渐渐过去了，大庆油田试验区的注水方案也形成了。

刘文章根据1956年在苏联罗马什金大油田学到的注水技术，结合他在玉门老君庙油田的注水经验，制定了用冷水洗井、注冷水的方案。

但是，按照这个方案，大庆油田的第一次注水试验失败了。

汇报情况时，康世恩提出，现场有天然气，用油管制成个大"茶炉"烧开水，用上千上万吨热水彻底洗井，然后再注水。

那天汇报结束后，刘文章和张会智两人从康世恩办公室出来后特别高兴，因为他们开了窍，找到了方向："这回，把所有水泥车锅炉车、锅炉、安装设备以及地质队、注水队、作业大队和食堂人员，全部调到现场会战。"

刘文章说，再攻不下注水关，他就跳中7排11井旁的水泡子。

1960年的严冬来了，大庆油田试验区内几十口注水井的"热洗热注"会战开始了。

现场周围搭起帐篷，上百人吃住在冰天雪地里。为了取暖，烧得油烟滚滚，人人都成了"非洲人"。

他们冒着零下三四十度的严寒在井口作业，注水管柱喷出的油和水浇了他们满身，很快结成冰，可身上还在出汗，于是工人们编了顺口溜：身穿冰淇淋，北风吹不进，干活出大汗，寒风当电扇。经过昼夜奋战，成千上万吨的热水注进几十口试验井内。

注水成功了，为大庆油田早期保持原始压力，实现长期高产稳产，把住了"命门"。

他攻下了"糖葫芦"

随着大量水的注入，试验区油层压力很稳定，这证明早期注水是有效的。然而，只过了半年，离中7排11井只有250m远的一口生产井，见水了。

必须既注水又治水。康世恩等领导组织技术座谈会,反复研究,最后确定开展选择性注水、选择性堵水、选择性压裂,简称"三选"。

总指挥部调动11个钻井队和井下作业大队,在10多口井上干了半年,不仅没堵住水,还发生了多次事故。1962年1月,"三选"试验宣告失败。经过半年注水,半年治水,最终确定了一个"分层注水"的主攻方向。

这次主攻的方向,是研制一个新型封隔器,使一口注水井可以多层注水,还得对进水多的层限制进水量,进水少的层能多注水,不进水的层也能进水。

康世恩说:"你刘文章要当好地下'交通警察'。"他在纸上画了个示意图,很像糖葫芦。

刘文章觉得,研制新型封隔器需要创造条件和时间。接着,他把成立专门队伍和试验室的想法说了出来。

焦力人说,成立采油工艺研究所。余秋里说:"只要你刘文章把'糖葫芦'式封隔器攻下来,要天上的月亮,我也给你摘。"

于是,大庆采油工艺研究所成立了,刘文章是第一任所长。这个研究所就是大庆油田采油工程研究院的前身。

几栋板房处,被焦力人取名为"登峰村"。参加试验的100多名科技人员,平均年龄只有25岁,一个个干得生龙活虎。1962年10月,"糖葫芦"式封隔器终于研制成功。会战副指挥宋振明派人送来一头大肥猪和两大桶豆油,奖给科研人员。

一串串橡胶"糖葫芦"放进水井,随着巨大的压力,巨大的水流按着大庆人的意愿注入地层,把一层层油层的压力保持在原始状态,于是,地下的原油成千上万吨地流出,流出了惊人的奇迹。

1965年9月12日,大庆会战工委作出关于开展向采油工艺研究所和刘文章同志学习的决定。

现在,"糖葫芦"式封隔器改良成了压差式封隔器,还在为大庆油田服务。

附录二

听老领导讲"三敢三严"

原载《铁人》总第 7 期（2012.3） 作者 闫建文

　　2007 年 10 月，我有幸陪同年逾古稀的老大庆人刘文章教授重回故地，重温历史。站在曾经奋斗了整整 15 年的土地上，刘老兴致勃勃地向我讲述了当年大庆石油会战的难忘岁月。我聆听到了一个老石油人发自肺腑的心声，感受到了大庆精神生生不息的延续。

　　10 月 12 日那天，天空晴朗。我陪同刘文章老人到大庆油田历史陈列馆参观。

　　这是一座恬静古朴的东北四合院。刘老告诉我，这里曾经是当年会战指挥部，人们都叫她"二号院"，她是大庆石油人心中的圣地。我怀着无比崇敬的心情，陪着老人一起走进了"二号院"，仿佛进入了时光隧道，穿越时空。沿大院的中轴线是一条青铜甬道，甬道上用文字镌刻着大庆油田波澜壮阔的发展历史，一个个时间节点书写了大庆油田的辉煌——1959 年大庆油田发现，1960 年大庆石油会战……

　　在讲解员的引导下，我和老人沿着青铜甬道慢慢前行，一个时间节点、一个时间节点地跨越历史，忽然，一个意外的发现让我惊喜不已。我大声地念道："1965 年 9 月 12 日，大庆会战工委作出'关于开展向采油工艺研究所和刘文章同志学习的决定'。"这一刻，时间停滞了。

　　刘老的脚步此刻也停了下来，静静地凝视着那一行庄严有力刻在青铜甬道上的文字，陷入了长久的沉思。我的专业知识告诉我，这一段文字虽然很短，却记录了一段创世之举的发明之路，1965 年大庆油田分层开采技术取得了重大突破。然而，我并不真正了解当年的详情，对分层注水的提出、试验、发展、完善、提高、推广并不了解，我满怀期待地看着刘老。此时，讲解员也停止了讲解，似乎也在期待着什么新发现，刘老看透了我们的心思，不无自豪地向我们讲述了那段艰苦创业、攻坚克难的大庆油田注水开发创业史。从青铜甬道到室内每一个展览厅，刘老以一个当事人和大庆油田开发亲历者的身份，娓娓道来。沿着历史的足迹，随着老人的思路，我们静静地倾听、默默地感受。当年创业攻关的场景在我眼前渐渐地清晰起来……

　　1962 年，时值大庆油田开发初期。为了适应油田开发注水需要，大庆油田成立了采油工艺研究所，专门攻克分层注水技术。时间紧，任务重，责任大。康世恩同志把这一重任交给了大庆采油工艺研究所所长刘文章同志，余秋里、焦力人对这件事也十分关注。余秋里曾经告诉刘文章："只要你刘文章把'糖葫芦'式封隔器攻下来，需要天上的月亮，我也给你摘。"从那天起，刘文章就离开了会战指挥部"二号院"，到采油工艺研究所亲自去抓分层注水封隔器的攻关，并在西三排井下作业处登峰村（焦力人同志起名，攀登科学技术高峰之意）搭起木板房，开始了封隔器的攻关试验。由此，一场以"以注水井为主、以封隔器为主、以'糖葫芦'式封隔器为主"的采油技术攻坚战打响了。

　　分层注水，在当今可以说是小菜一碟，可在当年却是十分棘手的一项世界性技术难题。分层注水的关键工具在于井下封隔器。当时，中国没有这种技术，而国外的封隔器在现场试验中均告失败。万事开头难，这时，刘文章号召大家"七嘴八舌提方案，七手八脚搞试验"，"探索未知世界，要敢字当头，做第一个吃螃蟹的人"。他组织大家分析了国外48种封隔器，最终得出结论，只有打破传统框框，才能创造出崭新的自主封隔器。经过反复筛选，"糖葫芦"式封隔器从上百个方案中脱颖而出，成为主攻目标。

封隔器攻关是在极端困难的条件下进行的。当时，正值国家"三年困难"时期，"头顶青天一顶、脚踏荒原一片"的大庆石油会战中，刘文章带领一群毛头小伙子，克服重重困难，有条件要上，没有条件创造条件也要上，仅靠一栋板房、一台手压泵、两把管钳，以"敢笑天下第一流"的豪情壮志，"瞄准世界先进水平，勇攀科技高峰"的英雄气概，奋战400多个日日夜夜，进行了1018次地面试验和133次井下试验，创造性地研制成功了"糖葫芦"式封隔器，这是我国第一代水力压差式封隔器，填补了我国分层注水技术的空白。1962年10月，封隔器试验成功的喜讯传到"二号院"，康世恩同志非常高兴，指示再进行现场生产试验，在应用中发展提高，用实践检验实际应用效果。

1963年11月，大庆会战领导小组决定在萨尔图中部地区开展"101、444"分层配水大会战，集中力量打歼灭战。刘文章带领技术人员进驻试验现场，同作业工人吃住在井场。11月的松辽平原已是北风凛冽，西伯利亚的寒风吹在脸上犹如刀割一样，身上直打哆嗦。刘文章风趣地形容当时的情形："身穿冰激凌，北风吹不进；干活出大汗，寒风当电扇。"经过40多天的艰苦奋战，101口井444个层段实现了同井分层注水。宋振明副指挥获悉现场试验成功十分兴奋，派人敲锣打鼓送去200多斤的大肥猪、两大桶豆油和一台解放卡车作为奖励，令采油工艺研究所科技人员欢欣鼓舞。

1965年9月12日，中共大庆油田会战工作委员会做出了"关于开展向采油工艺研究所和刘文章同志学习的决定"。9月12日和15日大庆《战报》发表了社论和文章，指出采油工艺研究所发扬敢想、敢说、敢干的革命精神，坚持严肃、严格、严密的科学态度，在短短的三年里，独创出一套以水力压差式多级封隔器为核心的油田分层开采技术，实现了早期注水、内部注水、分层注水，为合理开发油田、提高采收率做出了巨大贡献。自此，以"敢想、敢说、敢干"的开拓创新精神和"严肃、严格、严密"的科学态度为内容的"三敢三严"精神应运而生。10月，采油工艺研究所被授予"三敢三严研究所"的光荣称号，刘文章荣获石油工业部标兵称号。

……

刘老仔细地看着一幅幅照片、一件件实物，动情地跟我说："我仿佛又回到了当年，在'二号院'和老战友、老领导进行了一次心灵的对话。"当看到铁人王进喜在泥浆池、钻台上的照片时，刘老流下了伤心的眼泪，他哽咽着说："老王，你为石油奉献了一生，我好想你，我告诉你，今天的石油工业取得了大发展，今天的大庆油田，就是你理想中的大油田，如今已变成美丽的油城，石油之都，今天的大庆还走出国门，到外国开采石油呢……"我知道，刘老和铁人是玉门老乡，又是战友，1960年一起来大庆参加会战。战友情真真切切，石油情轰轰烈烈。当看到当年刘老和自己的战友一起参加注水科学试验的老照片时，刘老激动地告诉我："你看，这就是当年现场试验的情景，这些照片非常珍贵，记录了我们的青春，记录了注水技术发展史。油田保存历史档案真是了不起！这不仅是保存历史，更重要的是传承大庆精神铁人精神！我为此感到高兴，感到骄傲和自豪！我为曾经是一名大庆石油人感到自豪！"

50多年过去了，一位老大庆人，一位老石油人，一位年逾古稀的老人，一位"三敢三严"精神的实践者、传播者,给了我一次感悟历史、感悟大庆精神铁人精神的机会。从刘老的凝思与回忆中,我读出了历史,读出了石油情结,更读出了刘老的心声。昨天,刘老将"三敢三严"精神演绎得淋漓尽致;今天,刘老将这段历史饱含深情地讲述给我。这是一种希望,更是一种重托!穿越时空,物质可以改变,精神的力量却永现光芒!

附录三

弘扬"三敢三严"精神之我见

原载《石油政工研究》2012年5月第3期　作者　闫建文

　　成立于1962年的大庆采油工艺研究所,是在大庆油田开发建设中诞生成长并发展壮大起来的。1965年9月12日,大庆油田会战工委作出了"关于开展向采油工艺研究所和刘文章同志学习的决定",指出采油工艺研究所发扬敢想、敢说、敢干的革命精神,坚持严肃、严格、严密的科学态度,独创出一套以水力压差式多级封隔器为核心的分层开采技术,为合理开发油田、提高采收率作出了巨大贡献。同年10月,采油工艺研究所被命名为"三敢三严研究所"。

　　"三敢三严"精神伴随大庆采研人走过了辉煌的历程,已经成为大庆精神的一部分。"三敢三严"精神:即"敢想、敢说、敢干"的革命精神和"严肃、严格、严密"的科学态度,这种精神既符合解放思想的原则,又反映了求真务实的思想路线;既体现了不怕苦的革命精神,又体现了不畏难的科学精神;既有为油田负责的承诺,又有对科研成果质量保证的信誉。几十年来,采研人始终坚持"三敢三严"的革命精神和科学态度,在油田开发过程中,以"敢"当先,以"严"自律,眼光盯着油田开发,瞄准生产中的难题,不断推陈出新,艰苦攻关,谱写了油田开采的新篇章,创造了油田开发史上一个又一个奇迹,攻克了油田开采过程中的一个又一个难题,为大庆油田开发提供了强有力的技术支撑。跨入新世纪以来,大庆油田坚持以科学发展观为指导,提出了"创建百年油田"的新目标,新一代大庆人面对新形势、新挑战,勇往直前,知难而上,以实际行动赋予"三敢三严"精神新的时代内涵。

"三敢三严"精神体现了科学发展观的精髓

　　落实科学发展观,很重要的一条就是大力弘扬求真务实精神,大兴求真务实之风,而发扬"三敢三严"精神正是落实科学的发展观,坚持实事求是的具体体现。头脑僵化,缩手缩脚,不思进取,落实科学发展观就无从谈起,创建百年油田就会变成一句空话。同样,不顾规律,脱离实际,蛮干硬干,落实科学发展观就会偏离正确方向,创建"百年油田"就不能真正落到实处。

　　敢想、敢说、敢干谋求可持续发展,严肃、严格、严密促进可持续发展,这正是落实科学发展观所要求的。敢想、敢说、敢干反映着积极进取的精神,严肃、严格、严密反映着科学求实的态度。"三敢三严"体现了二者的完美统一,这已被历史所证明,并在采油工程研究院的发展史和大庆油田的开发史上留下了光辉的一页。敢想,就是解放思想,实事求是,大胆思维,敢于求索,敢于突破。敢说,就是在科学论证的基础上,以事实为依据,敢于反映客观实际,敢于阐述自己的思想和观点,敢于在技术上挑战权威。敢干,就是不怕失败,敢于承担风险,敢于探索未知领域,敢于攻克难题。敢想、敢说、敢干,就是坚持与时俱进,努力实现企业更大的发展。发扬敢想、敢说、敢干的革命精神,聚精会神搞建设,一心一意谋发展,是党和人民的事业不断发展的需要,是大庆油田创建百年油田的需要,是采油工程研究院发展的需要。大庆油田勘探开发技术成果与"两弹一星"等辉煌成果一样，已永久地载入中国科技发展史册，不仅铸就了我国石油工业发展的历史丰碑，也为东北重工业基地的发展、地方经济的繁荣做出了重大贡献。树立和落实科学发展观，创建百年油田，根本着眼点是要用新的思路和方法解决油田开发中的各种矛盾，促进油田持续稳定发展，不仅强调油田开采寿命的延长，而且强调企业发展空间的扩大。这个发展，应当是对国民经济、地方经济和集团公司、股份公司持续发展做出贡献，应当是对资源长期合理高效开发的发展，应当是员工生活水平不断提高的发展，应当是企业与自然环境、经济社会协调进步的发展。可持续发展，作为一种理念、一种战略、一种目标，需要一代接一代为之努力奋斗。

严肃、严格、严密，就是按客观实际和客观规律办事，努力实现更好的发展，实现可持续发展。严肃，就是对工作有严肃态度，恪尽职守，严于律己，一丝不苟。严格，就是对工作有严格的要求，高标准，严要求，执行制度不打折、不走样，一切按客观规律办事。严密，就是对工作有严密的纪律，从大处着眼，从小处入手，一点一滴，细致入微，职责落实。只有按客观规律办事，真正树立和落实科学发展观，才能更加自觉地促进社会主义物质文明、政治文明和精神文明的协调发展，促进社会全面进步和经济社会的可持续发展。这就是要求我们必须进一步深化对社会主义建设规律的认识，正确认识油田开发规律，并把握好、运用好规律，正确认识和处理与发展相联系的各种关系，在科研攻关中增强主动性，减少盲目性，克服片面性，避免走弯路。

"三敢三严"精神是适应新时期企业发展的需要

中国能源出现了严重紧缺的局面，原油进口量不断攀升，消费缺口不断增大，并成为世界石油消费大国，中国石油安全已上升到重要的战略地位。作为一个资源型企业，谋求可持续发展是我们首要考虑的也是最重大的事情，发展才是最大的政治，如何发展，如何可持续发展，只有牢固树立和认真落实全面、协调可持续发展的科学发展观，并付诸实践，才有可能实现油田可持续发展。

发扬"三敢三严"精神，应该把积极进取精神和科学求实态度很好地结合起来。机遇稍纵即逝，需要紧紧抓住。在滚滚向前的时代潮流面前，我们必须具有强烈的责任感和紧迫感，具有积极进取和只争朝夕的精神。但是，不能因为紧迫而陷入急躁，因为进取而陷入蛮干。落实科学发展观，实现经济社会全面、协调、可持续发展，是一个动态过程，也是一项长期任务。越是任务艰巨、问题复杂，越要考虑我们的具体情况，越要反对急功近利、急于求成。

发扬"三敢三严"精神，应该把改造客观世界同改造主观世界很好地结合起来。科学发展观是同正确的世界观、人生观、价值观和权力观、地位观、利益观紧密联系在一起的，是同正确的政绩观紧密联系在一起的。科学发展观的本质和核心是坚持以人为本，把最广大人民的利益作为一切工作的出发点和落脚点。始终牢记全心全意为人民服务，真心实意对人民负责，才能自觉做到老老实实创业、踏踏实实地艰苦奋斗，坚决反对欺上瞒下、弄虚作假的做法，不断地为人民群众办实事、解难事、做好事，不断地把我们的事业推向前进。

面对机遇和挑战，新一代石油人应担负起历史的重托，一如既往地为国家发展提供能源支持和保障。作为石油人，应将"三敢三严"精神赋予新的时代内涵，并不断发扬光大，大胆解放思想，勇于开拓创新，树立雄心壮志，迎接新的挑战，努力为中国石油提高老油田采收率、提高未动用储量动用率和提高深层天然气转化率多做贡献，为维护国家石油安全再立新功。

附录四

引用资料目录

[1] 李德生文集上集《萨尔图油田 146km² 面积的开发方案报告，1962 年》，科学出版社，2007 年 1 月。

[2] 《大庆油田井下作业公司志》（1960—1990），中国文史出版社。

[3] 余秋里，《走油田开发的新路子》，《余秋里回忆录》（下册）人民出版社，2011 年。

[4] 傅诚德，《石油科学技术发展对策与思考》，石油工业出版社，2010 年 8 月。

[5] 中国石油报，《中国石油发展成就综述》（上），2013 年 1 月 10 日，

[6] 中国石油报，《勘探开发七十四载青春不老》，2013 年 5 月 27 日。

[7] 中国石油报，《大庆油田稳产三问：在大庆油田稳产 4000 万吨第十年之际，人们更加关注大庆稳产工程还能走多远?》2013 年 2 月。

[8] 中国石油报，《大庆油田谋划科学发展解读》，2009 年 12 月 22 日。

[9] 中国石油报，《大庆持续稳产核心技术领航》，2011 年 7 月 19 日。

[10] 中国石油报，《多层细分注水"挺举"大庆稳产》，2013 年 1 月 19 日。

[11] 中国石油报，《大庆分层注水井智能测调技术填补国内空白》，2012 年 9 月。

[12] 中国石油报，《大庆油田三次采油增油超亿吨》，2013 年 4 月 9 日。

[13] 中国石油报，《大庆三元复合驱技术获重大突破——在水驱基础上提升采收率 20%》，2012 年 10 月 30 日。

[14] 中国石油报，《中国石油水驱提高采收率领先世界》，2013 年 8 月 16 日。

[15] 中国石油报，《塔里木油田攻克低渗透油藏分层注水难题——分层注水有多深：5920m!》，2010 年 12 月 7 日。

[16] 赵文智、胡永乐、罗凯，《边际油田开发技术现状、挑战与对策》，《石油勘探与开发》杂志，2006 年 6 月。

[17] 张旭、刘建仪等，《注气提高采收率技术的挑战与发展》，《特种油气藏》杂志，2006 年 2 月。

[18] 中国石油勘探开发研究院专家室，《中国石油三次采油技术发展方向与建议》，2010 年 5 月。

[19] 朱兆明，《发展压裂酸化技术为我国原油生产贡献力量》，见《中国石油勘探开发研究院五十年纪念文集》，石油工业出版社，2008 年 10 月。

[20] 大庆井下作业公司，《大庆油田井下作业公司志：1960—1990 年》，中国文史出版社，2008 年 3 月。

[21] 蒋阗、单文文等，《整体压裂技术及其在低渗油藏开发中的应用》，见《中国石油勘探开发研究院五十年理论技术文集》（1958—2008）（开发篇、工程篇），石油工业出版社，2008 年 10 月。

[22] 李道品，《高效开发低渗透油藏的关键和核心》，见《中国石油勘探开研究院五十年理

论技术文集》(1958-2008)（开发篇、工程篇），石油工业出版社，2008年10月。

[23] 中国石油报，《大庆油田成功开发水平井分段压裂技术》，2011年10月。
[24] 中国石油报，《国内首创丛式水平井大型体积压裂施工启动》，2013年8月5日。
[25] 中国石油报，《压出一片新天地-压裂技术为油气开发带来了什么》，2013年8月15日。
[26] 国土资源部油气储量评审办公室，《2011年度全国石油天然气探明储量评审表》。
[27] 中国石油报，《全面创新托起"西部大庆"》，2012年11月8日。
[28] 中国石油报，《姬塬油田上产快步伐稳》，2013年7月24日。
[29] 中国石油报，《安塞模式的技术密码》，2013年8月27日。
[30] 中国石油勘探开发研究院，《稠油、超稠油油藏开发技术研究》（内部报告），2013年6月。
[31] 陈明主编，《海上稠油热采技术探索与实践》，石油工业出版社，2012年9月。
[32] 新疆石油管理局，《九-6区齐古组稠油油藏开发形势分析》（内部报告），2013年5月。
[33] 刘文章，《中国油藏开发模式丛书之六-热采稠油油藏开发模式》，石油工业出版社，1998年7月。
[34] 刘文章，《中国稠油热采技术发展历程与展望》，石油工业出版社，2014年2月。
[35] 中国石油勘探与生产公司，《空气火驱技术文集》（内部报告）2012年5月。
[36] 中国石油报，《技术创新推动工业迸发活力》，2012年12月19日。
[37] 刘文章，《开创新一代稠油热采技术——采用多元热流体泡沫驱配套技术提高稠油采收率技术研究》（内部报告）2006年12月。
[38] 何江川、王元基、廖广志等，《油田开发战略性接替技术》，石油工业出版社，2013年9月。
[39] 中国石油报，《一分部署，九分落实》，2014年4月10日。
[40] 中国石油报，《带压作业技术发展之路》，2014年2月17日。
[41] 辽河油田特种油开发公司，《超稠油三元复合吞吐技术》（内部报告），2005年12月。
[42] 《石油摇篮》，甘肃人民出版社，2002年4月。
[43] 刘文章，《抽油井采油经验》，石油工业出版社，1959年4月。
[44] 查权衡、毕海滨等，《中国石油上游业的回顾与展望》，石油学报，2014年1月。
[45] 焦力人、马富才、牟书令等，《中国油气田开发若干问题的回顾与思考》，石油工业出版社，2003年10月。
[46] 中国石油报，《塔里木碳酸盐岩原油产量逾千万吨》，2014年5月7日。
[47] 中国石油报，《数说石油》，2014年3月7日。
[48] 中国石油报，《石油时评》——中国油企应摆脱"唯产量论"，2014年4月29日。
[49] 中国石油报，《石油时评》——立足实际深化改革，促进页岩气开发，2014年5月6日。
[50] 中国石油报，《两会聚焦·视点》——供求平衡，保障国家能源安全，2014年3月14日。
[51] 中国石油报，《第21届世界石油大会特刊》，2014年6月13日。
[52] 中国石油报转载人民日报，《五年再造一个"中石油"》，2012年11月8日。

[53] 中国石油报,《释放科技创新红利,推动质量效益发展》,2014年2月21日。
[54] 中国石油报,《1亿吨海外油气合作质提量升》,2013年1月17日。
[55] 中国石油报,《2014年《财富》世界500强榜单发布》,2014年7月9日。
[56] 中国石油报,《合作共赢之路——中国石油海外业务开拓的探索与思考》,2013年9月12日。
[57] 刘文章,《关于委内瑞拉两个稠油合作项目加快开发的建议》,2009年12月,中国石油勘探开发研究院内部报告。
[58] 《第二届国际重质原油及沥青砂会议论文集》,委内瑞拉加拉加斯,1982年。
[59] 中国石油报,《全球石油危机爆发的概率有多大》,2014年7月29日。
[60] 中国石油报,《做足水文章,驱出长效益——中国石油5年精细注水启示录》,2014年8月8日。
[61] 刘文章、廖广志、张义祥等,《辽河曙光油田曙一区杜66古潜山稠油油藏控制水锥增油技术可行性研究》(内部报告),中国石油勘探开发研究院、辽河油田分公司曙光采油厂,2000年8月。
[62] 刘文章、廖广志,《胜利油区单家寺稠油油田注蒸汽加氮气泡沫压水锥吞吐采油方案》(内部报告),中国石油勘探开发研究院,1995年9月。
[63] 刘文章,《关于吉林油区套保稠油油田开发工作的建议》(内部报告),2000年12月2日。
[64] 中国石油勘探开发研究院,《低渗透油藏注空气/氮气开发研究》(内部报告),2008年5月。
[65] 刘文章,《对延长油矿特低渗透油田开展注氮气二次采油技术试验的建议》(内部报告),中国石油勘探开发研究院,2000年11月18日。
[66] 原石油工业部部长焦力人写给时任延长油矿管理局局长赫宇的信,2000年12月2日。
[67] 中国石油报,《精细注水特别报道(1)》,2014年8月8日。
[68] 中国石油报,《精细注水特别报道(2)》,2014年8月13日。
[69] 中国石油报,《精细注水特别报道(3)》,2014年8月20日。
[70] 中国石油报,《大庆分层注水井智能测调技术填补国内空白》,2010年9月13日。
[71] 中国石油报,《"水基础"托起大庆稳产路》,2014年1月22日。
[72] 中国石油报,《大港油田攻克海上大斜度井分注难题记》,2014年9月18日。
[73] 中国石油报,《玉门油田加强精细注水开发侧记》,2013年12月9日。
[74] 中国石油报,《大港采油院研发推进分注调剖一体化管柱研究》,2014年9月16日。
[75] 中国石油报,《大港工程院工业化推广专利技术》,2014年1月27日。
[76] 中国石油报,《吉林油田规模应用水平井推进效益开发的调查》,2013年1月17日。
[77] 中国石油报,《大庆采八:"三板斧"成就"六连升"》,2013年8月5日。
[78] 中国石油报,《华北油田钻探薄油层水平井开先河》,2013年3月18日。
[79] 中国石油报,《吐哈"双探底"技术横穿"煎饼"油层》,2012年12月25日。
[80] 中国石油报,《冀东油田高浅北区水平井开发调查》,2013年12月13日。
[81] 中国石油报,《大庆水平井测试新技术应用成功》,2013年11月26日。
[82] 中国石油报,《大庆采四水平井组三元驱油》,2014年7月23日。
[83] 中国石油报,《中国石油五项成果获国家科技奖》,2013年1月21日。

[84] 中国石油报,《"火眼金睛"透视薄互油层》,2013年11月20日。
[85] 中国石油报,《中国石油非常规关键技术获重大突破》,2012年12月25日。
[86] 中国石油报,《大庆外围难采储量有效开发取得突破》,2012年12月4日。
[87] 中国石油报,《大庆油田工厂化压裂保质提效》,2014年4月16日。
[88] 中国石油报,《大庆油田创新难采储量动用模式》2014年11月5日。
[89] 中国石油报,《大庆油田水平井分段测试领先同行》,2014年11月5日。
[90] 中国石油报,《水力喷射多级多簇压裂通脉活络》,2014年2月11日。
[91] 中国石油报,《水平井焕发老君庙"青春活力"》,2014年11月2日。
[92] 中国石油报,《让钻头"长"出火眼金睛》,2014年11月4日。
[93] 中国石油报,《连续油管推进生产方式变革》,2014年3月31日。
[94] 夏健、杨春林等,《连续油管带压冲砂洗井技术在注水井中的应用》,《石油钻采工艺》杂志,2013年11月。
[95] 中国石油报,《降服疑难井,"玩转"特殊井》,2014年9月12日。
[96] 中国石油报,《精益求精,细无止境——大庆油田精细油藏描述技术追踪剩余油纪实》,《由静而动,全面提高预测精度》,2014年8月27日。
[97] 中国石油报,《技术创新,成就水驱油》,2014年11月26日。
[98] 刘文章,《普通稠油油藏二次热采开发模式综述》,《特种油气藏》杂志,1998年第2期。
[99] 中国石油报,《辽河油田稠油开发添利器》,2012年7月18日。
[100] 记者张晗、通讯员杨世龙,中国石油报,《辽河油田培育SAGD百吨井纪实》,2015年1月14日。
[101] 中国石油报,《新疆油田超稠油立体开发创高效》,2010年5月13日。
[102] 中国石油报,《新疆油田SAGD试验形成八大主体技术》,2012年7月12日。
[103] 中国石油报,《新疆风城燃煤注汽锅炉工程寒冬热战》,2015年1月12日。
[104] 中国石油报,《辽河杜66北块火驱采油先导试验效果显著》,2010年7月15日。
[105] 新疆油田分公司,《新疆油田分公司油气开发2014年工作总结及2015年工作安排》,2014年12月。
[106] 辽河油田特种油开发公司,《超稠油三元复合吞吐技术》,2005年12月,内部报告。
[107] 张继国、李安夏、李兆敏、毕义泉著,《超稠油油藏HDCS强化采油技术》,中国石油大学出版社,2009年10月。
[108] 中国石油报,《任四井:解谜古潜山》,2014年5月6日。
[109] 中国石油报,《塔里木油田碳酸盐岩油气开发突围的调查》,2014年10月15日。
[110] 中国石油报,《塔里木建成首个百万吨产能碳酸盐岩油田》,2013年11月12日。
[111] 中国石油报,《塔里木油田碳酸盐岩油藏高效开发纪实》,2013年10月18日。
[112] 中国石油报,《哈拉哈塘成为百万吨级碳酸盐岩油田——形成8个主力产油区,年均增长24.7%》,2014年11月6日。
[113] 中国石油报,《注气驱出"阁楼油"——塔里木轮古油田挖潜呈现新亮点》,2014年7月15日。
[114] 桑转利,《兴隆台潜山油藏油井见水特征分析》,《科技与企业》杂志,2012年。
[115] 中国石油报,《破解潜山"八阵图"》,2014年。

[116] 王小林等,《辽河兴隆台潜山开发历程与开发效果》,中国石油勘探开发研究院开发战略研究所报告,2014年1月。

[117] 中国石油报,《非烃类气驱开辟辽河潜山开发新途径》,2013年10月。

[118] 中国石油报,《辽河油田兴古潜山气驱试验将扩大》,2014年5月。

[119] 石油信息报,《辽河油田兴古潜山规模注气初见成效》,2014年12月8日。

[120] 刘文章,《对油气田开发"十二五"技术发展战略的思考与建议》,中国石油勘探开发研究院专家室,内部报告,2011年3月2日。

[121] 胡文瑞,《老油田二次开发概论》,石油工业出版社,2011年1月。

[122] 中国石油勘探开发研究院,《油田开发形势分析与建议》(内部报告),2014年12月。

[123] 刘文章,《发展中国陆上油田应用注氮气提高原油采收率新技术的设想及建议》,中国石油对外合作部杭州国际技术研讨会上的报告,2002年11月10日。

[124] 刘文章,《油田注氮气泡沫驱油提高采收率技术研究及应用》(内部报告),中国石油勘探开发研究院,2004年10月。

[125] 记者姜斯雄,《提高原油采收率的三点建议——中国石油勘探开发研究院原总工程师、教授级高工刘文章访谈录》,2006年1月。

[126] 刘文章,《辽河锦45油田注氮气泡沫段塞驱提高采收率技术现场应用实例》(内部报告),2005年7月。

[127] 刘文章、高荣华等,《胜利八面河油田稠油注水开发区热采提高采收率可行性研究》(内部报告),1996年4月。

[128] 刘文章,《八面河油田注氮气调剖堵水提高采收率技术现场应用实例》(内部报告),2004年10月。

[129] 刘尧文、何建华、付春华,《水气交替方式氮气非混相驱试验研究》,见《江汉油田开发论文集》,石油工业出版社,2003年9月。

[130] 刘文章,《吉林扶余油田东区(采油三厂)提高采收率项目可行性研究》(内部报告),中国石油勘探开发研究院,2001年10月8日。

[131] 刘文章,《对吉林油公司扶余老油田二次开发采用多元热流体泡沫驱提高采收率的建议》(内部报告),2008年3月27日。

[132] 刘文章,《1600m注蒸汽采油的可行性研究——对辽河高升油田井筒隔热方案的研究》,石油工业部石油勘探开发研究院,1981年9月8日。

[133] 吴帮英、吴邦永,《大庆油田各类套损井大修新技术》,大庆石油地质与开发杂志,2011年6月。

[134] 中国石油勘探开发研究院采油采气装备研究所,《膨胀管补贴技术》(内部报告),2014年5月7日。

[135] 李益良、李涛、高向前等,《过套管补贴技术研究与应用》。石油钻采工艺杂志,2012年11期。

[136] 杨平阁、付玉红,《辽河油田热采井套损机理分析与治理措施》,石油钻采工艺杂志,2003年8月。

[137] 中国石油报,《大港采油三厂规模推广油层保护技术促稳产的调查》,2014年8月6日。

[138] 马晓伟、张显军、赵德云等,《空气/氮气钻井技术在徐深28井的成功实践》,《石油

钻采工艺》杂志，2008 年 6 月。

[139] 何世明、唐继平等，《满东 2 井氮气钻井实践与认识》，石油钻采工艺杂志，2008 年 6 月。
[140] 中国石油报，《中国石油长停井治理初见成效》，2015 年 4 月 29 日。
[141] 大庆油田 2014 年油气开发总结报告，2014 年 12 月内部报告。
[142] 玉门油田 2014 年油田开发总结报告，2014 年 12 月内部报告。
[143] 中国石油报，《科技唤醒长停井，创新夯实增效路》，2015 年 4 月 14 日。
[144] 大港油田 2014 年油田开发总结报告，2014 年 12 月内部资料。
[145] 中国石油报，《吉林油田复活一点激活一面》，2015 年 4 月 14 日。
[146] 中国石油报，《85 口长停井何以起死回生》，2014 年 8 月 25 日。